全国计算机技术与软件专业技术资格（水平）考试参考用书

# 网络规划设计师考试全程指导
## （第2版）

全国计算机专业技术资格考试办公室推荐

张友生　王勇　主编

清华大学出版社
北京

# 内 容 简 介

本书是计算机技术与软件专业技术资格（水平）考试中的网络规划设计师级别的指定参考用书。本书着重对考试大纲规定的内容有重点地细化和深化，内容涵盖了网络规划设计师考试大纲的所有知识点，给出了网络规划设计案例分析试题的解答方法和实际案例。对于网络规划设计论文试题，本书给出了论文的写作方法、考试法则、常见的问题及解决办法，以及论文评分标准和论文范文。

阅读本书，就相当于阅读了一本详细、带有知识注释的考试大纲。准备考试的人员可通过阅读本书掌握考试大纲规定的知识，掌握考试重点和难点，熟悉考试方法、试题形式，试题的深度和广度，以及内容的分布、解答问题的方法和技巧，迅速提高论文写作水平和质量。

本书可作为网络工程师进一步深造和发展的学习用书，作为网络规划设计师日常工作的参考手册，还可作为计算机专业教师的教学和工作参考书。

**图书在版编目（CIP）数据**

网络规划设计师考试全程指导/张友生，王勇主编. —2 版. —北京：清华大学出版社，2014
（2022.9 重印）

全国计算机技术与软件专业技术资格（水平）考试参考用书

ISBN 978-7-302-36878-6

Ⅰ. ①网… Ⅱ. ①张… ②王… Ⅲ. ①计算机网络–工程技术人员–资格考试–自学参考资料

Ⅳ. ①TP393

中国版本图书馆 CIP 数据核字（2014）第 131347 号

责任编辑：柴文强 赵晓宁
封面设计：常雪影
责任校对：胡伟民
责任印制：刘海龙

出版发行：清华大学出版社
      网 址：http://www.tup.com.cn, http://www.wqbook.com
      地 址：北京清华大学学研大厦 A 座    邮 编：100084
      社 总 机：010-83470000    邮 购：010-62786544
      投稿与读者服务：010-62776969，c-service@tup.tsinghua.edu.cn
      质量反馈：010-62772015，zhiliang@tup.tsinghua.edu.cn
印 装 者：三河市铭诚印务有限公司
经 销：全国新华书店
开 本：185mm×230mm    印 张：42.25    防伪页：1    字 数：1060 千字
版 次：2009 年 8 月第 1 版  2014 年 7 月第 2 版    印 次：2022 年 9 月第 10 次印刷
定 价：108.00 元

产品编号：056991-02

# 前　　言

根据原信息产业部和原人事部联合发布的国人部发[2003]39 号文件，把网络规划设计师开始列入了计算机技术与软件专业技术资格（水平）考试（以下简称为"软考"）系列，该级别的考试从 2009 年下半年开始，并且与系统分析师、信息系统项目管理师、系统架构设计师并列为高级资格。这将为培养专业的网络规划设计人才，推进国家信息化建设起到巨大的作用。

## 1. 目的

作为一个刚刚开考的级别，网络规划设计师考试将是一个难度很大的考试。主要原因是考试范围比较广泛，除涉及数据通信与计算机网络专业的所有课程外，还有数学、外语、标准化和知识产权等领域的课程。该考试不但注重广度，而且还有一定的深度，特别是在网络规划设计相关的知识领域中，试题的难度会比较大。总之，网络规划设计师考试不但要求考生具有扎实的专业理论基础知识，还要具备丰富的网络规划设计实践经验。

根据希赛网（www. educity.cn）的调查，网络规划设计师考生最渴望得到的就是一本能全面反映考试大纲内容，同时又比较精简的备考书籍。网络规划设计师平常工作比较忙，工作压力大，没有时间用于学习理论知识，也无暇去总结自己的实践经验，希望能通过学习一本书，从中找到解答试题的捷径，以及论文写作的方法。软考的组织者和领导者也希望能有一本书帮助考生复习和备考，从而提高考试合格率，为国家信息化建设培养更多的 IT 高级人才。

鉴于此，为了帮助广大考生顺利通过网络规划设计师考试，希赛教育软考学院组织有关专家，在清华大学出版社的大力支持下，编写和出版了本书，作为网络规划设计师考试的指定参考用书。

## 2. 内容

本书着重对考试大纲规定的内容有重点地细化和深化，内容涵盖了最新的网络规划设计师考试大纲的所有知识点，给出了网络规划设计案例分析试题的解答方法和实际案例。对于网络规划设计论文试题，本书给出了论文的写作方法、考试法则、常见的问题及解决办法，以及论文评分标准和论文范文。由于编写组成员均为软考第一线的辅导专家，负责并参与了历年的软考辅导等方面的工作，因此，本书凝聚了软考专家的知识、经验、心得和体会，集成了专家们的精力和心血。

古人云："温故而知新"，又云："知己知彼，百战不殆"。对考生来说，阅读本书就是一个"温故"的过程，必定会从中获取到新知识。同时，通过阅读本书，考生还可以清晰地把握命题思路，掌握知识点在试题中的变化，以便在网络规划设计师考试中洞察先机，提高通过的概率。

### 3．作者

希赛教育（www.educity.cn/edu/）专业从事人才培养、教育产品开发、教育图书出版，在职业教育方面具有极高的权威性。特别是在在线教育方面，稳居国内首位，希赛教育的远程教育模式得到了国家教育部门的认可和推广。

希赛教育软考学院是全国计算机技术与软件专业技术资格（水平）考试的顶级培训机构，拥有近20名资深软考辅导专家，负责了高级资格的考试大纲制订工作，以及软考辅导教材的编写工作，共组织编写和出版了80多本软考教材，内容涵盖了初级、中级和高级的各个专业，包括教程系列、辅导系列、考点分析系列、冲刺系列、串讲系列、试题精解系列、疑难解答系列、全程指导系列、案例分析系列、指定参考用书系列、一本通等11个系列的图书。此外，希赛教育软考学院的专家录制了软考培训视频教程、串讲视频教程、试题讲解视频教程、专题讲解视频教程等4个系列的软考视频。希赛教育软考学院的软考教材、软考视频、软考辅导为考生助考、提高通过率做出了不可磨灭的贡献，在软考领域有口皆碑。特别是在高级资格领域，无论是考试教材，还是在线辅导和面授，希赛教育软考学院都独占鳌头。

本书由希赛教育软考学院组织编写，参加编写工作的人员有张友生、王军、王勇、谢顺、胡钊源、桂阳、何玉云、石宇、胡光超、左水林、刘洋波。

### 4．致谢

在本书出版之际，要特别感谢全国计算机技术与软件专业技术资格（水平）考试办公室的命题专家们，我们在本书中引用了各级别部分考试原题，使本书能够尽量方便读者的阅读。同时，本书在编写的过程中参考了许多高水平的资料和书籍，在此，我们对这些参考文献的作者表示真诚的感谢。

感谢清华大学出版社柴文强老师，他在本书的策划、选题的申报、写作大纲的确定，以及编辑、出版等方面，付出了辛勤的劳动和智慧，给予了我们很多的支持和帮助。

感谢希赛教育的网络规划设计师和网络工程师学员，正是他们的想法汇成了本书的原动力，他们的意见使本书更加贴近读者。

## 5. 交流

由于作者水平有限且本书涉及的知识点较多，书中难免有不妥和错误之处。作者诚恳地期望各位专家和读者不吝指教和帮助，对此，作者将深为感激。

有关本书的反馈意见，读者可在希赛网论坛"考试教材"板块中的"希赛教育软考学院"栏目与我们交流，作者会及时地在线解答读者的疑问。

希赛教育软考学院

2014 年 1 月

# 目　　录

# 第1章　计算机网络概论

根据考试大纲，本章要求考生掌握以下知识点：

（1）计算机网络的概念：计算机网络定义、计算机网络应用。

（2）计算机网络的组成：计算机网络物理组成、计算机网络功能组成、计算机网络要素组成。

（3）计算机网络的分类：按分布范围分类、按拓扑结构分类、按交换技术分类、按采用协议分类、按使用传输介质分类。

（4）网络体系结构模型：分层与协议、接口与服务、OSI/RM（Open System Interconnection Reference Model，开放系统互联参考模型）与 TCP/IP（Transmission Control Protocol/Internet Protocol，传输控制协议/网际协议）体系结构模型。

## 1.1　计算机网络的概念

对于计算机网络，从不同的角度看，有着不同的定义。从物理结构看，计算机网络可被定义为"在网络协议控制下，由多台计算机、终端、数据传输设备及计算机与计算机间、终端与计算机间进行通信的设备所组成的计算机复合系统"。从应用目的看，计算机网络可被定义为"以相互共享（硬件、软件和数据）资源方式而连接起来，且各自具有独立功能的计算机系统的集合"。

为了更好地理解计算机网络的定义，需要弄清计算机网络与多终端系统、分布式系统的区别。

### 1．计算机网络与多终端系统的区别

传统的多终端系统是由一台中央处理机、多个联机终端及一个多用户操作系统（如多道批处理操作系统、分时操作系统或实时操作系统）组成。在多终端系统中，无论主机上连接多少个终端或计算机，主机与其连接的终端或计算机之间都是支配与被支配的关系。终端只是主机和用户之间的接口，它本身并不拥有系统资源，不具备独立的数据处理能力。系统资源全部集中在主机上，数据处理也在主机上进行。

而计算机网络系统并不是以一台大型的主计算机为基础，而是以许多独立的计算机为基础。每台计算机可以拥有自己的资源，具有独立的数据处理能力。网络中的计算机可以共享网络中的全部资源。

### 2．计算机网络与分布式系统的区别

分布式计算机系统与计算机网络系统在计算机硬件连接、系统拓扑结构和通信控制

等方面基本一致，都具有通信和资源共享的功能。但分布式计算机系统强调系统的整体性，强调各计算机在协调下自治工作。例如，分布式系统的应用程序可分为几个独立的部分，分别运行于不同的计算机上，它们之间通过通信而相互协作，共同完成一个作业。计算机网络则以资源共享为主要目的，方便用户访问其他计算机所具有的资源。

分布式系统在计算机网络基础上为用户提供了透明的集成应用环境。用户可以使用名字或命令调用网络中的任何资源或进行远程的数据处理，而不必关心这些资源的物理位置。对计算机网络来说往往不要求这种透明性，张三要访问李四的资源，必须指定李四计算机的地址或设备名。

希赛教育专家提示：分布式系统就是一个建造在计算机网络之上的软件系统。计算机网络是一种松耦合系统，而分布式系统是一种紧耦合系统。

计算机网络的基本功能包括数据通信、资源共享、集中管理、分布式处理、可靠性高、均衡负荷、综合信息服务等。

## 1.2　计算机网络的组成

计算机网络必须具备以下三个基本要素：

（1）至少有两台独立操作系统的计算机，它们之间有相互共享某种资源的需求。

（2）两台独立的计算机之间必须有某种通信手段将其连接。

（3）网络中的各个独立的计算机之间要能相互通信，必须制定可相互确定的规范标准或协议。

以上三条是组成一个网络的必要条件，三者缺一不可。计算机网络也是由各种可连起来的网络单元组成的。

大型的计算机网络是一个复杂的系统。例如，现在所使用的 Internet 网络。它是一个集计算机软件系统、通信设备、计算机硬件设备以及数据处理能力为一体的，能够实现资源共享的现代化综合服务系统。一般网络系统的组成可分为 3 部分：硬件系统、软件系统和网络信息。

### 1. 硬件系统

硬件系统是计算机网络的基础，硬件系统由计算机、通信设备、连接设备及辅助设备组成，通过这些设备的组成形成了计算机网络的类型。下面来学习几种常用的设备。

（1）服务器。在计算机网络中，核心的组成部分是服务器。服务器是计算机网络中向其他计算机或网络设备提供服务的计算机，并按提供的服务被冠以不同的名称，如数据库服务器，邮件服务器等。常用的服务器有文件服务器、打印服务器、通信服务器、数据库服务器、邮件服务器、信息浏览服务器、文件下载服务器等。

（2）客户机。客户机是与服务器相对的一个概念。在计算机网络中享受其他计算机提供的服务的计算机就称为客户机。

（3）网卡。网卡是安装在计算机主机板上的电路板插卡，又称为网络适配器或网络接口卡（Network Interface Board）。网卡的作用是将计算机与通信设备相连接，负责传输或者接收数字信息。

（4）调制解调器。调制解调器（Modem）是一种信号转换装置，可以将计算机中传输的数字信号转换成通信线路中传输的模拟信号，或将通信线路中传输的模拟信号转换成数字信号。一般将数字信号转换成模拟信号，称为"调制"过程；将模拟信号转换成数字信号，称为"解调"过程。调制解调器的作用是将计算机与公用电话线相连，使得现有网络系统以外的计算机用户能够通过拨号的方式利用公用事业电话网访问远程计算机网络系统。

（5）集线器。集线器是局域网中常用的连接设备，有多个端口，可以连接多台本地计算机。

（6）网桥。网桥（Bridge）也是局域网常用的连接设备。网桥又称桥接器，是一种在链路层实现局域网互联的存储转发设备。

（7）路由器。路由器是互联网中常用的连接设备，可以将两个网络连接在一起，组成更大的网络，如局域网与 Internet 可以通过路由器进行互联。

（8）中继器。中继器可用来扩展网络长度。中继器的作用是在信号传输较长距离后，进行整形和放大，但不对信号进行校验处理等。

**2．软件系统**

网络系统软件包括网络操作系统和网络协议等。网络操作系统是指能够控制和管理网络资源的软件，是由多个系统软件组成，在基本系统上有多种配置和选项可供选择，使得用户可根据不同的需要和设备构成最佳组合的互联网络操作系统。网络协议是保证网络中两台设备之间正确传送数据的约定。

**3．网络信息**

计算机网络上存储、传输的信息称为网络信息。网络信息是计算机网络中最重要的资源，它存储于服务器上，由网络系统软件对其进行管理和维护。

# 1.3　计算机网络的分类

计算机网络的分类方法有多种，可以根据网络的用途、覆盖的地理范围、使用的技术等进行分类。

**1．按距离分类**

根据网络的作用范围，可将网络划分为：

（1）局域网（Local Area Network，LAN）：作用范围通常为几米到几十公里。

（2）广域网（Wide Area Network，WAN）：作用范围通常为几十公里到几千公里。

（3）城域网（Metropolitan Area Network，MAN）：作用范围界于局域网与广域网

之间。

### 2．按通信介质分类

根据通信介质的不同，可将网络划分为：

（1）有线网：采用同轴电缆、双绞线、光纤等物理介质传输数据。

（2）无线网：采用卫星、微波等无线形式传输数据。

### 3．按通信传播方式分类

根据通信传播方式的不同，可将网络划分为：

（1）点对点网络：网络中成对的主机之间存在着若干对的相互连接关系。

（2）广播式网络：网络中只有单一的通信信道，由这个网络中所有的主机共享。

### 4．按通信速率分类

根据通信速率的不同，可将网络划分为：

（1）低速网：数据传输速率在 1.5Mb/s 以下。

（2）中速网：数据传输速率在 1.5～50Mb/s 之间。

（3）高速网：数据传输速率在 50Mb/s 以上。

### 5．按使用范围分类

根据使用范围的不同，可将网络划分为：

（1）公用网：为社会公众提供服务。

（2）专用网：只为一个或几个部门提供服务，不向社会公众开放。

### 6．按网络控制方式分类

根据网络控制方式的不同，可将网络划分为：

（1）集中式网络：网络的处理控制功能高度集中在一个或少数几个节点上，这些节点是网络的处理控制中心，所有的信息流都必须经过这些节点之一，而其余的大多数节点则只有较少的处理控制功能。

（2）分布式网络：网络中不存在一个处理控制中心，各个节点均以平等地位相互协调工作和交换信息。

### 7．按网络拓扑结构分类

根据网络拓扑结构的不同，可将网络划分为星状网、总线状网、环网。

## 1.4　网络参考模型

世界上不同年代、不同厂家、不同型号的计算机系统千差万别，将这些系统互联起来就要彼此开放，也就是要遵守共同的规则与约定（一般称为协议）。1977 年，国际标准化组织（International Organization for Standards，ISO）为适应网络标准化发展的需求，在研究、吸取了各计算机厂商网络体系标准化经验的基础上，制定了 OSI/RM，从而形成了网络体系结构的国际标准。

## 1.4.1　开放系统互联参考模型

OSI/RM 最初是用来作为开发网络通信协议族的一个工业参考标准，随着各个层上使用的协议国际标准化而发展。严格遵守 OSI/RM，不同的网络技术之间可以轻而易举地实现互操作。整个 OSI/RM 模型共分 7 层，从下往上分别是物理层、数据链路层、网络层、传输层、会话层、表示层和应用层。当接收数据时，数据是自下而上传输；当发送数据时，数据是自上而下传输。七层的主要功能如表 1-1 所示。

表 1-1　七层的主要功能

| 层次 | 层 的 名 称 | 英　　文 | 主 要 功 能 |
|---|---|---|---|
| 7 | 应用层 | Application Layer | 处理网络应用 |
| 6 | 表示层 | Presentation Layer | 数据表示 |
| 5 | 会话层 | Session Layer | 互连主机通信 |
| 4 | 传输层 | Transport Layer | 端到端连接 |
| 3 | 网络层 | Network Layer | 分组传输和路由选择 |
| 2 | 数据链路层 | Data Link Layer | 传送以帧为单位的信息 |
| 1 | 物理层 | Physical Layer | 二进制传输 |

在网络数据通信的过程中，每一层要完成特定的任务。当传输数据的时候，每一层接收上一层格式化后的数据，对数据进行操作，然后把它传给下一层。当接收数据的时候，每一层接收下一层传过来的数据，对数据进行解包，然后把它传给上一层。从而实现对等层之间的逻辑通信。OSI/RM 并未确切描述用于各层的协议和服务，它只是说明了每一层该做些什么。

### 1．物理层

物理层是 OSI/RM 的最低层，提供原始物理通路，规定处理与物理传输介质有关的机械、电气特性和接口。物理层建立在物理介质上（而不是逻辑上的协议和会话），主要任务是确定与传输媒体接口相关的一些特性，即机械特性、电气特性、功能特性以及规程特性。涉及电缆、物理端口和附属设备。双绞线、同轴电缆、接线设备（如网卡等）、RJ-45 接口、串口和并口等在网络中都是工作在这个层次的。物理层数据交换单位为二进制位（bit，b），因此要定义传输中的信号电平大小、连接设备的开关尺寸、时钟频率、通信编码、同步方式等。

### 2．数据链路层

数据链路层的任务是把原始不可靠的物理层连接变成无差错的数据通道，并解决多用户竞争，使之对网络层显现为一条可靠的链路，加强了物理层传送原始位的功能。该层的传输单位是帧。通过在帧的前面和后面附加上特殊的二进制编码模式来产生和识别帧边界。数据链路层可使用的协议有 SLIP（Serial Line Internet Protocol，串行线路网际协议）、PPP（Point to Point Protocol，点对点协议）、X.25 和帧中继等。常见的集线器和低档的交换机等网络设备都是工作在这个层次上的，Modem 之类的拨号设备也是工作在这一层次上的。任何网络中数据链路层都是必不可少的，相对于高层而言，此层所有的服务协议都比较成熟。

### 3．网络层

网络层将数据分成一定长度的分组，负责路由（通信子网到目标路径）的选择。以数据链路层提供的无差错传输为基础，为实现源和目标设备之间的通信而建立、维持和终止网络连接，并通过网络连接交换网络服务数据单元。它主要解决数据传输单元分组在通信子网中的路由选择、拥塞控制以及多个网络互联的问题，通常提供数据报服务和虚电路服务。网络层建立网络连接为传输层提供服务。在具有开放特性的网络中，数据终端设备都要配置网络层的功能，主要有网关和路由器。

### 4．传输层

传输层既是七层模型中负责数据通信的最高层，又是面向网络通信的低三层和面向信息处理的最高三层之间的中间层，解决的是数据在网络之间的传输质量问题，它属于较高层次。传输层用于提高网络层服务质量，提供可靠的端到端的数据传输，如常说的QoS（Quality of Service，服务质量）就是这一层的主要服务。这一层主要涉及的是网络传输协议，它提供的是一套网络数据传输标准，如 TCP 协议。本层可在传送数据之前建立连接，并依照连接建立时协商的方式进行可信赖的资料传送服务。若传输层发现收到的包有误、或送出的包未收到对方的认可，则可继续尝试数次，直到正确收到或送出包，或是在尝试数次失败之后向上层报告传送错误的信息。简而言之，传输层能检测及修正传输过程中的错误。

传输层反映并扩展了网络层子系统的服务功能，并通过传输层地址提供给高层用户传输数据的通信端口，使系统间高层资源的共享不必考虑数据通信方面的问题。本层的最终目标是为用户提供有效、可靠和价格合理的服务。

### 5．会话层

会话层利用传输层提供的端到端数据传输服务，具体实施服务请求者与服务提供者之间的通信，属于进程间通信范畴。管理不同主机进程间的对话，主要针对远程终端访问。会话层使用校验点可使通信会话在通信失效时从校验点继续恢复通信。这种能力对于传送大的文件极为重要。会话层，表示层，应用层构成开放系统的高 3 层，面对应用进程提供分布处理，会话管理，信息表示，恢复最后的差错等。通常，会话层提供服务需要建立连接、数据传输、释放连接等三个阶段。会话层是最薄的层，常被省略。

### 6．表示层

表示层处理系统间用户信息的语法表达形式。每台计算机可能有它自己表示数据的内部方法，需要协定和转换来保证不同的计算机可以彼此理解。

**7．应用层**

应用层是 OSI/RM 的最高层，是直接面向用户的一层，是计算机网络与最终用户间的界面。应用层包含用户应用程序执行通信任务所需要的协议和功能，如电子邮件和文件传输等，在这一层中 FTP（File Transfer Protocol，文件传输协议）、SMTP（Simple Mail Transfer Protocol，简单邮件传输协议）、POP（Post Office Protocol，邮局协议）等协议得到了充分应用。

在实际情况中，常把会话层和表示层归入应用层，成为五层简化的 OSI/RM。

## 1.4.2　TCP/IP 体系结构

虽然 OSI/RM 已成为计算机通信体系结构的标准模型，但因 OSI/RM 的结构过于复杂，实际系统中采用 OSI/RM 的并不多。

目前，使用最广泛的可互操作的网络体系结构是 TCP/IP 协议体系结构。TCP/IP 协议集由 Internet 工作委员会发布并已成为互联网标准。与 OSI/RM 的情况不同，从不存在正式的 TCP/IP 层次结构模型，但根据已开发的协议标准，可以根据通信任务将其分成4 个比较独立的层次，如表 1-2 所示。

（1）网络接口层：网络接口层也称网络访问层，简称接口层或访问层，负责将 IP 数据报封装成适合在物理网络上传输的帧格式并传输，或将从物理网络接收到的帧解封，取出 IP 数据报交给网络互联层。TCP/IP并没有对网络体系结构底层给出定义，网络接口层实

表 1-2　TCP/IP 层次结构

| 4.　应用层 |
| 3.　传输层 |
| 2.　网络互联层（IP 层） |
| 1.　网络接口层（网络访问层） |

际上就是 TCP/IP 与其赖以存在的各种通信网络之间的接口。网络接口可能是一个简单的设备驱动程序，也可能是一个复杂的具有数据链路协议的子系统，如 Ethernet、ARPANET、PDN（Public Data NetWork，公用数据网）、MILNET、IEEE 802.3 CSMA/CD（Carrier Sense Multiple Access/Collision Detect，载波监听多路访问/冲突检测）、IEEE 802.4 Token Bus 和 IEEE 802.5 Token Ring 等。严格来说，这些都不属于 TCP/IP 协议集，但却是 TCP/IP 的实现基础。

（2）网络互联层：网络互联层也称网络层或互联网层，负责将数据报独立地从信源传送到信宿，主要解决路由选择、阻塞控制和网络互联等问题，在功能上类似于 OSI 体系结构中的网络层。网络互联层是 TCP/IP 体系结构的核心，该层最重要的协议称为 IP 协议，因此网络互联层又称 IP 层。

（3）传输层：负责在源主机和目的主机之间提供端到端的数据传输服务，相当于 OSI 体系结构中的传输层。本层主要定义了两个传输协议，一个是可靠的、面向连接的 TCP 协议；另一个是不可靠的、无连接的用户数据报协议（User Datagram Protocol，UDP）。TCP 和网络层的 IP 协议是互联网中的两个最重要的协议，以至于 TCP/IP 体系结构和 TCP/IP 协议集就以这两个协议的名称来命名。

（4）应用层：应用层包含了所有的高层协议，常见的如简单网络管理协议（Simple Network Management Protocol，SNMP）、超文本传输协议（Hypertext Transfer Protocol，HTTP）、FTP、SMTP、域名服务（Domain Name Server，DNS）和 Telnet 等。

TCP/IP 协议集作为一种十分流行的网络体系结构，已成为事实上的工业标准。TCP/IP 体系结构没有明显地区分每一层中"服务"、"接口"与"协议"的概念，各层中"接口"与"层"之间的区分也太模糊。TCP/IP 的各层与 OSI/RM 的层次对应关系如表 1-3 所示，但这种对应并不是十分严格的。

表 1-3　OSI/RM 与 TCP/IP 的层次对应关系

| OSI/RM | TCP/IP |
|---|---|
| 应用层 | 应用层 |
| 表示层 | |
| 会话层 | |
| 传输层 | 传输层 |
| 网络层 | 网络互联层 |
| 数据链路层 | 网络接口层 |
| 物理层 | |

### 1.4.3　协议/接口和服务

OSI/RM 有 3 个主要概念：服务、接口和协议，而 TCP/IP 参考模型最初没有明确区分服务、接口和协议。

#### 1．协议

网络协议就是通信双方都必须要遵守的规则。如果没有网络协议，计算机的数据将无法发送到网络上，更无法到达对方计算机，即使能够到达，对方也未必能读懂。有了通信协议，网络通信才能够发生。

协议的实现是很复杂的。因为协议要把人读得懂的数据，如网页、电子邮件等加工转化成可以在网络上传输的信号，需要进行的处理工作非常多。两个系统中实体间的通信是一个十分复杂的过程。为了减少协议设计和调试过程的复杂性，网络协议通常都按结构化的层次方式来进行组织，每一层完成一定功能，每一层又都建立在它的下层之上。不同的网络协议，其层的数量、各层的名字、内容和功能不尽相同。然而在所有的网络协议中，每一层都是通过层间接口向上一层提供一定的服务，而把"这种服务是如何实现的"细节对上层加以屏蔽。

假设网络协议分为若干层，那么 A、B 两节点通信，实际是节点 A 的第 $n$ 层与节点 B 的第 $n$ 层进行通信，故协议总是指某一层的协议。准确地说，它是在同等层之间的实体通信时，有关通信规则和约定的集合就是该层协议，如物理层协议、传输层协议、应用层协议。每一相邻层协议间有一接口，下层通过该接口向上一层提供服务。

　　从用户来看，通信是在用户 A 和用户 B 之间进行的。双方遵守应用层协议，通信为水平方向。但实际上，信息并不是从 A 站的应用层直接传送至 B 站的应用层，而是每一层都把数据和控制信息传给它的下一层，直至最低层，第一层之下是物理传输介质，在物理介质上传送的是实际电信号。信息的实际流动过程如图 1-1 所示。

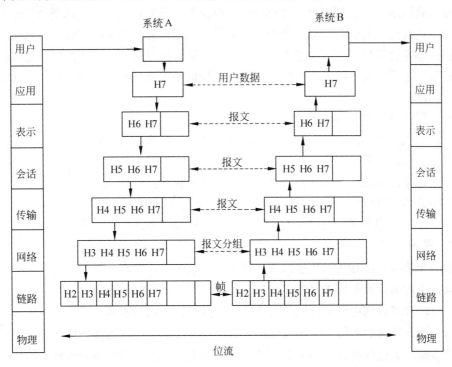

图 1-1　信息流动过程

　　在图 1-1 中，假设系统 A 用户向系统 B 用户传送数据。系统 A 用户的数据先进入最高层（第 7 层），该层给它附加控制信息 H7 以后，送入其下一层（第 6 层），该层对数据进行必要的变换并附加控制信息 H6 再送入其下一层（第 5 层），再依次向下传送，并将长报文分段、附加控制信息后，送往下一层。在第 2 层，不仅给数据段加头部控制信息，还加上尾部控制信息，组成帧后再送至第 1 层，并经物理介质传送至对方系统 B。目标系统 B 接收后，按上述相反过程，如同剥洋葱皮一样，层层去掉控制信息，最后将数据传送给目标用户系统 B 的进程。从以上讨论可以看出，两系统通信时，除最低层外，其余各对应层间均不存在直接的通信关系，而是一种逻辑的通信关系，或者说是虚拟通信，用图 1-1 中的虚线表示。图中只有物理层下的通信介质连线为实线，它进行的是实际电信号传送。

　　从图 1-1 可知，对收、发双方的同等层，从概念上说，它们的通信是水平方向的，每一方都好像有一个"发送到对方去"和"从另一方接收"的过程。而实际上，这个数据传送过程是垂直方向的，而不是直接在水平方向上与另一方通信。

传输协议中各层都为上一层提供业务功能。为了提供这种业务功能，下一层将上一层中的数据并入到本层的数据域中，然后通过加入报头或报尾来实现该层业务功能，该过程叫做数据封装。用户的数据要经过一次次包装，最后转化成可以在网络上传输的信号，发送到网络上。当到达目标计算机后，再执行相反的拆包过程。这类似于日常生活中写信，把自己要表达的意思写到纸上，有兴趣的话还要把纸折叠成特殊的形状，然后放到信封里并封好口，写好收信人的地址、邮政编码和姓名，再贴上邮票，邮局的工作人员再盖上邮戳送到收信人所在邮局，邮递员按信上的地址把信交给收信人，收信人再拆信，阅读其内容。

一个网络协议主要由以下三个要素组成：

（1）语法：即数据与控制信息的结构或格式，包括数据的组织方式、编码方式、信号电平的表示方式等。

（2）语义：即需要发出何种控制信息，完成何种动作及做出何种应答，以实现数据交换的协调和差错处理。

（3）时序：即事件实现顺序的详细说明，以实现速率匹配和排序。

**2．服务**

服务是协议外部行为的体现，各层服务是垂直关系，即网络中低层协议向相邻的高层协议提供服务；高层则通过原语（Primitive）或过程（Procedure）调用相邻低层所提供的服务。计算机网络向用户提供两类关于数据传输方式的服务。

（1）面向连接的服务（Connection Oriented Service）。面向连接的服务思想来源于电话传输系统。其过程可以分为三部分，即建立连接，数据传输与断开连接，称为虚电路方式。面向连接的服务又可分为永久性连接服务和非永久性连接服务。

非永久性连接服务在每个应用（或称为数据流）开始之前，都要先进行连接，待连接成功之后再进行数据通信。通信完毕之后断开连接。

永久性连接则只是在第一次进行数据通信之前进行连接。待该连接成功后将一直把该连接的路径存入相应的计算机或网络设备中。除非管理员删除掉永久性连接或网络故障，以后这两台计算机进行通信时就不用再进行连接。

面向连接的服务只有在建立连接时发送的分组中才包含相应的目的地址。待连接建立起来之后，所传送的分组中将不再包含目的地址，而仅包含比目的地址要短小得多的连接标识（Connection Identifier），从而减少了数据分组传输的负载。

面向连接的另一个好处就是一旦连接中断，用户马上就能发现。这使得用户可以很快地采取相应的措施。TCP 协议就是面向连接的，ATM（Asynchronous Transfer Mode，异步传输模式）交换机、帧中继网（Frame Relay，FR）等也是面向连接的。

（2）无连接服务（Connectionless Service）。无连接服务的工作方式就像邮电系统。

两个通信的计算机之间无须事先建立连接。以无连接服务方式传输每个数据分组中都必须包含目的地址。无连接方式不能防止分组的丢失、重复或失序等错误。

无连接方式的优点是处理开销小，发送信息快，比较适合实时数据的处理和传输。UDP 协议就是无连接方式的。IP 协议也是无连接的。以太网、令牌环网、光纤分布式数据接口（Fiber Distributed Data Interface，FDDI）网等共享传输介质的局域网都是无连接方式的。交换式以太网包括千兆位以太网都是无连接方式的。

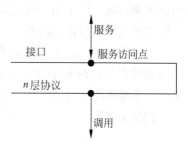

图 1-2　服务、调用与接口的关系图

### 3．服务、接口和协议三者的关系

服务、接口和协议三者的关系如图 1-2 所示。

接口是两相邻协议层之间所有调用和服务访问点以及服务的集合。相邻高层协议通过不同的服务访问点（Service Access Point，SAP）对低层协议进行调用，就像过程调用中不同的过程调用要使用不同的过程调用名一样。网络层的服务访问点就是网络地址。

### 4．数据传送单位

数据传送单位可以分为以下三种：

（1）服务数据单元（Service Data Unit，SDU）：为完成用户所要求的功能而应传送的数据。第 N 层的服务数据单元记为 N-SDU。

（2）协议控制信息（Protocol Control Information，PCI）：控制协议操作的信息。第 N 层的协议控制信息记为 N-PCI。

（3）协议数据单元（Protocol Data Unit，PDU）：协议交换的数据单位。第 N 层的协议数据单元记为 N-PDU。

## 1.5　例题分析

为了帮助考生进一步掌握计算机网络基础知识，了解考试的题型和难度，本节分析 4 道典型的试题。

**例题 1**

在分层的网络体系结构中，每一层是通过　(1)　来提供服务的，关于服务机制的描述正确的是　(2)　。

（1）A．进程　　　B．通信协议　　　C．应用协议　　　D．服务访问点

（2）A．第 N 层都是基于第 N+1 层的服务进行工作的

　　　B．服务访问点是同层实体进行通信的基础

　　　C．第 N 层只能够向 N+1 层提供服务

　　　D．第 N 层只能够向 N-1 层提供服务

**例题 1 分析**

这是一道基本原理题，考查了分层网络体系结构的工作机制。根据分层网络体系结构的思想，每一层中由一些实体（包括软件元素和硬件元素）组成，它的基本想法是每一层都在它的下层提供的服务基础上提供更高级的增值服务，而每一层是通过 SAP 来向上一层提供服务的。在 OSI/RM 分层结构中，其目标是保持层次之间的独立性，也就是第 $N$ 层实体只能够使用 $N–1$ 层实体通过 SAP 提供的服务；也只能够向 $N+1$ 层提供服务；实体间不能够跨层使用，也不能够同层调用。

**例题 1 答案**

（1）D　　（2）C

**例题 2**

通信协议中规定了对等实体之间信息传输的基本单位，它是由　__(3)__　所组成的，在协议中，关于"数据的组织方式"是属于　__(4)__　要素。

（3）A. 控制信息和用户数据　　　　　B. 协议数据和用户数据

　　　C. 协议数据和控制信息　　　　　D. 用户数据和校验数据

（4）A. 语法　　　　B. 语义　　　　C. 文法　　　　D. 定时关系

**例题 2 分析**

这是一道基本原理题，考查了网络协议的基本概念。网络协议是计算机网络和分布系统中相互通信的同等层实体间交换信息时必须遵守的规则集合，而这些对等实体之间信息传输的基本单位就称为协议数据，由控制信息和用户数据两个部分组成。协议主要包括了语法、语义、定时关系三个要素。显然"数据的组织方式"应属于语法部分。

**例题 2 答案**

（3）A　　（4）A

**例题 3**

两个人讨论有关 FAX 传真是面向连接还是无连接的服务。甲说 FAX 显然是面向连接的，因为需要建立连接。乙认为 FAX 是无连接的，因为假定有 10 份文件要分别发送到 10 个不同的目的地，每份文件 1 页长，每份文件的分发过程都是独立的，类似于数据报方式。下述说法正确的是　__(5)__　。

（5）A. 甲正确　　　　　　　　　　　B. 乙正确

　　　C. 甲、乙都正确　　　　　　　　D. 甲、乙都不正确

**例题 3 分析**

这是一道基本原理题，考查了网络服务的基础知识。根据传输数据之前双方是否建立连接，可以将网络提供的服务分为面向连接的服务和无连接的服务。面向连接的服务在通信双方进行正式通信之前先建立连接，然后开始传输数据，传输完毕还要释放连接。建立连接的主要工作是建立路由、分配相应的资源（如频道或信道、缓冲区等）。无连接的服务不需要独立的建立连接的过程，而是把建立连接、传输数据、释放连接合并成一

个过程一并完成。

FAX 是基于传统电信的一种服务,在发送 FAX 之前,需要拨号(即建立连接),拨通并且对方确认接收后开始发送,发送完毕断开连接,因此是面向连接的服务。至于发送 10 份文件,其实是 10 次不同的通信。

**例题 3 答案**

(5) A

**例题 4**

下面有关无连接通信的描述中,正确的是　(6)　。

(6) A. 在无连接的通信中,目标地址信息必须加入到每个发送的分组中

B. 在租用线路和线路交换网络中,不能传送 UDP 数据报

C. 采用预先建立的专用通道传送,在通信期间不必进行任何有关连接的操作

D. 由于对每个分组都要分别建立和释放连接,所以不适合大量数据的传送

**例题 4 分析**

这是一道基本原理题,考查了服务类型相关知识。

(1) 面向连接的服务。

每一次完整的数据传输都必须经过建立连接、数据传输和终止连接 3 个过程。在数据传输的过程中,各数据包地址不需要携带完整的目的地址,而使用连接号。连接本质上类似于一个管道,发送者在管道的一端放入数据,接受者在另一端取出数据,其特点是接收者收到的数据与发送者发出的数据在内容和顺序上时一致的。

(2) 无连接服务。

每个报文带有完整的目的地址,每个报文在系统中独立传送。无连接服务不能保证报文到达的先后顺序,原因是不同的报文可能经由不同的路径去往目的地,所以先发送的报文不一定先到。无连接服务一般不对出错报文进行恢复和重传,换句话说,无连接服务不能保证报文传输的可靠性。

**例题 4 参考答案**

(6) A

# 第 2 章　数据通信基础

根据考试大纲，本章要求考生掌握以下知识点：

（1）数据通信概念：数字传输与模拟传输、基带传输与频带传输。

（2）数据通信系统：数据通信系统模型、同步方式、检错与纠错。

（3）数据调制与编码：数字数据的编码与调制、模拟数据的编码与调制。

（4）复用技术：时分复用、频分复用、波分复用、码分复用、统计时分复用。

（5）数据交换方式：电路交换、报文交换、分组交换、信元交换。

（6）传输介质：双绞线、同轴电缆、光纤、无线。

## 2.1　数据通信概述

广义地说，数据通信是计算机与计算机或计算机与其他数据终端之间存储、处理、传输和交换信息的一种通信技术，是计算机技术与通信技术相结合的产物，它克服了时间和空间上的限制，使人们可以利用终端远距离使用计算机，大大提高了计算机的利用率，扩大了计算机的应用范围，也促进了通信技术的发展。

数据通信是依照通信协议、路由数据传输技术在两个功能单元之间传递数据信息。数据通信的特点如下：

（1）数据通信实现的是机与机或人与机之间的通信。

（2）数据传输的准确性和可靠性要求高。

（3）传输速率高，要求接续和传输响应时间快。

（4）数据通信具有灵活的接口能力以满足各式各样的计算机和终端间的相互通信。

### 2.1.1　基本概念

为了后面讨论的方便，本节先介绍数据通信的几个基本概念。

**1. 数据和信息**

信息是客户事物的属性和相互联系特性的表现，它反映了客观事物的存在形式或运动状态；数据是信息的载体，是信息的表现形式。

**2. 信道**

信道是数据传输的通路，在计算机网络中信道分为物理信道和逻辑信道。

（1）物理信道。物理信道指用于传输数据信号的物理通路，由传输介质与有关通信设备组成。物理信道还可根据传输介质的不同而分为有线信道和无线信道，也可按传输数据类型的不同分为数字信道和模拟信道。

（2）逻辑信道。逻辑信道指在物理信道的基础上，发送与接收数据信号的双方通过中间结点所实现的逻辑联系，由此为传输数据信号形成的逻辑通路。逻辑信道可以是有连接的，也可以是无连接的。

信道传输按信息传送的方向与时间可以分为单工、半双工、全双工三种传输方式。

（1）单工通信。单工通信就是单向传输，传统的电视、电台就是单工传输。单工传输能够节约传输的成本，但是没有了交互性。现在传统的电视向可以点播的电视方向发展，这使得必须对原来的单工传输的有线电视网络进行改造才能支持点播。

（2）半双工通信。半双工通信可以传输两个方向的数据，但是在一段时间内只能接受一个方向的数据传输，许多对讲机使用的就是半双工方式，当一方按下按钮说话时，不能听见对方的声音。这种方式也称为"双向交替"。对于数字通道，如果只有一条独立的传输通道，那么就只能进行半双工传输。对于模拟通道，如果接收和发送使用同样的载波频率，那么它也只能使用半双工的传输方式。

（3）全双工通信。全双工通信意味着两个方向的传输能够同时进行，电话是典型的全双工通信。要实现全双工通信，对于数字通道，必须有两个独立的传输路径。对于模拟通道，如果没有两条独立的路径，双方使用的载波频率不同，那么它也能实现。另外还有一种"回声抵消"的方法，也能实现全双工通信。图 2-1 所示是单工、半双工和全双工示意图。

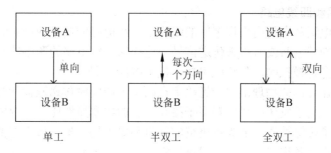

图 2-1 传输方式比较示意图

### 3．串行通信和并行通信

并行通信是指数字信号以成组的方式在多个并行信道上同时进行传输。并行通信方式的优点是传输速度快、收发双方不存在字符同步问题，缺点是由于采用多条并行线路，增加了费用、并行线路间存在电平干扰。并行通信方式适用于近距离和高速率的通信（是计算机内的主要传输方式）。

串行通信是指数据以位流逐位在一条信道上传输。串行通信的主要优点是费用低（一条线路）；缺点是传输效率低（为并行通信速率的 1/8）、收发双方要保证同步。串行通信方式适用于计算机之间通信和远程通信（它是通信线路的主要传输方式）。

在计算机中，并行接口和串行接口的示意图如图 2-2 所示。

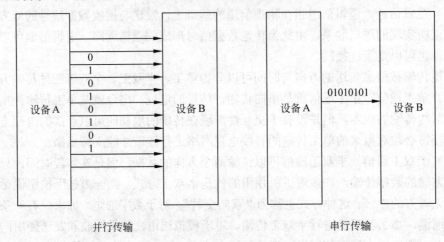

图 2-2　并行接口和串行接口示意图

#### 4．链路和数据链路

链路就是中间没有任何其他的交换节点，点到点的物理线路段。

包括实际的物理线路，还包括一些必要的规程来控制这些传输数据的硬件和软件。数据链路就像一个数字管道，在它上面进行数据通信。

#### 5．二线电路和四线电路

现在使用的电话和电信用户局之间的线路是二线电路的典型应用。二线电路在两个方向通过相同的物理链路或通路来传送信号。这样的二线电路的两条线都能传送信号。

二线电路本身是模拟的，传输距离短，抗干扰能力弱。

四线电路是在分离的物理链路或通路上在两个方向同时传送双向信号。它使用两对线路来完成，一对用于发送；另一对用于接收。它的成本显然比二线电路要高，但是由于它极大地提高了传输性能，能提供更宽的频带和更大的容量，抗干扰能力强，也得到了广泛的应用，电信各用户局之间的线路通常都是四线电路。

现代的通信技术发展中，四线电路并不一定要四根铜线了，四线电路可以在两根或者一根铜线上实现，而对无线传输而言，更看不见物理的线路。在这样的应用中，把物理的传输媒体，通过技术手段，划分为逻辑上的四线。

### 2.1.2　传输指标

在数据通信中，传输指标主要有传输速率、误码率、误位率、信道带宽、信道容量、时延、传播时延带宽积和往返时延等。

#### 1．传输速率

传输速率是指数据在信道中传输的速度。可以用码元传输速率和信息传输速率两种方式来描述。

码元是在数字通信中常常用时间间隔相同的符号来表示一位二进制数字。这样的时间间隔内的信号称为二进制码元，而这个间隔被称为码元长度。码元传输速率又称为码元速率或传码率。码元速率又称为波特率，每秒中传送的码元数。若数字传输系统所传输的数字序列恰为二进制序列，则等于每秒钟传送码元的数目，而在多电平中则不等同。单位为"波特/秒"，常用符号 Baud/s 表示。

信息传输速率即位率，位/秒（b/s），表示每秒中传送的信息量。

设定码元传输速率为 RB，信息速率 Rb，则两者的关系如下：

$$Rb = RB \times \log_2 M$$

其中，M 为采用的进制。例如，对于采用十六进制进行传输信号，则其信息速率就是码元速率的 4 倍；如果数字信号采用四级电平即四进制，则一个四进制码元对应两个二进制码元（$4=2^2$）。

**2．误码率和误位率**

在多进制系统中，误码率是指码元在传输过程中，错误码元占总传输码元的概率。设定误码率用 $P_e$ 表示：

$$P_e = \frac{传输出错的码元数}{传输的总码元数}$$

在二进制系统中，误位率是指在信息传输过程中，错误的位数占总传输的位数的概率。设定误位率用 $P_b$ 表示：

$$P_b = \frac{传输出错的位数}{传输的总位数}$$

**3．信道带宽与信道容量**

信道带宽是指信道中传输的信号在不失真的情况下所占用的频率范围，即信道频带，用赫兹 Hz 表示，信道带宽是由信道的物理特性所决定的。

信道容量是指单位时间内信道上所能传输的最大位数，用位/秒表示。

数据传输速率是指每秒钟所传输的二进制位数，用位/秒表示。设定 T 为发送一位所需要的时间，则二进制数据传输速率 $S=1/T$。

**4．时延**

时延（Delay）是指一个报文或分组从一个网络（或一条链路）的一端传送到另一端所需的时间。时延是由以下几个不同的部分组成的。

（1）传播时延。传播时延是从一个站点开始发送数据到目的站点开始接收数据所需要的时间。传播时延的计算公式是

$$传播时延 = \frac{信道长度}{信号在信道上的传播速率}$$

信号在物理媒体中传输时间是变化的。例如，电磁波在光纤、微波信道中的传播速度为每秒 300 000km，而在一般电缆中的速度约为光速的 2/3。

（2）发送时延。发送时延是发送数据所需要的时间，即从一个站点开始接收数据到数据接收结束所需要的时间。发送时延的计算公式是

$$发送时延 = \frac{需要发送的数据块长度}{信道带宽}$$

（3）处理时延/排队时延。处理时延是数据在交换节点为存储转发而进行一些必要的处理所花费的时间。处理时延的重要组成部分是排队时延。排队时延是数据在交换结点等候发送在缓存的队列中排队所经历的时延。

（4）总时延。数据经历的总时延就是以上三种时延之和，即

$$总时延 = 传播时延 + 发送时延 + 排队时延$$

### 5．传播时延带宽积

网络性能的两个度量传播时延和带宽相乘，就得到另一个很有用的度量：传播时延带宽积。它的计算公式如下：

$$传播时延带宽积 = 传播时延 \times 带宽$$

链路的时延带宽积又称为以位为单位的链路长度。

### 6．往返时延

在计算机网络中，往返时延也是一个重要的性能指标，表示从发送端发送数据开始，到发送端收到来自接收端的确认，总共经历的时延。

## 2.1.3　数字信号与模拟信号

根据数据在时间、幅度、取值是否连续上，可以将数据分为两种信号，分别是数字信号和模拟信号。

### 1．模拟信号

在电话通信中，电话线上传送的电信号是模拟用户声音大小的变化而变化的。这个变化的电信号无论在时间上或是在幅度上都是连续的，这种信号称为模拟信号。

模拟信号的优点就是直观、容易实现，但有两个明显的缺点，即保密性差和抗干扰能力差。

电信号在沿线路的传输过程中会受到外界和通信系统内部的各种噪声干扰，噪声和信号混合后难以分开，从而使通信质量下降。线路越长，噪声的积累也就越多。

### 2．数字信号

在电报通信中，其电报信号是用"点"和"划"组成的电码（叫做莫尔斯电码）来代表文字和数字。如果用有电流代表"1"、无电流代表"0"，那么"点"就是 1、0，"划"就是 1、1、1、0。莫尔斯电码是用一点一划代表 A，用一划三点代表 B，所以 A 就是 101110，B 就是 1110101010……这种离散的、不连续的信号，称为数字信号。

数字信号的优越性主要体现在以下几个方面：

（1）加强了通信的保密性。语音信号经 A/D（Analog to Digital，模拟信号转换为数字信号）变换后，可以先进行加密处理，再进行传输，在接收端解密后再经 D/A（Digital to Analog，数字信号转换为模拟信号）变换还原成模拟信号。例如，某图像信号 $X$ 转换成为 01110，可以通过某种加密算法，如向右循环移一位变成 $Y=00111$，对方得到 $Y$ 后很难反推到 $X$。可见，数字化为加密处理提供了十分有利的条件，且密码的位数越多，破译密码就越困难。

（2）提高了抗干扰能力。数字信号在传输过程中会混入杂音，可以利用电子电路构成的门限电压（称为阈值）去衡量输入的信号电压，只有达到某一电压幅度，电路才会有输出值，并自动生成整齐的脉冲（称为整形或再生）。较小杂音电压到达时，由于它低于阈值而被过滤掉，不会引起电路动作。因此再生的信号与原信号完全相同，除非干扰信号大于原信号才会产生误码。为了防止误码，在电路中设置了检验错误和纠正错误的方法，即在出现误码时，可以利用后向信号使对方重发。因而数字传输适用于较远距离的传输，也能适用于性能较差的线路。

（3）可构建综合数字通信网。采用时分交换后，传输和交换统一起来，可以形成一个综合数字通信网。

数字信号的主要缺点如下：

（1）技术要求复杂，尤其是同步技术要求精度很高。接收方要能正确地理解发送方的意思，就必须正确地把每个码元区分开来，并且找到每个信息组的开始，这就需要收发双方严格实现同步，如果组成一个数字网的话，同步问题的解决将更加困难。

（2）占用频带较宽。因为线路传输的是脉冲信号，传送一路数字化语音信息需占 20～64kHz 的带宽，而一个模拟话路只占用 4kHz 带宽，即一路 PCM（Pulse Code Modulation，脉码调制）信号占了几个模拟话路。

（3）进行 A/D 转换时会产生量化误差。

## 2.1.4　基带传输与频带传输

本节简单介绍基带传输、频带传输和宽带传输的基本概念。

### 1. 基带传输

基带传输是指信号没有经过调制而直接送到信道中去传输的方式。

（1）基带信号。由计算机或终端等数字设备产生的、未经调制的数字数据相对应的原始信号（方波脉冲）。基带信号通常呈矩形波形式，所占据的频率范围通常从直流到高频的频谱，范围宽。

（2）基带。基带信号所占有的频率范围。

（3）基带信道。与基带信号频谱相适应的信道。

基带传输的主要特点是：基带通信是一种最简单、最基本的传输方式，适于传输各种速率要求的数据。基带传输过程简单，设备费用低。而且在近距离范围内，基带信号的功率衰减不大，从而信道容量不会发生变化，因此，在局域网中通常使用基带传输技术。

**2．频带传输**

远距离通信信道多为模拟信道，例如，传统的电话（电话信道）只适用于传输音频范围（300～3400Hz）的模拟信号，不适用于直接传输频带很宽、但能量集中在低频段的数字基带信号。

频带传输就是先将基带信号变换（调制）成便于在模拟信道中传输的、具有较高频率范围的模拟信号（称为频带信号），再将这种频带信号在模拟信道中传输。计算机网络的远距离通信通常采用的是频带传输。基带信号与频带信号的转换是由调制解调技术完成的。

频带信号是指，基带信号变换（调制）成的便于在模拟信道中传输的、具有较高频率的信道信号。

**3．宽带传输**

宽带是指比音频带宽更宽的频带，包括大部分电磁波频谱。利用宽带进行的传输称为宽带传输。宽带传输系统可以是模拟或数字传输系统，能够在同一信道上进行数字信息和模拟信息传输。宽带传输系统可容纳全部广播信号，并可进行高速数据传输。

在局域网中，存在基带传输和宽带传输两种方式。基带传输的数据速率比宽带传输速率低。一个宽带信道可以被划分为多个逻辑基带信道；宽带传输能把声音、图像、数据等信息综合到一个物理信道上进行传输。宽带传输采用的是频带传输技术，但频带传输不一定是宽带传输。

## 2.1.5　传输差错

传输差错是指通过通信信道后接收数据与发送数据不一致的现象。当数据从信源出发，由于信道总是有一定的噪声存在，因此在到达信宿时，接收信号是信号与噪声的叠加。在接收端，接收电路在取样时刻判断信号电平，如果噪声对信号叠加的结果在最后电平判断时出现错误，就会引起传输数据的错误。

**1．噪声**

噪声是通信系统性能的主要制约因素，噪声可分为四种：热噪声、内调制杂音、串扰和脉冲噪声。

（1）热噪声。热噪声又称为白噪声，是由导体中电子的震动引起的，出现在所有电子设备和传输介质中。热噪声是在所有频谱中以相同的形态分布，是不能够消除的，由此对通信系统性能构成上限。热噪声的特点是：时刻存在，幅度较小，强度与频率无关，但频谱很宽，是一类随机噪声。

（2）脉冲噪声。脉冲噪声由外界电磁干扰引起，与热噪声相比，冲击噪声幅度较大，是引起传输差错的主要原因。冲击噪声持续时间与数据传输中每位的发送时间相比，可能较长，因而冲击噪声引起相邻的多个数据位出错，所引起的传输差错为突发错。通信过程中产生的传输差错由随机错与突发错共同构成。

（3）串扰。串扰是信号通路之间产生了不必要的耦合，一般在邻近的双绞线之间因电耦合，或在运载多个信号的同轴电缆中产生。

（4）内调制杂音。当不同频率的信号共享同一传输介质的时候，可能导致内调制杂音，内调制杂音的结构往往产生这样一些信号，它们的频率是某两个频率的和、差或倍数。

**2．衰减**

信号在传输中，由于媒介的因素，将随时间和距离而减弱的现象。

**3．延迟变形**

延迟变形是有线类传输介质独有的现象。这种变形是由有线类介质上信号传播速率随着频率而变化所引起的。在一个有限的信号频带中，中心频率附近的信号速度最高，而频带两边的信号速度较低。这样，信号的各种的频率成分将在不同的时间达到接收器。

由于信号中各种成分延迟使得接收到的信号变形的这种效果称为延迟变形。延迟变形尤其对数字信号来说影响重大。由于延迟变形，一个码元的信号成分可能溢出到其他的码元，引起信号内部的相互串扰，这是限制传输控制上位速率主要原因。

## 2.2　数据通信系统

数据通信系统是指以计算机为中心，用通信线路与分布式的数据终端连接起来，执行数据通信的系统。图 2-3 所示是数据通信的一般结构。

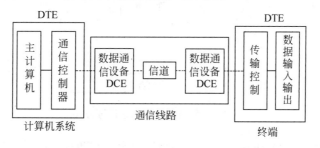

图 2-3　数字通信系统一般结构

计算机系统和终端设备都是数据终端设备（Date Terminal Equipment，DTE），它们都是数据信息的源和目的地，或既是源又是目的地，是连接在网络上的计算机系统、输入输出设备的总称。但是两者作用不同，终端设备接收来自计算机的数据或向计算机系统发送数据；计算机系统则主要对数据进行收集和处理，是数据处理的核心。DTE 具有根据通信协议控制通信的功能。终端设备除具有数据的输入输出外，还有对线路断开或接通、确认对方状态、发现传输中错误和纠错等控制功能。

通信线路上的设备，如交换机和其他一些中间设备被称为数据电路终端设备或数据通信设备 DCE（Date Communication Equipment），它们是网络设备的总称。

信道是传输信息经过的路径，是连接 DTE 的线路，包括传输介质和有关设备。

数据通信的过程如下：

（1）建立通信线路。通信对方经过交换设备的许可，建立双方通信的物理通道。

（2）建立数据传输链路、通信双方相互确认并建立同步联系，使双方设备处于正确收发状态。

（3）数据传输直到结束。通信双方根据协议通信，并保证正确性。通信结束时，相互交换终结信息，确认通信结束。

（4）拆线。由通信双方之一通知交换设备，通信结束可以拆除线路，切断物理链路。

## 2.2.1　通道速率的计算

在数据通信技术中，人们一方面通过研究新的传输媒介来降低噪声的影响；另一方面则是研究更先进的数据调制技术，以更加有效地利用信道的带宽。因此，这也就引出了一个非常重要的知识点：计算信道的数据速率。信道的数据速率计算公式如图 2-4 所示。

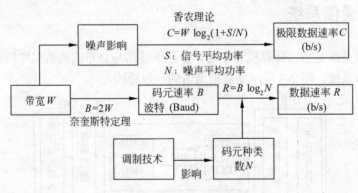

图 2-4　信道的数据速率计算公式

从图 2-4 中，可以看出在计算信道的数据速率时有两种考虑，一是考虑噪声；二是考虑理想传输。

### 1. 香农理论

香农理论描述了有限带宽、有随机热噪声信道的最大传输速率与信道带宽、信号噪声功率比（简称信噪比，S/N）之间的关系。

在使用香农理论时，由于信噪比的比值通常太大，因此通常使用分贝数（dB）来表示：

$$dB = 10 \times \log_{10}(S/N)$$

例如，S/N=1000 时，用分贝表示就是 30dB。如果带宽是 3kHz，则这时的极限数据速率就应该是

$$C = 3000 \times \log_{10}(1+1000) \approx 3000 \times 9.97 \approx 30\text{kb/s}$$

对于有噪声的信道中，用误码率来表示传输二进制位时出现差错的概率（出错的位数/传送的总位数），通常的要求是小于 $10^{-6}$。

**2．奈奎斯特定理**

奈奎斯特定理（也称为奈式定理）：如果一个任意的信号通过带宽为 H 的低通滤波器，那么每秒采样 2H 次就能完整地重现通过这个滤波器的信号。以每秒高于 2H 次的速度对此线路采样是无意义的，其高频分量已经被滤波器滤除，无法恢复。

该定理的表达很简单，即 B=2W。

在计算时，最关键的在于理解码元和位的转换关系。码元是一个数据信号的基本单位，而位是一个二进制位，一位可以表示两个值。因此，如果码元可取两个离散值，则只需一位表示；若可取 4 个离散值，则需要两位来表示。

码元有多少个不同种类，取决于其使用的调制技术。关于调制技术的更多细节参见后面的知识点，表 2-1 所示为常见的调制技术所携带的码元数。

**表 2-1　调制技术与码元数**

| 调　制　技　术 | 码元种类 | 位 |
| --- | --- | --- |
| ASK（Amplitude Shift Keying，幅度键控） | 2 | 1 |
| FSK（Frequency Shift keying，频移键控） | 2 | 1 |
| PSK（Phase Shift Keying，2 相调制相位键控） | 2 | 1 |
| DPSK（Differential Phase Shift keying，4 相调制相位键控） | 4 | 2 |
| QPSK（Quadrature Phase Shift Keying，正交相移键控） | 4 | 2 |

要注意的是，这两种算法得出的结论是不能够直接比较的，因为它们的假设条件不同。在香农定理中，实际上也考虑了调制技术的影响，但由于高效的调制技术往往也会使出错的可能性更大，因此也会有一个极限，而香农的计算方式就是不管采用什么调制技术。另外，再次一提的是，信道本身也会带来延迟，通常电缆中的传播速度是光速（300m/μs）的 2/3，即 200m/μs 左右；而且根据距离不同也会增加延迟的值。

## 2.2.2　同步方式

在数据的传输过程中，传输的双方必须以某种方式进行时间的匹配，接受的一方必须知道信号什么时候应该被接收，这称为同步。同步方式可以分为异步传输和同步传输两种。

**1．异步传输**

异步传输意味着传输的双方不需要使用某种方式来"对时"，所以它并不适合传送

很长的数据，数据是按单个的字符传送的，每个字符被加上开始位和停止位，有时还会加上校验位。在不传输字符时，线路为空闲状态。传输时，这些位按照次序经过媒体，接收方在线路空闲时收到开始位，就开始了接收数据的过程。当收到停止位，意味着线路再次空闲，等待下一个字符的到来。

异步传输最重要的特点是简单而廉价，由于有开始位和停止位的存在，对双方的时钟精确度要求并不高。计算机的串口就是典型的异步传输的应用。

异步传输中发送和接收时钟不一致导致常常会引发差错，其中差错的示意图如图2-5所示。

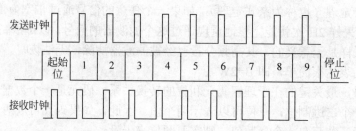

图 2-5　异步传输发送和接收时钟不一致导致差错的示意图

因此可以看出异步传输很重要的工作之一，就是进行数据同步，这也是异步传输的主要缺点。由于异步传输额外的开销比较大，在没有校验位的情况下，用于同步的数据也要占传输总数据的20%，不利于进行高速、大量的数据传输。

**2．同步传输**

和异步传输不同，同步传输不用起始位和停止位，传输的是一个整块的数据流。这样，就必须使用某种方式将传输双方的时钟进行调整。

这种调整可以使用单独的时钟线路，传输的一方不停地有规律地定时发出短的脉冲信号，接收方把这些脉冲信号当作时钟调整的依据。这种方式不适用于远距离的传输，因为时钟信号可能受到损伤。

还可以使用具有时钟同步功能的编码方式，如数字编码中的曼彻斯特编码或差分曼彻斯特编码，模拟传输中的载波相位来进行同步。

使用同步传输，接收方需要知道数据块的边界，也就是从什么时候开始传送一连串连续的位流。和异步传输有些类似，数据块被加上"前同步码"、"后同步码"，以及在需要的情况下，还加上"校验码"来进行传输，这些组合在传输中称为"帧"，如表2-2所示。

表2-2　一个典型的帧结构示意图

| 标记域 | 地址域 | 控制域 | 长度域 | 信息域 | 校验域 | 标记域 |
|---|---|---|---|---|---|---|
| 1字节 | 1字节 | 1字节 | 1～2字节 | 不定 | 1字节 | 1字节 |

由于同步传输的数据信息位远远多于用于帧同步的同步码，所以它的效率要比异步传输高得多。

## 2.3　调制和编码

由于传输的限制，如果要通过天线发送 1K 的低频信号，那么天线的长度需要300 km，所以这样信号不能直接传送，必须通过一定的方式处理之后，使之能够适合传输媒体特性，能够正确无误的传送的目的地。

本节的主要内容是介绍如何通过模拟通道和数字通道发送模拟数据，这分别称为调制和编码的内容。表 2-3 列出了各种调制方法和编码方式。

表 2-3　数据调制和编码方式

| | 模 拟 通 道 | 数 字 通 道 |
|---|---|---|
| 模拟数据 | 调幅（Amplitude Modulation，AM）<br>调频（Frequency Modulation，FM）<br>调相（Phase Modulation，PM）<br>正交调幅（Quadrature Amplitude Modulation，QAM） | 脉码调制<br>增量调制 |
| 数字数据 | 幅移键控<br>频移键控<br>相移键控 | 不归零电平<br>不归一制<br>双极性<br>伪三进制码<br>曼彻斯特编码<br>差分曼彻斯特编码 |

### 2.3.1　模拟数据使用模拟通道传送

有时，模拟数据可以在模拟信道上直接传送，但在网络数据传送中并不常用，人们仍然会将模拟数据进行调整，然后再通过模拟信道发送，原因除了上面提到的天线的原因，还有就是通过调整手段，可以做到通道的复用。

模拟数据通过模拟通道传送的调制方式主要有调幅、调频和调相以及正交调幅几种方式。

#### 1．调幅

调幅技术最常见的应用就是在收音机中。调幅是载波频率固定，载波的振幅随着原始数据的幅度变化而变化。各中调幅方法如图 2-6 所示。

从图 2-6 中可以看出，这种调幅方式调整完成后，载波信号保留了两个原始数据的副本，上方是原始数据，而下方则是反的。所以称为"双边带发射的载波"，为了节约带宽和减少发射功率，可以使用称为"单边带技术"的调幅技术的变体。

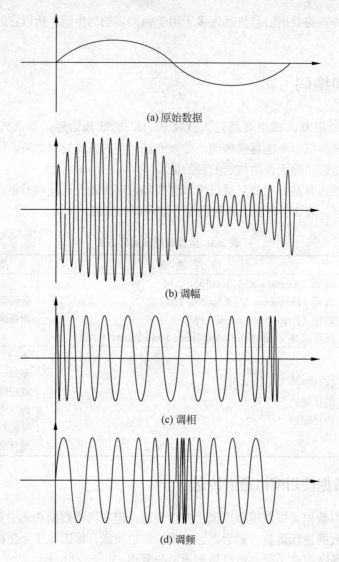

(a) 原始数据

(b) 调幅

(c) 调相

(d) 调频

图 2-6　调制方式比较

### 2. 调频与调相

　　调频和调相都属于调度调制。对于调相，调整信号的相位和原始数据信号成正比，而调频，则是相位的倒数和原始数据信号成正比。这两种调制方式载波的振幅不会变化，而频率随原始数据的振幅变化而变化。从图 2-6 可以发现，调相和调频的载波波形很难区分，确实，在不知道调制函数的时候，这两者从波形上无法区分。和调幅相比较，角度调整需要更多的带宽，而原始模拟信号的值改变角度调制需要的带宽，而在调幅调制中，改变的是载波的发射功率而不是带宽。表 2-4 所示为调幅和角度调制的比较。

表 2-4　调幅和角度调制的比较

| 对 比 项 目 | 调　　幅 | 调频和调相 |
| --- | --- | --- |
| 载波的频率 | 不变 | 改变 |
| 载波的振幅 | 改变 | 不变 |
| 占有带宽 | 少 | 多 |
| 消耗功率 | 和数据信号有关 | 和数据信号无关 |

### 3．正交调幅

正交调幅利用了以下特点：使用两个相位相差 90°的载波，有可能在相同的频率上同时发送两个不同的信号。使用正交调幅时，把需要传送的数据流分解成两个独立的数据流，然后用两个相差为 90°的载波分别对两个数据流进行 ASK 调制，然后将两个调整后的信号合起来发送。图 2-7 给出了正交调幅的流程图。

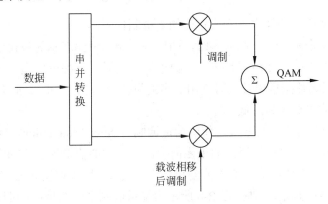

图 2-7　正交调幅

如果使用两电平的 ASK，那么合并的数据流有 4 种状态，如果提高 ASK 的电平数量，那么也就能提高数据的传输率，同时出现差错的可能性也越高。

正交调幅主要应用在非对称数字用户线路（Asymmetric Digital Subscriber Line，ADSL）中。

## 2.3.2　模拟数据使用数字通道传送

模拟数据必须转变为数字信号，才能在数字通道上传送，这个过程称为"数字化"。要经过采样、量化、编码三个步骤。

### 1．采样

每隔一定时间间隔，取模拟信号的当前值作为样本，该样本代表了模拟信号在某一时刻的瞬时值。一系列的样本可以用来表示模拟信号在某一区间随时间变化的值。

### 2. 采样定理

如果一个信号 $f(t)$ 以固定的时间间隔，并以高于最大主频率两倍的速率进行采样，那么这些样本就包含了原信号中的所有信息。根据这些样本，通过使用低通滤波器，可以重建函数 $f(t)$。

### 3. 量化

取样后得到的样本是连续值，这些必须量化为离散值，离散值的个数为离散值。

根据采样定理，为了实现 4000Hz 以下的语音数据传送，每秒采集 8000 个样本则可以描述这个话音。如果样本是使用模拟数据，则能够完全描绘。使用数字信号时，必须使用二进制码来描述每个样本，受到二进制码位数的限制，这个描述必然是近似值。采用的方法类似于求圆周长时，用内切正多边形的方法。这种调制方式称为脉码调制。这种方式在解调时能近似的恢复原始信号，这种影响称为"量化误差"。

### 4. 编码

编码就是将量化后的样本值变成相应的二进制代码。

每个模拟样本表示为二进制编码时，如果每个相邻编码表示的量化值差相等，就是线性编码，线性编码的主要问题是在原始数据振幅较低时，编码后失真严重。如果采用非线性编码，在原始数据振幅较低时使用更多的量化值，在同样的二进制位数的情况下，信号还原后的整体失真大为降低。

一种比 PCM 更为简单的方式是使用增量调制（Delta Modulation，DM），这种方式的基本思路是：在每个采样周期，如果当前值比上一次的值增加了，则生成 1，否则生成 0。这种简单方式主要在信号变化很慢和变化很快时，增量调制无法产生正确的波形，在性噪比上比 PCM 方式要差些。图 2-8 所示为增量调制产生的噪声，可以直观看出在数据变化过快时会产生噪声。

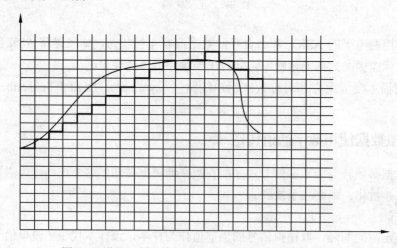

图 2-8　增量调制在数据源变化很快或很慢时产生的噪声

### 2.3.3　数字数据使用模拟通道传送

数字数据使用模拟通道传送，就要使用调制。调制就是用模拟信号对数字数据进行编码，使其适合于在模拟线路上传输。最基本的调制技术包括幅度键控（ASK）、频移键控（FSK）和相移键控（PSK），它们之间的特性如表 2-5 所示。

表 2-5　基本调制技术特性表

| 调制技术 | 说　　明 | 特　　点 |
| --- | --- | --- |
| ASK | 用恒定的载波振幅值表示一个数（通常是 1），无载波表示另一个数。 | 实现简单、但抗干扰性差、效率低（典型数据率仅为 1200b/s） |
| FSK | 由载波频率（$f_c$）附近的两个频率（$f_1$、$f_2$）表示两个不同值，$f_c$ 恰好为中值。 | 抗干扰性较 ASK 更强，但占用带宽较大，典型速度也是 1200b/s |
| PSK | 用载波的相位偏移来表示数据值。 | 抗干扰性最好，而且相位的变化可以作为定时信息来同步时钟 |

图 2-9 表示的是幅度键控、频移键控和相移键控调制二进制数据的图例。ASK 中使用载波有幅度和没有幅度分别表示数字数据 "1" 和 "0"；FSK 中使用两种不同的频率表示数字数据 "1" 和 "0"；PSK 中用非 0 相位和 0 相位分别表示数字数据 "1" 和 "0"。

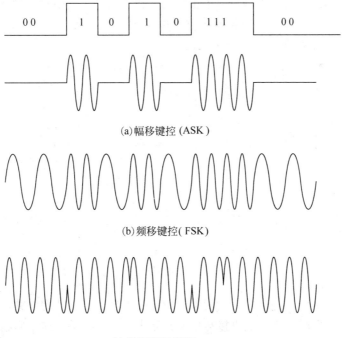

(a)幅移键控（ASK）

(b)频移键控（FSK）

(c)相移键控（PSK）

图 2-9　ASK、FSK 和 PSK 调制二进制数据

在高速的调制技术中，主要是通过采取多个相位值，这样就使每个码元能够表示的二进制位数增多，从而提高数据传输速度。例如，可以使用（0°、90°、180°、270°）四个相位，也可以取（45°、135°、225°、315°）四个相位来表示 00、01、10、11。前一种方案刚好是 90°的倍数，因此称为 QPSK（正交相移键控），后者则为普通的 DPSK（四相键控）。另外，以上三种基本的调制技术经常结合使用，最常见的组合是 PSK 与 ASK 结合。

### 2.3.4　数字数据使用数字通道传送

二进制数字信息在传输过程中可采用不同的代码，这些代码的抗噪性和定时能力各不相同。最基本的数字编码有单极性码、极性码、双极性码、归零码、不归零码、双相码 6 种，常用于局域网的有曼彻斯特编码、差分曼彻斯特编码，常用于广域网的有 4B/5B 码、8B/10B 码。

**1．基本编码**

基本的编码方法有极性编码、归零性编码和双相码。

（1）极性编码。极包括正极和负极。因此从这里就可以理解单极性码，就是只使用一个极性，再加零电平（正极表示 0，零电平表示 1）；极性码就是使用了两极（正极表示 0，负极表示 1）；双极性码则使用了正负两极和零电平（其中有一种典型的双极性码是信号交替反转编码 AMI，它用零电平表示 0，1 则使电平在正、负极间交替翻转）。码的极性变化如图 2-10 所示。

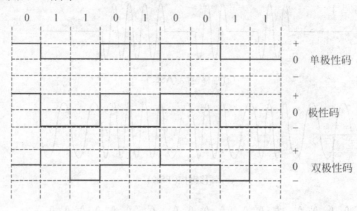

图 2-10　码的极性变化

在极性编码方案中，都是始终使用某一特定的电平来表示特定的数，因此当发送连续多个"1"或"0"时，将无法直接从信号判断出个数。要解决这个问题，就需要引入时钟信号。

（2）归零性编码。归零指的是编码信号量是否回归到零电平。归零码就是指码元中间的信号回归到 0 电平。不归零码则不回归零（当出现 1 时电平翻转，0 时不翻转），也称之为差分机制。

（3）双相码。通过不同方向的电平翻转（低到高代表 0，高到低代表 1），这样不仅可以提高抗干扰性，还可以实现自同步，它也是曼码的基础。

归零码和双相码如图 2-11 所示。

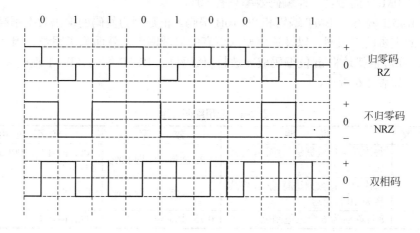

图 2-11　归零码和双相码

### 2. 应用性编码

应用性编码主要有曼彻斯特编码、差分曼彻斯特编码、4B/5B 编码、8B/6T 编码和 8B/10B 编码等。

（1）曼彻斯特编码和差分曼彻斯特编码。曼彻斯特编码和差分曼彻斯特编码如图 2-12 所示。

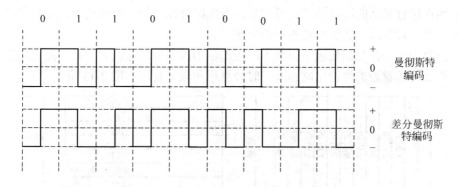

图 2-12　曼彻斯特编码和差分曼彻斯特编码

曼彻斯特编码是一种双相码，用低到高的电平转换表示 0，用高到低的电平转换表示 1，因此它也可以实现自同步，常用于以太网（802.3 10M 以太网）。

**希赛教育专家提示：**某些教程中关于此描述是正好相反的，也就是 0 和 1 互换了，结果也是正确的。

差分曼彻斯特编码是在曼彻斯特编码的基础上加上了翻转特性，遇 1 翻转，遇 0 不变，常用于令牌环网。要注意的一个知识点是：使用曼码和差分曼码时，每传输 1 位的信息，就要求线路上有两次电平状态变化（2 Baud），因此要实现 100Mb/s 的传输速率，就需要有 200MHz 的带宽，即编码效率只有 50%。

（2）4B/5B 编码、8B/6T 编码和 8B/10B 编码。正是因为曼码的编码效率不高，因此在带宽资源宝贵的广域网，以及速度要求更高的局域网中，就面临了困难。因此就出现了 mBnB 编码，也就是将 m 位编码成 n 波特（代码位）。4B/5B 编码、8B/6T 编码和 8B/10B 编码的比较如表 2-6 所示。

表 2-6　应用编码标准

| 编码方案 | 说　明 | 效　率 | 典型应用 |
|---|---|---|---|
| 4B/5B | 每次对 4 位数据进行编码，将其转为 5 位符号 | 1.25 波特/位，即 80% | 100Base-FX、100Base-TX、FDDI |
| 8B/10B | 每次对 8 位数据进行编码，将其转为 10 位符号 | 1.25 波特/位，即 80% | 千兆以太网 |
| 8B/6T | 8 位映射为 6 个三进制位 | 0.75 波特/位 | 100Base-T4 |

## 2.4　多路复用技术

多路复用适用于线路带宽远高于需要传输内容的带宽。例如，采用 8000Hz 进行 16 位采样的语音数据需要的带宽是 64KB/s，而电缆和光缆的带宽要远高于 64KB/s，这样在线路上就应该可以传输多个语音信号，以充分利用资源。在两个电话局之间，并不需要很多条通信线路，通过多路复用技术，两个局之间的用户互相通电话，他们的语音信号和其他在进行通话的语音信号被通过某种方式组合在一起，经过两个电话局之间的高速线路，到达对方局，然后再被相应的分解。

多路复用已经在数据传输中得到了广泛的应用，主要的原因之一是线路上的数据率越高，那么传输设施的性价比就越高，时分复用和频分复用如图 2-13 所示。

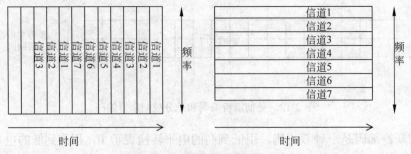

图 2-13　时分复用和频分复用

## 2.4.1　频分复用

频分复用（Frequency Division Multiplexing，FDM）是应用最为广泛的复用方式。例如，收音机、电视都使用频分复用技术。它就是在发送端把被传送的各路信号的频率分割开来，使不同信号分配到不同的频率段。

当传输媒体的有效带宽比传输要求的带宽高，就可以进行频分复用技术。可以把传输媒体的有效带宽分成若干频率区间，让每个区间传送不同的信号，这样就可以将这些信号同时传送。这些区间，称为"信道"。

传输时，对于不同信道的数据，采用该信道的载波频率进行调制，然后将所有信道的载波相加，通过媒体发送出去。接收端就必须有所选择，使用不同的载波频率进行解调，就能得到不同信道传输的数据。频分复用发送器、接收器示意图，如图 2-14 所示。

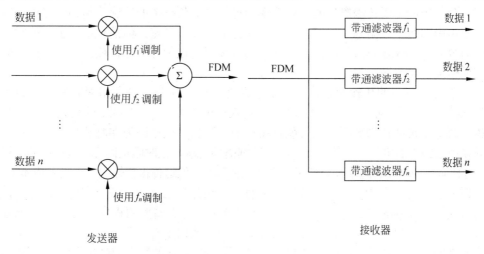

图 2-14　频分复用发送器、接收器示意图

频分复用是基于模拟信道的，如果需要传输数字信号，就必须把数字信号转换为模拟信号以后，再使用频段内的载波进行调制。

频分复用必须注意到串扰的问题，如果两个频段之间隔离的宽度不够，那么正常调制后的信号可能会进入其他频段的范围之内。为了防止相邻两个信号频率覆盖造成串扰，在相邻两信号频率段间有一个"警戒"段。设每个信号的信息带宽为 $f_m$，警戒带宽为 $f_g$，有 $n$ 路信号，则信道的频带总带宽为 $f = n \times (f_m + f_g)$。

另外一个频分复用的问题是交调噪声，对于远距离的线路，放大器对某个频段的非线性影响可能会在其他的频段产生频率部分，从而干扰了其他频段的数据。有线电视频率分布如表 2-7 所示。

表 2-7　有线电视频率分布

| 频率（MHz） | 用　途 |
| --- | --- |
| 5～45 | 上行 |
| 48～88 | 电视 |
| 88～108 | 调频 |
| 108～550 | 电视 |
| 550～750 | 数字 |

**希赛教育专家提示**：调频波段和无线广播中的调频波段是一样的。

## 2.4.2　时分复用

时分复用（Time Division Multiplexing，TDM）是一种简单而容易实现的传输复用方式。时分复用应用于传输媒体的传输速率超过信号的数据率的情况，和频分复用不同，时分复用中的每个数据源占用了传输媒体的全部的频率带宽，但没有占用全部的时间。

时分复用和操作系统的时间轮片任务调度类似，这种方法把传输媒体在时间上分成不同的信道，参看图 2-15。

对于时分复用的传输而言，每个信息源在一个分配周期内占用的时间片称为"时隙"，根据应用的不同，在一个时隙中，传输媒体可能传输一个字节，也可能传输一整块数据。时隙中可能传送数据，也可能是填充的空数据。这是因为在时分复用中，每个时隙的使用是预先固定的，即使数据源没有数据需要传输，该时隙也同样和其他时隙一样传输。这种简化的设计看起来是浪费了传送线路的容量，但这使得传输设计和设备成本下降。

时分复用的一个特点，对于数据源而言，它认为自己是完全独占该传输媒体的，即时分复用对于数据源是透明的。这个特点和操作系统所调度的程序任务认为自己独占中央处理器。如果从传输媒体上传输的数据来看，数据是奇怪且难以理解的，但每个数据源对之间可以灵活的使用差错控制等手段，不会对其他的数据源产生影响，如图 2-15 所示。

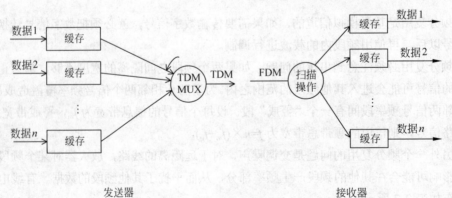

图 2-15　时分复用的发送和接收示意图

在通信网中，30/32PCM 系统是典型时分复用的应用，它由 16 个帧组成一个复帧，每个帧分成 32 个时隙，每个时隙传输 8 位数据，其中第 0 时隙用于传输帧同步信号，第 16 时隙用于传输复帧同步信号和线路信号，其余 30 个时隙为话路信号。具体的同步信号的结构超出了本章的内容。30/32 路 PCM 系统时隙分配示意图如图 2-16 所示。

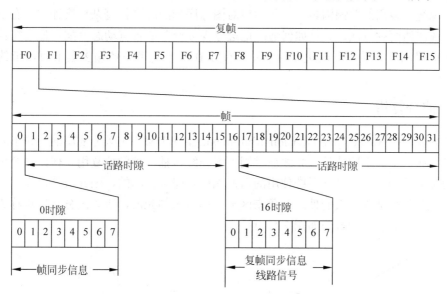

图 2-16　30/32 路 PCM 系统时隙分配示意图

现实中往往存在需要传输的数据源之间的数据率并不存在一定的比例关系的情况，这就不好决定每个时隙的划分，这时可以采用"脉冲填充"的方法来协调数据源之间不同的数据率，不同数据源的数据被填入不同的附加空数据，从而使得所有数据源的数据率达到成比例的水平。

### 2.4.3　统计时分多路复用

由于时分复用在数据源空闲状态仍然必须传送该数据源的数据，造成了传输媒体传输的浪费，为了提高效率，可以采用一种更加复杂的机制，即统计复用方法（Statistical Division Multiplexing，SDM）。

统计复用有时也称为标记复用、统计时分多路复用或智能时分多路复用，实际上就是所谓的带宽动态分配。统计复用从本质上讲是异步时分复用，能动态地将时隙按需分配，而不采用时分复用使用的固定时隙分配的形式，根据信号源是否需要发送数据信号和信号本身对带宽的需求情况来分配时隙，主要应用有数字电视节目复用器。

数字电视节目复用器主要完成对 MPEG-2（Moving Picture Experts Group 2，活动图像专家组版本 2）传输流的再复用功能，形成多节目传送流，用于数字电视节目的传输任务。所谓统计复用是指被复用的各个节目传送的码率不是恒定的，各个节目之间实行按图像复杂程度分配码率的原则。因为每个频道（标准或增补）能传多个节目，各个节目在同一时刻图像复杂程度不一样，所以，可以在同一频道内各个节目之间按图像复杂程度分配码率，实现统计复用。

实现统计复用的关键因素：一是如何对图像序列随时进行复杂程度评估，有主观评估和客观评估两种方法；二是如何适时地进行视频业务的带宽动态分配。使用统计复用技术可以提高压缩效率，改进图像质量，便于在一个频道中传输多套节目，节约传输成本。

### 2.4.4 波分复用

波分复用（Wavelength Division Multiplexing，WDM）是频分复用的一种形式，应用于光纤通信中。不同波长的光线通过同一根光纤传播，和频分复用一样，每个信道有自己的频率范围，由于光纤系统使用的衍射光栅是完全无源的，因此极其可靠。

由于日常生活中，人们使用颜色来区分不同波长的光波，所以波分复用也称为色分多路复用。波分复用示意图如图 2-17 所示。

图 2-17　波分复用示意图

## 2.5　数据交换方式

数据传输的双方有点对点的链路连接的实现最为方便，也最容易理解，但现实中很多时候这种配置很难实现，当数据传输的双方物理距离很远，或需要相连的传输设备很多，就需要在各工作站之间建立一个通信网络。

这个通信网络通常分成广域网和局域网两种。虽然现在广域网和局域网无论从技术还是应用上，其分界线都变得越来越模糊。其区别主要在于认为局域网通常在一个较小的范围或组织之内，而且数据的传播速度比广域网快得多。从技术上来说，局域网使用广播，而广域网使用数据交换。

交换即转接，是在交换通信网中实现数据传输必不可少的技术。交换方式按照性质可以分为如图 2-18 所示的几种。

## 2.5.1　电路交换

　　电路交换又称为线路交换。在所有的交换方式中，电路交换是一种直接的交换方式。这种方式提供了一条临时的专用通道，这个通道既可是物理通道，也可以是逻辑通道（使用时分或频分复用技术）。通信的双方在通信时，确实占有了一条专用的通道，而这个临时的专用通道在双方通信的接收前，即使双方并没有进行任何数据传输，也不能为其他站点服务。

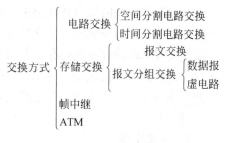

图 2-18　几种交换方式

　　线路交换按其接点直接连通一个输入线和一个输出线（空间分割）以及按时间片分配物理通路给多个通道（时间分割）方式又分为空间分割线路交换和时间分割线路交换。

　　目前公用电话网广泛使用的交换方式是电路交换，经由电路交换的通信包括电路建立、数据传输、电路拆除三个阶段。通过源站点请求完成交换网中对应的所需逐个节点的接续（连接）过程，以建立起一条由源站到目的站的传输通道。在通道建立之后，传输双方可以进行为全双工传输。在完成数据或信号的传输后，由源站或目的站提出终止通信，各节点相应拆除该电路的对应连接，释放由原电路占用的节点和信道资源。

### 1．电路交换的特点

　　电路交换需要在两站间建立一条专用通信链路需要花费一段时间，这段时间称为呼叫建立时间。在此过程阶段中，在通信链路建立过程中由于交换网繁忙等原因而使建立失败，对于交换网则要拆除已建立的部分电路，用户需要挂断重拨，这称为呼损。

　　电路交换方式利用率低。通信链路建立，进行数据传输，直至通信链路拆除为止，信道是专用的，即使传输双方暂时没有任何数据，通道也不能为其他任何传输方利用。再加上通信建立时间、拆除时间和呼损，其利用率较低。

### 2．电路交换的优势

　　电路交换的一个优势是，提供给用户的是"透明通路"，即交换网对用户信息的编码方法、信息格式以及传输控制程序等都不加以限制，通信双方收发速度、编码方法、信息格式、传输控制等完全由传输双方决定。

　　在传输的过程中，在每个节点的延迟是可以忽略的，数据以固定的数据率传输，除通过传输链路的传播延迟以外，没有别的延迟，适用于实时大批量连续的数据传输。

　　在数据交换是相对较为连续的数据流时（如语音），电路交换是一种适宜的、易于使用的技术。

## 2.5.2　存储交换

　　在数据交换中，对一些实时性要求不高的信息，如图书管理系统中备份数据库信息，允许信息等待一些时间再转发出去，在等待的时间里能进行一些必要的数据处理工作，此时，采用存储转发式的存储交换方式比较合适。存储交换原理是输入信息在交换装置控制下先存入缓冲存储器暂存，并对存储的数据进行一些必要的处理，等待输出线路空闲时，再将数据转发输出。转换交换装置起到了交换开关的作用，可控制输入信息存入缓冲区等待输出口的空闲，接通输出并传送信息。存储交换分为报文交换和报文分组交换两种。

### 1. 报文交换

目前数字数据通信广泛使用报文交换。在报文交换网中，网络节点通常为一台专用计算机，配备足够的外存，以便在报文进入时，进行缓冲存储。节点接收一个报文之后，报文暂存放在节点的存储设备之中，等输出线路空闲时，再根据报文中所附的目的地址转发到下一个合适的节点，如此往复，直到报文到达目标数据终端。所以报文交换也称为存储转发（Store and Forward）。

在报文交换中，每一个报文由传输的数据和报头组成，报头中有源地址和目标地址。节点根据报头中的目标地址为报文进行路径选择，并且对收发的报文进行相应的处理，如差错检查和纠错、调节输入输出速度进行数据速率转换、进行流量控制，甚至可以进行编码方式的转换等，所以报文交换是在两个节点间的一段链路上逐段传输，不需要在两个主机间建立多个节点组成的电路通道。

与电路交换相比，报文交换方式不要求交换网为通信双方预先建立一条专用的数据通路，因此就不存在建立电路和拆除电路的过程。报文交换中每个节点都对报文进行"存储转发"，报文数据在交换网中是按接力方式发送的。通信双方事先并不知道报文所要经过的传输路径，并且各个节点不被特定报文所独占。

报文交换具有下列特征：

（1）在通信时不需要建立一条专用的通路，不会像电路占用专有线路而造成线路浪费，线路利用率高，同时也就没有建立和拆除线路所需要的等待和时延。

（2）每一个节点在存储转发中都有校验、纠错功能，数据传输的可靠性高。

报文交换的主要缺点是，由于采用了对完整报文的存储/转发，要求各站点和网中节点有较大的存储空间，以备存整个报文，发送只有当链路空闲时才能进行，故时延较大，不适用于交互式通信（如电话通信）；由于每个节点都要把报文完整地接收、存储、检错、纠错、转发，产生了节点延迟，并且报文交换对报文长度没有限制，报文可以很长，这样就有可能使报文长时间占用某两节点之间的链路，不利于实时交互通信。分组交换即所谓的包交换正是针对报文交换的缺点而提出的一种改进方式。

### 2. 报文分组交换

该方式是把长的报文分成若干较短的、标准的"报文分组"（Packet），以报文分组为单位进行发送、暂存和转发。每个报文分组，除要传送的数据地址信息外，还有数据分组编号。报文在发送端被分组后，各组报文可按不同的传输路径进行传输，经过节点时，同样要存储、转发，最后在接收端将各报文分组按编号顺序再重新组成报文。

与报文交换方式相比，报文分组交换的优点有以下几点：

（1）报文分组较短，在各节点之间的传送比较灵活。

（2）各分组路径自行选择，每个节点在收到一个报文后，即可向下一个节点转发，不必等其他分组到齐，因此大大减少了对各节点存储容量的要求，同时也缩短了网路延时。

（3）报文分组传输中由于报文短，故传输中差错较少且一旦出错容易纠正。

当然报文分组也带来一定的复杂性，即发送端要求能将报文分组，而接受端则要求能将报文分组组合成报文，这增加了报文加工处理的时间。

报文分组的主要特点如下：

（1）报文分组除数据信息外，还必须包括目的地址、分组编号、校验码等控制信息，并按规定的格式排列。每个分组大小限制在 1 000 位。

（2）报文分组采用存储交换方式，一般由存储交换机进行高速传输、分组容量小，通过交换时间短，因此可传输实时性信息。

（3）每个报文分组不要求都走相同的路线，各分组可自行选择最佳路径，自己进行差错校验。报文分组到达目的节点时，先去掉附加的冗余控制信号，再按编号组装成原来的报文，传送给目的用户。上述功能在节点机和通信软件配合下完成。

存储转发方式实际上是报文在各节点可以暂存于缓冲区内，缓冲区大，暂存的信息就多，当节点输入线传来的报文量超过输出线传输容量时，报文就要在缓冲器中暂存、等待，一旦输出线空时，暂存的报文就再传送。可见，报文通过节点时会产生延时，报文在一个节点的延迟时间为接受一个报文分组的时间与排队等待发送到下一个节点时间之和。采用限定报文长度的方法可以控制报文通过节点的延时，但网络上被访问节点的总延时必须考虑。

应用排队理论分析，一般认为网络中被访问节点上总延时等于报文分组平均长度与线路速度之比。因此采用可变长度的报文，即使有个别的长报文也会严重的影响平均延时。因为报文是顺序处理，一个长报文产生额外的延时势必会影响其后各报文的处理，所以，必须规定报文分组的最大长度。超过规定最大长度的报文需拆成报文组后再发送。

报文分组交换虽然可以控制延时，但由于报文分组各自选择，相应的也存在一些缺点：

（1）增加了信息传输量。报文分组方式要在每个分组内增加传输的目的地址和附加传输控制信息，因此总的信息量增加约 5%～10%。

（2）由于报文分组交换允许各报文分组自己选择传输路径，使报文分组到达目的点时的顺序没有规则，可能出现丢失、重复报文分组的情况。因此目的端需要将报文分组编号进行排序等工作。这需要通过端对端协议解决，因此数据报文分组交换方式适用于传输距离短、结点不多、报文分组较少的情况。

### 3．数据报

对于短报文来说，一个报文分组就足够容纳所传送的数据信息。一般单个报文分组称数据报（Datagram）。数据报的服务以传送单个报文分组为主要目标。原 CCITT 研究组把数据报定义为，能包含在单个报文分组数据域中的报文，且传送它到目标地址与其他已发送或将要发送的报文分组无关，这样报文分组号可以省略。也就是说，每个分组的传送是被单独处理的，它本身携带有足够的信息。

数据报的一般格式如表 2-8 所示：

表 2-8　数据报格式

| 类型 | 源地址 | 目的地址 | 其他控制信息 | 用户数据 |
| --- | --- | --- | --- | --- |

发送数据报与发送信件和邮包一样。在数据报服务控制下，网络接受来自源的单一报文分组，并独立地传到目的点。数据报服务是无连接的服务。

### 4．虚电路

为了弥补报文分组交换方式的不足，减轻目的节点对报文分组进行重组的负担，引进虚电路（Virtual Circuit）服务。为了进行数据传输，在发送者和接收者之间首先要建立一条逻辑电路，以后的数据就按照相同的路径进行传送，直到通信完毕后该通路被拆除。在一条物理通路上可以建立多条逻辑通路，一对用户之间通信，占用其中一条逻辑通路。虚电路可以包括各段不相同的实际电路，经过若干中间节点的交换机或通信处理机制连接起来的逻辑通路构成。它是一条物理链路，在逻辑上复用为多条逻辑信道。虚电路一经建立就要赋予虚电路号，反映信息的传输通道。这样报文分组中就不必再注明全部地址，相应的缩短了信息量，每个报文分组的虚电路可以各不相同。有两种建立虚电路的方法：

（1）交换虚电路。交换虚电路的建立像打电话一样，按主叫用户的要求临时在两个（主、被叫）客户之间建立虚电路。使用这种方式通信的客户，一次完整的通信过程分为 3 个阶段：呼叫建立、数据传送和拆线阶段。它适用于数据传送量小、随机性强的场合。

（2）永久虚电路。这种方式如同租用专线一样，在两个客户之间建立固定的通路。它的建立由网络管理中心预先根据客户需求而设定，因此在客户使用中，只有数据传送阶段，而无呼叫建立和拆线阶段。

表 2-9 列出了虚电路和数据报之间的不同。

表 2-9　虚电路和数据报服务比较

| | 虚　电　路 | 数　据　报 |
|---|---|---|
| 端－端连接 | 要 | 不要 |
| 目标站地址 | 仅连接时需要 | 每个分组都需要 |
| 分组顺序 | 按序 | 不保证 |
| 端－端差错处理和流程 | 均由通信子网负责 | 均由主机负责 |
| 状态信息 | 建立好的每条虚电路都要占用子网表空间 | 子网不存储状态信息 |
| 路由器失败的影响 | 所有经过失效路由器的虚电路都要终止 | 除了崩溃丢失全部分组外,无其他影响 |
| 拥塞控制 | 比较容易 | 难 |

## 2.5.3　信元交换

信元交换是 ATM 采用的交换方式,在很大程度上就是按照虚电路方式进行分组转发。在 ATM 传输模式中,信息被分成信元来传递,而包含同一用户信息的信元不需要在传输链路上周期性出现。ITU-T(国际电信联盟远程通信标准化组)定义 ATM 为"以信元为信息传输、复接和交换的基本单位的传送方式"。所谓的传送是指电信网中传输、复接和交换方式的整体。

ATM 协议包括物理层、ATM 层、ATM 适配层(ATM Adapter Layer,AAL)和高层。适配层采用了 AAL1、AAL2、AAL3/4 和 AAL5 等多种协议来支持不同的用户业务。

**1. ATM 物理层**

ATM 物理层是 ATM 模型的最底层,由传输汇聚层和物理介质子层组成。ATM 物理层负责 ATM 信元的线路编码,并将信元递交给物理介质。传输汇聚层从 ATM 层接收信元。组装成适当格式后传送给物理介质子层。在无信息传输时,由传输汇聚层插入空闲信元,以保持信元流的连续。在接收端,传输汇聚层从来自物理介质子层的位流中提取信元,验证信元头,删去空闲信元,将有效信元传递给 ATM 层。

**2. ATM 层**

ATM 层的基本功能是负责生成信元。它接收来自 AAL 层的 48 字节,并附加上相应的 5 字节的信元头,以形成信元传送给物理层。

ATM 信元具有固定的长度,总长为 53 字节。其中前 5 字节为信头(Header),包含各种控制信息,包括信元目的(逻辑)地址、纠错码、业务控制和维护信息等;后面 48 字节为信息字段(Payload),又称为净荷,其中包含了业务的数据,它们将被透明地传输,如图 2-19 所示。

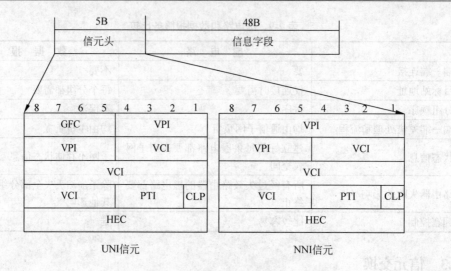

图 2-19　ATM 信元头结构

GFC（Generic Flow Control，一般流量控制）：GFC 仅在 UNI 信元中存在，因为 ATM 只在端设备与用户设备处进行流控制，以减少网络过载的可能性。

VPI（Virtual Path Identifier，虚路径标识符）：在 ATM 中，若干虚通道（Virtual Channel，VC）组成一个虚路径（Virtual Path，VP），并以 VP 作为网络管理单位，相当于 X.25 中的逻辑信道群号。有 8 位（UNI）或 12 位（NNI）之分。

VCI（Virtual Channel Identifier，虚通道标识符）：占 16 位，类似于 X.25 中逻辑信道号，用于标志一个 VPI 群中的唯一呼叫，在呼叫建立时分配，呼叫结束时释放。在 ATM 中的呼叫由 VPI 和 VCI 共同决定，且唯一确定。

PTI（Payload Type Identifier，净荷类型）：占 3 位，用于指示信息字段的信息是用户信息还是网络信息。

CLP（Cell Loss Priority，信元抛弃优先级）：当 CLP 为 1 时，表示当网络拥塞时可以抛弃该信元；相反，不能抛弃 CLP 为 0 的信元。

HEC（Header Error Control，信头差错控制）：占 8 位。为了提高处理效率（同时传输线路条件允许如此），ATM 仅进行信头 差错控制，以防 VPI/VCI 差错，即呼叫间"串话"。

UNI（User Network Interface，用户与网络之间接口）：ATM 终端机和 ATM 网间的通信接口。

NNI（Network Network Interface，网络与网络之间的接口）：ATM 网络和 ATM 网络的通信接口。

ATM 地址有三种格式，如图 2-20 所示。

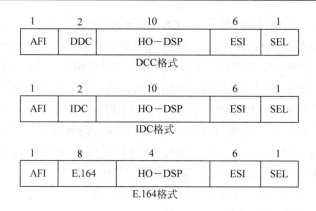

图 2-20　ATM 三种地址格式

DCC（Data County Code，数据国家代码）格式：按国家分配的地址。

ICD（International Code Designator，国际代码设计）格式：按国际组织分配的地址。

E.164 格式：传统电话编号方式由 CCITT 规定。

其中适配器的 MAC（Media Access Control，介质访问控制）地址又称为 ESI（End System Identifier，终端系统标识符），是 48 位的字符串（与现有 LAN-MAC 地址兼容）；选择字（SEL）在 NNI 接口中没有意义，仅在 UNI 接口处解释；AFI（Authority and Format Identifier，认证和格式标识符）指明地址的类型和格式；IDI（Initial Domain Identifier，初始域标识符）分配地址的机构，分别为 DCC、IDC、E.164。

**3．ATM 高层**

这是一个与业务相关的高层。按速率，将 ATM 分为 5 类。

（1）UBR（Unspecified Bit Rate，未定位速率）：对传输速率没有指定，但可靠性要求很高，即所谓"尽力传输"（Best Effort），可用于传送 IP 分组。

（2）CBR（Constant Bit Rate，不变位速率）：面向连接，有固定的带宽（速率）要求，适用实时的话音和视频信号传输，即模拟铜线和光纤通道。提供诸如 64kb/s PCM 的语音服务以及高质量的语音、静态图像等传输服务。

（3）ABR（Available Bit Rate，可用位速率）：只需指定峰值（Peak）和谷值（Minimum）信元速率，用于突发性的通信。

（4）VBR（Variable Bit Rate，可变位速率）：允许随时可变的带宽，但必须指定峰值带宽、最大突发数据长度和必须维持的最低速率。

（5）用户或厂家自定义的服务：当需要传输压缩的视频流数据时，采用的服务类别最好是 rt-VBR。

**4．ATM 适配层**

AAL 是高层协议和 ATM 层间的接口，转接 ATM 层与高层协议之间的信息。AAL

层分为两个子层，分别是汇聚子层 CS（Convergence）与分段和重组子层 SAR（Segmentation And Reassembly）。由于 ATM 是分组交换网，信号在传输过程中产生的时延可能不同，目的端的 CS 必须补偿延时。因此，在源端和目的端的 CS 子层必须就如何对时延补偿达成一致的约定，保证目的端信号的正确接收。为了达到这一目的，在 AAL 中加入了顺序号和保护位（校验码）。同时为了减小时延，对需传输的信息不管是否够一个完整的信元信息段，在一定的时间内，及时地组成分段和重组子层的协议数据单元，装配成信元，通过 ATM 层进行传输。因为 ATM 信元信息段的长度是固定 48 字节，如果所传输的数据不够 48 字节，那么必须用填充字节进行填充。

目前，已经提出的 ATM 适配层共有 4 种类型，每一种类型支持某些特定的业务。AAL 类型和它的业务等级关系如表 2-10 所示。

表 2-10 目前定义的 ATM 适配层

| 参数 | 服务类型 | | | |
| --- | --- | --- | --- | --- |
| | AAL1 | AAL2 | AAL3 | AAL4 |
| 端对端定时 | 要求 | | 不要求 | |
| 位率 | 固定 | | 可变 | |
| 连接模式 | 面向连接 | | | 无连接 |
| 应用举例 | 固定位率的话音、活动图像 | 可变位率的话音、活动图像 | 数据通信 | 数据通信 LAN 间连接 |

（1）AAL1：这种通信类型适用于面向接续，并且在接续点间具有定时关系，为不变位率的业务。对应于 A 类服务。

（2）AAL2：和 AAL1 类似，与 AAL1 的区别在于 AAL2 为可变位率，因此其传输的位是随业务的变化而变化的。对应于 B 类服务。

（3）AAL3/4：消息模式适合固定大小或可变长度的帧数据，流模式适合传输低时延的低速可变长数据分组。面向连接和无连接的服务，对应于 C/D 类服务。

（4）AAL5：这是针对计算机行业提出的，AAL5 这种通信类型为无连接，可变位，不需传送到远端的定时信息，主要用来携带 IP 数据分组。对应于 C/D 服务。

### 2.5.4 广播

广播方式也是很重要一种数据交换方式。在广播通信中，多个结点共享一个通信信道，结点以广播的形式发布信息，该结点发出的信息会被其他所有结点接收到。

在广播式网络中，所有计算机共享一个公共通信信道。当网络中的一台计算机向另一台计算机发送信息时，发送的信息中包含目的地址和源地址，这一信息被广播到网络中的每一台计算机。网络中的每台计算机接收信息后将检查信息中包含的目的地址，若目的地址为本机地址则接收该信息，否则丢弃该信息。

## 2.6　传输介质

就目前来看，主要的传输介质有双绞线、同轴电缆、光纤、无线电、微波、红外线等。这些传输介质大体上可以分为有线和无线两大类，考生需要掌握各种介质的传输的特征和适用场合。

### 2.6.1　双绞线

双绞线（Twisted Pair，TP）是目前计算机网络综合布线中最常用的一种传输介质。双绞线由一对一对的带绝缘塑料保护层的铜线组成。每对绝缘的铜导线按一定密度互相绞在一起，可有效地降低信号干扰的程度，每一根导线在传输中辐射的电波会被另一根线上发出的电波抵消。双绞线一般由两根 22 号、24 号、26 号绝缘铜导线相互缠绕而成。如果把一对或多对双绞线放在一个绝缘套管中便成了双绞线电缆。在双绞线电缆（也称双扭线电缆）内，不同线对具有不同的扭绞长度，通常情况下，扭绞长度在 38.1～14cm 内，按逆时针方向扭绞，相临线对的扭绞长度在 12.7cm 以上。与其他传输介质相比，双绞线在传输距离、信道宽度和数据传输速度等方面均受到一定限制，但价格较为低廉。

目前，双绞线可分为非屏蔽双绞线（Unshielded Twisted Pair，UTP）和屏蔽双绞线（Shielded Twisted Pair，STP）。

虽然双绞线主要是用来传输模拟声音信息的，但同样适用于数字信号的传输，特别适用于较短距离的信息传输。在传输期间，信号的衰减比较大，并且产生波形畸变。采用双绞线的局域网的带宽取决于所用的铜质导线的质量、长度及传输技术。只要精心选择双绞线、进行标准化安装，就可以获得较高的传输率，通常 100m 可以达到 155Mb/s。

因为双绞线传输信息时会向周围辐射，所以信息比较容易窃听。当然这只需要耗费较小的代价即额外增加一层屏蔽层，就可以避免这类情况发生，这就是通常使用的屏蔽双绞线。屏蔽双绞线的外层都是由一层铝箔包裹的，可以有效地减小辐射，当然也不能完全消除辐射。屏蔽双绞线的价格相对非屏蔽双绞线来说高一些，安装也比非屏蔽双绞线难一些。类似于同轴电缆，它必须配有支持屏蔽功能的特殊连结器和相应的安装技术。但它有较高的传输速率，100 米内可达到 155Mb/s。

计算机网络综合布线经常使用的 4 对非屏蔽双绞线的结构如图 2-21 所示。

非屏蔽双绞线电缆具有以下优点：

（1）无屏蔽外套，直径小，节省所占用的空间。

（2）重量轻、易弯曲、易安装。

（3）将串扰减至最小或加以消除。

（4）具有阻燃性。

（5）具有独立性和灵活性，适用于结构化综合布线。

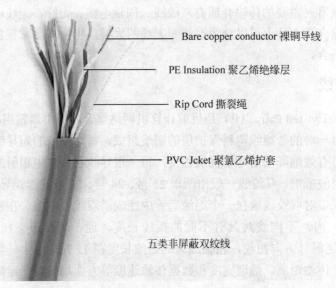

Bare copper conductor 裸铜导线

PE Insulation 聚乙烯绝缘层

Rip Cord 撕裂绳

PVC Jcket 聚氯乙烯护套

五类非屏蔽双绞线

图 2-21　常用的 4 对非屏蔽双绞线结构示意图

**1. 规格型号**

EIA/TIA（Electronic Industries Association/Telecommunications Industry Association，美国电子工业协会/美国电信工业协会）为双绞线电缆定义了多种不同质量的型号。计算机网络综合布线使用第三、四、五、超五、六类。主要的种类型号如下：

（1）第一类：主要用于传输语音（一类标准主要用于 20 世纪 80 年代初之前的电话线缆），不用于数据传输。

（2）第二类：传输频率为 1MHz，用于语音传输和最高传输速率 4Mb/s 的数据传输，常见于使用 4Mb/s 规范令牌传递协议的旧的令牌网。

（3）第三类：指目前在 ANSI 和 EIA/TIA568 标准中指定的电缆。该电缆的传输频率为 16MHz，用于语音传输及最高传输速率为 10Mb/s 的数据传输，主要用于 10base-T。

（4）第四类：该类电缆的传输频率为 20MHz，用于语音传输和最高传输速率 16Mb/s 的数据传输，主要用于基于令牌的局域网和 10base-T/100base-T。

（5）第五类：该类电缆增加了绕线密度，外套一种高质量的绝缘材料，传输频率为 100MHz，用于语音传输和最高传输速率为 100Mb/s 的数据传输，主要用于 100base-T 和 10base-T 网络，这是最常用的以太网电缆。

（6）超五类：在五类双绞线的基础上，增加了额外的参数（近端串扰、衰减串扰比）

和部分性能的提升，传输速率为 100Mb/s。

（7）第六类：物理上与超五类不同，线与线对之间是分隔的，传输速率为 250Mb/s。

同时又由于双绞线有屏蔽双绞线和非屏蔽双绞线之分，这样双绞线的种类就更多了，具体规格和传输速率如图 2-22 所示。

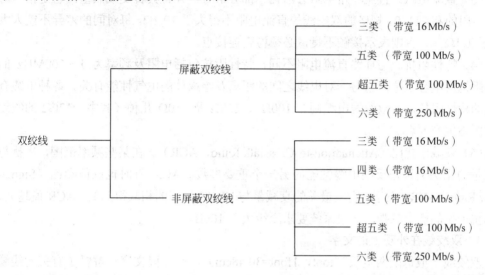

图 2-22　各种规格的双绞线

### 2．性能指标

对于各种类的双绞线，用户所关心的能够代表其特征的性能指标有衰减、近端串扰、阻抗特性、分布电容、直流电阻等。

（1）衰减（Attenuation）。衰减是沿链路的信号损失度量。衰减与线缆的长度有关系，随着长度的增加，信号衰减也随之增加。衰减用 dB 作单位，表示源传送端信号到接收端信号强度的比率。又因为衰减随频率而变化，所以应该测量在应用范围内的全部频率上的衰减。

（2）近端串扰（Near-End Crosstalk Loss，NEXT）。串扰可分为近端串扰和远端串扰（Far-End Crosstalk Loss，FEXT），测试仪主要是测量 NEXT，由于存在线路损耗，因此 FEXT 的量值的影响较小，在三类、五类线缆中可以忽略不计。近端串扰损耗是测量一条 UTP 链路中从一对线到另一对线的信号耦合。对于 UTP 链路，NEXT 是一个关键的性能指标，也是最难精确测量的一个指标。随着信号频率的增加，其测量难度将加大。NEXT 并不表示在近端点所产生的串扰值，只是表示在近端点所测量到的串扰值。这个量值会随电缆长度不同而变，电缆越长，其值变得越小。同时发送端的信号也会衰减，对其他线对的串扰也相对变小。实验证明，只有在 40m 内测量得到的 NEXT 是较真实的。如果另一端是远于 40m 的信息插座，那么它会产生一定程度的串扰，但测试仪可能无法测量到这个串扰值。因此，最好在两个端点都进行 NEXT 测量。现在的测试仪都配有相应设备，使得在链路一端就能测量出两端的 NEXT 值。

（3）直流电阻。直流环路电阻会消耗一部分信号，并将其转变成热量。它是指一对导线电阻的和，11801 规格的双绞线的直流电阻不得大于 19.2Ω。每对间的差异不能太大（小于 0.1Ω），否则表示接触不良，必须检查连接点。

（4）特性阻抗。与环路直流电阻不同，特性阻抗包括电阻及频率为 1～100MHz 的电感阻抗及电容阻抗，它与一对电线之间的距离及绝缘体的电气性能有关。各种电缆有不同的特性阻抗，而双绞线电缆则有 100Ω、120Ω 及 150Ω 几种（其中，120Ω 的线缆在中国不生产）。

（5）衰减串扰比（Attenuation-to-Crosstalk Ratio，ACR）。在某些频率范围，串扰与衰减量的比例关系是反映电缆性能的另一个重要参数。ACR 有时也以信噪比（Signal-Noise Ratio，SNR）表示，它由最差的衰减量与 NEXT 量值的相减得到的。ACR 值越大，表示抗干扰的能力越强。一般系统要求至少大于 10dB。

**3．双绞线在外观上的文字**

双绞线一般每隔两英尺（foot，1foot=30.48cm）就有一段文字，解释了有关此线缆的相关信息。下面以 CSAI 公司生产的线缆为例，其文字为：

CSAI SYSTEMS CABLEE138034 0100

24 AWG（UL） CMR/MPR OR C（UL） PCC

FT4 VERIFIED ETL CAT5 O044766 FT 0907

其中的具体含义如下所述：

（1）CSAI：代表生产该线缆公司的名称为 CSAI。

（2）0100：表示特性阻抗 100Ω。

（3）24：表示线芯是 24 号的（线芯有 22、24、26 三种规格）。

（4）AWG：表示美国线缆规格标准。

（5）UL：表示通过认证的标准。

（6）FT4：表示 4 对线。

（7）CAT5：表示五类线。

（8）044766：表示线缆当前处在的英尺数。

（9）0807：表示生产日期是 2008 年 7 月。

**4．布线标准**

EIA/TIA 的布线标准中规定了两种双绞线的线序，分别是 T568A 与 T568B，这两个标准是最常使用的布线标准，如图 2-23 所示。

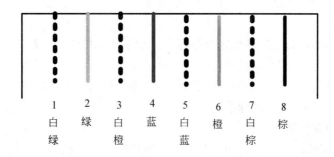

T568A

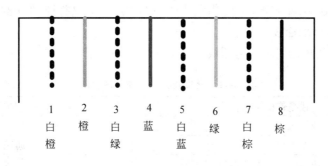

T568B

图 2-23　T568A 和 T568B 针脚示意图

（1）T568A 规定的连接方法是：

1——白绿（就是白色的外层上有些绿色，表示和绿色的是一对线）。

2——绿色。

3——白橙（就是白色的外层上有些橙色，表示和橙色的是一对线）。

4——蓝色。

5——白蓝（就是白色的外层上有些蓝色，表示和蓝色的是一对线）。

6——橙色。

7——白棕（就是白色的外层上有些棕色，表示和棕色的是一对线）。

8——棕色。

（2）T568B 规定的连接方法是：

1——白橙。

2——橙色。

3——白绿。

4——蓝色。

5——白蓝。

6——绿色。

7——白棕（就是白色的外层上有些棕色，表示和棕色的是一对线）。

8——棕色。

在通常的工程实践中，T568B 使用得较多。不管使用哪一种标准，一根五类线或超五类的两端都必须使用同一种标准。

**5. 直通线与交叉线**

直通线（Straight Cable）是指线缆两端的线序排列完全相同的网线（要么两端全部使用 T568A，要么两端全部使用 T568B）。

交叉线（Crossover Cable）是指线缆两端的线序一边是按照 T568A 标准连接，另一边按照 T568B 标准连接。

用户可根据实际需要选用直通线或交叉线，各种使用情况如表 2-11 所示。

表 2-11　交叉线和直通线适用范围

| 线缆连接设备情况 | 所采用的线缆种类 |
| --- | --- |
| 计算机—计算机 | 交叉线 |
| 计算机—集线器普通口 | 直通线 |
| 集线器普通口—集线器普通口 | 交叉线 |
| 集线器级联口—集线器级联口 | 交叉线 |
| 集线器普通口—集线器级联口 | 直通线 |
| 集线器普通口—交换机 | 交叉线 |
| 集线器级联口—交换机 | 直通线 |
| 交换机—交换机 | 交叉线 |
| 交换机—路由器 | 直通线 |
| 路由器—路由器 | 交叉线 |

**希赛教育专家提示**：在实际通信中只需要用到双绞线八根铜线中的第 1、2、3、6 四条铜线。

## 2.6.2　同轴电缆

同轴电缆中用于传输信号的铜芯和用于屏蔽的导体是共轴的，同轴之名由此而来。同轴电缆的屏蔽导体（外导体）是一个由金属丝编织而成的圆形空管，铜芯（内导体）是圆形的金属芯线，内外导体之间填充一层绝缘材料，而整个电缆外包有一层塑料管，起保护作用，如图 2-24 所示。内芯线和外导体一般都采用铜质材料。

通常使用的同轴电缆有两种，基带同轴电缆（粗同轴电缆）和宽带同轴电缆（细同轴电缆）。

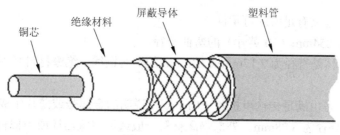

图 2-24　同轴电缆

### 1．粗同轴电缆

粗同轴电缆的屏蔽层是用铜做成的网状层，特征阻抗为 50Ω，用于数字传输，由于多用于基带传输，也叫基带同轴电缆。由于同轴电缆的特殊结构，使得它具有了高带宽和极好的噪声抑制特性。同轴电缆的带宽取决于电缆长度。1 km 的电缆可以达到 1～2Gb/s 的数据传输速率。还可以使用更长的电缆，但是传输率要降低或使用中间放大器。

粗同轴电缆的安装方法为，粗缆一般采用一种类似夹板的 Tap 装置进行安装，它利用 Tap 上的引导针穿透电缆的绝缘层，直接与导体相连。电缆两端头设有终端器，以削弱信号的反射作用。

### 2．细同轴电缆

细同轴电缆的屏蔽层是由铝箔构成的，特征阻抗为 75Ω 用于模拟传输。

一般而言，使用有限电视电缆进行模拟信号传输的同轴电缆系统被称为宽带同轴电缆。"宽带"这个词来源于电话业，指比 4kHz 宽的频带。然而在计算机网络中，"宽带电缆"是指任何使用模拟信号进行传输的电缆网。

细同轴电缆的安装方法为：将细缆切断，两头装上 BNC（Bayonet Nut Connector，刺刀螺母连接器）头，然后接在 T 型连接器两端。

### 3．同轴电缆各项主要参数

同轴电缆的电器参数如下：

（1）同轴电缆的特性阻抗：同轴电缆的平均特性阻抗为 50±2Ω，沿单根同轴电缆的阻抗的周期性变化为正弦波，中心平均值±3Ω。

（2）同轴电缆的衰减：一般指 500m 长的电缆段的衰减值。当使用 10MHz 的正弦波进行测量，它的值不超过 8.5dB（17dB/km）；而用 5MHz 的正弦波进行测量时，它的值不超过 6.0dB（12dB/km）。

（3）同轴电缆的传播速度：同轴电缆的最低传播速度为 0.77c（其中 c 为光速）。

（4）同轴电缆直流回路电阻：电缆的中心导体的电阻与屏蔽层的电阻之和不超过 10 毫欧/米（在 20℃下测量）。

同轴电缆的物理参数如下：

（1）同轴电缆具有足够的可柔性。

（2）能支持 254mm（10 英寸）的弯曲半径。

（3）中心导体是直径为 2.17mm±0.013mm 的实芯铜线。绝缘材料必须满足同轴电缆电气参数。

（4）屏蔽层是由满足传输阻抗和 ECM 规范说明的金属带或薄片组成，屏蔽层的内径为 6.15mm，外径为 8.28mm。外部隔离材料一般选用聚氯乙烯或类似材料。

对电缆进行测试的主要参数有导体或屏蔽层的开路情况、导体和屏蔽层之间的短路情况、导体接地情况，以及在各屏蔽接头之间的短路情况。

**4．布线方式**

在计算机网络布线系统中，对同轴电缆的粗缆和细缆有三种不同的构造方式，即细缆结构、粗缆结构和粗/细缆混合结构。

**5．最常用的同轴电缆种类**

常用的同轴电缆如表 2-12 所示，其中计算机网络一般选用 RG-8 以太网粗缆和 RG-58 以太网细缆；RG-59 用于电视系统；RG-62 用于 ARCnet 网络和 IBM3270 网络。

表 2-12　常用的同轴电缆

| 同轴电缆型号 | 特征阻抗（Ω） | 同轴电缆型号 | 特征阻抗（Ω） |
| --- | --- | --- | --- |
| RG-8 | 50 | RG-59 | 75 |
| RG-11 | 50 | RG-62 | 93 |
| RG-58 | 50 | | |

由于同轴电缆组网麻烦，同时组网结构为总线拓扑结构，这种拓扑结构中当一个节点发生故障，就会影响整个线缆上的所有机器，故障诊断和修复都很麻烦，因此它们必将被非屏蔽双绞线或者光缆取代。由于同轴电缆是一种屏蔽电缆，有传送距离长、信号稳定的优点。目前在高档的监视器、音响设备中经常用来传送音频、视频信号。

## 2.6.3　光纤

光纤全称"光导纤维"。光纤是由前香港中文大学校长高锟提出并发明的。1970 年美国康宁公司首先研制出衰减为 20dB/km 的单模光纤，从此以后，世界各国纷纷开展光纤研制和光纤通信的研究，并得到了广泛的应用。

光纤是一种由玻璃或塑料制成的纤维，利用光的全反射原理而进行光传导的介质。是一种外包了一层保护层的、横截面积非常小的双层同心圆柱体。光纤结构如图 2-25 所示。

通常光纤与光缆两个名词会被混淆，多数光纤在使用前必须由几层保护结构包覆，包覆后的缆线即被称为光缆。

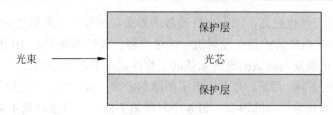

图 2-25　光纤剖面图

**1．光纤传输的优点**

与其他传输介质相比，光纤传输的主要优点如下：

（1）传输频带宽、通信容量大。频带的宽窄代表传输容量的大小。载波的频率越高，可以传输信号的频带宽度就越大。载波频率为 48.5～300MHz 的 VHF（Very high frequency，甚高频）频段，带宽约 250MHz。可见光的频率达 100THz，比 VHF 频段高出一百多万倍。尽管由于光纤对不同频率的光有不同的损耗，使频带宽度受到影响，但在最低损耗区的频带宽度也可达 30THz。目前单个光源的带宽只占了其中很小的一部分（多模光纤的频带约几百兆赫，好的单模光纤可达 10GHz 以上），采用先进的相干光通信可以在 30THz 范围内安排 2000 个光载波，进行波分复用，传输频带更宽。

（2）损耗低。在同轴电缆组成的系统中，最好的电缆在传输 800MHz 信号时，每公里的损耗都在 40dB 以上。相比之下，光导纤维的损耗则要小得多，传输 1.31μm 的光，每公里损耗在 0.5dB 以下，若传输 1.55μm 的光，每公里损耗更小，可达 0.2dB 以下。这就是同轴电缆的功率损耗的亿分之一倍，使其能传输的距离要远得多。此外，光纤传输损耗还有两个特点，一是在全部有线电视频道内具有相同的损耗，不需要像电缆干线那样必须引人均衡器进行均衡；二是其损耗几乎不随温度而变，不用担心因环境温度变化而造成干线电平的波动。

（3）电磁绝缘性能好。光纤线缆传输的是光束，而光束是不受外界电磁干扰影响的，而且光纤本身也不向外辐射信号，也不容易窃听，因此它适用于长距离的信息传输以及要求高安全的场合。

（4）中继器的间距距离大。整个通道的中继器数目可以减少，可以降低成本。根据贝尔实验室的测试，光纤线路中当数据速率为 420Mb/s 且距离为 119km 无中继器，误码率可以达到 $10^{-8}$。

（5）重量轻。因为光纤非常细，单模光纤芯线直径一般小于 10μm，外径也只有 125μm，加上防水层、加强筋、护套等，用 4～48 根光纤组成的光缆直径还不到 13mm，比标准同轴电缆的直径 47mm 要小得多，加上光纤是玻璃纤维，比重小，使它具有直径小、重量轻的特点，安装十分方便。

（6）工作性能可靠。一个系统的可靠性与组成该系统的设备数量有关。设备越多，发生故障的机会越大。因为光纤系统包含的设备数量少（不像电缆系统那样需要几十个放大器），可靠性自然也就高，加上光纤设备的寿命都很长，无故障工作时间达 50 万～75 万小时，其中寿命最短的是光发射机中的激光器，最低寿命也在 10 万小时以上。故一个设计良好、正确安装调试的光纤系统的工作性能是非常可靠的。

（7）成本不断下降。目前，有人提出了新摩尔定律，也叫做光学定律（Optical Law）。该定律指出，光纤传输信息的带宽，每 6 个月增加 1 倍，而价格降低 1 倍。光通信技术的发展，为 Internet 宽带技术的发展奠定了非常好的基础。这就为大型有线电视系统采用光纤传输方式扫清了最后一个障碍。由于制作光纤的材料（石英）来源十分丰富，随着技术的进步，成本还会进一步降低；而电缆所需的铜原料有限，价格会越来越高。显然，今后光纤传输将占绝对优势。

**2．光纤通信原理**

实际上，如果不是利用光全反射的原理，光纤传输系统会由于光纤的漏光而变得没有实际利用价值。当光线经过两种不同折射率的介质进行传播时（如从玻璃到空气），光线会发生折射，如图 2-26（a）所示。假定光线在玻璃上的入射角为 $\alpha_1$ 时，则在空气中的折射角为 $\beta_1$。折射量取决于两种介质的折射率之比。当光线在玻璃上的入射角大于某一临界值时，光线将完全反射回玻璃，而不会射入空气，这样，光线将被完全限制在光纤中，而且几乎无损耗地向前传播，如图 2-26（b）所示。

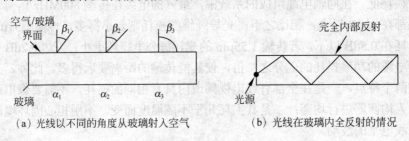

（a）光线以不同的角度从玻璃射入空气　　　　（b）光线在玻璃内全反射的情况

图 2-26　光折射原理

在图 20-26（b）中仅给出了一束光在玻璃内部全反射传播的情况。实际上，任何以大于临界值角度入射的光线，在不同介质的边界都将按全反射的方式在介质内传播，而且不同频率的光线在介质内部将以不同的反射角传播。

**3．光纤的分类**

根据光纤纤芯直径的粗细，可将光纤分为多模光纤（Multi-mode Fiber，MMF）和单模光纤（Single-mode Fiber，SMF）两种。如果光纤纤芯的直径较粗，则当不同频率的光信号（实际上就是不同颜色的光）在光纤中传播时，就有可能在光纤中沿不同传播路径进行传播，将具有这种特性的光纤称为多模光纤。如果将光纤纤芯直径一直缩小，直至光波波长大小的时候，则光纤此时如同一个波导，光在光纤中的传播几乎没有反射，而是沿直线传播，这样的光纤称为单模光纤。

（1）单模光纤。单模光纤的纤芯直径很小，在给定的工作波长上只能以单一模式传输，传输频带宽，传输容量大。单模光纤的芯径为 8～10μm，包层直径为 125μm；使用的光波波长为 1310nm、1550nm。

（2）多模光纤。多模光纤是在给定的工作波长上能以多个模式同时传输的光纤。多模光纤的纤芯直径较粗一般为 50～200μm，包层直径为 125～230μm；使用的光波波长为 850nm、1300nm。

单模光纤的造价很高，且需要激光作为光源，但其无中继传输距离非常远，且能获得非常高的数据传输速率，一般用于广域网主干线路上。多模光纤相对来说无中继传播距离要短些，而且数据传输速率要小于单模光纤；但多模光纤的价格便宜一些，并且可以用发光二极管作为光源，多模光纤一般用于局域网组网时的传输介质。单模光纤与多模光纤的比较如表 2-13 所示。

表 2-13　单模光纤与多模光纤的比较

| 项　　　目 | 单 模 光 纤 | 多 模 光 纤 |
|---|---|---|
| 距离 | 长 | 短 |
| 数据传输速率 | 高 | 低 |
| 光源 | 激光 | 发光二极管 |
| 信号衰减 | 小 | 大 |
| 端接 | 较难 | 较易 |
| 造价 | 高 | 低 |

**4．光纤的主要传播特性**

光纤的主要传播特性为损耗和色散。损耗是光信号在光纤中传输时发生的信号衰减，其单位为 dB/km。色散是到达接收端的延迟误差，即脉冲宽度，其单位是μs/km。光纤的损耗会影响传输的中继距离，色散会影响数据传输速率，两者都很重要。自 1976 年以来，人们发现使用 1.3μm 和 1.55μm 波长的光信号通过光纤传输时的损耗幅度大约为 0.5～0.2dB/km；而使用 0.85μm 波长的光信号通过光纤传输时的损耗幅度大约为 3dB/km。使用 0.85μm 波长的光信号在多模光纤中传输时，色散可以降至 10μs/km 以下；而使用 1.3μm 波长的光信号在单模光纤中传输时，产生的色散近似于零。因此单模光纤在传输光信号时，产生的损耗和色散都比多模光纤要低得多，因此单模光纤支持无中继距离和数据传输速率都比多模光纤要高得多。

## 2.6.4　无线电

无线电是一种在空气和真空这样的自由空间进行传播的电磁波。无线电的频带是有限的。上限为在 300GHz（吉赫兹），而下限频率在各类规范中不统一，常见的说法有三种分别为 3kHz～300GHz（国际电信联盟规定）、9kHz～300GHz、10kHz～300GHz。

　　无线点技术实际上是利用无线电波传播信号的技术。无线电技术的原理在于，导体中电流强弱的改变会产生无线电波。利用这一现象，通过调制可将信息加载于无线电波之上。当电波通过空间传播到达收信端，电波引起的电磁场变化又会在导体中产生电流。通过解调将信息从电流变化中提取出来，就达到了信息传递的目的。

　　无线电波是一种电磁波，速度等于光速。人们通过频率或者波长来对无线电波进行分类。

　　（1）长波：长波波长>1000m，频率处于 30～300kHz 之间。

　　（2）中波：中波波长 100～1000m，频率处于 300kHz～3MHz 之间。

　　（3）短波：短波波长 10～100m，频率处于 3～30MHz。

　　（4）超短波：超短波波长 1～10m，频率处于 30～300MHz，又称米波。

　　（5）微波：微波波长 1mm～1m，频率处于 300MHz～300GHz 之间。

　　无线电波容易产生，传播距离远，可以被电离层反射，因此被广泛用于通信。同时，无线电波可以进行全方位的发送，因此接收装置安装简单。无线电广泛用于电视、电话、广播、甚至是加热饭菜等等，而在军事上可以用其来进行导航、雷达辨别物体等等。

　　由于各波段的传播特性各异，因此，可以各波段的无线电波可以用于不同的通信系统。例如，中波主要沿地面传播，绕射能力强，适用于广播和海上通信。而短波具有较强的电离层反射能力，适用于环球通信。超短波和微波的绕射能力较差，可作为视距或超视距中继通信。

　　无线电波也有其弱点，低频的无线电波穿透障碍的能力强，但是随着传输距离的增加其能量迅速减弱。而高频的无线电波则容易受障碍物、天气影响大。而所有无线电波容易被干扰。用户之间的串扰也是一个大的问题。

## 2.6.5　微波

　　微波通信起源于无线通信。1901 年科学家马克尼利用中波信号进行了一次横跨大西洋的无线电波的通信试验。从此，人类的通信变得更加快捷。直至 20 世纪 20 年代初，人们都使用中长波进行无线电通信。之后，人们开始利用短波进行通信。

　　微波通信是 20 世纪 50 年代的产物。由于其通信的容量大而投资费用省（约占电缆投资的五分之一），建设速度快，抗灾能力强等优点而取得迅速的发展。20 世纪 40 年代到 50 年代产生了传输频带较宽、性能较稳定的微波通信，它成为长距离大容量地面干线无线传输的主要手段，模拟调频传输容量高达 2700 路，也可同时传输高质量的彩色电视，而后逐步进入中容量乃至大容量数字微波传输。

　　随着频率选择性色散衰落对数字微波传输中断影响的发现以及一系列自适应衰落对抗技术与高状态调制与检测技术的发展，使数字微波传输产生了一个革命性的变化。特别应该指出的是 20 世纪 80 年代至 90 年代发展起来的一整套高速多状态的自适应编码调制解调技术与信号处理及信号检测技术的迅速发展，对现今的卫星通信，移动通信，全数字 HDTV（High Definition Television，高清晰度电视）传输，通用高速有线/无线的接入，乃至高质量的磁性记录等诸多领域的信号设计和信号的处理应用，起到了重要的作用。

相比其他传输介质，微波具有以下优点：

（1）频带宽，通信容量大，多波道同时工作互不影响。微波波段包括分米波，厘米波，毫米波，它们的带宽约为 300GHz，是长波、中波、短波总带宽的 1000 倍。频段越宽，通信容量越大。

（2）抗干扰性强，噪声不积累。由于在微波线路中，采用了可对数字信号进行处理的再生中继器，因此，线路噪声不会随传输距离的增加而积累，提高了抗干扰能力。而模拟微波通信的线路噪声则是积累的。

（3）保密性强。采用伪随机码对输入信息进行扩展频谱编码处理，然后在某个载频进行调制以便传输。

（4）通信灵活，投资少，建设快。属于一次性投入，可重复使用，如果有移动性的需要，无论军事或是商业数字微波通信装备架设起来都十分方便，且通信效率也高。架设数字微波传播途径所需要的时间较同轴电缆、光纤通信系统短，且受地形或障碍物影响较小。

由于具有这些优点，微波被广泛应用于各种通信业务，包括微波多路通信、微波中继通信、移动通信等。而使用的较多的有陆地微波和卫星微波。

**1．陆地微波**

陆地微波通信主要是利用 2～40GHz 的频率波段进行通信。地面微波系统主要用于长途电信服务，可替代同轴电缆或光纤。在传输距离相等的条件下，微波设备需要的放大器或中继器要比同轴电缆少得多，但是它要求视线距离传输。微波常用于语音和电视传播。微波的另一种越来越常见的应用是用于建筑物之间的点对点短线路。这种方式可用于闭路电视，或用作局域网之间的数据链路。

**2．卫星微波**

卫星微波是陆地微波的发展，利用人造地球卫星作为中继站，转发微波信号，在多个微波站或称地球站之间进行信息交流。

卫星从上行链路接收传输来的信号，将其放大或再生，再从下行链路上发送。但是卫星必须在空中移动，卫星落下水平线后，通信就必须停止，一直到它重新在另一个水平线上出现。采用同步卫星能保证持续的进行传输，因为同步卫星与地球保持固定的位置，位于赤道轨道，离地面 35784km。三颗相隔 120°的同步卫星几乎能覆盖整个地球表面，基本实现全球通信。

**3．微波损耗**

微波的损耗与距离和波长有关，公式关系如下：

$$L = 10 \times \lg(4\pi d / \lambda)^2 \, dB$$

其中，d 是天线间的距离；λ 是波长。

## 2.6.6　红外线

红外线是太阳光线中众多不可见光线中的一种，由德国科学家霍胥尔于 1800 年发现，又称为红外热辐射，他将太阳光用三棱镜分解开，在各种不同颜色的色带位置上放置了温度计，试图测量各种颜色的光的加热效应。结果发现，位于红光外侧的那支温度计升温最快。因此得到结论：太阳光谱中，红光外侧必定存在看不见的光线，这就是红外线。

红外线的波长范围为 0.75～1000μm。红外线可分为三部分，即近红外线，波长为 0.75～1.50μm；中红外线，波长为 1.50～6.0μm；远红外线，波长为 6.0～l000μm。

利用红外线来传输信号的通信方式，叫红外线通信。由于红外线能像可见光一样集中成束发射出去，因此红外线通信有两个最突出的优点：

（1）不易被人发现和截获，保密性强。

（2）几乎不会受到电气、天电、人为干扰，抗干扰性强。

（3）红外线通信机体积小，重量轻，结构简单，价格低廉。

红外线必须在直视距离内通信，且传播受天气的影响。在不能架设有线线路，而使用无线电又怕暴露自己的情况下，使用红外线通信是比较好的。

## 2.7　检错与纠错

编码体系指一种编码方式中所有合法码字的集合。合法码字占所有码字的比率就是编码效率。码距是衡量一种编码方式的抗错误能力的一个指标。数字信息在传输和存取的过程中，由于各种意外情况的发生，数据可能会发生错误，即所谓误码。

一种编码，如果所有可能的码字都是合法码字如 ASCII 码（American Standard Code for Information Interchange，美国信息交换标准代码），当码字中的一位发生错误时，这个错误的码仍然在编码体系中，称这种编码的码距小。如果把编码体系变得稀疏一点，使得很多的信号值不在编码体系之内，合法的码字如果出现错误，可能就变成了不合法的编码，这样的编码的码距就变大了。

一个编码系统中任意两个合法的编码之间的不同的二进制位的数目叫这两个码字的码距。该编码系统的任意两个编码之间的距离的最小值称为该编码系统的码距。

显然，码距越大，编码系统的抗偶然错误能力越强，甚至可以纠错（纠错详见各种编码的介绍）。同时，码距的增加使得必须提供更多的空间来存放码字，数据冗余增加，编码效率则降低了。系统设计师需要综合考虑系统效率和系统健壮性两个方面，在众多的编码体系中选择适合特定目标系统的编码。

位出错率指的是单个位差错的概率。

## 2.7.1 奇偶校验

奇偶校验较为简单,被广泛地采用,常见的串口通信中基本上使用奇偶校验作为数据校验的方法。

一个码距为 1 的编码系统加上一位奇偶校验码后,码距就成为 2。产生奇偶校验时将信息数据的各位进行模二加法,直接使用这个加法的结果作为校验码的称为奇校验。把这个加法值取反后作为校验码的称为偶校验。从直观的角度而言,奇校验的规则是:信息数据中各位中 1 的个数为奇数,校验码为 0,否则校验码为 1。偶校验则相反。

使用 1 位奇偶校验的方法能够检测出一位错误,但无法判断是哪一位出错。当发生两位同时出错的情况时,奇偶校验也无法检测出来。所以奇偶校验通常用于对少量数据的校验,如一个字节。在串口通信中,通常是一个字节带上起始位、结束位和校验位共 11 位来传送。

如果对一位奇偶校验进行扩充,在若干个带有奇偶校验码的数据之后,再附上一个纵向的奇偶校验数据,如表 2-14 所示。

表 2-14 奇偶校验

| 信 息 位 | | | | 校 验 位 |
| --- | --- | --- | --- | --- |
| $\alpha_1$ | $\alpha_2$ | … | $\alpha_m$ | Hp$_1$ |
| $\beta_1$ | $\beta_2$ | | $\beta_m$ | Hp$_2$ |
| … | | | | |
| $n_1$ | $n_2$ | | $n_3$ | Hp$_n$ |
| Vp$_1$ | Vp$_2$ | | Vp$_m$ | Hp$_{m+1}$ |

这样,在出现一个错误的情况下,就能找到这个错误。如果出现两个以上的错误,则可能无法判断误码的位置。这种校验方式在移动通信中被广泛采用。

## 2.7.2 海明码和恒比码

海明码是奇偶校验的另一种扩充。和上面提到的奇偶校验的不同之处在于海明码采用多位校验码的方式,在这些多个校验位中的每一位都对不同的信息数据位进行奇偶校验,通过合理地安排每个校验位对原始数据进行的校验的位组合,可以达到发现错误、纠正错误的目的。

假设数据位有 $m$ 位,如何设定校验位(冗余位)$k$ 的长度才能满足纠正一位错误的要求呢?这里做一个简单的推导。

$k$ 位的校验码可以有 $2^k$ 个值。显然,其中一个值表示数据是正确的,而剩下的 $2^k-1$ 个值意味着数据中存在错误,如果能够满足:$2^k-1 > m + k$($m + k$ 为编码后的数编总长度),

则在理论上 $k$ 个校验码就可以判断是哪一位（包括信息码和校验码）出现了问题。

当 $m=4$ 时，计算得 $k=3$。

校验方程是指示每个校验位对相应的信息位进行校验的等式。

确定了 $k$ 的值后，如何确定每 $k$ 位中的每一位对哪些数据进行校验呢？这是一个问题。上面的推导只是说能够做的，那么如何达到纠错的目的呢？但是幸好考试中都会列出海明校验方程。例如：

$$b1 \oplus b3 \oplus b5 \oplus b7 = 0 \qquad\qquad ①$$
$$b2 \oplus b3 \oplus b6 \oplus b7 = 0 \qquad\qquad ②$$
$$b4 \oplus b5 \oplus b6 \oplus b7 = 0 \qquad\qquad ③$$

其中 $\oplus$ 表示逻辑加。

在一般情况下，校验码会被插入到数据的 1，2，4，8，…，$2^n$ 位置，那么，在数据生成时，按照提供的海明校验方程计算出 $b1$，$b2$，$b4$，…，$bn$ 各位，在数据校验时，按照海明检验方程进行计算，如果所有的方程式计算都为 0，则表示数据是正确的。如果出现 1 位错误，则至少有一个方程不为 0。海明码的特殊之处在于，只要将①②③三个方程左边计算数据按③②①排列，得到的二进制数值就是该数据中出错的位，例如第 6 位出错，则③②①为 110 为二进制数 6。

当出现两位错误时，这种海明码能够查错，但无法纠错。

采用恒比码的编码体系中，所有有效的编码中为 1 的位都相同，所以被称为恒比。邮电部门的电传、电报及条形码就广泛地使用恒比码。这种编码生成时是查表，接收检验时是检查每个编码中 1 出现的次数是否正确。

### 2.7.3　循环冗余校验码

这种方式已经被广泛地在网络通信及磁盘存储时采用，所以在历年考试中出现的概率也比较大。先看几个基本概念。

在循环冗余校验码（Cyclical Redundancy Check，CRC）中，无一例外地要提到多项式的概念。一个二进制数可以以一个多项式来表示。如 1011 表示为多项式 $x^3+x^1+x^0$，在这里，$x$ 并不表示未知数这个概念，如果把这里的 $x$ 替换为 2，这个多项式的值就是该数的值。从这个转换可以看出多项式最高幂次为 $n$，则转换为二进制数有 $n+1$ 位。

编码的组成是由循环冗余校验码校验由 $K$ 位信息码，加上 $R$ 位的校验码。

和海明码的校验方程一样，生成多项式非常重要，以至于考试中总是直接给出。

由 $K$ 位信息码如何生成 $R$ 位的校验码的关键在于生成多项式。这个多项式是编码方和解码方共同约定的，编码方将信息码的多项式除以生成多项式，将得到的余数多项式作为校验码；解码方将收到的信息除生成多项式，如果余数为 0，则认为没有错误，如果不为 0，余数则作为确定错误位置的依据。

生成多项式并非任意指定，必须具备以下条件：最高位和最低位为 1，数据发生错误时，余数不为 0，对余数补 0 后，继续做按位除，余数循环出现，这也是冗余循环校验中循环一词的来源。

校验码的生成步骤如下：

（1）将 $K$ 位数据 $C(x)$ 左移 $R$ 位，给校验位留下空间，得到移位后的多项式 $C(x) \times x^R$。

（2）将这移位后的信息多项式除生成多项式，得到 $R$ 位的余数多项式。

（3）将余数作为校验码嵌入信息位左移后的空间。

例如，信息位为 10100110，生成多项式为 $a(x) = x^5 + x^4 + x + 1$，则

$$C(x) = x^7 + x^5 + x^2 + x$$

$$C(x) \times x^R = x^5 \times (x^7 + x^5 + x^2 + x) = x^{12} + x^{10} + x^7 + x^6$$

求余式：

$$
\begin{array}{r}
x^7 + x^6 + x^3 \\
x^5 + x^4 + x + 1 \overline{)\; x^{12} + x^{10} + x^7 + x^6} \\
\underline{x^{12} + x^{11} + x^8 + x^7} \\
x^{11} + x^{10} + x^8 + x^6 \\
\underline{x^{11} + x^{10} + x^7 + x^6} \\
x^8 + x^7 \\
\underline{x^8 + x^7 + x^4 + x^3} \\
x^4 + x^3
\end{array}
$$

得到余式为 $x^4 + x^3$，即校验码为 11000，所以，得到的 CRC 码是 1010011011000。

循环冗余校验码的纠错能力取决于 $K$ 值和 $R$ 值。在实践中，$K$ 值往往取得非常大，远远大于 $R$ 的值，提高了编码效率。在这种情况下，循环冗余校验就只能检错不能纠错。一般来说，$R$ 位生成多项式可检测出所有双错、奇数位错和突发错位小于或等于 $R$ 的突发错误。使用循环冗余校验码能用很少的校验码检测出大多数的错误，检错能力是非常强的，这是它得到了广泛应用的原因。

## 2.8　例题分析

为了帮助考生进一步掌握数据通信方面的知识，了解考试的题型和难度，本节分析 12 道典型的试题。

**例题 1**

假设某模拟信道的最高频率是 4kHz，最低频率是 1kHz，如果采用 PSK 调制方法，其数据速率是 __(1)__；如果改为采用幅度--相位复合调制技术，由 4 种幅度和 8 种相位组成 16 种码元，则信道的数据率将变为 __(2)__。

（1）A．2kb/s　　　　　　B．4kb/s　　　　　　C．6kb/s　　　　　　D．8kb/s

（2）A．8kb/s　　　　B．24kb/s　　　　C．32kb/s　　　　D．64kb/s

**例题 1 分析**

因为"数据速率=波特率×码元位"，在本题中，并没有直接给出波特率，因此，需要首先计算其波特率。

根据奈奎斯特定律，可以得知信道的波特率=带宽×2，那么该信道的带宽是多少呢？对于模拟信道而言其带宽=（最高频率−最低频率），因此，本题中其带宽应该是 4kHz−1kHz=3kHz，也就得到了其波特率的值应该是 6k Baud。

因为 PSK 调制法可以表示 2 种码元，即码元位为 1；而后一种调制法可以表示 16 种码元，即码元位为 4。因此，两种调制方法所得到的数据速率分别是 6kb/s 和 24kb/s。

**例题 1 答案**

（1）C　　　（2）B

**例题 2**

在以下交换方式中，不属于分组交换的是　（3）　；以下关于其特性的描述中，正确的是　（4）　。

（7）A．报文交换　　　B．信元交换　　　C．数据报交换　　　　D．虚电路交换

（8）A．数据包不定长，可以建立端到端的逻辑连接

　　　B．数据包定长，可以建立端到端的逻辑连接

　　　C．数据包定长，长度为 53B

　　　D．其工作原理类似于电路交换，只是数据包不定长

**例题 2 分析**

分组交换实际上就是数据包定长的报文交换，根据其具体的工作机制的不同，可以分为以下三种：

（1）数据报交换：类似于报文交换，只是数据包是定长的。

（2）虚电路交换：类似于电路交换，只不过链路是逻辑的、数据包是定长的。

（3）信元交换：数据包定长为 53B，而且采用的是面向连接的虚电路方式。

**例题 2 答案**

（3）A　　　（4）B

**例题 3**

假设某模拟信道的最低频率是 1kHz，如果采用 FSK 调制方法，其数据速率是 4kb/s，那么该信道的最高频率应该是　（5）　；如果改为 QPSK 调制技术，则该信道的数据速率就将变　（6）　。

（5）A．2kHz　　　　B．3kHz　　　　C．4kHz　　　　D．9kHz

（6）A．2kb/s　　　　B．4kb/s　　　　C．8kb/s　　　　D．16kb/s

**例题 3 分析**

本题给出了一种调制方法的数据速率，然后要求计算出其带宽的频率范围，以及其

他调制技术的数据速率。其解答思路是这样的：由于 FSK 调制方法的码元种类为 2，即码元位是 1，因此，说明该信道的波特率是 4k Baud。根据奈奎斯特定律，波特率是 2 倍带宽，得出该信道的带宽是 2kHz。根据带宽的计算公式，得知最高频率应该是 1k+2k=3kHz。

虽然也可以根据奈奎斯特定律，逐步算出使用 QPSK 调制技术时的信道数据速率，不过直接从 QPSK 与 FSK 调制的比较可知，波特率是一定的，而码元位是 FSK 的 2 倍，因此其数据速率也是 FSK 调制的 2 倍，因此，显然就应该是 8kb/s。

**例题 3 答案**

（5）B　　（6）C

**例题 4**

某视频监控网络有 30 个探头，原来使用模拟方式，连续摄像，现改为数字方式，每 5 秒拍照一次，每次拍照的数据量约为 500KB。则该网络　(7)　。

（7）A．由电路交换方式变为分组交换方式，由 FDM 变为 TDM

　　　B．由电路交换方式变为分组交换方式，由 TDM 变为 WDM

　　　C．由分组交换方式变为电路交换方式，由 WDM 变为 TDM

　　　D．由广播方式变为分组交换方式，由 FDM 变为 WDM

**例题 4 分析**

本题考查多路复用方式与交换方式方面的基础知识。上述视频监控网络因为采用非连续拍照的方式，每次将拍照结果送到监控中心存储，显然是用分组交换方式更恰当。传统的监控是用模拟方式，每个探头连续摄像，一般是用独立线路或使用 FDM 方式传输摄像结果，改用非连续拍照的数字方式后，可以使用 TDM 方式共享传输线路。

**例题 4 答案**

（7）A

**例题 5**

E1 线路是一种以时分多路复用技术为基础的传输技术，其有效数据率（扣除开销后的数据率）约为　(8)　Mb/s。

（8）A．1.34　　　　B．1.544　　　　C．1.92　　　　D．2.048

**例题 5 分析**

本题考查 E1 线路的复用方式方面的基础知识。欧洲的 30 路脉码调制 PCM 简称 E1，速率是 2.048Mb/s。E1 的一个时分复用帧（其长度 T=125μs）共划分为 32 相等的时隙，时隙的编号为 CH0～CH31。其中时隙 CH0 用作帧同步，时隙 CH16 用来传送信令，剩下 CH1～CH15 和 CH17～CH31 共 30 个时隙用作 30 个话路。每个时隙传送 8b，因此共用 256b。每秒传送 8000 个帧，因此 PCM 一次群 E1 的数据率就是 2.048Mb/s。

所以说，E1 线路采用的时分多路复用方式，将一帧划分为 32 个时隙，其中 30 个时隙发送数据，2 个时隙发送控制信息，每个时隙可发送 8 个数据位，要求每秒钟发送 8000

帧。E1 线路的数据率为 2.048Mb/s，每帧发送有效数据的时间只有 30 个时隙，因此有效数据率为（30/32）×2.048Mb/s =1.92Mb/s。

**例题 5 答案**

（8）C

**例题 6**

曼彻斯特编码和 4B/5B 编码是将数字数据编码为数字信号的常见方法，后者的编码效率大约是前者的__(9)__倍。

（9）A. 0.5              B. 0.8

      C. 1                 D. 1.6

**例题 6 分析**

本题考查数据编码与调制方面的基础知识。曼彻斯特编码是一种双相码，用低到高的电平转换表示 0，用高到低的电平转换表示 1，因此它也可以实现自同步，常用于以太网（802.3 10M 以太网）。

差分曼彻斯特编码是在曼彻斯特编码的基础上加上了翻转特性，遇 1 翻转，遇 0 不变，常用于令牌环网。要注意的一个知识点是：使用曼码和差分曼码时，每传输 1 位的信息，就要求线路上有 2 次电平状态变化（2 Baud），因此要实现 100Mb/s 的传输速率，就需要有 200MHz 的带宽，即编码效率只有 50%。

4B/5B 编码、8B/6T 编码和 8B/10B 编码。正是因为曼码的编码效率不高，因此在带宽资源宝贵的广域网，以及速度要求更高的局域网中，就面临了困难。因此就出现了 mBnB 编码，也就是将 m 位位编码成 n 波特（代码位）。4B/5B 编码效率为 80%。

4B/5B 编码的编码效率是曼彻斯特编码效率的 80%/50%=1.6 倍。

**例题 6 答案**

（9）D

**例题 7**

TDM 和 FDM 是实现多路复用的基本技术，有关两种技术叙述正确的是__(10)__。

（10）A. TDM 和 FDM 都既可用于数字传输，也可用于模拟传输

      B. TDM 只能用于模拟传输，FDM 只能用于数字传输

      C. TDM 更浪费介质带宽，FDM 可更有效利用介质带宽

      D. TDM 可增大通信容量，FDM 不能增大通信容量

**例题 7 分析**

本题考查十分多路复用（TDM）和频分多路复用（FDM）的基础知识。

TDM 方法的原理是把时间分成小的时隙（Time Slot），每一时隙由一路信号占用，每一个时分复用的用户在每一个 TDM 帧中占用固定序号的时隙，每个用户所占用的时隙周期性地出现。显然，时分复用的所有用户在不同的时间占用全部的频带带宽。在进行通信时，复用器和分用器总是成对地使用，在复用器和分用器之间是用户共享的高速

信道。如果一个用户在给定的时隙没有数据传送，该时隙就空闲，其他用户也不能使用，因为时隙的分配是事先确定的，接收方根据事先分配的时间确定在哪个时隙接收属于自己的数据。TDM 用于数字传输。

FDM 的基本原理是将多路信号混合后放在同一传输介质上传输。多路复用器接收来自多个数据源的模拟信号，每个信号有自己独立的频带。这些信号被组合成另一个具有更大带宽更加复杂的信号，合成的信号被传送到目的地，由另一个多路复用器完成分解工作，把各路信号分离出来。FDM 用于模拟传输。

**例题 7 答案**

（10）C

**例题 8**

某一基带系统，若传输的比特速率不变，而将二电平传输改为八电平传输，如 T2 和 T8 分别表示二电平和八电平码元间隔，则它们的关系是　　(11)　　。

（11）A．T8=3T2　　　　　　　　　　　　B．T8=2T2

　　　　C．T8=8T2　　　　　　　　　　　　D．T8=4T2

**例题 8 分析**

本题考查数据通信的基本概念。

数据通信系统传输的有效程度可以用码元传输速率和信息传输速率来描述。码元传输速率表示单位时间内数据通通信系统所传输的码元个数，码元可以是二元制也可以多元制调制。信息传输速率也称为信息速率、比特率等，表示单位时间内数据通信系统所传输的二进制码元个数。在 $M$ 电平传输系统中，信息速率 $R_b$ 和码元速率 $R_s$ 之间的关系为

$$R_b = R_s \log 2M$$

数据通信系统传输中，若传输的比特数不变，传输电平数增加，传输周期就要展宽，也就是码元间隔需加大，本题中，$R_b = 3R_s$。所以 T8=3T2。

**例题 8 答案**

（11）A

**例题 9**

偶校验码为 0 时，分组中"1"的个数为　　(12)　　。

（12）A．偶数　　　　　　　　　　　　B．奇数

　　　　C．随机数　　　　　　　　　　　D．奇偶交替

**例题 9 分析**

本题考查数据通信检错和纠错基本知识。

奇偶校验较为简单，被广泛地采用，常见的串口通信中基本上使用奇偶校验作为数据校验的方法。

一个码距为 1 的编码系统加上一位奇偶校验码后，码距就成为 2。产生奇偶校验时

将信息数据的各位进行模二加法，直接使用这个加法的结果作为校验码的称为奇校验。把这个加法值取反后作为校验码的称为偶校验。从直观的角度而言，奇校验的规则是：信息数据中各位中 1 的个数为奇数，校验码为 0，否则校验码为 1。偶校验则相反。

使用 1 位奇偶校验的方法能够检测出一位错误，但无法判断是哪一位出错。当发生两位同时出错的情况时，奇偶校验也无法检测出来。所以奇偶校验通常用于对少量数据的校验，如一个字节。在串口通信中，通常是一个字节带上起始位、结束位和校验位共 11 位来传送。

**例题 9 答案**

（12）A

**例题 10**

用户在开始通信前，必须建立一条从发送端到接收端的物理信道，并且在双方通信期间始终占用该信道，这种交换方式属于 ___（13）___。

（13）A. 电路交换　　　　　　　　　　B. 报文交换

　　　　C. 分组交换　　　　　　　　　　D. 信元交换

**例题 10 分析**

本题考查数据通信的交换方式的概念。

线路交换：交换（Switch）的概念最早来源于电话系统。当用户发出电话呼叫时，电话系统中的交换机在呼叫者和接收者之间寻找并建立一条客观存在的物理通路。一旦通路被建立起来，便能够建立通话，线路是由发送和接收端专享的，直到通话的结束。这种数据交换的方式称为线路交换（Circuit Switching）。其优点：传输延迟小，唯一的延迟是电磁信号的传播时间。一旦线路接通，便不会发生冲突。其缺点：建立线路所需时间长。线路独享造成信道浪费。

**例题 10 答案**

（13）A

**例题 11**

在相隔 2000km 的两地间通过电缆以 4800b/s 的速率传送 3000b 长的数据包，从开始发送到接收完数据需要的时间是 ___（14）___，如果用 50kb/s 的卫星信道传送，则需要的时间是 ___（15）___。

（14）A. 480ms　　　　　　　　　　　B. 645ms

　　　　C. 630ms　　　　　　　　　　　D. 635ms

（15）A. 70ms　　　　　　　　　　　　B. 330ms

　　　　C. 500ms　　　　　　　　　　　D. 600ms

**例题 11 分析**

本题考察传输延迟的计算。

数据传送延迟时间=数据发送延迟时间+数据传输延迟时间。

数据发送延迟=数据大小/发送速率。

数据传输延迟=传输距离/传输速率。

电缆的传输速率为 200 000km/s，结合题干中参数得出：

数据传送延迟时间=3000/4800+2000/200 000=0.635s=635ms

卫星通信中的传输延迟为 270ms，依题干参数计算得出：

数据传输延时时间=3000/50000+0.27=0.33s=330ms

**例题 11 答案**

（14）D　　（15）B

**例题 12**

10 个 9.6kb/s 的信道按时分多路复用在一条线路上传输，在统计 TDM 情况下，假定每个子信道只有 30%的时间忙，复用线路的控制开销为 10%，那么复用线路的带宽应该是　(16)　。

　　（16）A．32kb/s　　　　　　　　　　　　　B．64kb/s

　　　　　 C．72kb/s　　　　　　　　　　　　　D．96kb/s

**例题 12 分析**

本题考察 TDM 带宽的计算。

在同步 TDM 中，复用信道的带宽等于各个子信道带宽之和，因而有 $10 \times 9.6$kb/s = 96kb/s。在统计 TDM 情况下，由于每个子信道只有 30%的时间忙，多路复用信道的数据速率平均为 $10 \times 9.6$kb/s$\times 30\%$=28.8kb/s。

又由于复用线路的控制开销为 10%，所以复用信道的带宽应为 28.8kb/s$\times$（1+10%）$\approx$ 32kb/s。

**例题 12 答案**

（16）A

# 第3章　网络分层与功能

根据考试大纲，本章要求考生掌握以下知识点：

（1）应用层：应用层功能、应用层实现模型。

（2）传输层：传输层功能、传输层的实现模型、流量控制策略。

（3）网络层：网络层功能、数据报与虚电路。

（4）数据链路层：数据链路层功能、数据链路层差错控制方法、基本链路控制规程、数据链路层协议。

（5）物理层：物理层功能、物理层协议。

## 3.1　应用层

应用层是 OSI/RM 体系中最高的一个功能层，是开放系统互联环境与本地系统的操作系统和应用系统直接接口的一个层次。在功能上，应用层为本地系统的应用进程（Application Process，AP）访问 OSI/RM 环境提供手段，也是唯一直接给应用进程提供各种应用服务的层次。根据分层原则，应用层向应用进程提供的服务是 OSI/RM 的所有层直接或间接提供服务的总和。

### 1．应用层功能与协议

常用的网络服务包括文件服务、电子邮件服务、打印服务、集成通信服务、目录服务、域名解析服务、网络管理、安全和路由互连服务等，如果要完成类似这样的网络服务，必须通过应用层的协议来完成。常用的应用层协议有 HTTP、FTP、Telnet、SNMP、SMTP、NNTP、DNS。

### 2．应用层实现模型

简单地说，应用层是由应用进程和其使用的应用实体（Application Entity，AE）组成，应用进程把信息处理功能和通信功能组合在一起，通过一个全局的名字可以调用这个功能。

例如，远程数据库访问可组成一个应用进程，这个应用进程与远处的数据库服务进程交互作用（发出检索命令、接收响应、处理结果），完成数据库检索。

应用进程的通信功能是由应用实体实现的。为了实现不同性质的通信，一个应用进程可能使用一个或多个应用实体。

一个应用实体还可以再划分为一个用户元素（User Element，UE）和若干的应用服务元素（Application Service Element，ASE）。

ASE 是具有简单通信能力的功能模块，对等的 ASE 之间有专用的服务定义和协议规范。应用实体首先要与对等的应用实体建立应用联系（Application Association，AA），然后才能通信。建立应用联系的过程主要是交换应用上下文（Application Context，AC）。AC 是可以用名字（对象标识符）引用一组 ASE 及其调用规则。在建立联系期间通过协商确定共同认可的应用上下文，并在应用活动期间遵守商定的通信规则。

## 3.2 传输层

传输层能提供可靠或不可靠的服务。既然有可靠的服务可用，为什么应用程序开发人员还要使用不可靠的服务呢？这个选择取决于应用程序本身的特性。对于传输层的上一层和下一层，定义什么是可靠、什么是不可靠是有意义的。

### 3.2.1 可靠性传输

传输层中的可靠性是指传输协议对在网络中传送的数据具有提供某种保证的能力。通过提供保证，数据传送变得可靠。

传输层中的不可靠性是指传输协议对在网络中传送的数据缺乏提供保证的能力。

由于网络是不可靠的。在 OSI/RM 的第 5～第 7 层中会发生许多的事件，这些事件都需要传输层来处理。传输层必须对报文丢失提供一种检测方法，以便可以重新传输丢失的数据。有时网络层会通过不同的链路路由多个报文，这导致报文以错误的顺序到达目的地。传输层必须能把这些报文按正确的顺序进行重新汇编，以便将数据传送给应用程序。由于大多数应用程序都是以结构化的格式交换数据，因此在接收数据时必须按正确的顺序重新汇编。

传输层必须能协调所有的情况。之所以不需要使用可靠的传输层，是因为对可靠或不可靠服务的选择取决于应用程序要交换的信息的类型。例如，用户要把一个重要的财务数据表保存到网络服务器，该网络服务器显然需要可靠性保证，以防止在文件传输时有一两个报文丢失。那么，传输层仅仅重新传输数据就可以了，因为传输层就是这样提供可靠性的。但是要是通过 IP 网络传送电话呢？如果传输层把交谈中可能丢失的所有数据都重新传输，这样有意义吗？每当含有声音的报文丢失，传输层只能在用户接收到声音数据后将丢失的报文重新传输。这将在电话的接收端引起严重混淆的接收效果。如果传输层等待一段时间并将要传输的数据存放在一个缓冲器中直到丢失的报文被重新传输完呢？这样做当然可以，不过由于附加的重新传输和重新汇编延迟，通话质量将严重下降。因此，在 IP 网络中使用不可靠协议传输声音数据会更好。

### 3.2.2 网络质量

根据通信子网提供的服务质量不同，网络服务可分为 A、B 和 C 类网络服务。

（1）A型网络服务。A类网络是一个完整的、理想的、可靠的服务，所需传输层协议非常简单。在该类网络服务下，网络中传输的分组不会丢失和失序，因此传输层不需要提供故障恢复和重新排序服务。多数局域网可提供A型网络服务，但广域网则很难达。

（2）B型网络服务。具有较好的数据服务（误码率低）和较差的连接服务（故障多）。对该型网络，传输层协议必须提供故障恢复功能。大多数X.25网为B型网络。

（3）C类网络服务。网络传输不可靠，可能会丢失分组或出现重复分组；网络故障率也高。例如简单的无线网络，容易丢失数据，网络故障率也高。

### 3.2.3  协议与控制

传输层定义了5类协议，都是面向连接的。

（1）0类协议：最简单的协议，是面向A型网络服务的。该类协议没有差错恢复和复用功能。

（2）1类协议：提供基本的传输连接，是面向B型网络服务的。它在0类协议的基础上增加了基本差错恢复功能。

（3）2类协议：面向A型网络服务。该类协议具有流量控制、复用功能而没有网络连接和故障恢复功能。

（4）3类协议：面向B型网络服务，既具有差错恢复功能，又有复用功能。

（5）4类协议：是面向C型网络服务，具有差错检测、差错恢复、复用等功能。该类协议是最复杂、最全面的协议。

传输控制协议是实现端到端计算机之间的通信、实现网络系统资源共享所必不可少和非常重要的协议。传输控制协议所实现的功能不仅是保证相同计算机系统之间、相同计算机网络系统之间信息的可靠传输，还可实现不同计算机系统之间、不同计算机网络系统之间信息的可靠传输。

## 3.3  网络层

网络层是通信子网的最高层，用于控制和管理通信子网的操作。它体现了网络应用环境中资源子网访问通信子网的方式。网络层的数据传输单位为数据分组（包）。网络层的主要任务：在数据链路服务的基础上，实现整个通信子网内的连接，向传输层提供端到端的数据传输通路，为报文分组以最佳路径通过通信子网到达目的主机提供服务。如果两实体跨越多个网络，网络层还可提供正确的路由选择和数据传输服务等。

网络层的主要功能如下：

（1）建立、维持和拆除网络连接：在网络层，要为传输层实体之间通信提供网络连接的建立、维持和拆除。

（2）路由选择：根据一定的原则和算法，在多节点的通信子网中，选择一条从源节点到目的节点的合适逻辑通路的控制过程。

（3）流量控制：网络层的流量控制是对进入整个通信子网内的数据流量及其分布进行控制和管理，以避免发生网络阻塞和死锁，提高网络传输效率和吞吐量。

（4）网络传输控制：网络层要对在通信子网中传输的数据进行控制，包括组包、拆包、包的按序重装，包信息的传输同步，差错控制和速率控制等。

## 3.4　数据链路层

数据链路层最基本的服务是将源计算机网络层来的数据可靠的传输到相邻节点的目标计算机的网络层。为达到这一目的，数据链路层必须具备一系列相应的功能，主要有：如何将数据组合成数据块（在数据链路层中将这种数据块称为帧，帧是数据链路层的传送单位）；如何控制帧在物理信道上的传输，包括如何处理传输差错，如何调节发送速率以使之与接收方相匹配；在两个网路实体之间提供数据链路通路的建立、维持和释放管理。

为了实现上述的目标，数据链路层主要需要完成的功能有组帧、差错控制、流量控制、链路管理、MAC 寻址、区分数据与控制信息、透明传输。

### 3.4.1　组帧方法

数据链路层为了能实现数据有效的差错控制，就采用了一种"帧"的数据块进行传输。而要采帧格式传输，就必须有相应的帧同步技术，这就是数据链路层的"组帧"（也称为"帧同步"、"成帧"）功能。

采用帧的好处是，在发现有数据传送错误时，只需将有差错的帧再次传送，而不需要将全部数据的位流进行重传，这样传送效率上将大大提高。但同时也带来了两方面的问题：

（1）如何识别帧的开始与结束。

（2）在夹杂着重传的数据帧中，接收方在接收到重传的数据帧时是识别成新的数据帧，还是识别成已传帧的重传帧呢？这就要靠数据链路层的各种"帧同步"技术来识别了。"帧同步"技术既可使接收方能从以上并不是完全有序的位流中准确地区分出每一帧的开始和结束，同时还可识别重传帧。

下面主要讨论 4 种最常用的组帧方法。

**1. 字符计数法**

字符计数法是一种面向字节的同步规程，是利用帧头部中的一个字段来指定该帧中的字符数，以一个特殊字符表征一帧的起始，并以一个专门字段来标明帧内的字符数。这种方法遇到的问题是计数值有可能由于传输差错而导致字符数信息出错或丢失，目前很少使用这类计数法。

### 2．字符填充帧定界法

字符填充帧定界法只适用于面向字符的链路层协议，如 20 世纪 60 年代末由 IBM 公司开发的二进制同步通信（BInary SYNchronous Communication，BISYNC）协议。字符填充组帧法采取的措施是每个帧以 ASCII 字符序列 DLE STX 开头、DLE ETX 结束（DLE、STX 和 ETX 分别为 ASCII 字符集里的控制字符，其中 DLE 为 Data Link Escape，STX 为 Start of TeXt，ETX 为 End of TeXt）。用这种方法，接收端通过扫描输入线路上的 DLE STX 和 DLE ETX 就能确定帧的起始和结束。

字符填充组帧法带来的一个问题是，当用户数据中含有 DLE STX 或 DLE ETX 字符序列时，将严重干扰帧的定界。解决的办法是：让发送方在发送数据的每个 DLE 字符前面再插入一个 DLE 字符，而接收方在接收数据时删除插入的 DLE 字符，这种方法叫做字符填充（Character Stuffing）技术。这样，接收方在扫描物理线路的字符序列时，如果发现只是单个 DLE 出现，就可以断定一定是帧的起始或结束标识符 DLE STX 或 DLE ETX，而不是数据 DLE，因为后者总是成对出现的。图 3-1 给出了用户数据在进行字符填充前、填充后以及去掉填充字符后的情况。

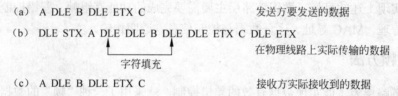

图 3-1    带字符填充组帧法

### 3．位填充帧定界法

位填充帧定界法是位填充组帧法。位填充组帧法克服了字符填充组帧法的缺点，因为它不依赖特定的字符集，允许发送的数据为任意的位组合。该方法可以用于面向位的链路层协议，如 IBM 的同步数据链路控制（Synchronous Data Link Control，SDLC）和 ISO 的高级数据链路控制（High Data Link Control，HDLC）协议。

位填充组帧法是在每一帧的头和尾各引入一个特殊的位组合作为帧的起始和结束标识符，如 01111110（十六进制 7E）。当接收方扫描到 01111110 时就知道是一帧的开头，接收方开始扫描并接收位串直到扫描到下一个 01111110 标识符为止。

位填充组帧法也带来一个同样的问题，即当发送的数据中含有 01111110 位组合时，也将严重干扰正常的组帧。为保证标识符的唯一性但又兼顾帧内数据的透明性，可以采用"0 位插入法"来解决。也就是说，在发送端发送用户数据，当发现有连续的 5 个"1"出现时便在其后添加一个"0"，然后继续发送后续的用户数据。在接收端接收用户数据除标识符以外的所有字段，当发现有连续 5 个"1"出现后，若其后一个位为"0"，则自动删除它以恢复原来的位流。图 3-2 给出了一个位填充的例子。

（a）　011110111111111100011111100110　　　　　　　　　　　　发送方要发送的数据

（b）　01111110　01111011111 0 11111 0 00011111 0 100110　　01111110　在物理线路上实际传输的数据

填充位

（c）　011110111111111100011111100110　　　　　　　　　　　　接收方实际接收到的数据

图 3-2　带位填充组帧法

#### 4．物理层违例法

物理层违例法在物理层采用特定的位编码方法时采用。例如，曼彻斯特编码方法，是将数据位"1"编码成"高-低"电平对，将数据位"0"编码成"低-高"电平对。

**希赛教育专家提示**：数据位"0"编码成"高-低"电平对，将数据位"1"编码成"低-高"电平对，这种说法在考试中也是正确的。

不管哪种说法，"高-高"电平对和"低-低"电平对在数据位中是违法的。这样，在每个数据位中都有电平跳变，而作为帧界定符就不会有电平跳变，就借用这些违法编码序列来界定帧的起始与终止。

局域网 IEEE 802.3 和 802.5 标准中就采用了这种方法。违法编码法不需要任何填充技术，便能实现数据的透明性，但它只适于采用冗余编码的特殊编码环境。

### 3.4.2　差错控制

在数据通信过程可能会因物理链路性能和网络通信环境等因素，难免会出现一些传送错误，但为了确保数据通信的准确，又必须使得这些错误发生的机率尽可能低。这一功能也是在数据链路层实现的，就是它的"差错控制"功能。

在数字或数据通信系统中，通常利用抗干扰编码进行差错控制。一般分为以下 4 类：

（1）前向纠错（Forward Error Correction，FEC）。FEC 方式是在信息码序列中，以特定结构加入足够的冗余位——称为"监督元"（或"校验元"）。接收端解码器可以按照双方约定的这种特定的监督规则，自动识别出少量差错，并能予以纠正。FEC 最适于高速数据、且需要实时传输的情况。

（2）反馈检测（Auto Repeat reQuest，ARQ）。在非实时数据传输中，常用 ARQ 差错控制方式。解码器对接收码组逐一按编码规则检测其错误。如果无误，向发送端反馈"确认"ACK（ACKnowledge）信息；如果有错，则反馈回 ANK（ANKnowledge）信息，以表示请求发送端重复发送刚刚发送过的这一信息。ARQ 方式的优点在于编码冗余位较少，可以有较强的检错能力，同时编解码简单。由于检错与信道特征关系不大，在非实时通信中具有普遍应用价值。

（3）混合纠错（Header Error Correction，HEC）。HEC 方式是上述两种方式的有机结合，即在纠错能力内，实行自动纠错；而当超出纠错能力的错误位数时，可以通过检测而发现错码，不论错码多少都可以利用 ARQ 方式进行纠错。

（4）信息反馈（Information Repeat reQuest，IRQ）。IRQ 方式是一种全回执式最简单差错控制方式。在该检错方式中，接收端将收到的信码原样转发回发送端，并与原发送信码相比较，若发现错误，则发送端再进行重发。只适于低速非实时数据通信，是一种较原始的做法。

### 3.4.3　其他功能

本小节介绍数据链路层的流量控制、链路管理、MAC 寻址、区分数据域控制信息、透明传输等功能。

**1．流量控制**

在双方的数据通信中，如何控制数据通信的流量同样非常重要。它既可以确保数据通信的有序进行，还可避免通信过程中不会出现因为接收方来不及接收而造成的数据丢失。这就是数据链路层的"流量控制"功能。数据的发送与接收必须遵循一定的传送速率规则，可以使得接收方能及时地接收发送方发送的数据。并且当接收方来不及接收时，就必须及时控制发送方数据的发送速率，使两方面的速率基本匹配。

**2．链路管理**

数据链路层的"链路管理"功能包括数据链路的建立、链路的维持和释放三个主要方面。当网络中的两个结点要进行通信时，数据的发送方必须确知接收方是否已处在准备接收的状态。为此通信双方必须先要交换一些必要的信息，以建立一条基本的数据链路。在传输数据时要维持数据链路，而在通信完毕时要释放数据链路。

**3．MAC 寻址**

这是数据链路层中的 MAC 子层主要功能。这里所说的"寻址"与"IP 地址寻址"是完全不一样的，因为此处所寻找的地址是计算机网卡的 MAC 地址，也称为物理地址、硬件地址，而不是 IP 地址（逻辑地址）。在以太网中，采用 MAC 地址进行寻址，MAC 地址被烧入每个以太网网卡中。这在多点连接的情况下非常必需，因为在这种多点连接的网络通信中，必须保证每一帧都能准确地送到正确的地址，接收方也应当知道发送方是哪一个站。

**4．区分数据与控制信息**

由于数据和控制信息都是在同一信道中传输，在许多情况下，数据和控制信息处于同一帧中，因此一定要有相应的措施使接收方能够将它们区分开来，以便向上传送仅是真正需要的数据信息。

**5．透明传输**

透明传输是指可以让无论是哪种位组合的数据，都可以在数据链路上进行有效传输。这就需要在所传数据中的位组合恰巧与某一个控制信息完全一样时，能采取相应的技术措施，使接收方不会将这样的数据误认为是某种控制信息。只有这样，才能保证数据链路层的传输是透明的。

　　在链路层主要功能中，重要的还是组帧、差错控制、流量控制、链路管理、MAC 寻址，而区分数据与控制信息和透明传输是在前 5 项功能中附带实现的，并无需另外的技术。

## 3.4.4　数据链路层协议

　　数据链路层协议有 HDLC、PPP、SDLC 等，本节主要介绍 HDLC 和 PPP 协议。

### 1. HDLC 协议

　　HDLC 源于 IBM 开发的 SDLC，SDLC 是由 IBM 开发的第一个面向位的同步数据链路层协议。随后，ANSI 和 ISO 均采纳并发展了 SDLC，并且分别提出了自己的标准，ANSI 提出了高级数据链路控制规程（Advanced Data Communication Control Procedure，ADCCP），而 ISO 提出了 HDLC。

　　作为面向位的同步数据控制协议的典型，HDLC 只支持同步传输。但是 HDLC 既可工作在点到点线路方式下，也可工作在点到多点线路方式下；同时 HDLC 既适用于半双工线路，也适用于全双工线路。HDLC 协议的子集被广泛用于 X.25 网络、帧中继网络以及局域网的逻辑链路控制（Logic Link Control，LLC）子层作为链路层协议以支持相邻节点之间可靠的数据传输。

　　1）HDLC 帧格式

　　HDLC 协议的帧格式如图 3-3 所示。

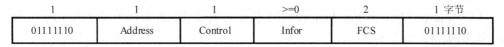

| 1 | 1 | 1 | >=0 | 2 | 1 字节 |
|---|---|---|---|---|---|
| 01111110 | Address | Control | Infor | FCS | 01111110 |

图 3-3　HDLC 协议的帧格式

　　每个字段的含义如下：

　　（1）标志字段 F（Flag）。该字段为 01111110 的位模式，用以标识帧的开始与结束，也可以作为帧与帧之间的填充。在连续发送多个帧时，同一个标识既可用于表示前一帧的结束，又可用于表示下一帧的开始。通常在不进行帧传送的时刻，信道仍处于激活状态，在这种状态下发送方不断地发送标识字段，而接收方则检测每一个收到的标识字段，一旦发现某个标识字段后面不再是一个标识字段，便可认为新的帧传输已经开始。采用"0 位插入法"可以实现用户数据的透明传输。

　　（2）地址字段 A（Address）。该字段的内容取决于所采用的操作方式。每个节点都被分配一个唯一的地址。控制帧中的地址字段携带的是对方节点的地址，而响应帧中的地址字段所携带的地址是本节点的地址。某一地址也可分配给不止一个节点，这种地址称为组地址。利用一个组地址传输的帧能被组内所有的节点接收。还可以用全"1"地址来表示包含所有节点的地址，全"1"地址称为广播地址，含有广播地址的帧传送给链路上所有的节点。另外，还规定全"0"的地址不分配给任何节点，仅作为测试用。

地址字段长度通常是 8 位，可表示 256 个地址。当地址字段的首位为"1"时，表示地址字段只用 8 位；若首位为"0"时，表示本字节后面 1 个字节是扩充地址字段。这就意味着 HDLC 地址字段可以标识超过 256 个以上的站点地址。

（3）控制字段 C（Control）。控制字段占用 1 个字节长度。控制字段用于构成各种命令及响应，以便对链路进行监视与控制。该字段是 HDLC 帧格式的关键字段。控制字段中的第 1 位或第 2 位表示帧的类型，即信息帧 I 帧、监控帧 S 帧和无编号帧 U 帧。3 种类型的帧控制字段的第 5 位是 P/F（Poll/Final，轮询/终止）位。

（4）信息字段 I（Information）。信息字段可以是任意的二进制位串，长度未作限定，其上限由 FCS 字段或通信节点的缓冲容量来决定。目前，国际上用得较多的是 1000～2000 位，而下限可以是 0 ，即无信息字段。另外，监控帧中不可有信息字段。

（5）帧校验序列。在 HDLC 协议的所有帧中都包含一个 16 位的帧校验序列（Frame Check Sequence，FCS），用于差错检测。HDLC 协议的校验序列是对整个帧的内容进行 CRC 循环冗余校验，但标志字段和 0 位插入部分不包括在帧校验范围内。HDLC 协议帧校验序列的生成多项式一般采用多项式 $x^{16}+x^{12}+x^5+1$。

2）HDLC 帧类型

HDLC 的控制字段有 8 位。如果第 1 位为"0"时，表示该帧为信息帧；第 1、2 位为"10"时，表示该帧为监控帧；第 1、2 位为"11"时，表示该帧为无编号帧。

（1）信息帧（Information Frame）用于传送有效信息或数据，通常简称为 I 帧，其控制字段的帧格式如图 3-4 所示。

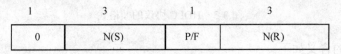

| 1 | 3 | 1 | 3 |
|---|---|---|---|
| 0 | N(S) | P/F | N(R) |

图 3-4　信息帧控制字段格式

I 帧控制字段的第 1 位为 0。HDLC 协议采用滑动窗口机制，允许发送方不必等待确认而连续发送多个信息帧。控制字段中的 N(S)用于存放发送帧的序列，N(R)用于存放接收方下一个预期要接收的帧的序号。N(S)与 N(R)均为 3 位，可取值 0～7。

（2）监控帧（Supervisor Frame）用于差错控制和流量控制，通常称为 S 帧。监控帧以控制字段第 1、2 位为 10 来标志。监控帧控制字段格式如图 3-5 所示。

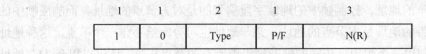

| 1 | 1 | 2 | 1 | 3 |
|---|---|---|---|---|
| 1 | 0 | Type | P/F | N(R) |

图 3-5　监控帧控制字段格式

监控帧控制字段的第 3、4 位为监控帧类型编码，共有 4 种不同的编码，如表 3-1 所示。

表 3-1　监控帧的功能及 N(R)字段含义

| 帧类型 | Type 字段 | 功能描述 | N(R)字段的含义 |
|---|---|---|---|
| RR | 00 | 接收就绪，请求发送下一帧 | 期望接收的下一个 I 帧的序号 |
| REJ | 01 | 请求重新发送序号为 N(R)的所有帧 | 重发帧的开始序号 |
| RNR | 10 | 请求暂停发送数据帧 | N(R)之前各帧已正确接收 |
| SREJ | 11 | 请求重发指定帧 | 重发帧的顺序号 |

接收方可以用接收就绪（Receive Ready，RR）监控帧应答发送方，希望发送方发送序号为 N(R)的信息帧。RR 帧就相当于专门应答帧（因为一般情况下，应答信息都是通过反向数据帧的捎带来完成的）。

接收方可以用拒绝（REJect，REJ）监控帧来要求发送方重传编号为 N(R)之后所有的信息帧（包括 N(R)帧），同时暗示 N(R)以前的信息帧被正确接收。

接收方返回接收未就绪（Receive Not Ready，RNR）监控帧，表示编号小于 N(R)的信息帧已被收到，但目前正忙，尚未准备好接收编号为 N(R)的信息帧，这可用来对链路进行流量控制。

接收方返回选择拒绝（Select REJect，SREJ）监控帧来要求发送方只发送编号为 N(R)的信息帧，并暗示其他编号的信息帧已经全部正确接收到。

RR 监控帧和 RNR 监控帧有两个主要功能：首先这两种监控帧用来表示接收方已经准备好或未准备好信息；其次确认编号小于 N(R)的所有信息帧都正确接收到。

REJ 监控帧和 SREJ 监控帧用于向发送方指出发生了差错，REJ 监控帧用于 GO-BACK-N 策略用以请求重发 N(R)起始的所有帧；SREJ 帧用于选择重传协议，用于指定重发某个特定的帧。

（3）无编号帧 U（Unnumbered Frame）用控制字段第 1、2 位为 11 来标识，如图 3-6 所示。

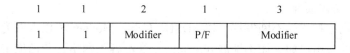

图 3-6　无编号帧控制字段格式

无编号帧因为其控制字段中不包含编号 N(S)和 N(R)而得名，简称 U 帧。U 帧用于提供对链路的建立、拆除以及多种控制工程。无编号帧 U 用 5 个修正（Modifier）位来进行定义，最多可以表示 32 种控制帧。

**2. PPP 协议**

PPP 是 RFC1171/1172 制定的，是在点对点线路上对包括 IP 在内的 LAN 协议进行中继的 Internet 标准协议。PPP 被设计成支持多种上层协议，并设计成具有不依存于网络层协议的数据链路。在用 PPP 对各个网络层协议进行中继时，每个网络层协议必须有某个对应于 PPP 的规格，这些规格有一些已经存在。PPP 是由两种协议构成的：一种是为了确保不依存于协议的数据链路而采用的 LCP（Link Control Protocol，链路控制协议）；另一种为了实现在 PPP 环境中利用网络层协议控制功能的 NCP（Network Control Protocol，网络控制协议）。NCP 的具体名称在对应的网络层协议中有所不同。更准确地说，PPP 所规定协议只是 LCP，至于将 NCP 及网络层协议如何放入 PPP 帧中，要由开发各种网络层协议的厂家完成。PPP 帧具有传输 LCP、NCP 及网络层协议的功能。对利用 LCP 的物理层规格没有特殊限制。可以利用 RS-232-C、RS-422/423、V.35 等通用的物理连接器。传输速率的应用领域也没有特别规定，可以利用物理层规格所容许的传输速率。

1）PPP 协议的应用

PPP 协议是目前广域网上应用最广泛的协议之一，它的优点在于简单、具备用户验证能力、可以解决 IP 分配等。

家庭拨号上网就是通过 PPP 在用户端和运营商的接入服务器之间建立通信链路。目前，宽带接入已经成为取代拨号上网的新方式，在宽带接入技术日新月异的今天，PPP 也衍生出新的应用。典型的应用是在 ADSL 接入方式当中，PPP 与其他的协议共同派生出了符合宽带接入要求的新的协议，如 PPPoE（PPP over Ethernet，以太网上的 PPP），PPPoA（PPP over ATM，ATM 网上的 PPP）。

利用以太网资源，在以太网上运行 PPP 来进行用户认证接入的方式称为 PPPoE。PPPoE 既保护了用户方的以太网资源，又完成了 ADSL 的接入要求，是目前 ADSL 接入方式中应用最广泛的技术标准。

同样，在 ATM 网络上运行 PPP 协议来管理用户认证的方式称为 PPPoA。它与 PPPoE 的原理、作用都相同；不同的是，PPPoA 是在 ATM 网络上，而 PPPoE 是在以太网网络上运行，所以要分别适应 ATM 标准和以太网标准。

2）PPPoE 协议简介

随着宽带网络技术的不断发展，以 xDSL、Cable Modem 和以太网为主的几种主流宽带接入技术的应用已如火如荼地展开。同时，又给各大网络运营商们带来了种种新的问题，无论使用哪种接入技术，对于他们而言，可盼和可求的是如何有效地管理用户，如何从网络的投资中收取回报，因此对于各种宽带接入技术的收费问题就变得更加敏感。在传统的以太网模型中，是不存在所谓的用户计费的概念，要么用户能获取 IP 地址上网，要么用户就无法上网。IETF（Internet Engineering Task Force，互联网工程任务组）的工程师们在秉承窄带拨号上网的运营思路，制定出了在以太网上传送 PPP 数据包的协议，这个协议出台后，各网络设备制造商也相继推出自己品牌的宽带接入服务器（Broadband Access Server，BAS），它不仅能支持 PPPoE 协议会话的终结，而且还能支持其他许多协议。例如，华为公司的 MA5200 和北电的 Shasta5000。

PPPoE 协议提供了在广播式的网络（如以太网）中多台主机连接到远端的访问集中器（称目前能完成上述功能的设备为宽带接入服务器）上的一种标准。在这种网络模型中，不难看出所有用户的主机都需要能独立地初始化自己的 PPP 协议栈，而且通过 PPP 协议本身所具有的一些特点，能实现在广播式网络上对用户进行计费和管理。为了能在广播式的网络上建立、维持各主机与访问集中器之间点对点的关系，那么就需要每个主机与访问集中器之间能建立唯一的点到点的会话。

PPPoE 协议共包括两个阶段，即 PPPoE 的发现阶段（PPPoE Discovery Stage）和 PPPoE 的会话阶段（PPPoE Session Stage）。对于 PPPoE 的会话阶段，可以看成和 PPP 的会话过程是一样的，而两者的主要区别在于只是在 PPP 的数据报文前封装了 PPPoE 的报文头。无论是哪一个阶段的数据报文最终会被封装成以太网的帧进行传送。

PPPoE 的数据报文是被封装在以太网帧的数据域内的。可以把 PPPoE 报文分成两大块，一大块是 PPPoE 的数据报头；另一块则是 PPPoE 的净载荷（数据域），对于 PPPoE 报文数据域中的内容会随着会话过程的进行而不断改变。图 3-7 所示为 PPPoE 的报文的格式。

| 版本 | 类型 | 代码 | 会话 ID |
|------|------|------|---------|
| 长度域 | | 数据域 | |

图 3-7  PPPoE 数据报文格式

- PPPoE 数据报文最开始的 4 位为版本域，协议中给出了明确的规定，这个域的内容填充 0x01。紧接在版本域后的 4 位是类型域，协议中同样规定，这个域的内容填充为 0x01。代码域占用 1 字节，对于 PPPoE 的不同阶段这个域内的内容也是不一样的。会话 ID 占用 2 字节，当访问集中器还未分配唯一的会话 ID 给用户主机的话，则该域内的内容必须填充为 0x0000，一旦主机获取了会话 ID 后，那么在后续的所有报文中该域必须填充那个唯一的会话 ID 值。

长度域为 2 字节，用来指示 PPPoE 数据报文中净载荷的长度。数据域有时也称为净载荷域，在 PPPoE 的不同阶段该域内的数据内容会有很大的不同。在 PPPoE 的发现阶段时，该域内会填充一些 Tag（标记）；而在 PPPoE 的会话阶段，该域则携带的是 PPP 的报文。

## 3.5  物理层

物理层协议要解决的是主机、工作站等数据终端设备与通信线路上通信设备之间的接口问题。多数物理层是由 DTE 和 DCE 组成。DTE 的基本功能是处理数据以及发送和接收数据。由于大多数的数据处理设备的数据传输能力的限制，如果将相隔很远的两个数据处理设备直接相连，必须在数据处理设备和传输介质之间，加上一个中间设备，否则不能进行通信。这个中间设备就是 DCE。DCE 的作用就是在 DTE 和传输线路之间提供信号变换和编码的功能，并且负责建立、保持和释放数据链路的连接。图 3-8 所示为 DTE/DCE 接口框图。

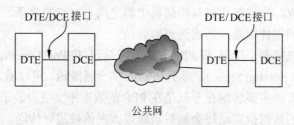

图 3-8　DTE/DCE 接口框图

　　DTE 与 DCE 之间的接口一般都有多条并行线，其中包括多种信号线和控制线。DCE 在通信过程中作为 DTE 和信道的连接点，DCE 将 DTE 传过来的数据，按位顺序逐个发往传输线路，或反过来从传输线路接收串行的位流，然后再交给 DTE。期间需要高度协调地工作，为了减轻数据处理设备用户的负担，必须对 DTE 和 DCE 的接口进行标准化，这种接口标准也就是物理层协议。

### 3.5.1　物理层特性

　　在 DTE 和 DCE 之间实现建立、维护和拆除物理链路连接的有关技术细节，ICCTT（International Consultative Committee on Telecommunications and Telegraphy，国际电报电话咨询委员会）和 ISO 用 4 个技术特性来描述，并给了适应不同情况的各种标准和规范。这 4 个技术特性是机械特性、电气特性、功能特性和规程特性。

**1. 机械特性**

　　机械特性规定了物理连接时对插头和插座的几何尺寸、插针或插孔芯数及排列方式、锁定装置形式等。图 3-9 列出了各类已被 ISO 标准化了的 DCE 连接器的几何尺寸及插孔芯数和排列方式。

　　一般来说，DTE 的连接器常用插针形式，其几何尺寸与 DCE 连接器相配合，插针芯数和排列方式与 DCE 连接器成镜像对称。

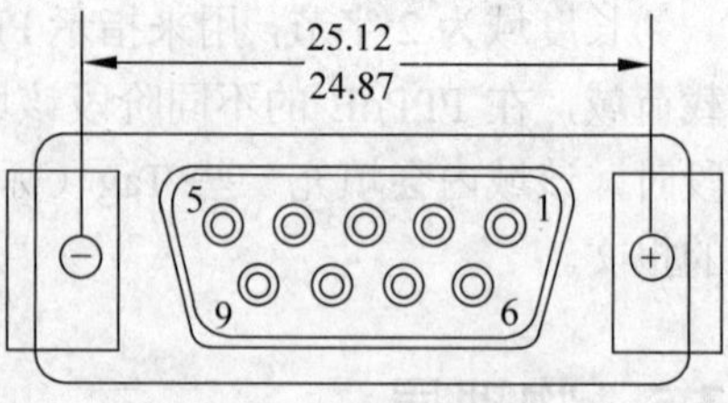

**2. 电气特性**

图 3-9　常用连接机械特性

　　电气特性规定了在物理连接上导线的电气连接及有关的电路特性，一般包括接收器和发送器电路特性的说明、表示信号状态的电压/电流电平的识别、最大传输速率的说明、以及与互连电缆相关的规则等。

物理层的电气特性还规定了 DTE-DCE 接口线的信号电平、发送器的输出阻抗、接收器的输入阻抗等电器参数。

DTE 与 DCE 接口的各根导线（也称电路）的电气连接方式有非平衡方式、采用差动接收器的非平衡方式和平衡方式三种。

（1）非平衡方式。该方式采用分立元件技术设计的非平衡接口，每个电路使用一根导线，收发两个方向共用一根信号地线，信号速率<20kb/s，传输距离<15m。由于使用共用信号地线，所以会产生比较大的串扰。CCITTV.28 建议采用这种电气连接方式，EIA RS-232C 标准基本与之兼容。

（2）采用差动接收器的非平衡方式。该方式采用集成电路技术的非平衡接口，与前一种方式相比，发送器仍使用非平衡式，但接收器使用差动接收器。每个电路使用一根导线，但每个方向都使用独立的信号地线，使串扰信号较小。这种方式的信号传输速率可达 300kb/s，传输距离为 10（传输速率为 300kb/s 时）～1000m（传输速率≤3kb/s 时）。CCITT V.10/X.26 建议采用这种电气连接方式，EAI RS-423 标准与之兼容。

（3）平衡方式。该方式采用集成电路技术设计的平衡接口，使用平衡式发送器和差动式接收器，每个电路采用两根导线，构成各自完全独立的信号回路，使得串扰信号减至最小。这种方式的信号速率≤10Mb/s，传输距离为 10（10Mb/s 时）～1000m（≤100kb/s 时）。CCITT V.11/X.27 建议采用这种电气连接方式，EAI RS-423 标准与之兼容。

**3．功能特性**

功能特性规定了接口信号的来源、作用以及其他信号之间的关系。

**4．规程特性**

规程特性规定了使用交换电路进行数据交换的控制步骤，这些控制步骤的应用使得位流传输得以完成。

### 3.5.2　物理层标准

物理层最常用的标准有 EIA-232-E 接口标准和 RS-449 接口标准。

**1．EIA-232-E**

EIA-232-E 最早是 1962 年制定的标准 RS-232。这里 RS 表示 EIA 一种"推荐标准"，232 是个编号。在 1969 年修订为 RS-232-C，C 是标准 RS-232 以后的第三个修订版本。1987 年 1 月，修订为 EIA-232-D。1991 年又修订为 EIA-232-E。由于标准修改得并不多，因此，现在很多厂商仍用旧的名称，有时简称为 EIA-232。

EIA-232-E 的传送距离最大约为 15m，最高速率为 20kb/s，并且 EIA-232-E 接口是为点对点（即只用一对收、发设备）通信而设计的。所以，EIA-232-E 只适合于本地通信使用。

通常，EIA-232-E 接口以 9 个接脚 （DB-9）或是 25 个接脚（DB-25）的型态出现，一般个人计算机（Personal Computer，PC）上会有两组 EIA-232-E 接口，分别称为 COM1 和 COM2。

**2．RS-449**

RS-449 是 1977 年由 EIA 发表的标准，规定了 DTE 和 DCE 之间的机械特性和电气特性。RS-449 是想取代 RS-232-C 而开发的标准，但是几乎所有的数据通信设备厂家仍然采用原来的标准，所以 RS-232-C 仍然是最受欢迎的接口而被广泛采用。

RS-449 的连接器使用 ISO 规格的 37 引脚及 9 引脚的连接器，2 次通道（返回字通道）电路以外的所有相互连接的电路都使用 37 引脚的连接器，而 2 次通道电路则采用 9 引脚连接器。

## 3.6 覆盖网与对等网

早在 20 世纪 70 年代中期，源于局域网的文件共享 P2P（Peer to Peer）技术就开始流行起来了。首先计划是美国加利福尼亚大学伯克利分校的 SETI@home 研究计划。1999 年，SETI@home 开始使用 P2P 计算方法来分析星际间无线电信号，寻找宇宙中可能存在的其他外星文明证据。P2P 技术串联所有参与研究计划者闲置的电脑来执行庞大复杂的运算，然后把结果传到 SETI@home 总部。也正是 SETI@home 计划推动了 P2P 热潮的到来。2000 年用于共享 MP3 音乐的 Napster 软件与美国唱片界的一场官司更将 P2P 技术带入人们的视线。之后，各种基于对等网的应用风起云涌。

P2P 提出了一种对等网络模型，在这种网络中各个节点是对等的，具有相同的责任和义务，彼此互为客户端/服务器，协同完成任务。对等点之间通过直接互连共享信息资源、处理器资源、存储资源甚至高速缓存资源等，无须依赖集中式服务器资源就可以完成。与传统的 C/S（Client/Server，客户机/服务器）模式形成鲜明对比。P2P 技术主要指由硬件形成网络连接后的信息控制技术，表现形式在应用层上基于 P2P 网络协议的各种客户端软件。

如图 3-10 所示，它和传统的 C/S 不同，传统的 C/S 模式有一台指定的主机提供 Web、FTP、数据库等服务，它的架构是一种典型的中央集中式架构。P2P 没有特定的主机，是一种非集中架构，在网络中没有服务器或是客户机的概念，对于网络中的每一个实体，都会被认为是一个对等点，它们拥有相同的地位，任何一个实体都可以请求服务（客户机的特性）和提供服务（服务器的特性）。

**1．P2P 网络的分类**

P2P 网络有多种分类方法，从网络结构到应用类型多种多样，这是主要从网络集中化程度、网络结构和网络应用类型三个方面对 P2P 网络进行分类研究。这里主要讨论从网络集中化程度进行分类：

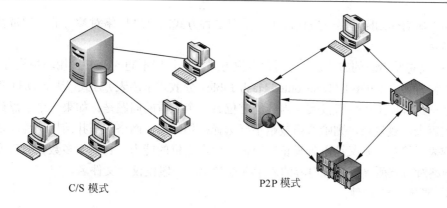

C/S 模式　　　　　　　　　P2P 模式

图 3-10　C/S 模式与 P2P 模式

（1）集中式 P2P 网络。集中式 P2P 模式中有一个中心服务器来负责记录共享信息以及回答对这些信息的查询；每一个对等实体对它将要共享的信息以及进行的通信负责，根据需要下载它所需要的其他对等实体上的信息。

（2）分布式 P2P 网络。在分布式对等网中，对等机通过与相邻对等机之间的连接遍布整个网络体系。每个对等机在功能上都是相似的，并没有专门的服务器，而对等机必须依靠它们所在的分布网络来查找文件和定位其他对等机。

（3）半分布型 P2P 网络。集中式 P2P 形式有利于网络资源的快速检索，以及只要服务器能力足够强大就可以无限扩展，但是其中心化的模式容易遭到直接的攻击；分布式 P2P 形式解决了抗攻击问题，但是又缺乏快速搜索和可扩展性。半分布式的 P2P 结合了集中式和分布式 P2P 形式的优点，在设计思想和处理能力上都得到近一步优化。它在分布式模式基础上，将用户节点按能力进行分类，使某些节点担任特殊的任务。

- 用户节点：普通的节点就是用户节点，它不具有任何特殊的功能。
- 超级节点：这些节点能够提供集中式 P2P 网络中一部分服务器的功能，这些节点相互间能够通信，它们可以是专门的超级服务节点，同时也可以具有普通用户的功能。超级节点通常都是动态推举和产生的，一般具有较好的物理性能，能够提供资源搜索和索引的能力，为其临近的若干普通节点提供服务。

**2．P2P 资源定位方式**

P2P 网络中进行资源定位是首先要解决问题。与 P2P 从网络集中化程度进行分类方式对应一般采用三种方式。

（1）集中方式索引。每一个节点将自身能够提供共享的内容注册到一个或几个集中式的目录服务器中。查找资源时首先通过服务器定位，然后两个节点之间再直接通信，如早期的 Napster 等。这类网络实现简单，但往往需要大的目录服务器的支持，并且系统的健壮性不好。

（2）广播方式。没有任何索引信息，内容提交与内容查找都通过相邻接节点直接广播传递，如 Gnutella 等。一般情况下，采取这种方式的 P2P 网络对参与节点的带宽要求比较高。

（3）动态哈希表的方式。上述两种定位方式可以依据不同的 P2P 应用环境进行选择，但是人们普遍看好 DHT（Distributed Hash Table，分散式杂凑表）方式。基于 DHT 的 P2P 网络在一定程度上可以直接实现内容的定位。一个矛盾的问题是：如果一个节点提供共享的内容表示越复杂，则哈希函数越不好选择；相应地，网络的拓扑结构就越复杂。如果内容表示简单，则又达不到真正实现依据内容定位的能力。目前大多数 DHT 方式的 P2P 网络对节点所提供共享内容的表示都很简单，一般仅仅为文件名。

### 3. 常用 P2P 软件

常用的 P2P 软件有以下几种：

（1）Napster：世界上第一个大型的 P2P 应用网络，主要用于查找 MP3，它有一个服务器用于存储 MP3 文件的链接位置并提供检索，而真正的 MP3 文件则存放在千千万万的 PC 上，搜索到的文件通过 P2P 方式直接在 PC 间传播共享。这种方式的缺点就是需要一台服务器，在 MP3 文件版权之争火热的年代，Napster 很快就成为众矢之的，被众多唱片公司诉讼侵犯版权而被迫关闭。当然服务器一关 Napster 也就不复存在。

（2）Gnutella 和 Gnutella2：Gnutella2 是对 Gnutella 的改进和扩展。Gnutella 是开源的、第一个真正非中心的无结构 P2P 网络，文件查询采用洪泛方式。Gnutella 吸取了 Napster 的失败教训，将 P2P 的理念更推进一步：它不存在中枢目录服务器，所有资料都放在 PC 上。用户只要安装了该软件，就将 PC 立即变成一台能够提供完整目录和文件服务的服务器，并会自动搜寻其他同类服务器，从而联成一台由无数 PC 组成的超级服务器网络。传统网络的服务器和客户机在它的面前被重新定义。

（3）eDonkey。自私的人们在利用 P2P 软件的时候大多只愿"获取"，而不愿"共享"，P2P 的发展遇到了意识的发展瓶颈。不过，一头"驴"很快改变了游戏规则，这就是电驴 eDonkey，它引入了强制共享机制。eDeonkey 将网络节点分成服务器层和客户层，并且将文件分块以提高下载速度。eMule 是 eDonkey 的后继，但是更出色，采用了 DHT 来构建底层网络拓扑，是目前非常流行的 P2P 文件共享软件。

（4）BitTorrent：借助分散式服务器提供共享文件索引的混合式 P2P 网络，文件分片下载。该方式下载速度高，没有查找功能，种子具有时效性。它将中心目录服务器的稳定性同优化的分布式文件管理结合起来。

### 4. P2P 技术主要涉及的领域和发展方向

P2P 技术主要涉及的领域和发展方向主要有以下几种：

（1）提供文件和其他内容共享的 P2P 网络，如 eMule、BitTorrent 等。

（2）基于 P2P 方式的协同处理与服务共享平台，如 JXTA、Magi、Groove、.NETMy Service 等。

（3）即时通信交流，如腾讯 QQ 等。

（4）语音与流媒体：由于 P2P 技术的使用，大量的用户同时访问流媒体服务器，也不会造成服务器因负载过重而瘫痪，如迅雷点播、PPlive 等。

（5）网格计算，挖掘 P2P 分布计算能力。使用 P2P 技术以集中那些联接在网络上的电脑的空闲的 CPU 时间片断、内存空间、硬盘空间来替代"超级计算机"。

## 3.7　例题分析

为了帮助考生进一步掌握网络体系结构方面的知识，了解考试的题型和难度，本节分析 9 道典型的试题。

**例题 1**

实现位流透明传输的层是＿＿(1)＿＿，不属于该层的协议是＿＿(2)＿＿。

（1）A. 物理层　　　　B. 数据链路层　　　　C. 网络层　　　　D. 传输层

（2）A. V.35　　　　B. RS232C　　　　C. RJ-45　　　　D. HDLC

**例题 1 分析**

这是一道层归属判断题，考查了物理层的归属判断。实现位流透明传输显然是"物理层"的工作职责。V.35 定义了路由器与基带 Modem 间的连线标准；RS232C 定义的是 PC 中的串口标准；RJ-45 定义的双绞线以太网卡的连接口规范；HDLC 则是数据链路层协议。

**例题 1 答案**

（1）A　　　（2）D

**例题 2**

物理层定义了通信设备的＿＿(3)＿＿、电气、功能、＿＿(4)＿＿的特性。

（3）A. 外观　　　　B. 机械　　　　C. 模具　　　　D. 物理

（4）A. 规程　　　　B. 协议　　　　C. 通信　　　　D. 规则

**例题 2 分析**

这是一道基本原理题，考查了物理层的基本特点。物理层通过一系列协议定义了通信设备的机械的、电气的、功能的、规程的特征。

- 机械：主要是连接设备的外观，连接品的规格、尺寸、数量。
- 电气：主要是设备的电压值、范围值、变化值等。
- 功能：主要是定义每个连接点所完成的功能要求。
- 规程：主要是定义通信时所采用的过程。

**例题 2 答案**

（3）B　　　（4）A

**例题 3**

传输层的功能是＿＿(5)＿＿，该层的服务访问点是＿＿(6)＿＿。

（5）A．实现端到端的数据分组传送　　　　B．完成异构网络的互连
　　　C．建立一个无差错的物理信道　　　　D．提供透明的位流传输
（6）A．IP 地址　　　B．端口　　　C．逻辑地址　　　D．物理地址

**例题 3 分析**

这是一道基本原理题，考查传输层的基本特点。传输层主要负责实现发送端和接收端的端到端的数据分组传送，负责保证实现数据包无差错、按顺序、无丢失和无冗余的传输。其服务访问点为端口。

**例题 3 答案**

（5）A　　（6）B

**例题 4**

在下列 4 个协议中，__(7)__ 和其他三个不属于一类，它属于__(8)__层。

（7）A．CONS　　　B．CLNP　　　C．PLP　　　D．CMIP
（8）A．数据链路层　　B．网络层　　　C．传输层　　　D．应用层

**例题 4 分析**

这是一道层归属判断题，考查了 OSI 典型协议。在本题中所列出的 4 个协议是 OSI/RM 定义的协议，由于实际的 Internet 中主要使用的是 TCP/IP 协议，因此，可能大多数人都对其不熟悉。

- CONS：面向连接的网络层服务协议。
- CLNP：无连接的网络层服务协议。
- PLP：X.25 网络中的分组协议，它工作于网络层。
- CMIP：公共管理信息协议，是一种网络管理协议，工作在应用层。

**例题 4 答案**

（7）D　　（8）D

**例题 5**

HDLC 协议采用的帧同步方法为__(9)__。

（9）A．字节计数法　　　　　　　　B．使用字符填充的首尾定界法
　　　C．使用比特填充的首尾定界法　　D．传送帧同步信号

**例题 5 分析**

本题考查数据链路层协议 HDLC 的基本概念。

HDLC 源于 IBM 开发的 SDLC，SDLC 是由 IBM 开发的第一个面向位的同步数据链路层协议。随后，ANSI 和 ISO 均采纳并发展了 SDLC，并且分别提出了自己的标准，ANSI 提出了高级数据链路控制规程（Advanced Data Communication Control Procedure，ADCCP），而 ISO 提出了 HDLC。

作为面向位的同步数据控制协议的典型，HDLC 只支持同步传输。但是 HDLC 既可工作在点到点线路方式下，也可工作在点到多点线路方式下；同时 HDLC 既适用于半双

工线路，也适用于全双工线路。HDLC 协议的子集被广泛用于 X.25 网络、帧中继网络以及局域网的逻辑链路控制（Logic Link Control，LLC）子层作为链路层协议以支持相邻节点之间可靠的数据传输。

**例题 5 答案**

（9）C

**例题 6**

在下面 4 个协议中，属于 ISO OSI/RM 标准第二层的是 ___（10）___ 。

（10）A．LAPB      B．MHS      C．X.21      D．X.25 PLP

**例题 6 分析**

本题考查数据链路层相关的协议。

链路访问过程平衡（LAPB）是数据链路层协议，负责管理在 X.25 中 DTE 设备与 DCE 设备之间的通信和数据帧的组织过程。LAPB 是源于 HDLC 的一种面向位的协议，它实际上是 ABM （平衡的异步方式类别）方式下的 HDLC。LAPB 能够确保传输帧的无差错和正确排序。

MHS 是表示消息处理服务的缩写词。

X.21 是对公用数据网中的同步式终端（DTE）与线路终端（DCE）间接口的规定。

X.25 PLP 描述网络层（第三层）中分组交换网络的数据传输协议。PLP 负责虚电路上 DTE 设备之间的分组交换。

**例题 6 答案**

（10）A

**例题 7**

在 PPP 链路建立以后，接着要进行认证过程。首先由认证服务器发送一个质询报文，终端计算该报文的 Hash 值并把结果返回服务器，然后服务器把收到的 Hash 值与自己计算的 Hash 值进行比较以确定认证是否通过。在下面的协议中，采用这种认证方式的是 ___（11）___ 。

（11）A．CHAP      B．ARP      C．PAP      D．PPTP

**例题 7 分析**

本题考查 PPP 协议的验证方式。

PAP（Password Authentication Protocol，口令验证协议）是一种简单的明文验证方式。NAS（Network Access Server，网络接入服务器）要求用户提供用户名和口令，PAP 以明文方式返回用户信息。很明显，这种验证方式的安全性较差，第三方可以很容易的获取被传送的用户名和口令，并利用这些信息与 NAS 建立连接获取 NAS 提供的所有资源。所以，一旦用户密码被第三方窃取，PAP 无法提供避免受到第三方攻击的保障措施。

CHAP（Challenge-Handshake Authentication Protocol，挑战-握手验证协议）是一种加密的验证方式，能够避免建立连接时传送用户的真实密码。NAS 向远程用户发送一个挑战口令（Challenge），其中包括会话 ID 和一个任意生成的挑战字串（Arbitrary Challenge String）。远程客户必须使用 MD5 单向哈希算法（One-way Hashing Algorithm）返回用户名和加密的挑战口令，会话 ID 以及用户口令，其中用户名以非哈希方式发送。

CHAP 对 PAP 进行了改进，不再直接通过链路发送明文口令，而是使用挑战口令以哈希算法对口令进行加密。因为服务器端存有客户的明文口令，所以服务器可以重复客户端进行的操作，并将结果与用户返回的口令进行对照。CHAP 为每一次验证任意生成一个挑战字串来防止受到再现攻击（Replay Attack）。在整个连接过程中，CHAP 将不定时的向客户端重复发送挑战口令，从而避免第 3 方冒充远程客户（Remote Client Impersonation）进行攻击。

**例题 7 答案**

（11）A

**例题 8**

P2P 业务和 C/S（或 B/S）结构的业务主要差别是__（12）__。

（12）A．P2P 业务模型中每个节点的功能都是等价的，节点既是客户机也是服务器

　　　　B．P2P 业务模型中的超级节点既是客户机也是服务器，普通节点只作为客户机使用

　　　　C．P2P 业务模型与 CS 或 BS 业务模型的主要区别是服务器的能力有差别

　　　　D．P2P 业务模型与 CS 和 BS 业务模型的主要区别是客户机的能力有差别

**例题 8 分析**

本题主要考查对 P2P 技术的理解。

端对端技术（peer-to-peer，P2P）又称对等互联网络技术，是一种网络新技术，依赖网络中参与者的计算能力和带宽，而不是把依赖都聚集在较少的几台服务器上。请注意与 point-to-point 之间的区别，peer-to-peer 一般译为端对端或群对群，指对等网中的节点；point-to-point 一般译为点对点，对应于普通网络节点。P2P 网络通常用于通过 Ad Hoc 连接来连接节点。这类网络可以用于多种用途，各种文件共享软件已经得到了广泛的使用。P2P 技术也被使用在类似 VoIP 等实时媒体业务的数据通信中。

纯点对点网络没有客户端或服务器的概念，只有平等的同级节点，同时对网络上的其他节点充当客户端和服务器。这种网络设计模型不同于客户端-服务器模型，在客户端-服务器模型中通信通常来往于一个中央服务器。

**例题 8 答案**

（12）A

**例题 9**

有人说，P2P 应用消耗大量的网络带宽，甚至占网络流量的 90%。对此的合理解释是__（13）__。

（13）A．实现相同的功能，P2P 方式比非 P2P 方式需要传输更多数据，占用更多的

网络带宽

B．实现相同的功能，P2P 方式比非 P2P 方式响应速度更快，需要占用更多的网络带宽

C．P2P 方式总是就近获取所需要的内容，单个 P2P 应用并不比非 P2P 方式占用更多的带宽，只是用户太多，全部用户一起占用的带宽大

D．P2P 方式需要从服务器获取所需要的内容，单个 P2P 应用比非 P2P 方式需要占用更多的带宽

**例题 9 分析**

本题考查 P2P 的基本知识。

P2P 网络没有集中式的服务器，每台计算机既是客户机，获取信息和服务，又是服务器，为别人提供信息和服务。P2P 网络中用户总是就近获取所需要的内容，信息的传输采用标准的方式进行，因此单个 P2P 用户或应用并不比非 P2P 方式占用更多的带宽，只是用户太多，且大多数情况下，P2P 应用都是视频类的，如电影、电视节目等，数据量大，需要较大的带宽，全部用户加在一起占用的带宽非常大。

**例题 9 答案**

（13）C

# 第 4 章   网络互联设备

根据考试大纲，本章要求考生掌握以下知识点：

（1）网卡相关知识。

（2）交换机：交换机的功能、交换机的工作原理、交换机的类型。

（3）路由器：路由器的功能、路由器的结构与工作原理。

（4）网关。

（5）无线局域网设备。

（6）调制解调器。

## 4.1   网卡

网络接口卡（Network Interface Card，NIC）简称网卡，是 OSI/RM 中数据链路层的设备，其功能是处理主机访问网络媒体的操作，把来自上层的数据包，封装成帧，再编码成信号，发送到网络上；或把从网络上接收到的信号，解码成为位，再组合成帧，送往 OSI/RM 的上层设备处理。封装是第二层的主要功能，而将位变成光和电的信号是属于第一层的工作，网卡因同时具有第一层和第二层功能的装置通常被视为第二层装置。世界上每个网卡都有一个独一无二的编码名称，叫做 MAC 地址，在网络通信时用来识别主机。

从工作方式看，网卡大致有 5 类。

（1）主 CPU 用 IN 和 OUT 指令对网卡的 I/O 端口寻址并交换数据。这种方式完全依靠主 CPU 实现数据传送。当数据进入网卡缓冲区时，LAN 控制器发出中断请求，调用 ISR（Interrupt Service Routines，中断服务程序），ISR 发出 I/O 端口的读写请求，主 CPU 响应中断后将数据帧读入内存。

（2）网卡采用共享内存方式，即 CPU 使用 MOV 指令直接对内存和网卡缓冲区寻址。接收数据时数据帧先进入网卡缓冲区，ISR 发出内存读写请求，CPU 响应后将数据从网卡送至系统内存。

（3）网卡采用 DMA（Direct Memory Access，直接存储器访问）方式，ISR 通过 CPU 对 DMA 控制器编程（DMA 控制器一般在系统板上，有的网卡也内置 DMA 控制器）。DMA 控制器收到 ISR 请求后，向主 CPU 发出 HOLD 请求，获 CPU 应答后即向 LAN 发出 DMA 应答并接管总线，同时开始网卡缓冲区与内存之间的数据传输。

（4）主总线网卡能够裁决系统总线控制权，并对网卡和系统内存寻址，LAN 控制器裁决总线控制权后以成组方式将数据传向系统内存，IRQ（Interrupt ReQuest，中断请求）

调用 LAN 驱动器程序 ISR，由 ISR 完成数据帧处理，并同高层协议一起协调接收和发送操作。这种网卡由于有较高的数据传输能力，常常省去了自身的缓冲区。

（5）智能网卡中有 CPU、RAM（Random Access Memory，随机存取存储器）、ROM（Read Only Memory，只读存储器）和较大的缓冲区，其 I/O（Input/Output，输入输出）系统可独立于主 CPU，LAN 控制器接收数据后由内置 CPU 控制所有数据帧的处理，LAN 控制器裁决总线控制权并将数据成组地在系统内存和缓冲区之间传送。IRQ 调用 LAN 驱动程序 ISR，通过 ISR 完成数据帧处理，并同高层协议一起协调接收和发送操作。

就外观而言，网卡是一个预先烧好的电路板，可以插入主板或外围设备总线的扩展槽。笔记本电脑所用的网卡，则是 PCMCIA（Personal Computer Memory Card International Association，PC 内存卡国际联合会）规格的内置或外接卡，它的功能是使主机设备适用于所连接的网络媒体。

## 4.2　网桥

网桥（Bridge）也称桥接器，是连接两个局域网的存储转发设备，可以完成具有相同或相似体系结构的网络系统的连接。一般情况下，被连接的网络系统都具有相同的逻辑链路控制规程，但媒体访问控制协议可以不同。网桥是数据链路层的连接设备，在两个局域网的数据链路层间按帧传送信息，准确地说，它工作在 OSI/RM 中的数据链路层中的 MAC 子层位置。图 4-1 所示为 OSI/RM 中的网桥示意图。网桥是为各种局域网间存储转发数据而设计的，它对末端结点用户是透明的，末端结点在其报文通过网桥时，并不知道网桥的存在。网桥可以将相同或不相同的局域网连在一起，组成一个扩展的局域网络。

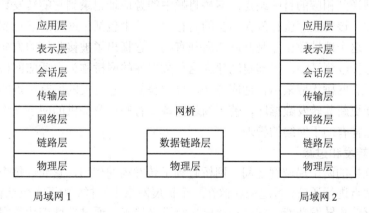

图 4-1　网桥示意图

### 4.2.1　网桥的工作原理

本小节以 FDDI 为背景来说明网桥的工作原理。

　　FDDI 是一个开放式网络，允许各种网络设备相互交换数据。网桥连接的两个局域网可以基于同一种标准，也可以基于两种不同类型的标准。当网桥收到一个数据帧后，首先将它传送到数据链路层进行差错校验，然后再送至物理层，通过物理层传输机制再传送到另一个网上，在转发帧之前，网桥对帧的格式和内容不做或只做很少的修改。网桥一般都设有足够的缓冲区，有些网桥还具有一定的路由选择功能，通过筛选网络中一些不必要的传输来减少网上的信息流量。例如，当 FDDI 站点有一个报文要传到以太网 IEEE 802.3CSMA/CD 网上时，需要完成下面一系列工作。

　　（1）站点首先将报文传到 LLC 层，并加 LLC 报头。

　　（2）将报文传送到 MAC 层，再加上 FDDI 报头，FDDI 报文最大长度为 4500 字节，大于此值的报文可分组传送。

　　（3）再将报文交给 PER 和 PMD，经传输媒体送到 FDDI—IEEE 802.3 以太网桥。

　　（4）网桥上的 MAC 层去掉 FDDI 报头，然后送交 LLC 层处理。

　　（5）重新组帧并计算校验值，但与 IEEE 802.3 以太网传输速率（10Mb/s）不匹配，因此，在网桥上就存在拥挤和超时问题，也就有重发的可能。如果多次重发均告失败，那么将放弃发送，并通知目的站点网络可能有故障。

### 4.2.2　网桥的功能

　　网桥的功能有源地址跟踪、帧的转发和过滤、协议转换、分帧和重组、网络管理等多重功能。

#### 1. 源地址跟踪

　　网桥具有一定的路径选择功能，在任何时候收到一个帧以后，都要确定其正确的传输路径，将帧送到相应的目的站点。网桥将帧中的源地址记录到它的转发数据库（或地址查找表）中，该转发库就存放在网桥的内存中，其中包括了网桥所能见到的所有连接站点的地址。这个地址数据库是互联网所独有的，它指出了被接收帧的方向，或仅说明网桥的哪一边接收到了帧。能够自动建立这种数据库的网桥称为自适应网桥。在一个扩展网络中，所有网桥均应采用自适应方法，以便获得与它有关的所有站点的地址。网桥在工作中不断更新其转发数据库，使其渐趋完备。有些厂商提供的网桥允许用户编辑地址查找表，这样有助于网络的管理。

#### 2. 帧的转发和过滤

　　在相互联接的两个局域网之间，网桥起到了转发帧的作用，它允许每个 LAN 上的站点与其他站点进行通信，看起来就像在一个扩展网络上一样。为了有效地转发数据帧，网桥提供了存储和转发功能，它自动存储接收进来的帧，通过地址查找表完成寻址，然后把它转发到源地址另一边的目的站点上，而源地址同一边的帧就被从存储区中删除。过滤是阻止帧通过网桥的处理过程，有三种基本类型。

　　（1）目的地址过滤。当网桥从网络上接收到一个帧后，首先确定其源地址和目的地址，如果源地址和目的地址处于同一局域网中，就简单地将其丢弃，否则就转发到另一局域网上，这就是所谓的目的地址过滤。

（2）源地址过滤。所谓源地址过滤，就是根据需要，拒绝某一特定地址帧的转发，这个特定的地址是无法从地址查找表中取得的，但是可以由网络管理模块提供。事实上，并非所有网桥都进行源地址的过滤。

（3）协议过滤。目前有些网桥还能提供协议过滤功能，它类似于源地址过滤，由网络管理指示网桥过滤指定的协议帧。在这种情况下，网桥根据帧的协议信息来决定是转发还是过滤该帧，这样的过滤通常只用于控制流量、隔离系统和为网络系统提供安全保护。

### 3．协议转换

早期的 FDDI 网桥结构通常是专用的封装结构，这是由于早期的 FDDI 仅与 IEEE 802 或 802.5 子网相连，不需要利用其他局域网中的节点通信。但是，在一个大型的扩展局域网中有很多系统在一起操作，这种专用的封装式网桥就无法提供相互操作的能力。为此，采用了新的转换技术，依照与其他网络的桥接标准，形成了转换式网桥，建立可适应局域网互联的标准帧。

（1）封装式网桥。封装式网桥（Encapsulation Bridge）采用一些专用设备和技术，将 FDDI 作为一种传输管道来使用，它要求网上使用同一型号的网桥，这无疑影响了网络的互操作性能。以 FDDI-Ethernet 网桥为例。FDDI 封装式网桥使用专用协议技术，用 FDDI 报头和报尾来封装一个以太帧，然后把这个帧转发到 FDDI 网络上，目的地址也隐含在封装过的帧中。封装式网桥把这个 FDDI 帧发送到另一个封装式网桥上，由该封装式网桥使用与封装技术相对应的拆封技术将封装拆除。由于目的地址被封装过，因此只能采用广播帧的形式发送帧，这无疑会降低网络带宽的使用率。如果互联网的规模很大，包含的网桥和局域网很多，那么广播帧的数目也将增加，这样势必会造成不必要的拥挤。封装式网桥不能通过转换网桥发送数据，只有同一供货商提供的同一种封装式网桥才能一起工作，也不能通过其他供货商提供的封装式网桥传输数据，除非其他供货商提供的封装式网桥也同样使用这种协议。

（2）转换式网桥。转换式网桥（Translating Bridge）克服了封装式网桥的弊病，将需要传输的帧转换成目的网络的帧格式，然后再传输。还是以 FDDI-Ethernet 网桥为例。以太网工作站要使用连在 FDDI 上的高性能服务器，必须先将 Ethernet 格式帧转换成 FDDI 格式帧，然后通过 FDDI 上传至目的服务器，此时服务器接收到的是 FDDI 格式的帧，故不需做任何改变就可使用。可见转换式网桥是通用的。任何转换式网桥都能与其他网桥互相通信。

### 4．分帧和重组

网际互联的复杂程度取决于互联网络的报文、帧格式及其协议的差异程度。不同类型的网络有着不同的参数，其差错校验的算法、最大报文分组、生成周期也不尽相同。例如，FDDI 网络中允许的最大帧长度为 4500 字节，而在 IEEE 802.3 以太网中最大帧长度为 1518 字节，这样网桥在 FDDI 向 Ethernet 转发数据帧时，就必须将 FDDI 长达 4500 字节的帧分割成几个 1518 字节长度的 IEEE 802.3 协议以太网帧，然后再转发到以太网上去，这就是分帧技术。一些通用的通信协议都定义了类似的控制帧大小差异的方法（称为包分割方法）；反之，在 Ethernet 向 FDDI 转发数据帧时，必须将只有 1518 字节的以太帧组合成 FDDI 格式的帧，并以 FDDI 格式传输，这就是帧的重组。对于使用较长报文格式的协议和应用，帧的分割和重组是非常重要的。如果 FDDI 网桥中没有分帧和重组功能，那么通过网桥互联就无法实现。但是，在协议转换过程中，分帧和重组工作必须快速完成，否则会降低网桥的性能。

**5．管理功能**

网桥的另一项重要功能是对扩展网络的状态进行监督，其目的就是为了更好地调整拓扑逻辑结构。有些网桥还可对转发和丢失的帧进行统计，以便进行系统维护。网桥管理还可以间接地监视和修改转发地址数据库，允许网络管理模块确定网络用户站点的位置，以此来管理更大的扩展网络。另外，通过调控生成树演绎参数能不定期地协调网络拓扑结构的演绎过程。

## 4.2.3　网桥的类型

根据网桥所采用的路由算法的不同，可将局域网中使用的网桥分为生成树网桥和源路由选择网桥两种，分别为 IEEE 802.1 网桥标准和 IEEE 802.5 网桥标准。

**1．生成树网桥**

生成树网桥是最常用的一种网桥，又叫透明网桥（Transparent Bridge）。所谓"透明"，是指它对所连接的任何网络站点都完全透明，用户既感觉不到它的存在，也无法对网桥寻址，所有的路由判断全部由网桥自己确定。透明网桥不仅用于同种 MAC 协议的 LAN 之间的互联，而且可以用于任何 MAC 标准（802.3、802.4、802.5）的不同类的 LAN 互联。当网桥连接在网络中时，它能自动初始化并对自身进行配置，不需要人工做任何配置。

（1）透明网桥的自学习过程算法。前面介绍过，当网桥收到一个帧时，便可通过查找转发数据基来确定是将帧滤除还是转发。由于网桥工作在数据链路层的 MAC 子层，通过对 MAC 帧头中源和目的站地址的检查便可建立起这种转发数据基。根据 MAC 帧地址建立转发数据基的过程称为"自学习"过程。透明网桥自学习过程采用如下所述的逆向学习算法。网桥每收到一帧，检查该帧源地址是否已在网桥的地址端口表中建立，若未建立则增加相应的地址端口项。为了处理动态拓扑问题，每当增加地址端口项时，在这项中注明帧的到达时间。每当表中已有的地址发来的帧到达时，用当前时间更新该项。

从对应项内容即可知道最新到来帧的时间。网桥中有一进程定期扫描地址端口表，清除存在时间大于某个设定值的全部项，这种处理意味着如果某台机器断开或停机一定时间，网桥中就不再保留该机器有关的地址端口项，发给它的帧将扩散发送，并直到该机发出的帧被网桥再次收到为止。所谓扩散发送，即网桥把每个到来的目的地址不明的（地址端口表查不到的）帧输出到此网桥的所有端口（除了收到该帧的端口）。

（2）透明网桥的路径选择算法。透明网桥采用的路径选择算法也比较简单。转发帧的路径选择取决于帧的源和目的站点所在的 LAN（网桥连接的端口），如果源和目的站点处于同一 LAN（即网桥的同一端口）则丢弃该帧，如果源和目的站点处于不同的 LAN 则转发该帧，经过查地址端口表判断，是直接转换还是扩散发送。

**2. 源路由网桥**

802.5 网桥标准规定，由发送帧的源工作站负责路由选择。为此，在每个工作站中都配置一张路由选择表，在表中为本站所能到达的工作站都建立一个表目，其中列出了由本站到达目的站沿途所有工作站和网桥的站址。由本站发往该目的站的所有帧，都将沿着这条路径传输。问题在于源站如何选择路由。

为了选择最佳路由，源站以广播方式向目的站发送一个路由选择帧，沿所有可能的路径传送。在传送中，每个路由选择帧都记下所经过的路径。当路由选择帧到达目的站后，就沿原路径返回源站，带回路由信息，源站从所有可能的路径中选择一条最佳路由，记入本站的路由选择表中。此后凡从这个源站向这个目的站发送的帧，其首部都携带源站所确定的路由信息。

路由信息可插入在 MAC 帧的源地址字段之后，详细说明从源站到目的站所经过的局域网段和网桥，并用 MAC 帧源地址字段中第一字节的最低位 1 表示这种插入，因为源站只能是单个地址，不可能为组地址，所以可以用这一位来标识。若源地址字段第一个字节的最低位为 0，则表示该帧仅在本局域网上传送，不需要网桥转发。

源路由选择网桥能按用户要求寻找最佳路由，这对保密性很强的信息传输来说是很重要的。但网络工作站的实现较复杂，因为要在工作站中设置路由选择表，采用某种算法的路由选择程序，特别是当互联网络规模很大时，广播帧的数目会剧增，引起拥塞。因此，市场上透明网桥居多。

## 4.3　中继器和集线器

中继器是连接网络线路的一种装置，常用于两个网络结点之间物理信号的双向转发。由于电磁信号在网络传输媒体中进行传递时会衰减而使信号变得越来越弱，还会由于电磁噪音和干扰使信号发生畸变，因此需要在一定的传输媒体距离中使用中继器来对传输的数据信号整形放大后再传递。中继器是工作在物理层的设备，负责在两个结点的物理层上按位传递信息，完成信号的复制、整形和放大功能，从而延长网络的长度。

一般情况下，中继器两端连接的是相同媒体，但某些中继器也可以完成不同媒体的转接工作，多用于在数据链路层以上相同的局域网的互联中。从理论上讲，可以用中继器把网络扩展到任意长的传输距离，然而在很多网络上都限制了一对工作站之间加入中继器的数目。例如，一个以太网上只允许出现 5 个网段，最多使用 4 个中继器，而且其中只有 3 个网段可以挂接计算机终端。

中继器的工作过程：网络结点向线路发送已编码的信号；中继器从某一个端口上接收到信号，该信号经过一段距离的传输，到达中继器时已产生衰减，中继器将信号整形放大，使衰减的信号恢复为完整信号；中继器将恢复后的完整信号转发给中继器的所有端口。

集线器也具有中继器的功能，区别在于集线器能够提供多端口服务，故也称为多口中继器。局域网集线器通常分为 5 种不同的类型。

（1）单中继器网段集线器。单中继器网段集线器是一种简单的中继 LAN 网段，典型例子是叠加式以太网集线器或令牌环网多站访问部件。

（2）多网段集线器。多网段集线器是从单中继器网段集线器直接派生出来的，采用集线器背板，带有多个中继网段。多网段集线器通常有多个接口卡槽位。然而一些非模块化叠加式集线器现在也支持多个中继网段。多网段集线器的主要优点是可以分载用户的信息流量。网段之间的信息流量一般要求独立的网桥或路由器。

（3）端口交换式集线器。端口交换式集线器是在多网段集线器的基础上发展而来的，它将用户端口和背板网段之间的连接自动化，并增加了端口矩阵交换机（PSM）。PSM 提供一种自动工具，用于将外来用户端口连接到集线器背板上的中继网段上。矩阵交换机是一种电缆交换机，不能自动操作，要求用户介入。它也不能代替网桥或路由器，不提供不同 LAN 网段之间的连接。其主要优点是实现移动、增加和修改自动化。

（4）网络互联集线器。端口交换式集线器注重端口交换，而网络互联集线器在背板的多个网段之间提供一些类型的集成连接。这可以通过一台综合网桥、路由器或 LAN 交换机来完成。目前，这类集线器通常都采用机箱形式。

（5）交换式集线器。目前，集线器和交换机之间的界限已变得越来越模糊。交换式集线器有一个核心交换式背板，采用一个纯粹的交换系统代替传统的共享介质中继网段。

## 4.4　交换机

交换技术是一个具有简化、低价、高性能和高端口密集特点的交换产品，体现了桥接技术的复杂交换技术在 OSI/RM 的第二层操作。与桥接器一样，交换机按每一个包中的 MAC 地址相对简单地决策信息转发，而这种转发决策一般不考虑包中隐藏的更深的其他信息。与桥接器不同的是交换机转发延迟很小，操作接近单个局域网性能，远远超过了普通桥接互联网络之间的转发性能。

交换技术允许共享型和专用型的局域网段进行带宽调整，以缓解局域网之间信息流通出现的瓶颈问题。现在已有以太网、快速以太网、FDDI 和 ATM 技术的交换产品。

类似传统的桥接器,交换机提供了许多网络互联功能。交换机能经济地将网络分成小的冲突网域,为每个工作站提供更高的带宽。协议的透明性使得交换机在软件配置简单的情况下直接安装在多协议网络中。交换机使用现有的电缆、中继器、集线器和工作站的网卡,不必进行高层的硬件升级。交换机对工作站是透明的,这样管理开销低廉,简化了网络结点的增加、移动和网络变化的操作。

利用专门设计的集成电路可使交换机以线路速率在所有的端口并行转发信息,提供了比传统桥接器高得多的操作性能。如理论上单个以太网端口对含有 64 个八进制数的数据包,可提供 14 880b/s 的传输速率。这意味着一台具有 12 个端口、支持 6 道并行数据流的"线路速率"以太网交换器必须提供 89 280b/s 的总体吞吐率(6 道信息流×14 880b/s/道信息流)。专用集成电路技术使得交换器在更多端口的情况下以上述性能运行,其端口造价低于传统型桥接器。

## 4.4.1 常见的交换类型

常见的交换类型有端口交换、帧交换和信元交换。

### 1. 端口交换

端口交换技术最早出现在插槽式的集线器中,这类集线器的背板通常划分有多条以太网段(每条网段为一个广播域),不用网桥或路由连接,网络之间是互不相通的。以太主模块插入后通常被分配到某个背板的网段上,端口交换用于将以太模块的端口在背板的多个网段之间进行分配、平衡。根据支持的程度,端口交换还可细分如下:

(1)模块交换:将整个模块进行网段迁移。

(2)端口组交换:通常模块上的端口被划分为若干组,每组端口允许进行网段迁移。

(3)端口级交换:支持每个端口在不同网段之间进行迁移。这种交换技术是基于 OSI 第一层上完成的,具有灵活性和负载平衡能力强等优点。如果配置得当,那么还可以在一定程度进行容错,但没有改变共享传输介质的特点,因而不能称之为真正的交换。

### 2. 帧交换

帧交换是目前应用最广的局域网交换技术,通过对传统传输媒介进行微分段,提供并行传送的机制,以减小冲突域,获得高的带宽。一般来讲每个公司的产品的实现技术均会有差异,但对网络帧的处理方式一般有以下两种。

(1)直通交换:提供线速处理能力,交换机只读出网络帧的前 14 字节,便将网络帧传送到相应的端口上。

(2)存储转发:通过对网络帧的读取进行验错和控制。

前一种方法的交换速度非常快,但缺乏对网络帧进行更高级的控制,缺乏智能性和安全性,同时也无法支持具有不同速率的端口的交换。因此,各厂商把后一种技术作为重点。

有的厂商甚至对网络帧进行分解,将帧分解成固定大小的信元,该信元处理极易用硬件实现，处理速度快，同时能够完成高级控制功能（如美国 MADGE 公司的 LET 集线器），如优先级控制。

### 3. 信元交换

ATM 技术代表了网络和通信技术发展的未来方向，也是解决目前网络通信中众多难题的一剂"良药"。ATM 采用固定长度 53 字节的信元交换。由于长度固定，因而便于用硬件实现。ATM 采用专用的非差别连接，并行运行，可以通过一个交换机同时建立多个结点，但并不会影响每个结点之间的通信能力。ATM 还容许在源结点和目标结点建立多个虚拟链接，以保障足够的带宽和容错能力。ATM 采用了统计时分电路进行复用，因而能大大提高通道的利用率。ATM 的带宽可以达到 25Mb/s、155Mb/s、622Mb/s 甚至数 Gb/s 的传输能力。

### 4. 局域网交换机的种类和选择

局域网交换机根据使用的网络技术可以分为以太网交换机、令牌环交换机、FDDI 交换机、ATM 交换机、快速以太网交换机；如果按交换机应用领域来划分，可分为台式交换机、工作组交换机、主干交换机、企业交换机、分段交换机、端口交换机、网络交换机。

局域网交换机是组成网络系统的核心设备。对用户而言，局域网交换机最主要的指标是端口的配置、数据交换能力、包交换速度等。因此，在选择交换机时要注意以下事项：交换端口的数量；交换端口的类型；系统的扩充能力；主干线连接手段；交换机总交换能力；是否需要路由选择能力；是否需要热切换能力；是否需要容错能力；能否与现有设备兼容，顺利衔接；网络管理能力。

## 4.4.2　交换机应用中常见的问题

交换机是网络中最常见的设备，在日常应用中，需要注意以下问题。

（1）交换机网络中的瓶颈问题。交换机本身的处理速度可以达到很高，用户往往迷信厂商宣传的 Gb/s 级的高速背板。其实这是一种误解。连接入网的工作站或服务器使用的网络是以太网，它遵循 CSMA/CD 介质访问规则，在当前的客户 / 服务器模式的网络中多台工作站会同时访问服务器，因此非常容易形成服务器瓶颈。有的厂商已经考虑到这一点，在交换机中设计了一个或多个高速端口（如 3COM 的 Linkswitch1000 可以配置一个或两个 100Mb/s 端口），方便用户连接服务器或高速主干网。用户也可以通过设计多台服务器（进行业务划分）或追加多个网卡来消除瓶颈。交换机还可支持生成树算法，方便用户架构容错的冗余连接。

（2）网络中的广播帧。目前，广泛使用的网络操作系统有 Netware、Windows Server 等，而局域网服务器是通过发送网络广播帧来向客户机提供服务的。这类局域网中广播包的存在会大大降低交换机的效率，这时可以利用交换机的虚拟网功能（并非每种交换机都支持虚拟网）将广播包限制在一定范围内。

每台交换机的端口都支持一定数目的 MAC 地址，这样交换机能够"记忆"住该端口一组连接站点的情况。厂商提供的定位不同的交换机端口支持 MAC 数也不一样，用户使用时一定要注意交换机端口的连接端点数。如果超过厂商给定的 MAC 数，交换机接收到一个网络帧时，只要其目的站的 MAC 地址不存在于该交换机端口的 MAC 地址表中，那么该帧会以广播方式发向交换机的每个端口。

（3）虚拟网的划分。虚拟网是交换机的重要功能，通常虚拟网的实现形式有三种。

（4）高速局域网技术的应用。快速以太网技术虽然在某些方面与传统以太网保持了很好的兼容性，但 100Base-TX、100Base-T4 及 100Base-FX 对传输距离和级联都有比较大的限制。通过 100Mb/s 的交换机可以打破这些局限。同时也只有交换机端口才可以支持双工高速传输。

## 4.4.3　第二层交换与第三层交换

目前，第二层交换的技术已经比较完善了。实际上，二层交换机就是高级网桥设备，属于数据链路层的设备。通过 MAC 地址进行转发，同时将端口、所涉及的 MAC 地址以及对应关系记录在地址表中。

第二层交换的工作流程如下：

（1）当交换机从某个端口收到一个数据包，它先读取包头中的源 MAC 地址，这样它就知道源 MAC 地址来自哪个端口。

（2）分析数据包所包含的目的 MAC 地址，并在地址表中查找是否有相对应的端口。

（3）如在表中查询到有与这目的 MAC 地址对应的端口，把数据包直接复制到这端口上。

（4）如果未能在表中查不到相应的端口，则交换机广播该数据包；如果网络内有该目的主机，则对该包进行回应；而交换机记录该 MAC 地址对应哪个端口。将来一段时间内，就不需要对此类数据进行广播了。

（5）不断的重复上述过程，则全网的 MAC 信息和端口对应关系就可以建立起来。

三层交换也称多层交换技术或 IP 交换技术，是相对于传统交换概念而提出的。众所周知，传统的交换技术是在 OSI/RM 中的第二层（数据链路层）进行操作的，而三层交换技术是在网络模型中的第三层实现了数据包的高速转发。简单地说，三层交换技术就是"二层交换技术＋三层转发技术"。

三层交换技术的出现，解决了局域网中网段划分之后，网段中子网必须依赖路由器进行管理的局面，解决了传统路由器低速、复杂所造成的网络瓶颈问题。

### 1．第三层交换的原理

一个具有三层交换功能的设备，是一个带有第三层路由功能的第二层交换机，但它是二者的有机结合，并不是简单地把路由器设备的硬件及软件叠加在局域网交换机上。其原理是：

假设两个使用 IP 协议的站点 A、B 通过第三层交换机进行通信，发送站点 A 在开始发送时，把自己的 IP 地址与 B 站的 IP 地址比较，判断 B 站是否与自己在同一子网内。

若目的站 B 与发送站 A 在同一子网内，则进行二层的转发；若两个站点不在同一子网内，如发送站 A 要与目的站 B 通信，发送站 A 要向"缺省网关"发出 ARP 封包，而"缺省网关"的 IP 地址其实是三层交换机的三层交换模块。

当发送站 A 对"默认网关"的 IP 地址广播出一个 ARP 请求时，如果三层交换模块在以前的通信过程中已经知道 B 站的 MAC 地址，则向发送站 A 回复 B 的 MAC 地址；否则，三层交换模块根据路由信息向 B 站广播一个 ARP 请求，B 站得到此 ARP 请求后向三层交换模块回复其 MAC 地址，三层交换模块保存此地址并回复给发送站 A，同时将 B 站的 MAC 地址发送到二层交换引擎的 MAC 地址表中。

从这以后，当 A 向 B 发送的数据包便全部交给二层交换处理，信息得以高速交换。由于仅仅在路由过程中才需要三层处理，绝大部分数据都通过二层交换转发，因此三层交换机的速度很快，接近二层交换机的速度，同时比相同路由器的价格低很多。

**2. 三层交换机种类**

三层交换机可以根据其处理设备的不同而分为纯硬件和纯软件两大类。

（1）纯硬件的三层技术相对来说技术复杂，成本高，但是速度快，性能好，带负载能力强。其原理是采用 ASIC（Application Specific Integrated Circuit，专用集成电路）芯片，采用硬件的方式进行路由表的查找和刷新。

（2）基于软件的三层交换机技术较简单，但速度较慢，不适合作为主干。其原理是，采用 CPU 用软件的方式查找路由表。

### 4.4.4　交换机堆叠与级联

级联（Uplink）和堆叠（Stack）是多台交换机或集线器连接在一起的两种方式。它们的主要目的是增加端口密度。但它们的实现方法是不同的。

堆叠实际上把每台交换机的母板总线连接在一起，不同交换机任意二端口之间的延时是相等的，就是一台交换机的延时。级联就会产生比较大的延时（级联是上下级的关系）。

简单地说，级联可通过一根双绞线在任何网络设备厂家的交换机之间，集线器之间，或交换机与集线器之间完成。堆叠只有在自己厂家的设备之间，且此设备必须具有堆叠功能才可实现。级联只需单做一根双绞线（或其他媒介），堆叠需要专用的堆叠模块和堆叠线缆，而这些设备可能需要单独购买。

**1. 交换机堆叠**

交换机堆叠主要应用在大型网络中对端口需求比较大的情况下使用。交换机的堆叠是扩展端口最快捷、最便利的方式，同时堆叠后的带宽是单一交换机端口速率的几十倍。但是，并不是所有的交换机都支持堆叠的，这取决于交换机的品牌、型号是否支持堆叠；

并且还需要使用专门的堆叠电缆和堆叠模块；最后还要注意同一堆叠中的交换机必须是同一品牌。

它主要通过厂家提供的一条专用连接电缆，从一台交换机的 UP 堆叠端口直接连接到另一台交换机的 DOWN 堆叠端口。堆叠中的所有交换机可视为一个整体的交换机来进行管理。其连接示意如图 4-2 所示。

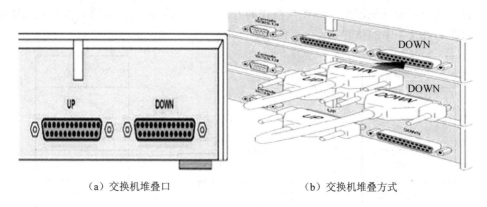

（a）交换机堆叠口　　　　　　　　　　（b）交换机堆叠方式

图 4-2　交换机堆叠方式

**希赛教育专家提示**：采用堆叠方式的交换机要受到种类和相互距离的限制。首先实现堆叠的交换机必须是支持堆叠的；另外由于厂家提供的堆叠连接电缆一般都在 1m 左右，故只能在很近的距离内使用堆叠功能。

级联的层次是有限制的。每层的性能都不同，最后层的性能最差。堆叠是把所有堆叠交换机的背板带宽共享。例如，一台交换机的背板带宽为 2Gb/s，那么，3 台交换机堆叠的话，每台交换机在交换时就有 6Gb/s 的背板带宽。而且堆叠是同级关系，每台交换机的性能是一样的。

**2．交换机级联**

级联通常是用普通网线把几个交换机连接起来，使用普通的端口或级联接口，带宽通常为 100M 以下（可以通过以太通道来扩展带宽），这样下级的所有工作站就只能共享较窄的出口，从而获得较低的性能。

级联就是一个层层的，第一层次可接计算机，第二第三层也同样可接，不过每一个下层要比上一层的网速差。需要注意的是，交换机不能无限制级联，超过一定数量的交换机进行级联，最终会引起广播风暴，导致网络性能严重下降。级联又分为以下两种：

（1）使用普通端口级联。所谓普通端口就是通过交换机的某一个常用端口（如 RJ-45 端口）进行连接。需要注意的是，这时所用的连接双绞线要用交叉线。

（2）使用 Uplink 端口级联。在所有交换机端口中，都会在旁边包含一个 Uplink 端口，此端口是专门为上行连接提供的，只需通过直通双绞线将该端口连接至其他交换机上除"Uplink 端口"外的任意端口即可（注意，并不是 Uplink 端口的相互连接）。

## 4.5　路由器

　　路由器是一种典型的网络层设备。它在两个局域网之间按帧的方式传输数据，在OSI/RM 侧之中被称为中介系统，完成网络层的帧中继或叫做第 3 层中继的任务。路由器负责在两个局域网的网络层间按帧格式的方式传输数据，转发帧时需要改变帧的地址。路由器在 OSI/RM 中的位置如图 4-3 所示。

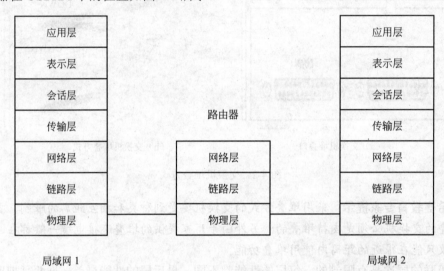

图 4-3　路由器示意图

　　无线路由器是无线接入点与宽带路由器的一种结合体，借助于路由器功能，可实现无线网络中的 Internet 连接共享，实现用户宽带的无线共享接入。另外，无线路由器可以把通过它进行无线和有线连接的终端都分配到一个子网，这样子网内的各种设备交换数据就非常方便。

### 4.5.1　路由器概述

　　路由器用于连接多个逻辑上分开的网络。所谓逻辑网络代表一个单独的网络或一个子网。当数据从一个子网传输到另一个子网时，可通过路由器来实现。因此，路由器具有判断网络地址和选择路径的功能，它能在多网络互联环境中，建立灵活有效的连接，可用不同的数据分组和介质访问方法去连接各种子网。路由器只接受本地路由器或其他路由器的信息，属于网络层的一种互联设备。它不关心各子网使用的硬件设备，但要求运行与网络层协议相一致的软件。

　　路由器分本地路由器和远程路由器。本地路由器是用来连接网络传输介质的，如光纤、同轴电缆、双绞线；远程路由器是用来连接远程传输介质的，并要求相应的设备，如电话线要配调制解调器，无线要通过无线接收机、发射机。一般说来，异种网络互联与多个子网互联都应采用路由器来完成。

路由器的主要工作就是为经过路由器的每个数据帧寻找一条最佳传输路径，并将该数据帧有效地传送到目的站点。由此可见，选择最佳路径的策略即路内算法，是路由器的关键所在。为了完成这项工作，在路由器中保存着各种传输路径的相关数据——路由表（Routing Table），供路由选择时使用。路由表中保存着各子网的标志信息、网上路由器的个数和下一个路由器的名字等内容。路由表可以是由系统管理员固定设置好的，也可以由系统动态修改，可以由路由器自动调整，也可以由主机控制。

## 4.5.2　基本功能

路由器在网络层对分组信息进行存储转发，实现多个网络互联。因此，路由器应具有以下基本功能。

（1）协议转换。能对网络层及其以下各层的协议进行转换。

（2）路由选择。当分组从互联的网络到达路由器时，路由器能根据分组的目的地址按某种路由策略选择最佳路由，将分组转发出去，并能随网络拓扑的变化，自动调整路由表。

（3）能支持多种协议的路由选择。路由器与协议有关，不同的路由器有不同的路由器协议，支持不同的网络层协议。如果互联的局域网采用了两种不同的协议，一种是 TCP/IP 协议；另一种是 SPX/IPX 协议（即 Netware 的运输层/网络层协议），由于这两种协议有许多不同之处，分布在互联网中的 TCP/IP（或 SPX/IPX）主机上，只能通过 TCP/IP（或 SPX/IPX）路由器与其他互联网中的 TCP/IP（或 SPX/IPX）主机通信，但不能与同一个局域网或其他局域网中的 SPX/IPX（或 TCP/IP）主机通信。问题产生的原因在于互联网主机之间的通信受到路由器协议的限制。因此，近年来推出了一种多协议路由器，它能支持多种协议，如 IP，IPX，X.25 及 DEC Net 协议等，能为不同类型的协议建立和维护不同的路由表。这样利用路由器不仅能连接同构型局域网，还能用它连接局域网和广域网。例如，利用一个多协议路由器来连接以太网、令牌环网、FDDI 网、X.25 网及 DEC Net 等，从而使大、中型网络的组建更加方便，并获得较高的性能价格比。但是，由于目前多协议路由器尚未标准化，不同厂家的多协议路由器不一定能协同工作，在选购时应加以注意。

（4）流量控制。路由器不仅具有缓冲区，而且还能控制收发双方数据流量，使两者更加匹配。

（5）分段和组装功能。当多个网络通过路由器互联时，各网络传输的数据分组的大小可能不相同，这就需要路由器对分组进行分段或组装。即路由器能将接收的大分组分段并封装成小分组后转发，或将接收的小分组组装成大分组后转发。如果路由器没有分

段组装功能，那么整个互联网就只能按照所允许的某个最短分组进行传输，大大降低了
网络的效能。

（6）网络管理功能。路由器是连接多种网络的汇集点，网间信息都要通过它，在这
里对网络中的信息流、设备进行监视和管理是比较方便的。因此，高档路由器都配置了
网络管理功能，以便提高网络的运行效率、可靠性和可维护性。

### 4.5.3　基本工作原理

可以通过图 4-4 中主机 A 向主机 B 发送数据的传输过程，来说明用路由器互联的网
络的基本工作原理。

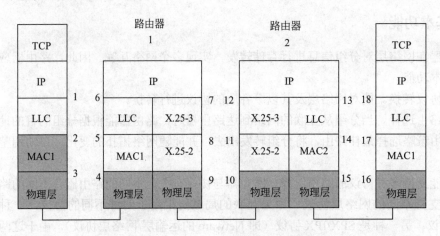

图 4-4　路由器的工作原理

当主机 A 要向主机 B 发送数据时，主机 A 的应用层数据（Data）传送给传输层；
传输层在 Data 前面加上 TCP 的报头 TCP-H 后，将报头 TCP-H+数据传送给网络层；网
络层在它的前面再加上 IP 报头 IP-H 后，将（IP-H+TCP-H +Data）传送给 LLC 子层。依
照以上的规律，通过局域网 1 发送帧的内存为（MAC1-H+LLC-H+TCP-H+Data）。

当路由器 1 接收到该帧时，由于路由器 1 端口 1 的 LLC、MAC 子层与物理层采用
802.3 标准的 Ethernet 协议，与局域网 1 保持一致，因此它可以通过 MAC、LLC 子层的
顺序，将（IP-H+TCP-H+Data）整体作为高层数据送达到路由器 1 的网络层。网络层根
据 IP 报头 IP-H 中的源 IP 地址与目的 IP 地址，通过路由表查找输出路径。

如果路由表标明了该分组应该通过路由器 1 的端口 2 发送到 X.25 网，那么路由器 1
通过端口 2 的 X.25 分组交换网的网络层、数据链路层，逐级在（IP-H+TCP-H +Data）
之前加上 X.25-3 分组头与 X.25-2 帧头、帧尾，再由物理层，通过 X.25 分组交换网，传
输到远程的路由器 2。

当路由器 2 的端口 1 接收到该分组之后，它将按照 X.25 分组交换网的数据链路层、网络层的顺序，逐级除去 X.25-3 分组头与 X.25-2 帧头、帧尾，将（IP-H+TCP-H+Data）交给路由器 2 的路由处理软件。路由器 2 的路由处理软件发现分组的目的主机就在端口 2 连接的局域网 2 上，那么它就会将（IP-H+TCP-H+Data）作为网络层的高层数据，通过端口 2 对应的 LLC、MAC 子层的顺序，按照 802.2、802.5 Token Ring 协议标准逐级加上帧头，再由 Token Ring 的物理层传输到主机 B。

主机 B 在接收到该帧之后，按照 MAC、LLC 子层顺序，逐级除去 802.5 帧头，将（IP-H+TCP-H +Data）分组交主机 B 的网络层。主机 B 的网络层根据目的 IP 地址判断是它应该接收的分组后，除去 IP 协议头 IP-H，将正确的（TCP-H +Data）送交主机的传输层。

从以上讨论中可以看出，通过路由器连接两个网络，它们的物理层、数据链路层与网络层协议可以是不同的，这是因为路由器在不同的端口根据连接的网络类型的不同，已经考虑了端口的各层的协议一致性问题。但是，网络层以上的高层要采用相同的协议。

## 4.6　网关

网关（Gateway）又称网间连接器、协议转换器。网关在传输层上以实现网络互连，是最复杂的网络互连设备，仅用于两个高层协议不同的网络互连。网关的结构也和路由器类似，不同的是互连层。网关既可以用于广域网互连，也可以用于局域网互连。网关是一种充当转换重任的计算机系统或设备。在使用不同的通信协议、数据格式或语言，甚至体系结构完全不同的两种系统之间，网关是一个翻译器。与网桥只是简单地传达信息不同，网关对收到的信息要重新打包，以适应目的系统的需求。同时，网关也可以提供过滤和安全功能。大多数网关运行在 OSI 7 层协议的顶层——应用层。

网关按功能大致分三类：

（1）协议网关：协议网关的主要功能是在不同协议的网络之间的协议转换。

网络中的通用协议有很多种类如：802.3、IrDa（Infrared Data Association，红外线数据联盟）、WAN 和 802.5（令牌环）、802.11g、WPA（Wi-Fi Protected Access，Wi-Fi 保护访问）等。这些协议代表不同的网络、不同的数据传输速率、不同的数据格式和数据分组大小。如果要将这些网络的连接起来，进行数据交换，需要的连接设备就是协议网关。

（2）应用网关：应用网关是针对一些应用之间的数据交换、翻译设备。应用网关通常即使某种特定的服务器，又能进行各应用间的数据转换。例如，电子邮件系统有很多协议，包括 POP3、SMTP、X.400 协议等。通过邮件网关，则可以提供多个相关接口，保证发送和接受所有形式的邮件。

（3）安全网关：最常用的安全网关就是包过滤器，实际上就是对数据包的原地址，目的地址和端口号，网络协议进行授权。通过对这些信息的过滤处理，让有许可权的数据包传输通过网关，而对那些没有许可权的数据包进行拦截甚至丢弃。安全网关是各种安全技术的融合，有其独特的保护作用。

## 4.7　调制解调器

　　调制解调器是计算机数字信号与电话信号之间进行信号转换的装置，由调制器和解调器两部分组成，调制器是把计算机的数字信号调制成适合电话线上传输的声音信号的装置，在接收端，解调器再把声音信号转换成计算机能接收的数字信号。这里所说的调制解调器是指在模拟电话线上的进行全双工异步数字通信的调制解调器。现在的网络接入技术非常发达，除了传统的电话调制解调器，还有很多其他种类的调制解调器。例如，ADSL调制解调器，CATV（Community Antenna Television，电缆电视）网络中Cable Modem等。

　　传统的电话调制解调器主要有两种形式：

　　（1）内置式调制解调器做了成了一块计算机的标准扩展卡，插入计算机内的一个扩展槽即可使用，其优点是无须占用计算机的串行端口。并且连线相当简单，电话线接头直接插入卡上的Line插口，卡上另一个接口Phone则与电话机相连，平时不用调制解调器时，可以使用电话机。但是不能同时使用。缺点是机箱内部的电磁环境复杂，容易影响调制解调器的工作，使用中容易掉线。

　　（2）外置式调制解调器则是一个放在计算机外部的盒式装置，通过计算机的一个COM端口相连，通常由单独的电源供电。外置式调制解调器面板上有几盏状态指示灯，可方便监视Modem的工作状态，并且外置式调制解调器安装和拆卸容易，而且工作比较稳定。外置式调制解调器的连接也很方便，接法同内置式调制解调器相类似。

### 4.7.1　调制技术

　　现代调制技术最常见的方法是通过改变载波的幅度、相位或频率来传送信息。其基本原理是利用数据信号的变化控制载波的某个参数幅度、频率和相位的变化。

　　因为数字信号只有几个离散值，这就像用数字信号去控制开关选择具有不同参量的振荡一样，为此把数字信号的调制方式称为键控。数字调制分为调幅、调相和调频三类，最简单的方法是开关键控，"1"出现时接通振幅为A的载波，"0"出现时关断载波，这相当于将原基带信号频谱搬到了载波的两侧。如果用改变载波频率的方法来传送二进制符号，就是频移键控的方法，当"1"出现时是低频，"0"出现时是高频。这时其频谱可以看成码列对低频载波的开关键控加上码列的反码对高频载波的开关键控。如果"0"和

"1"来改变载波的相位，则称为相移键控。这时在位周期的边缘出现相位的跳变。但在间隔中部保留了相位信息。收端解调通常在其中心点附近进行。

一般来说，相移键控系统的性能要比开关键控频移键控系统好，但系统要复杂得多。除上面所述的二相位、二频率、二幅度调制之外，还可以采用各种多相位、多振幅和多频率的方案。例如，DVB（Digital Video Broadcasting，数字视频广播）系统中卫星传输采用 QPSK，有线传输采用 64 QAM 方式等。

### 4.7.2　ADSL Modem

目前，流行的宽带接入技术数字用户线路（Digital Subscriber Line，DSL）是以铜质电话线为传输介质的传输技术组合，包括 HDSL、SDSL、VDSL、ADSL 和 RADSL 等，一般统称为 xDSL。它们主要的区别就是体现在信号传输速度和距离的不同以及上行速率和下行速率对称性的不同这两个方面。其中，ADSL 是最为常用的技术之一。在 ADSL Modem 连接的电话线信道上，有三个标准信道，一个为标准电话服务的通道、一个速率为 640kb/s～1.0Mb/s 的中速上行通道、一个速率为 1Mb/s～8Mb/s 的高速下行通道，并且这三个通道可以同时工作。所以，在使用 ADSL 上网的时候，电话还是可以正常的使用。传统的 Modem 也是使用电话线传输的，但它只使用了 0～4kHz 的低频段，并且有模数，数模信号的转换等问题，而 ADSL 正是使用了 26kHz 以后的高频带并且使用完全的数字信号，因此没有传统电话的数模，模数等转化所带来的噪音，因此信噪比更高，传输速度也更快。

ADSL Modemd 的工作流程大致如下：

经 ADSL Modem 编码后的信号通过电话线传到电话局后再通过一个分离器,如果是语音信号就传到程控电话交换机上，如果是数字信号就接入 DSL AM。为了在电话线上分隔有效带宽，产生多路信道，ADSL Modem 一般采用两种方法实现，分别是 FDM 和回波消除（Echo Cancellation）技术。FDM 在现有带宽中分配一段频带作为数据下行通道，同时分配另一段频带作为数据上行通道。下行通道通过 TDM 技术再分为多个高速信道和低速信道。同样，上行通道也由多路低速信道组成。而回波消除技术则使上行频带与下行频带叠加，通过本地回波抵消来区分两频带。

另外，ADSL 能产生这么高的带宽，要归功于它先进的调制解调技术。目前被广泛应用的 ADSL 调制解调技术有两种，分别是抑制载波幅度和相位技术（Carrierless Amplitude and Phase，CAP）和离散多音复用技术（Discrete Multimode，DMT）。其中，DMT 调制解调技术由于技术先进已经被 ANSI 组织定为标准，并被美国 ADSL 国家标准推荐使用，是目前最具前景的调制解调技术。

在 DMT 调制解调技术中，一对铜制电话线上的 0Hz～4kHz 频段用来传输电话音频，用 26kHz～1.1MHz 频段传送数据，并把它以 4kHz 的宽度划分为 25 个上行子通道和 249

个下行子通道。输入的数据经过位分配和缓存变为位块，再经 TCM（Terllis Coded Modulation，网格编码调制）编码及 QAM 调制后送上子通道，理论上每 Hz 可以传输 15 位数据，所以，ADSL 的理论上行速度为 $25 \times 4 \times 15 = 1.5\text{Mb/s}$，而理论下行速度为 $249 \times 4 \times 15 = 14.9\text{Mb/s}$。此外，DMT 还具有良好的抗干扰能力，可以根据实际中线路及外界环境干扰的情况动态地调整子通道的传输速率，既在有干扰存在的子通道上的传输速率可能降为 8b/Hz，而未受干扰或干扰较小的地方仍可保持较高的速率，同时 DMT 还可以把受干扰较大的子通道内的数据流转移到其他通道上，这样既保证了传输数据的高速性又保证了其完整性。

在用户端安装有一个滤波器，其作用是用来分离数字信号与模拟信号——将用户上网需要的数字信号传输给 ADSL Modem，而将电话的模拟信号传给电话机。同样，在电信局端也装有一个后端滤波器，其作用与客户端滤波器一样，也是用来分离数字信号与模拟信号。正是由于滤波器的作用，才使得 ADSL 能够做到上网与打电话两不误。现在很多 ADSL Modem 都已内置了滤波器，用户不用再次购买。通常，处在用户端的 ADSL Modem 被称为 ATU-R（ADSL Transmission Unit-Remote），而处在电信局的 ADSL Modem 被称为 ATU-C（ADSL Transmission Unit-Central）。

### 4.7.3 Cable Modem

在 HFC（Hybrid Fiber Coax，光纤和同轴电缆相结合）网络中，有线电视台的前端设备通过路由器与数据网相连，并通过局用数据端机与公用电话网（PSTN，Public Switched Telephone Network）相连。有线电视台的电视信号、公用电话网的话音信号和数据网的数据信号送入合路器形成混合信号后，由这里通过光缆线路送至各个小区节点，再经过同轴分配网络送至用户本地综合服务单元，并分别将信号送到电视机和电话。数据信号经服务单元内的 Cable Modem，送到各种用户终端（通常为 PC）。如果是多个用户共享一个 Cable Modem，则需在本地的 Cable Modem 中添加一个以太网集线器；如果是通过一个 LAN 与 Cable Modem 相连，则需在 Cable Modem 和 LAN 之间接一个路由器。反向链路则由用户本地服务单元的 Cable Modem 将用户终端发出的信号调制复接送入反向信道，并由前端设备解调后送往网络。其中，反向信道可以采用电话拨号的形式，也可利用经过改造的 HFC 网络的反向链路。

和其他网络相比，HFC 网络系统具有高速率接入、不占用电话线路、无需拨号专线连接的优势，但要实现 HFC 网络，必须对现有的有线电视网进行双向化和数字化的改造。这将引入同步、信令和网管等难点，其中反向信道的噪声抑制是主要的技术难题。并且由于 HFC 接入方案采用分层树型结构，这种技术本身是一个较粗糙的总线型网络，这就意味着用户要和邻近用户分享有限的带宽，当一条线路上用户激增时，其速度将会减慢。大部分情况下，HFC 方案必须兼顾现有的有线电视节目，而占用了部分带宽，只剩余了一部分可供传送其他数据信号，所以，Cable Modem 的理论传输速率实际上只能达到一小半。

Cable Modem 与以往的 Modem 在原理上都是将数据进行调制后在电缆的一个频率范围内传输，接收时进行解调，传输机理与普通 Modem 相同，不同之处在于它是通过有线电视 CATV 的某个传输频带进行调制解调的。普通 Modem 的传输介质在用户与交换机之间是独立的，即用户独享通信介质。Cable Modem 属于共享介质系统，其他空闲频段仍然可用于有线电视信号的传输。Cable Modem 彻底解决了由于声音图像的传输而引起的阻塞，其速率已达 10Mb/s 以上，下行速率则更高。而传统的 Modem 虽然已经开发出了速率 56kb/s 的产品，但其理论传输极限为 64kb/s。

Cable Modem 工作过程如下：

Cable Modem 启动后，扫描所有下行频率，寻找可识别的标准控制信息包。这些信息包中含有来自线缆终端服务器为新连入的 Cable Modem 发送的下行广播信息，其中有一条命令指定上行发送频率。Cable Modem 取得它的上行频率后开始测距，通过测距判定它和前端的距离。这是实现同步的定时信息以及控制发射功率所需要的。所有 MAC 协议拥有一个系统级时钟，以便 Cable Modem 知道何时发送信息。Cable Modem 测距的操作是发送一个短信息给前端，然后测量发送与接收信息的间隔。测距后，Cable Modem 准备接受一个 IP 地址和其他网络参数。Cable Modem 根据 DHCP 协议分得地址资源。当用户申请地址资源时，Cable Modem 在反向通道上发出一个特殊的广播信息包（DHCP 请求）。前端路由器收到 DHCP 请求后，将其转发给一个它知道的 DHCP 地址服务器，服务器向路由器发回一个 IP 地址。路由器把地址记录下来并通知用户。经过测距，确定上下行频率及分配 IP 地址后，Cable Modem 就可以访问网络了。

## 4.8　无线接入点

无线接入点（Access Point，AP）又称为无线访问点、会话点或存取桥接器。它是一个包含很广的名称，分为单纯性无线接入点、多数单纯性无线接入点、扩展型无线接入点。

单纯性无线 AP 就是一个无线的交换机，提供无线信号发射接受的功能。它主要是提供无线工作站对有线局域网和从有线局域网对无线工作站的访问，在访问接入点覆盖范围内的无线工作站可以通过它进行相互通信。

多数单纯性无线 AP 本身不具备路由功能，包括 DNS、DHCP、防火墙在内的服务器功能都必须有独立的路由或是计算机来完成。目前大多数的无线 AP 都支持多用户（30～100 台计算机）接入，数据加密，多速率发送等功能。在家庭、办公室内，一个无线 AP 便可实现所有计算机的无线接入。

扩展型无线接入点即通常所说的无线路由器。

## 4.9　例题分析

为了帮助考生进一步掌握网络设备与网络软件方面的知识，了解考试的题型和难度，本节分析 6 道典型的试题。

**例题 1**

以大网交换机根据 __(1)__ 转发数据包。访问交换机的方式有多种，配置一台新的交换机时可以 __(2)__ 进行访问。

（1）A．IP 地址　　　　B．MAC 地址　　　　C．LLC 地址　　　D．Port 地址

（2）A．通过微机的串口连接交换机的控制台端口

　　　B．通过 Telnet 程序远程访问交换机

　　　C．通过浏览器访问指定 IP 地址的交换机

　　　D．通过运行 SNMP 协议的网管软件访问交换机

**例题 1 分析**

交换机是一种根据目标 MAC 地址，查找 MAC 地址表，转发数据的第二层设备，相当于传统的网桥。

题（2）由于刚出厂的交换机没有配置文件，所以上列的几种方法中，只有通过微机的串口连接交换机的控制台端口是最基本的配置方法，其他的都需要先知道交换机对应的 IP 地址。

**例题 1 答案**

（1）B　　（2）A

**例题 2**

在默认配置的情况下，交换机的所有端口 __(3)__ 。连接在不同交换机上的、属于同一 VLAN 的数据帧必须通过 __(4)__ 传输。

（3）A．处于直通状态　　　　　　　　　B．属于同一 VLAN

　　　C．属于不同 VLAN　　　　　　　　D．地址都相同

（4）A．服务器　　　　　　　　　　　　B．路由器

　　　C．Backbone 链路　　　　　　　　D．Trunk 链路

**例题 2 分析**

在默认配置的情况下，交换机的所有端口属于同一个 VLAN。连接在不同交换机上的、属于同一 VLAN 的数据帧要相互通信，必须经过一个公共的通道，为了使不同的 VLAN 的数据能区分开，通常在干道上使用一种封装技术，如 802.1Q 或 ISL，形成一条 Trunk 链路。

**例题 2 答案**

（3）B　　（4）D

**例题 3**

在图 4-7 所示的网络配置中，总共有__(5)__个广播域，__(6)__个冲突域。

（5）A. 2　　　　　　B. 3　　　　　　C. 4　　　　　　D. 5

（6）A. 2　　　　　　B. 5　　　　　　C. 6　　　　　　D. 10

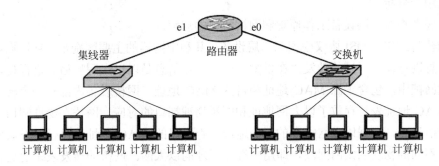

图 4-5　某网络配置图

**例题 3 分析**

在网络内部，数据分组产生和发生冲突的这样一个区域被称为冲突域。所有的共享介质环境都是冲突域。一条线路可通过接插电缆、收发器、接插面板、中继器和集线器与另一条线路进行连接。所有这些第一层的互联设备都是冲突域的一部分。

广播数据包会在交换机连接的所有网段上传播，在某些情况下会导致通信拥挤和安全漏洞。连接到路由器上的网段会被分配成不同的广播域，广播数据不会穿过路由器。传统的交换机只能分割冲突域，不能分割广播域。要隔离广播域需要采用第三层的设备，如路由器，所以共有两个广播域。

集线器是共享式，属于一个冲突域、而交换机由于不是共享式，其每个端口是一个冲突域，但整个交换机属于一个广播域，除非采用 VLAN 的技术可以对广播进行隔离。所以，冲突域=集线器的冲突域+交换机的冲突域=1+5=6。

**例题 3 答案**

（5）A　　（6）C

**例题 4**

下列__(7)__设备可以隔离 ARP 广播帧。

（7）A. 路由器　　　　B. 网桥　　　　C. 以太网交换机　　　D. 集线器

**例题 4 分析**

路由器工作在网络层，可以隔离 ARP 广播帧。而网桥，交换机，集线器都是可以转发广播数据的设备。

**例题 4 答案**

（7）A

**例题 5**

二层以太网交换机联网范围主要受制于 __(8)__ 。

（8）A．MAC 地址　　　B．CSMA/CD　　　　　C．通信介质　　D．网桥协议

**例题 5 分析**

本题考查对二层设备工作原理和网桥协议的理解。

网桥是工作在 OSI 协议模型第二层设备。其和中继器的主要区别是，它根据以太网的帧信息进行以太网帧的转发。在以太网中，传输信息是以以太网帧格式进行传输的。在以太网帧中，包含了源 MAC 地址和目的 MAC 地址。网桥设备内部有一个转发表，称为 MAC 地址表，存放了以太网地址和网桥物理端口的对应。网桥在物理端口上收到以太网信息后，根据以太网帧中的目的地址，查自己的 MAC 地址表进行转发。网桥能够区分不同的物理以太网网段，即用中继器互连的以太网。网桥的转发表是通过自己学习得到的。网桥的每个端口都监听本端口上所有以太网帧，从监听到的以太网帧的源MAC 地址和物理端口的对应关系，并填充自己的 MAC 地址表。

二层交换设备本质上也是网桥，工作原理相同，但它是一种功能更强，性能更好的网桥。可以实现多个端口之间转发以太网帧。网桥一般采用软件实现以太网帧的转发，转发数据时，同时只能在两个端口之间进行。二层交换一般指用硬件代替软件进行以太网帧的转发，并且同时能够在交换设备的多个端口之间同时转发。

基于网桥的工作原理，用二层设备互连的网络不能有环路。但在实际连网时，希望不同网段之间有链路备份，即同一物理连接，具有两个或两个以上的连接通道。这时环路将大量存在。为了解决设备的环路问题，二层设备上必须运行网桥协议。网桥协议的核心算法是生成树算法 STA。IEEE 制定了 802.1D 的生成树协议，在防止产生环路的基础上提供链路冗余。生成树协议是通过生成树算法 STA 计算出一条到根网桥的无环路路径来避免和消除网络中的环路，是通过判断网络中存在环路的地方并阻断冗余链路来实现这个目的。通过这种方式，它确保到每个目的地都只有唯一路径，不会产生环路，从而达到管理冗余链路的目的。

STA 运行需要二层设备不断交换链路信息（物理连接信息），其有信息广播的周期和 STA 算法收敛速度的问题。如果用二层设备组网的规模过大，信息传播和算法收敛将变的不可预测。按经验原则（无理论证明），一般二层设备组网最大可到 7 级左右（7 个二层设备级联）。

**例题 5 答案**

（8）D

**例题 6**

VLAN 实施的前提条件是　(9)　。

（9）A．使用 CSMA/CD 协议　　　　　　B．基于二层设备实现

　　　C．基于二层交换机实现　　　　　　D．基于路由器实现

**例题 6 分析**

本题考查 VLAN 的概念和实现基础。

VLAN 是在二层实现的，是基于二层交换设备实现的。在普通的网桥上（非交换式）将无法实现 VLAN。

**例题 6 答案**

（9）C

# 第 5 章 局 域 网

根据考试大纲，本章要求考生掌握以下知识点：

（1）局域网基础知识：局域网定义、局域网拓扑结构。

（2）访问控制方式：访问控制方式的分类、令牌访问控制方式、CSMA/CD 访问控制方式。

（3）局域网协议：IEEE 802 局域网体系结构与协议、IEEE 802.3 协议。

（4）高速局域网：100M 以太网、1G 以太网、10G 以太网。

（5）无线局域网：Wi-Fi (802.11)无线局域网、蓝牙技术。

（6）虚拟局域网：VLAN 的概念、VLAN 的实现、IEEE 802.1 Q/ISL、VTP 协议。

（7）冗余网关技术。

## 5.1 局域网概述

局域网是一种在相对有限的地理范围内，通过一些网络设备将许多原本相对孤立的计算机资源（如 PC）及其他各种终端设备（如打印机）互连在一起，实现一个高速而稳定的数据传输和资源共享的计算机网络系统。社会对信息资源的广泛需求、计算机技术的广泛普及，以及通信技术和计算机技术的结合并快速不断的技术革新，促进了局域网技术的迅猛发展。从最早 10M 以太网的出现到今天随处可见的千兆网，只有区区二十几年的时间。所以说在当今的计算机网络技术中，局域网技术已经占据了相当显著的地位。

区别于一般的广域网，局域网通常具备以下特点：

（1）地理分布范围较小，一般为数百米至数公里的区域范围之内。可覆盖一幢大楼、一所校园或一个企业的办公室。

（2）数据传输速率高，早期的一般为 10～100Mb/s 的传输速率，目前 1000Mb/s 的局域网非常普遍，可适用于如语音、图像、视频等各种业务数据信息的高速交换。

（3）数据误码率低，这是因为局域网通常采用短距离基带传输，可以使用高质量的传输媒体，从而提高数据传输质量。

（4）一般以 PC 为主体，还包括终端及各种外设，网络中一般不架设主骨干网系统。

（5）协议相对比较简单、结构灵活、建网成本低、周期短、便于管理和扩充。

### 5.1.1 局域网拓扑结构

计算机网络拓扑结构主要是指通信子网的物理拓扑结构。它通过网络中节点与通信线路之间的集合关系表示网络结构概况，反映网络中各个实体间的结构关系。通俗地说，拓扑结构就是指各个设备节点间是如何连线的。拓扑结构的设计是建设计算机网络的第一步，也是实现各种网络协议的基础，它对网络性能、系统可靠性与通信费用都有重大影响。

局域网的物理拓扑结构一般分为 4 种类型：总线状拓扑结构、环状拓扑结构、星状拓扑结构，全连接的网状拓扑结构。

### 1．总线状拓扑结构

如图 5-1 所示，一个采用总线状拓扑结构方式的网络，是由一条共享的通信线路把所有节点连接在一起、这条共享的通信线路可以是一根同轴电缆。

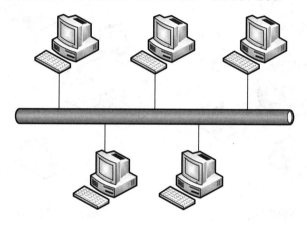

图 5-1　总线状拓扑结构

总线状拓扑结构是目前最常见的，也最有代表性的。例如，现在使用最广泛的以太网就是属于总线型拓扑结构。

总线状拓扑结构的最大特点就是结构简单，易于组网，而且只需要一条共享的通信线路，所以网络建设的成本相对比较低廉。当然总线状拓扑结构的网络也有一些缺点，如线路某一处损坏，能引起多个节点通信故障，也即就是通常所说的一点失效，会引起多点失效的现象；还有就是由于采用一条共享的通信线路，所以当网络系统负载比较大的情况下，所有的节点都会同时且不断地去竞争这条唯一的共享线路，导致系统的性能大幅下降。

在一个总线状拓扑结构方式下，由于所有数据包都在唯一的一条共享线路上传送，因此一个站点发送的数据包，其他所有的站点都会接收到该数据包。并且在任何一个时刻只能有一个站点可以发送数据。

### 2．环状拓扑结构

如图 5-2 所示，一个环状拓扑结构方式的网络，与总线状类似，也是由一条共享的通信线路把所有节点连接在一起的。不过稍有不同的是，环状拓扑结构中的共享线路是闭合的，即它把所有的站点最终排列成了一个环，每个站点只与其两个邻居直接相连。若一个站点想要给另一个发送信息，该报文必须经过它们之间的所有站点，就像是长城的烽火台通过一个接下一个地不断点燃烟火来传达军事信息一样。

### 3．星状拓扑结构

如图 5-3 所示，一个星状拓扑结构方式的网络在直观上就很容易理解，就像是一张蜘蛛网，中间是一个枢纽（网络交换设备），所有的节点都被连接到这个枢纽上，最终组成一个星状的拓扑结构的网络。

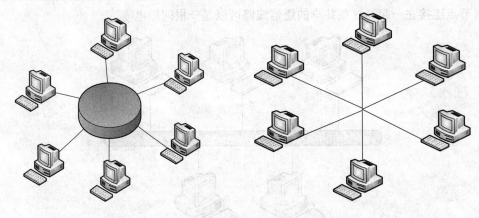

图 5-2　环状拓扑结构　　　　　　　　图 5-3　星状拓扑结构

星状拓扑结构的特点也是很简单的，而且组网也很方便。由于每个节点都需要直接与中间的网络交换设备相连，所以与总线状拓扑结构相比，网络建设最初投入的成本会高一些。但是后期的网络维护会轻松许多，因为除了网络交换设备出现故障外，其他任何一个节点有问题都不会影响到其他节点。所以很容易定位出现故障的位置。

也许大多数读者现在会想到，自己单位的局域网就是属于这种拓扑结构。星状拓扑结构的网络的确也很常见，甚至可以说，目前，一般单位的局域网都是采用星状拓扑结构的网络，交换机就是处于中间枢纽位置上的网络交换设备。换言之，通过交换机（或集线器）来进行连接的网络都可以称为星状拓扑结构的网络。不过这里需要提醒大家注意的是：通过集线器来连接的这种网络只是在物理连线上属于星状拓扑结构，而在逻辑拓扑结构上来说，它仍然有可能是属于总线状拓扑结构的网络，因为网络中采取的媒体访问控制协议仍然可能是以太网协议（即 CSMA/CD 控制方法），后面的章节会进一步讲到。

### 4．全连接的网状拓扑结构

如图 5-4 所示，一个全连接的网状拓扑结构方式的网络，就是网络中任何节点彼此之间都会由一根物理通信线路相连。因此，任何节点出现故障都不会影响到其他任何节点。但是采用这种拓扑结构方式的网络的布线就比较麻烦，而且网络建设的成本也很高，控制方法也很复杂，在现实中一般也很少见到这种网络。

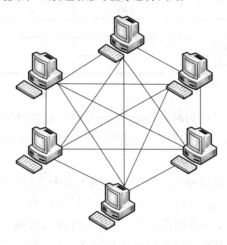

图 5-4　全连接的网状拓扑结构

## 5.1.2　以太网

以太网是最早使用的局域网，也是目前使用最广泛的网络产品。以太网有 10Mb/s、100Mb/s、1000Mb/s、10Gb/s 等多种速率。

**1．以太网传输介质**

以太网比较常用的传输介质包括同轴电缆、双绞线和光纤三种，以 IEEE 802.3 委员会习惯用类似于 10Base-T 的方式进行命名。这种命名方式由三个部分组成：

（1）10：表示速率，单位是 Mb/s。

（2）Base：表示传输机制，Base 代表基带，Broad 代表宽带。

（3）T：传输介质，T 表示双绞线、F 表示光纤、数字代表铜缆的最大段长。

传输介质的具体命名方案如表 5-1 所示，了解这些知识是十分必要的。

表 5-1　以太网传输介质表

| 名　　称 | 传 输 介 质 | 最大段长度/m | 每段节点数 | 优　　点 |
|---|---|---|---|---|
| 10Base5 | 粗同轴电缆 | 500 | 100 | 早期电缆，废弃 |
| 10Base2 | 细同轴电缆 | 185 | 30 | 不需集线器 |
| 10Base-T | 非屏蔽双绞线 | 100 | 1024 | 最便宜的系统 |
| 10Base-F | 光纤 | 2000 | 1024 | 适合于楼间使用 |
| 100Base-T4 | 非屏蔽双绞线 | 100 | | 3 类线，4 对 |
| 100Base-TX | 非屏蔽双绞线 | 100 | | 5 类线，全双工 |
| 100Base-FX | 光纤 | 2000 | | 全双工、长距离 |

| 名　　　称 | 传 输 介 质 | 最大段长度/m | 每段节点数 | 优　　　点 |
| --- | --- | --- | --- | --- |
| 1000Base-SX | 光纤 | 550 | | 多模光纤 |
| 1000Base-LX | 光纤 | 5000 | | 单模或多模光纤 |
| 1000Base-CX | 屏蔽双绞线 | 25 | | 2 对 STP |
| 1000Base-T | 非屏蔽双绞线 | 100 | | 5 类线，4 对 |

**2．以太网时隙**

时间被分为离散的区间称为时隙（Slot Time）。帧总是在时隙开始的一瞬间开始发送。一个时隙内可能发送 0，1 或多个帧，分别对应空闲时隙、成功发送和发生冲突的情况。

1）设置时隙理由

在以太网规则中，若发生冲突，则必须让网上每个主机都检测到。信号传播整个介质需要一定的时间。考虑极限情况，主机发送的帧很小，两冲突主机相距很远。在 A 发送的帧传播到 B 的前一刻，B 开始发送帧。这样，当 A 的帧到达 B 时，B 检测到了冲突，于是发送阻塞信号。B 的阻塞信号还没有传输到 A，A 的帧已发送完毕，那么 A 就检测不到冲突，而误认为已发送成功，不再发送。由于信号的传播时延，检测到冲突需要一定的时间，所以发送的帧必须有一定的长度。这就是时隙需要解决的问题。

2）在最坏情况下，检测到冲突所需的时间

若 A 和 B 是网上相距最远的两个主机，设信号在 A 和 B 之间传播时延为 $\tau$，假定 A 在 $t$ 时刻开始发送一帧，则这个帧在 $t+\tau$ 时刻到达 B，若 B 在 $t+\tau-\varepsilon$ 时刻开始发送一帧，则 B 在 $t+\tau$ 时就会检测到冲突，并发出阻塞信号。阻塞信号将在 $t+2\tau$ 时到达 A。所以 A 必须在 $t+2\tau$ 时仍在发送才可以检测到冲突，所以一帧的发送时间必须大于 $2\tau$。

按照标准，10Mb/s 以太网采用中继器时，连接最大长度为 2500m，最多经过 4 个中继器，因此规定对于 10Mb/s 以太网规定一帧的最小发送时间必须为 51.2μs。51.2μs 也就是 512 位数据在 10Mb/s 以太网速率下的传播时间，常称为 512 位时。这个时间定义为以太网时隙。512 位=64 字节，因此以太网帧的最小长度为 64 字节。

3）冲突发生的时段

（1）冲突只能发生在主机发送帧的最初一段时间，即 512 位时的时段。

（2）当网上所有主机都检测到冲突后，就会停发帧。

（3）512 位时是主机捕获信道的时间，如果某主机发送一个帧的 512 位时，而没有发生冲突，以后也就不会再发生冲突了。

**3．提高传统以太网带宽的途径**

以往被淘汰、传统的以太网是以 10Mb/s 速率半双工方式进行数据传输的。随着网络应用的迅速发展，网络的带宽限制已成为进一步提高网络性能的瓶颈。提高传统以太网带宽的方法主要有以下 3 种。

1）交换以太网

以太网使用的 CSMA/CD 是一种竞争式的介质访问控制协议，因此从本质上说它在网络负载较低时性能不错，但如果网络负载很大时，冲突会很常见，因此导致网络性能的大幅下降。为了解决这一瓶颈问题，"交换式以太网"应运而生，这种系统的核心是使用交换机代替集线器。交换机的特点是，其每个端口都分配到全部 10Mb/s 的以太网带宽。若交换机有 8 个端口或 16 个端口，那么它的带宽至少是共享型的 8 倍或 16 倍（这里不包括由于减少碰撞而获得的带宽）。

交换以太网能够大幅度的提高网络性能的主要原因是：

- 减少了每个网段中的站点的数量；
- 同时支持多个并发的通信连接。

网络交换机有三种交换机制：直通（Cut through）、存储转发（Store and forward）和碎片直通（Fragment free Cut through）。

交换式以太网具有几个优点：第一，它保留现有以太网的基础设施，保护了用户的投资；第二，提高了每个站点的平均拥有带宽和网络的整体带宽；第三，减少了冲突，提高了网络传输效率。

2）全双工以太网

全双工技术可以提供双倍于半双工操作的带宽，即每个方向都支持 10Mb/s，这样就可以得到 20Mb/s 的以太网带宽。当然这还与网络流量的对称度有关。

全双工操作吸引人的另一个特点是它不需要改变原来 10Base-T 网络中的电缆布线，可以使用和 10Base-T 相同的双绞线布线系统，不同的是它使用一对双绞线进行发送，而使用另一对进行接收。这个方法是可行的，因为一般 10Base-T 布线是有冗余的（共 4 对双绞线）。

3）高速服务器连接

众多的工作站在访问服务器时可能会在服务器的连接处出现瓶颈，通过高速服务器连接可以解决这个问题。使用带有高速端口的交换机（如 24 个 10Mb/s 端口，1 个 100Mb/s 或 1000Mb/s 高速端口），然后再把服务器接在高速端口上并使用全双工操作。这样服务器就可以实现与网络 200Mb/s 或 2000Mb/s 的连接。

**4．以太网的帧格式**

以太网帧的格式如图 5-5 所示，包含的字段有前导码、目的地址、源地址、数据类型、发送的数据，以及帧校验序列等。这些字段中除了数据字段是变长以外，其余字段的长度都是固定的。

前导码（P）字段占用 8 字节。

目的地址（DA）字段和源地址（SA）字段都是占用 6 字节的长度。目的地址用于标识接收站点的地址，它可以是单个的地址，也可以是组地址或广播地址，当地址中最高字节的最低位设置为 1 时表示该地址是一个多播地址，用十六进制数可表示为 01：00：

00：00：00：00，假如全部 48 位（每字节 8 位，6 字节即 48 位）都是 1 时，该地址表示是一个广播地址。源地址用于标识发送站点的地址。

| 前导码 | 目的地址 | 源地址 | 类型 | 数据 | 帧校验序列 |
|---|---|---|---|---|---|
| 8 | 6 | 6 | 2 | 46~1500 | 4 |

注：字段的长度以字节为单位

图 5-5　以太网的帧结构

类型（Type）字段占用两字节，表示数据的类型，如 0x0800 表示其后的数据字段中的数据包是一个 IP 包，而 0x0806 表示 ARP 数据包，0x8035 表示 RARP 数据包。

数据（Data）字段占用 46～1500 个不等长的字节数。以太网要求最少要有 46 字节的数据，如果数据不够长度，必须在不足的空间插入填充字节来补充。

帧校验序列（FCS）字段是 32 位（即 4 字节）的循环冗余码。

## 5.2　访问控制方式

对于单个信道的多路访问控制，可以采用传统的 FDM 技术实现。如果网络中有 N 个用户，则可以将信道按频率划分成 N 个逻辑子信道，每个用户分配一个频段。由于每个用户都有各自的频段，所以相互之间不会产生干扰。

FDM 技术对于固定用户数且每个用户通信量都较大时是一种比较简单且有效的信道访问控制策略。然而，对于用户数经常变化且用户通信量也经常发生变化的局域网来说，FDM 存在一些问题。例如，对于前面提到的将信道划分为 N 个频段的情形，但网络中当前希望通信的用户数少于 N 时，许多宝贵的频段资源就会被浪费；而如果有超过 N 个以上的用户希望通信时，则其中的某些用户会因为没有分配到频段而不能进行通信，即使这时已分配到频段的用户并没有通信需求。

如果设法将网络用户数维持在 N 个左右，采用 FDM 的介质访问控制方法会带来什么问题呢？下面通过一个简单的排队论计算来阐述这个问题。

假设信道的容量是 C 位/秒，其数据到达率为 λ 帧/秒，帧长度服从指数分布，且帧的平均长度为 $1/\mu$ 位，则信道传输一帧所需要的平均时间 T 应为

$$T = \frac{1}{\mu C - \lambda}$$

如果将单个信道划分为 N 个独立的子信道后，其中每个子信道的容量应为 C/N 位/秒，每个子信道的数据到达率为 λ/N 帧/秒，帧的平均长度仍为 $1/\mu$ 位/帧，则此时传输一帧所需的时间 $T_{FDM}$ 为

$$T_{\text{FDM}} = \frac{1}{\mu(C/N) - (\lambda/N)} = \frac{N}{\mu C - \lambda} = NT$$

由此可以看出，FDM 介质访问控制方式将会导致传输一帧所需的平均时间增大了 $N$ 倍。

同样的道理，对于 TDM 也会产生同样的问题。在 TDM 中，设信道的使用时间被均匀分为 $N$ 个时隙，每个用户静态地占用一个时隙。假如用户在规定的时隙内没有通信时，也将造成资源的浪费。

由此可见，传统的信道划分的多路复用技术并不能有效地处理局域网中用户通信的突发性，因此必须采用新的介质访问控制方式。

## 5.2.1 随机访问介质访问控制

随机访问介质访问控制协议主要有 ALOHA 协议和 CSMA 协议。

### 1. ALOHA 协议

ALOHA 协议分为纯 ALOHA 和分槽 ALOHA 两种。

ALOHA 协议的思想很简单，只要用户有数据要发送，就尽管让他们发送。当然，这样会产生冲突，从而造成帧的破坏。但是，由于广播信道具有反馈性，发送方可以在发送数据的过程中进行冲突检测，将接收到的数据与缓冲区的数据进行比较，就可以知道数据帧是否遭到破坏。同样的道理，其他用户也是按照此过程工作。如果发送方知道数据帧遭到破坏（即检测到冲突），则它可以等待一段随机长的时间后重发该帧。对于局域网，反馈信息很快就可以得到；而对于卫星网，发送方要在 270ms 后才能确认数据发送是否成功。通过研究证明，纯 ALOHA 协议的信道利用率最大不超过 18%。

1972 年，Roberts 发明了一种能把信道利用率提高一倍的信道分配策略，即分槽 ALOHA 协议。他的思想用时钟来统一用户的数据发送。办法是将时间分为离散的时间槽，用户每次必须等到下一个时间片才能开始发送数据，从而避免了用户发送数据的随意性，可以减少数据产生冲突的可能性，提高信道的利用率。在分槽 ALOHA 系统中，计算机并不是在用户按 Enter 键后就立即发送数据，而是要等到下一个时间片开始时才发送。这样，连续的纯 ALOHA 就变成离散的分槽 ALOHA。由于冲突的危险区平均减少为纯 ALOHA 的一半，分槽 ALOHA 的信道利用率可以达到 36%（1/e），是纯 ALOHA 协议的两倍。但对于分槽 ALOHA，用户数据的平均传输时间要高于纯 ALOHA 系统。

### 2. CSMA 协议

分槽 ALOHA 协议的最大信道利用率仅为 1/e，而纯 ALOHA 协议的信道利用率为 1/（2e），这一点并不奇怪。原因是在上述的 ALOHA 协议中，各站点在发送数据时从不考虑其他站点是否已经在发送数据，这样当然会引起许多冲突。由于在局域网中，一个站点可以检测到其他站点在干什么，从而可以相应地调整自己的动作，这样的协议可以大大提高信道的利用率。对于站点在发送数据前进行载波侦听，然后再采取相应动作的协议，人们称其为载波侦听多路访问（Carrier Sense Multiple Access, CSMA）协议。CSMA 协议有多种类型，下面简单介绍 1-坚持 CSMA、非坚持 CSMA、p-坚持 CSMA，而 CSMA/CD 将在 5.2.2 节中进行介绍。

（1）1-坚持 CSMA。该协议的工作过程是：某站点要发送数据时，它首先侦听信道，看看是否有其他站点正在发送数据。如果信道空闲，该站点立即发送数据；如果信道忙，该站点继续侦听信道直到信道变为空闲，然后发送数据；之所以称其为 1-坚持 CSMA，是因为站点一旦发现信道空闲，将以概率 1 发送数据。

（2）非坚持 CSMA。该协议站点比较"理智"，不像 1-坚持 CSMA 协议那样"贪婪"。同样的道理，站点在发送数据之前要侦听信道，如果信道空闲，则立即发送数据；如果信道忙，则站点不再继续侦听信道，而是等待一个随机长的时间后，再重复上述过程。定性分析一下，就可以知道非坚持 CSMA 协议的信道利用率会比 1-坚持 CSMA 好一些，但数据传输时间可能会长一些。

（3）p-坚持 CSMA。该协议主要是用于时间片 ALOHA。其基本工作原理是，一个站点在发送数据之前，首先侦听信道，如果信道空闲，便以概率 p 发送数据，以概率 1-p 把数据发送推迟到下一个时间片；如果下一个时间片信道仍然空闲，便再次以概率 p 发送数据，以概率 1-p 将其推迟到下下一个时间片。此过程一直重复，直到将数据发送出去或是其他站点开始发送数据。如果该站点一开始侦听信道就发现信道忙时，它就等到下一个时间片继续侦听信道，然后重复上述过程。

在上述 3 个协议中，都要求站点在发送数据之前侦听信道，并且只有在信道空闲时才有可能发送数据。即便如此，仍然存在发生冲突的可能。考虑下面的例子：假设某站点已经在发送数据，但由于信道的传播延迟，它的数据信号还未到达另外一个站点，而另外一个站点此时正好要发送数据，则它侦听到信道处于空闲状态，也开始发送数据从而导致冲突。一般来说，信道的传播延迟越长，协议的性能越差。

## 5.2.2 CSMA/CD 访问控制方式

在 CSMA 中，如果在总线上的两个站点都没有监听到载波信号而几乎同时都发送数据帧，但由于信道传播时延的存在，这时仍有可能会发生冲突，如图 5-6 所示。在传播延迟期间，如站点 2 有数据帧需要发送，就会和站点 1 发送的数据帧相冲突。由于 CSMA 算法没有冲突检测的功能，即使冲突已发生，仍然将已破坏的帧发送完，使总线的利用率降低。

图 5-6  CSMA 发生冲突的情景

一种 CSMA 的改进方案是使发送站点传输过程中仍然继续监听媒体介质，以检测是否存在冲突。如果发生冲突，信道上可以检测到超过发送站点本身发送的载波信号的幅度，由此判断出冲突的存在。于是只要一旦检测到冲突存在，就立刻停止发送，并向总线上发一串阻塞信号，用以通知总线上其他各有关站点。这样通道信道就不至于因白白传送已受损的数据帧而浪费，总体上可以提高总线的利用率。这种方案也就是 CSMA/CD，这种协议已广泛应用于局域网中。

**1．冲突检测时间的计算**

CSMA/CD 的代价是用于检测冲突所花费的时间。对于基带总线而言，最坏情况下用于检测一个冲突的时间等于任意两个站点之间传播时延的两倍。从一个站点开始发送数据到另一个站点开始接收数据，也即载波信号从一端传播到另一端所需的时间，称为信号传播时延。

信号传播时延(μs) = 两站点的距离(m)/信号传播速度(200m/μs)

在上述公式中，信号传播速度一般为光速的 2/3 左右，即约每秒 20 万公里。相当于 200m/μs。所以，公式中最后计算出的信号传播时延是以 μs 为单位的。

数据帧从一个站点开始发送，到该数据帧发送完毕所需的时间称为数据传输时延。同理，数据传输时延也表示一个接收站点开始接收数据帧，到该数据帧接收完毕所需的时间。

数据传输时延(s) = 数据帧长度(b)/数据传输速率(b/s)

同样需要注意的是，在上述公式中，数据传输速率与上面刚刚讲到的信号传播速度并不是同一个概念，数据传输速率是网络的一个性能指标，如十兆以太网的数据传输速率为 10Mb/s，即 $10 \times 10^6$ b/s。但是在数据传输时延与信号传播时延两者之间还是存在一些关联的，下面会进一步分析。

如图 5-7 所示，假定 A、B 两个站点位于总线两端，两站点之间的最大传播时延为 tp。当 A 站点发送数据后，经过接近于最大传播时延 tp 时，B 站点此时正好也发送数据，这样冲突便发生了。发生冲突后，B 站点立即可检测到该冲突，而 A 站点需再经过一段最大传播时延 tp 后，才能检测出冲突。也即最坏情况下，对于基带 CSMA/CD 来说，检测出一个冲突的时间等于任意两个站之间最大传播时延的两倍（2tp）。

由上述分析可知，为了确保发送数据站点能够在数据传输的过程中可以检测到可能存在的冲突，数据帧的传输时延至少要两倍于信号传播时延，公式如下。

数据传输时延(μs) ≥ 信号传播时延(μs)×2

换句话说，必须要求分组的长度不短于某个值，否则在检测出冲突之前数据传输已经结束，但实际上分组已被冲突所破坏。这就是为什么以太网协议中的数据帧必须要求一个最短长度的真正原因。把公式 1 和公式 2 代入到公式 3 中后，并作一些简单变换，由此进一步推导出了 CSMA/CD 总线网络中最短数据帧长度的计算关系式，如下：

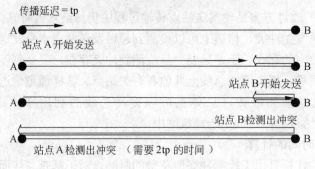

图 5-7　时间计算

最短数据帧长(b) =

任意两站点间的最大距离(m)/信号传播速度(200m/μs)×数据传输速率(Mb/s)×2

由于单向传输的原因，对于宽带总线而言，冲突检测时间等于任意两个站之间最大传播时延的 4 倍。所以对于宽带 CSMA/CD 来说，要求数据帧的传输时延至少 4 倍于传播时延。

**2．二进制指数退避和算法**

在 CSMA/CD 算法中，一旦检测到冲突并发完阻塞信号后，为了降低再次冲突的概率，需要等待一个随机时间，然后使用 CSMA 方法试图再次传输。为了保证这种退避操作维持稳定采用了一种称为二进制指数退避的算法，其规则如下：

（1）对每个数据帧，当第一次发生冲突时，设置一个参量 $L=2$。

（2）退避间隔取 $1\sim L$ 个时间片中的一个随机数，1 个时间片等于两站之间的最大传播时延的两倍。

（3）当数据帧再次发生冲突，将参量 $L$ 加倍。

（4）设置一个最大重传次数，超过该次数，则不再重传，并报告出错。

**注意**：在以太网中规定，最多重传 16 次，否则向上层程序报错。参量 $L$ 的最大值不超过 1024。

二进制指数退避算法是按后进先出（Last In and First Out，LIFO）的次序控制的，即未发生冲突或很少发生冲突的数据帧，具有优先发送的概率；而发生过多次冲突的数据帧，发送成功的概率就更小。

以太网就是采用二进制指数退避和 1-坚持算法的 CSMA/CD 媒体访问控制方法。这种方法在低负荷时（如媒体空闲），要发送数据帧的站点能立即发送；在重负荷时，仍能保证系统的稳定性。它是基带系统，使用曼彻斯特（Manchester）编码，通过检测通道上的信号存在与否来实现载波监听。发送站的收发器检测冲突，如果冲突发生，收发器的电缆上的信号超过收发器本身发的信号幅度。由于在媒体上传播的信号会衰减，为确保能正确地检测出冲突信号，CSMA/CD 总线网限制一段无分支电缆的最大长度为 500m。

## 5.3　局域网协议

IEEE 于 1980 年 2 月成立了局域网标准委员会（简称 IEEE 802 委员会），专门从事局域网标准化工作，并制定了 IEEE 802 标准。

### 5.3.1　体系结构与协议

802 标准包括局域网参考模型与各层协议，该标准所描述的局域网参考模型与 OSI/RM 的关系如图 5-8 所示。局域网参考模型只对应 OSI/RM 的数据链路层和物理层，将数据链路层划分为 LLC 子层和 MAC 子层。

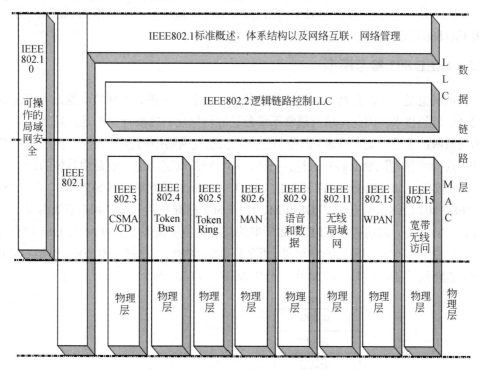

图 5-8　IEEE 802 标准之间的关系

IEEE 802 委员会为局域网制定了一系列标准（即 IEEE 802 标准）。这些标准主要是：

IEEE 802.1 标准，局域网标准概述、体系结构及网络互连、网络管理等。

IEEE 802.2 标准，定义了逻辑链路控制 LLC 的功能与服务。

IEEE 802.3 标准，定义了 CSMA/CD 的总线介质访问控制方法和物理层规范。

IEEE 802.4 标准，定义了令牌总线（Token Bus）方式的介质访问控制方法和物理层规范。

IEEE 802.5 标准，定义了令牌环（Token Ring）方式的介质访问控制方法和物理层规范。

IEEE 802.6 标准，定义了城域网介质访问控制方法和物理层规范。

IEEE 802.7 标准，定义了宽带技术。

IEEE 802.8 标准，定义了光纤技术。

IEEE 802.9 标准，定义了在 MAC 和物理层上的语音与数据综合局域网技术。

IEEE 802.10 标准，定义了可操作的局域网安全标准规范。

IEEE 802.11 标准，定义了无线局域网的 MAC 和物理层规范。

IEEE 802.15 标准，定义了 WPAN（Wireles Personal Area Network，无线个人网）。

IEEE 802.16 标准，定义了宽带无线访问标准。

IEEE 802 标准中的 IEEE 802.1～IEEE 802.6 已经被国际标准化组织 ISO 所采纳，已成为 ISO 8802 国际标准。

### 5.3.2　IEEE 802 参考模型

局域网也是一个通信网，一般只涉及相当于 OSI/RM 通信子网的功能。内部大多采用共享信道的技术，因此局域网通常不单独设立网络层。需要注意的是，虽然目前大多数的局域网都是采用交换技术（即使用交换机来连接网络中的各个节点），但这并不影响 IEEE 802 参考模型的建立和正确性。另外，局域网的高层功能一般是由具体的局域网操作系统来实现，如 Windows NT 系统的 TCP/IP、Novell 系统的 IPX/SPX 等。

IEEE 802 LAN/RM 仿照了 OSI/RM。IEEE 802 标准包括了 OSI/RM 最低两层（物理层和数据链路层）的功能。IEEE 802 标准的局域网参考模型 LAN/RM 与 OSI/RM 的对应关系如图 5-9 所示。从图 5-9 中可见，两个模型中的物理层是相互对应的，但是 OSI/RM 的数据链路层功能，在 LAN/RM 中被分成 MAC 和 LLC 两个子层。

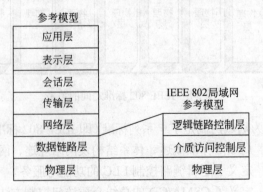

图 5-9　IEEE 802 标准的局域网参考模型与 OSI/RM 的对应关系

（1）物理层。对于局域网来说，物理层是必需的，它负责体现机械、电气和规程方面的特性，以建立、维持和拆除物理链路，提供在物理层实体间发送和接收位数据流的能力。一对物理层实体能认出两个 MAC 实体间同等位单元的交换。物理层提供发送和接收信号的能力，包括对宽带的频道分配和对基带的信号调制。

（2）MAC 子层。MAC 子层对 LLC 子层提供媒体介质访问控制的功能服务，而且可以提供多个可供选择的介质体访问控制方法，IEEE 802 已经规定的介质访问控制方法有 CSMA/CD、令牌总线、令牌环等多种。注意，这个所谓的媒体访问控制方法是局域网当中最重要的技术，也是大家讨论最多的，网络技术人员必须完全掌握的知识，后面的章节会详细介绍其中之一的 CSMA/CD 的原理。一般 MAC 子层采用哪种介质访问控制方法往往就决定了局域网属于哪种类型的网络，如采用 CSMA/CD 的介质访问控制方法的网络肯定是以太网，而采用 Token Ring 控制方法的网络将会是令牌环网。

在使用 MSAP（Mutli-Service Access Platform，多业务接入平台）支持 LLC 时，MAC 子层实现数据帧的寻址和识别。MAC 到 MAC 的操作通过同等层协议来进行，MAC 还产生数据帧检验序列和完成数据帧检验等功能。

（3）LLC 子层。LLC 子层中规定了无确认无连接、有确认无连接和面向连接 3 种类型的链路服务。具体内容将在 5.3.3 节中介绍。

### 5.3.3　IEEE802.2 协议

LLC 是一种 IEEE 802.2 局域网协议，规定了局域网参考模型中 LLC 子层的实现。IEEE 802.2 LLC 应用于 IEEE802.3（以太网）和 IEEE802.5（令牌环），以实现如下功能：

（1）端到端的差错控制功能、端到端的流量控制功能。

（2）完成无连接服务功能、完成面向连接服务功能。

（3）能进行多路复用，一般来讲，一条单一的物理链路将一个站点与一个 LAN 相连，应能在该链路上提供具有多个逻辑端点的数据传送。

局域网的 LLC 和传统的链路层有以下几点不同：

（1）必须支持链路的多路访问特性。

（2）可利用 MAC 子层来实现链路访问中的某些功能。

（3）必须提供某些属于三层的功能。

**1．服务访问点**

在 OSI 模型中，相邻层间的服务是通过其接口界面上的服务访问点 SAP 来完成的，$n$ 层的 SAP 就是 $n+1$ 层可以访问 $n$ 层的地方。SAP 在每层中有若干个点，分别用 SAP1、SAP2、…、SAP$n$ 表示。每个 SAP 属于某站，但它又在 LLC 层有若干个 SAP，每个 SAP 均有一个自己的地址。例如，A 点 LLC 层的 SAP，可简单表示为（A，1）。下面来看各站的 SAP 之间是如何通信的。

如图 5-10 所示，假设站 A 内有一个应用 X，希望将报文发送给站 C 内的一个进程

（A 为某 PC 内的报告生成程序，C 为一台打印机和一个简单的打印机驱动器），则它们之间的通信过程如下。

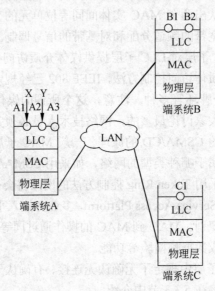

图 5-10　LLC 的一个例子

（1）站 A 的链路发送一个"连接请求"的若干控制位的帧，该帧内含源地址（A，1），目的地址（C，1），以及其他的控制位。

（2）LAN 将该帧传递给 C 站。

（3）如果 C 站空闲，就返回一个"接受连接"帧（如果不空闲，则需要等待）。

（4）当 A 站与 C 站建立连接后，就可以利用站 A 的 LLC 将来自 X 的全部数据组装成帧，每帧均含源地址和目的地址。

（5）在此段时间，所有寻找（A，1）的帧均被拒绝，除非是来自（C，1）的帧。同样（C，1）的寻找帧也被（C，1）拒绝，只接收（A，1）的帧。

上面的通信方式被称为面向连接服务。在以上进行数据交换的同时，各站的其他 SAP 之间可以同时传递消息。例如，进程 Y 可以被命名为（A，2），并与（B，1）交换数据，这就是一个复用的例子。

**2．LLC 帧格式及其控制字段**

IEEE 802 标准定义了 LLC 子层和 MAC 子层的帧格式。数据传输过程中，LLC 子层将高层递交的报文分组作为 LLC 的信息字段，再加上 LLC 子层目的服务访问点（DSAP）、源服务访问点（SSAP）及相应的控制信息以构成 LLC 帧。LLC 帧格式及其控制字段定义如图 10-11 所示。

LLC 的链路只有异步平衡方式（ABM），而不用正常响应方式（NRM）和异步响应方式（ARM）。IEEE 802.2 标准定义的 LLC 帧格式与 HDLC 帧格式有点类似，其控制字段的格式和功能完全效仿 HDLC 的平衡方式制定。它也分为信息帧、监控帧和无编号帧三类。信息帧主要用于信息数据传输，监控帧主要用于流量控制，无编号帧主要用于在 LLC 子层传输控制信号以对逻辑链路进行建立和释放。

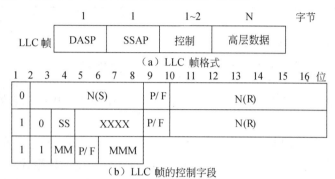

（a）LLC 帧格式

（b）LLC 帧的控制字段

图 5-11  LLC 帧

### 3．LLC 提供的三种服务

LLC 提供的三种服务如表 5-2 所示。

表 5-2  LLC 提供的三种服务

| 服 务 类 型 | 特 点 | 适 用 性 | LLC 操作类型 |
|---|---|---|---|
| 无确认无连接的服务 | 数据报类型，不涉及任何流控与差错控制功能 | 一是高层软件具有流控和差错控制，二是连接建立和维护机制引起了不必要开销 | LLC1 型操作：用无编号信息帧支持无连接服务 |
| 面向连接方式的服务 | 类似于 HDLC，在数据通信前需要建立连接，同时通过连接来提供流控和差错控制功能 | 可用于简单设备中，如终端控制器，它自身的流量控制能力差，需要借助数据链路层协议 | LLC2 型操作：用 HDLC 的异步平衡方式的操作支持连接方式的 LLC 服务 |
| 有确认无连接的服务 | 提供了数据报确认功能，但不建立连接 | 高效、可靠，适合于传送少量的重要数据 | LLC3 型操作：用两种新的无编号帧支持有确认无连接服务 |

## 5.3.4  IEEE 802.3 协议

Xerox、Intel 和 DEC 三公司共同开发的以太网标准是构成 802.3 基础。已经发布的 802.3 标准和以太网的区别是，它描述了运行在各种介质上的从 1～10Mb/s 的 1-持续 CSMA/CD 系统的整个家族。另外，两者的帧结构也有所不同，在前文中已经叙述以太网的帧结构，现在讲述 IEEE802.3 的帧结构。

IEEE 802.3 MAC 帧的格式如图 5-12 所示，包含的字段有前导码（P）、帧起始定界符（SFD）、目的地址（DA）、源地址（SA）、长度（LEN）、发送的数据及帧校验序列

（FCS）等。这些字段中除了地址字段和数据字段是变长的以外，其余字段的长度都是固定的。

| 前导码 | SFD | 目的地址 | 源地址 | 长度 | 帧头 | 数据 | 帧校验序列 |
|---|---|---|---|---|---|---|---|
| 7 | 1 | 6 | 6 | 2 | 8 | 38~1492 | 4 |

注：字段的长度以字节为单位

图 5-12　IEEE 802.3 MAC 帧的格式

前导码字段 P 占 7 字节，每个字节的位模式为 10101010，用于实现收发双方的时钟同步；

帧起始定界符字段 SFD 占 1 字节，其位模式为 10101011，它紧跟在前导码后，用于指示一帧的开始。前导码的作用是使接收端能根据 1、0 交变的位模式迅速实现位同步，当检测到连续两位 1（即读到帧起始定界符字段 SFD 最末两位）时，便将后续的信息递交给 MAC 子层。

地址字段包括目的地址字段 DA 和源地址字段 SA。目的地址字段占两字节或 6 字节（一般都为 6 字节），用于标识接收站点的地址，可以是单个的地址，也可以是组地址或广播地址。DA 字段最高位为 0 表示单个的地址，该地址仅指定网络上某个特定站点；DA 字段最高位为 1，其余位不为全 1 表示组地址，该地址指定网络上给定的多个站点；DA 字段为全 1，则表示广播地址，该地址指定网络上所有的站点。源地址字段也占两字节或 6 字节，但其长度必须与目的地址字段的长度相同，用于标识发送站点的地址。在 6 字节地址字段中，可以利用其 48 位中的次高位来区分是局部地址还是全局地址。局部地址是由网络管理员分配，且只是在本网络中有效的地址；全局地址则是由 IEEE 统一分配的，采用全局地址的网卡出厂时被赋予唯一的 IEEE 地址，使用这种网卡的站点也就具有了全球独一无二的物理地址。

长度字段（LEN）占两字节，其值表示数据字段的内容，即为 LLC 子层递交的 LLC 帧序列，其长度为 0~1500 字节。

为使 CSMA/CD 协议正常操作，需要维持一个最短帧长度，必要时可在数据字段后、帧校验序列 FCS 前以字节为单位添加填充字符。这是因为正在发送时产生冲突而中断的帧都是很短的帧，为了能方便地区分这些无效帧，IEEE 802.3 规定了合法 MAC 帧的最短帧长度为 64 字节，包含的数据字段最短为 38 字节。

帧校验序列 FCS 字段是 32 位（即 4 字节）的循环冗余码，其校验范围不包括前导字段 P 及帧起始定界符字段 SFD。

### 5.3.5　IEEE 802.4 协议

IEEE 802.4 规定了令牌总线访问控制。令牌总线媒体访问控制是将局域网物理总线上的站点构成一个逻辑环，每个站点都在一个有序序列中被指定一个逻辑位置，序列中最后一个站点的后面又跟着第一个站点。每个站点都知道在它之前的前驱和在它之后的后继站的标识，如图 5-13 所示。

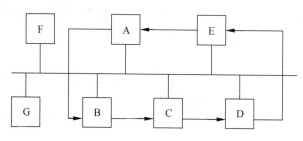

图 5-13　令牌总线媒体访问控制

从图 5-13 中可以看出，在物理结构上它是一个总线结构局域网，但在逻辑结构上，又成了一个环形结构的局域网。和令牌环网一样，站点只有得到令牌后才能发送帧，而令牌在逻辑环上依次（A→B→C→D→E→A）循环传递。因为在任一个时刻只有一个站掌握令牌，故不会发生冲突。

在正常运行时，当站点做完该做的工作或者时间终了时，它将令牌传递给逻辑序列中的下一个站点。从逻辑上看，令牌是按地址的递减顺序传送到下一个站点的，但从物理上看，带有目的地址的令牌帧广播到总线上所有的站点，当目的地址识别出符合它的地址，即把该令牌帧接收。总线上站点的实际顺序和逻辑顺序并没有对应关系。

下面，结合图 5-13 来说明令牌传递配置的部分操作。T0 时刻，站 A 传出令牌，现在的序列中它的后继是站 B，所以站 A 发出的令牌的目的地址是站 B；T1 时刻，这个令牌被网络上所有站点看到，除了与目的站点地址符合的站 B，它被所有的站点忽略。一旦站 B 获得令牌，它就可以自由地发送数据帧。T2 时刻，它向站 F 发送一个数据帧。注意，站 F 并不一定要成为逻辑环中的成员才能接收帧；但是，逻辑环以外的成员不能自己发起传输。T3 时刻，站 B 完成了自己的传输，它将令牌传递给逻辑环中的后继站点。

令牌总线的主要操作如下。

（1）初始化。如果 LAN 刚刚开始运行或令牌丢失了，整个网络会因为没有令牌而不能运转。当一个或多个站点在比超时值更长的时间被没有检测到任何活动，便会触发环初始化操作。初始化的操作是一个争用的过程，争用的结果只有一个站得到令牌，其他的站点用站插入算法插入。

（2）插入环。必须周期性地给未加入环的站点以机会，将它们插到逻辑环的适当位置中。如果同时有几个站点要插入，可以采用带有响应窗口的争用处理算法。

（3）退出环。如果一个站点想要退出环，只要在令牌传到它手上时，向它的前驱发出一个包括后继地址的后继帧。这会使前驱站点更新其后继站点。然后再将令牌传给它的后继站。在令牌的下一次轮转中，退出站点的前任将会把令牌传给退出站点的后继站点。收到令牌的站点将其前驱更新为传给它令牌的那个站点的 MAC 地址，这样退出的站点就被排除在环外了。

（4）故障处理。网络可能出现错误，这包括令牌丢失引起断环、地址重复、产生多令牌等。网络都需要对这些故障做出相应的处理。

令牌总线的特点如下：

（1）由于只有收到令牌帧的站点才能将信息帧送到总线上，所以令牌总线不可能产生冲突，因此也没有最短帧长度的要求。

（2）由于每个站点接收到令牌的过程是依次序进行的，因此对所有站点都有公平的访问权。

（3）由于每个站点发送的最大长度可以加以限制，所以每个站点传输之前必须等待的时间总量总是"确定"的。

**1. 令牌总线的 MAC 帧格式**

令牌总线的 MAC 帧格式如图 5-14 所示。

图 5-14 令牌总线的 MAC 帧格式

帧校验序列 FCS 使用 32 位的 CRC 码，校验范围为 SD 与 ED 之间的帧内容。数据字段包括 LLC 协议数单元、MAC 管理数据和用于 MAC 控制帧的数据三类。在 SD 和 ED 之间的字节数应少于 8191。另外，还有异常终止序列格式，仅由 SD 和 ED 两个字节组成。

**2. 令牌传递算法的步骤**

令牌传递算法的步骤如下：

（1）Ts 站在发送完整个数帧后，发出带有地址 DA=Ns 的令牌传递给下一个站，DA 为目的地址。Ts 站监听总线，若监测到的信息为有效帧，则传递令牌成功。

（2）若 Ts 站未监测到总线上的有效帧，且已超时，则重复前一步骤。

（3）此后若 Ts 站仍未监测到有效帧，即第二次令牌传递仍然失败，则原发送站判定后继站有故障，就发送 "Who Follows" MAC 控制帧，并将它的后继地址 Ns 放在数据字段中。所有站与该地址相比较，若某站的前趋站是发送站的后继站，则该站发送一个 "Set Successor" MAC 控制帧来响应 Who Follows 帧，在 Set Successor 帧中带有该站的地址，于是该站点取得令牌。如此，便将故障的站点排除在逻辑环之外，建立了一个新的连环次序。然后返回第（1）步。

（4）如 Ts 站未监听到响应 Who Follows 控制帧的 Set Successor 帧，则重复第（3）步，再发 Who Follows 帧。

（5）如果第二次 Who Follows 帧发出后，仍得不到响应，则该站就尝试另一策略来重建逻辑环，即再发送请求后继站"Solicit Sucessor 2"MAC 控制帧，并将本站地址作为 DA 和 SA 放入控制帧内，询问环中哪一个站要响应它。收到该询问请求后就会有站点响应。然后，使用响应窗口处理算法来重新建立逻辑环。最后返回第（1）步。

（6）如果发送 Solicit Successor 2 控制帧后仍无响应，则断定发生发故障。此时，就需要维护逻辑环，使其重新正常工作。

### 5.3.6　IEEE 802.5 协议

IEEE 802.5 规定了令牌环访问控制，令牌环用于环状拓扑的局域网。

#### 1．令牌环的结构

令牌环在物理上是一个由一系列环接口和这些接口间的点到点链路构成的闭合环路，各站点通过环接口连接到网上。对媒体具有访问权的某个发送站点，通过环接口链路将数据帧串行发送到环上；其余各个站点边从各自的环接口链路逐位接收数据帧，同时通过环接口链路再生、转发出去，使数据帧在环上从一个站点至下一个站点环行，所寻址的目的站点在数据帧经过时读取信息；最后数据帧环绕一周返回发送站点，并由发送站撤除所发送的数据帧。

由点到点链路构成的环路虽然不是真正意义上的广播媒体，但环上运行的数据帧仍能被所有的站点接收到，而且任何时刻仅允许一个站点发送数据。因此同样存在发送权竞争问题。为了解决竞争，可以使用一个称为令牌的特殊位模式，使其沿着环路循环。规定只有获得令牌的站点才有权发送数据帧，完成数据发送后立即释放令牌以供其他站点使用。由于环路上只有一个令牌，因此任何时刻至多只有一个站点发送数据，不会产生冲突。而且令牌环上各个站点均有相同的机会公平获取令牌。

#### 2．令牌环的操作过程

令牌环的操作过程如下所示。

（1）网络空闲时，只有一个令牌在环路上绕行。令牌是一个特殊的位模式，其中包含一位"令牌/数据帧"标志位，标志位为 0 表示该令牌为可用空令牌，标志位为 1 表示有站点正在占用令牌在发送数据帧。

（2）当有一个站点要发送数据时，必须等待并获得一个令牌，将令牌的标志位置为 1，随后便可发送数据。

（3）环路中的每个站点边转发数据，边检查数据帧中的目的地址，若为本站点地址，便读取其中的数据。并设置相应的标识位，说明数据已经被接收。

（4）数据帧绕一周返回时，发送站将其从环路上撤销，同时根据返回的有关信息确定所传数据有无出错。若有错则重发存于缓冲区的待确认帧，否则释放缓冲区中的待确认帧。

（5）发送站点完成数据发送后，重新产生一个令牌传至下一个站点，以便其他站点获得发送数据的许可权。

### 3．环长度量公式

环的长度往往折算成位数来度量，以位度量的环长反映了环上能容纳的位数量。加入某站点从开始发送数据帧到该帧发送完毕所经历的时间等于该帧从开始发送经循环返回发送点所经历的时间，则数据帧的所有位正好布满整个环路。也就是说，当数据帧的传输时延等于信号在环路上的传播时延时，该数据帧的位数就是以位度量的环路长度。

在实际操作过程中，环路上的每个接口都会引起时延。接口延迟时间的存在，相当于增加了环路上的信号传播延迟，也等效于增加了环路的位长度。所以，接口引入的延迟同样也可以用位度量。一般情况下，环路上每个接口相当于增加 1 位延迟。因此，位度量的环长计算公式为：

环的位长度 = 信号传播时延×数据传输速率+接口延迟位数

= 环路媒体长度×5(μs/km)×数据传输速率+接口延迟位数

其中 5(μs/km)是信号传播速度 200m/μs 的倒数。例如，某令牌环媒体的长度为 10km，数据传输速率为 4Mb/s，环路上有 50 个站点，每个站点引起 1 位延迟，则：

环的位长度 = 10(km)×5(μs/km)×4Mbps+1(b)×50 = 250(b)

### 4．令牌环 MAC 帧格式

IEEE 802.5 令牌环的 MAC 帧有两种基本格式：令牌帧和数据帧，如图 5-15 所示。

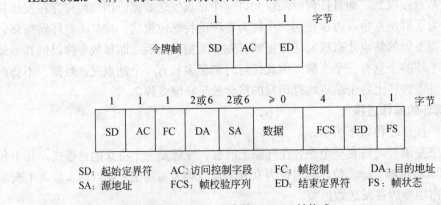

SD：起始定界符　　　AC：访问控制字段　　　FC：帧控制　　　DA：目的地址
SA：源地址　　　FCS：帧校验序列　　　ED：结束定界符　　　FS：帧状态

图 5-15　令牌环 MAC 帧格式

（1）令牌帧和数据帧都有一对起始定界符 SD 和结束定界符 ED 用于确定帧的边界，它们中各有 4 位采用曼彻斯特编码中不使用的违法码（"高—高"电平对和"低—低"电平对），以实现数据的透明传输。

（2）访问控制（AC）的格式如下：

| P | P | P | T | M | R | R | R |
|---|---|---|---|---|---|---|---|

其中：

- T 为令牌/数据标志，该位为 0 表示令牌，为 1 表示数据帧。当某个站点要发送数据并获得一个令牌后，将 AC 字段的 T 位置 1。此时 SD、AC 字段就作为数据帧的头部，随后便可发送数据帧的其余部分了。
- M 为监控位，用于检测环路上是否存在持续循环的数据帧。
- PPP 为优先级编码，当某站发送优先级为 $n$ 的帧时，它必须等待，直到截获了优先级比 $n$ 小或等于 $n$ 的空令牌，这就保证了高优先级的帧有更多的机会发送帧。
- RRR 为预约编码，当某个站点要发送数据而信道不空时，可以在转发其他站点数据帧时将自己的优先级编码填入 RRR 中，待该数据发送完毕，产生的令牌便具有了预约的优先级。若 RRR 已经被其他站点预约了更高的优先级，则不可再预约。为了避免各站将优先级抬高，在将令牌提升的站，发送完数据后，必须将令牌减下来。这就使优先级较低的站点也有发送数据帧的机会。

（3）帧控制字段 FC。帧控制字段的前两位标志帧的类型。

- 01 表示为一般信息帧，即其中的数据是上层提交的 LLC 帧；
- 00 表示 MAC 控制帧，此时其后的 6 位用以区分控制帧的类型。信息帧只发送给地址字段所指示的目的站点，控制帧则发送给所有的站点。控制帧中不含数据字段。

（4）帧状态字段 FS 的格式如下：

| A | C | × | × | A | C | × | × |
|---|---|---|---|---|---|---|---|

字段设置了 A、C 两位，其余 4 位没有定义。A 位为地址识别位，发送站发送数据帧时将该位置 0，接收站确认目的地址与本站相符后将该位置 1。C 为帧复制位，发送站发送数据帧时将该位置 0，接收站接收数据时将该位置 1。当数据帧返回发送站时，A、C 位作为应答信号使发送站了解数据的发送情况。若返回 AC=11，表示接收站已经收到并复制了数据帧，若 AC=00，表示接收站不存在（目的地址错误或接收站不工作），此时不必再重发；若 AC=10，表示接收站存在，但由于缓冲区不够或其他原因未接收数据帧，可等待一段时间后再重发。

## 5.3.7　三种网络的比较

首先要指出的是，三个局域网标准采用了大致相同的技术并且性能大致相似。

以太网是当前使用得最广泛的网络，使用者遍布全世界并积累了丰富的运行经验；其协议简单；网站可以在网络运行时安装，不必停止网络的运行。它使用无源电缆；轻载荷时延迟很小。以太网的缺点是，最短有效帧为 64 字节；传输少量信息时开销大；以太网的传输时间不确定，这对有实用性要求的工作是不合适的；不存在优先级；电缆长度限于 2.5km，因为来回的电缆长度决定了时隙宽度，因此也决定了网络性能。当速率增加时，效率将降低，因为帧传输时间虽然减少但竞争间隔并没有相应地减少（无论数据传输率为多少，时隙宽度均为 2T）。在重载荷时，以太网的冲突成为主要问题，可能会严重地影响吞吐量。

令牌总线网使用可靠性较高的电视电缆装置；在传输时间上，尽管丢失令牌会使其不确定性增加，但它比以太网还是更具确定性；可以处理短帧，可支持优先级，能够保证高优先级的通信占用一定的带宽，如数字化声音；在重载荷时，它的吞吐率和效率较高，实际上近似于 TDM；其使用的宽带电缆支持多信道，不仅可用于数据，还可以用于声音和电视信号。令牌总线的缺点是宽带系统使用了大量的模拟装置，包括调制解调器和宽带放大器，使其协议极其复杂；轻负荷时延迟很大（站点必须等待令牌，甚至空载系统中也是如此）；最后，它很难用光纤实现，在实际应用中采用它的用户较少。

令牌环网使用点到点的连接，采用双绞线作为介质，也可以使用光纤。标准双绞线成本低廉，并且安装简单。有源集线器的使用使令牌环能自动检测和消除电缆故障。与令牌总线一样，令牌环也可有优先级，尽管其控制方式不如令牌总线公平。它与令牌总线一样也允许传输短帧，但不允许任意长的帧。它必须受令牌占有时间的限制。最后，在重负荷时，它的吞吐率和效率极佳，这与令牌总线一样。令牌环的主要缺点是一旦集中式监控站点发生故障，整个网络将会停止工作。另外，像所有的令牌传输方式一样，轻负荷时发送站点也需要等待令牌，因而总是存在一些延迟。

从上面的比较可知，任何一种网络都具有特定的优点和缺点。在大多数情况下，三种局域网的性能均良好。所以在做选择时，往往可能非技术性因素可能更重要。最重要的非技术因素是兼容性和易用性，在这两个方面，以太网要比其他两种网络优越得多，所以以太网的普及程度也就比其他两种网络更为广泛。

## 5.4 高速局域网

早期的以太网的数据传输速率一般都是 10Mb/s，这样的速率显然不能满足许多应用场合（特别是一些数据通信流量很大、网络规模也很大的系统）的要求，为了满足高速率的数据传输要求，只能选择一种采用光纤作为传输介质的 FDDI 网络系统，但是 FDDI 网络的建设成本很高。因此在这种背景下，电气和电子工程师协会（IEEE）在 20 世纪 90 年代初专门成立了快速以太网工作组，研究把以太网的传输速率从 10Mb/s 提高到 100Mb/s 的可行性。很快，IEEE 在 1995 年 3 月发布了针对 100Mb/s 快速以太网规范的 IEEE802.3u 标准，并且与此同时，许多知名的公司也陆续不断地成功开发了很多基于快速以太网的网络硬件产品，如 Grand Junction 公司推出的世界上第一台 FastSwitch10/100。从此，局域网开始经历了快速以太网的快速更新时代。

**1. 100M 以太网**

快速以太网（Fast Ethernet）即 802.3u 标准，包括两种技术规范：100Base-T 和 100VG-AnyLAN。100Base-T 是从 10Base-T 发展而来，它的应用十分广泛。关于 100VG-AnyLAN 规范，在此不做过多叙述。

100 Base-T 是 100Mb/s 快速以太网的规范，采用 UTP 或 STP 作为网络传输介质，MAC 层与 IEEE 802.3 协议所规定的 MAC 层兼容，沿用了 IEEE 802.3 规范所采用的 CSMA/CD 技术。无论是数据帧的结构、长度还是错误检测机制等都没有做任何的变动。

另外，100Base-T 采用一种称为快速链路脉冲（Fast Link Pulse，FLP）的脉冲信号，在网络连接建立初期检测站点和交换机之间的链路完好性。FLP 与 10Base-T 所采用的正常链路脉冲（Normal Link Pulse，NLP）是相互兼容的。当然，FLP 除了提供 NLP 所具有的功能外，还可以用来在站点和交换机之间进行自动协商，确定双方共同的工作模式。因此，100 Base-T 提供了 10Mb/s 和 100Mb/s 两种网络传输速率的完全自适应功能，网络设备之间可以通过发送 FLP 进行自动协商，从而使 10Base-T 和 100Base-T 两种不同的网络环境系统能够和平共处，原来的 10M 以太网可以无缝升级到 100M 以太网上，并实现最终的网络系统的平滑过渡。

还有，相对 10Mb/s 以太网而言，100Mb/s 快速以太网的交换机和网卡具有更好的性价比。例如，2000 年左右 10/100Mb/s 网卡的市场价格也许仅比 10Mb/s 网卡贵一倍左右，但性能却得以提高到了 10 倍。因此快速以太网很快便在市场上占据了优势地位。而且快速以太网可以支持 3、4、5 类双绞线及光纤的连接，能有效地利用现有的设施。

快速以太网主要有 100Base-T4、100Base-TX 和 100Base-FX 三种标准的物理层规范。

（1）100Base-T4 规范。100Base-T4 是一种可使用 3、4、5 类无屏蔽双绞线或屏蔽双绞线的快速以太网技术。它使用 4 对双绞线，3 对用于传送数据，1 对用于检测冲突信号。在传输中使用 8B/6T 编码方式，信号频率为 25MHz。符合 EIA586 结构化布线标准。使用同 10Base-T 相同的 RJ-45 连接器。它的最大网段长度为 100m。

（2）100Base-TX 规范。100Base-TX 是一种使用 5 类无屏蔽双绞线或屏蔽双绞线的快速以太网技术。它使用两对双绞线，其中一对用于发送数据；另一对用于接收数据。在传输中使用 4B/5B 编码方式，信号频率为 125MHz。符合 EIA586 的 5 类布线标准和 IBM 的 SPT 1 类布线标准。使用同 10Base-T 相同的 RJ-45 连接器。它的最大网段长度为 100m。它支持全双工的数据传输。

（3）100Base-FX 规范。100Base-FX 是一种使用光纤作为传输介质的快速以太网技术，可使用单模和多模光纤（62.5μm 和 125μm）。在传输中使用 4B/5B 编码方式，信号频率为 125MHz。它使用 MIC/FDDI 连接器、ST 连接器或 SC 连接器。它的最大网段长度为 150m、412m、2000m 或更长至 10km，这与所使用的光纤类型和工作模式有关。它支持全双工的数据传输。100Base-FX 特别适合于有电气干扰的环境、较大距离连接，或高保密环境等情况下的使用。

### 2．千兆以太网

千兆位以太网是在以太网技术的改进和提高的基础上，再次将 100Mb/s 的快速以太网的数据传输速率提高了 10 倍，使其达到了每秒千兆位的网络系统（1000Mb/s）。与快速以太网一样，千兆以太网也是 IEEE 802.3 以太网标准的扩展。所以千兆以太网也可以在原来的以太网系统基础上实现平滑的过渡并完全升级。并且同样可以大大节省因网络系统升级所带来的各种费用和开销。

千兆以太网为了能够把数据传输速率提高到 1000Mb/s 的水平，因此对物理层规范再一次做了很大改动。但是为了确保和以前的 10Mb/s 和 100Mb/s 的以太网相兼容，与前面的快速以太网一样，千兆以太网也沿用了 IEEE 802.3 规范所采用的 CSMA/CD 技术，也即就是在数据链路层以上部分没有改变，但在数据链路层以下，千兆以太网融合了 IEEE 802.3/以太网和 ANSI X3T11 光纤通道两种不同的网络技术，这样千兆以太网不但能够充分利用光纤通道所提供的高速物理接口技术，而且保留了 IEEE 802.3/以太网帧的格式，在技术上可以相互兼容，同时还能够支持全双工或半双工模式（通过 CSMA/CD），使得千兆位以太网成为高速、宽带网络应用的战略性选择。

IEEE 802.3z 扩展标准是千兆位以太网标准规范。概括地说，它包含的内容有，1000Mb/s 通信速率的情况下的支持全双工和半双工操作；采用 802.3 以太网帧格式；使用 CSMA/CD 技术；在一个冲突域中支持一个中继器；10Base-T 和 100Base-T 向下兼容；多模光纤连接的最大距离为 550m；单模光纤连接的最大距离为 3000m；铜基连接距离最大为 25m；并开发将基于 5 类无屏蔽双绞线的连接距离增至 100m 的技术；8B/10B 主要适用于光纤介质和特殊屏蔽铜缆，而 5 类 UTP 则使用自己专门的编码/译码方案。

千兆以太网物理层包括编码/译码，收发器和网络介质 3 部分，并且其中不同的收发器对应于不同的传输介质类型，如长模或多模光纤（1000Base-LX）、短波多模光纤（1000Base-SX）、一种高质量的平衡双绞线对的屏蔽铜缆（1000Base-CX），以及 5 类非屏蔽双绞线（1000 Base-T）。

（1）1000Base-LX 是一种使用长波激光作为信号源的网络介质技术，在收发器上配置波长为 1270～1355nm（一般为 1300nm）的激光传输器，既可以驱动多模光纤，也可以驱动单模光纤。1000Base-LX 所使用的光纤规格：62.5μm 多模光纤，50μm 多模光纤，9μm 单模光纤。其中，使用多模光纤时，在全双工模式下，最长传输距离可以达到 550m；使用单模光纤时，全双工模式下的最长有效距离为 5000m。连接光纤所使用的 SC 型光纤连接器与快速以太网 100Base-FX 所使用的连接器的型号相同。

（2）1000Base-SX 是一种使用短波激光作为信号源的网络介质技术，收发器上所配置的波长为 770～860nm（一般为 800nm）的激光传输器不支持单模光纤，只能驱动多模光纤。具体包括两种：62.5μm 多模光纤，50μm 多模光纤。使用 62.5μm 多模光纤全双工模式下的最长传输距离为 275m；使用 50μm 多模光纤，全双工模式下最长有效距离为 550m。1000Base-SX 所使用的光纤连接器与 1000Base-LX 一样也是 SC 型连接器。

（3）1000Base-CX 是使用铜缆作为网络介质的两种千兆以太网技术之一，另外一种就是将要在后面介绍的 1000Base-T。1000Base-T 使用的一种特殊规格的高质量平衡双绞线对的屏蔽铜缆，最长有效距离为 25m，使用 9 芯 D 型连接器连接电缆。1000Base-CX 适用于交换机之间的短距离连接，尤其适合千兆主干交换机和主服务器之间的短距离连接。以上连接往往可以在机房配线架上以跨线方式实现，不需要再使用长距离的铜缆或光缆。

（4）1000Base-T 是一种使用 5 类 UTP 作为网络传输介质的千兆以太网技术，最长有效距离与 100Base-TX 一样可以达到 100m。用户可以采用这种技术在原有的快速以太网系统中实现从 100Mbps 到 1000Mb/s 的平滑升级。与在前面所介绍的其他三种网络介质不同，1000Base-T 不支持 8B/10B 编码/译码方案，需要采用专门的更加先进的编码/译码机制。

### 3．万兆以太网

以太网主要在局域网中占绝对优势。但是在很长的一段时间中，人们普遍认为以太网不能用于城域网，特别是汇聚层以及骨干层。主要原因在于以太网用作城域网骨干带宽太低（10M 以及 100M 快速以太网的时代），传输距离过短。当时认为最有前途的城域网技术是 FDDI 和 DQDB（Distributed Queue Dual Bus，分布式队列双总线）。随后的几年里 ATM 技术成为热点，几乎所有人都认为 ATM 将成为统一局域网、城域网和广域网的唯一技术。但是由于种种原因，当前在国内上述三种技术中只有 ATM 技术成为城域网汇聚层和骨干层的备选方案。

常见的以太网作为城域骨干网带宽显然不够。即使使用多个快速以太网链路绑定使用，对多媒体业务仍然是心有余而力不足。当千兆以太网的标准化以及在生产实践中的广泛应用，以太网技术逐渐延伸到城域网的汇聚层。千兆以太网通常用作将小区用户汇聚到城域 PoP（Point of Presence，接入网点），或将汇聚层设备连接到骨干层。但是在当前 10M 以太网到用户的环境下，千兆以太网链路作为汇聚也是勉强，作为骨干则是力所不能及。虽然以太网多链路聚合技术已完成标准化且多厂商互通指日可待，可以将多个千兆链路捆绑使用。但是考虑光纤资源以及波长资源，链路捆绑一般只用在 PoP 点内或者短距离应用环境。

传输距离也曾经是以太网无法作为城域数据网骨干层汇聚层链路技术的一大障碍。无论是 10M、100M 还是千兆以太网，由于信噪比、碰撞检测、可用带宽等原因 5 类线传输距离都是 100m。使用光纤传输时距离限制由以太网使用的主从同步机制所制约。802.3 规定 1000Base-SX 接口使用纤芯 62.5μm 的多模光纤最长传输距离 275m，使用纤芯 50μm 的多模光纤最长传输距离 550m；1000Base-LX 接口使用纤芯 62.5μm 的多模光纤最长传输距离 550m，使用纤芯 50μm 的多模光纤最长传输距离 550m，使用纤芯为 10μm 的单模光纤最长传输距离 5km。最长传输距离 5km 千兆以太网链路在城域范围内远远不够。虽然基于厂商的千兆接口实现已经能达到 80km 传输距离，而且一些厂商已完成互通测试，但是毕竟是非标准的实现，不能保证所有厂商该类接口的互联互通。

综上所述，以太网技术不适于用在城域网骨干/汇聚层的主要原因是带宽以及传输距离。随着万兆以太网技术的出现，上述两个问题基本已得到解决。

10G 以太网于 2002 年 7 月在 IEEE 通过。10Gb/s 以太网包括 10GBase-X、10GBase-R 和 10GBase-W。10GBase-X 使用一种特紧凑包装，含有 1 个较简单的 WDM 器件、4 个接收器和 4 个在 1300nm 波长附近以大约 25nm 为间隔工作的激光器，每一对发送器/接收器在 3.125Gb/s 速度（数据流速度为 2.5Gb/s）下工作。10GBase-R 是一种使用 64B/66B 编码（不是在千兆以太网中所用的 8B/10B）的串行接口，数据流为 10.000Gb/s，因而产生的时钟速率为 10.3Gb/s。10GBase-W 是广域网接口，与 SONET OC-192 兼容，其时钟为 9.953Hz，数据流为 9.585Gb/s。

10G 以太网仍使用 IEEE 802.3 标准的帧格式、全双工业务和流量控制方式。10G 以太网标准为 802.3ae。

## 5.5　无线局域网

目前，对于许多人来说，无线局域网（Wireless Local Area Networks，WLAN）已经是很熟悉的一个名词了。在计算机硬件市场上，有关组建无线局域网所需的各种设备也都是种类繁多，而且大多数主流的品牌机（包括桌面机或笔记计算机本等）都提供了无线网卡适配器。在许多单位或学校都建设了规模或大或小的无线局域网络系统，并且和原来的有线局域网系统互连互通，形成对原来系统有效的延伸和灵活的扩展。

### 5.5.1　概述

无线局域网主要运用射频（Radio Frequency，RF）的技术取代原来局域网系统中必不可少的传输介质（如同轴电缆、双绞线等）来完成数据信号的传送任务。就应用层上提供的服务功能来说，它与有线局域网没什么不同之处。只是由于无线局域网的传输媒介不同（它是无线方式的），所以无论是在硬件架设、空间使用限制的弹性、使用的机动性、便利性等都要比传统的有线局域网有更多的优势。在网络建设的成本上，它还可以节省一笔非常可观的网络布线费用。

无线局域网通过无线方式发送和接收数据，尽量减少了对固定线路的依赖。这种业务服务的主要对象是在某些需要得到数据服务但缺乏有线数据接入条件的环境，如会议中心、展览中心、机场和酒店等。目前，无线局域网的最高数据速率达到了约 54Mb/s。

一般架设无线局域网的基本配备就是一些无线网卡（Wireless LAN Card）和一个像 GSM（Global System for Mobile communication，全球移动通信系统）基站一样能够通过无线收发数据的 AP。无线网络卡与传统的以太网卡使用配置方式都基本差不多，必须安装好相对应的网卡驱动程序，但是无线网络卡更为方便的是，它不需要像原来的以太网卡必须插上水晶头接口的网线来连接到交换机上。目前，无线网络卡的规格大致可分成 2M、5M 及 11M 三种，与主板上的接口一般也有 PCMCIA、ISA（Industrial Standard Architecture，工业标准结构总线）和 PCI（Peripheral Component Interconnect，外设组件互连标准）三种方式供选择。每个无线网卡上一般都有独一无二的硬件地址（即 MAC 地址）。AP 的功能类似于有线局域网系统中的网桥等设备，由它来管理有限地理范围内的多个无线网卡设备，并和它们以无线的方式进行数据通信。另外，AP 还可以成为传统的有线局域网与无线局域网之间的桥梁，使得任何一台配置有无线网卡的计算机终端设备（如 PC）可以通过 AP 这个数据中转站点去访问有线局域网络甚至广域网络的许多资源。AP 本身也具备一些网络管理和网络控制功能，通过在访问控制表中配置一些无线网卡的 MAC 地址的方式，来控制某些无线网卡可登入此 AP，而另一些未授权的无线网卡则被拒绝登入，避免非相关人员随意登入网络，窃取网络中重要资源。

　　无线网络的发射功率比一般的手机要微弱得多，且使用的方式也不像手机一样直接与人体接触，所以不会对人体健康构成什么危害。一般无线网络所能涵盖的范围应视环境的开放程度而定，若没有外接天线的情况下，在视野所及之处约 250m，若属半开放性空间，中间有障碍物的区域环境下，则大约 35～50m 之间，当然若加上外接天线，则距离可达到更远。

## 5.5.2　IEEE 802.11 标准

　　IEEE 802 委员会为无线局域网开发了一组标准，即 IEEE 802.11 标准。虽然 IEEE 802.11 系列标准为建设无线局域网及开发与它相关的产品提供了技术上统一的依据和口径，但这里需要补充注意的是，目前市场上并不是所有的与无线局域网络相关的产品都采用或符合这个标准。

### 1．无线局域网的基本模型

　　图 5-16 所示是 IEEE802.11 工作组开发的一个模型。无线局域网的最小构成模块是基本服务集（Basic Service Set，BSS），由一些运行相同 MAC 协议和争用同一共享介质的站点组成。基本服务集可以是单独的，也可以通过 AP 连到骨干分布系统。MAC 协议可以是完全分布式的，也可以由处于接入点的中央协调功能来完成。通常把 BSS 称为一个单元（Cell）。

　　一个扩展服务集（Extended Service Set，ESS）由两个或更多的通过分布系统互连的 BSS 组成。一般分布系统是一个有线骨干 LAN。扩展服务集相对于逻辑链路控制层来说，只是一个简单的逻辑 LAN。

　　基于移动性，无限局域网标准定义了 3 种站点：

　　（1）不迁移。这种站点的位置是固定的或只是在某一个 BSS 的通信站点的通信范围内移动。

　　（2）BSS 迁移。站点从某个 ESS 的 BSS 迁移到同一 ESS 的另一个 BSS。在这种情况下，为了把数据传输给站点，就需要具备寻址功能以便识别站点的新位置。

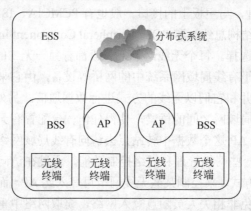

图 5-16　IEEE 802.11 工作组开发的一个模型

（3）ESS 迁移。站点从某个 ESS 的 BSS 迁移到另一 ESS 的一个 BSS。在这种情况下，因为由 IEEE 802.11 所支持的对高层连接的维护不能得到保证，因而服务可能受到破坏。

**2. 介质访问存取控制技术**

IEEE 802.11 工作组考虑了两种 MAC 算法：一种是分布式访问控制协议，像 CSMA/CD 一样，利用载波监听机制；另一种是中央访问控制协议，由中央决策者进行访问的协调。分布式访问控制协议适用于由地位等同的工作站组成的网络及具有突发性通信的无线局域网的基站所组成的网络。中央访问控制协议对于那些具有时间敏感数据或者高优先权数据的网络特别有用。

IEEE 802.11 最终形成的一个 MAC 算法称为 DFWMAC（分布式基础无线 MAC），它提供分布式访问控制机制，处于其上的是一个任选的中央访问控制协议，如图 5-17 所示。在 MAC 层中靠下面的是分布协调功能子层（Distributed Coordination Function，DCF），DCF 利用争用算法为所有的通信提供访问控制。一般异步通信用 DCF。在 MAC 层中靠上面的是点协调功能（Point Coordination Function，PCF），PCF 用中央 MAC 算法，提供无争用服务。PCF 位于 DCF 的上面，并利用 DCF 的特性来保证用户的介质访问。

DCF 子层介质存取方式采用 CSMA/CA（Carrier Sense Multiple Access with Collision Avoidance）算法。与以太网所采用的 CSMA/CD 很相似，只不过 DCF 没有冲突检测功能，因为在无线网上进行冲突检测是不太现实的。介质上信号的动态范围非常大，因而发送站不能有效地辨别出输入的微弱信号是噪声还是站点自己发送的结果。所以取而代之的方案是采用一种碰撞避免的算法。具体地说为了保证上述 CSMA 算法的顺利和公平，DCF 采用了一系列的延迟，称为帧间空隙（Inter Frame Spacing，IFS），相当于一种优先权机制。利用 IFS 延迟的 CSMA/CA 访问控制的操作过程如下：

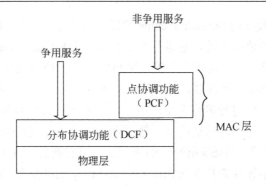

图 5-17　IEEE 802.11 协议结构

（1）发送站监听，如介质空闲，站点再继续监听一段时间（一个 IFS 的延迟），如果在这段时间内介质仍然是空闲的，则站点可立即发送。

（2）如果介质忙，站点继续监听介质，直到完成当前的传输。

（3）一旦当前的传输已完成，站点要继续监听一段时间（一个 IFS 的延迟）。如在此期间介质仍然空闲，然后站点按照二进制指数退避一段时间后监听介质，如果介质仍然空闲，站点就可以发送下一个数据帧。

IFS 有 3 种不同的优先权值来提供介质访问控制：

（1）短帧间空隙（SIFS）。最短的 IFS，用于所有的立即相应活动。

（2）点协调功能的帧间空隙（PIFS）。中等长度的 IFS，在 PCF 机制中的中央控制器发出查询时用。

（3）分布协调功能的帧间空隙（DIFS）。最长的 IFS，作为异步帧争用访问控制中最小的延时。

SIFS 具有最高的优先权，因为相对于那些需要等待 PIFS 或 DIFS 的站点来说，这些站点总是能优先获取到介质的访问权。PIFS 由中央控制器用于发送查询帧，使它领先于一般的争用通信。DIFS 用于所有普通的异步通信。

**3．物理介质规范**

（1）红外线（Infrared）。数据率为 1Mb/s 或 2Mb/s，波长在 850～950nm 之间。

（2）扩展频谱。扩展频谱技术原先是军事通信领域中使用的宽带无线通信技术。使用它的目的是希望在恶劣的战争环境中，依然能保持通信信号的稳定性及保密性，能够使在无线传输情况下的数据完整可靠，并且确保同时在不同频段传输的数据不会互相干扰。

扩展频谱技术主要分为直接序列扩展频谱（Direct Sequence Spread Spectrum，DSSS）及频率跳动扩展频谱（Frequency-Hopping Spread Spectrum，FHSS）两种方式。

DSSS 是将原来的信号 1 或 0，利用 10 个以上的 chips 来代表 1 或 0 位，使得原来较高功率、较窄的频率变成具有较宽频的低功率频率。而每个位使用多少个 chips 称为

Spreading chips，一个较高的 Spreading chips 可以增加抗噪声干扰，而一个较低 Spreading Ration 可以增加用户的使用人数。它运行在 2.4GHz ISM（Industrial Scientific Medical，工业/科学/医学）频带，属于高频率范围，就日常生活，或办公室等所用的电器设备是不会相互干扰的，因频率差异甚多，而且无线网络本身共有 12 个信道可供调整，自然干扰的现象就不必担心。同时最多有 7 个通道，每个通道的数据率为 1Mb/s 或 2Mb/s。

FHSS 技术在同步且同时的情况下，接受两端以特定类型的窄频载波来传送信号，对于一个非特定的接受器，FHSS 所产生的跳动信号对它而言，也只算是脉冲噪声。FHSS 所展开的信号可依特别设计来规避噪声或 One-to-Many 的非重复的频道，并且这些跳频信号必须遵守 FCC（Federal Communications Commission，美国联邦通信委员会）的要求，使用 75 个以上的跳频信号且跳频至下一个频率的最大时间间隔（Dwell Time）为 400ms。它运行在 2.4GHz ISM 频带。

**4．IEEE 802.11a、IEEE 802.11b 和 IEEE 802.11g 之间的比较**

IEEE 802.11a、IEEE 802.11b 和 IEEE 802.11g 都是 IEEE 802.11 协议的扩展补充标准，都是定义了物理层的操作规范。其中，IEEE 802.11g 标准是最晚发展起来的，它结合了 IEEE 802.11a 和 IEEE 802.11b 两者的优点。

IEEE 802.11a 工作 5GHz 频段上，使用 OFDM（Orthogonal Frequency Division Multiplexing，正交频分复用技术）调制技术可支持 54Mb/s 的传输速率，但是价格相对较高。

1999 年通过的 IEEE 802.11b 标准可以支持最高 11Mb/s 的数据速率，运行在 2.4GHz 的 ISM 频段上，采用的调制技术是 CCK（Complementary Code Keying，补码键控）。IEEE 802.11b 标准的网络虽然比较低廉，但是数据传输速率却不能很好地满足许多应用的要求；而且 802.11a 与 802.11b 工作在不同的频段上，不能工作在同一 AP 的网络里，因此 11a 与 11b 互不兼容。

为了解决上述问题，进一步推动无线局域网的发展，2003 年出台了 802.11g 标准，它在 2.4GHz 频段使用 OFDM 调制技术，使数据传输速率提高到 20Mb/s 以上；IEEE 802.11g 标准能够与 802.11b 的 Wi-Fi 系统互相连通，共存在同一 AP 的网络里，保障了后向兼容性。这样原有的 WLAN 系统可以平滑地向高速无线局域网过渡，延长了 IEEE 802.11b 产品的使用寿命，降低用户的投资。

## 5.5.3　蓝牙技术

蓝牙是一种支持设备短距离通信（一般是 10m 之内）的无线电技术，能在包括移动电话、PDA（Personal Digital Assistant，个人数码助理）、无线耳机、笔记本电脑、相关外设等众多设备之间进行无线信息交换。蓝牙的标准是 IEEE802.15，工作在 2.4GHz 频带，带宽为 1Mb/s。

从目前的应用来看，由于蓝牙体积小、功率低，其应用已不局限于计算机外设，几乎可以被集成到任何数字设备之中，特别是那些对数据传输速率要求不高的移动设备和便携设备。蓝牙技术的特点可归纳为如下几点：

（1）全球范围适用。蓝牙工作在 2.4GHz 的 ISM 频段，全球大多数国家 ISM 频段的范围是 2.4～2.4835GHz，使用该频段无需向各国的无线电资源管理部门申请许可证。

（2）可同时传输语音和数据。蓝牙采用电路交换和分组交换技术，支持异步数据信道、三路语音信道以及异步数据与同步语音同时传输的信道。每个语音信道数据速率为64kb/s，语音信号编码采用脉冲编码调制或连续可变斜率增量调制方法。当采用非对称信道传输数据时，速率最高为 721kb/s，反向为 57.6kb/s；当采用对称信道传输数据时，速率最高为 342.6kb/s。蓝牙有两种链路类型，分别是异步无连接（Asynchronous Connection-Less，ACL）链路和同步面向连接（Synchronous Connection-Oriented，SCO）链路。

（3）可以建立临时性的对等连接（Ad-hoc Connection）。根据蓝牙设备在网络中的角色，可分为主设备（Master）与从设备（Slave）。主设备是组网连接主动发起连接请求的蓝牙设备，几个蓝牙设备连接成一个皮网（Pico Net）时，其中只有一个主设备，其余的均为从设备。皮网是蓝牙最基本的一种网络形式，最简单的皮网是一个主设备和一个从设备组成的点对点的通信连接。

通过时分复用技术，一个蓝牙设备便可以同时与几个不同的皮网保持同步，具体来说，就是该设备按照一定的时间顺序参与不同的皮网，即某一时刻参与某一皮网，而下一时刻参与另一个皮网。

（4）具有很好的抗干扰能力。工作在 ISM 频段的无线电设备有很多种，如家用微波炉、无线局域网和 Home RF 等产品，为了很好地抵抗来自这些设备的干扰，蓝牙采用了跳频（Frequency Hopping）方式来扩展频谱（Spread Spectrum），将 2.402～2.48GHz 频段分成 79 个频点，相邻频点间隔 1MHz。蓝牙设备在某个频点发送数据之后，再跳到另一个频点发送，而频点的排列顺序则是伪随机的，每秒钟频率改变 1600 次，每个频率持续 625μs。

（5）蓝牙模块体积很小、便于集成。由于个人移动设备的体积较小，嵌入其内部的蓝牙模块体积就应该更小。

（6）低功耗。蓝牙设备在通信连接状态下，有 4 种工作模式，分别是激活（Active）模式、呼吸（Sniff）模式、保持（Hold）模式和休眠（Park）模式。Active 模式是正常的工作状态，另外三种模式是为了节能所规定的低功耗模式。

（7）开放的接口标准。SIG（Special Interest Group，特别兴趣小组）为了推广蓝牙技术的使用，将蓝牙的技术标准全部公开，全世界范围内的任何单位和个人都可以进行蓝牙产品的开发，只要最终通过 SIG 的蓝牙产品兼容性测试，就可以推向市场。

（8）成本低。随着市场需求的扩大，各个供应商纷纷推出自己的蓝牙芯片和模块，蓝牙产品价格飞速下降。

### 5.5.4 常用拓扑结构

无线局域网常用的拓扑结构可以根据是否使用接入点来划分。

**1. 不使用接入点的独立无线局域网**

图 5-18 所示是一个完全的无线局域网系统，整个网络都使用无线通信的方式，它也是一种特殊的无线网络应用模式。一群计算机接上无线网络卡，即可相互连接，资源共享，系统中并没有 AP 这样的设备，非常的简单。

**2. 使用接入点的独立无线局域网**

图 5-19 所示是一个完完全全的无线局域网系统，整个网络都使用无线通信的方式，但是系统中存在接入点这样的设备，通过接入点把一组终端站点逻辑上联系在一起，形成一个局域网络系统。这种结构的模式在实际应用中比较广泛。

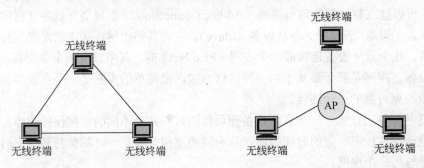

图 5-18　不使用 AP 的 WLAN　　　　图 5-19　使用 AP 的独立 WLAN

**3. 组合方式的无线局域网**

在大多数情况下，无线通信通常是作为有线通信的一种补充和扩展。在这种部署配置下，多个接入点通过线缆连接在有线网络上，以使无线用户能够访问网络的各部分，如图 5-20 所示。

### 5.5.5 应用前景

由于 WLAN 具有许多方面不可替代的优点，所以在最近几年里，其发展速度十分迅速。尤其在医院、会展中心、工厂和移动办公等许多不适合网络布线的场合得到了广泛的应用。在国内，无线局域网的相关技术和产品在实际应用中的发展势头也是非常惊人的，许多需要在移动中连网或需要进行网间漫游的场合，还有一些不易布线的地方和拥有远距离数据处理节点的系统，WLAN 系统都拥有不可比拟的优势。

在大型会议或展览厅等临时场合，无线局域网可以提供给工作人员在很短的时间内，方便地得到计算机网络的服务，能够即刻建立 Internet 连接并快速获得所需要的资料，还可以使大家的计算机在不断地移动中相互通信、交流信息，免除了大家总需要经常不断地插拔网线来建立网络连接的诸多麻烦。另外还有远程监视系统的建设，由于位于较远距离的监控现场布线很困难，而 WLAN 系统则很容易解决。

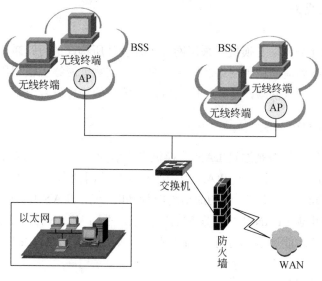

图 5-20　组合方式的 WLAN

　　在石油工业领域，WLAN 系统可以提供从钻井工作台到压缩机房的数据链路，以便能够方便地显示输出一些重要的信息数据，同时也能输入一些控制信息等。海上钻井作业系统由于地理环境等限制，所以不大可能铺设有线电缆或光缆来提供数据通信服务，因为这样做不仅施工难度很高，而且成本也非常昂贵，但是 WLAN 系统就可以很方便地在这样特殊的地理环境里建设起来，有着非常好的性价比，而且 WLAN 系统的数据传输速率和数据的可靠性也完全能够满足要求。

　　在医院网络建设方面，无线局域网也有非常大的优势。现在很多医院信息系统虽然是非常发达，一般都拥有大量的医疗监护设备、计算机控制的医疗装置、药品库存和供应管理系统及医疗信息资源管理系统和专家会诊系统等，但是如果能很好地利用无线局域网技术，更能使医院的信息系统发挥出更大的作用和威力，例如，医生和护士可以不必携带沉重的病历，取而代之的是电子移动设备，在任何地方、任何紧急时刻便能迅速地调出有关病人的详细信息，为快速、准确的诊断和治疗提供及时的服务。在病人出现紧急情况，需要马上进行专家会诊时，那么无线网络系统也可以提供非常好的服务支持，甚至都不需要像传统做法那样，众多专家必须聚集在一起才可以会诊，这些专家完全可以不受地理范围的约束，以最快、最短的时间内给紧急病人进行会诊。

　　无线局域网的出现，能够真正意义上地实现人们一直憧憬的移动办公环境。它可以使办公用计算机具有移动能力，在网络范围内可实现计算机漫游。可以预见，随着开放办公的流行和手持设备的普及，人们对移动性访问和存储信息的需求愈来愈多，因此，

WLAN 将会在办公、生产和家庭等领域不断获得更广泛应用。

## 5.6 虚拟局域网

VLAN 是指在局域网交换机里采用网络管理软件所构建的可跨越不同网段、不同网络、不同位置的端到端的逻辑网络。VLAN 是一个在物理网络上根据用途、工作组、应用等来逻辑划分的局域网络，是一个广播域，与用户的物理位置没有关系。

### 5.6.1 VLAN 概述

VLAN 中的网络用户是通过 LAN 交换机来通信的，一个 VLAN 中的成员看不到另一个 VLAN 中的成员。同一个 VLAN 中的所有成员共同拥有一个 VLAN ID，组成一个虚拟局域网络。同一个 VLAN 中的成员均能收到同一个 VLAN 中的其他成员发来的广播包，但收不到其他 VLAN 中成员发来的广播包。不同 VLAN 成员之间不可直接通信，需要通过路由支持才能通信，而同一 VLAN 中的成员通过 VLAN 交换机可以直接通信，不需路由支持。

**1．VLAN 的功能**

VLAN 有如下的主要功能：

（1）提高管理效率：减少网络中站点的移动、增加和改变所带来的工作量，可以大大简化网络配置和调试工作。

（2）控制广播数据：VLAN 内成员共享广播域，VLAN 间的广播被隔离，这样可以提高网络的传输效率，VLAN 利用了交换网络的高速性能。

（3）增强网络的安全性：广播可以将数据传向每一个站点，通过将网络划分为一个个互相独立的 VLAN，对成员进行分组限制广播，并可根据 MAC 地址、应用类型、协议类型等限制成员或计算机对网络资源的访问。

（4）实现虚拟工作组：按应用或功能组建虚拟工作组。

**2．VLAN 划分方法**

VLAN 划分方法指的是在一个 VLAN 中包含哪些站点（包括服务器和客户站）。VLAN 划分的方法如下。

（1）按交换端口号划分。将交换设备端口进行分组来划分 VLAN。例如，一个交换设备上的端口 1，2，5，7 所连接的客户工作站可以构成 VLAN A，而端口 3，4，6，8 则构成 VLAN B 等。在最初的实现中，VLAN 是不能跨越交换设备的，后来进一步的发展使得 VLAN 可以跨越多个交换设备。

目前，按端口号划分 VLAN 仍然是构造 VLAN 的一个最常用的方法。这种方法比较简单并且非常有效。但仅靠端口分组而定义 VLAN 将无法使得同一个物理分段（或交换端口）同时参与到多个 VLAN 中，而且更重要的是当一个客户站从一个端口移至另一个端口时，网管人员将不得不对 VLAN 成员进行重新配置。

（2）按 MAC 地址划分。这种方法由网管人员指定属于同一个 VLAN 中的各客户站的 MAC 地址。用 MAC 地址进行 VLAN 成员的定义既有优点也有缺点。由于 MAC 地址是固化在网卡中的，故移至网络中另外一个地方时将仍然保持其原先的 VLAN 成员身份而无须网管人员对之进行重新的配置，从这个意义上讲，用 MAC 地址定义的 VLAN 可以被看成是基于用户的 VLAN。另外，在这种方式中，同一个 MAC 地址可以处于多个 VLAN 中。

这种方法的缺点是所有的用户在最初都必须被配置到（手工方式）至少一个 VLAN 中，只有在这种手工配置之后方可实现对 VLAN 成员的自动跟踪。

（3）按第三层协议划分。在决定 VLAN 成员身份时，主要考虑协议类型（支持多协议的情况下）或网络层地址（如 TCP/IP 网络的子网地址）。这种类型的 VLAN 划分需要将子网地址映射到 VLAN，交换设备则根据子网地址而将各机器的 MAC 地址同一个 VLAN 联系起来。交换设备将决定不同网络端口上连接的机器属于同一个 VLAN。

在第三层定义 VLAN 有许多的优点。首先，可以根据协议类型进行 VLAN 的划分，这对于那些基于服务或基于应用 VLAN 策略的网管人员无疑是极具吸引力的。其次，用户可以自由地移动他们的机器而无须对网络地址进行重新配置。再次，在第三层上定义 VLAN 将不再需要报文标识，从而可以消除因在交换设备之间传递 VLAN 成员信息而花费的开销。

与前两种方法相比，在第三层上定义 VLAN 的方法的最大缺点就是性能问题。对报文中的网络地址进行检查将比对帧中的 MAC 地址进行检查开销更大。正是由于这个原因，使用第三层信息进行 VLAN 划分的交换设备一般都比使用第二层信息的交换设备更慢。但第三层交换机的出现，大大改善了 VLAN 成员间的通信效率。

在第三层上所定义的 VLAN 对于 TCP/IP 特别有效，但对于其他一些协议如 IPX 或 Apple 则要差一些，并且对于那些不可进行路由选择的一些协议，如 NetBIOS，在第三层上实现 VLAN 划分将特别困难，因为使用这种协议的机器是无法互相区分的，因此也就无法将其定义成某个网络层 VLAN 的一员。

（4）IP 组播 VLAN。在这种方法中，各站点可以自由地动态决定（通过编程的方法）参加到哪一个或哪一些 IP 组播组中。一个 IP 组播组实际上是用一个 D 类地址表示的，当向一个组播组发送一个 IP 报文时，此报文将被传送到此组中的各个站点处。从这个意义上讲，可以将一个 IP 组播组看成是一个 VLAN。但此 VLAN 中的各个成员都只具有临时性的特点。由 IP 组播定义 VLAN 的动态特性可以达到很高的灵活性，并且借助于路由器，这种 VLAN 可以很容易地扩展到整个 WAN 上。

（5）基于策略的 VLAN。基于策略的方法允许网络管理员使用任何 VLAN 策略的组合来创建满足其需求的 VLAN。通过上面列出的 VLAN 策略把设备指定给 VLAN，当一个策略被指定到一个交换机时，该策略就在整个网络上应用，而设备被置入 VLAN 中。

从设备发出的帧总是经过重新计算，以使 VLAN 成员身份能随着设备产生的流量类型而改变。

基于策略的 VLAN 可以使用上面提到的任何一种划分 VLAN 的方法，并可以把不同方法组合成一种新的策略来划分 VLAN。

（6）按用户定义、非用户授权划分。基于用户定义、非用户授权来划分 VLAN 是指为了适应特别的 VLAN 网络，根据特殊的网络用户的特殊要求来定义和设计 VLAN，而且可以让非 VLAN 群体用户访问 VLAN，但是需要提供用户密码，在得到 VLAN 管理的认证后才可以加入一个 VLAN。

希赛教育专家提示：在上述 6 种划分方法中，各方法的侧重点不同，所达到的效果也不尽相同。目前在网络产品中融合多种划分 VLAN 的方法，以便根据实际情况寻找最合适的途径。同时，随着管理软件的发展，VLAN 的划分逐渐趋向于动态化。

**3．VLAN 之间的通信方式**

当 VLAN 交换机从工作站接收到数据后，会对数据的部分内容进行检查，并与一个 VLAN 配置数据库（该数据库含有静态配置的或动态学习而得到的 MAC 地址等信息）中的内容进行比较后，确定数据去向。如果数据要发往一个 VLAN 设备，一个标签或 VLAN 标识就被加到这个数据上，根据 VLAN 标识和目的地址，VLAN 交换机就可以将该数据转发到同一 VLAN 上适当的目的地；如果数据发往非 VLAN 设备，则 VLAN 交换机发送不带 VLAN 标识的数据。

目前，VLAN 之间的通信主要采取如下 4 种方式。

（1）MAC 地址静态登记方式。MAC 地址静态登记方式是预先在 VLAN 交换机中设置一张地址列表，这张表含有工作站的 MAC 地址及 VLAN 交换机的端口号、VLAN ID 等信息，当工作站第一次在网络上发广播包时，交换机就将这张表的内容一一对应起来，并对其他交换机广播。这种方式的缺点在于，网络管理员要不断修改和维护 MAC 地址静态条目列表，且大量的 MAC 地址静态条目列表的广播信息容易导致主干网络拥塞。

（2）帧标签方式。帧标签方式采用的是标签技术，即给每个数据包都加上一个标签，用来标明数据包属于哪个 VLAN。这样，VLAN 交换机就能够将来自不同 VLAN 的数据流复用到相同的 VLAN 交换机上。帧标签方式给每个数据包加上标签，使得网络的负载也相应增加了。

（3）虚连接方式。网络用户 A 和 B 第一次通信时，发送 ARP 广播包，VLAN 交换机将学习到的 MAC 和所连接的 VLAN 交换机的端口号保存到动态条目 MAC 地址列表中，当 A 有数据要传送时，VLAN 交换机从其端口收到的数据包中识别出目的 MAC 地址，查询动态条目 MAC 地址列表，得到目的站点所在的 VLAN 交换机端口，这样两个端口间就建立起一条虚连接，数据包就可从源端口转发到目的端口。数据包一旦转发完毕，虚连接即被撤销。这种方式使带宽资源得到了很好利用，提高了 VLAN 交换机效率。

（4）路由方式。在按 IP 划分的 VLAN 中，很容易实现路由，即将交换功能和路由功能融合在 VLAN 交换机中。这种方式既达到了控制广播风暴的最基本目的，又不需要外接路由器，但这种方式对 VLAN 成员之间的通信速度不是很理想。

## 5.6.2　VLAN 的实现

当一个网桥或交换机接收到来于某个计算机工作站的数据帧，它将给这个数据帧加上一个标签以标识这个数据帧来于哪个 VLAN。

加标签的原则有多种：

（1）基于数据帧来自于网桥的端口。

（2）基于数据帧的数据链路层协议源地址。

（3）基于数据帧的网络层协议源地址。

（4）基于数据帧的其他字段或多个字段的综合。

为了能够使用任意一种方法给数据帧加标签，网桥必须有一个不断升级更新的数据库。这个数据库叫做过滤数据库，包含了本网络中全部 VLAN 之间的映射以及它们使用哪个字段作为标签。例如，如果通过基于端口的方式来加标签，该数据库应该指示哪个端口属于哪个 VLAN。网桥必须能够维护这样的一个数据库并且应保证所有在这个 LAN 中的网桥在它们的过滤数据库中有同样的信息。

### 1. IEEE 802.1Q 协议

IEEE 802.1Q 协议将 4 字节的 VLAN 标签，添加到传统的以太网帧的目的 MAC 地址字段和协议类型字段（在 IEEE 802.3 协议中属于帧的长度字段）之间。其中包含有一个 2 字节大小的 VLAN ID 号"即 TCI 字段"用来标志各个 VLAN，如图 5-21 所示。

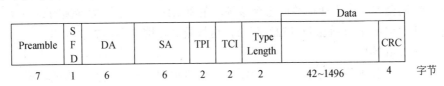

图 5-21　以太网中的 IEEE 802.1Q 标签帧格式

（1）前同步码（Preamble，Pre）。该字段长 7 字节。Pre 字段中 1 和 0 交互使用，接收站通过该字段知道导入帧，并且该字段提供了同步化接收物理层帧接收部分和导入位流的方法。

（2）起始定界符（Start-of-Frame Delimiter，SFD）。该字段长 1 字节。字段中 1 和 0 交互使用，结尾是两个连续的 1，表示下一位是利用目的地址的重复使用字节的重复使用位。

（3）目的地址（Destination Address，DA）。该字段长 6 字节。DA 字段用于识别需要接收帧的站。

（4）源地址（Source Addresses，SA）。该字段长 6 字节。SA 字段用于识别发送帧的站。

（5）协议标识符（Tag Protocol Identifier，TPI）。2 字节协议标识符以太网为 0X8100（十六进制）。

（6）规范标识符（Tag Canonical Identifier，TCI）。该字段长 2 字节，为标签控制信息字段，包括用户优先级（User Priority）、规范格式标识符（Canonical Format Indicator，CFI）和 VLAN ID 三个部分。

- User Priority：定义用户优先级，包括 8 个（2 的三次方）优先级别。
- CFI：以太网交换机中，规范格式指示器总被设置为 0。由于兼容特性，CFI 常用于以太网类网络和令牌环类网络之间，如果在以太网端口接收的帧具有 CFI，那么设置为 1，表示该帧不进行转发，这是因为以太网端口是一个无标签端口。
- VID：VLAN ID 是对 VLAN 的识别字段，在标准 802.1Q 中常被使用。该字段为 12 位。支持 4096（$2^{12}$）VLAN 的识别。在 4096 可能的 VID 中，VID=0 用于识别帧优先级。4095（十六进制 FFF）作为预留值，所以 VLAN 配置的最大可能值为 4094。

（7）Type /Length。该字段长 2 字节。如果是采用可选格式组成帧结构时，该字段既表示包含在帧数据字段中的 MAC 客户机数据大小，也表示帧类型 ID。

（8）Data。是一组 $n(46 \leqslant n \leqslant 1500)$字节的任意值序列。帧总值最小为 64 字节。其中 FCS（Frame Check Sequence）占 4 字节。该序列包括 32 位的循环冗余校验值，由发送 MAC 方生成，通过接收 MAC 方进行计算得出以校验被破坏的帧。

希赛教育专家提示：很多 PC 和打印机的网卡并不支持 802.1Q，一旦它们收到一个标签帧，它们会因为读不懂标签而丢弃该帧。在 802.1Q 中，用于标签帧的最大合法以太帧大小已由 1518 字节增加到 1522 字节，这样就会使网卡和旧式交换机由于帧"尺寸过大"而丢弃标签帧。

对于每一个到来的 VLAN 帧，网桥或交换机将根据查找过滤数据库的结果决定该帧归属于哪一个 VLAN、将从哪个接口被转发出去。一旦网桥或交换机决定了某个数据帧的下一步去向，它就得决定是否需要给这个数据帧加标签。具体实现包括以下三个过程：

（1）接收过程：负责接收数据包，数据包可以是带标签头的，也可以不带标签头。如果不带，交换机会根据该端口所属的 VLAN 添加上相应的标签头。

（2）查找/路由过程：根据数据包的目的 MAC 地址、VLAN 标识，查找过滤数据库中注册的信息，以决定把数据包发送到哪个端口。

（3）发送过程：将数据包发送到以太网段上，如果该网段的主机不能识别 802.1Q 标签头，则在出端口前将该标签头去掉；如果是发送到互连其他交换机的端口，则标签头一般不去掉。

**2. ISL 协议**

交换链路内（Inter-Switch Link，ISL）协议是 Cisco 公司的私有协议，主要用于维护交换机和路由器间的通信流量等 VLAN 信息。

　　ISL 和 802.1Q 功能相同，只是所采用的帧格式不同。ISL 帧标签采用一种低延迟（Low-Latency）机制为单个物理路径上的多 VLAN 流量提供复用技术。ISL 主要用于实现交换机、路由器以及各节点（如服务器所使用的网络接口卡）之间的连接操作。为支持 ISL 功能特征，每台连接设备都必须采用 ISL 配置。ISL 所配置的路由器支持 VLAN 内通信服务。非 ISL 配置的设备，则用于接收由 ISL 封装的以太帧，通常情况下，非 ISL 配置的设备认为这些帧非法并丢弃。

　　**3．VTP 协议**

　　交换机允许在同一台交换机上可存在多个 VLAN，也允许一个 VLAN 跨越多个交换机，这时就需要将同属于一个 VLAN 的交换机连接起来，这个连线就称为 VLAN 中继或 VLAN 干线（VLAN Trunk）。它通过在互相连接的端口上配置中继模式，就可以使属于不同 VLAN 的数据帧都可以通过这条中继链路进行传输。

　　VTP（VLAN Trunk Protocol，VLAN 中继协议）用来保持 VLAN 的删除、添加、修改等管理操作的一致性。在同一个 VTP 域内，VTP 通过中继端口在交换机之间传送 VTP 信息，从而使一个 VTP 域内的交换机能够共享 VLAN 信息。VTP 有三种模式，如表 5-3 所示。

表 5-3　VTP 的三种模式

| 模　　式 | 说　　明 | 命　　令 |
| --- | --- | --- |
| 服务端模式 | 定义 VLAN 信息，并广播给客户端使用 | vtp server |
| 客户端模式 | 接收并使用来自服务端的 VLAN 设置信息 | vtp client |
| 透明模式 | 接收并转发来自服务端的 VLAN 设置信息，但自己不使用，是交换机的默认配置 | vtp transparent |

　　而在中继链路上接收到数据帧时，交换机必须采用某种方法来识别数据帧是属于哪个 VLAN 的，目前 Cisco 支持 4 种识别技术，如表 5-4 所示。

表 5-4　Cisco 支持的 4 种识别技术

| 帧识别技术 | 说　　明 |
| --- | --- |
| 交换链路内协议 | 用于互联多台交换机的 Cisco 专有封装协议 |
| IEEE 802.1Q | 它通过在帧头插入一个 VLAN 标识符来标识 VLAN，通常称为"帧标记" |
| 局域网仿真 | 用于通过 ATM 网络传输 VLAN 的一种 IEEE 标准方法 |
| IEEE 802.10 | 在 FDDI 帧中传输 VLAN 的信息的一种 Cisco 专有方法 |

## 5.6.3　VLAN 的配置

　　本节将重点介绍 VLAN 的一些相关配置。

### 1. 静态 VLAN、VTP 配置

下面就以 2 台交换机为例，介绍 VLAN、VTP 配置过程，如图 5-22 所示。

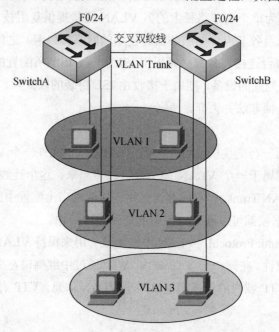

图 5-22　VTP 配置实例

### （1）配置交换机 A

让交换机 SwitchA 作为 VTP 的服务端，则配置为：

```
SwitchA# vlan database                    （进入 VLAN 配置子模式）
SwitchA（vlan）# vtp server                （将其 VTP 模式设置为服务器）
SwitchA（vlan）# vtp domain vtpserver      （设置域名）
SwitchA（vlan）# vtp pruning               （启动修剪功能）
SwitchA（vlan）# exit                      （退出 VLAN 配置子模式）


SwitchA# config terminal                  （进入全局配置模式）
SwitchA（config）# interface f0/24         （进入端口 24 配置子模式）
SwitchA（config-if）# switchport mode trunk   （将端口设置为 trunk 模式）
SwitchA（config-if）# switchport trunk allowed vlan all
（设置允许从该端口交换数据的 VLAN）
SwitchA（config-if）# ^Z                   （退出特权模式）


SwitchA# vlan database                    （进入 VLAN 配置子模式）
SwitchA（vlan）# vlan 2                     （创建 VLAN2，系统将自动命名）
SwitchA（vlan）# vlan 3 name vlan3         （创建 VLAN3，自定义命名）
```

```
SwitchA（vlan）# exit                    （回到特权模式）

SwitchA# config terminal                （进入全局配置模式）
SwitchA（config）# interface f0/8        （进入端口 8 配置子模式）
SwitchA（config-if）# switchport mode access（将端口设置为 VLAN 访问模式）
SwitchA（config-if）# switchport access vlan2（将端口 8 分配给 VLAN2）
SwitchA（config）# exit
SwitchA（config）# interface f0/9        （进入端口 9 配置子模式）
SwitchA（config-if）# switchport mode access（将端口设置为 VLAN 访问模式）
SwitchA（config-if）# switchport access vlan3（将端口 9 分配给 VLAN3）
SwitchA（config-if）# ^Z                  （退出特权模式）
```

希赛教育专家提示：由于中继链路可能会传送最终被该交换机扔掉的广播数据流，因此，为了减少不必要的数据库，可以启用 VTP 修剪功能以提高网络带宽利用率。此功能默认为关闭的，同时 VLAN1 不能够打开 VTP 修剪功能。

（2）配置交换机 B

相应地，SwitchB 则应作为客户端，其配置为：

```
SwitchB# vlan database                   （进入 VLAN 配置子模式）
SwitchB（vlan）# vtp client               （将其 VTP 模式设置为客户端）
SwitchB（vlan）# exit                     （退出 VLAN 配置子模式）

SwitchB# config terminal                 （进入全局配置模式）
SwitchB（config）# interface f0/24        （进入端口 24 配置子模式）
SwitchB（config-if）# switchport mode trunk  （将端口设置为 trunk 模式）
SwitchB（config-if）# switchport trunk allowed vlan all
（设置允许从该端口交换数据的 VLAN）
SwitchB（config-if）# ^Z                   （退出特权模式）

SwitchB# config terminal                 （进入全局配置模式）
SwitchB（config）# interface f0/8         （进入端口 8 配置子模式）
SwitchB（config-if）# switchport mode access（将端口设置为 VLAN 访问模式）
SwitchB（config-if）# switchport access vlan2     （将端口 8 分配给 VLAN2）
SwitchB（config）# exit
SwitchB（config）# interface f0/9         （进入端口 9 配置子模式）
SwitchB（config-if）# switchport mode access（将端口设置为 VLAN 访问模式）
SwitchB（config-if）# switchport access vlan3     （将端口 9 分配给 VLAN3）
SwitchB（config-if）# ^Z                   （退出特权模式）
```

配置完成后，可以使用 show vtp 命令来显示配置信息。从上面的实例中，可以总结出以下的模式。

（1）配置VLAN工作模式命令如下：

● 服务器模式：

vtp server（vtp pruning）。

● 客户端模式：

vtp client。

（2）配置VLAN Trunk端口。

服务器、客户端两边都要配，对连接Trunk线的两边端口配置，流程如下：

● interface端口名；

● switchport mode trunk改变端口的状态；

● switchport trunk allowed vlan all（all，可以用具体的VLAN号代替）。

（3）配置VLAN。

只在服务器模式中使用，vlan 2 [ name vlan2]。

（4）配置端口，加入相应的VLAN。

服务器、客户端两边都配，要根据需要配置端口，具体配置流程如下：

● interface端口名；

● switchport mode access；

● switchport access vlan vlan *名称*　　（将该端口添加到相应的VLAN）。

另外，交换机端口的工作模式主要可以分为三种，如表5-5所示。

表5-5　交换机端口的工作模式

| 工 作 模 式 | 说　　明 |
| --- | --- |
| Access（普通模式） | 只能加到某个VLAN中 |
| Multi（多VLAN模式） | 可以加到多个VLAN中 |
| Trunk（中继模式） | 连接交换机，实现VLAN信息的共享 |

## 2．动态VLAN配置

设置为动态VLAN的端口将被动态地指定给VLAN，它是由VLAN成员策略服务器（VLAN Management Policy Server，VMPS）完成的。VMPS通常是拥有TFTP服务器下载的文本文件的交换机，该文本文件包含了VLAN到MAC地址的映射。当动态VLAN端口启动后，交换机将检查VMPS服务器，将源MAC地址与数据库比较，如果存在条目，端口就将指定给目标VLAN。

文本文件示例：

```
! VMPS Database for ACC
!
! vmps domain ACC          （标识出管理域名）
! vmps mode open           （指定VMPS模式，open或secure）
```

```
! vmps fallback -NONE-

!
! MAC Adresses
!
vmps-mac-addrs
!
! address <addr> vlan-name <vlan_name>
!
address 0001.1111.1111 vlan-name hardware
address 0001.2222.2222 vlan-name hardware
address 0001.3333.3333 vlan-name Green
```

然后在交换机上设置：

SwitchA# **set vmps tftpserver** [ip 地址] [VMPS 数据库文件名]
（设置 VMPS 所在的 TFTP 服务器的地址与文件名）
SwitchA# set vmps state enable　　　　（激活 VMPS）
SwitchA# **set port membership** *[mod_num/port_num]* **dynamic**
（指定动态 VLAN 端口）

**3．STP 配置基础**

当网络中存在冗余的 VLAN 中继线路时，就会因网络环路的出现而引起广播风暴，降低网络的可靠性。而 STP（Spanning Tree Protocol，生成树协议）正是为克服冗余网络中透明桥接的问题而创建的。STP 是一个既能够防止环路，又能够提供冗余线路的第二层管理协议。为了使交换网络正常运行，STP 网络上的任何两个终端之间只有一条有效路径。STP 使用生成树算法来求解没有环路的最佳路径，使一些备用路径处于阻塞状态。在大型网络中，特别是有多个 VLAN 的时候，配置 STP 就很重要了。

STP 是通过在交换机之间传递桥接协议数据单元来相互告知诸如交换机的桥 ID、链路性质、根桥 ID 等信息，以确定根桥、决定哪些端口处于转发状态，哪些端口处于阻断状态，以免引起网络环路。

根据考试大纲的要求，对于 STP 协议的配置要求相对较简单，主要是要求掌握利用 STP 端口权值和路径值完成负载均衡。

（1）配置 VLAN 工作模式。

● 服务器模式：vtp server（vtp pruning）。

● 客户端模式：vtp client。

（2）配置 VLAN Trunk 端口。

服务器、客户端两边都要配，对连接 Trunk 线的端口配置。

● interface 端口名；

- switchport mode trunk                    （改变端口的状态）；
- switchport trunk allowed vlan all        （all，可以用具体的 VLAN 号代替）；

（3）设置端口权值。

spanning tree vlan 1 port-priority 端口权值（默认值是 128）。

（4）设置路径成本。

spanning tree vlan 1 cost 路径成本。

（5）配置 VLAN。

只在服务器模式中使用，vlan 2 [ name vlan2]。

（6）配置端口，加入相应的 VLAN

服务器、客户端两边都配，根据端口需要。

- interface 端口名；
- switchport mode access；
- switchport access vlan vlan 名称（将该端口添加到相应的 VLAN）。

下面来看一个实例。两台交换机 SwitchA 和 SwitchB 通过 Trunk1 和 Trunk2 两条中继链路相连接，其中 Trunk1 对 VLAN1-VLAN3 的路径成本是 18，对 VLAN4- VLAN5 的路径成本则是 30；而 Trunk2 则刚好相反，如图 5-23 所示。

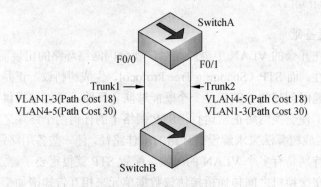

图 5-23    STP 配置实例

交换机 SwitchA 的配置应如下所示（VTP 的设置部分略）：

```
SwitchA# config terminal                    （进入全局配置模式）
SwitchA (config) # interface f0/0            （进入端口 0 配置子模式）
SwitchA (config-if) # spanning-tree vlan 3 cost 18
SwitchA (config-if) # spanning-tree vlan 2 cost 18
SwitchA (config-if) # spanning-tree vlan 1 cost 18
SwitchA (config-if) # spanning-tree vlan 5 cost 30
SwitchA (config-if) # spanning-tree vlan 4 cost 30
SwitchA (config-if) # exit
```

```
SwitchA (config) # interface f0/1
SwitchA (config-if) # spanning-tree vlan 3 cost 30
SwitchA (config-if) # spanning-tree vlan 2 cost 30
SwitchA (config-if) # spanning-tree vlan 1 cost 30
SwitchA (config-if) # spanning-tree vlan 5 cost 18
SwitchA (config-if) # spanning-tree vlan 4 cost 18
```

## 5.7　冗余网关技术

网关冗余技术是大型网络中不可缺少的技术，当网络足够大的时候，网络规划师要考虑的不光是网络本身的性能问题，冗余技术也是必不可少的。常见的冗余网关技术有HSRP（Hot Standby Routing Protocol，热备份路由协议）、VRRP（Virtual Router Redundancy Protocol，虚拟路由器冗余协议）和 GLBP（Gateway Load Balancing Protocol，网关负载均衡协议）。

### 5.7.1　HSRP 协议

Cisco 公司的 HSRP 允许网络在一个路由器失效不能工作时，网络中的另一个路由器自动接管失效路由器，从而实现 IP 路由容错。

HSRP 协议利用一个优先级方案来决定哪个配置了 HSRP 协议的路由器成为默认的主动路由器。如果一个路由器的优先级设置得比所有其他路由器的优先级高，则该路由器成为主动路由器。路由器的缺省优先级是 100，如果只设置一个路由器的优先级高于100，则该路由器将成为主动路由器。

#### 1. HSRP 概述

通过在设置了 HSRP 协议的路由器之间广播 HSRP 优先级，HSRP 协议选出当前的主动路由器。当在预先设定的一段（Hold Time 缺省为 10 秒）时间内主动路由器不能发送 hello 消息，或者说 HSRP 检测不到主动路由器的 hello 消息时，将认为主动路由器有故障，这时 HSRP 会选择优先级最高的备用路由器变为主动路由器，同时将按 HSRP 优先级在配置了 HSRP 的路由器中再选择一台路由器作为新的备用路由器。

所有参与 HSRP 的路由器共享一个虚拟的 IP 地址，网络中的工作站将缺省网关指向该虚拟地址，被选出的主动路由器负责转发由工作站发到虚拟地址的数据包。

Hello 消息是基于 UDP 的信息包，配置了 HSRP 的路由器将会周期性的广播 Hello 消息包，并利用 Hello 消息包来选择主动路由器和备用路由器及判断路由器是否失效。

配置了 HSRP 协议的路由器交换以下三种多点广播消息：

（1）Hello。hello 消息通知其他路由器，发送路由器的 HSRP 优先级和状态信息，HSRP 路由器默认为每 3 秒钟发送一个 hello 消息。

（2）Coup。当一个备用路由器变为一个主动路由器时发送一个 coup 消息。

（3）Resign。当主动路由器要宕机或者当有优先级更高的路由器发送 hello 消息时，主动路由器发送一个 resign 消息。

在任一时刻，配置了 HSRP 协议路由器有以下 6 种状态之一：

（1）Initial 状态：表示路由器的 HSRP 还未运行，一般在配置第一台 HSRP 路由器时会显示此状态。

（2）Learn 状态：表示配置 HSRP 的路由器还未知道虚地址，并一直监听来自主动路由器的消息包。

（3）Listening 状态：表示配置 HSRP 的路由器还已知道虚地址，路由器还在监听 hello 消息。

（4）Speaking 状态：路由器正在发送 hello 消息。

（5）listening 状态：路由器正在监听 hello 消息。

（6）Standby 状态：路由器处于被用状态，当主动路由器失效时路由器可被选为主动路由器，接管主动路由器。

**2．HSRP 配置实例**

如图 5-24 所示，路由器 R1 和 R2 都可以接入 Internet，但是对于客户端而言，默认网关的地址只有一个，当 R1 故障时，即使 R2 能担任出口路由也必须要求每个客户端都更改默认网关的 IP。所以，在此环境下，使用 HSRP 协议能自动地切换路由，而对客户端是透明的。

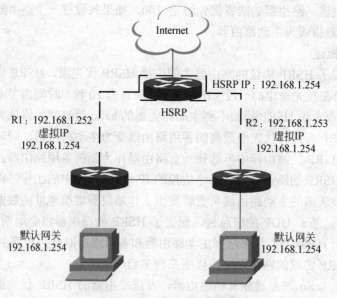

图 5-24　HSRP 示意图

R1 具体配置如下：

R1（config）#interface ethernet0/0　　　　　（进入以太网接口配置模式）
R1（config-if）#ip address 192.168.1.252 255.255.255.0（设置接口的 IP 地址）
R1（config-if）#Standby 1 priority 120　　（配置该接口的 HSRP 协议的优先级为
120，因为 HSRP 协议的默认优先级是 100，所以本路由器为从路由器。只有当主路由器 down
掉的时候，从路由器才有可能接管主路由的工作）
R1（config-if）#Standby 1 preempt　　　　　　（本设置允许权值高于该 hsrp 组的其他
路由器成为主路由器。所有从路由器都应该设置此项，以便每台路由器都可以成为其他路由器的
备份路由器。如果不设置该项，即使用该路由器权值再高，也不会成为主路由器）
R1（config-if）#standby 1 ip 192.168.1.254
　　　　　　　　　　　　（设置该路由器的虚拟的 IP 地址为 192.168.1.254）
R1（config-if）#interface serial0/0　　（进入广域网接口配置模式 s0/0）
R1（config-if）#ip address 192.168.2.1 255.255.255.0（设置接口的 IP 地址）
R1（config-if）#no shutdown　　　　　　（启用该接口）
R1（config-if）#router igrp 100　　　　　（启用 IGRP 路由协议，自治系统号为 100）
R1（config-if）#network 192.168.1.0　　（启用 IGRP 路由协议，指明参与路由的网络）

R2 具体配置如下：

R2（config）#interface ethernet0/0
R2（config-if）#ip address 192.168.1.253 255.255.255.0
R2（config-if）#Standby 1 preempt
R2(config-if)#Standby1ip192.168.1.254（设置该路由器的虚拟的 IP 地址为 192.168.
1.254，这里的设置两个路由器必须一致）
R2（config-if）#interface serial0/0
R2（config-if）#ip address 192.168.3.1 255.255.255.0
R2（config-if）#no shutdown
R2（config-if）#router igrp 100
R2（config-if）#network 192.168.1.0
R2（config-if）#network 192.168.3.0

## 5.7.2　VRRP 协议

VRRP 是一种选择协议，可以把一个虚拟路由器的责任动态分配到局域网上的 VRRP
路由器中的一台。控制虚拟路由器 IP 地址的 VRRP 路由器称为主路由器，负责转发数
据包到这些虚拟 IP 地址。一旦主路由器不可用，这种选择过程就提供了动态的故障转移
机制，允许虚拟路由器的 IP 地址可以作为终端主机的默认第一跳路由器。

VRRP 协议在功能上与 HSRP 类似，只是 HSRP 是 Cisco 公司专有的协议，只应用
在 Cisco 公司的设备上。VRRP 符合 Internet 标准，定义见 RFC2338，是不同厂家之间共

同遵循的标准。VRRP 负责从 VRRP 路由器组中选择一个作为 Master，然后客户端使用虚拟路由器地址作为其默认网关。

一个 VRRP 路由器唯一的标识是 VRID，范围为 0～255。该路由器对外表现为唯一的虚拟 MAC 地址，地址的格式为 00-00-5E-00-01-[VRID]。主控路由器负责对 ARP 请求用该 MAC 地址做应答。这样，无论如何切换，保证给终端设备的是唯一一致的 IP 和 MAC 地址，减少了切换对终端设备的影响。VRRP 控制报文只有一种：VRRP 通告（Advertisement）。它使用 IP 多播数据包进行封装，组地址为 224.0.0.18，发布范围只限于同一局域网内。这保证了 VRID 在不同网络中可以重复使用。为了减少网络带宽消耗只有主控路由器才可以周期性的发送 VRRP 通告报文。备份路由器在连续三个通告间隔内收不到 VRRP 或收到优先级为 0 的通告后启动新的一轮 VRRP 选举。

在 VRRP 路由器组中，按优先级选举主控路由器，VRRP 协议中优先级范围是 0～255。默认为 100。若 VRRP 路由器的 IP 地址和虚拟路由器的接口 IP 地址相同，则称该虚拟路由器作 VRRP 组中的 IP 地址所有者；IP 地址所有者自动具有最高优先级 255。优先级 0 一般 IP 地址所有者主动放弃主控者角色时使用。可配置的优先级范围为 1～254。优先级的配置原则可以依据链路的速度和成本路由器性能和可靠性以及其他管理策略设定。在主控路由器的选举中，高优先级的虚拟路由器获胜，因此，如果在 VRRP 组中有 IP 地址所有者，则它总是作为主控路由的角色出现。对于相同优先级的候选路由器，按照 IP 地址大小顺序选举。VRRP 还提供了优先级抢占策略，如果配置了该策略，高优先级的备份路由器便会剥夺当前低优先级的主控路由器而成为新的主控路由器。

VRRP 有两个时间，分别是通告间隔和主路由器失效（Master-down）间隔。通告间隔是通告之间的间隔时间（秒），默认为 1 秒。主路由器失效间隔指的是多长时间没有收到通告后，备用路由器将认为主路由器已失效，单位为秒。主路由器失效间隔是不能配置的，其值至少是为通告间隔的 3 倍。

组成虚拟路由器的路由器会有三种状态，分别是 Initialize、Master 和 Backup。

### 5.7.3　GLBP 协议

GLBP 是 Cisco 公司的专有协议，设计 GLBP 的目的是自动选择和同时使用多个可用的网关。

GLBP 和 HSRP、VRRP 有以下几点不同：

（1）可充分利用资源，同时无须配置多个组和管理多个默认网关配置。

（2）不仅提供冗余网关，还在各网关之间提供负载均衡，而 HSRP、VRRP 都必须选定一个活动路由器，而备用路由器则处于闲置状态。

（3）GLBP 组中最多可以有 4 台路由器作为 IP 默认网关。这些网关被称为 AVF（Active Virtual Forwarder，活跃虚拟转发器）。GLBP 自动管理虚拟 MAC 地址的分配、决定谁负责处理转发工作。

## 5.8　例题分析

为了帮助考生进一步掌握局域网方面的知识，了解考试的题型和难度，本节分析 9 道典型的试题。

**例题 1**

在以太网中，载波监听是网络协议设计中很重要的一个方面。在下列载波监听算法中，信道利用率最高的是　(1)　监听算法，其存在的最大不足　(2)　。

（1）A．非坚持型　　　　B．1-坚持型　　　　C．P-坚持型　　　　D．N 坚持型

（2）A．算法的效率不够高，会降低网络速率

　　　B．算法的硬件实现太复杂，会大大提高成本

　　　C．对冲突的检测会有影响，实现起来不现实

　　　D．它会增大冲突出现的概率

**例题 1 分析**

要正确回答这一题，关键在于理解三种监听算法的特性。

首先要知道"坚持"是指当信道忙时继续监听。这样就可以得知，采用非坚持型算法，当需要发送数据就开始监听，如果信道闲就立即发送，如果忙就过一段时间再来监听；而如果采用 1-坚持型算法，则是当需要发送数据时就开始监听，如果信道闲也是立即发送，但如果忙就继续监听，直到可以发送为止。

而 P-坚持型算法实际是这两种的折衷，它是当需要发送数据时就开始监听，如果信道闲，采用礼让三分，按一定概率 P 来决定是否发送；如果信道忙，则就继续监听。

因此，显然信道占用率最高的就是比较霸道的 1-坚持型算法，它可以保证只要网络上有数据要发送，就肯定会尝试发送。非坚持型，有可能出现信道虽然闲，但要发送数据的站点没有及时监听链路，没有发现，从而使得信道没有利用起来。P-坚持型，虽然信道一旦空闲，就会被发现，但可能因"礼让三分"的概率 P，使得空信道也没有人利用起来。

当然，1-坚持型也是有一个很显然的不足，那就是大家都在独占式地抢占，如果网络上同时要发送数据的站点比较多时，就会造成频繁的冲突。因此，其最大的不足就是增大的冲突发生的概率。

**例题 1 答案**

（1）B　　（2）D

**例题 2**

在一个采用 CSMA/CD 协议的网络中，传输介质是一根电缆，传输速率为 1 Gb/s，电缆中的信号传播速度是 200 000km/s。若最小数据帧长度减少 800 位，则最远的两个站点之间的距离应至少　(3)　才能保证网络正常工作。

（3）A. 增加 160m　　　　　　　　B. 增加 80m

　　　C. 减少 160 m　　　　　　　　D. 减少 80m

**例题 2 分析**

本题中，CSMA/CD 要求在发送一帧时如果有冲突存在，必须能在发送最后一位之前检测出冲突，其条件是帧的发送时间不小于信号在最远两个站点之间往返传输的时间。现在帧的长度减少了，其发送时间减少了，因此，为保证 CSMA/CD 能正常工作，最远两个站点之间往返传输的时间必然减少，即电缆长度必然缩短。

设电缆减少的长度为 x 米，则信号往返减少的路程长度为 2x 米，所以有：

$2x / (200000 \times 1000) \geqslant 800 / 10^9$

得到 $x \geqslant 80$.

**例题 2 参考答案**

（3）D

**例题 3**

将 10Mb/s、100Mb/s 和 1000Mb/s 的以太网设备互联在一起组成局域网络，则其工作方式可简单概括为＿＿（4）＿＿。

（4）A. 自动协商，1000Mb/s 全双工模式优先

　　　B. 自动协商，1000Mb/s 半双工模式优先

　　　C. 自动协商，10Mb/s 半双工模式优先

　　　D. 人工设置，1000Mb/s 全双工模式优先

**例题 3 分析**

本题考查以太网设备及以太网协议方面的基本知识。

10Mb/s、100Mb/s 和 1000Mb/s 以太网设备（主要指交换机、网卡等）互联在一起时，自动协商其传送速率，确定的顺序是依次从最高到最低，同一速率下的协商顺序是先全双工后半双工。

**例题 3 答案**

（4）A

**例题 4**

万兆局域以太网帧的最短长度和最长长度分别是＿＿（5）＿＿字节。万兆以太网不再使用 CSMA/CD 访问控制方式，实现这一目标的关键措施是＿＿（6）＿＿。

（5）A. 64 和 512　　　　　　　　　B. 64 和 1518

　　　C. 512 和 1518　　　　　　　　D. 1518 和 2048

（6）A. 提高数据率　　　　　　　　B. 采用全双工传输模式

　　　C. 兼容局域网与广域网　　　　D. 使用光纤作为传输介质

**例题 4 分析**

本题考查局域网的基本原理。

以太网主要在局域网中占绝对优势。但是在很长的一段时间中，人们普遍认为以太网不能用于城域网，特别是汇聚层以及骨干层。主要原因在于以太网用作城域网骨干带宽太低（10M 以及 100M 快速以太网的时代），传输距离过短。当时认为最有前途的城域网技术是 FDDI 和 DQDB（Distributed Queue Dual Bus，分布式队列双总线）。随后的几年里，ATM 技术成为热点，几乎所有人都认为 ATM 将成为统一局域网、城域网和广域网的唯一技术。但是由于种种原因，当前在国内上述三种技术中只有 ATM 技术成为城域网汇聚层和骨干层的备选方案。

常见的以太网作为城域骨干网带宽显然不够。即使使用多个快速以太网链路绑定使用，对多媒体业务仍然是心有余而力不足。当千兆以太网的标准化以及在生产实践中的广泛应用，以太网技术逐渐延伸到城域网的汇聚层。千兆以太网通常用作将小区用户汇聚到城域 PoP（Point of Presence，接入网点），或将汇聚层设备连接到骨干层。但是在当前 10M 以太网到用户的环境下，千兆以太网链路作为汇聚也是勉强，作为骨干则是力所不能及。虽然以太网多链路聚合技术已完成标准化且多厂商互通指日可待，可以将多个千兆链路捆绑使用。考虑光纤资源以及波长资源，链路捆绑一般只用在 PoP 点内或短距离应用环境。

传输距离也曾经是以太网无法作为城域数据网骨干层汇聚层链路技术的一大障碍。无论是 10M、100M 还是千兆以太网，由于信噪比、碰撞检测、可用带宽等原因 5 类线传输距离都是 100m。使用光纤传输时距离限制由以太网使用的主从同步机制所制约。802.3 规定 1000Base-SX 接口使用纤芯 62.5μm 的多模光纤最长传输距离 275m，使用纤芯 50μm 的多模光纤最长传输距离 550m；1000Base-LX 接口使用纤芯 62.5μm 的多模光纤最长传输距离 550m，使用纤芯 50μm 的多模光纤最长传输距离 550m，使用纤芯为 10μm 的单模光纤最长传输距离 5km。最长传输距离 5km 千兆以太网链路在城域范围内远远不够。虽然基于厂商的千兆接口实现已经能达到 80km 传输距离，而且一些厂商已完成互通测试，但是毕竟是非标准的实现，不能保证所有厂商该类接口的互联互通。

综上所述，以太网技术不适于用在城域网骨干/汇聚层的主要原因是带宽以及传输距离。随着万兆以太网技术的出现，上述两个问题基本已得到解决。

10G 以太网于 2002 年 7 月在 IEEE 通过。10G 以太网包括 10GBase-X、10GBase-R 和 10GBase-W。10GBase-X 使用一种特紧凑包装，含有 1 个较简单的 WDM 器件、4 个接收器和 4 个在 1300nm 波长附近以大约 25nm 为间隔工作的激光器，每一对发送器/接收器在 3.125Gb/s 速度（数据流速度为 2.5Gb/s）下工作。10GBase-R 是一种使用 64B/66B 编码（不是在千兆以太网中所用的 8B/10B）的串行接口，数据流为 10.000Gb/s，因而产生的时钟速率为 10.3Gb/s。10GBase-W 是广域网接口，与 SONET OC-192 兼容，其时钟速率为 9.953Gbps 数据流为 9.585Gbps。

10G 以太网仍使用 IEEE 802.3 标准的帧格式、全双工业务和流量控制方式。10G 以太网标准为 802.3ae。

传统以太网（10Mb/s）采用 CSMA/CD 访问控制方式，规定帧的长度最短为 64 字节，最长为 1518 字节。最短长度的确定，能确保一个帧在发送过程中若出现冲突，则一定能够发现该冲突。发展到千兆以太网，因数据率提高，如果维持帧的最短长度不变，则 CSMA/CD 就会出错，因此将帧的最短长度调整为 512 字节。万兆以太网保持帧长度与千兆以太网一致，所以帧的最短长度和最长长度分别为 512 字节、1518 字节。

万兆以太网不再使用 CSMA/CD，其原因是：万兆以太网使用采用全双工传输模式，不再保留半双工模式，这样发送和接收使用不同的信道，借助交换机的缓存技术，从微观上消除了冲突，因而不需要 CSMA/CD 来避免冲突。

**例题 4 答案**

（5）C　　　（6）B

**例题 5**

当千兆以太网使用 UTP 作为传输介质时，限制单根电缆的长度不超过 __(7)__ 米，其原因是 __(8)__ 。

（7）A．100　　　　　　　B．925　　　　　　　C．2500　　　　　　　D．40000

（8）A．信号衰减严重　　　　　　　　　　B．编码方式限制

　　　C．与百兆以太网兼容　　　　　　　D．采用 CSMA/CD

**例题 5 分析**

本题考查以太网的基本原理。

传统以太网采用 CSMA/CD 访问控制方式，规定单根 UTP 电缆的长度不超过 100 米，最大介质长度以及最小帧长度的确定，能确保一个帧在发送过程中若出现冲突，则一定能够发现该冲突。发展到千兆以太网，虽然数据率提高，但访问方式（帧的发送与接收方式）、帧的格式、介质长度维持不变，以保持与传统以太网的兼容。

介质的最长长度确定了时间片（信号在介质上往返传输的时间）的长度：假定节点 A、B 分别在总线的两端，A 首先向 B 发送信息。假定 A 发送的信息即将到达 B 时，B 开始向 A 发送信息，此时 B 没有检测到冲突，但刚刚开始发送后 A 的信息到达，B 检测到了冲突。B 发送的信息到达 A 后，A 检测到了冲突。从这一过程，我们可以得出下述结论：

（1）为确保一个节点（如 A）在任何时候都能够检测到可能发生的冲突，需要的时间是信号在总线上往返传输的时间，此时间被称为时间片，也称为冲突域、冲突窗口、争用期，而这个时间是由介质的长度决定的。

（2）为保证在冲突发生后能够检测到冲突，必须保证在冲突发生并被检测到时，帧本身没有发送完（因为发送完后即使出现了冲突也不检测），因此需要为帧设定一个最短长度。

（3）争用期、最短帧长度确定了，介质的最大长度也就确定了。这也是为什么局域网的介质长度都受到严格限制，而广域网的长度无此限制的原因。

**例题 5 答案**

（7）A　　（8）D

**例题 6**

在以太网半双工共享式连接中，无需流量控制：而在全双工交换式连接中要考虑流量控制，其原因是　(9)　。

（9）A．共享式连接中，由共享式集线器（Hub）完成流量控制

　　　B．共享式连接中，CD（碰撞检测）起到了拥塞避免的控制机制。全双工中必须附加其他机制来完成

　　　C．全双工交换式连接带宽扩大了一倍，必须增加流量控制机制

　　　D．为了在全双工网络中实现 VLAN，必需增加流量控制机制

**例题 6 分析**

本题考查对 CSMA/CD 和全双工概念的理解。

共享式或半双工以太网采用 CSMA/CD 方式进行媒体访问控制。按照这种方式，一个工作站在发送前，首先侦听媒体上是否有活动。所谓活动是指媒体上有无数据传输，也就是载波是否存在。如果侦听到有载波存在，工作站便推迟自己的传输。如果侦听的结果为媒体空闲时，则立即开始进行传输。在侦听到媒体忙时，采用一定的延迟后，可继续检测。如果有两个以上的工作站同时检测到媒体空闲，同时发送数据，此时就会产生碰撞；每个工作站，在发送数据的同时，也进行碰撞检测，一旦检测到碰撞，将终止当前数据发送，延迟一定的时间，然后再检测发送。

从 CSMA/CD 的工作原理看，当用户业务量增大时，碰撞就会增加，此时实际的传输数据量就下降。CSMA/CD 原理的核心是竞争使用传输媒体，其机制本身就能进行流量控制。

全双工交换连接，将 CSMA/CD 机制中的 CD 取消，同时保证每个物理连接上只有两个设备（点到点连接），这样点到点连接的两个设备可以同时进行数据收发操作。由于缺少了碰撞检测，CSMA 本身无法控制用户的业务流量，全双工交互式连接必须额外增加流控机制来控制用户的业务流量。

**例题 6 答案**

（9）B

**例题 7**

千兆以太网标准 802.3z 定义了一种帧突发方式，这种方式是指　(10)　。

（10）A．一个站可以突然发送一个帧

　　　B．一个站可以不经过竞争就启动发送过程

　　　C．一个站可以连续发送多个帧

　　　D．一个站可以随机地发送紧急数据

**例题 7 分析**

本题考查 802.3z 相关的知识。

帧突发（Frame Bursting）技术，是为在千兆以太网半双工工作模式下增加网络性能提出的一种技术。它与帧扩展（Carrier Extension）技术互补，成功地解决了半双工模式下使用 CSMA/CD 媒体访问控制协议时带来的网络跨距过小的问题。

帧突发技术，在 IEEE802.3 委员会定义的 IEEE802.3 标准中作出了详细解释。它使得一个工作站能够一次连续发送多个数据帧。其工作过程具体如下：

（1）当一个工作站需要发送数据时，它首先检查自己的突发计时器。若该计时器没有启动，则工作站按照 CSMA/CD 方式尝试发送数据，并设置首帧标志，用以标记该帧为应该发送多帧的第一帧，同时启动突发计时器。

（2）若数据发送成功，则发送器检查首帧标志。若标志已设置，工作站会继续发送数据。当首帧长度小于 512 字节时，发送器会使用帧扩展技术将该帧扩展到 512 字节长，然后发送器清除首帧标志。如果此时仍没有发生冲突，则执行第（3）步。若发生冲突，则发送器清除首帧标志和突发计时器，转回第（1）步继续尝试发送数据。

（3）发送器在发送完首帧瞬间，仍然拥有对信道的控制权。发送器会检查突发计时器，若计时器计时未结束，发送器会发送一个 12 字节长的帧间隔，以保证对信道的占有权，同时保证高层准备好需要继续发送的数据帧。帧间隔发送完，转向执行第（4）步。若计时器已结束，则发送器不再发送数据，转回第（1）步。

（4）帧间隔发送完，若高层已准备好需要发送的数据，则可继续发送数据。否则，发送器失去帧突发时间，突发计时器清除，重新转回第（1）步。

（5）当突发计时器结束，若发送器仍然在发送数据或帧间隔，则可继续发送。发送完毕，清除突发计时器，转回第（1）步。

在一个帧突发时间内，发送器可以发送 1500 字节。极限情况下，发送器首帧长可达 1487 字节，加上帧间隔 12 字节，两者共计 1499 字节。对于一个能极限发送 1500 字节的时间来讲，发送完 1499 字节后，该突发计时器显然未计时完毕，因此，发送器可以继续发送一个长为 1518 字节的数据帧。这样，在一个帧突发时间间隔内，发送器可以发送总长为 3005 字节的两个数据帧。

与帧扩展技术类似的是，只有在半双工模式下才采用帧突发技术，在全双工模式下不存在帧突发。

**例题 7 答案**

（10）C

**例题 8**

有 3 台网管交换机分别安装在办公楼的 1～3 层，财务部门在每层都有 3 台计算机连接在该层的一个交换机上。为了提高财务部门的安全性并容易管理，最快捷的解决方法是___(11)___。

(11) A. 把 9 台计算机全部移动到同一层然后接入该层的交换机

  B. 使用路由器并通过 ACL 控制财务部门各主机间的数据通信

  C. 为财务部门构建一个 VPN，财务部门的 9 台电脑通过 VPN 通信

  D. 将财务部门 9 台计算机连接的交换机端口都划分到同一个 VLAN 中

**例题 8 分析**

本题考查 VLAN 的相关知识。

最快捷的方法是创建财务部门的 VLAN，然后将财务部电脑连接的交换端口都划分到财务部的 VLAN 中。

**例题 8 答案**

(11) B

**例题 9**

利用 Wi-Fi 实现无线接入是一种广泛使用的接入模式，AP 可以有条件地允许特定用户接入以限制其他用户。其中较好的限制措施是___(12)___。

(12) A. 设置 WAP 密钥并分发给合法用户

  B. 设置 WEP 密钥并分发给合法用户

  C. 设置 MAC 地址允许列表

  D. 关闭 SSID 广播功能以使无关用户不能连接 AP

**例题 9 分析**

本题考查 AP 的基本知识。

AP 限制或允许特定用户接入的主要措施包括密钥认证、MAC 地址过滤、IP 地址过滤等。

密钥认证的基本原理是在 AP 上设置一个密钥，并分发给合法用户。用户在与 AP 建立连接时，需提供密钥供 AP 认证，只有提供的密钥与 AP 上的密钥一致，才能建立连接，AP 才能为用户提供接入服务。主要的密钥认证协议有 WEP、WPA/WPA2、WPA-PSK/WPA2-PSK。

MAC 地址过滤的原理是在 AP 上配置 MAC 地址表，可以是允许表，也可以是禁止表。只有通过 AP 认证的 MAC 地址（也即相应的用户计算机）才能通过 AP 实现接入，其他地址的数据包都会被 AP 丢弃，不转发。

关闭 SSID 广播功能，会使得所有用户都不能连接 AP，因而事实上是关闭了无线功能。

需要说明的是，本题的选项 A 中出现的是 WAP，与 WPA 非常相似，考生应认真审题。WAP 是一种手机传输协议（类似于 HTTP，非安全协议），有些考生可能会认为 WEP

是唯一的密钥协议，因此会选 B。如果将 A 的 WAP 改为 WPA，存在两种密钥协议，性质一样，考生自然会采用排除法，只能选择 C。

在 B 和 C 之间，应选择 C 的原因是，使用密钥认证需要将密钥分发给所有用户，而用户可能一传十、十传百，导致所有人都知道了密钥，失去了限制作用。

**例题 9 答案**

（12）C

# 第 6 章　广域网与接入网

根据考试大纲，本章要求考生掌握以下知识点：

（1）广域网的概念。

（2）公用通信网：PSTN、ISDN（Integrated Services Digital Network，综合业务数字网）、DDN（Digital Data Network，数字数据网）、SDH（Synchronous Digital Hierarchy，同步数字系列）网络、MSTP（Multi-Service Transfer Platform，多业务传送平台）网络、WDM 网络、移动通信网络。

（3）接入技术：PSTN 接入、ISDN 接入、xDSL 接入、Cable Modem 接入、局域网接入、无线接入、光网络接入。

## 6.1　广域网的概念

广域网是在传输距离较长的前提下所发展的相关技术的集合，用于将大区域范围内的各种计算机设备和通信设备互联在一起，组成一个资源共享的通信网络。其主要特点如下：

（1）长距离：是跨越城市、甚至是联通全球的远距离连接。

（2）低速率：一般情况下，广域网的传输速率是以 kb/s 为单位的。当然随着应用的需要，技术的不断创新，现在也出现了许多像 ISDN、ADSL 这样的高速广域网，其传输速率能达到 Mb/s 级。

（3）高成本：相对于城域网、局域网来说，广域网的架设成本是很昂贵的，不过，它却给世界带来了前所未有的大发展。

（4）维护困难：相对于局域网维护来说，广域网管理、维护更为困难。

（5）传输介质多样：可以使用多种介质进行数据传输，如光纤、双绞线、同轴电缆、微波、卫星、红外线、激光等。

从整个电信网的角度来讲，可以将全网划分为公用网和用户驻地网（Customer Premises Network，CPN）两大块，其中 CPN 属用户所有，因而，通常意义的公用网指的是公用电信网部分。公用网又可以划分为长途网、中继网和接入网（Access Network，AN）三部分。长途网和中继网合并称为核心网。相对于核心网，接入网介于本地交换机和用户之间，主要完成用户接入到核心网的任务。

具体地说，接入网是由业务结点接口（Service Node Interface，SNI）和相关用户网络接口（User Network Interface，UNI）及为传送电信业务所需承载能力的系统组成的，经 Q3 接口进行配置和管理。因此，接入网可由三个接口界定，即网络方面通过 SNI 与业务结点相连，用户方面通过 UNI 与用户相连，管理方面则通过 Q3 接口与电信管理网（Telecommunications Management Network，TMN）相连。接入网的引入给通信网带来新的变革，使整个通信网络结构发生了根本的变化。

ITU-T 根据近年来电信网的发展演变趋势，提出了接入网的概念。接入网的重要特征可以归纳为如下几点：

（1）接入网对于所接入的业务提供承载能力，实现业务的透明传送。

（2）接入网对用户信令是透明的，除了一些用户信令格式转换外，信令和业务处理的功能依然在业务结点中。

（3）接入网的引入不应限制现有的各种接入类型和业务，接入网应通过有限的标准化的接口与业务结点相连。

（4）接入网有独立于业务结点的网络管理系统，该系统通过标准化的接口连接 TMN，TMN 实施对接入网的操作、维护和管理。

## 6.2　公用网技术

根据考试大纲的要求，本节介绍 ISDN、BISDN、帧中继、DDN、SDH、MSTP、移动通信网络、WiMAX 网络、Ad hoc 网络。

### 6.2.1　ISND 网络

电话网在实现了数字传输和数字交换后，就形成了电话的综合数字网（Integrated Digital Network，IDN）。然后，在用户线上实现二级双向数字传输，以及将各种话音和非话音业务综合起来处理和传输，实现不同业务终端之间的互通。也就是说，把数字技术的综合和电信业务的综合起来，这就是综合业务数字网 ISDN 的概念。

**1．ISDN 的网络接口标准**

实际上，ISDN 是一种接入的结构形式，各组成部件按一定的规约、协议、标准相连接。图 6-1 所示是 ISDN 用户/网络间参考配置模型。

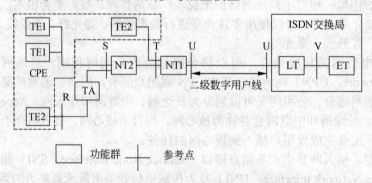

图 6-1　ISDN 用户/网络间参考配置模型

在图 6-1 中，TE1 是指 ISDN 标准终端，NT1 是指端接 U 环路的网络接口，LT 是指线路终端，TE2 是指非 ISDN 标准终端，NT2 是指多路 ISDN 接口，ET 是指 ISDN 交换终端，TA 是指终端适配器。

ISDN 采用标准的基本速率接口（Basic Rate Interface，BRI）或基群速率接口（Primary Rate Interface，PRI），使用户能接入多种业务。电话局采用一种国际标准格式，通过数字信号单元的形式，向 ISDN 用户提供所有的业务。

BRI 含有两个 64kb/s 的 B 信道（提供 64kb/s 带宽来传送语音或数据资料）和一个用做控制的 16kb/s 的 D 信道（在 ISDN 网络端与用户端之间传输旁带信号。D 通道也可用于传输 X.25 资料，但交换机要能提供此项服务）。因此，BRI 接口的容量可以为下列三者之一：

（1）2 个话路 ＋16kb/s 的数据包。

（2）2 路高速数据 ＋16kp/s 的数据包。

（3）1 个话路 ＋1 路高速数据 ＋16kb/s 的数据包。

PRI 支持 23 个（或 30 个）B 信道和 1 个 64kb/s 的 D 信道作为信令用，也可支持 64kb/s 的 B 信道的联合使用。比如 6 个 B 信道联合组成 384kb/s 的 H0 信道，或者组成一个单独的 1.536Mb/s 的 H11 信道，或者组成一个单独的 1.920Mb/s 的 H12 信道。D 信道总是需要的，D 信道被用来传递信令及控制多重接口。

**2. ISDN 的种类**

ISDN 可分为窄带综合业务数字网（Narrow Integrated Services Digital Network，N-ISDN）和宽带综合业务数字网（Broadband Integrated Services Digital Network，B-ISDN）两种。

N-ISDN 常用于家庭及小型办公室，向用户提供两种接口，分别为基本速率，即 BRI（2B＋D，144kb/s，其中 B 为 64kb/s 速率的数字信道，D 为 16kb/s 速率的数字信道）和基群速率，即 PRI（30B＋D，2Mb/s，B 和 D 均为 64kb/s 的数字信道）。BRI 包括两个能独立工作的 B 信道（运载信道），一般用来传输话音、数据和图像，一路话音暂用的数据传输率是 64kb/s，占用户可用带宽的 50%（一个 B 通道）。D 通信是控制信道，用来传输信令或分组信息。PRI 能够提供的最高速率就是 E1 的速率，即一次群速率。

B-ISDN 是从 N-ISDN 发展而来的，定义兆到千兆位的数据、声音、视频传输操作。B-ISDN 用户接口连接在所有用户所在地的光缆上。B-ISDN 的速率大大高于窄带 ISDN 服务。B-ISDN 最初的速率在 150～600Mb/s 范围内。

## 6.2.2　帧中继

帧中继是在 X.25 协议的基础上发展起来的面向可变长度帧的数据传输技术。通信的数字化提高了网路的可靠性和终端设备的智能化程度，使数据传输的差错率降低到可以忽略不计的地步。帧中继正是利用现代通信网的这一优点，以帧为单位在网络上传输，并将流量控制、纠错等功能全部交由智能终端设备处理的一种高速网络接口技术。

**1．帧中继的特点**

取消了流量与差错控制：帧中继对协议进行了简化，取消了第 3 层的流量与差错控制，仅有端到端的流量与差错控制，且这部分功能由高层协议来完成。

取消了第 3 层的协议处理：将第 3 层的复用与交换功能移到了第 2 层，需要指出的是帧中继在数据传送阶段的协议只有两层。对交换虚电路（Switching Virtual Circuit，SVC）方式而言，在呼叫建立与释放阶段的协议有 3 层，其第 3 层为呼叫信令控制协议。目前世界上所应用的帧中继网均为固定虚电路（Permanent Virtual Circuit，PVC）方式，采用固定路由表，并不存在呼叫的建立与释放过程。

采用"带外信令"：X.25 在通信建立后，通信过程中所需的某些控制、管理功能由控制数据分组传送。控制数据分组和信息数据分组具有相同的逻辑信道号，故可称为"带内信令"。而帧中继单独指定一条数据链路，专门用于传送信令，故可称为"带外信令"。

利用链路帧的拥塞通知位进行拥塞管理：帧中继没有流量控制功能，对用户发送的数据量不做强制，以满足用户传送突发数据的要求。这样有可能造成网络的拥塞，帧中继对拥塞的处理是通过链路帧的拥塞通知位，通知始发用户降低数据发送速率或暂停发送。

采用带宽管理机制：由于帧中继采用了非强制性的拥塞管理，为防止网络过度拥塞，以及防止某一用户大量地发送数据而影响对其他用户的服务质量，帧中继对用户使用的带宽进行了一定的控制。

**2．帧中继的带宽管理**

帧中继网络通过为用户分配带宽控制参数，对每条虚电路上传送的用户信息进行监视和控制，实施带宽管理，以合理地利用带宽资源。

（1）虚电路带宽控制。帧中继网络为每个用户分配三个带宽控制参数 Bc、Be 和 CIR。同时，每隔 $T_c$ 时间间隔对虚电路上的数据流量进行监视和控制。$T_c$ 值是通过计算得到的，$T_c=B_c/CIR$。CIR 是网络与用户约定的用户信息传送速率。如果用户以小于或等于 CIR 的速率传送信息，正常情况下，应保证这部分信息的传送。$B_c$ 是网络允许用户在 $T_c$ 时间间隔传送的数据量，$B_e$ 是网络允许用户在 $T_c$ 时间间隔内传送的超过 $B_c$ 的数据量。

（2）网络容量配置。在网络运行初期，网络运营部门为保证 CIR 范围内用户数据信息的传送，在提供可靠服务的基础上积累网管经验，使中继线容量等于经过该中继线的所有 PVC 的 CIR 之和，为用户提供充裕的数据带宽，以防止拥塞的发生。同时，还可以多提供一些 CIR 为 0 的虚电路业务，充分利用帧中继动态分配带宽资源的特点，降低维护通信费用，以吸引更多用户。

随着用户数量的增加和经验的积累，在运营过程中，可逐步增加 PVC 数量，以保证网络资源的充分利用。同时，CIR 为 0 的业务应尽量提供给那些利用空闲时间（如夜间）

进行通信的用户，对要求较高的用户应尽量提供有一定 CIR 值的业务，以防止因发生阻塞而造成用户信息的丢失。

**3. 帧中继标准**

制定帧中继标准的国际组织主要有 ITU-T、ANSI 和帧中继论坛（FR Forum），这 3 个组织目前已制定了一系列帧中继标准。

1）ITU-T 标准

- I.122 帧中继承载业务框架；
- I.233 帧方式承载业务；
- I.370 帧中继承载业务的拥塞管理；
- I.372 帧中继承载业务的网络——网络间接口（NNI）要求；
- I.555 帧中继承载业务的互通；
- I.655 帧中继网络管理；
- Q.922 用于帧方式承载业务的 ISDN 数据链路层技术规范；
- Q.933 1 号数字用户信令（DSS1）帧模式基本呼叫控制的信令规范；
- X.36 通过专线线路提供 FRDTS 的数据终端设备（DTE）和数据电路终端设备（DCE）的接口；
- X.76 提供 FRDTS 的公用数据网网间接口；
- X.144 国际帧中继 PVC 业务数据网络用户信息传送性能参数。

2）ANSI 标准

- T1S1 结构框架与业务描述；
- T1.620 ISDN 数据链路层信令规范；
- T1.606 帧中继承载业务描述；
- T1.617 帧中继承载业务的信令规范；
- T1.618 用于帧中继承载业务的帧协议核心部分。

3）帧中继论坛标准

- FRF.1 用户—网络接口实施协议；
- FRF.2 网络—网络接口实施协议；
- FRF.3 多协议包封实施协议；
- FRF.4 SVC 用户—网络接口实施协议；
- FRF.5 帧中继与 ATM PVC 网络互通实施协议；
- FRF.6 帧中继业务用户网络管理实施协议；
- FRF.7 帧中继 PVC 广播业务和协议描述实施协议；
- FRF.8 帧中继与 ATM 业务互通实施协议。

**4. 帧中继协议**

帧中继的协议主要有数据链路层帧方式接入协议（Link Access Procedures to Frame

Mode Bearer Services，LAPF）和数据链路层核心协议。

1）LAPF

LAPF 是帧方式承载业务的数据链路层协议和规程，包含在 ITU-T 标准 Q.922 中。LAPF 的作用是在 ISDN 用户—网络接口的 B、D 或 H 通路上为帧方式承载业务，在用户平面上的数据链路业务用户之间传递数据链路层业务数据单元。

LAPF 使用 I.430 和 I.431 支持的物理层服务，并允许在 ISDN B/D/H 通路上统计复用多个帧方式承载连接。LAPF 也可以使用其他类型接口支持的物理层服务。

LAPF 的一个子集，对应于数据链路层核心子层，用来支持帧中继承载业务。这个子集称为数据链路核心协议。LAPF 的其余部分称为数据链路控制协议。

LAPF 提供两种信息传送方式，分别为非确认信息传送方式和确认信息传送方式。

LAPF 的帧由 5 种字段组成，分别为标志字段 F、地址字段 A、控制字段 C、信息字段 I 和帧检验序列字段 FCS，如图 6-2 所示。

F：标志　A：地址　C：控制　I：信息　FCS：帧校验序列

图 6-2　LAPF 帧结构

标志字段 F 是一个特殊的八位数据 01111110，它的作用是标志帧的开始和结束。在地址字段之前的标志为开始标志，在 FCS 字段之后的标志为结束标志。

地址字段 A 的主要用途是区分同一通路上多个数据链路连接，以便实现帧的复用/分路。地址字段的长度一般为 2 字节，必要时最多可扩展到 4 字节。地址字段通常包括地址字段扩展位 EA，命令/响应指示 C/R，帧可丢失指示位 DE，前向显式拥塞位 FECN，后向显示拥塞位 BECN，数据链路连接标识符 DLCI 和 DLCI 扩展/控制知识位 D/C 等 7 个组成部分。

控制字段 C 分 3 种类型的帧：信息帧（I 帧）用来传送用户数据，但在传送数据的同时，I 帧还捎带传送流量控制和差错控制信息，以保证用户数据的正确传送；监视帧（S 帧）专门用来传送控制信息，当流量和差错控制信息没有 I 帧可以"搭乘"时，需要用 S 帧来传送；无编号帧（U 帧）有两个用途：传送链路控制信息及按非确认方式传送用户数据。

信息字段 I 包含的是用户数据，可以是任意的位序列，它的长度必须是整数字节，LAPF 信息字节的最大默认长度为 260 字节，网络应能支持协商的信息字段的最大字节数至少为 1598，用来支持例如 LAN 互联之类的应用，以尽量减少用户设备分段和重装用户数据的需要。

FCS 是一个 16 位的序列。具有很强的检错能力，能检测出在任何位置上的 3 个以内的错误、所有的奇数个错误、16 位之内的连续错误及大部分的大量突发错误。

LAPF 的帧交换过程是对等实体之间在 D/B/H 通路或其他类型物理通路上传送和交换信息的过程，进行交换的帧有 I 帧、S 帧和 U 帧。

采用非确认信息传送方式时，LAPF 的工作方式十分简单，用到的帧只有一种，即无编号信号帧 UI。UI 帧的 I 段包含了用户发送的数据，UI 帧到达接收端后，LAPF 实体按 FCS 字段的内容检查传输错误，如没有错误，则将 I 字段的内容送到第 3 层实体，如有错误，则将该帧丢弃，但不论接收是否正确，接收端都不给发送端任何回答。

采用确认信息传送方式时，LAPF 的帧交换分为 3 个阶段，分别为连接建立、数据传送和连接释放。

2）数据链路层核心协议

帧中继承载业务使用 Q.922 协议的"核心"协议作为数据链路层协议，并透明地传递 DL-CORE 服务用户数据。

在帧中继接口，数据链路层传输的帧由 4 种字段组成，分别为标志字段 F、地址字段 A、信息字段 I 和帧校验序列字段 FCS，如图 6-3 所示。

F：标志　　A：地址　　I：信息
FCS：帧校验序列

图 6-3　数据链路层传输的帧结构

- 标志字段 F 与 LAPF 标志字段一样；
- 地址字段 A 与 LAPF 地址字段基本相同，只是不使用地址字段中的 C/R 位；
- 信息字段 I 与 LAPF 的 I 字段一样；
- 帧校验序列字段 FCS 与 LAPF 帧结构中的 FCS 字段一样。

数据链路层核心业务的数据传送功能是通过原语的形式来描述的。只使用一种原语类型 DL-CORE-DATA，用来允许核心业务用户之间传送核心用户数据。数据传送业务不证实服务，因此只有 DL-CORE-DATA 请求和 DL-CORE-DATA 指示两种原语可供使用。

DL-CORE 子层实体与其他实体之间的通信是通过原语来实现的。

在永久帧中继承载连接的情况下，与 DL-CORE 协议操作有关的信息均由 DL-CORE 层管理实体负责维护。对于即时的（On-Demand）帧中继承载连接，建立和释放 DL-CORE 连接均由第三层来实现。与 DL-CORE 协议操作有关的信息均通过第三层管理和

DL-CORE 子层管理之间进行协调来管理。

　　3）帧中继的寻址功能

　　帧中继采用统计复用技术，以虚电路机制为每一帧提供地址信息，每一条线路和每一个物理端口可容纳许多虚电路，用户之间通过虚电路进行连接。在每一帧的帧头中都包含虚电路号，即数据链路连接标识符（Data Link Connection Identifier，DLCI），这是每一帧的地址信息。目前帧中继网只提供 PVC 业务，每一个结点机中都存在 PVC 路由表，当帧进入网络时，结点机通过 DLCI 值识别帧的去向。DLCI 只具有本地意义，它并非指终点的地址，而只是识别用户与网络间及网络与网络间的逻辑连接（虚电路段）。

　　帧中继的虚电路是由多段 DLCI 的逻辑连接链接而构成的端到端的逻辑链路。当用户数据信息被封装在帧中进入结点机后，首先识别帧头中的 DLCI，然后在 PVC 路由表中找出对应的下段 PVC 的号码 DLCI，从而将帧准确地送往下一结点机。

　　**5．帧中继用户接入**

　　用户和网络之间的接口称为 UNI，在用户网络接口的用户侧是帧中继接入设备，用于将本地用户设备接入到帧中继网。

　　帧中继接入设备可以是标准的帧中继终端、帧中继装/拆设备，以及提供 LAN 接入的网桥或路由器等。在 UNI 网络侧的是帧中继网络设备，帧中继网络设备可以是电路交换的，也可以是帧交换的或是信元交换的。

　　用户接入规程是指帧中继接入设备接入到帧中继网络设备应具有的或实现的规程协议。对于用户接入规程，ITU-T、ANSI 和帧中继论坛各自制订了有关 UNI 的标准，如表 6-1 所示。用户设备接入帧中继时，应符合其中之一的要求，并与帧中继网络设备支持的标准相兼容。由于这 3 种标准之间差别并不大，大多数生产厂商都支持这些标准。

表 6-1　FR UNI 的相关标准

| ITU-T | ANSI | 帧中继论坛 |
|---|---|---|
| Q.922 | T1.617 | FRF.1 |
| Q.933 | T1.618 | FRF.4 |

　　用户接入规程主要包括以下几部分内容。

　　（1）物理层接口规程。用户设备与帧中继网之间的物理层接口，通常提供下列之一的接口规程。

- X 系列接口，如 X.21 接口等；
- V 系列接口，如 V.35，V.36，V.10，V.11，V.24 接口等；
- G 系列接口，如 G.703，速率可为 2Mb/s、8Mb/s、34Mb/s 或 155Mb/s 等；
- I 系列接口，如支持 ISDN 基本速率接入的 I.430 接口和支持 ISDN 基群速率接入的 I.431 接口等。

　　（2）数据链路传输控制。用户接入规程必须支持 Q.922 附件 A 规定的帧中继数据链路层协议，包括帧中继帧结构、地址格式、寻址方式及传输方面的规定。

（3）SVC 信令。对于支持帧中继 SVC 业务的用户设备，其接入规程必须提供帧中继交换虚电路控制使用的信令，该信令在 ITU-T Q.933 标准中规定。

（4）业务参数和服务质量。帧中继承载业务的服务质量由以下一些参数来表示：吞吐量、接入速率（AR）、承诺信息速率（CIR）、承诺突发尺寸（$Bc$）、超过的突发尺寸（$Be$）、承诺时间间隔（$Tc$）、中转时延（Transit Delay），以及一些误传、丢失、失步、错帧数等参数。AR 也等效于端口速率，对一条虚连接，CIR 是在正常网络条件下网络向用户承诺的数据吞吐量，$Be$ 是在 $Tc$ 时间内，网络试图转发高于 $Bc$ 的最大允许，但并非承诺的数据量。网络通过确定上述参数对全网的带宽进行控制和管理。在 UNI，服务质量参数值管理根据帧中继连接方式（PVC 和 SVC）的不同而不同。对于 PVC 来说，用户在申请入网时，需与网络运营者共同协商，确定上述参数。此外，还应协调丢帧率、帧长度、DLCI 等参数。对于 SVC 来说，上述这些参数及丢帧率、帧长度等应在呼叫建立阶段在 UNI 处交换，或使用默认值。

## 6.2.3  DDN 网络

DDN 是利用数字信道来连续传输数据信号的，不具备数据交换的功能，不同于通常的报文交换网和分组交换网。DDN 的主要作用是向用户提供永久性和半永久性连接的数字数据传输信道，既可用于计算机之间的通信，也可用于传送数字化传真、数字话音、数字图像信号或其他数字化信号。永久性连接的数字数据传输信道是指用户间建立固定连接，传输速率不变的独占带宽电路。半永久性连接的数字数据传输信道对用户来说是非交换性的，但用户可提出申请，由网络管理人员对其提出的传输速率、传输数据的目的地和传输路由进行修改。

### 1. DDN 的特点

归纳起来，DDN 有以下几个特点。

（1）传输速率高：在 DDN 网内的数字交叉连接复用设备能提供 2Mb/s 或 N×64kb/s（≤2M）速率的数字传输信道。

（2）传输质量较高：数字中继大量采用光纤传输系统，用户之间专有固定连接，网络时延小。

（3）协议简单：采用交叉连接技术和时分复用技术，由智能化程度较高的用户端设备来完成协议的转换，本身不受任何规程的约束，是全透明网，面向各类数据用户。

（4）灵活的连接方式：可以支持数据、语音、图像传输等多种业务，不仅可以和用户终端设备进行连接，也可以和用户网络连接，为用户提供灵活的组网环境。

（5）电路可靠性高：采用路由迂回和备用方式，使电路安全可靠。

（6）网络运行管理简便：采用网管对网络业务进行调度监控。

### 2．DDN 网络的结构

DDN 网络结构如图 6-4 所示。

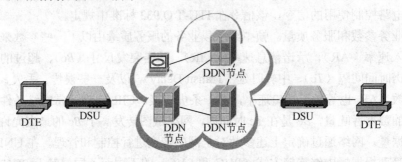

图 6-4　DDN 网络结构

　　DDN 网是由数字传输电路和相应的数字交叉复用设备组成的。其中，数字传输主要以光缆传输电路为主，数字交叉连接复用设备对数字电路进行半固定交叉连接和子速率的复用。

　　DTE：数据终端设备。接入 DDN 网的用户端设备可以是局域网，通过路由器连至对端，也可以是一般的异步终端或图像设备，以及传真机、电传机、电话机等。DTE 和 DTE 之间是全透明传输。

　　DSU：数据业务单元。可以是调制解调器或基带传输设备，以及时分复用、语音/数字复用等设备。

　　DTE 和 DSU 的主要功能是业务的接入和接出。

　　NMC，即网管中心，可以方便地进行网络结构和业务的配置，实时地监视网络运行情况，收集并统计报告网络信息、网络结点告警和线路利用情况等。

　　按照网络的基本功能，DDN 网又可分为核心层、接入层、用户接口层。

　　（1）核心层：以 2M 电路构成骨干结点核心，执行网络业务的转接功能，包括帧中继业务的转接功能。

　　（2）接入层：为 DDN 各类业务提供子速率复用和交叉连接，帧中继业务用户接入和本地帧中继功能，以及压缩话音/G3 传真用户入网。

　　（3）用户接口层：为用户入网提供适配和转接功能，如小容量时分复用设备等。

### 3．DDN 网络提供的业务

　　由于 DDN 网是一个全透明网络，能提供多种业务来满足各类用户的需求。

　　（1）提供速率可在一定范围内任选的信息量大、实时性强的中高速数据通信业务。如局域网互联、大中型主机互联、计算机互联网业务提供商（Internet Service Provider，ISP）等。

　　（2）为分组交换网、公用计算机互联网等提供中继电路。

（3）可提供点对点、一点对多点的业务，适合于金融证券公司、科研教育系统、政府部门租用 DDN 专线组建自己的专用网。

（4）提供帧中继业务，扩大了 DDN 的业务范围。用户通过一条物理电路可同时配置多条虚连接。

（5）提供语音、G3 传真、图像、智能用户电报等通信。

（6）提供虚拟专用网业务。大的集团用户可以租用多个方向、较多数量的电路，通过自己的网络管理工作站，自己管理，自己分配电路带宽资源，组成虚拟专用网。

DDN 网络把数据通信技术、数字通信技术、光纤通信技术、数字交叉连接技术和计算机技术有机地结合在一起。通过发展，DDN 应用范围从单纯提供端到端的数据通信扩大到能提供和支持多种通信业务，成为具有众多功能和应用的传输网络。网络规划设计师要顺应发展潮流，积极追踪新技术的发展，扩大网络服务对象，搞好网络的建设管理，最大限度地发挥网络优势。

## 6.2.4　SDH 网络

SDH 是一种将复接、线路传输及交换功能融为一体、并由统一网管系统操作的综合信息传送网络，是美国贝尔通信技术研究所提出来的同步光网络（Synchronous Optical Network，SONET）。ITU-T 于 1988 年接受了 SONET 概念并重新命名为 SDH，使其成为不仅适用于光纤也适用于微波和卫星传输的通用技术体制。它可实现网络有效管理、实时业务监控、动态网络维护、不同厂商设备间的互通等多项功能，能大大提高网络资源利用率、降低管理及维护费用、实现灵活可靠和高效的网络运行与维护，因此是当今世界信息领域在传输技术方面的发展和应用的热点，受到人们的广泛重视。

SDH 由于其自身的特点，所以能快速发展，它的具体特点如下：

（1）SDH 有统一的帧结构，数字传输标准速率和标准的光路接口，向上兼容性能好，能与现有的 PDH 完全兼容，并容纳各种新的业务信号，形成了全球统一的数字传输体制标准，提高了网络的可靠性。

（2）SDH 的码流在帧净负荷区内排列非常有规律，而净负荷与网络是同步的，它简化了 DXC，减少了背靠背的接口复用设备，改善了网络的业务传送透明性。

（3）采用较先进的分插复用器（Add-Drop Multiplexer，ADM）、数字交叉连接（Digital Cross Connect，DXC）、网络的自愈功能和重组功能非常强大。

（4）SDH 有多种网络拓扑结构，运行管理和自动配置功能，优化了网络性能，同时也使网络运行灵活、安全、可靠，使网络的功能非常齐全和多样化。

（5）SDH 可以在多种介质上传输。

（6）SDH 是严格同步的，误码少，且便于复用和调整。

## 6.2.5　MSTP 网络

MSTP 是指基于 SDH 平台同时实现 TDM、ATM、以太网等业务的接入、处理和传送，提供统一网管的多业务节点。基于 SDH 的多业务传送节点除应具有标准 SDH 传送节点所具有的功能外，还具有以下主要功能特征：

（1）具有 TDM 业务、ATM 业务或以太网业务的接入功能。

（2）具有 TDM 业务、ATM 业务或以太网业务的传送功能，包括点到点的透明传送功能。

（3）具有 ATM 业务或以太网业务的带宽统计复用功能。

（4）具有 ATM 业务或以太网业务映射到 SDH 虚容器的指配功能。

基于 SDH 的多业务传送节点可根据网络需求应用在传送网的接入层、汇聚层，应用在骨干层的情况有待研究。

**1．MSTP 的工作原理**

MSTP 是将传统的 SDH 复用器、DXC、WDM 终端、网络二层交换机和 IP 边缘路由器等多个独立的设备集成为一个网络设备，即基于 SDH 技术的 MSTP，进行统一控制和管理。基于 SDH 的 MSTP 最适合作为网络边缘的融合节点支持混合型业务，特别是以 TDM 业务为主的混合业务。它不仅适合缺乏网络基础设施的新运营商，应用于局间或 POP 间，还适合于大企事业用户驻地。而且即便对于已铺设了大量 SDH 网的运营公司，以 SDH 为基础的多业务平台可以更有效地支持分组数据业务，有助于实现从电路交换网向分组网的过渡。所以，它将成为城域网近期的主流技术之一。

这就要求 SDH 必须从传送网转变为传送网和业务网一体化的多业务平台，即融合的多业务节点。MSTP 的实现基础是充分利用 SDH 技术对传输业务数据流提供保护恢复能力和较小的延时性能，并对网络业务支撑层加以改造，以适应多业务应用，实现对二层、三层的数据智能支持。即将传送节点与各种业务节点融合在一起，构成业务层和传送层一体化的 SDH 业务节点，称为融合的网络节点或多业务节点，主要定位于网络边缘。

**2．MSTP 的工作方式**

MSTP 有端口组方式和 VLAN 两种方式：

（1）端口组方式。单板上全部的系统和用户端口均在一个端口组内。这种方式只能应用于点对点对开的业务。换句话说，也就是任何一个用户端口和任何一个系统端口（因为只有一个方向，所以没有必要启动所有的系统端口，一个就足够了）被启用了，网线插在任何一个启用的用户端口上，那个用户口就享有了所有带宽，业务就可以开通。

（2）VLAN 方式。VLAN 方式又分为接入模式和干线模式。

**3．MSTP 的特点**

（1）可以工作在全双工、半双工和自适应模式下，具备 MAC 地址自学功能。

（2）QoS 设置。QoS 实际上限制端口的发送，原理是发送端口根据业务优先级上有许多发送队列，根据 QoS 的配置和一定的算法完成各类优先级业务的发送。因此，当一个端口可能发送来自多个来源的业务，而且总的流量可能超过发送端口的发送带宽时，可以设置端口的 QoS 能力，并相应地设置各种业务的优先级配置。当 QoS 不作配置时，带宽平均分配，多个来源的业务尽力传输。QoS 的配置就是规定各端口在共享同一带宽时的优先级及所占用带宽的额度。

（3）对每个客户独立运行生成树协议。

（4）业务的带宽灵活配置，MSTP 上提供的 10/100/1000Mb/s 系列接口，通过 VC 的捆绑可以满足各种用户的需求。

## 6.2.6　移动通信网络

目前，移动通信网络有 GSM（Global System for Mobile Communications，全球移动通信系统）、GPRS（General Packet Radio Service，通用分组无线服务技术）、CDMA（Code Division Multiple Access，码分多址）2000、WCDMA（Wide-Band CDMA，宽带 CDMA）、TD-SCDMA（Time Division-Synchronous Code Division Multiple Access，时分同步 CDMA）等。

### 1. GSM

GSM 俗称"全球通"，是一种起源于欧洲的移动通信技术标准，是第二代移动通信技术，其开发目的是让全球各地可以共同使用一个移动电话网络标准，让用户使用一部手机就能行遍全球。

GSM 系统包括 GSM 900（900MHz）、GSM1800（1800MHz）及 GSM1900（1900MHz）等几个频段。

### 2. GPRS

GPRS 是 GSM 移动电话用户可用的一种移动数据业务。它经常被描述成 2.5G，也就是说这项技术位于第二代（2G）和第三代（3G）移动通信技术之间。它通过利用 GSM 网络中未使用的 TDMA（Time Division Multiple Access，时分多址）信道，提供中速的数据传递。GPRS 突破了 GSM 网只能提供电路交换的思维方式，只通过增加相应的功能实体和对现有的基站系统进行部分改造来实现分组交换，这种改造的投入相对来说并不大，但得到的用户数据速率却相当可观。GPRS 是一种以 GSM 为基础的数据传输技术，可说是 GSM 的延续。GPRS 和以往连续在频道传输的方式不同，是以封包（Packet）式来传输，因此使用者所负担的费用是以其传输资料单位计算，并非使用其整个频道，理论上较为便宜。

GPRS 的传输速率可提升至 56kb/s 甚至 114kb/s。而且，因为不再需要现行无线应用所需要的中介转换器，所以连接及传输都会更方便容易。如此，使用者既可联机上网，参加视讯会议等互动传播，而且在同一个视讯网络上的使用者，甚至可以无需通过拨号上网，而持续与网络连接。

### 3. TD-SCDMA

在与欧洲、美国各自提出的 3G 标准的竞争中，中国提出的 TD-SCDMA 已正式成为全球 3G 标准之一，这标志着中国在移动通信领域已经进入世界领先之列。

TD-SCDMA 所采用的关键技术主要有同步 CDMA（Synchronous CDMA）技术、智能天线（Smart Antenna）技术、联合检测技术、软件无线电（Software Radio）技术、接力切换技术、动态信道分配技术等。

（1）同步 CDMA。同步 CDMA 又称上行同步，是降低多址干扰，简化基站接收机的一个重要技术。移动设备动态调整向基站发送信号的时间，保证上行信道信号的不相关，降低了码间干扰。这样，系统的容量由于码间干扰的降低而大大的提高，同时基站接收机的复杂度也大为降低。

（2）智能天线。智能天线是 TD-SCDMA 核心技术中的关键，可以说 TD-SDMA 系统就是基于智能天线来设计的。下面通过传统天线和智能天线的对比，来说明智能天线的优势。

- 传统天线：该天线采用单种波束在一个区域类、保持连续完整的覆盖。这样，在没有移动用户的地方，信号依然存在，用户之间的信号干扰严重。
- 智能天线：智能天线系统由一组天线及相连的收发信机和先进的数字信号处理算法构成。能有效产生多波束赋形，每个波束指向一个特定终端，并能自动跟踪移动终端。在接收端，通过空间选择性分集，可大大提高接收灵敏度，减少不同位置同信道用户的干扰，有效合并多径分量，抵消多径衰落，提高上行容量。在发送端，智能空间选择性波束成形传送，降低输出功率要求，减少同信道干扰，提高下行容量。智能天线改进了小区覆盖，智能天线阵的辐射图形完全可用软件控制，在网络覆盖需要调整等使原覆盖改变时，均可通过软件非常简单地进行网络优化。

（3）联合检测技术。CDMA 系统是干扰受限系统，干扰包括多径干扰、小区内多用户干扰和小区间干扰。这些干扰破坏各个信道的正交性，降低 CDMA 系统的频谱利用率。过去传统的接收机技术把小区内的多用户干扰当作噪声处理，而没有利用该干扰不同于噪声干扰的独有特性。联合检测技术即"多用户干扰"抑制技术，是消除和减轻多用户干扰的主要技术，把所有用户的信号都当作有用信号处理，这样可充分利用用户信号提供的各种信息，如幅度、定时、延迟，从而大幅度降低干扰。

（4）软件无线电。软件无线电是利用数字信号处理技术，利用软件的方式，通过加载不同的软件，实现传统上需要由硬件电路来完成的某些无线功能的技术。它的核心是：将无线通信的功能尽可能地采用软件进行定义。

（5）接力切换。移动通信系统采用蜂窝结构，在跨越空间划分的小区时，必须进行越区切换，即完成移动台到基站的接口转换，及基站到网入口和网入口到交换中心的相应转移。由于采用智能天线可大致定位用户的方位和距离，所以 TD-SCDMA 系统的基站和基站控制器可采用接力切换方式，根据用户的方位和距离信息，判断手机用户现在是否移动到应该切换给另一基站的临近区域。如果进入切换区，便可通过基站控制器通知另一基站做好切换准备，达到接力切换的目的。接力切换可提高切换成功率，降低切换时对临近基站信道资源的占用。基站控制器（Base Site Controller，BSC）实时获得移动终端的位置信息，并告知移动终端周围同频基站信息，移动终端同时与两个基站建立联系，切换由 BSC 判定发起，使移动终端由一个小区切换至另一小区。TD-SCDMA 系统既支持频率内切换，也支持频率间切换，具有较高的准确度和较短的切换时间，它可动态分配整个网络的容量，也可以实现不同系统间的切换。

（6）动态信道分配。TD-SCDMA 所采用的动态信道分配技术可以实现在时域、空域和码域对无线的灵活配置。采用动态信道分配技术使得 TD-SCDMA 系统能够较好地避免干扰，使信道重用距离最小化，从而高效率地利用有限地无线资源，提高系统容量。此外，通过使用时域地动态信道分配，可以灵活分配时隙资源，动态地调整上、下行时隙的个数，从而灵活地支持对称和非对称的业务。

### 4．CDMA 2000

CDMA 2000 最终正式标准是在 2000 年 3 月通过的。CDMA2000 有下列技术特点：

（1）多种信道带宽。前向链路支持多载波和直扩两种方式；反向链路仅支持直扩方式。

（2）当采用多载波方式时，能支持多种射频带宽，即射频带宽可为 N×1.25MHz，其中 N=1，3，5，9，12。目前技术仅支持前两种，即 1.25MHz（CDMA2000-1X）和 3.75MHz（CDMA2000-3X）。

CDMA2000-1X（第一阶段）采用的扩频速率为 SR1（记为 1X），即指前向信道和反向信道均用码片速率为 1.2288Mb/s 的单载波直接序列扩频方式，因此它可以方便地与 IS-95（A/B）后向兼容，实现平滑过渡。运营商可在某些需求高速数据业务而导致容量不够的蜂窝上，用相同载波部署 CDMA2000-1X 系统，从而减少了用户和运营商的投资。

由于 CDMA2000-1X 采用了反向相干解调、快速前向功控、发送分集、Turbo 编码等新技术，其容量比 IS-95 大为提高。在相同条件下，对普通话音业务而言，容量大致为 IS-95 系统的两倍。

CDMA2000-3X 就是采用扩频速率 SR3（记为 3X）的 CDMA2000 系统。其技术特点是前向信道有 3 个载波的多载波调制方式，每个载波均采用 1.228 8Mb/s 直接序列扩频，其反向信道则采用码片速率为 3.686 4Mb/s 的直接扩频，因此 CDMA2000-3X 的信道带宽为 3.75MHz，最大用户位率为 1.036 8Mb/s。如前所述，因为它占用频带过宽，因此许多开发商目前更对 HDR 感兴趣。

CDMA2000-1XEV 是一种依托在 CDMA2000-1X 基础上的增强型 3G 系统。除基站信号处理部分及用户手持终端不同外，它能与 CDMA2000-1X 共享原有的系统资源。它可以在 1.25MHz 带宽内，前向链路达到 2.4Mb/s（甚至高于 CDMA2000-3X），反向链路上也可提供 153.6kb/s 的数据业务，很好地支持高速分组业务，适合于移动 IP。

下面主要介绍 CDMA2000-1X，了解 CDMA2000-1X 后，举一反三，对 HDR、3X

或 NX 就容易理解了。

CDMA2000-1X 网络主要由 BTS、BSC 和 PCF、PDSN 等结点组成。基于 ANSI-41 核心网的系统结构如图 6-5 所示。

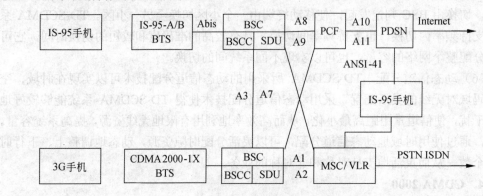

图 6-5　基于 ANSI-41 核心网的系统结构

其中，BTS 为基站收发信机，PCF 为分组控制功能，BSC 为基站控制器，PDSN 为分组数据服务器，SDU 为业务数据单元，MSC/VLR 为移动交换中心/访问寄存器，BSCC 为基站控制器连接。

由图 6-3 可见，与 IS-95 相比，核心网中的 PCF 和 PDSN 是两个新增模块，通过支持移动 IP 协议的 A10、A11 接口互联，可以支持分组数据业务传输。而以 MSC/VLR 为核心的网络部分，支持话音和增强的电路交换型数据业务，与 IS-95 一样，MSC/VLR 与 HLR/AC 之间的接口基于 ANSI-41 协议。

在图 6-3 中，BTS 在小区建立无线覆盖区用于移动台通信，移动台可以是 IS-95 或 CDMA2000-1X 制式手机。BSC 可对每个 BTS 进行控制；Abis 接口用于 BTS 和 BSC 之间的连接；A1 接口用于传输 MSC 与 BSC 之间的信令信息；A2 接口用于传输 MSC 与 BSC 之间的话音信息；A3 接口用于传输 BSC 与 SDU（交换数据单元模块）之间的用户话务（包括语音和数据）和信令；A7 接口用于传输 BSC 之间的信令，支持 BSC 之间的软切换。

CDMA2000 可以工作在 8 个 RF 频道类，包括 IMT-2000 频段、北美 PCS 频段、北美蜂窝频段、TACS 频段等，其中北美蜂窝频段（上行：824～849MHz，下行：869～894MHz）提供了 AMPS/IS-95 CDMA 同频段运营的条件。

CDMA2000-1X 的正向和反向信道结构主要采用码片速率为 $1\times1.2288$Mb/s，数据调制用 64 阵列正交码调制方式，扩频调制采用平衡四相扩频方式，频率调制采用 OQPSK 方式。

CDMA2000-1X 正向信道所包括的正向信道的导频方式、同步方式、寻呼信道均兼容 IS-95A/B 系统控制信道特性。

CDMA2000-1X 反向信道包括接入信道、增强接入信道、公共控制信道、业务信道，其中增强接入信道和公共控制信道除可提高接入效率外，还适应多媒体业务。

CDMA2000-1X 信令提供对 IS-95A/B 系统业务支持的后向兼容能力。

CDMA2000-1X 的关键技术如下：

（1）前向快速功率控制技术。CDMA2000 采用快速功率控制方法。方法是移动台测量收到业务信道的 Eb/Nt，并与门限值比较，根据比较结果，向基站发出调整基站发射功率的指令，功率控制速率可以达到 800b/s。由于使用快速功率控制，可以减少基站发射功率、减少总干扰电平，从而降低移动台信噪比要求，最终可以增大系统容量。

（2）前向快速寻呼信道技术。此技术有两个用途。一个用途是寻呼或睡眠状态的选择。因基站使用快速寻呼信道向移动台发出指令，决定移动台是处于监听寻呼信道还是处于低功耗状态的睡眠状态，这样移动台便不必长时间连续监听前向寻呼信道，可减少移动台激活时间和节省移动台功耗；另一个用途是配置改变。通过前向快速寻呼信道，基地台向移动台发出最近几分钟内的系统参数消息，使移动台根据此新消息做相应设置处理。

（3）前向链路发射分集技术。CDMA2000-1X 采用直接扩频发射分集技术，有两种方式。一种是正交发射分集方式，方法是先分离数据流，再用不同的正交 Walsh 码对两个数据流进行扩频，并通过两个天线发射；另一种是空时扩展分集方式，使用空间两根分离的天线发射已交织的数据，并使用相同的原始 Walsh 码信道。使用前向链路发射分集技术可以减少发射功率，抗信号衰落，增大系统容量。

（4）反向相干解调。基站利用反向导频信道发出扩频信号捕获移动台的发射，再用梳状（Rake）接收机实现相干解调。与 IS-95 采用非相干解调相比，提高了反向链路性能，降低了移动台发射功率，提高了系统容量。

（5）连续的反向空中接口波形。在反向链路中，数据采用连续导频，使信道上数据波形连续，此措施可减少外界电磁干扰，改善搜索性能，支持前向功率快速控制及反向功率控制连续监控。

（6）Turbo 码使用。Turbo 码具有优异的纠错性能，适合于高速率对译码时延要求不高的数据传输业务，并可降低对发射功率的要求，增加系统容量。在 CDMA2000-1X 中，Turbo 码仅用于前向补充信道和反向补充信道中。Turbo 编码器由两个 RSC 编码器（卷积码的一种）、交织器和删除器组成。每个 RSC 有两路交验位输出，两个输出经删除复用后形成 Turbo 码。Turbo 译码器由两个软输入、软输出的译码器、交织器、去交织器构成，经对输入信号交替译码、软输出多轮译码、过零判决后得到译码输出。

（7）灵活的帧长。与 IS-95 不同，CDMA2000-1X 支持 5ms、10ms、20ms、40ms、80ms 和 160ms 多种帧长，不同类型信道分别支持不同帧长。前向基本信道、前向专用控制信道、反向基本信道、反向专用控制信道采用 5ms 或 20ms 帧，前向补充信道、反向补充信道采用 20ms、40ms 或 80ms 帧，话音信道采用 20ms 帧。较短帧可以减少时延，但解调性能较低；较长帧可降低对发射功率的要求。

（8）增强的媒体接入控制功能。媒体接入控制子层控制多种业务接入物理层，保证多媒体的实现。它实现话音、分组数据和电路数据业务、同时处理、提供发送、复用和 QoS 控制、提供接入程序等功能。与 IS-95 相比，可以满足更宽带和更多业务的要求。

**5．WCDMA**

在第三代移动通信规范提案的概念评估过程中，WCDMA 技术以其自身的技术优势成为 3G 的主流技术之一。WCDMA 主要起源于欧洲和日本的早期第三代无线研究活动，GSM 的巨大成功对第三代系统在欧洲的标准化产生重大影响。

1）WCDMA 的主要技术特点

- 基站同步方式：支持异步和同步的基站运行方式，灵活组网。
- 信号带宽：5MHz；码片速率：3.84Mb/s。
- 发射分集方式：时间切换发射分集、时空编码发射分集、反馈发射分集。
- 信道编码：卷积码和 Turbo 码，支持 2Mb/s 速率的数据业务。
- 调制方式：上行采用 BPSK，下行采用 QPSK。
- 功率控制：上下行闭环功率控制，外环功率控制。
- 解调方式：导频辅助的相干解调。
- 语音编码：采用 AMR（Adaptive Multi-Rate，自适应多速率），与 GSM 兼容。
- 核心网络基于 GSM/GPRS 网络的演进，并保持与 GSM/GPRS 网络的兼容性。
- MAP 技术和 GPRS 隧道技术是 WCDMA 的移动性管理机制的核心，保持与 GPRS 网络的兼容性。
- 支持软切换和更软切换。
- 基站无须严格同步，组网方便。

WCDMA 的优势在于，码片速率高，有效地利用了频率选择性分集和空间的接收和发射分集，可以解决多径问题和衰落问题；采用 Turbo 信道编解码，提供较高的数据传输速率，WCDMA 能够提供广域的全覆盖，下行基站区分采用独有的小区搜索方法，无需基站间严格同步；采用连续导频技术，能够支持高速移动终端。相比第二代的移动通信制式，WCDMA 具有更大的系统容量、更优的话音质量、更高的频谱效率、更快的数据速率、更强的抗衰落能力、更好的抗多径性、能够应用于高达 500km/h 的移动终端的技术优势，而且能够从 GSM 系统进行平滑过渡，保证运营商的投资，为 3G 运营提供了良好的技术基础。

2）WCDMA 关键技术和实现难点

WCDMA 产业化的关键技术包括射频和基带处理技术，具体包括射频、中频数字化处理，RAKE 接收机、信道编解码、功率控制等关键技术和多用户检测、智能天线等增强技术。

（1）射频和中频。射频部分是传统的模拟结构，实现射频和中频信号转换。射频上行通道部分主要包括自动增益控制、接收滤波器和下变频器。射频的下行通道部分主要包括二次上变频，宽带线性功放和射频发射滤波器。中频部分主要包括上行的去混迭滤波器、下变频器、ADC（Analog to Digital Converter，模数变换器）和下行的中频平滑滤波器，上变频器和 DAC（Digital to Analog Converter，数模变换器）。与 GSM 信号和第一代信号不同，WCDMA 的信号带宽为达到 5MHz 的宽带信号。宽带信号的射频功放的线性和效率是普遍存在的矛盾。

（2）RAKE 接收机的总体结构。图 6-6 所示为一个 RAKE 接收机，它是专为 CDMA 系统设计的经典的分集接收器，其理论基础就是：当传播时延超过一个码片周期时，多径信号实际上可被看做是互不相关的。

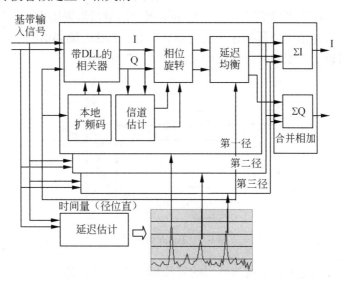

图 6-6　RAKE 接收机框图

带动态链接库（Dynamic Linkable Library，DLL）的相关器是一个迟早门的锁相环。它由两个相关器（早和晚）组成，和解调相关器分别相差±1/2（或 1/4）个码片。迟早门的相关结果相减可以用于调整码相位。延迟环路的性能取决于环路带宽。

延迟估计的作用是通过匹配滤波器获取不同时间延迟位置上的信号能量分布，识别具有较大能量的多径位置，并将它们的时间量分配到 RAKE 接收机的不同接收径上。匹配滤波器的测量精度可以达到 1/4～1/2 码片，而 RAKE 接收机的不同接收径的间隔是一个码片。实际实现中，如果延迟估计的更新速度很快（如几十毫秒一次），就可以无须迟早门的锁相环。

由于信道中快速衰落和噪音的影响，实际接收的各径的相位与原来发射信号的相位有很大的变化，因此在合并以前要按照信道估计的结果进行相位的旋转。实际的 CDMA 系统中的信道估计是根据发射信号中携带的导频符号完成的。根据发射信号中是否携带有连续导频，可以分别采用基于连续导频的相位预测和基于判决反馈技术的相位预测方法。

在系统中对每个用户都要进行多径的搜索和解调，而且 WCDMA 的码片速率很高，其基带硬件的处理量很大，在实际实现中有一定困难。

3）信道编解码技术

信道编解码主要是降低信号传播功率和解决信号在无线传播环境中不可避免的衰落问题。编解码技术结合交织技术的使用可以提高误码率性能，与无编码情况相比，传统的卷积码可以将误码率提高两个数量级，达到 $10^{-3} \sim 10^{-4}$，而 Turbo 码可以将误码率进一步提高到 $10^{-6}$。WCDMA 候选的信道编解码技术中原来包括 Reed-Solomon 和 Turbo 码，Turbo 码因为编解码性能能够逼近 Shannon 极限而最后被采用作为 3G 的数据编解码技术。卷积码主要是用于低数据速率的语音和信令。Turbo 编码由两个或以上的基本编码器通过一个或以上交织器并行级联构成，如图 6-7 所示。

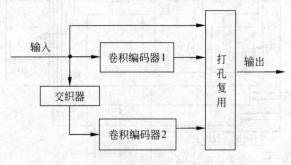

图 6-7　Turbo 编码器

Turbo 码的原理基于对传统级联码的算法和结构上的修正，内交织器的引入使得迭代解码的正反馈得到了很好的消除。Turbo 的迭代解码算法包括 SOVA（软输出 Viterbi 算法）、MAP（最大后验概率算法）等。由于 MAP 算法的每一次迭代性能的提高都优于 Viterbi 算法，因此 MAP 算法的迭代译码器可以获得更大的编码增益。实际实现的 MAP 算法是 Log-MAP 算法，它将 MAP 算法置于对数域中进行计算，减少了计算量。

Turbo 解码算法实现的难点在于传输高速数据时的解码速率和相应的迭代次数。现有的 DSP 都内置了解码器所需的基本算法，使得 Turbo 解码可以依赖 DSP 芯片直接实现而无须采用 ASIC。

## 6.2.7　WiMax 网络

WiMax（World Interoperability for Microwave Access）论坛是由采用 IEEE 802.16 标准的设备和器件供应商成立的一个非赢利性生产团体，主要是向市场推广 IEEE 新的无线通信标准 802.16。WiMax 已成为 802.16 标准的代名词，是一种面向城域网的宽带无线接入技术，能提供面向互联网的高速连接。目前，Intel、Nokia、Proxim、Alvarion 和富士通等众多的国际性大公司相继加入 WiMax 组织，以推动与保证基于 802.16 标准的宽带设备的兼容性和互通性。WiMax 组织积极推动 WiMax/802.16 产品在全球范围内的应用。

**1. WiMax 技术概述**

WiMax 的最大覆盖范围是 50km，是一种定位于宽带 IP 城域网的无线接入技术，主要用于固定无线宽带接入，地理位置分散的信息结点的回程传输，或大业务量用户的接入。WiMax 作为城域网接入手段，采用了多种技术来应对建筑物阻挡情况下的非视距和阻挡视距的传播条件，因此其可以实现非视距传输（这种情形下的传输距离会有所缩短）。WiMax 系统也可以连接 WLAN 的结点和互联网，还可作为企业或家庭 xDSL 和 Cable Modem 的无线扩充技术，或取代有线宽带接入的市场。

从系统容量上看，WiMax 也有显著的优势。WiMax 基站的一个扇区可同时支持 60 多个采用 E1/T1 的企业用户和数百个采用 xDSL 的家庭用户，因此，WiMax 的一个基站可以同时接入数百个远端用户站。同时，WiMax 可为同一用户站提供多个业务流的传输能力，可以更大地提升实际接入用户数。

IEEE 802.16 利用与 802.11a、802.11g 相同的 OFDM 技术，其传输距离为 30～50km，突破了现有的无线宽带障碍，当在 20MHz 的信道带宽时，支持高达 100Mb/s 的共享数据传输速率。

整体来说，802.16 工作的频段采用的是无须授权频段，范围在 2～66GHz 之间，而 802.16a 则是一种采用 2～11GHz 无须授权频段的宽带无线接入系统，其信道带宽可根据需求在 1.5～20MHz 范围内进行调整。因此，802.16 所使用的频谱将比其他任何无线技术更丰富。其至少具有如下优点。

（1）对于已知的干扰，窄的信道带宽有利于避开干扰。

（2）当信息带宽需求不大时，窄的信道带宽有利于节省频谱资源。

（3）灵活的带宽调整能力，有利于运营商或用户协调频谱资源。

因此，WiMax 建网快，带宽大，容量高，见效早，可为运营商快速提供各种业务，完全可以组建一个支持城域网的综合业务网络，并具备进一步漫游接入的潜力。WiMax 是运营商在计划构建宽带 IP 城域网时需要重点考虑的一种技术。

**2. WiMax 技术特点**

TCP/IP 协议的特点之一是对信道的传输质量有较高的要求。无线宽带接入技术面对日益增长的 IP 数据业务，必须适应 TCP/IP 协议对信道传输质量的要求。

在 WiMax 技术的应用条件下（室外远距离），无线信道的衰落现象非常显著，在质量不稳定的无线信道上运用 TCP/IP 协议，其效率将十分低下。WiMax 技术在链路层加入了 ARQ 机制，减少到达网络层的信息差错，可大大提高系统的业务吞吐量。同时，WiMax 采用天线阵、天线极化方式等天线分集技术来应对非视距和阻挡视距造成的深衰落。这些措施都提高了 WiMax 的无线数据传输的性能。

　　WiMax 可以向用户提供具有 QoS 性能的数据、视频、话音（VoIP）业务。WiMax 可以提供三种等级的服务，分别是 CBR（Constant Bit Rate，固定带宽）、CIR（Committed Rate，承诺带宽）、BE（Best Effort，尽力而为）。CBR 的优先级最高，任何情况下网络操作者与服务提供商以高优先级、高速率及低延时为用户提供服务，保证用户订购的带宽。CIR 的优先级次之，网络操作者以约定的速率来提供服务，但速率超过规定的峰值时，优先级会降低，还可以根据设备带宽资源情况向用户提供更多的传输带宽。BE 则具有更低的优先级，这种服务类似于传统 IP 网络的尽力而为的服务，网络不提供优先级与速率的保证，在系统满足其他用户较高优先级业务的条件下，尽力为用户提供传输带宽。

### 3．WiMax 与 Wi-Fi 的对比

　　Wi-Fi 联盟是由采用 IEEE 802.11 标准的设备和器件供应商成立的一个非赢利性组织，Wi-Fi 已成为推动 802.11 标准产品互通性的事实上的权威性组织，Wi-Fi 也成为 802.11 标准的代名词。Wi-Fi 标准是针对局域网的无线接入技术制定的，覆盖距离通常只有 10～300 米，所以可以说 Wi-Fi 解决的是"最后 100 米"的通信接入。

　　Wi-Fi（802.11）是当前应用最为广泛的无线局域网 MAC 和物理层标准，使用无牌照的 2.4GHz 和 5GHz 频段，速率可以达到 11Mb/s、22Mb/s 以至 54Mb/s。

　　在物理层、调制技术、MAC 层技术方面，Wi-Fi 采用了与 WiMax 不同的技术。在 Wi-Fi 标准系列中，802.11b 的物理层采用 BPSK 或 CCK＋QPSK 调制方式，码速率为 11MHz；802.11a 采用 OFDM 调制方式，码速率达到 54MHz；802.11g 则兼容两种标准，采用了两种调制技术。Wi-Fi 占用 20MHz 或 22 MHz 的固定的信道带宽。Wi-Fi 技术的 MAC 协议采用的是 CSMA/CA 协议。采用这种 MAC 协议比较适合突发性较大的业务种类如数据业务，可以提供较短的响应时间，较高的传输带宽，但也使得 Wi-Fi 不能像 WiMax 那样具备带宽动态分配的能力，提供业务的 QoS 性能，如时延要求，不适合视频、话音业务。

## 6.2.8　Ad hoc 网络

　　Ad hoc 网络的前身是分组无线网（Packet Radio Network，PRN）。早在 1972 年，美国 DARPA 就启动了分组无线网项目 PRNET，研究在战场环境下利用分组无线网进行数据通信。这个项目完成后，DARPA 于 1983 年启动了高残存性自适应网络项目 SURAN（Survivable Adaptive Network），研究如何将 PRNET 的研究成果加以扩展，以支持更大规模的网络。1994 年，DARPA 又启动了全球移动信息系统 GloMo（Global Mobile Information Systems）项目，旨在对能够满足军事应用需要的、可快速展开、高抗毁性的移动信息系统进行全面深入的研究。成立于 1991 年 5 月的 IEEE802.11 标准委员会采用了"Ad hoc 网络"一词来描述这种特殊的自组织对等式多跳移动通信网络，Ad hoc 网络就此诞生。IETF 也将 Ad hoc 网络称为 MANET（移动 Ad hoc 网络）。

Ad Hoc 的意思是 for this 引申为 for this purpose only，即"为某种目的设置的，特别的"意思，即 Ad hoc 网络是一种有特殊用途的网络。

Ad hoc 网络是由一组带有无线收发装置的移动终端组成的一个多跳临时性自治系统，移动终端具有路由功能，可以通过无线连接构成任意的网络拓扑，这种网络可以独立工作，也可以与 Internet 或蜂窝无线网络连接。

在后一种情况中，Ad hoc 网络通常是以末端子网（树桩网络）的形式接入现有网络。Ad hoc 网络中，每个移动终端兼备路由器和主机两种功能：作为主机，终端需要运行面向用户的应用程序；作为路由器，终端需要运行相应的路由协议，根据路由策略和路由表参与分组转发和路由维护工作。在 Ad hoc 网络中，节点间的路由通常由多个网段（跳）组成，由于终端的无线传输范围有限，两个无法直接通信的终端节点往往要通过多个中间节点的转发实现通信。所以，它又被称为多跳无线网、自组织网络、无固定设施的网络或对等网络。Ad hoc 网络同时具备移动通信和计算机网络的特点，可以看作是一种特殊类型的移动计算机通信网络。

## 6.3 接入网技术

接入技术可以分为有线接入技术和无线接入技术两大类。有线接入技术包括基于双绞线的 ADSL 技术、基于 HFC 网（光纤和同轴电缆混合网）的 Cable Modem 技术、基于 5 类线的以太网接入技术以及光纤接入技术。

### 6.3.1 拨号接入

PSTN 是一种全球语音通信电路交换网络，拥有近 10 亿的用户。最初它是一种固定线路的模拟电话网。如今，除了使用者和本地电话总机之间的最后连接部分，公共交换电话网络在技术上已经实现了完全的数字化。在和因特网的关系上，PSTN 提供了因特网相当一部分的长距离基础设施。因特网服务供应商为了使用 PSTN 的长距离基础设施，以及在众多使用者之间通过信息交换来共享电路，需要付给设备拥有者费用。这样因特网的用户就只需要对因特网服务供应商付费。

公共交换电话网是基于标准电话线路的电路交换服务，用来作为连接远程端点的连接方法。典型的应用有远程端点和本地 LAN 之间的连接和远程用户拨号上网。

如今，基于无线接入网的移动电话日益流行，通过 PSTN 干线网络传输语音信号。当今的公共交换电话网，用于无线和有线接入网络的语音和数据通信。

**1. PSTN 接入方式**

PSTN 的接入方式比较简便灵活，通常有以下几种：

（1）通过普通拨号电话线入网。只要在通信双方原有的电话线上并接 Modem，再将 Modem 与相应的上网设备相连即可。目前，大多数上网设备，如 PC 或路由器，均提供有若干个串行端口，串行口和 Modem 之间采用 RS-232 等串行接口规范。这种连接方式的费用比较经济，收费价格与普通电话的收费相同，可适用于通信不太频繁的场合。

（2）通过租用电话专线入网。与普通拨号电话线方式相比，租用电话专线可以提供更高的通信速率和数据传输质量，但相应的费用也较前一种方式高。使用专线的接入方式与使用普通拨号线的接入方式没有太大的区别，但是省去了拨号连接的过程。通常，当决定使用专线方式时，用户必须向所在地的电信局提出申请，由电信局负责架设和开通。

（3）经普通拨号或租用专用电话线方式由 PSTN 转接入公共数据交换网（X.25 或 Frame-Relay 等）的入网方式。利用该方式实现与远地的连接是一种较好的远程方式，因为公共数据交换网为用户提供可靠的面向连接的虚电路服务，其可靠性与传输速率都比 PSTN 强得多。

**2．信令系统**

PSTN 属于电路交换网，是通过控制信令进行管理的，在用户设备与交换机之间、交换机与交换局之间传递控制信息，用于建立、维持和终止呼叫，维持网络的正常运行。在日常生活中常见的"遇忙转移"、"三方通话"的功能实现都与信令系统息息相关。

根据作用域可以分为用户信令（在用户与交换机之间）和局间信令（在交换机和交换局之间）。

根据功能可以分为监视信令（提供建立呼叫的机制）、地址信令（携带被呼叫用户的电话号码）、呼叫信令（提供与呼叫状态相关的信息）和网络管理信令（用于网络的操作、维护和故障诊断）4 种。

根据传送方式划分，可以分为随路信令（将控制信令与用户信息在同一物理线路上传送，又可再分为使用同一频带的带内信令，和使用不同频带的带外信令）和共路信令（独立于话音通道之外的通路传输信息技术，又可再分为并联方式和非并联方式）两种。

我国电话网络是使用自行研制的 1 号随路信令系统和 7 号共路信令系统。7 号信令（SS7）是 ITU-T 定义的支持综合业务数字网的共路信令系统，也是目前使用最广泛的信令系统。

## 6.3.2　xDSL 接入

目前流行的铜线接入技术主要是 xDSL 技术。DSL（Digital Subscriber Line，数字用户线）技术是基于普通电话线的宽带接入技术，在同一铜线上分别传送数据和语音信号。数据信号并不通过电话交换机设备，减轻了电话交换机的负载，并且不需要拨号，一直在线，属于专线上网方式，这意味着使用 xDSL 上网并不需要缴付另外的电话费。xDSL 中的 x 代表各种数字用户环路技术，包括 HDSL（High-speed DSL，高速率 DSL）、SDSL（Symmetric DSL，对称 DSL）、ADSL、RADSL（Rate Adaptive DSL，速率自适应 DSL）、VDSL（Very-high-bit-rate DSL，超高速 DSL）等。

### 1. HDSL

HDSL 技术是一种对称的 DSL 技术，即上下行速率一样。HDSL 利用现有的普通电话双绞铜线（两对或三对）来提供全双工的 1.544Mb/s（T1）或 2.048Mb/s（E1）信号传输，无中继传输距离可达 6～10km。

HDSL 的优点是双向对称，速率比较高，充分利用现有电缆实现扩容。其缺点是需要两对线缆，住宅用户难以使用，费用也比较高。

HDSL 主要用在企事业单位，其应用包括会议电视线路、LAN 互联、PBX 程控交换机互联等。

HDSL 技术的升级型号 HDSL2 可单线提供速率为 160kb/s～2.3Mb/s、距离达 4km 的对称传输，若用两对双绞线，传输速率可翻一番，距离也可提高 30%。

### 2. SDSL

SDSL 与 HDSL 的区别在于只使用一对铜线。SDSL 可以支持各种上/下行通信速率相同的应用。

### 3. ADSL

ADSL 是一种非对称的宽带接入方式，即用户线的上行速率和下行速率不同。它采用 FDM 技术和 DMT 调制技术，在保证不影响正常电话使用的前提下，利用原有的电话双绞线进行高速数据传输。ADSL 的优点是可在现有的任意双绞线上传输，误码率低，系统投资少。缺点是有选线率问题，带宽速率低。

ADSL 不仅继承了 HDSL 技术成果，而且在信号调制与编码、相位均衡及回波抵消等方面采用了更加先进的技术，性能更佳。由于 ADSL 的特点，ADSL 主要用于 Internet 接入、居家购物、远程医疗等。

从实际的数据组网形式上看，ADSL 所起的作用类似于窄带的拨号 Modem，担负着数据的传送功能。按照 OSI/RM 的划分标准，ADSL 的功能从理论上应该属于物理层。它主要实现信号的调制及提供接口类型等一系列底层的电气特性。同样，ADSL 的宽带接入仍然遵循数据通信的对等通信原则，在用户侧对上层数据进行封装后，在网络侧的同一层上进行开封。因此，要实现 ADSL 的各种宽带接入，在网络侧也必须有相应的网络设备相结合。

ADSL 的接入模型主要由中央交换局端模块（ATU-C）和远端用户模块（ATU-R）组成。中央交换局端模块包括中心 ADSL Modem 和接入多路复用系统 DSLAM，远端模块由用户 ADSL Modem 和滤波器组成。

ADSL 能够向终端用户提供 1～8Mb/s 的下行传输速率和 512kb/s～1Mb/s 的上行速率，有效传输距离在 3～5km 左右。

比较成熟的 ADSL 标准主要有两种，分别是 G.DMT 和 G.Lite。G.DMT 是全速率的 ADSL 标准，提供支持 8Mb/s 的下行速率，及 1.5Mb/s 的上行速率，但 G.DMT 要求用户端安装 POTS（Plain Old Telephone Service，普通老式电话服务）分离器，比较复杂且价格昂贵。G.Lite 是一种速度较慢的 ADSL，它不需要在用户端进行线路的分离，而是电话公司的远程用户分离线路。正式称呼为 ITU-T 标准 G-992.2 的 G.Lite，提供了 1.5 Mb/s 的下行速率和 512 kb/s 的上行速率。

目前，众多 ADSL 厂商在技术实现上，普遍将先进的 ATM 服务质量保证技术融入到 ADSL 设备中，DSLAM（ADSL 的用户集中器）的 ATM 功能的引入，不仅提高了整个 ADSL 接入的总体性能，为每一用户提供了可靠的接入带宽，为 ADSL 星形组网方式提供了强有力的支撑，而且完成了与 ATM 接口的无缝互联，实现了与 ATM 骨干网的完美结合。

**4．RADSL**

RADSL 是自适应速率的 ADSL 技术，可以根据双绞线质量和传输距离动态地提交 640kb/s～22Mb/s 的下行速率，以及 272kb/s～1.088Mb/s 的上行速率。在 RADSL 技术中，软件可以决定在特定客户电话线上信号的传输速率，并可以相应地调整传输速率。

与 ADSL 的区别在于：RADSL 的速率可以根据传输距离动态自适应，当距离增大时，速率降低。

**5．VDSL**

VDSL 技术是鉴于现有 ADSL 技术在提供图像业务方面的带宽十分有限以及经济上成本偏高的弱点而开发的。VDSL 是 xDSL 技术中最快的一种，其最大的下行速率为 51～55Mb/s，传输线长度不超过 300m。当下行速率在 13Mb/s 以下时，传输距离可达 1.5km。上行速率则为 1.6Mb/s 以上。但 VDSL 的传输距离较短，一般只在几百米以内。由于国内的一般小区在 1km 以内，因此，如果使用 VDSL 技术，普通居民小区能够在一两个中心点内集中管理所有的接入设备，对网络管理、设备维护有重要的意义。另外，由于 VDSL 覆盖的范围比较广，能够覆盖足够的初始用户，初始投资少，也便于设备集中管理和系统扩展，因此，使用 VDSL 技术的解决方案是适合中国实际情况的宽带接入解决方案。

和 ADSL 相比，VDSL 传输带宽更高，而且由于传输距离缩短，所以码间干扰小，数字信号处理技术简化，成本显著降低。它和 FTTC（Fiber To The Curb，光纤到路边）相结合，可作为无源光网络（Passive Optical Network，PON）的补充，实现宽带综合接入。

## 6.3.3 HFC 接入

HFC 原义是指采用光纤传输系统代替全同轴 CATV 网络中的干线传输部分，现在则是指利用混合光纤同轴网络来进行宽带数据通信的 CATV（有线电视）网络。它是指将光缆架设到小区，然后通过光电转换，利用 CATV 的总线式同轴电缆连接到用户，提供综合业务。

**1．HFC 网络的逻辑结构**

HFC 网络通常是星状或总线状结构，有线电视台的前端设备通过路由器与数据网相连，并通过局用数据端机与公用电话网相连。有线电视台的电视信号，公用电话网来的话音信号和数据网的数据信号送入合路器并形成混合信号后，则这里通过光缆线路送到各个小区的光纤结点，然后再经同轴分配网将其送到用户综合服务单元。整个网络的逻辑结构如图 6-8 所示。

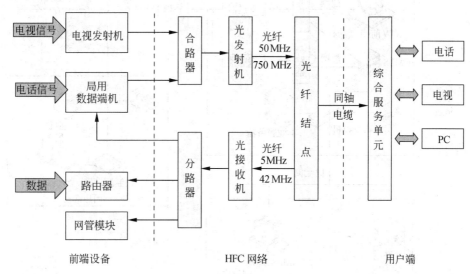

图 6-8　HFC 网络逻辑结构示意图

### 2. HFC 网络的物理拓扑

HFC 网络的物理结构如图 6-9 所示，通常包括局端系统（CMTS）、用户端系统和 HFC 传输网络三部分。

CMTS（Cable Modem Termination Systems，Cable Modem 局端系统）一般在有线电视的前端，或在管理中心的机房，负责将数据信息与视频信息混合，送到 HFC（将数据封装为 MPEG2-TS 帧形式，经过 64QAM 调制，下载给端用户）。而上行时，CMTS 负责将收到的经 QPSK 调制的数据进行解调，传给路由器。

用户端系统最主要的是就是 Cable Modem，它不仅是 Modem，还集成了调谐器、加/解密设备、桥接器、网卡、以太网集线器等设备。通常具有两个接口，一个用于连接到计算机，另一个用于连接到有线电视网络。一开始 Cable Modem 大都采用的是私用的协议，后来随着技术的逐渐成熟，形成了一个兼容标准，即 DOCSIS（Data Over Cable Service Interface Specification），现在使用 Cable Modem 技术，上行速度通常能够达到 10Mbps 以上，下行则可以达到更高的速度。

## 6.3.4　光网络接入

目前，正广泛兴起的宽带网接入相对于传统的窄带接入而言显示了其不可比拟的优势和强劲的生命力。为了适应新的形势和需要，出现了多种宽带接入网技术，其中光纤接入技术就是其中最典型的代表。

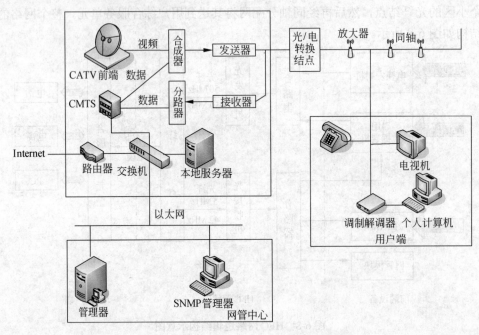

图 6-9　HFC 网络物理拓扑结构示意图

所谓光纤通信，是指利用光导纤维（简称为光纤）传输光波信号的一种通信方法。相对于以电为媒介的通信方式而言，光纤通信的主要优点包括：传输频带宽，通信容量大；传输损耗小；抗电磁干扰能力强；线径细、重量轻；资源丰富等。

**1. FTTx 技术**

随着光纤通信技术的平民化，以及高速以太网的发展，现在许多宽带智能小区就是采用以千兆以太网技术为主干、充分利用光纤通信技术完成接入的。

实现高速以太网的宽带技术常用的方式是 FTTx+LAN，即光纤+局域网。根据光纤深入用户的程序，可以分为 FTTC、FTTZ（Fiber To The Zone，光纤到小区）、FTTB（Fiber To The Building，光纤到楼）、FTTF（Fiber To The Floor，光纤到楼层）和 FTTH（Fiber To The Home，光纤到户）。

**2. FTTx+LAN 实现宽带接入**

随着光纤通信的不断普及，现在许多小区宽带都是采用 FTTx+LAN 的模式提供服务的，其最终都通过光纤汇聚到汇聚层的核心交换机上，因此通常是星型拓扑结构。其物理组网图如图 6-10 所示。

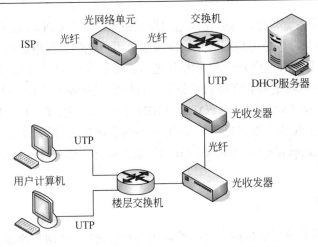

图 6-10　FTTx+LAN 网络物理拓扑结构示意图

### 3．FFTH 的实现方式

（1）ATM-PDS：基于 ATM 的无源双星光纤接入系统，采用的是异步传输模式，能够在网络覆盖范围内为所有用户提供 155Mb/s 的带宽，并在功能性多媒体服务（如视频传输上）拥有特别的优势。

（2）STM-PDS：基于 STM（Synchronous Transfer Module，同步传输模块）的无源双星光纤接入系统，采用的是同步传输模式，它更加廉价、易于实现。

### 4．无源光网技术

PON 是实现 FFTB 的关键性技术。其在光分支点不需要节点设备，只需安装一个简单的光分支器即可，因此具有节省光缆资源、带宽资源共享、节省机房投资、设备安全性高、建网速度快、综合建网成本低等优点。目前，PON 技术主要有 APON、EPON、GPON 三种：

（1）APON（ATM-PON）：基于 ATM 的无源光网络。分别选择 ATM 和 PON 作为网络协议和网络平台，其上、下行方向的信息传输都采用 ATM 传输方案，下行速率为 622Mb/s 或 155Mb/s，上行速率为 155Mb/s。光节点到前端的距离可长达 10～20km，或更长。采用无源双星状拓扑，使用时分复用和时分多址技术。可以实现信元中继、局域网互联、电路仿真、普通电话业务等。

（2）EPON（Ethernet-PON）：基于以太网的无源光网络。是以太网技术发展的新趋势，其下行速率为 1000Mb/s 或 100Mb/s，上行为 100Mb/s。在 EPON 中，传送的是可变长度的数据包，最长可为 65 535 字节；而在 APON 中，传送的是 53 字节的固定长度信元。它简化了网络结构、提高了网络速度。

（3）GPON：GPON 技术是基于 ITU-TG.984.x 标准的最新一代宽带无源光综合接入标准，具有高带宽，高效率，大覆盖范围，用户接口丰富等众多优点，被大多数运营商视为实现接入网业务宽带化，综合化改造的理想技术。基于 GPON 技术的设备基本结构与已有的 PON 类似，也是由局端的光线路终端、用户端的光网络终端（光网络单元），以及连接前两种设备由单模光纤和无源分光器组成的光分配网络和网管系统组成。在 GPON 标准中，明确规定需要支持的业务类型包括数据业务（以太网业务，包括 IP 业务和 MPEG 视频流）、PSTN 业务（POTS，ISDN 业务）、专用线（T1，E1，DS3，E3 和 ATM 业务）和视频业务（数字视频）。GPON 中的多业务映射到 ATM 信元或 GPON 封装结构（GPON Encapsulation Method，GEM）帧中进行传送，对各种业务类型都能提供相应的 QoS 保证。

### 6.3.5　无线接入

无线接入是指从公用电信网的交换结点到用户驻地网（或用户终端）之间的全部（或部分）传输设施采用无线手段的接入技术。

**1．微波接入**

现在，比较常见的宽带无线接入技术主要有 MMDS（Multichannel Microwave Distribution System，多通道多点分配业务）、LMDS（Local Multipoint Distribution Services，本地多点分配业务）两种，它们的基础是微波传输技术。图 6-11 所示是 LMDS 的网络结构图，MMDS 的网络结构与此十分相近。

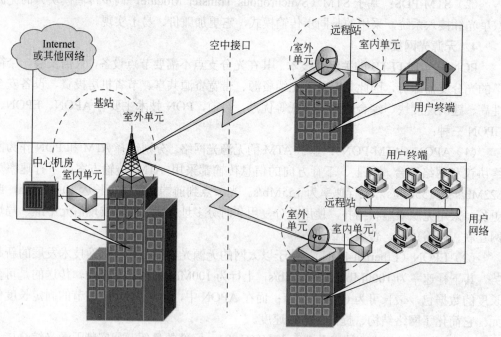

图 6-11　LMDS 的网络结构示意图

从图 6-11 中可以看到，LMDS 主要是由"基站系统"和"远端站系统"两大部分组成的，通常由运营单位来构建可服务于多个用户的中心"基站系统"，而对于需要使用无线接入服务的用户，构建"远端站系统"。这两个系统都可以分为室内单元和室外单元两个部分。

- 室内单元：提供与业务相关的部分，如业务的适配与汇聚。
- 室外单元：提供基站与远端站之间的射频传输的功能，如图 6-11 所示，它们通常安装在建筑物的顶上。

LMDS 通常拥有完善的网管系统，能够实现自动功率控制、本地和远端软件下载、自动故障汇报、远程管理、自动性能测试等功能。

LMDS 系统是以点对多点的广播信号来传送的，工作在 10GHz 以上的频率（包括 10.15～10.65GHz，24.25～25.25GHz，25.25～26.06GHz，27.5～31.225GHz，31.0～31.30GHz，38.6～40GHz 等几种），因此它也必须采用视距传输，通常在 10km 以内。与第二代移动通信系统类似，LMDS 也是采用蜂窝式的结构配置，根据天线的不同，最多可分为 24 个扇区，每扇区最高可达 200Mb/s。

MMDS 的配置、结构、技术与 LMDS 都基本相同，主要的区别在于 MMDS 使用的是 3GHz 左右的频段，因此传输距离更远。另外，它是从单向的无线电缆电视微波传输技术发展而来的，现在已经支持双向点到多点的宽带传输。

**2．卫星通信**

微波技术通常要求在视距范围之内，而卫星通信技术则可以有效地解决这一问题。从某种意义上说，可以将通信卫星想象为天空中的一个大的微波中继器。

在通信卫星上，通常包含了几个异频发射应答器，它们分别监听频谱中的一部分，并对接收到的信号进行放大，然后在另一个频率上将放大的信号重新发射出去（防止与接收的信号发生干扰）。由于地球是球面的，因此卫星离地球越近，其覆盖范围也就越小，要实现覆盖全球的卫星总数也就越多。可以安全放置卫星的区域包括三类，如表 6-2 所示。

表 6-2　可以安全放置卫星的区域类型

| 类　　型 | 高　　度 | 延迟/ms | 所需卫星数 |
|---|---|---|---|
| 地球同步轨道 | 35 000 km 以上 | 270 | 3 |
| 中间轨道 | 5000～15 000 km | 35～85 | 10 |
| 低轨道 | 1000 km 以内 | 1～7 | 50 |

下面就逐一简要地进行说明。

（1）地球同步轨道卫星（Geosynchronous Orbit，GEO）。

- 轨道槽位：ITU 分配，即卫星运行的轨道。
- 频率：这也是争夺最激烈的部分，如表 6-3 所示。

表 6-3　GEO 频率

| 频段 | 下行链路/GHz | 上行链路/GHz | 带宽/MHz | 问　题 |
|---|---|---|---|---|
| L | 1.5 | 1.6 | 15 | 低带宽，拥挤 |
| S | 1.9 | 2.2 | 70 | 低带宽，拥挤 |
| C | 4.0 | 6.0 | 500 | 地面干扰 |
| Ku | 11 | 14 | 500 | 雨水 |
| Ka | 20 | 30 | 3500 | 雨水，设备成本 |

- 典型系统：VSAT（小孔终端，低成本的微型站），将通过中心站进行数据的转发例如，VSAT-2 要发信息给 VSAT-4，则先通过通信卫星站发到中心站，然后再由中心站通过卫星发送给 VSAT-4，如图 6-12 所示。

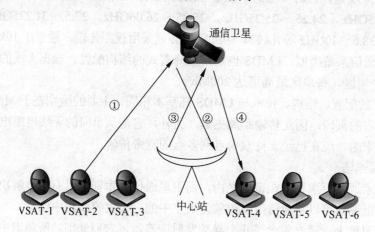

图 6-12　使用中心站的卫星通信

（2）中间轨道卫星（Middle Earth Orbit，MEO）：最典型的应用是由 24 颗卫星组成的全球卫星定位系统，很少用于通信领域。

（3）低轨道卫星（Least Earth Orbit，LEO）：优点是延迟时间短，缺点则是卫星需要较多，最有代表性的 LEO 通信卫星系统有三个。

- 铱星计划：由 66 颗卫星组成（原计划是 77 颗），覆盖全球的语音通信系统，轨道位于 750 km 上。
- Globalstar：由 48 颗卫星组成，它的最大特点是不仅可以通过地区交换，还可以通过卫星直接进行交换，它也是一个语音通信系统。
- Teledesic：定位于提供全球化、高带宽的 Internet 服务，计划达到为成千上百万的并发用户提供上行 100Mb/s，下行 720Mb/s 的带宽，而每个用户则使用一个小、固定、VSAT 类型的天线完成。它的设计是使用 288 颗卫星（现在实际上是使用 30 颗），排列成为 12 个平面，轨道位于 1350 km。

### 3．FSO

FSO（Free Space Optics，无线光通信）技术基于光传输方式，具有高带宽、部署迅捷、费用合理等优势。FSO 技术以激光为载体，用点对点或点对多点的方式实现连接。虽然 FSO 通信不需要光纤而是以空气为介质，但由于其设备也以发光二极管或激光二极管为光源，因此又有"虚拟光纤"之称。

FSO 技术最初被美国军方以及美国太空总署用于在偏远的地方提供高速连接。FSO 技术具有与光纤技术相同的带宽传输能力，使用相似的光学发射器和接收器，甚至还可以在自由空间实现 WDM 技术。目前，FSO 技术已走向民用，它既可以提供短距离的网桥解决方案，也可以在服务供应商的全光网络中扮演重要角色。

FSO 技术与传统的铜线或光纤技术不同的是，它在空气中通过激光技术传送信号，以透镜和反射镜来聚集或控制光束的方向，从而将数据从一个芯片传送至另一个芯片处。FSO 通信建立在彼此间连接在一起的 FSO 设备之上，每个 FSO 设备均由一个激光发射器和一个接收器组成，具备全双工能力。每个 FSO 设备使用一个带有透镜的诸如激光这样的高压电光源，它可以在大气中将各种波长的光束沿直线发送给正等待接收信息的那个透镜，而接收的透镜则通过光纤和 DWDM（Dense Wavelength Division Multiplexing，密集波分复用）信号分路器连接在一个高敏感接收器之上。FSO 通信设备无须申请频段许可证，设备容易升级，而且其开放的接口支持来自多种厂商的仪器。

FSO 产品可以传输数据、语音和影像等内容。目前市场上的产品最高支持 2.5Gb/s 的传输速率，最大传输距离为 4km。不过 FSO 技术在理论上没有带宽上限。

FSO 技术的主要特点如下：

（1）高带宽，支持 10Mb/s～2.5Gb/s 或更高。

（2）低误码率，仅为 10～12。

（3）安装快速、使用方便，只需一天或更短的时间即可安装和调试成功，很适合用在特殊地形和地貌、有线方式难以实现及机动性高的场所。

（4）不占用拥挤的无线电频率资源，其设备工作在不需管制的光谱（1000nm 左右），因此既不会与其他传输发生干扰，也在当前不存在申请许可证的问题。

（5）伸缩性好。当添加结点时，原有的网络结构无须改变，只要改变结点数量和配置即可。

（6）安全性高。由于 FSO 通信的光束很窄，所以业务链路很难被发现，信号也很难被截获。

FSO 也有自身的缺陷，主要是会受到大气状况或物理障碍的影响。因此在搭建 FSO 方案时，需要考虑到这些干扰因素。

（1）雾：雾像成千上万个棱镜，其吸收、散射和反射的力量联合起来足以修改光的特性或是完全遮蔽住光通道，从而破坏两个透镜之间的准直性。对此最主要的解决办法是缩短连接距离或采用备份网络连接。在具体的应用中，常常采用毫米波通信作为备用手段。当某一种通信方式受到影响后，可立即无缝切换到另一种方式。

（2）吸收：大气层中悬浮的水分子吸收光子，会导致 FSO 的传输功率降低，将直接影响到系统的可用性。根据大气的状况来选择合适的功率，或是利用空间多样性（在一个 FSO 设备中有多束光波）能够帮助保持网络可用性的水平。

（3）散射：当光波与散射物质相碰撞时就会产生散射。这样虽然不会损失能量，但会使各方向上的能量重新分配，从而降低远距离的光波强度。

（4）物理阻隔：光路上不能有障碍物或长时间的阻挡。大多数 FSO 产品配备 4 个激光收发器，以提高容量和冗余度，这样当落叶或鸟群较长时间地挡住某一通路时，整个通信不致受阻。

（5）建筑物的晃动/地震：建筑物的运动会破坏光束的对准，从而影响发射器和接收器之间的对准。

（6）闪光：从地球或排热管这样的人造设备中上升的热空气会造成不同空间的温度差异，这会使信号的振幅产生波动，从而导致接收器端的图像跳动。

### 6.3.6　高速以太网接入

传统以太网技术不属于接入网范畴，而属于用户驻地网领域。但是，以太网的应用领域正在向包括接入网在内的其他公用网领域扩展，利用以太网作为接入手段的主要原因如下：

（1）以太网已有巨大的网络基础和长期的经验知识。

（2）目前，所有流行的操作系统和应用都与以太网兼容。

（3）性能价格比好、可扩展性强、容易安装开通及可靠性高。

以太网接入方式与 IP 网很适应，同时以太网技术已有重大突破，容量分为 10/100/1000Mb/s 三级，可按需升级，10Gb/s 以太网系统也刚刚问世。

基于以太网技术的宽带接入网由局侧设备和用户侧设备组成。局侧设备一般位于小区内，用户侧设备一般位于居民楼内；或局侧设备位于商业大楼内，而用户侧设备位于楼层内。局侧设备提供与 IP 骨干网的接口，用户侧设备提供与用户终端计算机相接的 10/100Base-T 接口，局侧设备具有汇聚用户侧设备网管信息的功能。

宽带以太网接入技术具有强大的网管功能。与其他接入网技术一样，能进行配置管理、性能管理、故障管理和安全管理；还可以向计费系统提供丰富的计费信息，使计费系统能够按信息量、按连接时长或包月制等计费方式进行计费。

基于 5 类线的高速以太网接入无疑是一种较好的选择方式。在局域网中 IP 协议都是运行在以太网上，即 IP 包直接封装在以太网帧中，以太网协议是目前与 IP 配合得最好的协议之一。目前大部分的商业大楼和新建住宅楼都进行了综合布线，布放了 5 类 UTP（非屏蔽双绞线），将以太网插口布到了桌边。以太网接入能给每个用户提供 10Mb/s 或 100Mb/s 的接入速率，它拥有的带宽是其他方式的几倍或几十倍，完全能满足用户对带宽接入的需要。ADSL 虽然比 56kb/s 速度快，但与以太网相比，还有很大差距，它只是人们迈向宽带过程中的一个过渡技术。ADSL 和 Cable Modem 的费用都很高，造价和成本平均每一户将超过 1000 元，而以太网每户费用在几百元左右。所以，以太网接入方式在性能价格比上既适合中国国情，又符合网络未来发展趋势。

## 6.4 例题分析

为了帮助考生进一步掌握广域网与接入网方面的知识，了解考试的题型和难度，本节分析 8 道典型的试题。

**例题 1**

以下关于帧中继的描述正确的是　 (1) 　，它是工作在　 (2) 　层上的协议。

（1）A. 帧中继具有完整的流控机制，通过重传机制来保证数据传输

　　 B. 帧中继的最核心协议是 LAPB

　　 C. 帧中继不检错、不重传，不做拥塞控制

　　 D. 帧中继不重传、不做流迭，只有拥塞控制

（2）A. 物理和数据链路层　　　　　 B. 数据链路和网络层

　　 C. 物理层　　　　　　　　　　 D. 数据链路层

**例题 1 分析**

前一道是原理应用题，后一道是基本原理题，考查的是帧中继。帧中继协议在二层实现，没有专门定义物理层接口，它只是在第二层建立虚拟电路，它用帧方式来承载数据业务，因此第三层就被简化了，而且它比 HDLC 要简单，只做检错、不重传、没有滑动窗口式的流控，只有拥塞控制，把复杂的检错丢给高层去处理了。帧中继使用的最核心协议是 LAPD，它与 LAPB 更简单，省去了控制字段控制字段。

**例题 1 答案**

（1）D　　（2）A

**例题 2**

用户 A 与用户 B 通过卫星链路通信时，传播延迟为 270ms，假设数据速率是 64kb/s，帧长 8000b，若采用停等流控协议通信，则最大链路利用率为　 (3) 　；假设帧出错率是 0.08，若采用选择重发 ARQ 协议通信，发送窗口为 16，则最大链路利用率可以达到 (4) 。

（3）A. 0.104　　　　　　　　　　 B. 0.116

　　 C. 0.188　　　　　　　　　　 D. 0.231

（4）A. 0.173　　　　　　　　　　 B. 0.342

　　 C. 0.92　　　　　　　　　　　 D. 2.768

**例题 2 分析**

根据停等流控协议最大链路利用率计算公式 E=1/（2a+1），其中帧计算长度 a=（传

输延迟×数据速率）/帧长=270ms×64000b/s/8000b=0.27s×64000b/s/8000b=2.16。因此 E=1/(2×2.16+1)≈0.188。

而如果采用选择重发 ARQ 协议，首先要判断的是窗口值和 2a+1 的大小，本题的窗口值是 16，而 2a+1 的值为 5.32，由于窗口值大于 2a+1，因此应该使用的公式是 E=1–P，其中 P 就是帧出错率，因此其利用率是 1–0.08=0.92。

**例题 2 答案**

（3）C　　（4）C

**例题 3**

X.25 协议定义了__(5)__层结构，它所采用了的流控和差错控制协议是__(6)__。

（5）A. 2　　　　　　　　　　　B. 3

　　　C. 4　　　　　　　　　　　D. 5

（6）A. 停等 ARQ　　　　　　　　B. 选择重发 ARQ

　　　C. 后退 N 帧 ARQ　　　　　　D. 滑动窗口

**例题 3 分析**

X.25 是一个面向连接的接口，可以描述为三层结构。

- 分组层：通过建立虚拟连接，提供点对点、面向连接服务。
- 链路访问层：使用 LAPB 协议。
- 物理层：指定 X.21 标准。

在 X.25 中，数据传输路径上的每一个路由器和交换机，在发送分组至下一个网端之前，必须完整地接收分组，执行差错检测，而且在每个节点上维护了一张包含管理、流控和差错校验的信息，所采用的流控和差错控制协议是后退 N 帧 ARQ 协议。

**例题 3 答案**

（5）B　　（6）C

**例题 4**

由 30B+2D 组成的 ISDN 称为__(7)__，通常可以将若干个 B 信道组成不同的 H 信道，而最大的 H 信道的带宽是__(8)__。

（7）A. N-ISDN BRI　B. N-ISDN PRI　C. B-ISDN PRI　D. B-ISDN

（8）A. 512kb/s　　　B. 1.544Mb/s　　C. 1.92Mb/s　　D. 2.048Mb/s

**例题 4 分析**

ISDN 可以分为 N-ISDN 和 B-ISDN 两种。其中 N-ISDN 是将数据、声音、视频信号集成进一根数字电话线路的技术。它提供了两种不同的 ISDN 服务，分别是基速率接口（ISDN BRI）和主速率接口（ISDN PRI）。

PRI 包括两种，一是美标的 23B+1D（64kb/s 的 D 信道），达到与 T1 相同的 1.533Mb/s 的 DS1 速度；二是欧标的 30B+2D（64kb/s 信道），达到与 E1 相同的 2.048Mb/s 的速度。

电话公司通常可以将若干个 B 信道组合成不同的 H 信道：H0 信道（6B，384kb/s）、

H10 信道（24 个 56kb/s 的 B 信道，1.472Mb/s）、H11 信道（24B，1.536Mb/s）H12 信道（30B，1.92Mb/s，这也是最大的 H 信道）。

**例题 4 答案**

（7）B　　（8）C

**例题 5**

SDH 网络通常采用双环结构，其工作模式一般为　(9)　。

（9）A．一个作为主环，另一个作为备用环，正常情况下只有主环传输信息，在主环发生故障时可在 50ms 内切换到备用环传输信息

　　　B．一个作为主环；另一个作为备用环。但信息在两个环上同时传输，正常情况下只接收主环上的信息，在主环发生故障时可在 50ms 内切换到从备用环接收信息

　　　C．两个环同时用于通信，其中一个发生故障时，可在 50ms 内屏蔽故障环，全部信息都经另一个环继续传输

　　　D．两个环同时用于通信，任何一个发生故障时，相关节点之间的通信不能进行，等待修复后可在 50ms 内建立通信连接继续通信

**例题 5 分析**

本题考查广域网中 SDH 网络的基本知识。

SDH 是一种将复接、线路传输及交换功能融为一体、并由统一网管系统操作的综合信息传送网络，是美国贝尔通信技术研究所提出来的同步光网络（Synchronous Optical Network，SONET）。ITU-T 于 1988 年接受了 SONET 概念并重新命名为 SDH，使其成为不仅适用于光纤也适用于微波和卫星传输的通用技术体制。它可实现网络有效管理、实时业务监控、动态网络维护、不同厂商设备间的互通等多项功能，能大大提高网络资源利用率、降低管理及维护费用、实现灵活可靠和高效的网络运行与维护，因此是当今世界信息领域在传输技术方面的发展和应用的热点，受到人们的广泛重视。

SDH 由于其自身的特点，所以能快速发展，它的具体特点如下：

（1）SDH 有统一的帧结构，数字传输标准速率和标准的光路接口，向上兼容性能好，能与现有的 PDH 完全兼容，并容纳各种新的业务信号，形成了全球统一的数字传输体制标准，提高了网络的可靠性。

（2）SDH 的码流在帧净负荷区内排列非常有规律，而净负荷与网络是同步的，它简化了 DXC，减少了背靠背的接口复用设备，改善了网络的业务传送透明性。

（3）采用较先进的分插复用器（Add-Drop Multiplexer，ADM）、数字交叉连接（Digital Cross Connect，DXC）、网络的自愈功能和重组功能非常强大。

（4）SDH 有多种网络拓扑结构，运行管理和自动配置功能，优化了网络性能，同时也使网络运行灵活、安全、可靠，使网络的功能非常齐全和多样化。

（5）SDH 可以在多种介质上传输。

（6）SDH 是严格同步的，误码少，且便于复用和调整。

SDH 网络具有链状、星状、环状、树状、网孔状等结构。

双环结构式一种常用的形式，因其具有自愈功能，能提供较高的可靠性。一个作为主环，另一个作为备用环，但信息在两个环上同时传输，正常情况下只接收主环上的信息，在主环发生故障时可在 50ms 内切换到从备用环接收信息。

**例题 5 答案**

（9）B

**例题 6**

ADSL 是个人用户经常采用的 Internet 接入方式，以下关于 ADSL 接入的叙述，正确的是　(10)　。

（10）A．因使用普通电话线路传输数据，所以电话线发生故障时，可就近换任一部电话的线路使用，且最高可达 8Mb/s 下行、1Mb/s 上行速率

B．打电话、数据传输竞争使用电话线路，最高可达 8Mb/s 下行、1Mb/s 上行速率

C．打电话、数据传输使用 TDM 方式共享电话线路，最高可达 4Mb/s 下行、2Mb/s 上行速率

D．打电话、数据传输使用 FDM 方式共享电话线路，最高可达 8Mb/s 下行、1Mb/s 上行速率

**例题 6 分析**

本题考查接入网中 ADSL 接入技术的基本知识。

ADSL 是一种非对称的宽带接入方式，即用户线的上行速率和下行速率不同。它采用 FDM 技术和 DMT 调制技术，在保证不影响正常电话使用的前提下，利用原有的电话双绞线进行高速数据传输。ADSL 的优点是可在现有的任意双绞线上传输，误码率低，系统投资少。缺点是有选线率问题、带宽速率低。

ADSL 不仅继承了 HDSL 技术成果，而且在信号调制与编码、相位均衡及回波抵消等方面采用了更加先进的技术，性能更佳。由于 ADSL 的特点，ADSL 主要用于 Internet 接入、居家购物、远程医疗等。

从实际的数据组网形式上看，ADSL 所起的作用类似于窄带的拨号 Modem，担负着数据的传送功能。按照 OSI/RM 的划分标准，ADSL 的功能从理论上应该属于物理层。它主要实现信号的调制及提供接口类型等一系列底层的电气特性。同样，ADSL 的宽带接入仍然遵循数据通信的对等通信原则，在用户侧对上层数据进行封装后，在网络侧的同一层上进行开封。因此，要实现 ADSL 的各种宽带接入，在网络侧也必须有相应的网络设备相结合。

ADSL 的接入模型主要由中央交换局端模块（ATU-C）和远端用户模块（ATU-R）组成。中央交换局端模块包括中心 ADSL Modem 和接入多路复用系统 DSLAM，远端模

块由用户 ADSL Modem 和滤波器组成。

ADSL 能够向终端用户提供 1~8Mb/s 的下行传输速率和 512kb/s~1Mb/s 的上行速率，有效传输距离在 3~5km 左右。

比较成熟的 ADSL 标准主要有两种，分别是 G.DMT 和 G.Lite。G.DMT 是全速率的 ADSL 标准，提供支持 8Mb/s 的下行速率，及 1.5Mb/s 的上行速率，但 G.DMT 要求用户端安装 POTS（Plain Old Telephone Service，普通老式电话服务）分离器，比较复杂且价格昂贵。G.Lite 是一种速度较慢的 ADSL，不需要在用户端进行线路的分离，而是电话公司的远程用户分离线路。正式称呼为 ITU-T 标准 G-992.2 的 G.Lite，提供了 1.5Mb/s 的下行速率和 512 kb/s 的上行速率。

目前，众多 ADSL 厂商在技术实现上，普遍将先进的 ATM 服务质量保证技术融入到 ADSL 设备中，DSLAM（ADSL 的用户集中器）的 ATM 功能的引入，不仅提高了整个 ADSL 接入的总体性能，为每一用户提供了可靠的接入带宽，为 ADSL 星形组网方式提供了强有力的支撑，而且完成了与 ATM 接口的无缝互联，实现了与 ATM 骨干网的完美结合。

所以说，ADSL 技术将语音电话和网络数据调制到不同频段，采用 FDM 方式在一对电话线上传输。

**例题 6 答案**

（10）D

**例题 7**

EPON 是一种重要的接入技术，其信号传输模式可概括为　(11)　。

（11）A．采用广播模式，上下行均为 CSMA/CD 方式

　　　B．采用点到多点模式，下行为广播方式，上行为 TDMA 方式

　　　C．采用点到点模式，上下行均为 WDM 方式

　　　D．采用点到点模式，上下行均为 CSMA/CD 方式

**例题 7 分析**

本题考查接入网中 EPON 网的基本知识。

EPON 是第一英里以太网联盟（EFMA）在 2001 年初提出的基于以太网的无源光接入技术，IEEE 802.3ah 工作小组对其进行了标准化，EPON 可以支持 1.25Gb/s 对称速率，未来可升级到 10 Gb/s。EPON 由于其将以太网技术与 PON 技术完美结合，因此非常适合 IP 业务的宽带接入。Gbps 速率的 EPON 系统也常被称为 GE-PON。

EPON 的主要特点有：

• 采用 P2MP（点到多点）传输。

• 单纤双向。

• 树型结构，ODN 可级联。

• 信号：下行-广播；上行-TDMA；到达 OLT，不会到达其他的 ONU。

- 波长：下行-1550nm，上行-1310nm，采用 WDM 方式传输。
- 速率：1Gb/s（未来 10Gb/s）。

**例题 7 答案**

（11）B

**例题 8**

下面有关 ITU-T X.25 建议的描述中，正确的是 __（12）__ 。

（12）A. 通过时分多路技术，帧内的每个时槽都预先分配给了各个终端

B. X.25 的网络层采用无连接的协议

C. X.25 网络采用 LAPD 协议进行数据链路控制

D. 如果出现帧丢失故障，则通过顺序号触发差错恢复过程

**例题 8 分析**

本题考查 X.25 相关的知识。

X.25 网络是第一个面向连接的网络，也是第一个公共数据网络。其数据分组包含 3 字节头部和 128 字节数据部分。它运行 10 年后，20 世纪 80 年代被无错误控制、无流控制、面向连接的叫做帧中继的网络所取代。90 年代以后，出现了面向连接的 ATM 网络。

X.25 特点：

（1）可靠性高。X.25 是面向连接的，能够提供可靠的虚电路服务，保证服务质量；X.25 具有点到点的差错控制，可以逐段独立进行差错控制和流量控制；X.25 每个节点交换机至少与另外两个交换机相连，当一个中间交换机出现故障时，能通过迂回路由维持通信。

（2）信道利用率高。X.25 利用统计时分复用及虚电路技术大大提高了信道利用率。

（3）具有复用功能。当用户设备以点对点方式接入 X.25 网时，能在单一物理链路上同时复用多条虚电路，使每个用户设备能同时与多个用户设备进行通信。X.25 具有流量控制和拥塞控制功能，X.25 采用滑动窗口技术来实现流量控制，并有拥塞控制机制防止信息丢失。

（4）便于不同类型用户设备的接入。X.25 网内各节点向用户设备提供了统一的接口，使得不同速率、码型和传输控制规程的用户设备都能接入 X.25 网，并能相互通信。

（5）X.25 建议规定的丰富的控制功能，这也增加了分组交换机处理的负担，使分组交换机的吞吐量和中继线速率的进一步提高受到了限制，而且分组的传输时延比较大。X.25 端口可以支持的最高速率是 2Mb/s。

**例题 8 答案**

（12）A

# 第 7 章　网络互连协议

根据考试大纲，本章要求考生掌握以下知识点：

（1）网络互连的概念。

（2）网络互连的方法。

（3）路由算法：静态路由算法、自适应路由算法、广播路由算法、分层路由算法。

（4）路由协议：路由信息协议、开放最短路径优先协议、边界网关协议。

## 7.1　网络互连概述

网络互连的主要目的是将各种大小、类型的网络，从物理上连接起来，组成一个覆盖范围更大、功能更强、方便数据交换的网络系统。同时，又可以将组网后的网络内机器按逻辑进行划分，形成一个个逻辑网络。

**1．包含内容**

网络互连包含以下几个方面：

（1）互连（Interconnection）：是指网络在物理上的连接，两个网络之间至少有一条在物理上连接的线路，它为两个网络的数据交换提供了物资基础和可能性，但并不能保证两个网络一定能够进行数据交换，这要取决于两个网络的通信协议是不是相互兼容。

（2）互联（Internetworking）：是指网络在物理和逻辑上，尤其是逻辑上的连接。

（3）互通（Intercommunication）：是指两个网络之间可以交换数据。

（4）互操作（Interoperability）：是指网络中不同计算机系统之间具有透明地访问对方资源的能力。

**2．技术优势**

网络互连技术优势体现在以下方面：

（1）支持多种介质。

（2）支持多种网络规程。

（3）支持多种网络互连协议。

网络互连技术正在发生着根本性的变化，推动它发展的动力包括商业需求、新的网络应用的不断出现、技术进步、信息高速公路的发展。可见，网络互连技术已成为当前网络技术研究与应用的一个新的热点问题。

**3．要求**

网络互连的要求主要有以下几点：

（1）需要在网络之间提供一条链路，至少需要一条物理和链路控制的链路。

（2）提供不同网络节点的路由选择和数据传送。

（3）提供网络记账服务，记录网络资源使用情况，提供各用户使用网络的记录及有关状态信息。

（4）在提供网络互连时，应尽量避免由于互连而降低网络的通信性能。

（5）不修改互连在一起的各网络原有的结构和协议。

**4．层次**

根据网络层次的结构模型，网络互连的层次如下：

（1）数据链路层互连。互连设备是网桥，用网桥实现互连时，允许互连网络的数据链路层与物理层协议可以相同，也可以不同。

（2）网络层互连。互连设备是路由器，用路由器实现互连时，允许互连网络的网络层及以下各层协议可以相同，也可以不同。

（3）高层互连。传输层及以上各层协议不同的网络之间的互连属于高层互连，其互连设备是网关。使用的网关中很多都是应用层网关，通常称为应用网关。用应用网关实现互连时，允许互连网络的应用层及以下各层协议可以相同，也可以不同。

**5．方法**

网络互连的方法包括以下几种：

（1）局域网—局域网互连，互连设备一般是网桥。

（2）局域网—广域网互连，互连设备一般是路由器。

（3）局域网—广域网—局域网互连，互连设备一般是路由器或网关。

（4）广域网—广域网互连，互连设备一般是路由器或网关。

# 7.2　路由算法

路由算法一般分为静态路由算法和动态路由算法两类。

## 7.2.1　静态路由概述

在因特网发展早期，网络一般是同构的，结构比较简单，所以尽管路由技术的研究已经有数十年的历史，但是直到 20 世纪 80 年代中期才逐渐得到商业化。

静态路由是固定的（Fixed）或显式的（Explicit）非适应性路由。源和目标之间的路由是在源节点事先决定的，不需要协议交互最新的网络状况，所有路由器中的路由表必须由管理员手工配置。此算法一旦确定，可保持一段时间不变，不再对网络的流量和拓扑变化做出反应，故也叫非自适应路由算法。

静态路由算法主要有最短路径算法：一般来讲，网络节点直接相连，传输时延也不是绝对最小，这与线路质量、网络节点"忙"与"闲"状态，节点处理能力等很多因素有关。定量分析中，常用"费用最小"作为网络节点之间选择依据，节点间的传输时延是决定费用的主要因素。

最短路径法是由 Dijkstra 提出的，其基本思想是：将源节点到网络中所有节点的最短通路都找出来，作为这个节点的路由表，当网络的拓扑结构不变、通信量平稳时，该点到网络内任何其他节点的最佳路径都在它的路由表中。如果每一个节点都生成和保存这样一张路由表，则整个网络通信都在最佳路径下进行。每个节点收到分组后，查表决定向哪个后继节点转发。

### 7.2.2 动态路由算法概述

在动态路由模式中，所有节点都参与路由选择，按照既定的准则确定最佳路由。这种路由模式称为跳到跳路由（Hop-by-Hop），比较适合尽力而为的报文转发服务。该算法又叫自适应路由算法。

准静态路由和动态路由都能适应于网络拓扑的变化，它们需要路由协议的支持。静态路由和动态路由可以在网络中并存，例如可以在边界网络配置静态路由，而骨干网络使用动态路由协议。

**希赛教育专家提示**：静态路由和动态路由之间的协调一般不是自动的，需要手工配置。

动态路由协议中有一个重要的概念——收敛（Convergence）。如果网络中所有的路由器对某些网络前缀的可达性达成一致，则称为前缀收敛；如果网络中所有的前缀收敛，则网络收敛。路由协议的收敛性指的是通过该路由协议传递前缀的可达性信息并使其收敛。影响收敛性的因素有很多，包括网络的规模、拓扑结构、路由方法及路由策略等。下面就来讨论静态路由和动态路由算法。

### 7.2.3 距离矢量路由算法

距离矢量（Distance-Vector，V-D）路由算法是基于 Bellman-Ford 的数学研究结果，因此有时也将该算法称为 Bellman-Ford 算法。V-D 算法要求路由器之间周期地交换路由更新报文，路由更新报文中包含到所有目的网络的距离矢量。

#### 1．工作原理

V-D 路由算法的工作原理就是邻居路由器之间定期交换距离矢量表。每当接收到邻居路由器发来的距离矢量表时，路由器重新计算到每个目的节点的距离，并且更新路由表。

距离矢量表只包含到所有目的节点的距离，距离的度量单位可以是延迟、物理距离或其他参数。在 V-D 路由算法中，必须假定每个路由器都知道到邻居路由器的"距离"。如果度量标准是跳步数，则 1 跳表示的距离为 1；如果度量标准是延迟，则路由器可以通过发送一个"回应请求（Echo Request）"报文，等待邻居路由器的"回应响应（Echo

Reply）"回来后，测出它到邻居路由器的延迟。

V-D 路由算法的工作原理是，每隔一段时间（通常以 ms 计算）邻居路由器之间交换距离矢量表，每个路由器根据各个邻居路由器报告的路由信息更新自己的路由表。

假设某路由器 Y 从邻居路由器 X 收到一张距离矢量表，路由器 X 告诉 Y 它到路由器 I 的延迟是 XI ms，而路由器 Y 知道它到 X 的延迟为 t ms，则路由器 Y 就知道它通过路由器 X 到达路由器 I 的延迟是（XI + t）ms。同样的道理，路由器 Y 收到另一个邻居路由器 Z 发来的距离矢量表，路由器 Z 告诉 Y 它到路由器 I 的延迟是 ZI ms，而路由器 Y 知道它到 Z 的延迟为 r ms，则路由器 Y 就知道通过路由器 Z 到达路由器 I 的延迟是（ZI + r）ms。通过这样的计算，路由器 Y 就可以找到一条到达路由器 I 的延迟最短的路径，然后路由器 Y 就将该条路径记录在路由表中，同时更新距离矢量表。

为了更好地说明 V-D 路由算法的工作原理，来看一个例子。图 7-1（a）给出了某网络拓扑结构。在这个例子中，用延迟来作为"距离"的度量标准，并且假定网络中的每个路由器都知道到其邻居路由器的延迟。

上述例子的更新过程如图 7-1（b）所示。图 7-1（b）的前 4 列表示路由器 J 从邻居路由器 A、I、H 和 K 收到的距离矢量表。路由器 A 告诉 J，它到 B 的延迟为 12ms，到 C 的延迟为 25ms，到 D 的延迟为 40ms……同样的道理，路由器 I、H 和 K 都分别告诉路由器 J 它们到网络中每一个节点的延迟。

假定路由器 J 已经知道它到邻居路由器 A、I、H 和 K 的延迟分别为 8ms、10ms、12ms 和 6ms。下面考察一下 J 怎样更新到路由器 G 的延迟。路由器 J 知道经 A 到 G 的延迟是 38ms（因为 A 告诉 J 它到 G 的延迟是 30ms，而 J 到 A 的延迟是 8ms，因此 J 经过 A 到达 G 的延迟为 30ms+8ms=38ms）。

同样的道理，J 可以计算出经过 I、H 和 K 到 G 的延迟分别为 27+10=37ms、10+12=22ms 和 41+6=47ms。比较这些延迟，J 就知道经 H 到 G 的延迟是最小的 22ms，因而在 J 的新路由表中填上到 G 的延迟为 22ms，输出线路为 H。同时 J 更新它将要发给邻居路由器的距离矢量表，把到 G 的距离（实际上是延迟）设为 22ms，但是在距离矢量表中并没有指出是通过 H 到 G 的（这就会带来下面将要重点讨论的慢收敛问题）。

当然 V-D 算法刚开始工作的时候，每个路由器的距离矢量表中都是只包含到每个邻居路由器的距离，而到其他非邻居路由器的距离都是无穷大。但是，随着时间的推移，邻居路由器之间不断地交换距离矢量表，于是每个路由器都能够计算出到达其他路由器的最短距离了。

**2．慢收敛问题**

所谓收敛是指网络中所有路由器对网络的可达性达成一致。影响路由算法收敛性的因素有很多，包括网络的规模、拓扑结构、路由方法及路由策略等。

在 V-D 路由算法中，存在慢收敛问题。为了说明这个问题，来看如图 7-2 所示的例子（图中 A、B、C、D 和 E 为路由器，距离度量单位是跳数，而且图中的距离值都是针对以 A 为目的节点的）。

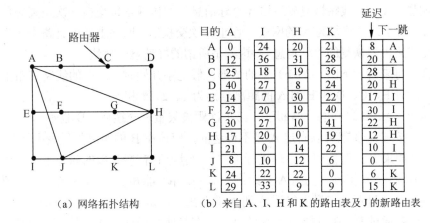

（a）网络拓扑结构　　　　（b）来自 A、I、H 和 K 的路由表及 J 的新路由表

| 目的 | A | I | H | K | 延迟 | 下一跳 |
|---|---|---|---|---|---|---|
| A | 0 | 24 | 20 | 21 | 8 | A |
| B | 12 | 36 | 31 | 28 | 20 | A |
| C | 25 | 18 | 19 | 36 | 28 | I |
| D | 40 | 27 | 8 | 24 | 20 | H |
| E | 14 | 7 | 30 | 22 | 17 | I |
| F | 23 | 20 | 19 | 40 | 30 | I |
| G | 30 | 27 | 10 | 41 | 22 | H |
| H | 17 | 20 | 0 | 19 | 10 | I |
| I | 21 | 0 | 14 | 22 | 0 | I |
| J | 9 | 10 | 12 | 6 | 0 | — |
| K | 24 | 22 | 22 | 0 | 6 | K |
| L | 29 | 33 | 9 | 9 | 15 | K |

图 7-1　V-D 路由算法的例子

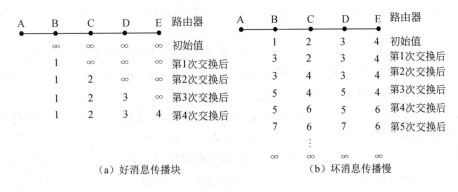

（a）好消息传播块　　　　　　　　（b）坏消息传播慢

图 7-2　慢收敛问题

为了说明 V-D 路由算法的慢收敛问题，先来看图 7-2（a）的情况。假定刚开始时，A 到 B 的线路不通，因此 B、C、D 和 E 到 A 的距离为∞。

假设某时刻，A、B 线路恢复了，则 A 会向 B 发送它的距离矢量表。经过第 1 次距离矢量表交换后，B 收到 A 发来的距离矢量表，而且 A 告诉 B 它到 A 的距离是 0，因此 B 就知道 A 可达，且 B 到 A 的距离为 1。而此时，C、D 和 E 到 A 的距离还是为∞，也就是说，C、D 和 E 都还不知道 A、B 线路已经恢复了，如图 7-2（a）的第二行所示。

第 2 次交换后，B 会告诉 C，它到 A 的距离为 1，因此 C 知道通过 B 到 A 的距离为 2；同时 D 会告诉 C，它到 A 的距离为∞，而 C 到 D 的距离为 1，因此 C 知道通过 D 到 A 的距离为∞（即不可达）；结果 C 在它的距离矢量表中填上到 A 的距离为 2，输出线路是 B。而此时 D 和 E 到 A 的距离还是∞，如图 7-2（a）的第三行所示。再经过第 3 次和第 4 次交换后，D 和 E 都知道到 A 的线路畅通了，都在自己的距离矢量表中填上最短距离和输出线路，图 7-2（a）的第四、五行说明了这个结果。

很明显，A、B 线路恢复畅通这样"好消息"的传播是每交换一次距离矢量表往前推进一步。对于最长路径为 N 的网络，通过 N 次交换后，网络上的所有路由器都能知道线路恢复或路由器恢复的"好消息"，这就是所谓的好消息传播快。

下面，再来看一下图 7-2（b）中的情形。假定刚开始时，所有的线路和路由器都是正常的，此时 B、C、D 和 E 到 A 的距离分别为 1、2、3 和 4。

突然间，A、B 之间的线路断了。第 1 次距离矢量表交换后，B 收不到 A 发来的距离矢量表，按理说 B 就可以断定 A 是不可达的，应该在 B 的距离矢量表中将到 A 的距离设为∞（如果 B 此时能照此原理进行工作，也就不存在慢收敛的问题了）。遗憾的是，C 会告诉 B 说："别担心，我到 A 且距离为 2（B 并不能知道 C 到 A 的路径还要经过 B 本身，因为 C 通过距离矢量表告诉 B 到 A 的距离，但是 C 并没有告诉 B 它到 A 的 2 跳距离本身就是通过 B。B 可能会认为 C 可能还有其他路径到达 A 且距离为 2）"，结果 B 就认为通过 C 可以到达 A 且距离为 3。此时，B 到 A 的路径是这样构成的：B->C, C->B，B->A，B 和 C 之间存在路径环。但经过第 1 次交换后，D 和 E 并不更新其对应于 A 的表项。

第 2 次交换后，C 注意到它的两个邻居 B 和 D 都声称有一条通往 A 的邻居，且距离为 3，因此它可以任意选择一个邻居作为下一站，并将到 A 的距离设为 4，如图 7-2（b）第三行所示，此时 B 将它的无效路由又传递给 C 了。

同样的道理，经过第 3 次、第 4 次交换后，B、C、D 和 E 到 A 的距离会慢慢增加，当超过网络最大直径（最长距离）后，最终设为∞，即不可达。也就是说，B、C、D 和 E 到底什么时候才能知道 A 是不可达的，取决于网络中对无穷大的取值究竟是多少，这就是慢收敛问题（坏消息传播慢）。可以采用的办法之一是将∞设成网络的最长路径长度加 1，一旦路由的距离度量达到这个值，就宣布该路由无效。对于图 7-2 的例子，由于网络的最长路径长度为 4，因此，可以将∞设置为 5，当 B、C、D 和 E 到 A 的距离计数值到 5 时，就可以认定 A 是不可达的，即宣布 A 不可达，因此有时也将上述问题称为计数到无穷（count to infinity）问题。

### 3．解决方法

对于慢收敛这个问题有几种不完善的解决方法。其中的一种方法是使用一个较小的数作为无穷大的近似值。例如，可以认为穿过某个网络的最大跳数不会超过 16，因此可以选择 16 来表示无穷大。这样至少可以限制计数到无穷大所花费的时间。当然，如果网络中节点间距多于 16 跳时，就又会出现新的问题。

（1）水平分割。改进稳定路由选择所需时间的一种方法是水平分割（split horizon）。水平分割方法的思想是任何一个节点并不把从它邻居路由器学到的路由再回送给那些邻居路由器，即当路由器从某个网络接口发送路由更新报文时，其中不能包含从该接口学到的路由信息。例如，在图 7-2 中，如果节点 C 在其距离矢量表中有（A，2）这一项，而且 C 知道该路由是从路由器 B 学到的。所以当 C 发送距离矢量表给 B 时，在距离矢量表中不应该包括（A，2）这一项。

为了更更具体地解释水平分割的思想，举一个现实生活中的例子。假定哈尔滨人（D 地）和北京人（C 地）都要去广州（A 地），但他们都必须经过长沙（B 地），而哈尔滨人还要先经过北京。假定哈尔滨人想要知道去广州的道路信息（道路是否畅通，距离是多少），必须先通过北京人，同样北京人要知道去广州的道路信息，必须先通过长沙人（当然，哈尔滨人知道到北京的道路信息，而北京人也知道到长沙的道路信息）。那么在这种情况下，如果出现北京人告诉长沙人去广州的路由信息是没有任何意义的。换句话说，北京人根本不需要告诉长沙人关于去广州的任何信息，因为北京人得到的关于去广州的道路信息都是长沙人告诉他们的，但北京人必须告诉哈尔滨人到广州的道路信息。对应于图 7-2 的例子，C 可以告诉 D 它到 A 的实际距离，但 C 或不告诉 B 它到 A 的情况（水平分割），或者告诉 B 它到 A 的距离为∞（带毒性反转的水平分割）；原因是在这种情况下，C 报告 B 它到 A 的距离没有任何意义，因为 C 到 A 的路由要通过 B。类似的道理，D 告诉 E 到 A 的实际距离，但不向 C 报告它到 A 的距离。

（2）毒性反转。比水平分割更好的一种方法是毒性反转（Poison Reverse）。使用毒性反转方法时，C 仍然把来自 B 的到达 A 的路由信息回送给 B，但在该距离矢量表中这一项的距离是无穷大以确保 B 不会使用 C 的路由，即 C 把（A，∞）这一距离矢量发送给 B。而且为了加强毒性反转的效果，最好同时使用触发更新（Trigged Update）技术，即一旦某节点检测到网络故障，就立即发送距离矢量表，而不必等到下一个周期。而其他路由器一旦发现路由表有更新，就立即发送距离矢量表。

采用了毒性反转方法后，再来看看 A、B 线路断开后的路由交换情况。在第 1 次交换距离矢量表后，B 发现直达 A 的线路断了，于是 B 就知道 A 不可达（B 是通过在规定的时间之内没有收到 A 发来的距离矢量表来判断或者是 B 到 A 的线路出故障了，或路由器 A 出故障了），而 C 此时报告给 B 它到 A 的距离为∞，由于 B 的两个邻居都到不了 A，B 就将它到 A 的距离设置为∞。第 2 次交换后，C 也发现从它的两个邻居都到不了 A，C 也将 A 标为不可达。经过第 3 次、第 4 次交换后，D 和 E 依次发现 A 是不可达的。使用水平分割后，坏消息以每交换一次距离矢量表向前推进一步的速度传播。

**4．特点**

距离矢量路由算法是非常简单的算法，基于这种算法的路由协议（如 RIP）容易配置、维护和使用。因此，它对于非常小的、几乎没有冗余路径且无严格性能要求的网络非常有用。

距离矢量路由算法的最大问题是收敛慢，并且在收敛过程中，可能产生路由环问题。有许多措施来防止这种情况发生，但是不能从根本上加以解决。

## 7.2.4　链路状态路由算法

在 20 世纪 80 年代即将结束时，距离矢量路由算法的不足变得越来越明显。首先，

V-D 路由算法没有考虑物理线路的带宽，因为最初 ARPANET 的线路带宽都是 56kb/s，没有必要在路由选择时考虑线路的带宽。其次，就是前面讨论的 V-D 路由算法的慢收敛问题，虽然使用水平分割或其他方法可以解决慢收敛问题，但同时会引起其他一些问题。在 V-D 路由算法中产生慢收敛问题的本质原因是路由器不可能得到有关网络拓扑结构，因为 V-D 路由算法只是在邻居路由器之间交换的部分路由信息，也就是说，在 V-D 路由算法中，路由信息的交换是不充分的。因此必须引入一种全新的路由算法，这种算法就是链路状态（Link-State）路由算法，简称 L-S 路由算法。

### 1．工作原理

链路状态路由算法的基本工作过程如下：

（1）路由器之间形成邻居关系。当某个路由器启动之后，要做的第一件事是知道它的邻居是谁，这可以通过向其邻居发送问候（Hello）报文来做到。

（2）测量线路开销。链路状态路由算法要求每个路由器都知道它到邻居路由器的延迟。获得到邻居路由器延迟的最直接方式就是发送一个要求对方立即响应的特殊的 Echo 报文，通过计算来回延迟再除以 2，就可以得到延迟估计值。如果想要得到更精确的结果，可以重复这一过程，再取平均值。

（3）构造链路状态报文。一旦路由器获得所有邻居路由器的延迟，下一步就是构造链路状态报文。链路状态报文包含构造该报文的路由器标识，以及到每个邻居路由器的延迟。图 7-3（a）给出了某网络的拓扑结构，对应的 6 个链路状态报文如图 7-3（b）所示。

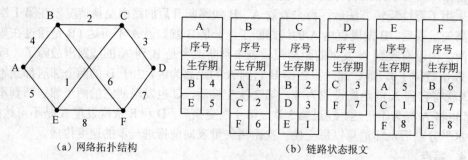

（a）网络拓扑结构　　　　　（b）链路状态报文

图 7-3　构造链路状态报文

构造链路状态报文并不是一件困难的事情，难在何时构造这些报文。一种方法是定期进行；另一种方法是当网络出现大的变化时（如线路断开或重新连通、邻居路由器故障或恢复等情况）就构造新的链路状态报文。

（4）广播链路状态报文。链路状态路由算法的最重要也是最具有技巧性的部分就是如何将链路状态报文可靠地广播到网络中的每一个路由器。

完成链路状态报文广播的基本思想是利用扩散。由于扩散将导致网络中存在大量的重复报文，为了控制重复报文的数量，在每个链路状态报文中加上一个序号，该序号在每次广播新的链路状态报文时加 1。每个路由器记录它所接收过的链路状态报文中的信息对（源路由器，序号），当路由器接收到一个链路状态报文时，先查看一下该报文是否已收到过。将新接收到的报文序号与路由器记录的最大序号进行比较，如果前者小于或等于后者，则说明该报文是重复报文，将其丢弃；否则该报文就是新的，应将它扩散到所有的输出线路上（除了接收该报文的线路外）。

　　仅仅使用序号来控制重复报文会有问题，但这些问题是可以控制的。首先是序号的循环使用可能会导致序号冲突，解决的办法是使用 32 位的序号，这样即使是每秒钟广播一次链路状态报文（实际上链路状态报文的广播间隔不止 1 秒钟），得花 137 年才能使计数循环回来，避免了发生冲突的可能性。其次，如果某路由器由于故障而崩溃了，当此路由器重新启动后，如果它的序号再从 0 开始，那么后面的链路状态报文可能会被其他路由器当作重复报文而丢弃。第三，如果链路状态报文在广播过程中序号出现错误，如将序号 5 变为 1027（一位出错），那么序号为 5 到 1027 的报文将会被当成重复报文而丢弃，因为路由器认为当前的序号是 1027，所有序号小于或等于 1027 的报文都认为是重复报文。

　　为了解决重复报文这个难题，还可以在每个链路状态报文中加上生存期（Age）字段，且每隔 1 秒钟减 1。当生存期变为 0 时，报文被丢弃。

　　还可以对链路状态报文的广播过程作一些细微修改，使算法更强壮一些。如路由器接收到链路状态报文后，并不立即将它放入输出队列进行排队等待转发，而是首先将它送到一个缓冲区等待一会儿。如果已有来自同一路由器的其他链路状态报文先行到达，则比较一下它们的序号。如果序号相等，丢弃任何一个重复报文；否则丢弃老的报文。为了防止因为路由器之间的线路故障而导致链路状态报文的丢失，所有的链路状态报文都要进行应答。一旦通信线路空闲，路由器就会循环扫描缓冲区以选择发送一个链路状态报文或者应答报文。

　　对于图 7-3（a）中的网络，路由器 B 的报文缓冲区如图 7-4 所示。这里的每一行对应于一个新到的但未完全处理完毕的链路状态报文。这张表记录了报文来自何处、报文的序号、生存期及链路状态报文。另外，对应于 B 到每个邻居（到 A、C 和 F）各有一个发送标志和应答标志。发送标志位用于标识必须将链路状态报文发送到该邻居，应答标志位用于标识必须给该邻居发送应答报文。

　　在图 7-4 中，A 产生的链路状态报文可直接到达 B，而 B 必须将此报文再扩散到 C 和 F，同时 B 必须向 A 发送应答报文。类似的，F 产生的链路状态报文到达 B 后，B 必须向 A 和 C 进行转发，同时 B 必须向 F 发送应答报文。

　　但是，对于图 7-4 中来自 E 的报文就有所不同。假设 B 两次收到来自 E 的报文，一次经过 EAB，另一次经过 EFB。因此，B 只需将 E 产生的链路状态报文发往 C 即可，但要向 A 和 F 发送应答报文。

| | | | 发送标志位 | | | 应答标志位 | | | |
|---|---|---|---|---|---|---|---|---|---|
| 源 | 序号 | 生存时间 | A | C | F | A | C | F | 链路状态报文 |
| A | 21 | 60 | 0 | 1 | 1 | 1 | 0 | 0 | |
| C | 20 | 60 | 1 | 0 | 1 | 0 | 1 | 0 | |
| D | 21 | 59 | 1 | 0 | 0 | 0 | 1 | 1 | |
| E | 21 | 59 | 0 | 1 | 0 | 1 | 0 | 1 | |
| F | 21 | 60 | 1 | 1 | 0 | 0 | 0 | 1 | |

图 7-4　对应于图 7-3（a）中 B 的报文缓冲区

如果重复报文在前一个报文未出缓冲区时到达，表中的标志位就得进行修改。例如，在图 7-4 中，当 B 还未处理完由 C 产生的链路状态报文，又接收到一个从 F 传来的 C 的链路状态报文时，此时应将 C 行的标志位由 101010 改为 100011，表示要向 F 发送应答报文，而不必将 C 的链路状态报文再发向 F。

（5）计算最短路径。由于网络上的每个路由器都可以获得所有其他路由器的链路状态报文，每个路由器都可以构造出网络的拓扑结构图。此时路由器可以根据 Dijkstra 算法计算出到所有目的节点的最短路径，并把计算结果填到路由器的路由表中。

**2．特点**

链路状态路由算法使用事件（链路中断或路由器崩溃等事件）来驱动链路状态更新，而且当网络拓扑结构发生变化时能够快速收敛。另外，链路状态路由算法具有良好的扩展性，能够运用于大规模网络中。但链路状态路由算法对链路带宽及路由器的处理能力和存储空间都要求比较高。

## 7.3　分层路由

当网络节点数到达一定规模后，在以节点为单位进行选路已经变得不可能，这个时候分层路由就是针对这个情况提出的解决方案。下面将详细讲解分层路由特点。

**1．自治系统**

事实上，因特网就是由自治系统（Autonomous System，AS）构成的，而每个自治系统又由很多路由器构成。从路由的角度看，拥有同样的路由策略、在同一管理机构下的由一系列路由器和网络构成的系统称为 AS。一个 AS 拥有独立而统一的内部路由策略，它对外呈现一致的路由状态。每个 AS 都有一个唯一的 16 位编号（未来会扩展到 32 位），即 AS 号，AS 号由因特网注册机构 IANA 分配。

**2．域内路由和域间路由**

一般而言，一个 AS 内部的路由器运行相同的路由协议，即内部网关协议（Interior Gateway Protocol，IGP），内部网关协议也常常称为域内（Intra-domain）路由协议。IGP 的目的就是寻找 AS 内部所有路由器之间的最短路径。常见的 IGP 协议有 RIP 和 OSPF。

为了维护 AS 之间的联通性，每个 AS 中必须有一个或多个路由器负责将报文转发到其他 AS。AS 中负责将报文发送到其他 AS 的路由器称为边界路由器（Border Router），每个 AS 至少有一个边界路由器。每个 AS 的边界路由器运行外部网关协议（Exterior Gateway Protocol，EGP）来维持 AS 之间的路由。外部网关协议也常常称为域间（Inter-domain）路由协议 EGP 协议的目的是维持 AS 之间的"可达性信息"，也就是说，外部网关协议。EGP 是用于维持自治系统（AS）之间的可达性信息。常用的 EGP 协议是边界网关协议-版本 4（Border Gateway Protocol 4，BGP4）。

**3．层次路由**

采用层次路由结构后，路由器被划分为区域，每个路由器知道本区域的路由情况，但是对于其他区域的路由情况不清楚，必须借助于上一层的路由才能获得。

图 7-5 描述了因特网层次路由结构的一个场景。在图 7-5 中，有 3 个自治系统，分别是 AS1、AS2 和 AS3。自治系统 AS1 中有 4 个路由器 1a、1b、1c 和 1d，它们都运行相同的内部网关协议（AS1 域内路由协议可以与 AS2 和 AS3 的域内路由协议不同），并且每个路由器都包含到达自治系统 AS1 内所有网络的路由信息，其中路由器 1b 和 1c 是 AS1 的边界路由器。同样，自治系统 AS2 中有 3 个路由器 2a、2b 和 2c，它们也都运行相同的域内路由协议，其中，路由器 2a 是 AS2 的边界路由器。自治系统 AS3 中有 3 个路由器 3a、3b 和 3c，它们也都运行相同的域内路由协议，其中路由器 3a 是 AS3 的边界路由器。

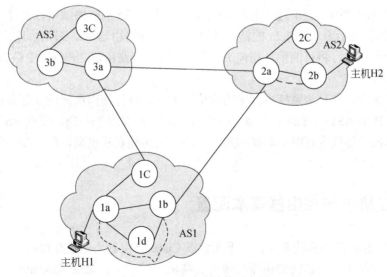

图 7-5　层次路由结构示意图

　　在图 7-5 中，除了每个自治系统内部通过运行域内路由协议保持 AS 内部路由器之间的联通性外，在每个自治系统的边界路由器之间还运行着域间路由协议，以维持自治系统边界路由器之间的联通性。也就是说，在自治系统 AS1 中 1b 和自治系统 AS2 中的 2a、自治系统 AS1 中的 1c 和自治系统 AS3 中的 3a，以及自治系统 AS3 中的 3a 和自治系统 AS2 中的 2a 之间还运行域间路由协议（如 BGP），这就相当于在路由器 3a、1c、1b 和 2a 之间构成一个更高的路由层次，即在 AS 层次之间的路由。

　　一般情况下，不同 AS 的边界路由器之间一般是通过物理链路直接连接的，如图 7-5 所示 AS2 的 2a 和 AS1 的 1b、AS2 的 2a 和 AS3 的 3a、AS3 的 3a 和 AS1 的 1c 之间都有直接链路相连。

　　现在假设一个连接在 AS1 中路由器 1a 的主机 H1 需要向一个连接 AS2 中路由器 2b 的主机 H2 发送一个 IP 报文。如果路由器 1a 的路由表指明路由器 1b 可以将报文转发到 AS1 外部，那么路由器 1a 首先使用域内路由协议将报文从路由器 1a 路由到 1b（例子中路由器 1a 是先将报文发送给路由器 1d，再到路由器 1b）。需要说明的是，H1 到 H2 在 AS 层面可以有两条路径，一条是从 AS1 直接到达 AS2，另外一条是从 AS1 经过 AS3 到达 AS2。因此 AS2 的边界路由器 1b 和 1c 首先必须知道如何到达 AS1 和 AS3（在 AS 层次上），这是 AS2 的边界路由器 1b 和 1c 通过运行域间路由协议知道的。然后 AS2 的边界路由器 1b 和 1c 通过路由再发布，向 AS2 中的其他只运行 IGP 的路由器 1a 和 1b 通告如何到达 AS1 和 AS3 中的网络（AS2 中的路由器 1a 和 1b 由于不是边界路由器，因此它不需要运行域间路由协议）。

　　路由器 1b 接收到路由器 1a 发来的报文后，发现该报文的目的地址属于自治系统 AS2 内部的网络（自治系统 AS2 中边界路由器 2a 会通过外部网关协议告诉 AS1 中 1b 的），同时 AS1 路由器 1b 的路由表会指明沿着 1b 到 2a 的链路就可以到达 AS2，于是路由器 1b 将报文沿着 1b 到 2a 的链路送到 AS2 中的路由器 2a。最后，路由器 2a 通过 AS2 域内路由协议，将目的地址指向 H2 的报文转发到路由器 2b（例子中是 2a 直接将报文转发给 2b）。

　　在图 7-5 中，在自治系统内部采用内部网关协议进行路由选择的那部分路径用虚线表示出来，比如 AS1 内部的 1a->1d->1b 路径；AS2 内部的 2a->2b。而在 AS1 和 AS2 之间通过外部网关协议进行路由选择的那部分路径用实线表示出来，即 AS1 的 1b→AS2 的 2a。

## 7.4　路由协议与路由器基本配置

　　考虑到 Cisco 路由器的普及性，下面就以 Cisco 路由器为例进行说明。

　　（1）访问路由器。访问路由器与访问交换机一样，可以通过 Console（控制台）端口连接终端或安装了终端仿真软件的 PC（第一次访问时必须采用）；通过设备 AUX 端口连接 Modem；通过 Telnet；通过浏览器；以及通过网管软件 5 种方式进行访问。

而使用 Console 端口连接的方式，通常也是使用"超级终端"仿真软件，并将端口的属性配置为，端口速率为 9600b/s，数据位为 8，奇偶校验为"无"，停止位为 1，流控为"无"。

（2）路由器的组成。与交换机一样，Cisco 路由器也有 4 种功能不同、材质不同的内存：用来存储引导软件的 ROM，用来保存 IOS 系统软件的 Flash，用来作为主存的 RAM，用来保存启动配置的 NVRAM。在路由器中，也包括两份配置，一份是当前运行的（Running-config），存储在 RAM 中；另一份则是备份配置（Start-config），存储在 NVRAM 中，每次启动时会自动装入。

（3）配置状态与转换命令。与交换机一样，Cisco 路由器也分为用户模式（登录时自动进入，只能够查看简单的信息）、特权模式（也称为 EXEC 模式，能够完成配置修改、重启等工作）、全局配置模式（对会影响 IOS 全局运作的配置项进行设置）、子配置模式（对具体的组件，如网络接口等进行配置），4 种状态的转换命令如图 7-6 所示。

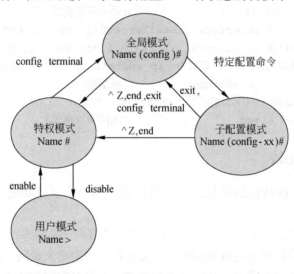

图 7-6　路由器 4 种状态转换

## 7.4.1　路由器基本配置

（1）配置 enable 口令和主机名。

```
Router>                           （用户模式提示符）
Router> enable                    （进入特权模式）
Router #                          （特权模式提示符）
Router # config terminal          （进入配置模式）
```

```
Router（config）#                          （配置模式提示符）
Router（config）# enable password test     （设置 enable 口令为 test）
Router（config）# enable secret test2      （设置 enable 加密口令为 test2）
Router（config）# hostname R1              （设置主机名为 R1）
Router（config）# end                      （退回特权模式）
R1#
```

**注意**：enable password 和 enable secret 只要配置一个就好，两者同时配置后者生效。它们的区别在于，enable password 在配置项中是明文显示，而 enable secret 是密文显示。

（2）接口基本配置：在 Cisco 路由器通常是模块化的，每个模块都有一些相应的接口，例如以太网口、快速以太网口、串行口（Serial，即广域网口）等。与交换机不同，它们在默认情况下关闭的，需要人为启动它。

```
Router> enable                                （进入特权模式）
Router # config terminal                       （进入配置模式）
Router（config）# interface fastethernet0/1    （进入接口 F0/1 子配置模式）
Router（config）# ip address 192.168.0.1 255.255.255.0
       （设置该接口的 IP 地址，格式为：ip address ip-addr subnet-mask）
Router（config）# no shutdown                   （激活接口）
11：02：01：%LINK-3-UPDOWN：Interface FastEthernet 0/1 changed state to up.
Router（config）# end                           （退回特权模式）
```

## 7.4.2　路由协议比较

"确定网络上数据传送的最佳路径"是路由器的一个重要功能，通常称为"路由选择"。

已知，路由器可以使用两种基本方式进行路由选择：一是静态路由；二是动态路由。而动态路由选择协议根据实现机制的不同，又可以分为距离矢量路由选择系协议、链路状态路由选择协议和混合路由选择协议三种类型。下面对它们的特点与优缺点统一再作一个对比：

**1. 静态路由**

说明：预先设置，将发现和传播路由的工作交给了互连网络管理者。

优点：有利于更安全的网络，能够更充分地利用资源，可以使用更小、更便宜的路由器。

缺点：当网络出现问题或其他原因引起拓扑变化时，需要管理员手工调整这些变化，在调整之前会因为无法识别失效的链路而造成路由失效。

适用场合：非常小、到给定目标只有一条路径的网络；在大型或复杂网络中的一个安全局部。

**2．距离矢量路由选择**

说明：主要包括 RIP、IGRP。定期给直接相邻的网络邻居传送它们路由选择表的副本，每个接受者将一个距离矢量（就是它自己的距离"值"）加到表中，并转发给它的邻居，以形成对网络"距离"的累积透视图。

优点：协议简单、易于配置、维护与使用。

缺点：当网络出现问题或其他原因引起拓扑变化时，路由器要花一定的时间来"会聚"对新网络拓扑的认知，在这个过程中可能出现错误的问题。

适用场合：适合于非常小的网络，这些网络没有或者很少冗余路径，并且没有严格的网络性能要求。

**3．链路状态路由选择**

说明：主要包括 OSPF。它支持关于网络拓扑结构的复杂数据库，通过与网络中其他路由器交换链路状态通知来实现。而且链路状态的交换是由网络中的一个事件触发的，而不是定期进行的，这样就可以加快会聚的过程。

优点：具有良好的灵活性、扩展性。

缺点：在初始的发现过程中，有可能产生路由交换的泛滥，从而降低网络性能；并且对内存和处理器的要求高，使得路由器的费用提高。

适用场合：适合任意大小的网络。

**4．混合路由选择。**

主要包括 EIGRP，综合了距离矢量和链路状态的优点。

## 7.4.3　RIP 协议

路由信息协议（Routing information Protocol，RIP）采用距离矢量算法（常归于 Bellman-Ford 或 Ford-Fulkerson 算法）计算路由，是最早的路由选择协议之一。RIPv2 还支持无类型域间选路（Classless Inter-Domain Routing，CIDR）和可变长子网掩码（Variable Length Subnet Mask，VLSM），只适用于小型的同构网络，是以跳数表示距离（每经过一个路由器则跳数加 1），允许的最大跳数为 15，因此任何超过 15 个中间站点的目的地均被表示为不可达。RIP 是定期更新路由表的，每隔 30s 广播一次路由信息。表 7-1 给出了 RIP 路由器配置常用命令。

表 7-1　RIP 路由配置常用命令

| 命　　令 | 说　　明 |
|---|---|
| router rip | 指定使用 RIP 协议 |
| version {1\|2} | 指定 RIP 协议版本 |
| **network** network-addr | 指定与该路由器直接相联的网络 |
| neighbor *ip-addr* | 说明邻接路由器，以使它们能够自动更新路由 |

续表

| 命　令 | 说　明 |
|---|---|
| passive interface 接口 | 阻止在指定的接口发送路由更新信息 |
| show ip route | 查看路由表信息 |
| show route rip | 查看 RIP 协议路由信息 |

### 1. RIP 配置实例

图 7-8 给出了一个网络的实例，4 个位于不同地理位置的子网通过远程电缆连接在一起，现在要求使用 RIP 协议完成整个路由选择的配置。

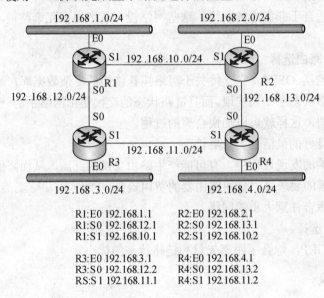

R1:E0 192.168.1.1　　　R2:E0 192.168.2.1
R1:S0 192.168.12.1　　R2:S0 192.168.13.1
R1:S1 192.168.10.1　　R2:S1 192.168.10.2

R3:E0 192.168.3.1　　　R4:E0 192.168.4.1
R3:S0 192.168.12.2　　R4:S0 192.168.13.2
RS:S1 192.168.11.1　　R4:S1 192.168.11.2

图 7-8　RIP 配置拓扑图

```
R1# config terminal                    （进入全局配置模式）
R1（config）# router rip               （进入 RIP 协议配置子模式）
R1（config-router）# network 192.168.1.0
                                       （说明路由器 R1 与 192.168.1.0 邻接）
R1（config-router）# network 192.168.10.0
                                       （说明路由器 R1 与 192.168.10.0 邻接）
R1（config-router）# network 192.168.12.0
                                       （说明路由器 R1 与 192.168.12.0 邻接）
R1（config-router）# version 2         （设置 RIP 的版本为 2）
```

其他三个路由器的配置与此类似，只是根据其邻接网络的不同，修改相应的 network 子句即可。例如，路由器 R2 邻接的网络则是 192.168.2.0、192.168.10.0、192.168.13.0。

### 2. RIP 协议路由信息

当完成了 RIP 路由选择协议的配置之后,可以使用 show ip route 命令来查看路由表的信息。根据前面的配置,当查看 R1 的路由表时,将看到以下信息:

```
C    192.168.1.0   is directly connected, Ethernet0
C    192.168.12.0  is directly connected, Serial0
C    192.168.10.0  is directly connected, Serial1
R    192.168.2.0   [120/1] via 192.168.10.2, xx: xx: xx, Serial1
R    192.168.13.0  [120/1] via 192.168.10.2, xx: xx: xx, Serial1
R    192.168.3.0   [120/1] via 192.168.12.2, xx: xx: xx, Serial0
R    192.168.11.0  [120/1] via 192.168.12.2, xx: xx: xx, Serial0
R    192.168.4.0   [120/2] via 192.168.10.2, xx: xx: xx, Serial1
                   [120/2] via 192.168.12.2, xx: xx: xx, Serial0
```

最前面的 C 或 R 代表路由项的类别,C 是直连、R 代表是 RIP 协议生成。第二部分则是目的网段,第三部分([120/1])表示 RIP 协议的管理距离为 120,1 则是路由的度量值,即跳数。可以看到路由器 R1 到 192.168.4.0 需要经过→R2→R4 或→R3→R4 两站,因此其度量值为 2,即两跳。第四部分表示下一跳点的 IP 地址,第五部分(xx: xx: xx)说明了路由产生的时间,第六部分表示该条路由所使用的接口。

**希赛教育专家提示**:管理距离是用来表示路由协议的优先级的,RIP 的值为 120、OSPF 为 110、IGRP 为 100、EIGRP 为 90、静态设置为 1、直接连接为 0;因此可以看出在路由项中,EIGRP 是首选的,然后才是 IGRP、OSPF、RIP。

### 3. RIP 路由更新的会聚问题

RIP 的一大缺点就是当网络发生变化或出现故障而引起拓扑结构的变化时,其会聚完成是需要一定时间的。图 7-9 给出的就是一个这样的例子。

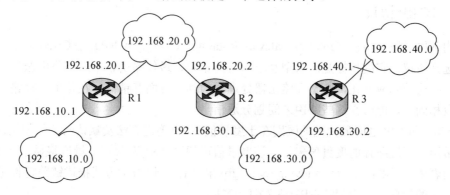

图 7-9　RIP 路由更新的会聚问题示意图

当一切正常时,各个路由器的路由表如表 7-2 所示。

表 7-2　正常时的路由表信息

| 目的网络 | R1 | | R2 | | R3 | |
|---|---|---|---|---|---|---|
| | 下一站地址 | 跳数 | 下一站地址 | 跳数 | 下一站地址 | 跳数 |
| 192.168.10.0 | 直连 | 0 | 192.168.20.1 | 1 | 192.168.30.1 | 2 |
| 192.168.20.0 | 直连 | 0 | 直连 | 0 | 192.168.30.1 | 1 |
| 192.168.30.0 | 192.168.20.2 | 1 | 直连 | 0 | 直连 | 0 |
| 192.168.40.0 | 192.168.20.2 | 2 | 192.168.30.2 | 1 | 直连 | 0 |

如果这时路由器 R3 和网络 192.168.40.0 的连接发生了故障，路由更新就会影响各个路由表，但由于 RIP 是定时更新（每 30s 更新一次）。因此，随着时间的不同，会有不同的结果。

表 7-3 中列出了在断开后的 30s 后及 500s 后的，R2 路由表的信息。

表 7-3　断开后的 30s 后及 500s 后的，R2 路由表的信息

| 目的网络 | R2（30s 后） | | R2（500s 后） | |
|---|---|---|---|---|
| | 下一站地址 | 跳数 | 下一站地址 | 跳数 |
| 192.168.10.0 | 192.168.20.1 | 1 | 192.168.20.1 | 1 |
| 192.168.20.0 | 直连 | 0 | 直连 | 0 |
| 192.168.30.0 | 直连 | 0 | 直连 | 0 |
| 192.168.40.0 | 192.168.20.1 | 3 | 不可达 | 16 |

在 30s 后，R2 收到了来自 R3 的路由更新信息——即 R3 已无法连接到 192.168.40.0 网段，但这时 R1 的路由表还没有更新，因此 R2 则认为其可以访问该网段，因此复制该路由表项，并将跳数加 1。随着不可达信息的漫延，最终在 500s 后，会使得跳数增长到 16，这时才真正完成了会聚。

### 7.4.4　IGRP 协议

内部网关路由协议（Interior Gateway Routing Protocol，IGRP）是 Cisco 公司发布的路由选择协议，它的目标是：大型互连网络的稳定、最佳路由、不产生路由循环，在网络拓扑中快速响应变化，带宽和路由器处理器的利用方面开销低，在几个并行路由的要求大致相同时，能够在这些路由之间划分通信量。

IGRP 与 RIP 之间最关键的区别在于度量值、路由确定算法及默认网关的使用。IGRP 计算常用于表现路径的度量值矢量，该度量值可超过 160 万（该度量值将显示在 IGRP 的路由表中，可以使用命令 show ip route igrp 来查看），以数学方式描述链路特性是很灵活的。它的计算方法为 $[(K1 \div B)+(K2 \times D)] \times R$。

其中，K1、K2 是常量，用来指出赋于带宽和延迟的权重，B 等于无负载的路径带宽 $\times$（1–信道占用），D 为拓扑延迟，R 为可靠性。

IGRP 在默认情况下是 90s 发送一次路由更新广播，在 3 个更新周期内（即 270s）没有从路由表中的一个路由器接收到更新，则会宣告路由不可访问。7 个更新周期（即 630s）后，将清除该路由项。

### 1. IGRP 配置命令

IGRP 路由配置常用命令，如表 7-4 所示。

表 7-4　IGRP 路由配置常用命令

| 命　　　令 | 说　　　明 |
|---|---|
| **router igrp** autonomous-system | 指定使用 IGRP 协议，其中 autonomous-system 是自治系统号，IGRP 协议只在相同自治系统号的路由器之间完成路由更新 |
| **network** network-addr | 指定与该路由器直接相联的网络 |
| bandwidth　带宽 | 指定链路的带宽，通常单位为 kb/s |
| clockrate　时钟频率 | 指定链路的时钟频率，通常单位为 Hz |
| timer basic　更新周期　到期时间　抑制与否　清除时间 | 用来设置自定义的路由更新时间。例如，将更新时间缩短为 30s：timer basic 30 90 0 210 |
| no metric holddown | 禁止抑制功能，路由信息删除后可立即接受新的 |
| metric maximum-hop 50 | 当信息包穿过 50 个路由器时，删除信息包 |

### 2. IGRP 配置实例

当网络的拓扑结构不确定、复杂时，利用 IGRP 路由选择协议可以根据延迟、带宽、可靠性和负载来进行优化，但其不支持 VLSM。图 7-10 所示是一个 IGRP 的配置实例。

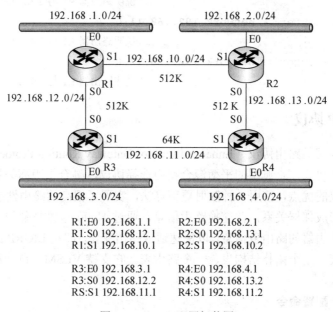

R1:E0 192.168.1.1　　R2:E0 192.168.2.1
R1:S0 192.168.12.1　　R2:S0 192.168.13.1
R1:S1 192.168.10.1　　R2:S1 192.168.10.2

R3:E0 192.168.3.1　　R4:E0 192.168.4.1
R3:S0 192.168.12.2　　R4:S0 192.168.13.2
RS:S1 192.168.11.1　　R4:S1 192.168.11.2

图 7-10　IGRP 配置拓扑图

下面以路由器 R3 为例，说明其配置的过程：

```
R1# config terminal                 （进入全局配置模式）
R1（config）# interface Ethernet0    （进入以太网口 0 子配置模式）
R1（config）# ip address 192.168.3.1 255.255.255.0   （配置 IP 地址）
R1（config）# no keepalive  （不监测 keepalive 信号，即不连接设备时可激活该接口）
R1（config）# exit
R1（config）# interface Serial0      （进入以广域网口 0 子配置模式）
R1（config）# ip address 192.168.12.2 255.255.255.0  （配置 IP 地址）
R1（config）# bankwidth 512          （设置带宽）
R1（config）# clockrate 512000       （设置时钟频率）
R1（config）# exit
R1（config）# interface Serial1      （进入以广域网口 0 子配置模式）
R1（config）# ip address 192.168.11.1 255.255.255.0  （配置 IP 地址）
R1（config）# bankwidth 64           （设置带宽）
R1（config）# clockrate 64000        （设置时钟频率）
R1（config）# exit

R1（config）# router igrp 100        （进入 IGRP 协议配置子模式）
R1（config-router）# network 192.168.3.0
                                    （说明路由器 R1 与 192.168.1.0 邻接）
R1（config-router）# network 192.168.11.0
                                    （说明路由器 R1 与 192.168.10.0 邻接）
R1（config-router）# network 192.168.12.0
                                    （说明路由器 R1 与 192.168.12.0 邻接）
```

## 7.4.5　EIGRP 协议

加强型内部网关路由协议（Enhanced Interior Gateway Routing Protocol，EIGRP）是增强型的 IGRP 协议，是典型的平衡混合路由选择协议，融合了距离矢量和链路状态两种路由选择协议的优点，使用一种散射更新算法，实现了很高的路由性能。运行 EIGRP 的路由器之间形成邻居关系，并交换路由信息，通过 Hello 包维持邻居关系；它将存储所有与其相邻路由器的路由表信息，以快速适应路由变化。即在 EIGRP 路由器内包括一个相邻路由器表、一个拓扑结构表、一个路由表。它支持 VLSM、自动路由汇总、支持多种网络层协议。

### 1. EIGRP 配置命令

EIGRP 路由配置常用命令，如表 7-5 所示。

表 7-5　EIGRP 路由配置常用命令

| 命　　令 | 说　　明 |
|---|---|
| **router eigrp** autonomous-system | 指定使用 EIGRP 协议，其中 autonomous-system 是自治系统号，EIGRP 协议只在相同自治系统号的路由器之间完成路由更新 |
| **network** network-addr 掩码 反码 | 指定与该路由器直接相联的网络。如果指定的网络是 A、B、C 类，则无须加入掩码反码，如果是子网则需要加入掩码反码 |
| no auto-summary | 关闭自动汇总功能 |

### 2. EIGRP 配置实例

图 7-11 给出了一个 EIGPG 相关例子。

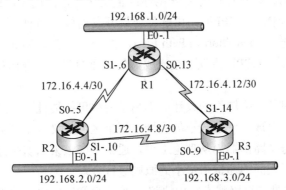

图 7-11　EIGRP 配置拓扑图

下面就是路由器 R1 为例，说明整个配置过程：

```
R1# config terminal                              （进入全局配置模式）
R1 (config) # interface Ethernet0                （进入以太网口 0 子配置模式）
R1 (config) # ip address 192.168.1.1 255.255.255.0   （配置 IP 地址）
R1 (config) # exit
R1 (config) # interface Serial0                  （进入以广域网口 0 子配置模式）
R1 (config) # ip address 172.16.4.13 255.255.255.252   （配置 IP 地址）
R1 (config) # bankwidth 1544                     （设置带宽）
R1 (config) # exit
R1 (config) # interface Serial1                  （进入以广域网口 0 子配置模式）
R1 (config) # ip address 172.16.4.6 255.255.255.252   （配置 IP 地址）
R1 (config) # bankwidth 1544                     （设置带宽）
R1 (config) # clockrate 130000                   （设置时钟频率）
R1 (config) # exit

R1 (config) # router eigrp 10                    （进入 IGRP 协议配置子模式）
R1 (config-router) # network 172.16.4.4  0.0.0.3
```

```
R1 (config-router) # network 172.16.4.12  0.0.0.3
R1 (config-router) # network 192.168.1.0
```

**注意**：在上面的配置中，network 172.16.4.4 和 172.16.4.12 是两个子网，因此需写出掩码的反码。也可以将其合并成为：network 172.16.0.0。

### 7.4.6　OSPF 协议

为了响应不断增长的建立越来越大的基于 IP 的网络需要，IETF 成立了一个工作组专门开发一种开放的、基于大型复杂 IP 网络的链路状态路由选择协议。由于它依据一些厂商专用的最短路径优先（SPF）路由选择协议开发而成，而且是开放性的，因此称为开放式最短路径优先（Open Shortest Path First，OSPF）协议，和其他 SPF 一样，它采用的也是 Dijkstra 算法。 OSPF 协议现在已成为最重要的路由选择协议之一，主要用于同一个自治系统。

OSPF 协议采用了"区域"的设计，提高了网络可扩展性，并且加快了网络会聚时间。也就是将网络划分成为许多较小的区域，每个区域定义一个独立的区域号并将此信息配置给网络中的每个路由器。从理论上说，通常不应该采用实际地域来划分区域，而是应该本着使不同区域间的通信量最小的原则进行合理分配。

OSPF 是一种典型的链路状态路由协议。采用 OSPF 的路由器彼此交换并保存整个网络的链路信息，从而掌握全网的拓扑结构，独立计算路由。因为 RIP 路由协议不能服务于大型网络，所以 IETF 的 IGP 工作组特别开发链路状态协议——OSPF。目前广为使用的是 OSPF 第二版，最新标准为 RFC2328。

#### 1．OSPF 路由协议概述

OSPF 作为一种内部网关协议，用于在同一个自治域（AS）中的路由器之间发布路由信息。区别于距离矢量协议（RIP），OSPF 具有支持大型网络、路由收敛快、占用网络资源少等优点，在目前应用的路由协议中占有相当重要的地位。

1）基本概念和术语

下面介绍 OSPF 的基本概念和术语：

（1）链路状态。

OSPF 路由器收集其所在网络区域上各路由器的连接状态信息，即链路状态信息（Link-State），生成链路状态数据库（Link-State Database）。路由器掌握了该区域上所有路由器的链路状态信息，也就等于了解了整个网络的拓扑状况。OSPF 路由器利用"最短路径优先算法（Shortest Path First，SPF）"，独立地计算出到达任意目的地的路由。

（2）区域。

OSPF 协议引入"分层路由"的概念，将网络分割成一个"主干"连接的一组相互独立的部分，这些相互独立的部分被称为"区域"（Area），"主干"的部分称为"主干区域"。每个区域就如同一个独立的网络，该区域的 OSPF 路由器只保存该区域的链路状态。每个路由器的链路状态数据库都可以保持合理的大小，路由计算的时间、报文数量都不会过大。

（3）OSPF 网络类型。

根据路由器所连接的物理网络不同，OSPF 将网络划分为 4 种类型：广播多路访问型（Broadcast MultiAccess）、非广播多路访问型（None Broadcast MultiAccess，NBMA）、点到点型（Point-to-Point）、点到多点型（Point-to-MultiPoint）。

广播多路访问型网络，如 Ethernet、Token Ring、FDDI。NBMA 型网络，如 Frame Relay、X.25、SMDS。Point-to-Point 型网络，如 PPP、HDLC。

（4）指派路由器（DR）和备份指派路由器（BDR）。

在多路访问网络上可能存在多个路由器，为了避免路由器之间建立完全相邻关系而引起的大量开销，OSPF 要求在区域中选举一个 DR。每个路由器都与之建立完全相邻关系。DR 负责收集所有的链路状态信息，并发布给其他路由器。选举 DR 的同时也选举一个 BDR，在 DR 失效时，BDR 担负起 DR 的职责。

当路由器开启一个端口的 OSPF 路由时，将会从这个端口发出一个 Hello 报文，以后它也将以一定的间隔周期性地发送 Hello 报文。OSPF 路由器用 Hello 报文来初始化新的相邻关系以及确认相邻的路由器邻居之间的通信状态。

对广播型网络和非广播型多路访问网络，路由器使用 Hello 协议选举出一个 DR。在广播型网络里，Hello 报文使用多播地址 224.0.0.5 周期性广播，并通过这个过程自动发现路由器邻居。在 NBMA 网络中，DR 负责向其他路由器逐一发送 Hello 报文。

2）操作

OSPF 协议操作总共经历了建立邻接关系、选举 DR/BDR、发现路由器等步骤。

（1）建立路由器的邻接关系。

所谓"邻接关系"（Adjacency）是指 OSPF 路由器以交换路由信息为目的，在所选择的相邻路由器之间建立的一种关系。路由器首先发送拥有自身 ID 信息（Loopback 端口或最大的 IP 地址）的 Hello 报文。与之相邻的路由器如果收到这个 Hello 报文，就将这个报文内的 ID 信息加入到自己的 Hello 报文内。

如果路由器的某端口收到从其他路由器发送的含有自身 ID 信息的 Hello 报文，则它根据该端口所在网络类型确定是否可以建立邻接关系。

在点对点网络中，路由器将直接和对端路由器建立邻接关系，并且该路由器将直接进入到步骤（3）操作：发现其他路由器。若为 MultiAccess 网络，该路由器将进入选举步骤。

（2）选举 DR/BDR。

不同类型的网络选举 DR 和 BDR 的方式不同。

MultiAccess 网络支持多个路由器，在这种状况下，OSPF 需要建立起作为链路状态和 LSA 更新的中心节点。选举利用 Hello 报文内的 ID 和优先权（Priority）字段值来确定。优先权字段值大小为 0～255，优先权值最高的路由器成为 DR。如果优先权值大小一样，则 ID 值最高的路由器选举为 DR，优先权值次高的路由器选举为 BDR。优先权值和 ID 值都可以直接设置。

（3）发现路由器。

在这个步骤中，路由器与路由器之间首先利用 Hello 报文的 ID 信息确认主从关系，然后主从路由器相互交换部分链路状态信息。每个路由器对信息进行分析比较，如果收到的信息有新的内容，路由器将要求对方发送完整的链路状态信息。这个状态完成后，路由器之间建立完全相邻（Full Adjacency）关系，同时邻接路由器拥有自己独立的、完整的链路状态数据库。

在 MultiAccess 网络内，DR 与 BDR 互换信息，并同时与本子网内其他路由器交换链路状态信息。

在 Point-to-Point 或 Point-to-MultiPoint 网络中，相邻路由器之间互换链路状态信息。

（4）选择适当的路由器。

当一个路由器拥有完整独立的链路状态数据库后，它将采用 SPF 算法计算并创建路由表。OSPF 路由器依据链路状态数据库的内容，独立地用 SPF 算法计算到每一个目的网络的路径，并将路径存入路由表中。

OSPF 利用量度（Cost）计算目的路径，Cost 最小者即为最短路径。在配置 OSPF 路由器时可根据实际情况，如链路带宽、时延或经济上的费用设置链路 Cost 大小。Cost 越小，则该链路被选为路由的可能性越大。

（5）维护路由信息。

当链路状态发生变化时，OSPF 通过 Flooding 过程通告网络上其他路由器。OSPF 路由器接收到包含新信息的链路状态更新报文，将更新自己的链路状态数据库，然后用 SPF 算法重新计算路由表。在重新计算过程中，路由器继续使用旧路由表，直到 SPF 完成新的路由表计算。新的链路状态信息将发送给其他路由器。值得注意的是，即使链路状态没有发生改变，OSPF 路由信息也会自动更新，默认时间为 30 分钟。

**2．OSPF 路由协议的基本特征**

前文已经说明 OSPF 路由协议是一种链路状态的路由协议，为了更好地说明 OSPF 路由协议的基本特征，将 OSPF 路由协议与距离矢量路由协议之一的 RIP 比较如下：

RIP 中用于表示目的网络远近的唯一参数为跳（Hop），即到达目的网络所要经过的路由器个数。在 RIP 路由协议中，该参数被限制最大为 15，即 RIP 路由信息最多能传递至第 16 个路由器；对于 OSPF 路由协议，路由表中表示目的网络的参数为 Cost，该参数为一虚拟值，与网络中链路的带宽等相关，即 OSPF 路由信息不受物理跳数的限制，因此 OSPF 比较适合于大型网络中。

RIPv1 路由协议不支持变长子网屏蔽码（VLSM），被认为是 RIP 路由协议不适用于大型网络的又一个重要原因。采用变长子网屏蔽码可以在最大限度上节约 IP 地址。OSPF 路由协议对 VLSM 有良好的支持性。

RIP 路由协议路由收敛较慢。RIP 路由协议周期性地将整个路由表作为路由信息广播至网络中，该广播周期为 30s。在一个较为大型的网络中，RIP 会产生很大的广播信息，占用较多的网络带宽资源。由于 R1P 协议 30s 的广播周期，影响了 RIP 路由协议的收敛，甚至出现不收敛的现象。OSPF 是一种链路状态的路由协议，当网络比较稳定时，网络中的路由信息是比较少的，并且其广播也不是周期性的，因此 OSPF 路由协议即使是在大型网络中也能够较快地收敛。

在 RIP 中，网络是一个平面的概念，并无区域及边界等的定义。随着无级路由 CIDR 概念的出现，RIP 协议就明显落伍了。在 OSPF 路由协议中，一个网络，或者说是一个路由域可以划分为很多个区域，每一个区域通过 OSPF 边界路由器相连，区域间可以通过路由汇聚来减少路由信息，减小路由表，提高路由器的运算速度。

OSPF 路由协议支持路由验证，只有互相通过路由验证的路由器之间才能交换路由信息。而且 OSPF 可以对不同的区域定义不同的验证方式，提高网络的安全性。

**3. 建立 OSPF 邻接关系过程**

OSPF 路由协议通过建立交互关系来交换路由信息，但并不是所有相邻的路由器都会建立 OSPF 交互关系。下面简要介绍 OSPF 建立 adjacency 的过程。

OSPF 协议是通过 Hello 协议数据包来建立及维护相邻关系的，同时也用其来保证相邻路由器之间的双向通信。OSPF 路由器会周期性地发送 Hello 数据包，当这个路由器看到自身被列于其他路由器的 Hello 数据包里时，这两个路由器之间会建立起双向通信。在多接入的环境中，Hello 数据包还用于发现指定路由器（DR），通过 DR 来控制与哪些路由器建立交互关系。

两个 OSPF 路由器建立双向通信之后的第二个步骤是进行数据库的同步，数据库同步是所有链路状态路由协议的最大的共性。在 OSPF 路由协议中，数据库同步关系仅仅在建立交互关系的路由器之间保持。

OSPF 的数据库同步是通过 OSPF 数据库描述数据包（Database Description Packets）来进行的。OSPF 路由器周期性地产生数据库描述数据包，该数据包是有序的，即附带有序列号，并将这些数据包对相邻路由器广播。相邻路由器可以根据数据库描述数据包的序列号与自身数据库的数据作比较，若发现接收到的数据比数据库内的数据序列号大，则相邻路由器会针对序列号较大的数据发出请求，并用请求得到的数据来更新其链路状态数据库。

将 OSPF 相邻路由器从发送 Hello 数据包，建立数据库同步至建立完全的 OSPF 交互关系的过程分成几个不同的状态，如下所述。

（1）Down：这是 OSPF 建立交互关系的初始化状态，表示在一定时间之内没有接收到从某一相邻路由器发送来的信息。在非广播性的网络环境内，OSPF 路由器还可能对处于 Down 状态的路由器发送 Hello 数据包。

（2）Attempt：该状态仅在 NBMA 环境，如帧中继、X.25 或 ATM 环境中有效，表示在一定时间内没有接收到某一相邻路由器的信息，但是 OSPF 路由器仍必须通过以一个较低的频率向该相邻路由器发送 Hello 数据包来保持联系。

（3）Init：在该状态时，OSPF 路由器已经接收到相邻路由器发送来的 Hello 数据包，但自身的 IP 地址并没有出现在该 Hello 数据包内，也就是说，双方的双向通信还没有建立起来。

（4）2-Way：这个状态可以说是建立交互方式真正的开始步骤。在这个状态，路由器看到自身已经处于相邻路由器的 Hello 数据包内，双向通信已经建立。指定路由器及备份指定路由器的选择正是在这个状态完成的。在这个状态，OSPF 路由器还可以根据其中的一个路由器是否指定路由器或根据链路是否点对点或虚拟链路来决定是否建立交互关系。

（5）Exstart：这个状态是建立交互状态的第一个步骤。在这个状态，路由器要决定用于数据交换的初始的数据库描述数据包的序列号，以保证路由器得到的永远是最新的链路状态信息。同时，在这个状态路由器还必须决定路由器之间的主备关系，处于主控地位的路由器会向处于备份地位的路由器请求链路状态信息。

（6）Exchange：在这个状态，路由器向相邻的 OSPF 路由器发送数据库描述数据包来交换链路状态信息，每一个数据包都有一个数据包序列号。在这个状态，路由器还有可能向相邻路由器发送链路状态请求数据包来请求其相应数据。从这个状态开始，可以说 OSPF 处于 Flood 状态。

（7）Loading：在 Loading 状态，OSPF 路由器会就其发现的相邻路由器的新的链路状态数据及自身的已经过期的数据向相邻路由器提出请求，并等待相邻路由器的回答。

（8）Full：这是两个 OSPF 路由器建立交互关系的最后一个状态，这时建立起交互关系的路由器之间已经完成了数据库同步的工作，它们的链路状态数据库已经一致。

### 4. OSPF 的 DR 及 BDR

在 DR 和 BDR 出现之前，每一台路由器和他的所有邻居成为完全网状的 OSPF 邻接关系，这样 5 台路由器之间将需要形成 10 个邻接关系，同时将产生 25 条 LSA。而且在多址网络中，还存在自己发出的 LSA 从邻居的邻居发回来，导致网络上产生很多 LSA 的拷贝。所以基于这种考虑，产生了 DR 和 BDR。

1）完成的工作内容

DR 将完成如下工作：

（1）描述这个多址网络和该网络上剩下的其他相关路由器。

（2）管理这个多址网络上的 flooding 过程。

（3）同时为了冗余性，还会选取一个 BDR，作为双备份之用。

2）选取规则

DR BDR 选取规则：DR BDR 选取是以接口状态机的方式触发的。

（1）路由器的每个多路访问（Multi-access）接口都有个路由器优先级（Router Priority），8 位长的一个整数，范围是 0～255，Cisco 路由器默认的优先级是 1，优先级为 0 的话将不能选举为 DR/BDR。优先级可以通过命令 ip ospf priority 进行修改。

（2）Hello 包里包含了优先级的字段，还包括了可能成为 DR/BDR 的相关接口的 IP 地址。

（3）当接口在多路访问网络上初次启动的时候，它把 DR/BDR 地址设置为 0.0.0.0，同时设置等待计时器（Wait Timer）的值等于路由器无效间隔（Router Dead Interval）。

3）选取过程

DR BDR 选取过程：

（1）路由器 X 在和邻居建立双向（2-Way）通信之后，检查邻居的 Hello 包中 Priority，DR 和 BDR 字段，列出所有可以参与 DR/BDR 选举的邻居。

（2）如果有一台或多台这样的路由器宣告自己为 BDR（也就是说，在其 Hello 包中将自己列为 BDR，而不是 DR），选择其中拥有最高路由器优先级的成为 BDR；如果相同，选择拥有最大路由器标识的。如果没有路由器宣告自己为 BDR，选择列表中路由器拥有最高优先级的成为 BDR（同样排除宣告自己为 DR 的路由器），如果相同，再根据路由器标识。

（3）按如下计算网络上的 DR。如果有一台或多台路由器宣告自己为 DR（也就是说，在其 Hello 包中将自己列为 DR），选择其中拥有最高路由器优先级的成为 DR；如果相同，选择拥有最大路由器标识的。如果没有路由器宣告自己为 DR，将新选举出的 BDR 设定为 DR。

（4）如果路由器 X 新近成为 DR 或 BDR，或者不再成为 DR 或 BDR，重复步骤（2）和（3），然后结束选举。这样做是为了确保路由器不会同时宣告自己为 DR 和 BDR。

（5）要注意的是，当网络中已经选举了 DR/BDR 后，又出现了 1 台新的优先级更高的路由器，DR/BDR 是不会重新选举的。

（6）DR/BDR 选举完成后，DRother 只和 DR/BDR 形成邻接关系。所有的路由器将组播 Hello 包到 AllSPFRouters 地址 224.0.0.5 以便它们能跟踪其他邻居的信息，即 DR 将泛洪 update packet 到 224.0.0.5；DRother 只组播 update packet 到 AllDRouter 地址 224.0.0.6，只有 DR/BDR 监听这个地址。

4）筛选过程

简单地说，DR 的筛选过程如下：

（1）优先级为 0 的不参与选举。

（2）优先级高的路由器为 DR。

（3）优先级相同时，以 router ID 大为 DR；router ID 以回环接口中最大 IP 为准；若无回环接口，以真实接口最大 IP 为准。

（4）默认条件下，优先级为 1。

### 5．OSPF 路由器类型

OSPF 路由器类型如 7-12 所示。

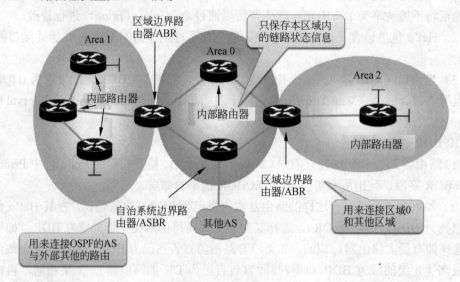

图 7-12　OSPF 路由器类型

（1）区域内路由器（Internal Routers）。

该类路由器的所有接口都属于同一个 OSPF 区域。

（2）区域边界路由器 ABR（Area Border Routers）。

该类路由器可以同时属于两个以上的区域，但其中一个必须是骨干区域。ABR 用来连接骨干区域和非骨干区域，它与骨干区域之间既可以是物理连接，也可以是逻辑上的连接。

（3）骨干路由器（Backbone Routers）。

该类路由器至少有一个接口属于骨干区域。因此，所有的 ABR 和位于 Area0 的内部路由器都是骨干路由器。

（4）自治系统边界路由器（AS Boundary Routers，ASBR）。

与其他 AS 交换路由信息的路由器称为 ASBR。ASBR 并不一定位于 AS 的边界，它可能是区域内路由器，也可能是 ABR。只要一台 OSPF 路由器引入了外部路由的信息，它就成为 ASBR。

### 6．OSPF LSA 类型

随着 OSPF 路由器种类概念的引入，OSPF 路由协议又对其链路状态广播数据包（LSA）做出了分类。OSPF 将链路状态广播数据包主要分成以下 6 类，如表 7-6 所示。

表 7-6　LSA 类型

| 类型代码 | 描　述 | 用　途 |
|---|---|---|
| Type 1 | 路由器 LSA | 由区域内的路由器发出的 |
| Type 2 | 网络 LSA | 由区域内的 DR 发出的 |
| Type 3 | 网络汇总 LSA | ABR 发出的，其他区域的汇总链路通告 |
| Type 4 | ASBR 汇总 LSA | ABR 发出的，用于通告 ASBR 信息 |
| Type 5 | AS 外部 LSA | ASBR 发出的，用于通告外部路由 |
| Type 7 | NSSA 外部 LSA | NSSA 区域内的 ASBR 发出的，用于通告本区域连接的外部路由 |

（1）1 类 LSA（路由器 LSA）：每台路由器都通告 1 类 LSA，描述了与路由器直连的所有链路（接口）状态，只能在本区域内扩散。

（2）2 类 LSA（网络 LSA）：只有 DR 才有资格产生，只能在本区域内扩散，描述了多路访问网络的所有路由器（Router ID）和链路的子网掩码。

（3）3 类 LSA（汇总 LSA）：只有 ABR 可以产生，能在整个 OSPF 自治系统扩散，描述了目的网路的路由（还可能包含汇总路由）。

（4）4 类 LSA（汇总 LSA）：仅当区域中有 ASBR 时，ABR 才会产生，该 LSA 标识了 ASBR，提供一条前往该 ASBR 的路由。

（5）5 类 LSA（外部 LSA）：只能由 ASBR 产生，描述了前往 OSPF 自治系统外的网络的路由，被扩散到整个 AS（除各种末节区域外）。

（6）7 类 LSA（用于 NSSA 的 LSA）：只能由 NSSA ASBR 产生，只能出现在 NSSA，而 NSSA ABR 将其转换为 5 类 LSA 并扩散到整个 OSPF 自治系统。

**7. OSPF 区域类型**

根据区域所接收的 LSA 类型不同，可将区域划分为以下几种类型：

（1）标准区域：默认的区域类型，它接收链路更新、汇总路由和外部路由，如图 7-13 所示。

（2）骨干区域：骨干区域为 Area 0，其他区域都与之相连以交换路由信息，该区域具有标准区域的所有特征。

（3）末节区域：不接收 4 类汇总 LSA 和 5 类外部 LSA，但接收 3 类汇总 LSA，使用默认路由到 AS 外部网络（自动生成），该区域不包含 ASBR（除非 ABR 也是 ASBR）。

（4）绝对末节区域：这个是 Cisco 专用。它不接收 3 类、4 类汇总 LSA 和 5 类外部 LSA，使用默认路由到 AS 外部网络（自动生成），该区域不包含 ASBR（除非 ABR 也是 ASBR）。

（5）NSSA：不接收 4 类汇总 LSA 和 5 类外部 LSA，但接收 3 类汇总 LSA 且可以有 ASBR，使用默认路由前往外部网络，默认路由是由与之相连的 ABR 生成的，但默认情况下不会生成，要让 ABR 生成默认路由，可使用命令 area　area-id　nssa default-information-originate。

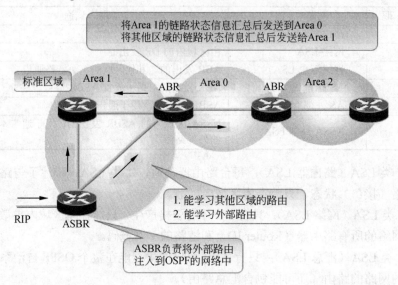

图 7-13　标准区域示例

（6）绝对末节 NSSA：这个是 Cisco 公司专用。它不接收 3 类、4 类汇总 LSA 和 5 类外部 LSA 且可以有 ASBR，使用默认路由到 AS 外部网络，默认路由是自动生成的。

每一种区域中允许泛洪的 LSA 总结如表 7-7 所示。

表 7-7　区域允许 LSA 总结

| 区 域 类 型 | 1&2 | 3 | 4&5 | 7 |
| --- | --- | --- | --- | --- |
| 骨干区域（区域 0） | 允许 | 允许 | 允许 | 不允许 |
| 非骨干区域，非末梢区域 | 允许 | 允许 | 允许 | 不允许 |
| 末节区域 | 允许 | 允许 | 不允许 | 不允许 |
| 绝对末节区域 | 允许 | 不允许* | 不允许 | 不允许 |
| NSSA | 允许 | 允许 | 不允许 | 允许 |
| 绝对末节 NSSA | 允许 | 不允许 | 不允许 | 允许 |

注：*为 ABR 路由器使用一个类型 3 的 LSA 通告默认路由。

#### 8．虚链路

在 OSPF 路由协议中存在一个骨干区域（Backbone），该区域包括属于这个区域的网络及相应的路由器，骨干区域必须是连续的，同时也要求其余区域必须与骨干区域直接相连。骨干区域一般为区域 0，其主要工作是在其余区域间传递路由信息。所有的区域，包括骨干区域之间的网络结构情况是互不可见的，当一个区域的路由信息对外广播时，其路由信息是先传递至区域 0（骨干区域），再由区域 0 将该路由信息向其余区域作广播。

在实际网络中，可能会存在骨干区域不连续或某一个区域与骨干区域物理不相连的

情况，在这两种情况下，系统管理员可以通过设置虚拟链路的方法来解决，如图 7-14 和
7-15 所示。

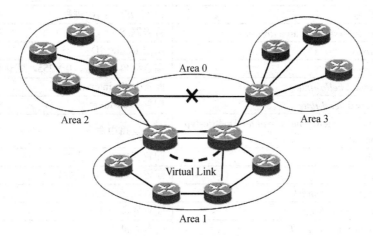

图 7-14 骨干区域不连续虚链路

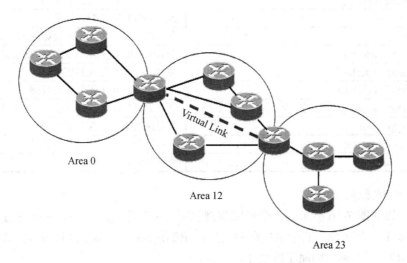

图 7-15 与骨干区域物理不相连虚链路

虚拟链路设置在两个路由器之间，这两个路由器都有一个端口与同一个非骨干区域
相连。虚拟链路被认为是属于骨干区域的，在 OSPF 路由协议看来，虚拟链路两端的两
个路由器被一个点对点的链路连在一起。在 OSPF 路由协议中，通过虚拟链路的路由信
息是作为域内路由来看待的。

### 9. OSPF 配置命令汇总

OSPF 常用配置命令如表 7-8 所示。

表 7-8　OSPF 配置命令汇总

| 命　　令 | 用　　途 |
| --- | --- |
| router ospf 进程号 | 进入 OSPF 路由进程 |
| network *network inverse-mask* area *area-id* | 宣告网络 |
| router-id *ip-address* | 指定 Router-ID |
| ip cost priority *priority* | 指定接口优先级，0～255，默认为 1 |
| ip ospf hello-interval *hello-time* | 配置 hello-interval |
| ip ospf dead-interval *dead-time* | 配置 dead-interval |
| redistribute *protocol* [metrc *metric-value*] [metric-type *type-value*][subnets] | 重分发路由命令 |
| area *area-id* stub | 配置区域为末节区域 |
| area *area-id* nssa | 配置区域为 NSS 区域 |
| area *area-id* range *network mask* | 配置区域间路由汇总 |
| Summary-address *network mask* | 配置外部路由汇总 |
| area *area-id* virtual-link *router-ID* | 配置虚链路 |
| show　ip route | 查看路由表信息（直连/学习） |
| show　ip route ospf | 只查看 OSPF 学习到的路由 |
| show　ip protocol | 查看 OSPF 协议配置信息 |
| show　ip ospf | 查看在路由器上 OSPF 是如何配置的和 ABR |
| show　ip ospf　database | 查看 LSDB 内的所有 LSA 数据信息 |
| show　ip ospf　interface | 接口上 OSPF 配置的信息 |
| show　ip ospf　neighbor | 查看 OSPF 邻居和邻接的状态 |
| show　ip ospf　neighbor　detail | 查看 OSPF 邻居的详细信息（包括 DR/BDR） |
| debug　ip ospf　adj | 查看路由器"邻接"的整个过程 |
| debug　ip ospf　packet | 查看每个 OSPF 数据包的信息 |
| clear　ip　route | 清空路由表 |

### 10．OSPF 配置实例

下面，以如图 7-16 所示的一个网络为例说明 OSPF 路由选择协议的配置方法，该网络中有 0 和 1 两个区域，其中 R1 的 S1 端口、R2 的 S0 端口属于区域 0；而 R3、R1 的 S0 端口、R2 的 S1 端口则属于区域 1。

下面列出三个路由器配置 OSPF 的指令：

```
R1# config terminal              （进入全局配置模式）
R1（config）# router ospf 100    （进入 OSPF 协议配置子模式）
R1（config-router）# network 172.16.10.1  0.0.0.0  area 0（设置邻接网络）
R1（config-router）# network 172.16.11.1  0.0.0.0  area 0（指定区域 0）
R1（config-router）# network 192.168.2.1  0.0.0.0  area 1

R2（config）# router ospf 200    （进入 OSPF 协议配置子模式）
```

```
R2（config-router）# network 172.16.0.0  0.0.255.255  area 0（设置邻接网络）
R2（config-router）# network 192.168.3.0  0.0.0.255  area 1

R3（config）# router ospf 300    （进入 OSPF 协议配置子模式）
R3（config-router）# network 192.0.0.0  0.255.255.255  area 1
                             （设置邻接网络）
```

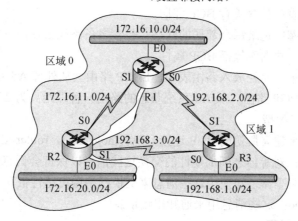

图 7-16　OSPF 配置拓扑图

　　从上面的配置实例中可以知道，在配置 OSPF 时可以将子网进行合并，以减少条目，提高效率。例如，R3 的邻接子网有 192.168.1.0、192.168.2.0、192.168.3.0 三个，因此可以合并为 192.0.0.0/255.0.0.0；当然合并为 192.168.0.0/255.255.0.0 也是可行的。

## 7.4.7　BGP 路由协议

　　BGP（Border Gateway Protocol，边界网关协议）是用来连接 Internet 上独立系统的路由选择协议。它是 Internet 工程任务组制定的一个加强、完善、可伸缩的协议。BGP4 支持 CIDR 寻址方案，该方案增加了 Internet 上的可用 IP 地址数量。BGP 是为取代最初的外部网关协议 EGP 设计的。它也被认为是一个路径矢量协议。BGP 是一种在自治系统之间动态交换路由信息的路由协议。

### 1. BGP 特性

　　BGP 特性可总结为以下几点：

　　（1）BGP 将传输控制协议（TCP）用作其传输协议，是可靠传输，运行在 TCP 的 179 端口上（目的端口）。

　　（2）由于传输是可靠的，所以 BGP 使用增量更新，在可靠的链路上不需要使用定期更新，所以 BGP 使用触发更新。

　　（3）类似于 OSPF 和 ISIS 路由协议的 Hello 报文，BGP 使用 keepalive 周期性地发送存活消息（60s）（维持邻居关系）。

（4）BGP 在接收更新分组的时候，TCP 使用滑动窗口。

（5）丰富的属性值。

（6）可以组建可扩展的巨大的网络。

**2．BGP 的三张表**

BGP 的三张表包括：

（1）邻居关系表：包含所有 BGP 邻居。

（2）转发数据库：记录每个邻居的网络；包含多条路径去往同一目的地，通过不同属性判断最好路径；数据库包括 BGP 属性。

（3）路由表：最佳路径放入路由表中。EBGP 路由（从外部 AS 获悉的 BGP 路由）的管理距离为 2，IBGP 路由（从 AS 系统获悉的路由）管理距离为 200。

**3．BGP 的消息类型**

（1）open：用来建立最初的 BGP 连接，包含 hold-time，router-id）。

（2）Keepalive：对等体之间周期性的交换这些消息以保持会话有效，默认为 60 秒。

（3）Update：对等体之间使用这些消息来交换网络层可达性信息。

（4）Notification：这些消息用来通知出错信息。

**4．建立邻居的过程**

在两个 BGP 发言人交换信息之前，BGP 都要求建立邻居关系，BGP 不是动态地发现所感兴趣运行 BGP 的路由器；相反，BGP 使用一个特殊的邻居 IP 地址来配置的。

BGP 使用周期性的 Keepalive 分组来确认 BGP 邻居的可访问性。

Keepalive 计时器是保持时间（Hold Time）的三分之一，如果发给某一特定 BGP 邻居三个连续的 Keepalive 分组都丢失的话，保持时间计时器超时，那个邻居被视为不可达，RFC1771 对保持时间的建议是 90 秒，Keepalive 计时器的建议值是 30 秒。

按照 RFC1771，BGP 建立邻居关系要经历以下几个阶段，如图 7-17 所示。

（1）Idle：在此状态下不分配网络资源，不允许传入的 BGP 连接。当在持续性差错条件下，经常性的重启会导致波动。因此，在第一次进入到空闲状态后，路由器会设置连接重试定时器，在定时器到期时才会重新启动 BGP，思科的初始连接重试时间为 60 秒，以后每次连接重试时间都是之前的两倍，也就是说，连接等待时间呈指数关系递增。

（2）Connect：（已经建立完成了 TCP 三次握手），BGP 等待 TCP 连接完成，如果连接成功，BGP 在发送了 OPEN 分组给对方之后，状态机变为 OpenSent 状态，如果连接失败，根据失败的原因，状态机可能演变到 Active，或保持 Connect，或返回 Idle。

（3）Active：在这个状态下，初始化一个 TCP 连接来建立 BGP 间的邻居关系。如果连接成功，BGP 在发送了 OPEN 分组给对方之后，状态机变为 OpenSent 状态，如果连接失败，可能仍处在 Active 状态或返回 Idle 状态。

（4）OpenSent：BGP 发送 OPEN 分组给对方之后，BGP 在这一状态下等待 OPEN 的回应分组，如果回应分组成功收到，BGP 状态变为 OpenConfirm，并给对方发送一条

Keepalive 分组，如果没有接到回应分组，BGP 状态重新变为 Idle 或是 Active。

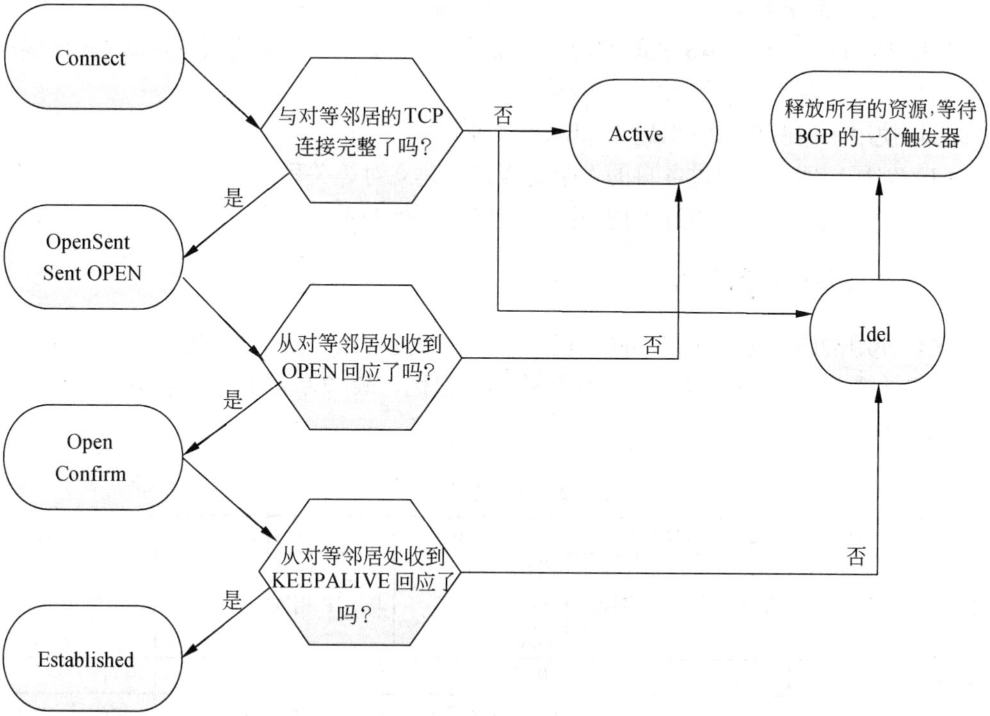

图 7-17　BGP 建立邻居关系状态

（5）OpenConfirm：这时，距离最后的 Established 状态只差一步，BGP 在这个状态下等待对方的 Keepalive 分组，如果成功接收，状态变为 Established；否则，因为出现错误，BGP 状态将重新变为 Idle。

（6）Established：这是 BGP 对等体之间可以交换信息的状态，可交换的信息包括 UPDATE 分组、KeepAlive 分组和 Notification 分组。

**5．建立 IBGP 邻居**

IBGP 运行在 AS 内部，不需要直连。IBGP 有水平分割，建议使用 Full Mesh，由于 Full Mesh 不具有扩展性，为了解决 IBGP 的 Full Mesh 问题，使用路由反射器（RR）和联邦两种方法来解决。主要减少了 backbone IGP 中的路由。

可以使用下面两种方法来建立 IBGP 邻居：

（1）邻居之间可以通过各自的一个物理接口建立对等关系，该对等关系是通过属于它们共享的子网的 IP 地址来建立的。

（2）邻居之间也可以通过使用环回接口建立对等关系。

在 IBGP 中，由于假定了 IBGP 邻居在物理上直接相连的可能性不大，所以将 IP 分组头中的 TTL 域设置为 255。

**6. 建立 EBGP 邻居**

EBGP 运行在 AS 与 AS 之间的边界路由器上，默认情况下，需要直连或使用静态路由，如果不是直连，必须指 EBGP 多跳。

可以使用下面两种方法来建立 EBGP 邻居：

（1）邻居之间可以通过各自的一个物理接口建立对等关系。

（2）邻居之间也可以通过使用环回接口建立对等关系。

## 7.4.8　路由协议配置总结

虽然使用的路由选择协议不同，但是整个配置过程还是基本一致的，只是在具体的一些细节上有一些差别，只要掌握规律就不难记忆。表 7-9 给出各类路由协议的配置总结。

表 7-9　各路由协议对比

| 项　　目 | RIP | IGRP | OSPF | EIGRP |
|---|---|---|---|---|
| 端口地址的基本设置 | 设置端口的网络地址 | 增加：<br>clockrate<br>bandwidth | 与 RIP 相同 | 与 RIP 相同 |
| 开始设置路由 | ip routing | 相同 | 相同 | 相同 |
| 指定路由选择协议 | router rip | router igrp 100<br>（自治系统号） | router ospf 100<br>（OSPF 进程号） | router eigrp 200<br>（自治系统号） |
| 说明邻接子网 | network 子网号 | network 子网号 | network 子网号<br>子网掩码的反码 area 1 | network 子网号<br>子网掩码的反码 |

希赛教育专家提示：子网掩码的反码的计算公式是"255.255.255.255−子网掩码"。

## 7.5　例题分析

为了帮助考生进一步掌握网络互连方面的知识，了解考试的题型和难度，本节分析 12 道典型的试题。

**例题 1**

下面有关边界网关协议 BGP4 的描述中，不正确的是　(1)　。

（1）A．BGP4 网关向对等实体发布可以到达的 AS 列表

　　 B．BGP4 网关采用逐跳模式发布自己使用的路由信息

　　 C．BGP4 可以通过路由汇聚功能形成超级网络（Supernet）

　　 D．BGP4 报文直接封装在 IP 数据报中传送

**例题 1 分析**

BGP 是运行于 TCP 上的一种自治系统的路由协议。BGP 是唯一一个用来处理像因特网大小的网络的协议，也是唯一能够妥善处理好不相关路由域间的多路连接的协议。BGP 构建在 EGP 的经验之上。BGP 系统的主要功能是和其他的 BGP 系统交换网络可达信息。网络可达信息包括列出的 AS 的信息。这些信息有效地构造了 AS 互联的拓扑图并由此清除了路由环路，同时在 AS 级别上可实施策略决策。

BGP4 提供了一套新的机制以支持无类域间路由。这些机制包括支持网络前缀的通告、取消 BGP 网络中"类"的概念。BGP4 也引入机制支持路由聚合，包括 AS 路径的集合。

BGP 工作流程如下。首先，在要建立 BGP 会话的路由器之间建立 TCP 会话连接；然后，通过交换 Open 信息确定连接参数，如运行版本等。建立对等体连接关系后，最开始的路由信息交换将包括所有的 BGP 路由，也就是交换 BGP 表中所有的条目。初始化交换完成以后，只有当路由条目发生改变或者失效的时候，才会发出增量的触发性的路由更新。所谓增量，就是指并不交换整个 BGP 表，而只更新发生变化的路由条目；触发性，则是指只有在路由表发生变化时才更新路由信息，而并不发出周期性的路由更新。比起传统的全路由表的定期更新，这种增量触发的更新大大节省了带宽。路由更新都是由 Update 消息来完成。Update 包含了发送者可到达的目的列表和路由属性。当没有路由更新传送时，BGP 会话用 Keep Alive 消息来验证连接的可用性。由于 Keep Alive 包很小，这也可以大量节省带宽。在协商发生错误时，BGP 会向双方发送 Notification 消息来通知错误。

**例题 1 答案**

（1）D

**例题 2**

在 RIP 协议中，默认的路由更新周期是　（2）　秒。

（2）A. 30　　　　　B. 60　　　　C. 90　　　　D. 100

**例题 2 分析**

在 RIP 协议中，默认的路由更新周期是 30 秒、IGRP 是 90 秒。这种题型考查考生对路由协议的一些基本参数的了解，所以应对这类题目必须要熟记一些常见的参数，如更新时间，失效时间等。本题答案 A。

**例题 2 答案**

（2）A

**例题 3**

在距离矢量路由协议中，可以使用多种方法防止路由循环，以下选项中，不属于这些方法的是　（3）　。

（3）A．垂直翻转（Flip Vertical）　　　　　B．水平分裂（Split Horizon）
　　　C．反向路由中毒（Posion Reverse）　　D．设置最大度量值（Metric Infinity）

**例题 3 分析**

在 RIP 协议中，对于环路避免方案可以有水平分割、路由中毒、抑制时间、触发更新等一系列措施。对于设置最大度量值，可以避免数据包不停地在环路上转发，因为环路上的度量值会越来越大，当超过最大度量值之后，数据会被丢弃，从而避免环路。所以答案 A。

**例题 3 答案**

（3）A

**例题 4**

关于外部网关协议 BGP，以下选项中，不正确的是__(4)__。

（4）A．BGP 是一种距离矢量协议　　　　　B．BGP 通过 UDP 发布路由信息
　　　C．BGP 支持路由汇聚功能　　　　　　D．BGP 能够检测路由循环

**例题 4 分析**

BGP 协议是基于 TCP 协议之上的一种路由协议，能够在各个自治系统之间传输路由信息。所以利用排除法就可以很快地知道答案是 B。

**例题 4 答案**

（4）B

**例题 5**

运行 OSPF 协议的路由器每 10 秒钟向它的各个接口发送 Hello 分组，接收 Hello 分组的路由器就知道了邻居的存在。如果在__(5)__秒内没有从特定的邻居接收到这种分组，路由器就认为那个邻居不存在了。

（5）A．30　　　　　　B．40　　　　　　C．50　　　　　　D．60

**例题 5 分析**

OSPF 协议的路由器默认的是每 10 秒钟发送一个 Hello 报文，用于保持邻居路由器的连通。但是当某个路由器连续 40 秒没有收到邻居路由器的 hello 数据包之后，就会认为邻居路由器已经不存在了。

**例题 5 答案**

（5）B

**例题 6**

在广播网络中，OSPF 协议要选出一个指定路由器（Designated Router，DR）。DR 有几个作用，以下关于 DR 的描述中，__(6)__不是 DR 的作用。

（6）A．减少网络通信量　　　　　　　　B．检测网络故障
　　　C．负责为整个网络生成 LSA　　　　D．减少链路状态数据库的大小

**例题 6 分析**

在 OSPF 中，每个路由器都要向其邻居路由器发送路由更新信息，所以当一个局域网（以太网）上有 $N$ 个的路由器，则每个路由器将向其他的 $N-1$ 个路由器发送 LSA，因此，共有 $N(N-1)$ 各链路状态要传送，这样的网络通信量将很大，在 OSPF 中使用了 DR 来代表该局域网上的所有链路向连接到该网路上的各路由器发送 LSA 状态信息，使得网络的广播通信量下降。链路状态数据库的变小。

**例题 6 答案**

（6）B

**例题 7**

距离向量路由算法是 RIP 路由协议的基础，该算法存在无穷计算问题。为解决该问题，可采用的方法是每个节点　(7)　

（7）A．把自己的路由表广播到所有节点而不仅仅是邻居节点

　　　B．把自己到邻居的信息广播到所有节点

　　　C．不把从某邻居节点获得的路由信息再发送给该邻居节点

　　　D．都使用最优化原则计算路由

**例题 7 分析**

本题考查路由算法与路由协议方面的基本知识。

在维护路由表信息的时候，如果在拓扑发生改变后，网络收敛缓慢产生了不协调或矛盾的路由选择条目，就会发生路由环路的问题。这种条件下，路由器对无法到达的网络路由不予理睬，导致用户的数据包不停地在网络上循环发送，最终造成网络资源的严重浪费。为此，解决路由环路问题的方法就出现了。

解决路由环路问题的方法，概括来讲主要分为以下几种：定义最大值、水平分割技术、路由中毒、反向路由中毒、控制更新时间、触发更新。

水平分割：其规则就是不向原始路由更新来的方向再次发送路由更新信息。例如，有三台路由器 A、B、C，B 向 C 学习到访问网络 10.4.0.0 的路径以后，不再向 C 声明自己可以通过 C 访问 10.4.0.0 网络的路径信息，A 向 B 学习到访问 10.4.0.0 网络路径信息后，也不再向 B 声明，而一旦网络 10.4.0.0 发生故障无法访问，C 会向 A 和 B 发送该网络不可达到的路由更新信息,但不会再学习 A 和 B 发送的能够到达 10.4.0.0 的错误信息。

**例题 7 答案**

（7）C

**例题 8**

链路状态路由算法是 OSPF 路由协议的基础，该算法易出现不同节点使用的链路状态信息不一致的问题。为解决该问题，可采用的方法是　(8)　。

（8）A．每个节点只在确认链路状态信息一致时才计算路由

　　　B．每个节点把自己的链路状态信息只广播到邻居节点

C. 每个节点只在自己的链路状态信息发生变化时广播到其他所有节点

D. 每个节点将收到的链路状态信息缓存一段时间，只转发有用的链路状态信息

**例题 8 分析**

本题考查路由算法方面的基本知识。

链路状态路由算法规定每个节点需要将其链路状态信息广播到所有节点。显然，其他节点不可能同时接收到这个广播信息，因而不同节点保存的链路信息（即网络拓扑）可能不一致，导致计算的路由出现差错。A、B 显然不能解决所述问题。C 减少了发送链路信息的次数，并不能解决所述问题。

每个节点在收到其他节点广播的链路状态信息后，缓存一段时间，在该段时间内，如果收到同一节点发送新的链路状态信息，则不需要转发旧的链路状态信息。同时，可以将来自多个节点的链路状态信息合并在一起发送。这样能更有效地减少链路状态信息的广播，因而减少因不同的广播导致的不一致问题。

**例题 8 答案**

（8）D

**例题 9**

OSPF 协议规定，当 AS 太大时，可将其划分为多个区域，为每个区域分配一个标识符，其中一个区域连接其他所有的区域，称为主干区域。主干区域的标识符为　(9)　。

（9）A. 127.0.0.1　　　　　　　　　B. 0.0.0.0

　　　C. 255.255.255.255　　　　　D. 该网络的网络号

**例题 9 分析**

本题考查有关 OSPF 协议的基本知识。

OSPF 协议规定，主干区域连接其他的所有区域，主干区域的标识为 0 或 0.0.0.0。

**例题 9 答案**

（9）B

**例题 10**

RIP 协议根据从邻居节点收到的路由信息更新自身的路由表，其更新算法的一个重要步骤是将收到的路由信息中的距离改为　(10)　。

（10）A. ∞　　　　　　　　　　　　B. 0

　　　C. 15　　　　　　　　　　　D. 原值加 1

**例题 10 分析**

本题考查有关 RIP 协议的基本知识。

RIP 协议更新路由的算法如下：

（1）收到相邻路由器 X 的 RIP 报文，为方便，将其称为路由表 X（一个临时表）。将路由表 X 中"下一跳路由器地址"字段都改为 X，将所有"距离"都加 1（含义是，

假定本路由器的下一跳为 X，原来从 X 到达的网络的距离加上从本路由器到 X 的距离）。

（2）对修改后的路由表 X 的每一行，若目的网络不在本地路由表中，则将该行添加到本地路由表中；否则，若下一跳的内容与本地路由表中的相同，则替换本地路由表中的对应行；否则，若该行的"距离"小于本地路由表中相应行的"距离"，则用该行更新本地路由表中的相应行；否则，返回。

（3）若 180 秒未收到邻居 X 的路由表，则将到邻居路由器 X 的距离置为 16。

**例题 10 答案**

（10）D

**例题 11**

对于一个稳定的 OSPF 网络（单区域），下面描述正确的是　(11)　。

（11）A．必须指定路由器的 Router ID，所有路由器的链路状态数据库都相同

　　　　B．无须指定路由器的 Router ID，路由器之间的链路状态数据库可以不同

　　　　C．定时 40s 发送 Hello 分组，区域中所有路由器的链路状态数据库都相同

　　　　D．定时 40s 发送 Hello 分组，区域中路由器的链路状态数据库可以不同

**例题 11 分析**

本题考查对单区域 OSPF 工作原理的理解。

OSPF（Open Shortest Path First 开放式最短路径优先）是一个内部网关协议（Interior Gateway Protocol，IGP），用于在单一自治系统（AS）内决策路由。与 RIP 相比，OSPF 是链路状态路由协议，而 RIP 是距离矢量路由协议。OSPF 的协议管理距离（AD）是 110。

作为一种链路状态的路由协议，OSPF 将链路状态广播数据（Link State Advertisement，LSA）传送给在某一区域内的所有路由器，这一点与距离矢量路由协议不同。运行距离矢量路由协议的路由器是将部分或全部的路由表传递给与其相邻的路由器。

一个 OSPF 网络被分割成多个区域。区域将网络中的路由器在逻辑上分组并以区域为单位向网络的其余部分发送汇总路由信息。区域编号由一个长度为 32 b 的字段所定义，区域编号有两种表示方法，一种为点分十进制（如 Area 1.1.1.1，写法规则同 IPv4 地址）；另一种为十进制数字格式（如 Area 1，注意 Area 1 不等于 Area 1.1.1.1），通常使用十进制数字格式对区域进行编号。

区域是以接口（Interface）为单位来划分的，所以一台多接口路由器可能属于多个区域。相同区域内的所有路由器都维护一份相同的链路状态数据库（LSDB），如果一台路由器属于多个区域，那么它将为每一个区域维护一份 LSDB。将一个网络划分为多个区域有以下优点：

- 某一区域内的路由器只用维护该区域的链路状态数据库，而不用维护整个 OSPF 网络的链路状态数据库；

- 将某一区域网络拓扑变化的影响限制在该区域内，不会影响到整个 OSPF 网络，从而减小 SPF 计算的频率；
- 将链路状态通告（LSA）的洪泛限制在本区域内，从而降低 OSPF 协议产生的数据量。

OSPF 定义的 5 种网络类型：

（1）点到点网络（point-to-point），由 Cisco 公司提出的网络类型，自动发现邻居，不选举 DR/BDR，Hello 时间 10s。

（2）广播型网络（broadcast），由 Cisco 公司提出的网络类型，自动发现邻居，选举 DR/BDR，Hello 时间 10s。

（3）非广播型（NBMA）网络（Non-broadcast），由 RFC 提出的网络类型，手工配置邻居，选举 DR/BDR，Hello 时间 30s。

（4）点到多点网络（Point-to-multipoint），由 RFC 提出，自动发现邻居，不选举 DR/BDR，Hello 时间 30s。

（5）点到多点非广播，由 Cisco 提出的网络类型，手动配置邻居，不选举 DR/BDR，Hello 时间 30s。

**例题 11 答案**

（11）A

**例题 12**

BGP 是 AS 之间进行路由信息传播的协议。在通过 BGP 传播路由信息之前，先要建立 BGP 连接，称为 BGP Session。下列对 BGP Session 连接描述正确的是　__(12)__　。

（12）A．BGP Session 基于 IP 协议建立

　　　　B．BGP Session 基于 UDP 协议建立

　　　　C．BGP Session 基于 TCP 协议建立

　　　　D．BGP Session 基于 ICMP 协议建立

**例题 12 分析**

本题考查对 BGP 协议的了解。

边界网关协议（BGP）是运行于 TCP 上的一种自治系统的路由协议。BGP 是唯一一个用来处理像因特网大小的网络的协议，也是唯一能够妥善处理不相关路由域间的多路连接的协议。BGP 构建在 EGP 的经验之上。BGP 系统的主要功能是和其他的 BGP 系统交换网络可达信息。网络可达信息包括列出的自治系统（AS）的信息。这些信息有效地构造了 AS 互联的拓扑图并由此清除了路由环路，同时在 AS 级别上可实施策略决策。

BGP 的邻居关系是通过人工配置实现的，对等实体之间通过 TCP（端口 179）会话交换数据。BGP 路由器会周期地发送 19 字节的保持存活 keep-alive 消息来维护连接。在

路由协议中，只有 BGP 使用 TCP 作为传输层协议。

同一个 AS 自治系统中的两个或多个对等实体之间运行的 BGP 被称为 iBGP（Internal/Interior BGP）。归属不同的 AS 的对等实体之间运行的 BGP 称为 eBGP（External/Exterior BGP）。在 AS 边界上与其他 AS 交换信息的路由器被称作边界路由器（Border/Edge Router）。在互联网操作系统（Cisco IOS）中，iBGP 通告的路由的距离为 200，优先级比 eBGP 和任何内部网关协议（IGP）通告的路由都低。

**例题 12 答案**

（12）C

# 第 8 章　网络层协议

根据考试大纲，本章要求考生掌握以下知识点：

（1）IPv4 协议：IP 地址与子网概念、IPv4 分组格式、IP 封装与分片。

（2）Internet 控制报文协议（Internet Control Message Protocol，ICMP）。

（3）IPv6 协议：IPv6 地址、IPv6 分组格式、IPv6 地址自动配置、邻节点发现过程、QoS（Quality of Service，服务质量）支持。

（4）地址解析协议（Address Resolution Protocol，ARP）与反向地址解析协议（Reverse Address Resolution Protocol，RARP）。

（5）IPv4 向 IPv6 过渡。

（6）移动 IP 协议。

## 8.1　IPv4 协议

IPv4 协议（Internet Protocol Version 4，IPv4）运行在网络层上，可实现异构的网络之间的互连互通。它是一种不可靠、无连接的协议。IPv4 定义了在整个 TCP/IP 互连网上数据传输所用的基本单元（由于采用的是无连接的分组交换，因此也称为数据报），规定了互连网上传输数据的确切格式；IP 软件完成路由选择的功能，选择一个数据发送的路径；除了数据格式和路由选择精确而正式的定义之外，还包括一组不可靠分组传送思想的规则。这些规则指明了主机和路由器应用如何处理分组、何时及如何发出错误信息以及在什么情况下可以放弃分组。IP 协议是 TCP/IP 互联网设计中最基本的部分。

为了防止因出现网络路由环路，而导致 IP 数据报在网络中无休止地转发，IP 协议在 IP 包头设置了一个 TTL 位，用来存放数据报生存期（以跳为单位，每经过一个路由器为一跳），每经过一个路由器，计数器加 1，超过一定的计数值，就将其丢弃。

### 8.1.1　分片和重装配

在理想情况下，整个数据报被封装在一个物理帧中，可以提高物理网络上的效率。由于 IP 数据包经常在许多类型的物理网络上传送，而每种物理网络所能够传送的帧的长度是有限的，例如以太网是 1500 字节，FDDI 是 4470 字节，这个限制称为网络最大传送单元（Maximum Transmission Unit，MTU）。这就使得 IP 协议在设计上不得不处理这样的矛盾：当数据报通过一个可传送更大帧的网络时，如果数据报大小限制为整个最小的 MTU，就会浪费网络带宽资源；但如果数据报大小大于最小的 MTU，就可能出现无法封装的问题。为了有效地解决这个问题，IP 协议采用了分片和重装配机制来解决。

**1. 分片**

IP 协议采用的是遇到 MTU 更小的网络时再分片。

**2. 重装配**

为了能够减少中途路由器的工作，降低出错，重装配工作是直到目的主机时才进行的，也就是分片后，遇到 MTU 更大的网络时并不重装配，而且保持小分组，直到目的主机接收完整后再一次性重装配。

它使用了 4 个字段来处理分片和重装配问题：

（1）第一个字段是报文 ID 字段，它唯一标识了某个站某个协议层发出的数据。

（2）第二个字段是数据长度，即字节数。

（3）第三个字段是偏置值，即分片在原来数据报中的位置以 8 字节的倍数计算。

（4）第四个是 M 标志，用来标识是否为最后一个分片。

整个分片的步骤为：

（1）对数据块的分片必须在 64 位（8B）的边界上划分，因而除最后一段外，其他段长都是 64 位的整数倍。

（2）对得到的每一个分片都加上原来的数据报的 IP 头，组成短报文。

（3）每一个短报文的长度字段修改为它实际包含的字节数。

（4）第一个短报文的偏置值设置为 0，其他的偏置值为其前面所有报文长度之和除以 8。

（5）最后一个报文的 $M$ 标志置 0（False），其他报文的 $M$ 标志置为 1（True）。

图 8-1 所示是一个"分片"的实例。

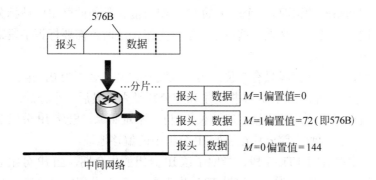

图 8-1　数据报分片示意图

## 8.1.2　IPv4 数据报格式

IP 协议的数据报格式如图 8-2 所示。

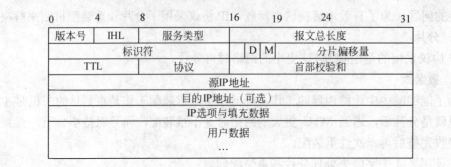

图 8-2　IP 数据报格式

下面将分别说明这些字段的定义：

（1）版本。该字段长 4 位，表示 IP 的版本号，目前常用的为版本 4，即 IPv4。

（2）IHL。该字段长 4 位，表示 IP 头部的长度（即除了用户数据之外），以一个 32 位的字为基本单位，即该 IP 首部包含多少个 32 位的字。该字段值最小是 5，即 20 字节。

（3）服务类型。服务类型 TOS 包括 3 位的优先权字段（现在已忽略不用）、4 位的服务类型字段。用于区分可靠性、优先级、延迟和吞吐率的参数。

（4）报文总长度。报文总长度字段指明了整个 IP 分组的长度，这个长度是以字节为单位的。IP 是一个网络层的协议，需要考虑 IP 分组穿越不同网络的情况。有时，一个 IP 分组的长度可能无法满足某些高速网络中的最小数据帧长的要求，此时需要 IP 分组最后进行填充。如果没有总长度字段的指示，处理程序无法识别出哪里是 IP 分组的结束。

（5）标识符。标识字段可以唯一地标识一个 IP 分组。前面已经提到，IP 需要考虑分组在穿越不同网络时的情况。一个较大的 IP 分组可能在其他的网络中被拆分成若干个小的分片，穿过这些网络后必须对这些分片进行重组，这时就需要标识字段来判断某个分片属于哪一个 IP 分组。

（6）标志字段。标志字段只有 3 位。第一位没有定义，必须为 0，第二位 D 指明了该 IP 分组是否可被分片，第三位 M 指明了当前分片是否为最后一个分片。

（7）分片偏移量。分片偏移量字段：长 13 位，不难想象，既然 IP 分组需要分片，那么必须有一个字段指明当前分片在原始 IP 分组中的偏移地址。

（8）TTL。生存时间 TTL 字段，指明了该 IP 分组的生命期，当 IP 分组通过一个路由器时，该分组的 TTL 将被减 1，如果 TTL 将为零，该 IP 分组将被丢弃，从而避免了循环路由的问题。

（9）协议字段。该字段指出了哪一个高层协议在使用 IP。例如，6 对应 TCP，17 对应 UDP。

（10）首部校验和。首部校验和字段用于保证首部的完整性。不过由于路由器经常需要修改 TTL 的数值，在 RFC1141 中给出了一种方法，使得路由器在修改 TTL 时不需要重新计算整个首部的校验和。

（11）源 IP 地址和目的 IP 地址。源 IP 地址和目的 IP 地址字段指出了 IP 分组的来源主机和目的主机。

（12）IP 选项与填充数据。该字段可以扩充 IP 的含义，目前有一些对可选项的定义。不过目前很少使用这些定义项，而且也不是所有的主机和路由器都支持这些可选项。由于 IP 首部必须是 32 位的整数倍，所以在必要时会在可选项后插入一些 0 以保证 IP 首部的要求。

## 8.1.3　标准 IP 地址分配

IP 协议给每一台主机分配一个唯一的逻辑地址——IP 地址。IP 地址的长度为 32 位，分为网络号和主机号两部分。网络号标识一个网络，一般网络号由互联网络信息中心（InterNIC）统一分配。主机号用来标识网络中的一个主机，它一般由网络中的管理员来具体分配。

将 IP 地址分成了网络号和主机号两部分，设计者们就必须决定每部分包含多少位。网络号的位数直接决定了可以分配的网络数（计算方法为 $2^{网位号位数}$）；主机号的位数则决定了网络中最大的主机数（计算方法为 $2^{主机号位数}-2$）然而，由于整个互联网所包含的网络规模可能比较大，也可能比较小，设计者最后聪明地选择了一种灵活的方案：将 IP 地址空间划分成不同的类别，每一类具有不同的网络号位数和主机号位数。如图 8-3 所示，IP 地址的前 4 位用来决定地址所属的类别。

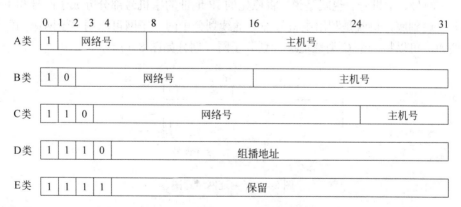

图 8-3　IP 地址分类示意图

（1）网络地址。主机号全 0 表示网络地址（不能做源、目标地址）。

（2）广播地址。主要号全 1 表示广播地址（不能做源地址）。

（3）子网掩码。网络号部分全为 1，主机号部分全为 0；用于计算网络地址用（只需将 IP 地址和子网掩码做与操作，就可得到网络地址）。

（4）保留地址。为了满足内网的使用需求，保留了一部分不在公网使用的 IP 地址，保留地址如表 8-1 所示。

表 8-1　保留地址表

| 类别 | IP 地址范围 | 网络号 | 网络数 |
|------|------------|--------|--------|
| A | 10.0.0.~10.255.255.255 | 10 | 1 |
| B | 172.16.0.0~172.31.255.255 | 172.16~172.31 | 16 |
| C | 192.168.0.0~192.168.255.255 | 192.168.0~192.168.255 | 255 |

（5）回送（Loopback）地址。为了方便测试，有一个表示本机的特殊保留地址为 127.0.0.0。

## 8.1.4　子网与子网掩码

随着网络的应用深入，IPv4 采用的是 32 位 IP 地址设计限制了地址空间的总容量，出现了 IP 地址紧缺的现象，而 IPv6（采用 128 位 IP 地址设计）还不能够很快地进入应用，这时就需要采取一些措施来避免 IP 地址的浪费。在原先的 A、B、C 三类地址划分，经常出现 B 类太大、C 类太小；或者是 C 类都太大的应用场景，因此就出现了子网连网和可变成子网掩码（VLSM）两种技术。

### 1．子网连网

子网连网，出自 RFC950 的定义。它的主要思想就是将 IP 地址划分成三个部分：网络号、子网号、主机号。也就是说，将原先的 IP 地址的主机号部分分成子网号和主机号两部分。说到底，也就是利用主机号部分继续划分子网。子网可以用"子网掩码"来识别。例如，可以将一个 C 类地址进行划分子网。划分如图 8-4 所示。

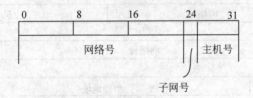

图 8-4　子网连网示意图

将最后 8 位——原来的主机号，拿出两位用来表示子网，则可以产生两个子网（01 和 10，由于 00 代表网络，11 代表广播不能用来表示具体的网络），每个子网可包含 62 个主机（000001~111110，同样的 000000 代表网络，111111 代表广播被保留）。值得一提的是，这时，子网掩码就发生了变化，不是 255.255.255.0（11111111 11111111 11111111 00000000），而是 255.255.255.192（11111111 11111111 11111111 11000000）。

在从 C 类地址中划分子网的时候就可以参照表 8-2 来进行。

表 8-2　子网划分表

| 主机号中用于表示子网号的位数 | 子网划分后相对应的子网掩码 | 总共可用的子网地址数 | 每个子网可用的主机地址数 |
| --- | --- | --- | --- |
| 2 位 | 255.255.255.192 | 2 | 62 |
| 3 位 | 255.255.255.224 | 6 | 30 |
| 4 位 | 255.255.255.240 | 14 | 14 |
| 5 位 | 255.255.255.248 | 30 | 6 |
| 6 位 | 255.255.255.252 | 62 | 2 |

采用了子网连网技术之后，虽然在一定程度上缓解了这个问题，但又引发了一个新问题，即使得每个子网的主机数相等，难以有效地满足实际的需要，又引起了新的 IP 地址浪费。VLSM 技术正是针对这个问题行之有效的解决方案。

**2. VLSM**

VLSM 是一种产生不同大小子网的网络分配机制（在 RFC1878 中有详细说明）。VLSM 用直观的方法在 IP 地址后面加上"/网络及子网编码位数"来表示。例如，192.168.123.0/26 表示前 26 位表示网络号和子网号，即子网掩码为 26 位长，主机号 6 位长。利用 VLSM 技术，可以多次划分子网，即分完子网后，继续根据需要划分子网。

例如，希赛 IT 教育研发中心有 4 个部门，需建立 4 个子网，其中部门 1 有 50 台主机，部门 2 有 25 台主机，部门 3 和部门 4 则只有 10 台主机，有一内部 C 类地址 192.168.1.0。下面是采用 VLSM 划分的过程：

（1）首先，找到最大的网络：部门 1，需要 50 台主机。$2^5 < 50 < 2^6$，因此需要 6 位主机号，剩下的 26 位则是网络号、子网号。而最后一个 8 位段还剩下 2 位，可以表示 00、01、10、11 四个子网，但 00 和 11 有特殊应用，因此只有 01、10 两个子网，得到 192.168.1.64/26、192.168.1.128/26 两个子网。

（2）假设将 192.168.1.64/26 分给部门 1，则现在就需要处理部门 2～部门 4。这三个部分中部门 2 的网络最大，需要 25 台主机。$2^4 < 25 < 2^5$，因此，需要 4 位主机号，可以分成 192.168.1.128/27 和 192.168.1.160/27 两个子网。

（3）然后，按这个的思路划分下去，可以得到表 8-3。

表 8-3　分配后结果

| 部门 | IP 地址 | 网络范围 | 主机数 |
| --- | --- | --- | --- |
| 部门 1 | 192.168.1.64/26 | 192.168.1.64～192.168.1.127 | 62 |
| 部门 2 | 192.168.1.128/27 | 192.168.1.128～192.168.1.159 | 30 |
| 部门 3 | 192.168.1.160/28 | 192.168.1.160～192.168.1.175 | 14 |
| 部门 4 | 192.168.1.176/28 | 192.168.1.176～192.168.1.191 | 14 |

注：网络范围中的前者是网络地址，后者是广播地址。

### 3．无类路由选择协议

无类路由选择协议（Classless Inter Domain Routing，CIDR）是为了应对 VLSM 而产生的，是一种路由技术，也就是说，如果使用 VLSM 技术进行子网划分，那么在互连时使用的路由器就必须能够支持 CIDR。

如果区分各种类别的子网，就会使得路由表激增。CIDR 则采用了一种"最大匹配"的原则，可以有效地解决这个问题。

## 8.1.5　子网划分方法总结

为了帮助大家在考试时能够更快、更准确地计算出网络号/子网号、广播地址、可分配的网络/子网地址、有效子网号、主机数、子网数，本节对常见问题的解答技巧进行一个总结。

### 1．基本子网划分，取网络号

A 类保留第一个位，后面全 0（如 IP 地址为 10.1.0.0，网络号为 10.0.0.0）；B 类保留前两位，后面全 0（如 IP 地址为 131.2.3.0，网络号为 131.2.0.0）；C 类保留前三位，后面全 0（如 IP 地址为 192.168.1.5，网络号为 192.168.1.0）。

### 2．复杂子网划分，取网络号

首先将掩码为 255 的部分对应的部分照抄，然后对非 255 部分，将掩码和 IP 地址均转成二进制作与运算。例如，IP 地址为 192.168.1.100，子网掩码为 255.255.255.240，则前三个数都照抄，而最后一部分先转二进制后再做与运算（0110 0100 AND 1111 0000 = 0110 0000，即 96），得到 192.168.1.96。

### 3．给定 IP 地址和掩码，算网络/子网广播地址

可根据规则："网络/子网号是网络/子网中的最小数据字，广播地址是网络/子网中的最大数字值，网络中有效、可分配的地址则是介于网络/子网号和广播地址之间的 IP 地址。"

（1）基本子网划分，取广播地址。掩码为 255 的部分照抄，为 0 的部分改为 255。例如，IP 地址是 131.1.0.4，子网掩码为 255.255.0.0，则广播地址为 131.1.255.255。

（2）复杂子网划分，取广播地址。对于 255 部分照抄，0 部分转为 255，对于其他部分则先用 256 减去该值得到 x，然后找到与 IP 地址中对应数最接近的 x 的倍数 y，再将 y–1 即可。例如，IP 地址为 131.4.101.129，子网掩码为 255.255.252.0。首先将 255、0 的部分处理完，得到 131.4.____.255，然后用 256–252=4，101 最接近的 4 的倍数是 104，因此得到广播地址为 131.4.103.255。

### 4．复杂子网划分，获取有效子网数

例如，IP 地址是 140.140.0.0，子网掩码是 255.255.240.0。则先找到特别的掩码位 240，转换成二进制数 11110000，因此得得知主机位为 4，则用 $2^4$ 为基数进行增长：140.140.0.0，140.140.16.0，140.140.32.0，140.140.48.0，…，140.140.248.0。

## 8.2　ICMP 协议

由于 IP 协议是一个不可靠、非连接的尽力传送协议，数据报是采用分组交换方式在网络上传送的。因此当路由器不能够选择路由或传送数据报时，或检测到一个异常条件影响它转发数据报时，就需要通知初始源网点采取措施避免或问题。完成这个任务的机制就是 ICMP，它是 IP 的一部分，属于网络层协议，其报文是封装在 IP 协议数据单元中进行传送的，在网络中起到差错和拥塞控制的作用。

### 8.2.1　ICMP 报文

ICMP 协议中定义了 13 种报文，包括回送应答、目的地不可达、源站抑制、重定向（改变路由）、回送请求、数据报超时、数据报参数错、时间戳请求、时间戳应答、信息请求（已过时）、信息应答（已过时）、地址掩码请求、地址掩码回答。

（1）检测目的站的可达性与状态（ping 命令）：使用回送请求和回送应答报文。

（2）目的站不可达报告：当路由器无法转发或传送 IP 数据报时，就会向初始源网点发回该报文。通常包括网络不可达、主机不可达、协议不可达、端口不可达、需要分片但 IP 数据报的 DF 置位、源路由失败、目的网络未知、目的主机未知、源主机被隔离、与目的网络的通信被禁止、与目的主机的通信被禁止、对所请求的服务类型网络不可达、对所请求的服务类型主机不可达。

（3）拥塞和数据流控制：当数据报到达太快，以至于主机或路由器无法处理时，就会发出源站抑制报文。要注意的是，没有与其功能相反的报文，ICMP 会一直发送源站抑制报文，直到可以处理时，停止发送。

（4）路由器的改变路由请求：Internet 路由表通常在很长时间内是不会变化的，但当路由器检测到一台主机使用了非优化路由时，就会向其发送一个重定向报文。

（5）过长的路由或环路检测：当数据包在网际上无休止的转发时，会导致 TTL 归零，这时就会被丢弃，此时也就会向源发出数据报超时报文。

（6）时间戳请求、时间戳应答是用来实现时钟同步和传送时间估计的。

（7）数据报参数错是当路由器或主机发现数据报中的问题并没有被前面的 ICMP 差错报文提到的时候，发送给源站的。

（8）信息请求、信息应答报文已被认为过时不用，最初是用来让主机在系统启动时发现 IP 地址用的。

（9）地址掩码请求、地址掩码回答报文主要是用来使主机能够获知本地网络所使用的子网掩码用的。

**希赛教育专家提示**：一是当 ICMP 报文出现差错时，是不会再引起新的 ICMP 报文的。二是一个 ICMP 报文有三个固定长度的字段：ICMP 类型、代码以及 ICMP 校验和字段。

　　报文类型决定了剩余部分的格式和含义。下面将详细给出 ICMP 报文格式。

## 8.2.2　ICMP 报文格式

　　ICMP 报文有 8 字节的报头和可变长度的数据部分。虽然对每一种报文类型，报头的其他部分是不同的，但前 4 字节对所有类型都是相同的，如图 8-5 所示。

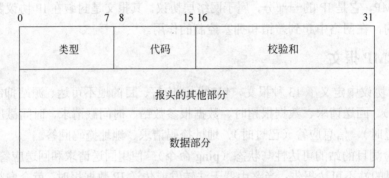

| 0 　　　　　　7 | 8 　　　　　15 | 16 　　　　　　　　　　31 |
|---|---|---|
| 类型 | 代码 | 校验和 |
| 报头的其他部分 | | |
| 数据部分 | | |

图 8-5　ICMP 报文的一般格式

　　（1）ICMP 报文的第一个字段是 ICMP 的类型，它定义了报文类型。
　　（2）代码字段指明了发送这个特定报文类型的原因。
　　（3）校验和字段用于检测报文的正确性。
　　（4）报头的其他部分对每一种类型报文都是不同的。

　　在差错报告报文的数据部分所携带的信息可找出引起差错的原始 IP 报文；在查询报文的数据部分则携带了基于查询类型的额外信息。

## 8.3　IPv6 协议

　　通常所说的"传统 IP"协议，也就是指当前所用的 IPv4 版本，自从 1981 年由 RFC791 等文档所定义后，一直没有本质上的改变。经过二十多年的实践应用，IPv4 也被证实是一个健壮、易于实现并具有可操作性的一个协议。互联网络能发展到当前的规模，IPv4 协议的建立功不可没。但同时它的缺点也已经充分显现出来，如地址空间耗尽、路由表急剧膨胀、缺乏对 QoS 的支持、本身并不提供任何安全机制、移动性差等。尽管采用了许多新的机制来缓解这些问题，如 DHCP 技术、NAT 技术、CIDR 技术等，但都不可避免地要引入其他新的问题，问题没有得到根本解决。于是 IETF 从 20 世纪 90 年代起就开始积极探讨下一代 IP 网络，经过几年努力，在广泛听取业界和专家意见的基础上，终于在 1995 年 12 月推出了下一代网络的 RFC 文档——IPv6 协议，该协议最早叫做下一代 IP（IP Next Generation，IPng）。现在它的全称是"互联网协议第 6 版"，即下一代的国际协议，相对于 IPv4 来说，其主要的变化有以下两点：

（1）将 IPv4 的 32 位 IP 地址，扩大到 128 位 IP 地址。

（2）在 IPv6 数据报的首部格式中，用固定格式的扩展首部取代了 IPv4 中可变长的选项字段。

## 8.3.1　IPv6 地址表示

一个 32 位的 IPv4 地址以 8 个位为一段分成 4 段，每段之间用点（.）分开。而 IPv6 地址的 128 位是以 16 位为一段，共分为 8 段，每段的 16 位转换为一个 4 位的十六进制数字，每段之间用冒号（：）分开。

### 1．首选 IPv6 地址表示

如 RFC 2373 所定义，有 3 种格式表示 IPv6 地址。首选格式是最长的表示方法，由所有的 32 个十六进制字符组成。例如，下面这个 128 位的 IPv6 地址用二进制表示为：

0010000000000001000011011010100011010000000000010000000000000000010000000
0000000000000000000000000000000000000000000001100111011001101

先把这 128 位按照 16 位一段分开：

0010000000000001　0000110110101000　1101000000000001　0000000000000001
0000000000000000　0000000000000000　0000000000000000　1100111011001101

把每 16 位一段转换为 4 个字符表示的十六进制，然后以冒号隔开，可以得到如下表示形式：

2001：0da8：d001：0001：0000：0000：0000：0001

上面这个地址就是首选格式，是一个适合于计算机"思维"的表示法。

### 2．压缩地址表示

在 IPv6 中，常见到使用包含一长串 0 的地址，为了方便书写，对于每一段中的前导 0 可以进行省略。如前面的首选格式地址经过一次压缩，可以得到：

2001:da8:d001:1:0:0:0:1

对于连续两段以上都为 0 的字段，可以使用"：："（两个冒号）来表示，这样再次压缩，变成：

2001:da8:d001:1::1

这就是 IPv6 地址的压缩表示法。注意，每个 IPv6 地址只允许有一个"：："。

### 3．内嵌 IPv4 地址的 IPv6 地址

还有一种表示法就是在 IPv6 地址中使用内嵌的 IPv4 地址。这种表示法的地址的第一部分使用十六进制表示，而 IPv4 部分采用十进制。这是过渡机制所用的 IPv6 地址特有的表示法。例如，fe80::200:5efe:58.20.27.60，这个 IPv6 地址的后半部分就是一个 IPv4 地址。

### 4．IPv6 前缀和子网划分

IPv6 前缀是地址中具有固定值的位数部分或表示网络标识的位数部分。IPv6 的子网标识、路由器和地址范围前缀表示法与 IPv4 采用的 CIDR 标记法相同，其前缀可书写为：地址/前缀长度。例如 21DB:D3::/48 是一个路由器前缀，而 21DB:D3:0:2F3B::/64 是

一个子网前缀。具体解释如表 8-4 所示。

表 8-4　IPv6 前缀与网络掩码的例子

| IPv6 前缀 | 描　　述 |
|---|---|
| 2001:da8:d001:3::1/128 | 表示一个只有一个 IPv6 地址的子网 |
| 2001:da8:d001:3::/64 | 这个前缀可处理 $2^{64}$ 个节点，/64 是子网的默认前缀长度 |
| 2001:da8:d001::/48 | 这个前缀可处理 $2^{16}$ 个长度为 64 位的网络前缀，也就是可以划分出 $2^{16}$ 个类似上面 64 位掩码的子网，/48 是站点的默认前缀长度 |

### 5. IPv6 地址类型

IPv4 有单播、广播和组播地址类型，在 IPv6 里面，广播已经不再使用了，这对网络管理员来说，应该是个好消息，因为在传统的 IP 网络中，出现的很多问题都是由于广播引起的。IPv6 仍有 3 种地址类型，分别是单播、多播（也称作组播）、泛播（也称作任意播）。

（1）单播 IPv6 地址：单播地址唯一标识一个 IPv6 节点的接口。发送往单播地址的数据包最终传递给这个地址所标识的接口。为适应负载均衡，IPv6 协议允许多个接口使用相同的 IPv6 地址，只要它们对于主机上的 IPv6 协议表现为一个接口。

（2）多播 IPv6 地址：多播地址标识一组 IPv6 节点的接口。发送往多播地址的数据包会被该多播组所有的成员处理。

（3）泛播 IPv6 地址：泛播地址指派给多个节点的接口。发送往泛播地址的数据包只会传递给其中的一个接口，一般是隔得最近的一个接口。

## 8.3.2　IPv6 报头格式

如图 8-6 所示，IPv6 协议对其包头定义了 8 个字段。

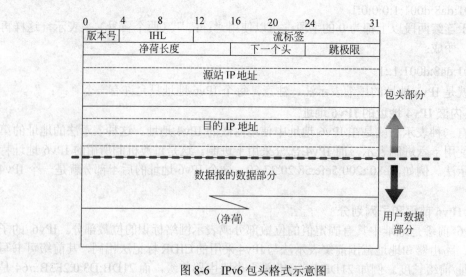

图 8-6　IPv6 包头格式示意图

（1）版本。该字段长度为 4 位，对于 IPv6，本字段的值必须为 6。

（2）类别。该字段长度为 8 位，指明为该包提供了某种"区分服务"。

（3）流标签。该字段长度为 20 位，用于标识属于同一业务流的包（即特定源站到特定目的站），数据流的命名中包括流标签、源节点地址、目的节点地址。

（4）净荷长度。该字段长度为 16 位，包括净荷的字节长度。

（5）下一个头。该字段长度为 8 位，指出了 IPv6 头后所跟的头字段中的协议类型（指出高层是 TCP 来是 UDP）。

（6）跳极限。该字段长度为 8 位，每转发一次该值减 1，到 0 则丢弃，用于高层设置其超时值。

（7）源地址。该字段长度为 128 位，指出发送方的地址。

（8）目标地址。该字段长度为 128 位，指出接收方的地址（可以是单播、组播或任意点播地址）。

### 8.3.3　IPv6 地址自动配置

IPv6 的一个重要目标是支持节点即插即用。也就是说，应该能够将节点插入 IPv6 网络并且不需要任何人为干预即可自动配置它。

IPv6 支持以下类型的自动配置：

**1. 全状态自动配置**

此类型的配置需要某种程度的人为干预，因为它需要动态主机配置协议来用于 IPv6 （DHCPv6）服务器，以便用于节点的安装和管理。DHCPv6 服务器保留它为之提供配置信息的节点的列表。它还维护状态信息，以便服务器知道每个在使用中的地址的使用时间长度以及该地址何时可供重新分配。

**2. 无状态自动配置**

此类型配置适合于小型组织和个体。在此情况下，每一主机根据接收的路由器广告的内容确定其地址。通过使用 IEEE EUI-64 标准来定义地址的网络 ID 部分，可以合理假定该主机地址在链路上是唯一的。

不管地址是采用何种方式确定的，节点都必须确认其可能地址对于本地链路是唯一的。这是通过将邻居请求消息发送到可能的地址来实现的。如果节点接收到任何响应，它就知道该地址已在使用中并且必须确定其他地址。

### 8.3.4　邻居发现与 QoS 支持

邻居发现协议是 IPv6 协议的一个基本组成部分，实现了在 IPv4 中的 ARP、ICMP 中的路由器发现部分、重定向协议的所有功能，并具有邻居不可达检测机制。

邻居发现协议采用 5 种类型的 IPv6 控制信息报文（ICMPv6）来实现邻居发现协议的各种功能。

（1）路由器请求（Router Solicitation）。当接口工作时，主机发送路由器请求消息，要求路由器立即产生路由器通告消息，而不必等待下一个预定时间。

（2）路由器通告（Router Advertisement）。路由器周期性地通告它的存在以及配置的链路和网络参数，或者对路由器请求消息作出响应。路由器通告消息包含在连接（On-link）确定、地址配置的前缀和跳数限制值等。

（3）邻居请求（Neighbor Solicitation）。节点发送邻居请求消息来请求邻居的链路层地址，以验证它先前所获得并保存在缓存中的邻居链路层地址的可达性，或验证它自己的地址在本地链路上是否是唯一的。

（4）邻居通告（Neighbor Advertisement）。对邻居请求消息的响应。节点也可以发送非请求邻居通告来指示链路层地址的变化。

（5）重定向（Redirect）。路由器通过重定向消息通知主机。对于特定的目的地址，如果不是最佳的路由，则通知主机到达目的地的最佳下一跳。

IPv6 服务质量得到大大提高。从协议来说，IPv4 考虑了 QoS 问题，它的 TOS 字段，就是用于区分服务类型，并以此来提供不同服务的。不幸的是 IP 网的设计者定位 IP 网为一个提供尽力而为传输服务的，因而 IP 网不提供对不同类型业务提供分类服务的手段。在实际网络中，网络设备甚至不对 TOS 作任何处理。而且由于 TOS 字段是在 IP 报头之中，对 TOS 的处理亦是一个不小的开销。IPv6 在 QoS 上的考虑主要是设定了通信流类型（8b）和数据流标号（20b），当然这 28b 只是用来指示特定的数据流，真正 QoS 的实现还要网络设备采用特定技术来实现。从本质来说，IPv6 的这 28b 与 IPv4 的 6b 的 TOS 用途是类似的。

## 8.3.5  IPv4 向 IPv6 的过渡

虽然 IPv6 已经被公认为是下一代互联网络的核心通信协议，但由于 IPv4 已经经过 20 多年的发展和完善，几乎所有的计算机和路由器正在使用 IPv4 协议，要在很短的时间内把它们全部转换成为 IPv6 协议是不切实际的。IPv6 协议的设计者认识到从 IPv4 过渡到 IPv6 可能会花费数年的时间，所以在相当长的时间内 IPv6 和 IPv4 网络将会需要进行通信和共存。要提供平稳的过渡，对现有的用户和应用软件影响最小，就需要有良好的转换机制。为此 IPv6 的设计者们在"IP 下一代协议的建议"（RFC 1752）中定义了下列过渡标准：

（1）现存的 IPv4 主机必须可以随时升级到 IPv6，它本身的升级与其他主机和路由器的升级无关。

（2）新使用 IPv6 协议的主机，可以随时加入 IPv6 网络，不依赖于其他主机和路由器。

（3）现存的 IPv4 主机，安装 IPv6 协议后，可以继续使用其 IPv4 的地址，而不需要其他地址。

（4）将现有的 IPv4 节点升级到 IPv6，或部署新的 IPv6 节点只需要很少的准备工作。

基于这种标准，IPv4 和 IPv6 可以长期共存，尽管现在 IPv4 是"海洋"，IPv6 是"小岛"，但随着时间的推移，IPv6 研究的进展，会有越来越多的节点加入到 IPv6，那时 IPv6 就变成"海洋"，而 IPv4 成了"小岛"，最终实现全部迁移到 IPv6 网络。

下面介绍几种 IPv4 向 IPv6 过渡的方案。

### 1. 双协议栈

双栈机制是处理过渡问题最简单的方式，通过在一台设备上同时运行 IPv4 和 IPv6 协议栈使得设备能够处理两种类型的协议。主机根据目的 IP 地址来决定采用 IPv4 还是 IPv6 协议发送或接收数据包。在过渡的初始阶段，所有支持 IPv6 的主机将同时具有 IPv4 协议栈。他们能够使用 IPv4 分组直接和 IPv4 节点通信，使用 IPv6 分组直接和 IPv6 节点通信。双协议栈并不一定要和隧道技术一起使用，但创建隧道一定要有双栈技术的支持。双栈结构如图 8-7 所示。

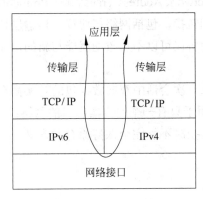

图 8-7　双协议栈结构

双栈节点有 4 种工作方式，简单描述如下：

（1）如果应用程序使用的目的地址是 IPv4 地址，则使用 IPv4 协议。

（2）如果应用程序使用的目的地址是 IPv6 中的 IPv4 兼容地址，则同样使用 IPv4 协议，但此时 IPv6 封装在 IPv4 中。

（3）如果应用程序使用的目的地址是一个非 IPv4 兼容的 IPv6 地址，则使用 IPv6 协议，而且很可能此时要采用隧道等机制来进行路由转发。

（4）如果应用程序使用域名，则首先解析域名得到 IP 地址，然后根据地址情况按上面的分类进行相应的处理。

### 2. 隧道模式

随着 IPv6 的发展，出现了一些被运行 IPv4 协议的骨干网络所隔离开的局部 IPv6 网络，为了实现这些 IPv6 网络之间的通信，必须采用隧道技术。隧道技术提供了一种以现有IPv4路由体系来传递IPv6数据的方法，在两者都具备双栈的节点间，将IPv6分组作为无结构意义的数据，封装在 IPv4 分组中，IPv4 数据报头的"协议"字段设置为41，指示这个分组的净荷是一个 IPv6 分组，IPv4 数据报文的源地址和目的地址分别对应隧道入口和出口的 IPv4 地址，到了隧道的出口处，再将 IPv6 报文取出转发给目的站点。封装结构如图8-8 所示。

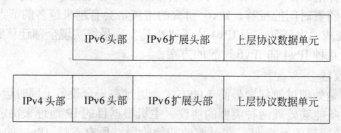

| IPv6 头部 | IPv6 扩展头部 | 上层协议数据单元 |

| IPv4 头部 | IPv6 头部 | IPv6 扩展头部 | 上层协议数据单元 |

图 8-8　IPv4 封装 IPv6 数据包

### 3．NAT-PT

网络地址协议转换（Network Address Translation-Protocol，NAT-PT）网关能够实现IPv4 和 IPv6 协议栈的互相转换，包括网络层协议、传输层协议以及一些应用层协议之间的互相转换，原有的各种协议可以不加改动就能与新的协议互通，但该技术在应用上有一些限制：

（1）在拓扑结构上要求一次会话中双向数据包的转换都在同一个路由器上完成，因此地址/协议转换方法较适用于只有一个路由器出口的网络；

（2）一些协议字段在转换时不能完全保持原有的含义。

## 8.4　移动 IP 协议

移动 IP 要解决的问题是不改变用户机器的 IP 地址，当用户从一个地方移动到另外一个地方时，通过原来的 IP 地址还是可以将 IP 报文发送给他的。

### 8.4.1　移动 IP 的概念

当主机从一个网络移动到另一个网络时，就需要修改 IP 编址结构。目前已经提出了几种解决方案。

#### 1．解决方案一

让移动主机在移动到新的网络时改变它的地址。但这种方案有几个缺点：

（1）主机配置文件需要改变。

（2）每当主机从一个网络移动到另一个网络时，它就必须重新引导。

（3）DNS 必须更改，使得因特网上的其他主机能够知道这台主机的 IP 地址已经发生变化。

（4）如果这台主机正在传输数据，则必须中断，这是因为客户和服务器的 IP 地址及端口连接的持续时间都必须保持不变。

**2．解决方案二**

该解决方案是使用两个地址：主机的原始地址，叫做归属地址（home address）；临时地址，叫做转交地址（care-of address）。

归属地址是永久的，它与主机的归属网络（即这个主机的永久归属）相关联。转交地址是临时的，当主机从一个网络移动到另一个网络时，转交地址就改变了；转交地址与外地网络（即这台主机移动到的网络）相关联。图 8-9 给出了上述概念的示意图。

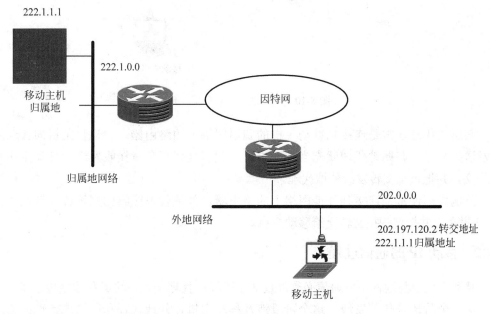

图 8-9　归属地址和转交地址

当移动主机连接到外地网络时，这台移动主机在代理发现和注册阶段就收到这个转交地址。

要使地址的改变对于因特网的其余部分是透明的，就需要引入归属地代理和外地代理。图 8-10 给出了归属地代理相对于归属网络的位置，以及外地代理相对于外地网络的位置。

在图 8-10 中，特意标识归属地代理是一台计算机而不是路由器，为的是强调它们的特定功能是作为代理在应用层完成的。事实上，代理既具有路由器的功能，也具有主机的功能。

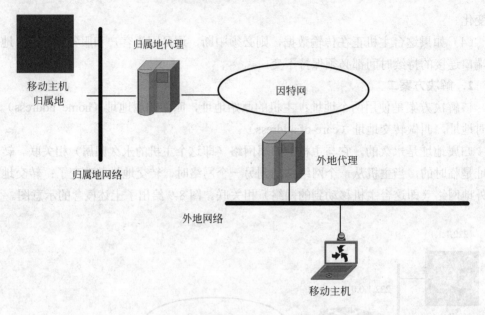

图 8-10　归属地代理和外地代理

归属地代理通常是连接到移动主机的归属网络上的路由器。当远程主机向移动主机发送报文时，归属地代理就充当移动主机。归属地代理负责接收发送给移动主机的 IP 报文，并把该报文转发给外地代理。

外地代理通常是连接到外地网络上的路由器。外地代理接收归属地代理转发过来的 IP 报文，并把这些报文转交给移动主机。

## 8.4.2　移动 IP 的通信过程

移动主机要与远程主机通信必须经过 3 个阶段：代理发现、注册和数据传送。

第一个阶段是代理发现，这个阶段涉及移动主机、外地代理和归属地代理；第二个阶段是注册，也涉及移动主机、外地代理和归属地代理；第三个阶段是数据传送，涉及远程主机、移动主机、外地代理和归属地代理。

### 1．代理发现

代理发现阶段包括两个子阶段：移动主机在离开它的归属网络之前必须发现它的归属地代理，即知道它的地址；移动主机在移动到外地网络之后，还必须发现外地代理。这里的"发现"是指知道转交地址和外地代理地址。代理发现涉及通知和询问两种类型的报文。

作为代理的路由器使用 ICMP 路由器通告报文，通告它已经连接到某个网络上以及它的转交地址。

当移动主机移动到外地网络但没有收到代理通告时，它也可以使用 ICMP 询问报文主动询问代理。

**2．注册**

移动 IP 通信的第二个阶段是注册。当移动主机已经移动到外地网络并且已经发现了外地代理后，就必须注册。关于注册涉及以下 3 点：

（1）移动主机必须向外地代理注册。

（2）如果截止期到了，移动主机必须重新注册。

（3）如果移动主机离开某个外地网络，则必须注销。

具体步骤是：移动主机把注册请求发送给外地代理，并把归属地址和归属地代理地址发送给外地代理。外地代理收到这些信息后，把这些信息转发给移动主机的归属地代理以认证上述信息，如果认证通过，那么移动主机就在外地代理这里注册成功。同时，移动主机的归属地代理也知道了外地代理的地址（转交地址）。

**3．数据传送**

当移动主机到达外地网络后，完成代理发现和注册后，移动主机就可以和远程主机进行通信了。图 8-11 给出了数据传送过程示意图。

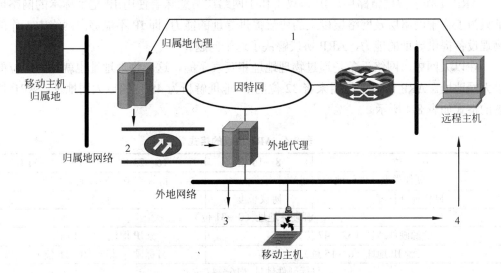

图 8-11　数据传送过程示意图

（1）从远程主机到归属地代理。当远程主机要向移动主机发送 IP 报文（源 IP 地址是远程主机地址，目的 IP 地址是移动主机归属地地址）时，这个报文被归属地代理截获了，即归属代理假装是这台移动主机。图 8-11 中的路径 1 表示了这个步骤。

（2）从归属地代理到外地代理。归属地代理在接收到这个 IP 报文后，就使用隧道技术（IP in IP），将接收到的 IP 报文发送给外地代理。事实上，归属地代理把源 IP 地址是远程主机地址、目的 IP 地址是移动主机归属地地址的 IP 报文再封装成另外一个 IP 报文

（该 IP 报文的源地址是归属地代理 IP 地址，而目的地址是外地代理的 IP 地址）。图 8-11
中的路径 2 表示了这个步骤。

（3）从外地代理到移动主机。当外地代理接收到通过隧道技术发送来的 IP 报文时，
它首先取出原来的 IP 报文。但是，因为 IP 报文的目的地址是移动主机的归属地地址，
外地代理就从注册表中找出移动主机的转交地址，然后将这个报文发送到转交地址。图
8-11 中的路径 3 表示了这个步骤。

（4）从移动主机到远程主机。当移动主机要发送报文到远程主机时（如远程主机对
它接收到的报文进行应答），它像通常那样发送，使用的是移动主机的归属地地址。图
8-11 中的路径 4 表示了这个步骤。

**希赛教育专家提示**：在整个数据发送过程中，远程主机并不知道移动主机的任何移
动。移动主机的移动完全是透明的，因特网上的其他路由器并不知道移动主机的移动性。

## 8.5  ARP 与 RARP

ARP 工作于数据链路层。IP 协议工作于网络层，意味着使用 IP 地址标示的网络地
址只为工作于网络层及网络层以上的协议提供寻址的能力，即 IP 不能够向网络中工作的
物理设备提供寻址的能力，ARP 协议解决了这个问题。

在以太网中，网络设备是通过物理地址相互表示的，这个物理地址也就是 48 位的
以太网地址。ARP 协议就是用来将 32 位的 IP 地址解析为 48 位的以太网地址。ARP 协
议的格式如表 8-4 所示。

表 8-4  ARP 协议的格式

| 0～7 位 | 8～15 位 | 16～23 位 | 24～31 位 |
|---|---|---|---|
| 硬件类型（硬件地址空间） | | 协议类型（协议地址空间） | |
| 硬件地址长度 | 协议长度 | 操作 | |
| 源硬件地址（0～31 位） | | | |
| 源硬件地址（32～47 位） | | 源 IP 地址（0～15 位） | |
| 源 IP 地址（0～15 位） | | 目标硬件地址（0～15 位） | |
| 目标硬件地址（16～47 位） | | | |
| 目标 IP 地址 | | | |

（1）硬件类型字段指明了发送方想知道的硬件接口类型，以太网的值为 1。

（2）协议类型字段指明了发送方提供的高层协议类型，IP 为 0x0806。

（3）硬件地址长度和协议长度指明了硬件地址和高层协议地址的长度，这两个字段
主要是为了使 ARP 协议能够工作于不同类型的网络中。

（4）操作字段用来表示 ARP 报文操作类型，ARP 请求为 1，ARP 响应为 2，RARP
请求为 3，RARP 响应为 4。

　　ARP 工作时会首先发送一个 ARP 请求，其中包括自己的物理地址和 IP 地址，以及想要解析的目标 IP 地址。需要注意的是，虽然这个时候知道目标的 IP 地址，但是由于不知道目标的物理地址，所以数据报是无法直接发送给对方的，因此 ARP 请求采用广播方式发送。从这里也可以看出底层协议和高层协议的区别——越是底层的协议，能够获得的服务（或支撑）就越少，如果没有网络分层的设计，编制网络应用程序将变得异常复杂。

　　当 ARP 请求中所指明的目的主机收到 ARP 请求后，它会将自己的物理地址通过 ARP 响应回送给请求者，此时 ARP 请求者将会把这对物理地址和 IP 地址的映射关系放到自己的 ARP 缓存中，以避免重复地请求。

　　ARP 协议是一个相对简单的协议，也很容易理解，但它的功能确实非常强大。不但可以使用 ARP 来解析物理地址，ARP 还可以做更多的事情。

　　在 TCP/IP 环境中，虽然 IP 地址指明了数据包的目的地，但在网络层之下，还需要 ARP 对物理地址进行解析。也就是说，从网络层以上观察，数据包正确地发送到接受方，但如果在接受方的网络中发送伪造 ARP 数据包，那么就可以将自己的物理地址同任何一个 IP 地址建立起关联关系，从而可以截获到本不属于它的数据包，这就是 ARP 欺骗。这种 ARP 欺骗对于交换环境的危害尤其严重。

　　不过，ARP 欺骗也可以为人们服务，使用 ARP 欺骗技术可以实现防火墙的透明接入，即防火墙内部的主机和防火墙外部网络的路由器不需要做任何更改就可以在网络中部署防火墙。这里就不描述使用 ARP 欺骗实现透明防火墙的方法，留给考生自己思考。

　　RARP 是 ARP 的逆过程。ARP 将 IP 地址转换为物理地址，而 RARP 将物理地址转化为 IP 地址。

　　RARP 的首部同 ARP 几乎完全一样，仅仅在操作字段，RARP 请求为 3，RARP 响应为 4。但相比之下，RARP 的实现比 ARP 更为复杂。这是由于在网络中提供 RARP 服务的服务程序需要维护一个硬件地址到 IP 地址转换的数据库，而作为在内核中实现的 TCP/IP 程序不可能在内核中维护这样的一个数据库。因此，RARP 一般使用一个用户进程实现，而不是放在内核中。同时 RARP 是一个数据链路层协议，因此它的实现依赖于特定的系统。在一个物理网络中，为了确保 RARP 客户端一定能够接收到 RARP 服务器的回应，经常会设置不只一台的 RARP 服务器。一般的 RARP 客户端以接收到的第一个 RARP 响应为准，不过多个工作在数据链路层的 RARP 服务器使以太网发生冲突的可能性大大增加。

## 8.6　例题分析

　　为了帮助考生进一步掌握网络层协议方面的知识，了解考试的题型和难度，本节分析 12 道典型的试题。

**例题 1**

为了防止因出现网络路由环路，而导致 IP 数据报在网络中无休止地转发，IP 协议在 IP 包头设置了表示____(1)____的 TTL 位，它是一个计数器，每经过____(2)____，其值加 1。

(1) A. 过期值　　　　　B. 数据报生存期　　C. 总时间　　　　D. 计时位

(2) A. 一台交换机　　　　B. 一台主机　　　　C. 一台路由器　　D. 1 秒钟

**例题 1 分析**

为了防止因出现网络路由环路，而导致 IP 数据报在网络中无休止地转发，IP 协议在 IP 包头设置了一个 TTL 位，用来存放数据报生存期（以跳为单位，每经过一个路由器为一跳），每经过一个路由器，计数器加 1，超过一定的计数值，就将其丢弃。

**例题 1 答案**

(1) B　　　　　　　　　(2) C

**例题 2**

一个局域网中某台主机的 p 地址为 176.68.160.12，使用 22 位作为网络地址，那么该局域网的子网掩码为____(3)____，最多可以连接的主机数为____(4)____。在一条点对点的链路上，为了减少地址的浪费，子网掩码应该指定为____(5)____。

(3) A. 255.255.255.0　　　　　　　　　B. 255.255.248.0

　　 C. 255.255.252.0　　　　　　　　　D. 255.255.0.0

(4) A. 254　　　　B. 512　　　　C. 1022　　　　D. 1024

(5) A. 255.255.255.252　　　　　　　　B. 255.255.255.248

　　 C. 255.255.255.240　　　　　　　　D. 255.255.255.196

**例题 2 分析**

无类 IP 地址的核心是采用不定长的网络号和主机号，并通过相对应的子网掩码来表示（即网络号部分为 1，主机号部分为 0）。对于本题而言，题目给出了网络地址的位数是 22，由于 IP 地址是 32 位的，因此其主机号部分就是 10 位。因此，子网掩码就是 11111111 11111111 11111100 00000000，转换为点分十进制表示就是 255.255.252.0。

根据无类 IP 地址的规则，每个网段中有两个地址是不分配的：主机号全 0 表示网络地址，主机号全 1 表示广播地址。因此 10 位主机号所能够表示的主机数就是 $2^{10}-2$，即 1022 台。

问题（5）的思考过程则是相反的，根据题目可以得知该网段只需要能够表示 2 台主机，加上保留的 2 个，就是该网络包含 4 个 IP 地址，因此主机号只需要 2 位（最低 2 位），剩余的 30 位就都是网络号了。因此子网掩码应该是 11111111 11111111 11111111 11111100，即 255.255.255.252。

**例题 2 答案**

（3）C　　　　　　（4）C　　　　　（5）A

**例题 3**

假设有一子网的地址是 192.168.232.0/20，那么其广播地址是　(6)　，最大可以容纳的主机数是　(7)　。

（6）A．192.168.232.255　　　　　　　　B．0.0.0.255

　　　C．192.168.240.255　　　　　　　　D．192.168.239.255

（7）A．4096　　　　B．4094　　　　　C．4095　　　　　D．4093

**例题 3 分析**

在复杂子网划分的情况下，求广播地址的过程最简单的方法是根据子网掩码来处理：对于 255 部分照抄，0 部分转为 255，对于其他部分则先用 256 减去该值得到 x，然后找到与 IP 地址中对应数最接近的 x 的倍数 y，再将 y–1 即可。而在本题中，IP 地址是 192.168.232.0，子网掩码为 255.255.240.0。则首先将 255、0 的部分处理完，得到 192.168.____.255，然后用 256–240=16，大于 232 且最接近 232 的 16 的倍数是 240，因此得到广播地址为 192.168.239.255。

计算最大可容纳的主机数，只需根据公式 $2^{主机号}-2$ 即可，在本题中主机号的位数是 （32–20）=12，因此其可容纳的主机数就应该是 $2^{12}-2=4094$。

**例题 3 答案**

（6）D　　　　　　（7）B

**例题 4**

设有下面 4 条路由：172.18.129.0/24、172.18.130.0/24、172.18.132.0/24 和 172.18.133.0/24，如果进行路由汇聚，能覆盖这 4 条路由的地址是　(8)　。网络 122.21.136.0/24 和 122.21.143.0/24 经过路由汇聚，得到的网络地址是　(9)　。

（8）A．172.18.128.0/21　　　　　　　　B．172.18.128.0/22

　　　C．172.18.130.0/22　　　　　　　　D．172.18.132.0/23

（9）A．122.21.136.0/22　　　　　　　　B．122.21.136.0/21

　　　C．122.21.143.0/22　　　　　　　　D．122.21.128.0/24

**例题 4 分析**

这是一道典型的路由汇聚的题目，但要注意能覆盖的地址和汇聚生成的地址有一些区别，汇聚生成的地址也是能够覆盖的，但是最小覆盖的。要解答这类题目，还是应该从 IP 地址中的网络号部分来进行判断。

所谓覆盖，就是指其网络号部分是相同的。如表 8-5 所示，可以发现题目中给出的 4 个地址只有前 21 位是相同的，因此只有选项 A 的地址是能够覆盖的。

表 8-5　地址的覆盖判断

| 地址项 | IP 地址 | 前 24 位 | 分析 |
|---|---|---|---|
| 题目地址 1 | 172.18.129.0/24 | 10101100 00010010 10000001 | 基准 |
| 题目地址 2 | 172.18.130.0/24 | 10101100 00010010 10000010 | 基准 |
| 题目地址 3 | 172.18.132.0/24 | 10101100 00010010 10000100 | 基准 |
| 题目地址 4 | 172.18.133.0/24 | 10101100 00010010 10000101 | 基准 |
| 选项 A | 172.18.128.0/21 | 10101100 00010010 10000000 | 相同 |
| 选项 B | 172.18.128.0/22 | 10101100 00010010 10000000 | 不同 |
| 选项 C | 172.18.130.0/22 | 10101100 00010010 10000010 | 不同 |
| 选项 D | 172.18.132.0/23 | 10101100 00010010 10000100 | 不同 |

　　而路由汇聚的判断，首先也必须进行覆盖性判断，如果有多个可以覆盖的，那么就需要选择最小覆盖（即网络号最长的那个）。如表 8-6 所示，不难得出只有选项 B 可以覆盖。

表 8-6　地址的覆盖判断

| 地址项 | IP 地址 | 前 24 位 | 分析 |
|---|---|---|---|
| 题目地址 1 | 122.21.136.0/24 | 01111010 00010101 10001000 | 基准 |
| 题目地址 2 | 122.21.143.0/24 | 01111010 00010101 10001111 | 基准 |
| 选项 A | 122.21.136.0/22 | 01111010 00010101 10001000 | 不能 |
| 选项 B | 122.21.136.0/21 | 01111010 00010101 10001000 | 覆盖 |
| 选项 C | 122.21.143.0/22 | 01111010 00010101 10001111 | 不能 |
| 选项 D | 122.21.128.0/24 | 01111010 00010101 10000000 | 不能 |

**例题 4 答案**

（8）A　　　　　（9）B

**例题 5**

　　为了解决 IPv4 的地址位不足的问题，新的 IPv6 协议将地址位数　__(10)__　。我国的第一个 IPv6 商用网是 __(11)__ 。

（10）A. 从 32 位扩展到 64 位　　　　　B. 从 32 位扩展到 128 位

　　　　C. 从 48 位扩展到 64 位　　　　　D. 从 48 位扩展到 128 位

（11）A. 6-bed　　　　　B. 6-bone　　　　　C. v6-bone　　　　　D. NGN

**例题 5 分析**

　　IPv6 是 TCP/IP 协议族中的核心协议之一 IP 协议的升级版，目前 IP 协议的版本号是 4（简称为 IPv4），发展至今已经使用了 30 多年。IPv4 的地址位数为 32 位，但近年来 IP 地址的需求量愈来愈大，使得地址空间容量严重不足，再加上 IPv4 无连接、非可靠、没有优先级、QoS 设计不足都给网络的发展带了瓶颈。

　　IPv6 在 IPv4 的基础上进行改进，它的一个重要的设计目标是与 IPv4 兼容。它将 IP 地址位数从原来的 32 位扩展到 128 位，彻底解决了地址不足问题。

第一个 IPv6 标准为 IETF 接受并作为 RFC 发布不久，就产生了 6-bone 网络，用于在 IPv6 产品实现广泛商业推广以前，用于测试或获取 IPv6 的经验。它是中国第一个 IPv6 的商用网。

**例题 5 答案**

（10）B        （11）B

**例题 6**

设计一个网络时，分配给其中一台主机的 IP 地址为 192.55.12.120，子网掩码为 255.255.255.240。则该主机的主机号是___（12）___；可以直接接收该主机广播信息的地址范围是___（13）___。

（12）A. 0.0.0.8                    B. 0.0.0.120

　　　C. 0.0.0.15                   D. 0.0.0.240

（13）A. 192.55.12.120～192.55.12.127        B. 192.55.12.112～192.55.12.127

　　　C. 192.55.12.1～192.55.12.254          D. 192.55.12.0～192.55.12.255

**例题 6 分析**

本题考查 IP 地址的基本知识。

IP 地址由网络地址和主机地址两部构成，主机地址可进一步划分为子网号和主机号两部分，三者的区分需借助子网掩码实现。

主机号是 IP 地址中去掉网络地址、子网号后的部分，其计算方法可简单利用公式主机号=IP 地址 AND （NOT（子网掩码））计算。

1 台计算机发出的广播消息，只有处在同一子网（网络）内的计算机才能接收到。192.55.12.120 的子网（网络）地址=IP 地址 AND 子网掩码=（192.55.12.120 AND 255.255.255.240）=192.55.12.112，IP 地址的最后 4 位为主机号，范围为 0～15，加在子网号后面即可。

**例题 6 答案**

（12）A        （13）B

**例题 7**

利用 ICMP 协议可以实现路径跟踪功能。其基本思想是：源主机依次向目的主机发送多个分组 P1，P2，…，分组所经过的每个路由器回送一个 ICMP 报文。关于这一功能，描述正确的是___（14）___。

（14）A. 第 i 个分组的 TTL 为 i，路由器 Ri 回送超时 ICMP 报文

　　　B. 每个分组的 TTL 都为 15，路由器 Ri 回送一个正常 ICMP 报文

　　　C. 每个分组的 TTL 都为 1，路由器 Ri 回送一个目的站不可达的 ICMP 报文

　　　D. 每个分组的 TTL 都为 15，路由器 Ri 回送一个目的站不可达的 ICMP 报文

**例题 7 分析**

本题考查 ICMP 的基本内容。

利用 ICMP 协议实现路径跟踪时，源主机依次向目的主机发送多个分组 P1, P2, …, 第 i 个分组 Pi 的 TTL 设为 i，这样 Pi 到达路由器 Ri 时 TTL 变为 0，被 Ri 丢弃，回送超时 ICMP 报文。源节点依据所收到的超时报文的地址，可以组成一条完整的路径，从而实现路径跟踪。

**例题 7 答案**

（14）A

**例题 8**

甲机构构建网络时拟采用 CIDR 地址格式，其地址分配模式是 210.1.1.0/24，则实际允许的主机数最大为 ___（15）___。如果乙机构采用的地址分配模式是 210.1.0.0/16，对于目的地址为 210.1.1.10 的数据分组，将被转发到的位置是 ___（16）___。

（15）A. $2^{24}$                         B. $2^{8}$

       C. $2^{24}-2$                    D. $2^{8}-2$

（16）A. 甲机构的网络               B. 乙机构的网络

       C. 不确定                        D. 甲、乙之外的一个网络

**例题 8 分析**

本题考查 IP 地址、特别是 CIDR 地址格式的基本知识。

CIDR（Classless Inter-Domain Routing）将 IP 地址看成两级结构，用"IP 首地址/网络前缀位数"的形式表示。在一个网络内表示主机的地址位数为 32-网络前缀位数。全 0 和全 1 的地址不能作为普通地址分配。

对于 CIDR 格式的 IP 地址，在进行路由选择时遵循的原则是最长匹配，即选择路由表中网络前缀部分与分组中 IP 地址的前缀相同部分最长的那个地址作为转发地址。

**例题 8 答案**

（15）D       （16）A

**例题 9**

关于 ARP 协议，描述正确的是 ___（17）___。

（17）A. 源主机广播一个包含 MAC 地址的报文，对应主机回送 IP 地址

       B. 源主机广播一个包含 IP 地址的报文，对应主机回送 MAC 地址

       C. 源主机发送一个包含 MAC 地址的报文，ARP 服务器回送 IP 地址

       D. 源主机发送一个包含 IP 地址的报文，ARP 服务器回送 MAC 地址

**例题 9 分析**

本题考查 ARP 协议的基本内容。

ARP 协议的功能是通过已知的 IP 地址找到对应的 MAC 地址，其基本方法是：当需要获取 MAC 地址时，就广播一个包含 IP 地址的消息，收到该消息的每台计算机根据自

己的 IP 地址确定是否应答该消息。若是被询问的机器，则发送一个应答消息，将自己的 MAC 地址置于其中，否则不作应答。每个机器就只需记住自身的 IP 地址，且该地址可动态改变。

**例题 9 答案**

（17）B

**例题 10**

在一个子网中有一个主机 HA 和路由器 RX，HB 是其他子网的主机。在主机 HA 中到 HB 的路由是 RX( HA 经 RX 到达 HB)。假定在 HA 和 RX 的子网中再增加一个路由器 RY，想让 HA 经 RY 到达 HB．此时需要 （18） 。

（18）A．RY 发送路由重定向 ICMP 报文给 HA

　　　B．RX 发送路由重定向 ICMP 报文给 HA

　　　C．RY 发送路由重定向 ICMP 报文给 HB

　　　D．RX 发送路由重定向 ICMP 报文给 HB

**例题 10 分析**

本题重点考查 ICMP 协议中路由重定向的概念。

当路由器的接口收到报文，查路由表后又要从该接口转发出去的时候，如果路由器该接口启用了 ICMP 重定向功能，则向给路由器发送报文的主机（或其他设备）发送一个 ICMP 重定向报文，通知该主机在主机路由表上加上一条主机路由。

**例题 10 答案**

（18）A

**例题 11**

在 IPv6 协议中，一台主机通过一个网卡接入网络，该网卡所具有的 IPv6 地址数最少为 （19） 个。

（19）A．1　　　　　　　　　B．2

　　　C．3　　　　　　　　　D．4

**例题 11 分析**

本题考查 IPv6 的基本内容。

IPv6 规定每个网卡最少有 3 个 IPv6 地址，分别是链路本地地址、全球单播地址和回送地址，这些地址都可以是自动分配的。链路本地地址用于在链路两端传输数据，类似于（但不完全等同于）IPv4 的私用 IP 地址。全球单播地址用于在 Internet 上传输数据，类似于 IPv4 中的合法的公网 IP 地址。回送地址用于网络测试，类似于 IPv4 的 127.0.0.1。

**例题 11 答案**

（19）C

**例题 12**

IPv6 地址分为 3 级，其中第 1 级表示的含义是 （20） 。

（20）A．全球共知的公共拓扑　　　　　　B．本地网络

　　　　C．网络接口　　　　　　　　　　D．保留

**例题 12 分析**

本题考查 IPv6 的基本内容。

IPv6 地址通常分为 3 级，第一级为公共拓扑，表示多个 ISP 的集合。第二级为站点拓扑，表示一个机构内部子网的层次结构。第三级唯一标识一个接口。

**例题 12 答案**

（20）A

# 第9章 传输层协议

根据考试大纲,本章要求考生掌握以下知识点:

(1) TCP 协议:TCP 协议特点、TCP 报文格式、TCP 建立与释放连接机制、TCP 定时管理机制、TCP 拥塞控制策略。

(2) UDP 协议:UDP 协议特点、UDP 报文格式。

## 9.1 TCP 协议

传输控制协议(Transmission Control Protocol,TCP)提供了面向连接、可靠的字节流服务。事实证明,TCP 协议对于多数应用进程是有用的,因为使用 TCP 协议的应用进程不必考虑数据可靠性传输问题。

### 9.1.1 TCP 报文格式

TCP 报文共分为 TCP 报头和 TCP 数据两个部分,如图 9-1 所示。TCP 报头的前 20 个字节是固定的,后面有 4×N 个字节的选项(N 为整数),因此 TCP 报头的最小长度是 20 字节。

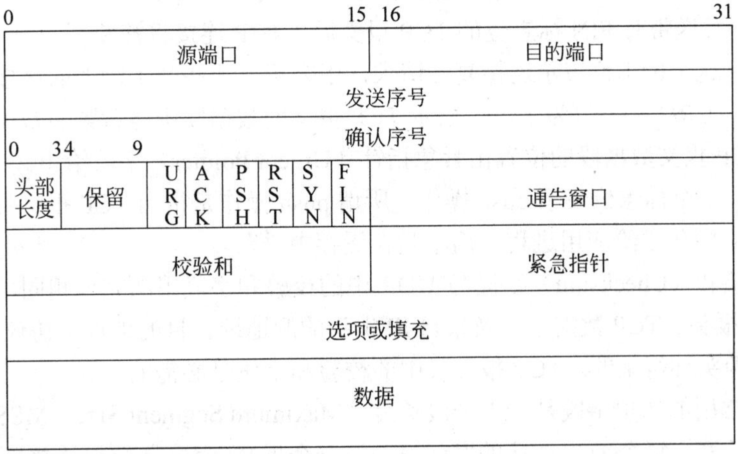

图 9-1 TCP 报文格式

TCP 报头中各字段含义如下:

（1）源端口（Sourece Port）和目的端口（Destination Port）这两个字段分别表示源和目的端口。TCP 报文中源和目的端口字段加上 IP 报文中源和目的 IP 地址字段，构成一个 4 元组＜源端口，源 IP 地址，目的端口，目的 IP 地址＞，唯一地标识一个 TCP 连接。

（2）发送序号（Sequence Number）、确认序号（Acknowledgment Number）和通告窗口（Advertised Window）字段都在 TCP 滑动窗口机制中用到。因为 TCP 是面向字节流的协议，所以报文段中的每个字节都有编号。发送序号字段给出了该 TCP 报文段中携带的数据的第 1 个字节分配的编号（SYN 标志位为 0）。如果在 TCP 报文中 SYN 标志位为 1，则序号字段表示初始序号（Initial Sequence Number，ISN）。确认序号给出了接收方希望接收的下一个 TCP 报文段中数据流的第 1 个字节的编号。确认序号字段只有在 ACK 标志位为 1 时有效，而一旦 TCP 连接建立好，则这个确认序号字段一直有效。通告窗口字段给出了接收方返回给发送方关于接收缓存大小的情况。

（3）头部长度（Header Length）字段表示 TCP 报头长度，以 32 位为单位。TCP 报头之所以需要这个字段，是因为 TCP 报头有一个选项字段，而选项字段的长度是可变的。头部长度字段为 4 位，意味着 TCP 报头的最大长度是 60 字节；如果 TCP 报头没有选项字段，则 TCP 报头的最小长度是 20 字节。

（4）6 位的标志位（Flags）字段用于区分不同类型的 TCP 报文。目前用到的标志位有 SYN、ACK、FIN、RST、PSH 和 URG。

- SYN：这个标志位用于 TCP 连接建立。SYN 标志位和 ACK 标志位搭配使用，当请求连接时，SYN=1，ACK=0；当响应连接时，SYN=1，ACK=1。
- ACK：ACK 标志位为 1 时，意味着确认序号字段有效。
- FIN：发送带有 FIN 标志位的 TCP 报文后，TCP 连接将被断开。
- RST：这个标志位表示连接复位请求，用来复位那些产生错误的连接。
- URG：URG 标志位为 1 时，表示 TCP 报文的数据段中包含紧急数据，紧急数据在 TCP 报文数据段的位置由紧急指针（Urgent Pointer）字段给出。
- PSH：这个标志位表示 push 操作。所谓 push 操作是指当 TCP 报文到达接收端以后，立即传送给应用进程，而不是在缓存中排队。

（5）校验和（Checksum）字段与 UDP 中的校验和字段用法完全相同，它是通过计算整个 TCP 报头、TCP 数据，以及来自 IP 报头的源地址、目的地址、协议和 TCP 长度字段构成的伪头部得来的。TCP 报文段中的校验和字段是必需的。

TCP 最常用的选项字段是最大分段长度（Maximum Segment Size，MSS），即最大的数据分段长度。每个 TCP 连接的发起方在第一个报文（为建立 TCP 连接而发送将 SYN 标志位置为 1 的那个 TCP 报文）中就指明了这个选项，其值通常是发送方主机所连接的物理网络的最大传输单元（MTU）减去 TCP 报头长度（TCP 报头长度的最小值为 20 字节）和 IP 报头长度（IP 报头长度的最小值为 20 字节），这样可以避免发送主机对 IP

报文进行分段。

希赛教育专家提示：MSS 选项字段只能出现在 SYN 标志位为 1 的 TCP 报文（即 TCP 连接建立请求报文和连接建立响应报文）中。如果 TCP 连接的另一方不接受发起方给出的 MSS 值（即双方"协商"不成功），则发起方就将 MSS 设定为默认值 536 字节（这个 MSS 默认值加上 20 字节 TCP 报头，再加上 20 字节 IP 报头等于 576 字节，而这正是 X.25 广域网的 MTU）。

## 9.1.2　TCP 建立与释放

TCP 连接的建立是从客户向服务器发送一个主动打开请求而启动的。如果服务器已经执行了被动打开操作，那么双方就可以交换报文以建立 TCP 连接。只有在建立 TCP 连接之后，双方才开始收发数据。而且，当其中一方发送完数据后，就会关闭它这一方的连接，同时向对方发送撤销 TCP 连接的报文。需要注意的是，TCP 连接的建立是一个非对称的活动，即一方执行被动打开而另一方执行主动打开（更准确地说，当双方试图同时打开连接时，连接的建立是对称的。但常见的情况是一方执行主动打开，另一方执行被动打开）；而连接终止则是对称的活动，即每一方都独立地关闭连接。因此，有可能一方已经完成了关闭连接，即它不再发送数据，但是另一方却保持双向连接的另一半打开状态并且继续发送数据。

TCP 连接的建立和终止使用了三次握手（Three-way Handshake）机制。三次握手是指客户和服务器之间要交换三次报文，如图 9-2 所示。

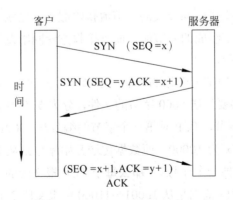

图 9-2　TCP 连接建立的三次握手

三次握手机制的基本思想是，连接双方需要协商一些参数，在打开一个 TCP 连接的情况下，这些参数就是双方打算为各自的字节流使用的初始序号。

（1）首先，客户（主动参与方）发送一个连接建立请求报文给服务器（被动参与方），声明它将使用的初始序号（SYN，SEQ = x）。

（2）服务器用一个连接建立响应报文，确认客户端的序号（ACK = x+1），同时声明自己使用的开始序号（SYN，SEQ = y）。也就是说，第二个报文的 Flags 字段的 SYN 和 ACK 标志位都设置为 1。

（3）最后，客户用第三个报文来响应并且确认服务器的开始序号（ACK，ACK = y+1）。确认序号比发送来的序号大 1 的原因是确认序号（Acknowledgment Number）字段实际标明了"所希望的下一个字节序号"，因此隐含地确认所有前面的字节序号。

虽然，图 9-2 没有显示出重传定时器的事情，但是在前面两个报文中都使用了定时器，而如果发送方没有接收到所希望的应答，就会重发该报文。

读者可能会问，为什么在 TCP 连接建立阶段客户和服务器要相互交换开始序号呢？如果建立连接的双方简单地从已知的序号开始（比如每次都从 0 开始）会比较简单。实际上，TCP 要求连接的每一方随机地选择一个初始序号，这样做的原因是防止黑客太容易猜测初始序号而进行 TCP 连接劫持攻击。

### 9.1.3　TCP 可靠传输

TCP 是可靠的传输层协议。这就表示，应用进程把数据交给 TCP 后，TCP 就能无差错地交给目的端的应用进程。TCP 使用差错控制机制保证数据的可靠传输，TCP 的差错控制机制主要是确认和重传。在介绍 TCP 差错控制机制之前，下面介绍一下 TCP 的字节编号。

#### 1．字节编号和确认

前面提到过，TCP 提供面向连接的字节流传输服务，也就是说，TCP 协议将要传送的数据看成是一个个字节组成的字节流，而且接收方返回给发送方的确认是按字节进行的，而不是按报文段进行。

每个 TCP 连接传输字节流数据的第一个字节序号是建立 TCP 连接时初始序号加 1。

假设某条 TCP 连接要传送 5000 字节的文件，分为 5 个 TCP 报文段进行传送，每个 TCP 报文段携带 1000 字节，TCP 对第一个字节的编号从 10001 开始（假设 TCP 连接建立随机选择的初始序号 x 为 10000，而数据传送开始序号则从 10001 开始，也就是说，TCP 连接建立过程要用掉一个序号）。那么每个 TCP 报文段的字节编号如下所示：报文段 1 的字节序号为 10001（范围是从 10001～11000）；报文段 2 的字节序号为 11001（范围是从 11001～12000）；报文段 3 的字节序号为 12001（范围是从 12001～13000）；报文段 4 的字节序号为 13001（范围是从 13001～14000），报文段 5 的字节序号为 14001（范围是从 14001～15000）。

TCP 采用差错控制机制是字节确认，一般情况下，接收方确认已收到最长的连续的字节计数，TCP 报文的每个确认序号字段指出下一个希望接收到的字节，实际上就是对已经收到的所有字节的确认。

字节确认的优点是即使确认丢失也不一定导致发送方重传。下面来看一个例子，假设接收方 TCP 发送的 ACK 报文段的确认序号是 1801，表明字节编号为 1800 前的所有字节都已经收到。如果接收方 TCP 前面已经发送过确认序号为 1601 的 ACK 报文段，但是如果确认序号为 1601 的这个 ACK 报文段丢失，也不需要发送方 TCP 重发这个报文段，这就是所谓的"累计确认"。

**2．超时重传和重传定时器**

发送方 TCP 为了恢复丢失或损坏的报文段，必须对丢失或损坏的报文段进行重传。事实上，发送方 TCP 每发送一个 TCP 报文段，就启动一个重传定时器，如果在规定的时间之内没有收到接收方 TCP 返回的确认报文，重传定时器超时，于是发送方重传该 TCP 报文。

影响超时重传最关键的因素是重传定时器的定时宽度，但确定合适的宽度是一件相当困难的事情。因为在因特网环境下，不同主机上的应用进程之间的通信可能在一个局域网上进行，也可能要穿越多个不同的网络，端到端传输延迟的变化幅度相当大，发送方很难把握从发送数据到接收确认的往返时间（Round Trip Time，RTT）。为解决上述问题，TCP 采用了一种适应性重传算法。下面将描述这个算法并讨论它的改进过程。

**3．超时重传时间计算算法**

TCP 采用下面算法计算超时重传时间。

原始算法的大致思想是，动态维持往返时延（Round Trip Time，RTT）的平均值，然后把 TCP 重传定时器的值设为 RTT 的函数。每当 TCP 发送一个报文段时，它就记录下发送时刻。当该报文段的 ACK 回来时，TCP 记录下 ACK 返回时刻，同时把 ACK 返回时刻和 TCP 报文发送时刻之间的时间差记为 SampleRTT。接着，TCP 在前一次的 RTT 估算值 EstimatedRTT 和当前的新采样值 SampleRTT 之间通过加权求和计算出新的 RTT 估算值 EstimatedRTT。具体公式如下：

$$\text{EstimatedRTT} = \alpha \times \text{EstimatedRTT} + (1-\alpha) \times \text{SampleRTT}$$

其中，$0 \leqslant \alpha \leqslant 1$，$\alpha$ 因子决定了 EstimatedRTT 对延迟变化的反应速度。当 $\alpha$ 接近 1 时，当前的采样值 SampleRTT 对 RTT 估算值 EstimatedRTT 几乎不起作用；而当 $\alpha$ 接近 0 时，RTT 估算值 EstimatedRTT 紧随延迟的变化而变化，直接采用当前的采样值 SampleRTT 作为新的 RTT 估算值 EstimatedRTT。作为折中，TCP 协议规范推荐 $\alpha$ 取值为 0.8～0.9。

TCP 重传定时器的值通过下列公式计算出来：

$$\text{TimeOut} = \beta \times \text{EstimatedRTT}$$

当 $\beta$ 接近 1 时，TCP 能迅速检测到报文丢失并及时重传，从而减少等待时间，但可能引起许多不必要的重传。当 $\beta$ 太大时，重传报文的数目减少，但等待确认的时间增加。作为折中，TCP 协议规范推荐 $\beta$ 取 2。

例如，当 $\alpha$ 取 0.9，$\beta$ 取 2 时，而且当前的 EstimatedRTT 等于 250μs，而现在发送一个报文段并且收到确认的 SampleRTT 是 70μs，则有如下结果：

$$EstimatedRTT = 0.9 \times 250 + 0.1 \times 70 = 232μs$$

$$TimeOut = 2 \times 232 = 464μs$$

### 9.1.4　TCP 拥塞控制

因特网是一种无连接、尽力服务的分组交换网，这种网络结构和服务模型与网络拥塞现象的发生密切相关。与电路交换技术相比，因特网采用的分组交换技术通过统计复用提高了链路的利用率，但是很难保证用户的服务质量。端节点在发送数据前无须建立连接，这种方式简化了网络设计，使得网络的中间节点无须保存状态信息。但是，这种无连接方式难以控制用户注入到网络中的报文数量，当用户注入网络的报文数量大于网络容量时，网络将会发生拥塞，导致网络性能下降。

拥塞控制的基本功能是消除已经发生的拥塞，或避免拥塞的发生。目前的拥塞控制机制主要在网络的传输层实现，最典型的是 TCP 中的拥塞控制机制。实际上，最初的TCP 协议只有流量控制机制而没有拥塞控制机制，接收方在应答报文中将自己能够接收的报文数目通知发送方，以限制发送窗口的大小。这种机制仅仅考虑了接收方的接收能力，而没有考虑网络的传输能力，因此会导致拥塞崩溃（Congestion Collapse）。1986 年10 月，因特网发生了第一次拥塞崩溃。那时，从 LBL（Lawrence Berkeley Laboratory）到加州大学伯克利分校的数据吞吐量从 32kb/s 下降到 40b/s。此后，拥塞控制成为计算机网络研究领域的热点问题。

#### 1. 拥塞和拥塞控制

网络拥塞是计算机网络运行过程中经常发生的一种现象，可以从不同的角度给出网络拥塞（简称拥塞）的具体定义。从拥塞的表现形式来定义，拥塞是指由于路由器中排队的报文足够多，导致缓存溢出，路由器开始丢弃报文的现象；从拥塞对网络的影响来定义，拥塞是指网络中存在过多的报文时，导致网络性能下降的现象；从拥塞产生的根本原因来定义，拥塞是指当报文到达速率大于路由器的转发速率时发生的一种现象。

拥塞控制是指网络节点采取措施避免拥塞的发生或对已经发生的拥塞做出的响应。从拥塞控制的定义可以看出，拥塞控制机制包括两个部分：拥塞避免和拥塞控制。拥塞避免是一种"主动"机制，它的目标是使网络运行在高吞吐量、低延迟的状态，避免网络进入拥塞状态；拥塞控制是一种"响应"机制，它的功能是把网络从拥塞状态恢复出来。

从控制理论的角度分析，因特网中的拥塞控制主要采用闭环控制的方式。一般包括 3 个阶段：根据网络状况检测拥塞的发生，将拥塞信息反馈到拥塞控制点，拥塞控制点根据拥塞信息进行调节以消除拥塞。根据拥塞控制算法的实现位置，可以分为链路算法和源算法。链路算法主要是在网络设备（如路由器）中执行，路由器负责检测拥塞的发生，产生拥塞反馈信息；源算法在主机中执行，主要作用是根据拥塞信息调节发送速率。其中，拥塞控制的源算法中使用最广泛的是 TCP 拥塞控制机制。

对于任何一种拥塞控制机制，都需要采用特定的评价准则来衡量它们是否公平有效地分配带宽。拥塞控制机制的有效性度量指标主要包括吞吐量、利用率、效率、延迟、队列长度、有效吞吐量（Goodput）和能量（Power，吞吐量/延迟）等。

**2．拥塞控制的过程**

TCP 拥塞控制是在 20 世纪 80 年代后期由 Van Jacobson 引入因特网的。为了进行拥塞控制，TCP 为每条连接维持两个新变量：一个是拥塞窗口 cwnd；另一个是慢启动阈值 ssthresh，ssthresh 被用来确定是进入慢启动阶段还是进入拥塞避免阶段，一般将 ssthresh 的初始值设定为通告窗口值。

引入拥塞窗口 cwnd 后，TCP 发送方的最大发送窗口修改为"允许发送方发送的最大数据量为当前拥塞窗口和通告窗口的极小值"。这样，TCP 的有关窗口变量修改为：

$$MaxWindow = MIN（cwnd，rwnd）$$

$$EffectiveWindow = MaxWindow - （LastByteSent - LastByteAcked）$$

也就是说，在有效窗口（EffectiveWindow）的计算中用最大窗口（MaxWindow）代替了通告窗口。这样，TCP 发送方发送报文的速率就不会超过网络或目的节点可接受的速率中的较小值。

TCP 拥塞控制主要根据网络拥塞状况调节拥塞窗口（cwnd）的大小，其机制主要有慢启动、拥塞避免、快速重传和快速恢复，而且这 4 个机制共同发挥作用以实现 TCP 拥塞控制。下面先分别介绍这 4 个机制，然后再通过一个实例来说明这 4 个机制是如何共同发挥作用的。

1）慢启动和拥塞避免

慢启动（Slow Start）是指 TCP 刚建立连接时将拥塞窗口 cwnd 设为 1 个报文大小，然后以指数方式放大拥塞窗口，直到拥塞窗口等于慢启动阈值 ssthresh。

具体来说，TCP 开始将拥塞窗口设为 1 个报文大小，然后 TCP 发送 1 个报文；如果发送方 TCP 收到接收方 TCP 返回的 ACK 报文，TCP 将拥塞窗口设为 2 个报文大小，然后 TCP 发送 2 个报文；如果发送方 TCP 又收到接收方返回的 2 个 ACK 报文（或 1 个累计确认报文），则 TCP 将拥塞窗口设为 4 个报文大小，直到拥塞窗口 cwnd 大于等于慢启动阈值 ssthresh，然后进入拥塞避免阶段，如图 9-3 所示。

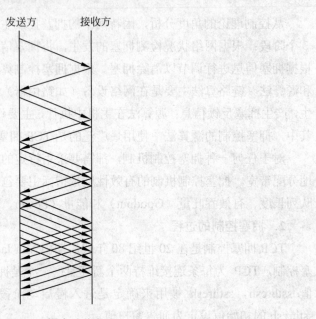

图 9-3　慢启动阶段

进入拥塞避免阶段，TCP 采用线性增加（Additive Increase，AI）方式放大拥塞窗口，即发送方 TCP 每收到一个 ACK 确认报文，TCP 将拥塞窗口 cwind 增加 1 个报文大小，如图 9-4 所示。

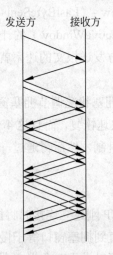

图 9-4　拥塞避免阶段

不管是在慢启动阶段还是在拥塞避免阶段，如果发生超时重传，则必须回到慢启动阶段，即此时拥塞窗口 cwnd 必须从 1 重新开始，而慢启动阈值 ssthresh 设置为上一次拥塞窗口值 cwnd 的一半。注意，以后每发生一次超时，慢启动阈值 ssthresh 就减半，这就表明，慢启动阈值 ssthresh 是按照指数规律减小的，这就是乘倍减小（Multiplicative

Decrease，MD）。

　　在实际应用中，TCP 不会等待整个拥塞窗口值的报文都得到确认后才给拥塞窗口加 1 个报文长度的值，而是每收到一个确认报文就逐渐增大拥塞窗口。具体地说，TCP 每收到一个确认报文后，就将拥塞窗口按照下面的公式增大：

$$Increnment = MSS \times (MSS / cwnd)$$

$$cwnd = cwnd + Increment$$

　　也就是说，TCP 不是在每个 RTT 时间内将拥塞窗口增加整个 MSS 值，而是每收到一个确认报文，就将拥塞窗口增加 MSS 的一部分（即上面公式中的 Increment）。

　　2）快速重传和快速恢复

　　在 TCP 中，当 TCP 报文不能按序到达接收方 TCP 时，接收方 TCP 就会产生一个重复 ACK 返回给发送方；发送方收到一个重复 ACK 后，还不能确定是由于 TCP 报文丢失还是 TCP 报文乱序。如果发送方 TCP 收到 3 个重复 ACK，则意味着是某个 TCP 报文丢失了，此时发送方 TCP 不必等待该报文超时，而是立即重传该报文，这就是快速重传。快速重传避免了让发送方 TCP 必须等待超时后才重传丢失的报文。图 9-5 给出了快速重传示意图。

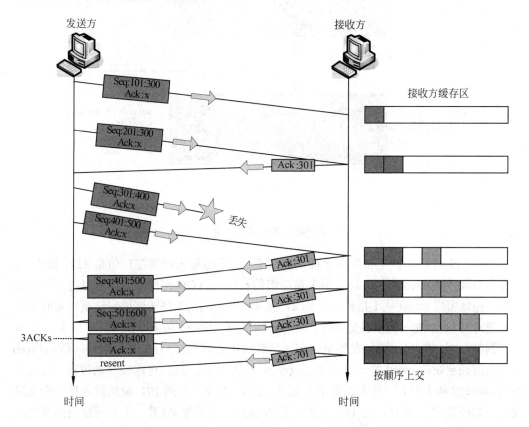

图 9-5　快速重传示意图

在图 9-5 中，当发送方 TCP 连续收到 3 个重复的 ACK：301 时，发送方 TCP 立即重传序号为 301～400 的报文段，而不必等到超时，这就是快速重传。同时，发送方 TCP 会将拥塞窗口减半以及重传定时器宽度加倍。

但是快速重传之后，发送方 TCP 不是进入慢启动阶段，而是进入拥塞避免阶段，这就是快速恢复的意思。理由是重复 ACK 的出现不仅意味着某个报文的丢失，而且意味着在丢失的报文之后还接收到其后的报文，即网络上仍然可以传输报文，发送方 TCP 认为网络拥塞还不是非常严重，如果这个时候进入慢启动阶段，有点保守，而是应该进入拥塞避免阶段。

图 9-6 给出了拥塞避免、慢启动、快速重传及快速恢复 4 种机制组合在一起的 TCP 拥塞控制。

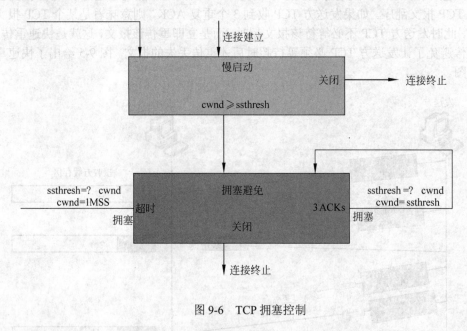

图 9-6　TCP 拥塞控制

图 9-7 给出了一个实际的 TCP 拥塞控制实例，假定最大拥塞窗口值是 32 个报文段，则慢启动阈值 ssthresh 等于 16（最大窗口值的一半）。TCP 连接刚刚建立时进入慢启动过程，拥塞窗口 cwnd 从 1 指数增长到 2，到 4，到 8，直到 16（这里假设重传定时器不发生超时）；然后进入拥塞避免阶段，这时，拥塞窗口 cwnd 从 16，到 17，到 18，到 19，一直到 20（加法增大）。此时，发生重传定时器超时现象，发送方首先将慢启动阈值 ssthresh 设为当前拥塞窗口 cwnd 的一半（乘法减小），即等于 10，然后进入慢启动过程，即拥塞窗口 cwnd 又从 1 开始，接着指数增长到 2，到 4，到 8，直到 10，最后进入拥塞避免阶段，开始线性增加到 11，到 12。此时，连续收到 3 个重复 ACK，于是进行快速重传，之后直接进入拥塞避免阶段而不是慢启动阶段。

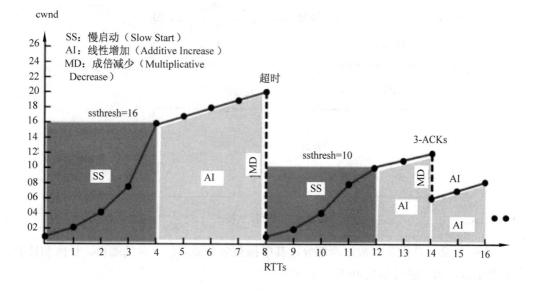

图 9-7　TCP 拥塞控制实例

　　在过去的十几年时间里，TCP 拥塞控制经过不断的改进，性能逐渐得到完善，先后提出了多个 TCP 协议的实现版本。TCP Tahoe 是 TCP 最早的版本，包含了 3 个最基本的拥塞控制机制：慢启动、拥塞避免、快速重传。TCP Reno 在 TCP Tahoe 的基础上增加了快速恢复机制。TCP NewReno 和 TCP SACK 都考虑了一个发送窗口内有多个报文丢失的情况，TCP NewReno 对 Reno 中的快速恢复算法进行了补充，只有当所有报文都被应答后才退出快速恢复状态；TCP SACK 采用"选择性重传"策略。所谓选择性重传是指当接收方发现报文乱序到达接收方时，接收方通过选择性应答策略通知发送方立即发送丢失的报文，而不需要等到发送方超时重传。

## 9.2　UDP 协议

　　UDP 协议就是在 IP 协议提供主机之间数据通信服务的基础之上，通过端口机制提供应用进程之间的数据通信功能。UDP 协议除了提供应用进程对 UDP 的复用功能外，不提供任何其他更高级的功能，也就是说，UDP 协议提供的应用进程之间的数据通信服务是不可靠的；UDP 协议没有在 IP 协议提供的主机之间不可靠的数据报服务之上提供任何差错控制机制。

### 9.2.1　UDP 数据报

　　UDP 协议实现不同应用进程标识的方法就是在 UDP 报文的头部包含发送方应用进程和接收方应用进程各自使用的 UDP 端口。图 9-8 给出了 UDP 报文格式。

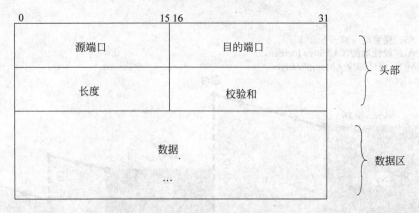

图 9-8　UDP 报文格式

　　UDP 报文包括报头和数据两部分，其中报头包含源端口、目的端口、长度和校验和 4 个字段，每个字段都是 16 位长。

## 9.2.2　UDP 校验

　　虽然 UDP 协议没有提供任何差错控制机制，但 UDP 通过使用校验和来确保 UDP 报文被传送到正确的目的端。

　　UDP 校验和计算有一个与众不同的特点：校验和除覆盖 UDP 报文外，还覆盖一个附加头部，称为伪头部（Pseudo Header）。伪头部有来自 IP 报头的 4 个字段（协议、源 IP 地址、目的 IP 地址、UDP 长度）和填充字段，伪头部格式如图 9-9 所示。

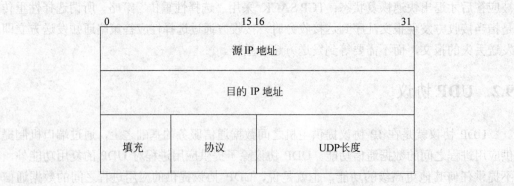

图 9-9　UDP 计算校验和的伪头部格式

　　其中填充字段为全 0，其目的是为了使伪头部的长度为 32 位的整数倍；协议字段就是 IP 报头格式中的协议字段，为 17（在 IP 报文格式的协议字段中 17 表示 UDP 协议）；UDP 长度字段表示 UDP 报文长度。

　　UDP 计算校验和加上伪头部的目的就是为了验证 UDP 报文是否在两个端点之间正

确传输。因为 UDP 报文包含源端口和目的端口，而伪头部包含源 IP 地址和目的 IP 地址。假如 UDP 报文在通过因特网传输时，有人恶意篡改了源 IP 地址（IP 源地址欺骗），则这种情况可以通过 UDP 的校验和检查出来。

需要引起注意的是，UDP 计算校验和的伪头部信息中部分内容来源于 IP 报头信息，也就是说，UDP 在计算校验和时，UDP 必须从 IP 层获取相关信息，否则无法形成伪头部，也就计算不出 UDP 的校验和。这一过程实际上违背了网络体系结构中的分层原则，但这种违背是出于实际的需求而不得不做的折中。事实上，UDP（包括 TCP）与 IP 的联系是非常紧密的，而且它们一般都在操作系统内核实现，因此无论是 UDP 还是 TCP 要获得 IP 的相关信息都是非常容易和方便的。

有关 UDP 报文校验和的计算方法与 IP 报头校验和的计算方法是完全相同的，在此不再赘述。需要引起注意的是，UDP 报文的校验和字段是可选的（但是在 UDPv6 中，校验和是必需的），如果该字段为 0 就说明发送方没有进行校验和计算。这样设计的目的是为了在那些可靠性很高的局域网上使用 UDP 协议的应用进程能够尽量减少开销。

## 9.3　例题分析

为了帮助考生进一步掌握传输层协议方面的知识，了解考试的题型和难度，本节分析 7 道典型的试题。

**例题 1**

TCP 是一个面向连接的协议，它提供连接的功能是___(1)___的，采用___(2)___技术来实现可靠数据流的传送。为了提高效率，又引入了滑动窗口协议，协议规定重传___(3)___的分组，这种分组的数量最多可以___(4)___，TCP 协议采用滑动窗口协议解决了___(5)___。

（1）A．全双工　　　　　B．半双工　C．单工　　　D．单方向

（2）A．超时重传

　　　B．肯定确认（捎带一个分组的序号）

　　　C．超时重传和肯定确认（捎带一个分组的序号）

　　　D．丢失重传和重复确认

（3）A．未被确认及至窗口首端的所有分组　　　B．未被确认

　　　C．未被确认及至退回 N 值的所有分组　　　D．仅丢失的

（4）A．是任意的　　　　　　　　　　　　　　B．1 个

　　　C．大于滑动窗口的大小　　　　　　　　　D．等于滑动窗口的大小

（5）A．端到端的流量控制　　　　　　　　　　B．整个网络的拥塞控制

　　　C．端到端的流量控制和网络的拥塞控制　　D．整个网络的差错控制

**例题 1 分析**

TCP 协议是一个面向连接的可靠传输协议，具有面向数据流、虚电路连接、有缓冲

的传输、无结构的数据流、全双工连接 5 大特点。实现可靠传输的基础是采用具有重传功能的肯定确认、超时重传技术，而通过使用滑动窗口协议则解决了传输效率和流量控制问题。

要注意的是，TCP 所采用的滑动窗口机制与"基本的滑动窗口机制"的最大不同是，TCP 滑动窗口允许随时改变窗口大小的，在每个确认中，除了指出已经收到的分组外，还包括一个窗口通告，用来说明接收方还能接收多少数据。通告值增加，发送方扩大发送滑动窗口；通告值减少，发送方缩小发送窗口。

**例题 1 答案**

（1）A　　　　　　（2）C　　　　　（3）B　　　　　（4）D　　　　　（5）A

**例题 2**

在一次 TCP 连接中，如果某方要关闭连接，则应该发出　__(6)__，这时应答方则应该在收到该报文后，__(7)__。

（6）A．RST　　　　　　B．FIN　　　　　　　C．CLS　　　　　　D．PSH

（7）A．在对该报文进行肯定确认后，同时马上发送关闭连接报文

　　　B．只需对该报文进行肯定确认

　　　C．在发该报文进行肯定确认后，应该收到应用程序通知后再发送关闭连接报文

　　　D．无需对其做出任何应答

**例题 2 分析**

TCP 连接的关闭流程是，首先由发起方发送一个结束包（将 FIN 置为 1，并提供序号）；当应答方收到后，先进行肯定确认（ACK 序号+1），而不急于回送 FIN 包，先去通知相应的应用程序；当应用程序指示 TCP 软件彻底关闭时，TCP 软件再发送第二个 FIN 包。其他的过程是与建立连接类似的。整个过程如图 9-10 所示。

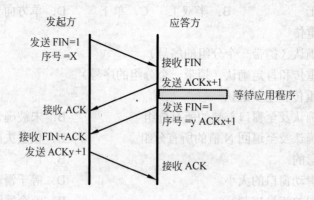

图 9-10　TCP 的连接关闭过程

**例题 2 答案**

（6）B　　　　　　（7）C

**例题 3**

TCP 和 UDP 都是传输层协议,其服务访问点是__(8)__,通常是用数字来表示。而为了使得通用网络应用的服务访问点兼容,为其提供了一系列保留端口,对于其范围的表述正确的是__(9)__。

(8) A. MAC 地址      B. IP 地址      C. 端口地址      D. 进程号

(9) A. 1～255      B. 1～1023      C. 1～1024      D. 1～65 535

**例题 3 分析**

对于 TCP 和 UDP 这样的传输层协议而言,其服务访问点显然就是传输层地址,即端口地址。端口分为知名端口(1024 以内)和用户端口两类,知名端口主要是分配给通用的网络应用使用。

**例题 3 答案**

(8) C          (9) B

**例题 4**

由于 IP 地址通常是针对一台主机而言的,而在网络应用中,一台主机通常会用多个应用程序在使用,因此为了区分不同的应用程序,就引入了"端口"的概念,端口是传输层的服务访问点。而在 TCP/UDP 协议中,合法的端口地址的范围是__(10)__,下面关于源端口地址和目标端口地址的描述中,正确的是__(11)__。

(10) A. 1～255      B. 1～1023      C. 1～1024      D. 1～65 535

(11) A. 在 TCP/UDP 报文中,源端口地址和目标端口地址是不能相同的

     B. 在 TCP/UDP 报文中,源端口地址和目标端口地址是可以相同的,用来表示发回给自己的数据

     C. 在 TCP/UDP 报文中,源端口地址和目标端口地址是可以相同的,因为虽然端口地址一样,但其所在的主机是不同的

     D. 以上描述均不正确

**例题 4 分析**

在 TCP 和 UDP 协议的报头中均包括两个 16 位的字段:源端口地址、目标端口地址,因此其最大的值就是 $2^{16}-1$,即 65 535。它们的含义分别表示源端计算机的逻辑端口号和目标计算机上的连接号,换句话说,就是确定一个端口,是由 IP 地址加上端口地址来确定的,因此源端口地址将和源 IP 地址合在一起作为分组的返回地址;而目标端口地址将和目标 IP 地址(根据包着 TCP/UDP 协议数据包的 IP 协议数据包中的包头来确定)来确认接收的端口。由于每台主机都可以有 65 535 个端口,因此它们是可以相同的。

**例题 4 答案**

(10) D          (11) C

**例题 5**

TCP 使用慢启动拥塞避免机制进行拥塞控制。当前拥塞窗口大小为 24,当发送节点

出现超时未收到确认现象时，将采取的措施是 __(12)__ 。

 （12）A. 将慢启动阈值设为 24，将拥塞窗口设为 12

   B. 将慢启动阈值设为 24，将拥塞窗口设为 1

   C. 将慢启动阈值设为 12，将拥塞窗口设为 12

   D. 将慢启动阈值设为 12，将拥塞窗口设为 1

**例题 5 分析**

本题考查 TCP 协议的拥塞控制方法。

TCP 的慢启动拥塞避免机制调整慢启动阈值和拥塞窗口的方法是，当出现超时未收到确认的现象时，判定为出现了拥塞（至少是具有拥塞的征兆），并将慢启动阈值设为当前拥塞窗口的一半，将拥塞窗口设为 1，继续慢启动过程。

**例题 5 答案**

（12）D

**例题 6**

TCP 协议在工作过程中存在死锁的可能，其发生的原因是 __(13)__ ，解决方法是 __(14)__ 。

 （13）A. 多个进程请求未被释放的资源

   B. 一个连接还未释放，又请求新的连接

   C. 接收方发送 0 窗口的应答报文后，所发送的非 0 窗口应答报文丢失

   D. 定义 RTT 值为两倍的测量值不恰当

 （14）A. 禁止请求未被释放的资源

   B. 在一个连接释放之前，不允许建立新的连接

   C. 修改 RTT 的计算公式

   D. 设置计时器，计时满后发探测报文

**例题 6 分析**

本题考查 TCP 协议的基本知识。

TCP 协议在工作过程中可能发送死锁的原因是：接收方为暂缓接收数据而向发送方发送窗口为 0 的应答报文，发送方收到后暂停发送，等待接收到非 0 窗口的应答报文后继续发送新的报文。如果接收方在发送 0 窗口的应答报文后，所发送的非 0 窗口应答报文丢失，则发送方会一直等待下去。解决这一问题的方法是：发送方设置计时器，在收到 0 窗口应答报文后启动计时，计时满后向接收方发探测报文，提醒接收方重发非 0 窗口的应答报文。

**例题 6 答案**

（13）C   （14）D

**例题 7**

建立 TCP 连接时需要三次握手，而关闭 TCP 连接一般需要 4 次握手。由于某种原因，TCP 可能会出现半关闭连接和半打开连接这两种情况，这两种情况的描述是 __(15)__ 。

 （15）A. 半关闭连接和半打开连接概念相同，是同一现象的两种说法

  B. 半关闭连接是一端已经接收了一个 FIN，另一端正在等待数据或 FIN 的连接；半打开连接是一端崩溃而另一端还不知道的情况

  C. 半打开连接是一端已经接收了一个 FIN，另一端正在等待数据或 FIN 的连接；半关闭连接是一端崩溃而另一端还不知道的情况

  D. 半关闭连接是一端已经接收了一个 FIN，另一端正在等待数据或 FIN 的连接；半打开连接是一端已经发送了 SYN，另一端正在等待 ACK 的连接

**例题 7 分析**

本题考查对 TCP 连接的建立过程和 TCP 连接关闭过程的理解。

在 TCP/IP 协议中，TCP 协议提供可靠的连接服务，采用三次握手建立一个连接。

第一次握手:建立连接时,客户端发送 SYN 包(syn=j)到服务器,并进入 SYN_SEND 状态，等待服务器确认；

第二次握手：服务器收到 SYN 包，必须确认客户的 SYN（ack=j+1），同时自己也发送一个 SYN 包（syn=k），即 SYN+ACK 包，此时服务器进入 SYN_RECV 状态；

第三次握手：客户端收到服务器的 SYN＋ACK 包，向服务器发送确认包 ACK(ack=k+1)，此包发送完毕，客户端和服务器进入 ESTABLISHED 状态，完成三次握手。

完成三次握手，客户端与服务器开始传送数据。

四次断开：

由于 TCP 连接是全双工的，因此每个方向都必须单独进行关闭。这个原则是当一方完成它的数据发送任务后就能发送一个 FIN 来终止这个方向的连接。收到一个 FIN 只意味着这一方向上没有数据流动，一个 TCP 连接在收到一个 FIN 后仍能发送数据。首先进行关闭的一方将执行主动关闭，而另一方执行被动关闭。

（1）客户端 A 发送一个 FIN，用来关闭客户 A 到服务器 B 的数据传送。

（2）服务器 B 收到这个 FIN，发回一个 ACK，确认序号为收到的序号加 1。和 SYN 一样，一个 FIN 将占用一个序号。

（3）服务器 B 关闭与客户端 A 的连接，发送一个 FIN 给客户端 A。

（4）客户端 A 发回 ACK 报文确认，并将确认序号设置为收到序号加 1。

半打开连接和半关闭连接的概念：

TCP 连接经三次握手建立后，如果一方关闭或异常终止连接而别一方却不知道，称这样的 TCP 连接为半打开连接。任何一主机异常都可能导致发生这种情况。只要不打算在半打开连接上传输数据，仍处于连接的一方就不会检测另一方出现异常。

TCP 连接建立后，TCP 提供了双向的数据通路。TCP 提供了其中一端结束它的发送后还能接收来自另一端数据的能力，这称为半关闭。半关闭是 TCP 连接关闭过程中完成了前半部分的状态，这时只关闭了一个方向上的数据通道，另一个方向仍然能够继续数据传输。

**例题 7 答案**

（15）B

# 第 10 章　应用层协议

根据考试大纲，本章要求考生掌握以下知识点：

（1）域名系统：域名服务器（Domain Name Server，DNS）名字空间、资源记录、名字服务器、域名解析。

（2）电子邮件协议：邮件系统功能、体系结构、邮件格式、邮件发送与接收协议、邮件保密。

（3）文件传输协议（File Transfer Protocol，FTP）。

（4）远程登录协议（Telnet）。

（5）Web 应用与超文本传输协议（Hypertext Transfer Protocol，HTTP）协议：Web 资源组织方式与统一资源定位符（Uniform Resource Locator，URL）、Web 文档形式、文档传输与 HTTP 协议、Cookie、Session 与 Web 缓存、浏览器。

（6）动态主机配置协议（Dynamic Host Configuration Protocol，DHCP）。

（7）无线网路协议：移动 IP 协议、无线 TCP、无线 Web 协议（Wireless Application Protocol，WAP）。

（8）P2P 应用协议。

（9）代理与网络地址转换（Network Address Translation，NAT）：应用层代理、网络地址转换、IP 地址隐藏、端口地址转换（Port Address Translation，PAT）、逆向端口映射。

## 10.1　域名系统

DNS 服务是一个 Internet 和 TCP/IP 服务，用于映射网络地址号码。即寻找 Internet 域名并将它转化为 IP 地址的系统。域名是有意义的，使用户容易记忆 Internet 地址。域名和 IP 地址是分布式存放的。

DNS 的基本原理是，DNS 客户端（Resolver）根据查询得到的资源记录（Resource Record，RR）类型和关联数据（RDATA）来进行下一步的通信或者检索。DNS 请求首先到达地理上比较近的 DNS 服务器，如果寻找不到此域名，主机会将请求向远方的 DNS 服务器发送。

### 10.1.1　DNS 名字空间

为了保证主机名字的唯一性，给主机分配的名字必须在名字空间（Name Space）中进行。名字空间可以按两种方式进行组织：平面的和层次的。

在平面名字空间（Flat Name Space）中，名字是一个无结构的字符序列。为了保证名字的唯一性，名字的分配和管理必须集中控制，因此平面名字空间不适合因特网这样大规模的系统。

在层次名字空间（Hierarchical Name Space）中，每一个名字由几部分组成。例如，第一部分可以定义组织的形式，第二部分可以定义组织的名字，第三部分可以定义组织的部门等。这样，名字的分配和管理就可以分散化。中央管理机构可以负责分配名字的一部分，比如组织形式和组织的名字。名字其他部分的分配和管理可交给这个组织，比如这个组织可以通过给组织名字加上后缀（或前缀）来定义部门。UNIX 系统的文件名就是一个层次名字空间的例子。

为了获得层次名字空间，人们设计了域名空间（Domain Name Space，DNS）。在域名方式下，所有的名字由根在顶部的倒置树结构来定义。该树最多有 128 级（level）：0（顶级、根节点）～127 级（叶节点）。

树上的每一个节点有一个标号（Label）。标号是一个最多为 63 个字符的字符串，根节点标号是空字符串。DNS 要求每一个节点的子节点有不同的标号，这样就确保域名的唯一性。

域（Domain）是域名空间（DNS）的一棵子树，这个域的名字是子树顶部节点的域名，而且一个域本身还可以再划分为多个子域（Subdomian）。

每一个域都有一个域名（Domain Name），域名由用点（.）分隔的标号序列表示。例如，www.cs.princeton 表示美国普林斯顿大学（princeton）计算机系（cs）的 WWW 服务器（www）；mail.csai.cn 表示中国（cn）希赛公司（csai）的邮件服务器（mail）。

## 10.1.2　域名服务器

如何将域名空间（DNS）所包含的所有信息存储起来呢？如果只使用一台计算机存储如此大容量的信息，将会导致低效率和不安全。更好的做法是将域名空间信息分布在多台称为 DNS 服务器（DNS Server）的计算机中。一种方法是将整个空间划分为多个基于第一级的域，也就是说，让根节点（0 级、顶级）保持不变，但创建许多与第一级节点同样多的子域（子树），同时允许将第一级域进一步划分成更小的子域，每一台 DNS 服务器对某一个域（不管大小）进行负责（由上级域授权）。换句话说，与建立名字的层次结构一样，也建立 DNS 服务器的层次结构。

完整的域名层次结构是被分布在多个 DNS 服务器上的。一个 DNS 服务器负责的范围，称为区域（Zone），可以将一个区域定义为整棵树中的一个连续部分。如果某个 DNS 服务器负责一个域，而且这个域并没有进一步划分更小的域，此时域和区域是相同的。DNS 服务器有一个数据库，称为区域文件，它保存了这个域中所有节点的信息。然而，如果 DNS 服务器将它的域划分为多个子域，并将其部分授权委托给其他 DNS 服务器，那么域与区域就不同了。子域节点信息存放在子域 DNS 服务器中，上级域 DNS 服务器保存到子域 DNS 服务器的指针。当然，上级域 DNS 服务器并不是完全不负责任，它仍然对该域进行负责，只是将更详细的信息保存在子域 DNS 服务器上。

一台 DNS 服务器可以将它自己管辖的域划分为子域并将子域信息授权给其他子域 DNS 服务器负责，但是它自己也可以保存一部分子域的详细信息。在这种情况下，它的区域是由具有详细信息的那部分子域以及已经授权给其他子域服务器负责的那部分子域所组成的。

根服务器（Root Server）是指它的区域由整棵树组成的服务器。根服务器通常不保存关于域的任何详细信息，只是将其授权给其他服务器，但是根服务器保存到所有授权服务器的指针。

DNS 定义了两种类型服务器：主服务器（Primary Server）和辅助服务器（Secondary Server）。主服务器是指存储了授权区域有关文件的服务器，负责创建、维护和更新区域文件，并将区域文件存储在本地磁盘中。辅助服务器既不创建也不更新区域文件，只是负责备份主服务器的区域文件。一旦主服务器出现故障，辅助服务器就可以接替主服务器负责这个授权区域的名字解析。

### 10.1.3 资源记录

每个 DNS 服务器用资源记录（Resource Record，RR）的集合去实现其负责区域名字的解析。本质上，一个资源记录是一个名字到值的映射或绑定，而资源记录用 5 元组表示。一个资源记录包括下面几个字段：

<名字（name），值（value），类型（type），分类（class），生存期（TTL）>
名字解析的含义就是在通过名字索引查找到相应的值。

（1）类型字段说明查找到的值如何解释。常用的类型字段主要包括：

- A（Address）：值字段给出的是名字字段对应的 IP 地址，这样就实现了主机名字到 IP 地址的映射。
- NS（Name Server）：值字段给出的是名字服务器的名字，该名字服务器负责解析名字字段指定的域名。
- MX（Mail eXchange）：值字段给出的是邮件服务器的名字，该邮件服务器负责接收名字字段指定的域的邮件。
- CNAME（Canonical NAME）：值字段给出的是名字字段对应的主机规范名。

（2）分类字段允许定义资源记录的分类。至今，唯一广泛使用的分类是因特网分类，记为 IN。

（3）TTL 字段指出了该条资源记录的有效期，一旦 TTL 到期，DNS 服务器必须将该资源记录删除。

### 10.1.4　DNS 解析原理

DNS 是一个巨大的分布式数据库。它是通过名字服务器提供一个指定的域的信息来实现的。在每个域，至少有一个保存其所在域的所有主机授权信息的名字服务器。

Internet 的域是一个树型结构，根接点由一个"."表示。DNS 服务器负责将主机名连同域名转换为 IP 地址。具体过程如下：

（1）当应用程序想查找 www 的信息，它就与本地的域名服务器联系，进行所谓的重复查询。本地的域名服务器向根域的名字服务器发送一个请求，查询 www.csai.cn 的地址。

（2）根域的名字服务器发现不属于自己的管辖区，而是属于 cn 下的一个域，就会告诉客户去联系一个 cn 区的名字服务器以获得更多的信息，并发一个所有 cn 名字服务器的地址列表。

（3）客户的本地名字服务器会继续向这些服务器发送解析请求，而其中的一个服务器发现是属于自己区的，则将重复上述过程，直到找到解析 www 这台机器的域名服务器来获得 www.csai.cn 的 IP 地址。

为了进一步提高查询的响应速度，名字服务器会将其获得的信息存储在本地 Cache 中。这样当再有本地网络希望查询属于 active.com.cn 域的主机地址时，名字服务器将直接和此域的名字服务器联系。

名字服务器不会永久保存这些信息，而是在生存时间（Time To Life，TTL）时间后自动抛弃掉。每个名字服务器都会有一个保存根服务器信息的文件。

**希赛教育专家提示**：域名与 IP 地址之间是一一对应的，它们之间的转换工作称为域名解析，域名解析需要由专门的 DNS 服务器来完成。

## 10.2　电子邮件协议

早在 1982 年 ARPANET 就提交了电子邮件的标准 RFC821（传输协议）和 RFC822（消息格式）。之后，人们又对 RFC821 和 RFC822 进行了一些修订，形成了今天的电子邮件标准 RFC2821 和 RFC2822。

### 10.2.1　简单邮件传输协议

SMTP 协议是 TCP/IP 协议族中的一员，主要对如何将电子邮件从发送方传送到接收方，即对传输的规则做了规定。SMTP 协议的通信模型并不复杂，主要工作集中在发送 SMTP 和接收 SMTP 上：首先针对用户发出的邮件请求，建立发送 SMTP（发送方）到接收 SMTP（接收方）的双工通信链路，接收方是相对于发送方而言，实际上它既可以是最终的接收者也可以是中间传送者。发送方负责向接收方发送 SMTP 命令，接收方负责接收并反馈应答。SMTP 协议通信模型如图 10-1 所示。

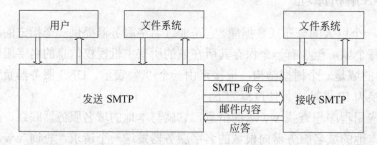

图 10-1　SMTP 协议通信模型

从图 10-1 的通信模型可以看出，SMTP 协议在发送方和接收方之间的会话是靠发送 SMTP 命令和接收方反馈的应答来完成的。在通信链路建立后，发送方发送 MAIL 命令，若接收方可以接收邮件则做出 OK 的应答，然后发送方继续发出 RCPT 命令以确认邮件是否收到，如果接收到就做出 OK 的应答，否则就发出拒绝接收应答，但这并不会对整个邮件操作造成影响。双方如此反复多次，直至邮件处理完毕。SMTP 协议共包含 10 个 SMTP 命令，如表 10-1 所示。

表 10-1　SMTP 协议命令表

| SMTP 命令 | 命 令 说 明 | 参　　考 |
|---|---|---|
| ATRN | 支持域参数的 TURN 命令，用来改变在传输信道上通信程序的角色，如将发送方与接收方的角色互换。可带一个或多个域，不指定域参数时，表示所有域 | RFC 2645 |
| AUTH | 用户认证 | RFC 2554 |
| BDAT | 二进制的 DATA 命令 | RFC 3030 |
| DATA | 后面将传送数据，以两个回车换行结束 | RFC 2821 |
| EHLO | 扩展的 Hello 命令 | RFC 2821 |
| ETRN | 将指定邮件系统队列中发给所设置的域名的邮件收取到本系统的邮件队列中，然后邮件队列程序将这些邮件分发各个接收人，从来实现邮件网关功能 | RFC 1985 |
| EXPN | 验证给定的邮箱别名（列表）是否存在，扩充邮箱列表，也常禁止使用 | RFC 2821 |
| HELO | 确认发送者 | RFC 2821 |
| HELP | 查询服务器支持什么命令 | RFC 2821 |
| MAIL | 开始一个邮件传输事务，对所有的状态和缓冲区进行初始化，最终完成将邮件数据传送到一个或多个邮箱中 | RFC 2821 |
| NOOP | 空操作，要求接收 SMTP 仅做 OK 应答（用于测试） | RFC 2821 |
| QUIT | 要求接收 SMTP 返回一个 OK 应答并关闭传输 | RFC 2821 |

续表

| SMTP 命令 | 命 令 说 明 | 参 考 |
|---|---|---|
| RCPT | 标识单独的邮件接收者 | RFC 2821 |
| RSET | 终止处理 | RFC 2821 |
| SAML | Send and mail，如果接收者在线，在接收者终端上显示信息，并发送邮件 | RFC 821 |
| SEND | 如果接收者在线，在接收者终端上显示信息 | RFC 821 |
| SOML | Send or mail，如果接收者在线，在接收者终端上显示信息，否则发送邮件 | RFC 821 |
| STARTTLS | 请求建立 TLS 安全连接 | RFC 3207 |
| TURN | 无须拆除 TCP 连接，客户与服务器交换角色 | RFC 821 |
| VRFY | 校验一个用户是否存在，由于安全因素，服务器多禁止此命令 | RFC 2821 |

SMTP 协议的每一个命令都会返回一个应答码，应答码的每一个数字都是有特定含义的，如第一位数字为 2 时表示命令成功；为 3 表示没有完成；为 5 表示失败。

## 10.2.2  邮局协议

邮局协议（Post Office Protocol，POP）是适用于 C/S 结构的脱机模型的电子邮件协议，目前已发展到第 3 版，称 POP3。POP3 规定怎样将个人计算机连接到 Internet 的邮件服务器和下载电子邮件。POP3 是因特网电子邮件的第一个离线协议标准，允许用户从服务器上把邮件存储到本地主机（即自己的计算机）上，同时删除保存在邮件服务器上的邮件。

POP 适用于 C/S 结构的脱机模型。脱机模型不能在线操作，当客户机与服务器连接并查询新电子邮件时，被该客户机指定的所有将被下载的邮件都将被程序下载到客户机，下载后，电子邮件客户机就可以删除或修改任意邮件，而无需与电子邮件服务器进一步交互。POP3 客户向 POP3 服务器发送命令并等待响应，POP3 命令采用命令行形式，用 ASCII 码表示。

与 POP3 相关的 RFC 文档有 RFC1725、RFC1734、RFC1939 等。

POP3 服务器是遵循 POP3 协议的接收邮件服务器，用来接收电子邮件。

服务器通过侦听 TCP 端口 110 开始 POP3 服务。当客户主机需要使用服务时，它将与服务器主机建立 TCP 连接。当连接建立后，POP3 服务器发送确认消息。客户和 POP3 服务器相互（分别）交换命令和响应，这一过程一直要持续到连接终止。

POP3 命令由命令字和参数组成。所有命令以一个 CRLF 对结束。命令和参数由可打印的 ASCII 字符组成，它们之间由空格间隔。命令一般是 3~4 个字母，每个参数最长 40 个字符。

POP3 响应由一个状态码和一个可能跟有附加信息的命令组成。所有响应也是由 CRLF 对结束。现在有两种状态码，"确定"（"+OK"）和"失败"（"-ERR"）。

服务器响应由一个单独的命令行或多个命令行组成，响应第一行以 ASCII 文本+OK 或–ERR 指出相应的操作状态是成功还是失败，在 POP3 协议中有三种状态：认可状态、处理状态和更新状态。

### 10.2.3 多用途互联网邮件扩展协议

多用途互联网邮件扩展（Multipurpose Internet Mail Extensions，MIME）协议对传输内容的消息、附件及其他的内容定义了格式，解决传输多种类型信息的困难，强化压缩及加密的能力，规定了通过 SMTP 协议传输非文本电子邮件附件的标准。MIME 的实质是将计算机程序、图像、声音和视频等二进制格式信息首先转换成 ASCII 文本，然后随同电子邮件发送出去，接收方收到电子邮件后，根据邮件信头的说明，进行逆转换，将被包装成 ASCII 的文本还原成原来的格式。

MIME 的格式灵活，允许邮件以任意类型的文件或文档形式存在。MIME 消息包括文本文档、图像、声音、视频及其他特殊应用程序数据。MIME 邮件允许包括：

- 单个消息中可含多重形式；
- 文本文档不限制行长或全文长；
- 可传输 ASCII 以外的字符集，允许非英语语种的消息；
- 多字体消息；
- 二进制或指定应用程序文件；
- 图像、声音、视频及多媒体消息。

MIME 1.0 版包括 5 种标准编码方式，在实际使用中还出现了一些厂商定义的方案。目前使用最多的是 Base64 编码，它将每 3 个 8 位的字节转换为 4 个用 ASCII 码表示的 6 位字节，这种方法会使文件长度增加三分之一。

目前，MIME 的用途已经超越了收发电子邮件的范围，成为在 Internet 上传输多媒体信息的基本协议之一。与 MIME 相关的 RFC 文档有 RFC 822、RFC1341、RFC 2045、RFC 2046、RFC 2047 等。

MIME 的安全版本（Secure/Multipurpose Internet Mail Extensions，S/MIME）设计来支持邮件的加密技术。基于 MIME 标准，S/MIME 为电子消息应用程序提供如下密钥安全服务：认证、完整性保护、鉴定及数据保密等。

传统的邮件用户代理（MUAS）使用 S/MIME 增强发送邮件及接收邮件的安全服务。但是 S/MIME 并不仅仅限制于邮件，它也能应用于传送机构传送 MIME 数据，例如 HTTP。同样，S/MIME 利用 MIME 的面向对象特征允许在综合传送中交换安全消息。此外，通过使用密钥安全服务，S/MIME 还可应用于消息自动传送代理，而不需要任何人为操作。例如软件文件签名、发送到网上的 FAX 加密等。

与 S/MIME 相关的 RFC 文档有 RFC2311、RFC2312、RFC2631、RFC2633、RFC2631、RFC2634 等。

### 10.2.4　互联网消息访问协议

互联网消息访问协议（Internet Message Access Protocol，IMAP）提供了有选择地从邮件服务器接收邮件的功能、基于服务器的信息处理功能和共享信箱功能。IMAP 是更高级的用于接收消息的协议，在 RFC 2060 中有它的定义。目前版本为 4，称为 IMAP4。

IMAP 的监听端口为 143。IMAP 提供操作的 3 种模式：

（1）在线方式：邮件保留在 E-Mail 服务器端，客户端可以对其进行管理。其使用方式与 Web Mail 相类似。

（2）离线方式：离线工作方式与 POP3 提供的服务类似，用户的电子邮件从服务器全部下载到用户计算机。

（3）断开方式：在断开连接工作方式下，用户的一部分邮件被保留在服务器一端，另一部分在用户计算机上，如果用户读取没有下载的信件，则客户端再次与服务器建立连接，下载指定的信件；如果已经下载，则直接显示本地信件副本。

IMAP 允许用户像访问和操纵本地信息一样来访问和操纵邮件服务器上的信息。在用户端可对服务器上的邮箱建立任意层次结构的文件夹，并可灵活地在文件夹间移动邮件，标出那些读过或回复过的邮件，删除无用的邮件等。

IMAP 提供的摘要浏览功能让用户阅读完所有的邮件到达时间、主题、发件人、大小等信息，同时还可以享受选择性下载附件的服务。用户可以充分了解后才做出是否下载、是全部下载还是仅下载一部分等决定，使用户不会因下载垃圾信息而占用宝贵的空间和浪费网费。

## 10.3　超文本传输协议

万维网（World Wide Web，WWW）是一个基于 Internet 的、全球连接的、分布的、动态的、多平台的交互式图形超文本信息系统。它利用多种协议去传输和显示驻留在世界各地计算机上的多媒体信息源。WWW 是目前 Internet 上最流行的信息服务类型，建立在客户机/服务器结构上，以超文本信息的组织与传递为内容。

WWW 服务器使用的主要协议是 HTTP。浏览器通过 TCP/IP 网络，用 HTTP 协议与服务器建立连接，提交请求，获得响应，关闭连接。

HTTP 协议是 TCP/IP 协议的应用层协议之一，是为 Web 定制的核心协议。它是基于文本的简单协议，基于请求-应答的服务器/客户端工作模式，能够理解任意类型的对象。

HTTP 是一个属于应用层的面向对象的协议，由于其简捷、快速的方式，适用于分布式超媒体信息系统。用于从 WWW 服务器传输超文本到本地浏览器，保证正确快速地传输超文本文档。

HTTP 服务器与 HTTP 客户机之间的会话如下：

（1）客户机与服务器建立联系。与服务器建立连接，就是与 Socket 建立连接，因此要指定机器名称、资源名称和端口号，可以通过 URL 来提供这些信息。URL 的格式为：

HTTP：//<IP 地址>/[端口号]/[路径][?<查询信息>]

资源的默认值由服务器端设置，一般为 Index.html，端口号默认为 80。

（2）客户向服务器提出请求。请求信息包括希望返回的文件名和客户机信息，客户机信息以请求头发送给服务器，请求头包括 HTTP 方法和头字段。HTTP 方法常用的有 GET、HEAD、POST，而 PUT、DELETE、LINK、UNLINK 方法不常使用。

HTTP 头字段如表 10-2 所示。

表 10-2 HTTP 头字段

| 头 字 段 | 描 述 |
| --- | --- |
| DATE | 请求发送的日期和时间 |
| PARGMA | 用于向服务器传输与实现无关的信息。这个字段还用于告诉代理服务器，要从实际服务器而不是从高速缓存取资源 |
| FORWARDED | 可以用来追踪机器之间，而不是客户机和服务器的消息。这个字段可以用来追踪在代理服务器之间的传递路由 |
| MESSAGE_ID | 用于唯一地标识消息 |
| ACCEPT | 通知服务器客户所能接收的数据类型和大小 |
| AOTHORIZATION | 向服务器提供旁路安全保护和加密机制，若服务器不需要这个字段，则不提供这个字段 |
| FROM | 当客户应用程序希望服务器提供有关其电子邮件地址时使用 |
| IF-MODEFIED-SINCE | 用于提供条件 GET。如果所请求的文档自从所指定的日期以来没有发生变化，则服务器应不发送该对象。如果所发送的日期格式不合法，或晚于服务器的日期，服务器会忽略该字段 |
| BEFERRER | 向服务器进行资源请求的对象 |
| MIME-VERTION | 用于处理不同类型文件的 MIME 协议版本号 |
| USER-AGENT | 有关发出请求的客户的信息 |

（3）服务器对请求做出应答。服务器收到一个请求，就会立刻解释请求中所用到的方法，并开始处理应答。服务器的应答消息也包含头字段形式的报文信息。

报文第一行是状态行，格式为：

<HTTP 版本号><状态代码><解释短语>。

状态码是个 3 位数字码，分为 4 类：

- 以 2 开头，表示请求被成功处理；
- 以 3 开头，表示请求被重定向；
- 以 4 开头，表示客户的请求有错；
- 以 5 开头，表示服务器不能满足请求。

解释短语是对状态码的解释。报文最后是实体信息，即客户请求得到的 HTTP 服务器上的资源内容。

## 10.4　文件传输协议

FTP 是 Internet 传统的服务之一，是用于从一台主机到另一台主机传输文件的协议。起初，FTP 并不是应用于 IP 网络上的协议，而是用于 ARPANET 网络中计算机间的文件传输协议。当时，FTP 的主要功能是在主机间高速可靠地传输文件。目前 FTP 仍然保持其可靠性，即使在今天，它还允许文件远程存取。这使得用户可以在某个系统上工作，而将文件存储在别的系统中。例如，如果某用户运行 Web 服务器，需要从远程主机上取得 HTML 文件和 CGI（Common Gateway Interface，公共网关接口）程序在本机上工作，他需要从远程存储站点获取文件（远程站点也需安装 Web 服务器）。当用户完成工作后，可使用 FTP 将文件传回到 Web 服务器。采用这种方法，用户无须使用 Telnet 登录到远程主机进行工作，这样就使 Web 服务器的更新工作变得如此的轻松。FTP 的主要功能包括，浏览 Internet 上其他远程主机的文件系统；在 Internet 上的主机之间进行文件传输；使用 FTP 提供的内部使命可以实现一些特殊功能，如改变文件传输模式、实现多文件传输。

FTP 和 HTTP 都是文件传送协议，它们有很多的共同特征，如都是运行在 TCP 之上。不过这两个应用层协议之间存在重要的差别。FTP 使用两个 TCP 连接，一个用于控制信息（控制连接端口 21）；另一个用于实际的数据传输（数据连接端口 20），主要有三个作用，包括从客户向服务器发送一个文件，从服务器向客户发送一个文件，从服务器向客户发送文件或目录列表。对 FTP 对话的分析包括对在控制连接上所发送命令的检查和对在数据连接上发送的 TCP 数据段（传输层数据单元的称呼）的评估。对于普通的（活跃的）FTP，控制连接由客户端初始化，数据连接由服务器端初始化。活跃的 FTP 也称为 Port 模式。另一种模式是被动模式（Passive 模式），在这种模式下客户端初始化数据连接。在 HTTP 中，同一个 TCP 连接（端口 80）既用于承载请求和响应头部，也用于承载所传送的文件。图 10-2 描述了 FTP 的控制连接和数据连接。

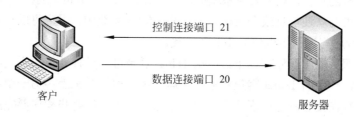

图 10-2　FTP 控制连接和数据连接

过去，客户端默认为 Port 模式；近来，由于 Port 模式的安全问题，许多客户端的

FTP 应用默认为 Passive 模式。

下面给出一些常见的命令。

- bin：使用二进制数文件传输方式。
- bye：退出 FTP 会话过程。
- delete remote-file：删除远程主机文件。
- dir [remote-dir] [local-file]：显示远程主机目录，并将结果存入 local-file。
- get remote-file [local-file]：将远程主机文件 remote-file 传至本地硬盘 local-file。
- put local-file [remote-file]：将本地硬盘 local-file 传至远程主机文件 remote-file。
- help [cmd]：显示 ftp 内部命令 cmd 的帮助信息，如 help get 则显示 get 命令的帮助信息。
- ls [remote-dir] [local-file]：显示远程目录 remote-dir，并存入本地 local-file。
- open host[port]：建立指定 ftp 服务器连接，可指定连接端口。
- pwd：显示远程主机的当前工作目录。
- recv remote-file [local-file]：同 get 命令。
- send local-file [remote-file]：同 put 命令。
- user user-name [password] [account]：向远程主机表明自己的身份，需要口令时，必须输入口令，如 user anonymous my@email。

## 10.5 远程登录协议

Telnet 是进行远程登录的标准协议和主要方式，为用户提供了在本地计算机上完成远程主机工作的能力，通过它可以访问所有的数据库、联机游戏、对话服务及电子公告牌，如同与被访问的计算机在同一房间中工作一样，但只能进行字符类操作和会话。在远程计算机上登录，必须事先成为该计算机系统的合法用户并拥有相应的账号和口令。登录时要给出远程计算机的域名或 IP 地址，并按照系统提示，输入用户名及口令。登录成功后，用户便可以实时使用该系统对外开放的功能和资源。在 UNIX 系统中，要建立一个到远程主机的对话，只需要在系统提示符下输入命令"Telnet 远程主机名"，用户就会看到远程主机的欢迎信息或登录标志。在 Windows 系统中，用户将以具有图形界面的 Telnet 客户端程序与远程主机建立 Telnet 连接。

远程登录服务的工作原理如下：当用 Telnet 登录进入远程计算机系统时，事实上启动了两个程序，一个叫 Telnet 客户程序，它运行在本地计算机上；另一个叫 Telnet 服务器程序，它运行在要登录的远程计算机上。本地计算机上的客户程序要完成建立与服务器的 TCP 连接，从键盘上接收输入的字符并把输入的字符串变成标准格式送给远程服务器，然后从远程服务器接收输出的信息并把该信息显示在你的屏幕上。远程计算机的"服务"程序，在接到请求后，马上启动起来，通知用户的计算机远程计算机已经准备好了，同时等候用户输入命令。当接收到用户的命令后对用户的命令做出反应（如显示目录内容，或执行某个程序等）并把执行命令的结果送回给用户的计算机。

简单地讲，可分为 4 步：

（1）本地与远程主机建立连接，用户必须知道远程主机的 IP 地址或域名。

（2）将本地终端上输入的用户名和口令及以后输入的任何命令或字符以 NVT（Net Virtual Terminal）格式传送到远程主机。

（3）将远程主机输出的 NVT 格式的数据转化为本地所接受的格式送回本地终端。

（4）本地终端对远程主机进行撤销连接。

为了使多个操作系统间的 Telnet 交互操作成为可能，就必须详细了解异构计算机和操作系统。例如，一些操作系统需要每行文本用 ASCII 回车控制符（CR）结束；另一些系统则需要使用 ASCII 换行符（LF），还有的系统需要用两个字符的序列回车 – 换行（CR-LF）。如果不考虑系统间的异构性，那么在本地发出的字符或命令，传送到远端并被远端系统解释后很可能会不准确甚至出现错误。因此，Telnet 定义了数据和命令在 Internet 上的传输方式，即上文中提到的网络虚拟终端 NVT。NVT 的格式定义很简单。所有的通信都使用 8 位即一个字节。在运转时，NVT 使用 7 位 ASCII 码传送数据，而当高位置 1 时用做控制命令。ASCII 共有 95 个可打印字符（如字母、数字、标点符号）和 33 个控制字符。所有可打印字符在 NVT 中的意义和在 ASCII 码中一样，但 NVT 只使用了 ASCII 码的控制字符中的几个，详细内容可在有关手册中查到，这里从略。

同样，由于 Telnet 两端的机器和操作系统的异构性，使得 Telnet 不可能也不应该严格规定每一个 Telnet 连接的详细配置，否则将大大影响 Telnet 对异构性的适应。因此，Telnet 采用选项协商（Option Negotiation）机制来解决这一问题。Telnet 选项的范围很广，一些选项扩充了大方向的功能，而一些选项只涉及一些微小细节。例如，有的选项可以控制 Telnet 是在半双工还是全双工模式下工作（大方向）；有的选项允许远地机器上的服务器决定用户终端类型（小细节）。Telnet 选项的协商方式对于每个选项的处理都是对称的，即任何一端都可以发出协商申请；任何一端也都可以接受或拒绝这个申请。另外，如果一端试图协商另一端不了解的选项，接受请求的一端可简单地拒绝协商。因此，有可能将更新、更复杂的 Telnet 客户机服务器版本与较老的、不太复杂的版本进行交互操作。如果客户机和服务器都理解新的选项，可能会对交互有所改善；否则，它们将一起转到效率较低但可工作的方式下运行。协商的对话模式有以下 4 种。

（1）WILL：发送方将激活选项。

（2）DO：发送方想叫接收端激活选项。

（3）WON'T：发送方本身想禁止选项。

（4）DON'T：发送方想让接收端去禁止选项。

以上的 WILL，DO，WON'T，DON'T 是 Telnet 的协商命令，它们的十进制值分别是 251～254。对于激活选项请求，有权同意或不同意。而对于使选项失效请求，必须同意。

## 10.6 网络地址转换

NAT 是指在一个网络内部，根据需要可以随意自定义的 IP 地址，而不需要经过申请合法 IP 地址。在网络内部，各计算机间通过内部的 IP 地址进行通信。而当内部的计算机要与外部 internet 网络进行通信时，具有 NAT 功能的设备（如路由器）负责将其内部的 IP 地址转换为合法的 IP 地址（即经过申请的 IP 地址）进行通信。

NAT 的应用场景主要是两种：一是从安全角度考虑，不想让外部网络用户了解自己的网络结构和内部网络地址；二是从 IP 地址资源角度考虑，当内部网络人数太多时，可以通过 NAT 实现多台共用一个合法 IP 访问 Internet。

NAT 设置可以分为静态地址转换、动态地址转换、复用动态地址转换三种：

（1）静态地址转换。静态地址转换将本地地址与合法地址进行一对一的转换，且需要指定和哪个合法地址进行转换。如果内部网络有 E-mail 服务器或 FTP 服务器等可以为外部用户提供的服务，这些服务器的 IP 地址必须采用静态地址转换，以便外部用户可以使用这些服务。

（2）动态地址转换。动态地址转换也是将本地地址与合法地址进行一对一的转换，但是动态地址转换是从合法地址池中动态地选择一个未使用的地址对本地地址进行转换。

（3）复用动态地址转换。复用动态地址转换首先是一种动态地址转换，但是它可以允许多个本地地址共用一个合法地址。只申请到少量 IP 地址但却经常同时有多于合法地址个数的用户上外部网络的情况，这种转换极为实用。

IP 地址伪装是另一种特殊的 NAT 应用，是 M：1 的翻译，即用一个路由器的 IP 地址将子网中的所有主机的 IP 地址都隐藏起来。如果子网中有多个主机要同时通信，那么还要对端口号进行翻译，所以也称为网络地址和端口翻译（NAPT）。该方法的特点是：

（1）出去的数据包源地址被路由器的外部地址代替，而源端口号则被一个还未使用的伪装端口号代替。

（2）进来的数据包的目标地址是路由器的 IP 地址，目标地址是其伪装端口号，由路由器进行翻译。

## 10.7 应用代理

随着 Internet 技术的迅速发展，越来越多的计算机连入了 Internet。它促进了信息产业的发展，并改变了人们的生活、学习和工作方式，对很多人来说，Internet 已成为不可缺少的工具。而随着 Internet 的发展也产生了诸如 IP 地址耗尽、网络资源争用和网络安全等问题。代理服务器就是为了解决这些问题而产生的一种有效的网络安全产品。

如果一个单位有几百台微机连网，在上网访问时，将出现网络资源争用和增加上网费用的问题。一台主机访问了某个站点而另一台主机又访问同一个站点，如果是同时访问将出现网络资源争用的问题，如果是相继访问将出现增加本单位网络费用的问题。

本单位或本单位的各部门的网络均有安全性要求高的数据，而 Internet 上经常会有一些不安全的行为出现。如果每台主机都直接连到 Internet 上，势必会对内部网（Intranet）的安全造成严重的危害。因此，使网络安全运行是网络发展的前提条件，也是人们日益关注的热点。

如何快速地访问 Internet 站点，并提高网络的安全性，这已成为当今的热门话题。代理服务器（Proxy Server）可以缓解或解决上述问题。

## 10.7.1　代理服务器概述

代理服务器软件安装在网络结点上，利用其高速缓存（Cache），可以极大、极有效地缓存 Internet 上的资源。当内部网的一个客户机访问了 Internet 上的某一站点后，代理服务器便将访问过的内容存入它的 Cache 中，如果内部网的其他客户机在访问同一个站点时，代理服务器便将它缓存中的内容传输给该客户机，这样就能使客户机共享任何一个客户机所访问过的资源，这样就可以大大地提高访问网站的速度和效率。尤其是对那些冗长、庞大的内容，更可起到立竿见影、事半功倍的作用。这样同时还能够减少网络传输流量，提高网络传输速度，节约访问时间，降低访问费用。例如，一家销售希赛教育视频产品的公司，假设有 15 台需要上网的 PC，可能每一台每天都需要访问希赛教育的 Web 站点来了解最新产品信息，以便向顾客介绍最新的产品。假设每一个用户需要 5 分钟时间来获取这些信息，那么 15 个用户分别接连获取信息，则一共要花费 75 分钟的上网时间，但在使用了代理服务器后只要有一个用户访问过希赛教育的 Web 站点，其他用户再访问该站点时 Proxy Server 就可以从 Cache 中直接提取一份缓存的页面，这样，很快就获得了各自所需的信息。很明显，总的上网时间由过去的 75 分钟下降到 5 分钟多一点，网络费用自然也降低了接近 15 倍，如果用户更多则费用降低得更多。

代理服务器只允许 Internet 的主机访问其本身，并有选择地将某些允许的访问传输给内部网，这是利用代理服务器软件的功能实现的。采用防火墙技术，易于实现内部网的管理，限制访问地址。代理服务器可以保护局域网的安全，起到防火墙的作用：对于使用代理服务器的局域网来说，在外部看来只有代理服务器是可见的，其他局域网的用户对外是不可见的，代理服务器为局域网的安全起到了屏障的作用，因此，可以提高内部网的安全性。

另外，代理服务器软件允许使用大量的伪 IP 地址，节约网上资源，即用代理服务器可以减少对 IP 地址的需求。对于使用局域网方式接入 Internet，如果为局域网内的每一个用户都申请一个 IP 地址，其费用可想而知。但使用代理服务器后，只需代理服务器上有一个合法的 IP 地址，局域网内其他用户可以使用 10.*.*.*这样的内部网保留 IP 地址，这样可以节约大量的 IP。这对缓解目前 IP 地址紧张问题很有用。还有，在几台 PC 想连接 Internet，却只有一根拨号线的情况下，代理服务器是一个很合适的解决方案。

总的来说，代理服务器是一种服务器软件，它的主要功能如下：

（1）设置用户验证和记账功能，可按用户进行记账，没有登记的用户无权通过代理服务器访问 Internet 网。并对用户的访问时间、访问地点、信息流量进行统计。

（2）对用户进行分级管理，设置不同用户的访问权限，对外界或内部的 Internet 地址进行过滤，设置不同的访问权限。

（3）增加 Cache，提高访问速度。对经常访问的地址创建缓冲区，大大提高热门站点的访问效率。通常代理服务器都设置一个较大的硬盘缓冲区（可能高达几个 GB 或更大），当有外界的信息通过时，同时也将其保存到缓冲区中，当其他用户再访问相同的信息时，则直接由缓冲区中取出信息，传给用户，以提高访问速度。

（4）连接 Internet 与 Intranet 充当防火墙。因为所有内部网的用户通过代理服务器访问外界时，只映射为一个 IP 地址，所以外界不能直接访问到内部网；同时可以设置 IP 地址过滤，限制内部网对外部的访问权限。

（5）节省 IP 开销。如前面所讲，所有用户对外只占用一个 IP，所以不必租用过多的 IP 地址，降低网络的维护成本。

## 10.7.2　代理服务器的原理

代理服务器的工作机制很像日常生活中的代理商。假设某机器为 A，想获得的数据由机器 B 提供，代理服务器为机器 C，那么具体的连接过程是：A 需要 B 的数据，它与 C 建立连接，C 接收到 A 的数据请求后，与 B 建立连接，下载 A 所请求的 B 上的数据到本地，再将此数据发送至 A，完成代理任务。

这只是一个简单的描述，实际上，代理服务器完成的任务比这要复杂，提供的功能也多得多。代理服务器犹如一个屏障，容许向 Internet 发送请求并且接收信息，但禁止未授权用户的访问。目前通过代理方式可以支持绝大部分的 Internet 应用，从一般的 WWW 浏览到 RealAudio、NetMeeting 等都可以通过代理方式实现，而且目前新型的代理服务器软件可以支持对 Novell 用户的代理服务。

代理服务通常由两部分组成：服务器端程序和客户端程序。用户运行客户端程序，先登录至代理服务器（有的是透明处理的，就没有显式的登录），再通过代理服务器就可以访问相应的站点。

客户端程序可以分为专用客户端程序及 Internet 应用内嵌的代理设置。例如，Microsoft Proxy Server 有自己专用的客户端程序 Microsoft Proxy Client，在客户机安装了以后，可透明地通过 Microsoft Proxy Server 访问 Internet；SocksCap 也是一个专用的客户端程序，它是 Socket 代理的客户端，可以透明地通过 Socks 代理访问 Internet。很多

Internet 应用都有设置代理的功能，例如 IE、Netscape 等浏览器都可以设置代理，CuteFTP 等 FTP 软件也可以设置代理。

代理服务器的实现十分简单，只需要在局域网的一台服务器上运行相应的服务器端软件即可。目前，代理服务器软件产品十分成熟，功能也很强大，可供选择的服务器软件很多。主要的服务器软件有 WinGate 公司的 WinGate Pro、微软公司的 Microsoft Proxy、Netscape 的 Netscape Proxy、Ositis Software 公司的 WinProxy、Tiny Software 公司的 WinRoute、Sybergen Networks 公司的 SyGate 等。这些代理软件不仅可以为局域网内的 PC 机提供代理服务，还可以为基于 Novell 网络的用户，甚至 UNIX 的用户提供代理服务。服务器和客户机之间可以用 TCP/IP、IPX、NETBEUI 等协议通信，可以提供 WWW 浏览、FTP 文件上下载、Telnet 远程登录、邮件收发、TCP/UDP 端口映射、SOCKS 代理等服务。可以说目前绝大部分 Internet 的应用都可以通过代理方式实现。

## 10.8 例题分析

为了帮助考生进一步掌握应用层协议方面的知识，了解考试的题型和难度，本节分析 10 道典型的试题。

**例题 1**

当要通过 FTP 传输 JPEG 文件，那么应该采用 __(1)__ 传输模式；如果要一次性下载多个文件则应该使用 __(2)__ 命令。

（1）A．文本文件　　　　　B．二进制　　　　　C．图形图像　　　　　D．流

（2）A．download　　　　B．get　　　　　　　C．append　　　　　D．mget

**例题 1 分析**

FTP 传输模式只包括 Bin（二进制）和 ASCII（文本文件）两种，除了文本文件之外，都应该使用二进制模式传输。显然 JPEG 文件不是文本文件，因此应该采用二进制传输模式。

FTP 命令行客户端常用命令：get（下载文件）、mget（一次下载多个文件）、dir（显示当前目录中的文件信息）、put（上传文件）、mput（一次性上传多个文件）、lcd（设置客户端当前目录）、bye（退出 FTP 连接）。

**例题 1 答案**

（1）B　　　　　　　（2）D

**例题 2**

在 DNS 中，正向解析是指 __(3)__ ，记录类别 __(4)__ 不是用于正向解析的，而是用于反向解析的。

（3）A．根据 IP 地址解析域名　　　　　　　B．根据域名来解析 IP 地址

　　　　C．服务端响应客户端的请求　　　　　D．客户端响应服务端的请求

（4）A. MX          B. PTR          C. SRV          D. NS

**例题 2 分析**

DNS 正向解析是指"域名→IP 地址"的解析工作，反向解析则是指"IP 地址→域名"的解析工作。DNS 记录的类别如表 10-3 所示。

表 10-3  DNS 记录类别

| 类别名称 | 说　　明 |
| --- | --- |
| A | 主机记录，普通主机 |
| MX | 邮件服务器记录 |
| NS | 域名服务器记录 |
| PTR | 指针记录，用于反向域名解析 |
| SRV | 用于活动目录，仅限于 Windows 操作系统 |

**例题 2 答案**

（3）B          （4）B

**例题 3**

IP 地址是主机在 Internet 上唯一的地址标识符，而物理地址是主机在进行直接通信时使用的地址形式。在一个 IP 网络中负责主机 IP 地址与主机名称之间转换的协议称为 ___(5)___ ；负责 IP 地址与物理地址之间转换的协议称为 ___(6)___ 。

（5）A. DNS          B. FTP          C. TELNET          D. WWW

（6）A. DNS          B. ARP          C. TCP          D. URL

**例题 3 分析**

DNS 能实现主机 IP 和主机名称之间的对应关系，域名系统为 Internet 上的主机分配域名地址和 IP 地址。用户使用域名地址，该系统就会自动把域名地址转为 IP 地址。域名服务是运行域名系统的 Internet 工具。执行域名服务的服务器称之为 DNS 服务器，通过 DNS 服务器来应答域名服务的查询。

IP 地址与物理地址的对应关系则由 ARP 来实现，一个主机和另一个主机进行直接通信，必须要知道目标主机的 MAC 地址。但这个目标 MAC 地址就是通过地址解析协议获得的。所谓"地址解析"就是主机在发送帧前，将目标 IP 地址转换成目标 MAC 地址的过程。ARP 协议的基本功能就是通过目标设备的 IP 地址，查询目标设备的 MAC 地址，以保证通信的顺利进行。

**例题 3 答案**

（5）A          （6）B

**例题 4**

FTP 需要建立两个连接，当工作于 PASSIVE 模式时，其数据连接的端口号是 ___(7)___ 。

（7）A. 20          B. 21

C．由用户确定的一个整数　　　　　　　D．由服务器确定的一个整数

**例题 4 分析**

本题考查 FTP 协议的基本知识。

FTP 支持两种模式区别如下：

（1）Standard 模式（PORT 模式）。

Standard 模式是 FTP 的客户端发送 PORT 命令到 FTP 服务器。FTP 客户端首先和 FTP 服务器的 TCP 21 端口建立连接，通过这个连接发送命令，客户端需要接收数据的时候在这个连接上发送 PORT 命令，其中包含了客户端用于接收数据的端口。服务器端通过自己的 TCP 20 端口连接至客户端指定的端口建立数据连接发送数据。

（2）Passive 模式（PASV 模式）。

Passive 模式是 FTP 的客户端发送 PASV 命令到 FTP 服务器。在建立控制连接的时候和 Standard 模式类似，但建立连接后发送的不是 PORT 命令，而是 PASV 命令。FTP 服务器收到 PASV 命令后，随机打开一个高端端口（端口号大于 1024）并且通知客户端在这个端口上传送数据，客户端连接 FTP 服务器此端口（非 20）建立数据连接进行数据的传送。

**例题 4 答案**

（7）D

**例题 5**

使用 SMTP 协议发送邮件时，当发送程序（用户代理）报告发送成功时，表明邮件已经被发送到　(8)　。

（8）A．发送服务器上　　　　　　　　　B．接收服务器上

　　　C．接收者主机上　　　　　　　　　D．接收服务器和接收者主机上

**例题 5 分析**

本题考查 SMTP 协议的基本知识。

SMTP 的发送过程分两个阶段完成。一是客户端程序发送到发送服务器；二是由发送服务器发送给接收服务器。发送程序（用户代理）只负责从用户计算机到发送服务器之间的发送。

**例题 5 答案**

（8）A

**例题 6**

下面对电子邮件业务描述正确的是　(9)　。

（9）A．所有使用电子邮件的设备接收和发送都使用 SMTP 协议

　　　B．必须将电子邮件下载到本地计算机才能察看、修改、删除等

　　　C．必须使用专用的电子邮件客户端（如 OutLook）来访问邮件

　　　D．电子邮件体系结构中包含用户代理、邮件服务器、消息传输代理和邮件协议

**例题 6 分析**

本题主要考查电子邮件系统的组成和所使用的协议。

电子邮件系统由用户代理（Mail User Agent，MUA）以及邮件传输代理 MTA（Mail Transfer Agent）、邮件投递代理（Mail Delivery Agent，MDA）组成，MUA 指用于收发 Mail 的程序，MTA 指将来自 MUA 的信件转发给指定用户的程序，MDA 就是将 MTA 接收的信件依照信件的流向（送到哪里）将该信件放置到本机账户下的邮件文件中（收件箱），当用户从 MUA 中发送一份邮件时，该邮件会被发送送到 MTA，而后在一系列 MTA 中转发，直到它到达最终发送目标为止。

SMTP 是 Simple Message Transfer Protocol（简单邮件传输协议）的缩写，默认端口是 25。SMTP 主要负责邮件的转发，以及接收其他邮件服务器发来的邮件。

POP3 是 Post Office Protocol3（邮局协议 3）的缩写，默认端口是 110。邮件客户端使用 POP3 协议连接邮件服务器收邮件。

**例题 6 答案**

（9）D

**例题 7**

在一个局域网上，进行 IPv4 动态地址自动配置的协议是 DHCP 协议。DHCP 协议可以动态配置的信息是　(10)　。

（10）A．路由信息

　　　B．IP 地址、DHCP 服务器地址、邮件服务器地址

　　　C．IP 地址、子网掩码、域名

　　　D．IP 地址、子网掩码、网关地址（本地路由器地址）、DNS 服务器地址

**例题 7 分析**

本题考查 DHCP 协议的作用。

DHCP 主要为要上网的设备动态配置上网参数。如果一个设备需要访问互联网，其必备的参数是 IP 地址、子网掩码、网关地址。如果需要域名访问互联网，则还需要配置 DNS 服务器地址。

**例题 7 答案**

（10）D

**例题 8**

可提供域名服务的包括本地缓存、本地域名服务器、权限域名服务器、顶级域名服务器以及根域名服务器等，以下说法中错误的是　(11)　。

（11）A．本地缓存域名服务不需要域名数据库

　　　B．顶级域名服务器是最高层次的域名服务器

　　　C．本地域名服务器可以采用递归查询和迭代查询两种查询方式

　　　D．权限域名服务器负责将其管辖区内的主机域名转换为该主机的 IP 地址

**例题 8 分析**

本题考查 DNS 的相关知识。

DNS 域名设计为一种树型的层次结构，最主级为根域，其实为顶级域、二级域。如果本地 DNS 服务器只做缓存服务，不需要域名数据库，只会缓存域名信息。域名查询时可以采用递归和迭代两种查询方式。权威（权限）域名服务器负责本区域内所有的域名解析工作。

**例题 8 答案**

（11）B

**例题 9**

NAT 是实现内网用户在没有合法 IP 地址情况下访问 Internet 的有效方法。假定内网上每个用户都需要使用 Internet 上的 10 种服务（对应 10 个端口号），则一个 NAT 服务器理论上可以同时服务的内网用户数上限大约是　(12)　。

（12）A．6451　　　　　　　　　　　　B．3553
　　　 C．1638　　　　　　　　　　　　D．102

**例题 9 分析**

本题考查 NAT 的基本原理。

NAT（PAT）服务器需要建立一张对照表，记录内部地址。其方法是对每个内部地址及请求的服务（端口号），分配一个新的端口号，进行作为转换后的报文的源端口号（源地址为 NAT 服务器所具有的合法 IP 地址）。由于端口号总数只有 65 536 个，而 0～1023 的端口号为熟知端口不能随意重新定义，所以可供 NAT 分配的端口号大约为 64 512 个。因每个内网用户平均需要 10 个端口号，所以能容纳的用户数（计算机数）约为 6451。

**例题 9 答案**

（12）A

**例题 10**

一个单位内部的 LAN 中包含了对外提供服务的服务器（Web 服务器、邮件服务器、FTP 服务器）；对内服务的数据库服务器、特殊服务器（不访问外网）；以及内部 PC。其 NAT 原则是　(13)　。

（13）A．对外服务器作静态 NAT；PC 作动态 NAT 或 PAT;内部服务器不作 NAT
　　　 B．所有的设备都作动态 NAT 或 PAT
　　　 C．所有设备都作静态 NAT
　　　 D．对外服务器作静态 NAT；内部服务器作动态 NAT；PC 作 PAT

**例题 10 分析**

本题考查 NAT 的概念，静态 NAT 和动态 NAT 的应用原则。

对外服务器作需要提供 Internet 用户访问，所以应采用静态 NAT（一对一）；PC 需访问 Internet，所以应采用动态 NAT（多对多）或 PAT（一对多）；内部服务器由于只供内部用户使用，所以不作 NAT。

**例题 10 答案**

（13）A

# 第 11 章 网 络 管 理

根据考试大纲，本章要求考生掌握以下知识点：

（1）网络管理基本概念。

（2）管理信息的组织与表示：抽象语法表示、管理信息结构、管理信息库。

（3）简单网络管理协议：SNMP 原理（包括信息的表示方法）、SNMPv1、SNMPv2、SNMPv3、RMON（Remote MONitoring，远程网络监控）。

（4）网络管理工具：基于 Web 的管理、典型网络管理工具。

（5）QoS 技术：IntServ、DiffServ、MPLS。

## 11.1 网络管理

IP 技术使得信息汇聚和现有网络的整合成为可能，IP over Everything 已成为无可争议的事实，IP 大型网络的建设也因此热火朝天。随着大规模网络的快速增长，网络复杂性和异构性的特点日益突出，使得网络管理（通常简称为"网管"）问题上升到网络建设的战略性地位，研究符合当前需要的、经济适用的网络管理途径是一项迫切的任务。

在国外，从政府、学术机构到商家，对网络管理的研究都给予了很大的投入和支持。首先，由美国前总统克林顿签署的 HPCC 计划中提供了对网管相关技术的资助，主要包括网络安全、流量控制、性能监控及差错控制。计算和通信领域的主要国际组织（如 IETF、ISO、ANSI、ITU、NMF、OMG、OSF 等）在网管技术研究方面也都做了大量的工作。

### 11.1.1 网络管理的定义

随着网络的业务和应用的丰富，对计算机网络的管理和维护也变得越来越重要。人们普遍认为，网络管理是计算机网络的关键技术之一。网络管理是监督、组织和控制网络通信服务及信息处理所必需的各种活动的总称，其目的在于确保计算机网络的持续正常运行，并能在计算机网络运行出现异常时及时响应和排除故障。

目前关于网络管理的定义很多，但一般来说，网络管理就是通过某种方式对网络进行管理的活动，使网络能正常高效地运行，使网络中的资源得到更加有效的利用。它应当维护网络的正常运行，当网络出现故障时能及时报告和处理，协调和保持网络系统的高效运行等。国际标准化组织（ISO）在 IEC7498-4 中定义并描述了开放系统互连（OSI）管理的术语和概念，提出了一个 OSI 管理的结构并描述了 OSI 管理应有的行为。该定义认为，开放系统互连管理是指这样一些功能，它们控制、协调、监视 OSI 环境下的一些资源，这些资源保证 OSI 环境下的通信。通常对一个网络管理系统需要定义以下内容：

（1）系统功能，记载网络管理系统中应该具有哪些功能。

（2）网络资源的表示。网络管理中很大一部分是对网络中资源的管理。网络中的资源就是指网络中的硬件、软件及其所提供的服务等。这些信息在一个网络管理系统中都应当明确地表示出来，这样才能对其进行管理。

（3）网络管理信息的表示。网络管理系统对网络的管理主要依靠系统中网络管理信息的传递来实现的。网络管理信息应如何表示，怎样传递、传送的协议是什么，这些都是一个网络管理系统所必须考虑的问题。

（4）系统结构，即网络管理系统是如何架构的。

## 11.1.2　网络管理模型

由于网络中网元的不断变化，网络结构的不断发展，网络管理模型显得越来越重要。无论网络的设备、技术和拓扑结构如何变化，最基本的体系结构模型应该是不变的，不应当在网络发生新的变化时，就把原有的网络管理结构模型推倒重来，这种方法不可取，也是不现实的。根据开放分布式处理（Open Distributed Processing，ODP）的定义，网络管理模型是指用于定义网络管理系统的结构及系统成员间相互关系的一套规则。

### 1．基于 SNMP 的网络管理模型

SNMP 管理模型由管理者、代理和管理信息库（Management Information Base，MIB）3 部分组成。管理者（管理进程）是管理指令的发出者，这些指令包括一些管理操作。管理者通过各设备的管理代理对网络内的各种设备、设施和资源实施监视和控制。代理负责管理指令的执行，并且以通知的形式向管理者报告被管对象发生的一些重要事件。代理具有两个基本功能：从 MIB 中读取各种变量值、在 MIB 中修改各种变量值。

MIB 是被管对象结构化组织的一种抽象。它是一个概念上的数据库，由管理对象组成，各个代理管理 MIB 中属于本地的管理对象，各管理代理控制的管理对象共同构成全网的管理信息库。

IETF RFC1155 的 SMI 规定了 MIB 能使用的数据类型及如何描述和命名 MIB 中的管理对象类型。SNMP 的 MIB 仅仅使用了 ASN.1 的有限子集。它采用了 4 种基本类型：INTEGER、OCTET STRING、NULL 和 OBJECT IDENTIFER，以及两个构造类型 SEQUENCE 和 SEQUENCE OF 来定义 SNMP 的 MIB。所以 SNMP MIB 仅仅能存储简单的数据类型：标量型和二维表型（其基类型是标量型的）。SMI 采用 ASN.1 描述形式，定义了 Internet 六个主要的管理对象类：网络地址、IP 地址、时间标记、计数器、计量器和非透明数据类型。SMI 采用 ASN.1 中的宏的形式来定义 SNMP 中对象的类型和值。为了能唯一标识 MIB 中的对象类，SMI 引入命名树的概念，使用对象标识符来表示，命名树的叶子表示真正的管理信息。

SNMP 是一个异步的请求/响应协议，SNMP 实体不需要在发出请求后等待响应到

来。SNMP 中包括了 4 种基本的协议交互过程，即有 4 种操作：

（1）get 操作用来提取指定的网络管理信息。

（2）get-next 操作提供扫描 MIB 树和依次检索数据的方法。

（3）set 操作用来对管理信息进行控制。

（4）trap 操作用于通报所发生的重要事件。

在这 4 个操作中，前 3 个是请求由管理者发给代理，需要代理发出响应给管理者；最后一个则是由代理发给管理者，但并不需要管理者响应。

SNMP 的应用非常广泛，成为事实上的计算机网络管理的标准。但是 SNMP 有许多缺点，是它自身难以克服的：

（1）SNMP 不适合真正大型网络管理，因为它是基于轮询机制的，这种方式有严重的性能问题。

（2）SNMP 不适合查询大量的数据。

（3）SNMP 的 trap 是无确认的，这样有可能导致不能确保非常严重的告警是否发送到管理者。

（4）安全管理较差。

（5）不支持如创建、删除等类型的操作，要完成这些操作，必须用 set 命令间接的触发。

（6）SNMP 的 MIB 模型不适合比较复杂的查询。

正是由于 SNMP 协议及其 MIB 的缺陷，导致 SNMP 网络管理模型有以下问题：

（1）没有一个标准或建议定义 SNMP 网络管理模型。

（2）定义了大多的管理对象类，管理者必须面对大多的管理对象类。为了决定哪些管理对象类需要看，哪些需要修改，管理者必须明白许多的管理对象类的准确含义。

（3）缺乏管理者特定的功能描述。Internet 管理标准仅仅定义了一个个独立管理操作。

**2．基于 OSI/CMIP 的网络管理模型**

OSI/CMIP 系统管理模型中，基本概念有系统管理应用进程（SMAP）（从充当角色划分为管理者和代理两种类型）、系统管理应用实体、层管理实体和管理信息库（MIB）。其中，系统管理应用进程是执行系统管理功能的软件。它管理系统的各个方面并与其他系统的 SMAP 相互协调。系统管理应用实体负责与其他系统的对等 SAME 间交换管理信息，它包括如 SMAS、CMISE、ROSE 和 ACSE 等服务元素。层管理提供对 OSI 各层特定的管理功能。MIB 是系统中属于网络管理方面的信息的集合。对于 SMAL 可以根据其在系统间交互时的作用不同，分为管理者和代理两种角色。

OSI 系统管理用于定义和组织 MIB 的通用框架是管理信息模型（MIM），MIM 定义了如何表示与命名 MIB 中的资源。MIM 建立在面向对象概念的基础上，对于每个要管理的资源，都抽象成管理对象（Managed Object）。一个管理对象是从管理的角度采用面向对象方法对资源的一种抽象。通过封装的手段，管理对象屏蔽了与管理无关的资源信息，提供给管理系统一个用来交换管理信息的标准接口。

管理对象使用管理对象定义指南（GDMO）描述，MO 间的关系主要包括继承和包含关系。继承关系描述的是管理对象类（MOC）之间的关系。它与面向对象方法中继承的概念是一致的。包含关系描述的是管理对象实例（MOI）间的关系，实际上可以看做是现实世界中的包含关系（如一个交换机的插板上有若干个物理端口）。

OSI 系统管理中最基本的功能是在两个管理实体间通过协议交换管理信息。在 OSI 系统管理中，此项功能为 CMISE。CMISE 分为两部分：CMIS，描述提供给用户的服务；CMIP，描述完成 CMIS 服务的协议数据单元及其相关联的过程。CMIS 定义了提供给 OSI 系统管理的服务，这些服务由管理进程调用进行远程通信。它包括相关联服务、管理通知服务和管理操作服务，共提供了 7 种服务原语。CMIP 定义了管理信息传输过程和 CMB 管理业务的语法，是提供管理信息传输服务的应用层协议。它接受管理应用进程的 CMIS 服务原语，构造特定的应用层协议数据单元，通过会话层或其他协议层传送到对等的 CMIP 协议实体，再传送到用户进程。CMIP 支持 CMIS 提供的上述服务，它在 CMISE 间传递管理信息。

OSI/CMIP 管理模型是以更通用、更全面的观点来组织一个网络的管理系统，它的开放性，着眼于网络未来发展的设计思想，使它有很强的适应性，能处理任何复杂系统的综合管理。然而正是 OSI 系统管理这种大而全的思想，导致其有许多缺点：

（1）OSI 系统管理违反了 OSI 参考模型的基本思想。

（2）故障管理的问题，由于 OSI 系统管理用到了 OSI 各层的服务传送管理信息，使 OSI 系统管理不能管理通信系统自己内部的故障。

（3）缺乏管理者特定的功能描述。OSI 系统管理标准仅仅定义了一个个独立管理操作，如 M-GET 和 M-SET。但并没有定义这些操作的序列，以完成管理者要解决的特定问题。

（4）OSI 系统管理太复杂，CMIP 的功能极其灵活强大，使 OSI 系统管理方法太复杂，从而 OSI 系统管理与实际的应用有距离，OSI 在实际应用中不成功。

（5）缺乏相应的开发工具，这种开发工具可以使开发者不需了解 OSI 管理。代理系统花费太高。

（6）OSI 系统管理虽然管理信息建模是面向对象的，但管理信息传送却不是面向对象的，OSI 系统管理不是纯面向对象的。

**3. 电信管理网网络管理模型**

TMN 是一个逻辑上与电信网分离的网络，通过标准的接口（包括通信协议和信息模型）与电信网进行传送/接收管理信息，从而达到对电信网控制和操作的目的。TMN 的管理模型比较复杂，可以从 4 个方面分别进行描述，即功能模型、物理模型、信息模型和逻辑分层模型。

TMN 的信息模型基本上使用 OSI 系统管理概念和原则，如面向对象的建模方法、管理者与代理和 MIB 等。

把 TMN 的功能划分为功能模块，每一功能模块又是由更小的功能单元构成的，这是 TMN 功能结构的基本原则。这一原则的目的是简化 TMN 的实现，把功能分布在不同的模块中，功能模块间利用数据通信功能（DCF）来传递消息，并由功能参考点来分割，各模块可以独立实现，降低了 TMN 的复杂性，提高了软件的重用度。根据新版的 ITU-T M.3011 的建议，TMN 的基本功能块有 4 种：操作系统功能（OSF）、工作站功能（WSF）、Q 适配功能（QAF）和网元功能（NEF），功能参考点分别为 q，f，x，g 和 m。OSF 对管理信息进行处理以实现对电信网的监视、协调和控制。

WSF 为用户提供接入到 TMN 的手段，其功能包括终端的安全接入和注册、识别、确认输入/输出、支持菜单、窗口和分页等。QAF 用来连接 TMN 实体与非 TMN 实体，提供 TMN 参考点与非 TMN 参考点之间的转换。NEF 表示被管理的功能，同时也提供管理时所需要的通信和支持功能。

根据需要，TMN 的功能结构可以灵活地组成不同的物理结构，物理结构由物理实体组成，物理实体之间为 TMN 的标准接口。TMN 的基本的物理实体包括操作系统（OS）、工作站（WS）、Q 适配器（QA）、网元（NE）和数据通信网（DCN），它们之间的接口分别为 Q3 接口、F 接口和 X 接口。OS 主要完成 OSF 功能，同时也可完成 QAF 功能和 WSF 功能。WS 是完成 WSF 功能的系统，即完成 TMN 信息模型与人机界面表示形式之间转换的系统。QA 是连接非 TMN 网元和 TMN 操作系统之间的设备，完成 QAF 功能。NE 由电信设备和一些支持设备组成，主要完成 NEF 功能，也可根据需要完成 TMN 中的其他功能，如 QAF、OSF 和 WSF 等。当功能模块在不同的物理实体中实现时，功能模块之间的功能参考点由物理实体之间的相应物理接口替代，如 Q3 接口在 q 参考点实现，F 接口在 f 参考点实现，X 接口在 x 参考点实现。若功能模块在一个物理实体中实现时，功能模块之间的功能参考点不转化为物理接口。

电信网络的种类很多，管理非常复杂，对某类电信设备（如交换机、交叉连接设备 DXC 等）的管理已经显示了其复杂性，若对整个电信网，甚至只是对某个本地网做到综合管理都将是一项非常艰巨和非常复杂的任务。TMN 把管理功能需求分解为不同的层次，每层相对独立，都有各自的 OSF 完成特定的管理功能，层与层之间由 q 参考点分割。在 TMN 建设初期可以只完成低层的管理功能，以后逐步完善高层管理功能，最终实现管理的综合。TMN 的管理层次分为 5 层，从低到高依次为网元层（NEL）、网元管理层（EML）、网络管理层（NML）、业务管理层（SML）和事务管理层（BML）。其中网元层属于被管理层，其他 4 层属于管理层。

TMN 从 20 世纪 80 年代中期提出后，已成为全球接受的管理电信公众网的框架。尽管 TMN 有技术上先进、强调公认的标准和接口等优点，但随着计算机和通信技术的不断发展，TMN 自身也暴露出许多问题，如目标太大、抽象化程度太高、MIB 的标准化进度 DY 慢、OSI 协议栈效率不高等。

近年来，网络管理技术成为一个十分热门的技术领域，许多标准机构、学术或论坛组织都在参加这方面的研究，提出了各种可能的管理模型和规范。其中，开放分布式管理是研究的重点，ODP / CORBA / TINA、ODMA 和智能代理技术（IA）可能代表了 TMN 未来的发展趋势。

## 11.1.3　网络管理的功能

事实上，网络管理技术是伴随着计算机、网络和通信技术的发展而发展的，两者相辅相成。从网络管理范畴来分类，可分为对网"路"的管理，即针对交换机、路由器等主干网络进行管理；对接入设备的管理，即对内部 PC、服务器、交换机等进行管理；对行为的管理，即针对用户的使用进行管理；对资产的管理，即统计 IT 软硬件的信息等。根据网管软件的发展历史，可以将网管软件划分为三代。

第一代网管软件就是最常用的命令行方式，并结合一些简单的网络监测工具，它不仅要求使用者精通网络的原理及概念，还要求使用者了解不同厂商的不同网络设备的配置方法。

第二代网管软件有着良好的图形化界面。用户无须过多了解设备的配置方法，就能图形化地对多台设备同时进行配置和监控，大大提高了工作效率，但仍然存在由于人为因素造成的设备功能使用不全面或不正确的问题数增大，容易引发误操作。

第三代网管软件相对来说比较智能，是真正将网络和管理进行有机结合的软件系统，具有"自动配置"和"自动调整"功能。对网管人员来说，只要把用户情况、设备情况及用户与网络资源之间的分配关系输入网管系统，系统就能自动地建立图形化的人员与网络的配置关系，并自动鉴别用户身份，分配用户所需的资源（如电子邮件、Web、文档服务等）。

根据 ISO 的定义，网络管理有 5 大功能：故障管理、配置管理、性能管理、安全管理和计费管理。对网络管理软件产品功能的不同，又可细分为 5 类，即网络故障管理软件、网络配置管理软件、网络性能管理软件、网络服务/安全管理软件、网络计费管理软件。

（1）故障管理（Fault Management）。

故障管理是网络管理中最基本的功能之一。网络故障管理，是当今网络管理体系结构的一个主要组成部分，涵盖了诸如检测、隔离、确定故障因素、纠正网络故障等功能。设立故障管理的目标是提高网络可用性，降低网络停机次数并迅速修复故障。

（2）计费管理（Accounting Management）。

计费管理记录网络资源的使用，目的是控制和监测网络操作的费用和代价。它对一些公共商业网络尤为重要。它可以估算出用户使用网络资源可能需要的费用和代价，以及已经使用的资源。网络管理员还可规定用户可使用的最大费用，从而控制用户过多占用和使用网络 资源。这也从另一方面提高了网络的效率。另外，当用户为了一个通信目的需要使用多个网络中的资源时，计费管理可计算总费用。

（3）配置管理（Configuration Management）。

配置管理同样相当重要。它初始化网络、并配置网络，以使其提供网络服务。配置管理是一组对辨别、定义、控制和监视组成一个通信网络的对象所必要的相关功能，目的是为了实现某个特定功能或使网络性能达到最优。

（4）性能管理（Performance Management）。

性能管理估价系统资源的运行状况及通信效率等系统性能，其能力包括监视和分析被管网络及其所提供服务的性能机制。性能分析的结果可能会触发某个诊断测试过程或重新配置网络以维持网络的性能。性能管理收集分析有关被管网络当前状况的数据信息，并维持和分析性能日志。

（5）安全管理（Security Management）。

安全性一直是网络的薄弱环节之一，而用户对网络安全的要求又相当高，因此网络安全管理非常重要。网络中主要有以下几大安全问题：

- 网络数据的私有性（保护网络数据不被侵 入者非法获取），
- 授权（Authentication）（防止侵入者在网络上发送错误信息），
- 访问控制（控制访问控制（控制对网络资源的访问）。

相应地，网络安全管理应包括对授权机制、访问控制、加密和加密关键字的管理，另外还要维护和检查安全日志。

## 11.1.4　网络管理标准

随着网络规模的不断发展和壮大，简单的网络管理技术已不能适应网络迅速发展的要求。以往的网络管理系统往往是厂商在自己的网络系统中开发的专用系统，很难对其他厂商的网络系统、通信设备软件等进行管理，这种状况不能适应网络异构互连、资源共享的发展趋势。20 世纪 80 年代初期 Internet 的出现和发展使人们进一步意识到了这一点。随着对网络管理系统的迫切需求和网络管理技术的日渐成熟， ISO 开始制定关于网络管理的国际标准。首先在 1989 年颁布了 ISO DIS7498-4（X.700）文件，定义了网络管理的基本概念和总体框架,在 1991 年发布的两个文件中规定了网络管理提供的服务和网络管理协议， 即 ISO 9595 公共管理信息服务定义通用管理信息服务（Common Management Information Service，CMIS）和 ISO 9596 公共管理信息协议规范通用管理信息协议（Common Management Information Protocol，CMIP）。在 1992 年公布的 ISO 10164 文件中规定了系统管理功能（System Management Information Functions，SMIF），而 ISO 10165 文件则定义了管理信息结构（Structure of Management Information，SMI）。这些文件共同组成了 ISO 的网络管理标准。这是一个非常复杂的协议体系，管理信息采用了面向对象的模型，管理功能包罗万象，另外还有一些附加的功能和一致性测试方面的说明。由于其复杂性,有关 ISO 管理的实现进展缓慢，至今还没有适用的网管产品。随着 Internet

的迅猛发展，有关 TCP/IP 网络管理的研究活动十分活跃，另一类网络管理标准正在迅速流传和广泛使用。

TCP/IP 网络管理最初使用的是 1987 年 11 月提出的简单网关监控协议 SGMP（Simple Gateway Monitoring Protocol），在此基础上改进成简单网络管理协议第一版 SNMPv1，陆续公布在 1990 年和 1991 年的几个 RFC（Request For Comments）文件中，即 RFC 1155（SMI），RFC 1157（SNMP），RFC 1212（MIB 定义）和 RFC 1213（MIB-2 规范）。由于其简单性和易于实现，SNMPv1 得到了许多制造商的支持和广泛的应用。几年以后在第一版的基础上改进功能和安全性，又产生了第二版 SNMPv2（RFC 1902-1908，1996）。1999 年完成了 SNMPv3（RFC 2570-2575，1999）。

在同一时期用于监控局域网通信的标准——远程网络监控（Remote Monitoring Of Network，RMON）也出现了，这就是 RMON-1（1991）和 RMON-2（1995）。这一组标准定义了监视网络通信的管理信息库，是 SNMP 管理信息库的补充，与 SNMP 协议配合可以提供更有效的管理性能，也得到了广泛的使用。

另外，IEEE 定义了局域网的管理标准，即 IEEE 802.1b LAN/MAN 管理。这个标准用于管理物理层和数据链路层的 OSI 设备，因而称为 CMOL（CMIP over LLC）。为了适应电信网络管理需要，ITU-T 在 1989 年定义了电信网络管理标准（Telecommunications Management Network，TMN），即 M.30 建议（蓝皮书）。

## 11.2　简单网络管理协议

SNMP 是最早提出的网络管理协议之一，它一推出就得到了广泛的应用和支持，特别是很快得到了数百家厂商的支持，其中包括 IBM、HP、SUN 等大公司和厂商。目前 SNMP 已成为网络管理领域中事实上的工业标准，并被广泛支持和应用，大多数网络管理系统和平台都是基于 SNMP 的。

### 11.2.1　SNMP 概述

1986 年管理 Internet 网策略方向的 Internet 体系结构委员会（Internet Architecture Board，IAB），领导了工程任务组（Internet Engineering Task Force，IETF）分短期和长期任务开发管理的 Internet 框架结构。IETF 分成 3 个组：第一组负责管理主干网的日常操作，他们重点开发了一个管理信息库（Management Information Base，MIB）。第二组负责开发了一个称为 SNMP 的前身即简单网关监控协议（Simple Gateway Monitoring Protocol，SGMP）。后来，SGMP 作为 SNMP 协议的基础重点制定了 SNMP 网络管理协议。第三组在 ISO 的 CMIS/CMIP（Common Management Information Protocol）基础上，按照 OSI 的网络管理策略，在 TCP/IP 上开发了 CMOT（Common Management Information Services and Protocol Over TCP/IP）为将来的网管原型提供一个可实现的框架。

SNMP 成为首先在 Internet 上实现的一种网络管理标准。SNMP 的结构有 3 个目标：网络管理功能尽量简单化；网络管理协议容易扩充；网络管理结构尽可能独立，与网络设备无关。它的名称就此而来，称为简单网络管理协议，并于 1990 年正式作为一种可以实施的标准协议。

IAB 本来将 SNMP 作为过渡到 CMOT 的短期方案，但是事情的发展并没有像 IAB 期望的那样，CMOT 没有替代 SNMP 成为业界的通行标准，而 SNMP 不断发展成为最有影响的网管标准。到了今天，几乎所有的路由器、网桥、交换机等网络设备都支持 SNMP 协议。

### 11.2.2     管理信息库

SMI 定义一种语法和编码的方法，为定义 SNMP 的 MIB 变量服务。SMI 实际上是 ASN.1（ASN.1 是 ISO 制定的国际标准，目的是准确有效地描述通信协议的数据）和 BER（Basic Encoding Rules）的一个子集。在 SMI 说明了如何在 MIB 中定义管理目标对象（Managed Object，MO），即管理目标对象；MO 可以拥有的数据类型、数值及 MO 如何被命名。

管理信息库就是 SNMP 关心的管理信息的集合。管理信息的最基本元素就是 MO，它有名称、实现状态、访问级别及确定的数据类型和一定的数值范围，并且代表明确的物理意义（在描述中阐明）。这些都在 MIB 中用 SMI 定义。所有的 MO 都按照树状结构层次组织起来，并且一定是树的叶节点。每一个 MO 都有且只有一个 OID（Object Identifier），通过 OID 可以唯一地确定 MO。MIB 的组织结构如图 11-1 所示。从图 11-1 中可以看到，MIB 通过树状结构把 MO 分类地组织起来。例如，现行的一些主要 MIB 标准定义的 MO 的 OID 都是以 iso（1）、org（3）、dod（6）、internet（1）开头的。

目前最重要，也是获得支持最广泛的 MIB 称为 MIB Ⅱ，它是 MIB Ⅰ 的超集。在 MIB Ⅱ 中定义了 10 个组，涵盖了十类典型的网络信息。这 10 个组的内容分别如下：

（1）system：关于系统的总体信息。

（2）interface：系统到子网接口的信息。

（3）at（Address Translation）：描述 Internet 到 Subnet 的地址映射。

（4）ip：关于系统中 IP 的实现和运行信息。

（5）icmp：关于系统中 ICMP 的实现和运行信息。

（6）tcp：关于系统中 TCP 的实现和运行信息。

（7）udp：关于系统中 UDP 的实现和运行信息。

（8）egp：关于系统中 EGP 的实现和运行信息。

（9）dot3（Transmission）：有关每个系统接口的传输模式和访问协议的信息。

（10）snmp：关于系统中 SNMP 的实现和运行信息。

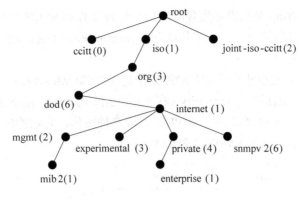

图 11-1　MIB 组织结构图

　　这些 MO 的实现状态都是强制实现（Mandatory），对于同组的 MO 要么都实现，要么都不实现。但是，允许只支持部分组而不是所有的组。例如，路由器和网关不需要实现 TCP 组。

## 11.2.3　SNMP 原理

　　SNMP 定义了一个网络管理的体系框架。这个框架包括若干个运行代理（Agent）的节点（Node），至少一个管理工作站（Management Station）；一个传递管理信息的管理协议。这个协议的操作必须在安全体制下实现。这个体制包括验证（Authentication）、授权（Authorization）、访问控制（Access Control）和保密策略（Privacy Policies）。

　　网络管理的实现过程：管理工作站主动向代理发送请求，要求得到关心的数据。代理在接到管理工作站的请求后，响应管理工作站的请求，把数据发送给管理工作站。这种收集数据的方式称为轮询（Polling）。除此以外，被管理设备中的代理可以在任何时候向网络管理工作站报告错误情况，例如预制定阈值越界程度等。这是基于中断（Interrupt-based）的方式。在 SNMP 中，后一种方式称作自陷（Trap）。

　　SNMPv2 定义了 7 种操作（Operation），它们的具体内容分别如下。

　　（1）GetRequest：得到列表中的 MO 的值。

　　（2）GetNextRequest：得到列表中的每个 MO 的下一个 MO 的值。

　　（3）GetBulkRequest：获得多个值。

　　（4）Response：响应管理工作站的请求。

　　（5）SetRequest：设置列表中 MO 的值。

　　（6）InformRequest：用于在管理工作站之间交换简单信息。

　　（7）SNMPv2-Trap：SNMPv2 的自陷。

　　其中，GetRequeset、GetNextRequest、GetBulkRequest 和 SetRequest 是管理工作站向代理发出的 3 类数据请求操作；Response 则是代理向管理工作站发出的回答操作（如果需要）；SNMPv2-Trap 是代理在发现异常时向管理工作站发出的自陷操作。如果需要，一个管理工作站可以向另一个管理工作站发出 InformRequest 操作，相应的管理工作站用 Response 操作来回答。

　　管理工作站和代理之间互相发送 SNMP 消息（SNMP Message）。SNMP 消息的开始是 SNMP 的版本号，随后是 community（在下面介绍）的名称，接下来是 SNMP 的 PDU（Protocol Data Unit）。SNMPv2 的 7 种 PDU 对应 7 种操作，它们的格式如图 11-2 所示。限于篇幅，在这里不再介绍 SNMPv2 PDU 的细节。

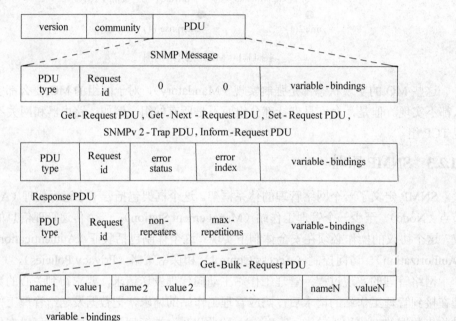

图 11-2　SNMPv2 数据单元格式图

　　网络是处于开放环境中，安全机制对于 SNMP 来说必不可少。SNMPv1 和 SNMPv2 的安全机制都是基于 community 的。community 是代理与一组管理工作站之间的关系，这个关系定义了它们之间的认证、访问控制及 proxy 属性。它是由代理在本地定义，每个 community 有唯一的名字。一个代理可以有多个 community，不同的代理可以拥有同名的 community。

　　从管理工作站发出的每一个 SNMP 消息中都包含一个 community 的名称（可以看成是密码）。SNMP 通过这种方式实现认证。访问控制则是通过 MIB 视图（MIB View）和访问模式（Access Mode）的组合来实现的。MIB 视图是 MIB 的子集（这个子集不需要属于 MIB 的同一个子树）。访问模式包括两种 {READ-ONLY，READ-WRITE}。一个 community 同一个 MIB 视图和一种访问模式联系起来。这就意味着，不同的 community

对应不同的访问级别，从而实现了访问控制。

## 11.2.4 SNMP 的各种版本

从 1990 年 SNMP 诞生起，SNMP 不断在改进。到今天，SNMP 已经经历了三代。人们分别称其为 SNMPv1，SNMPv2 和 SNMPv3。

虽然 SNMPv1 受到欢迎，但是它也有许多的不足之处。

（1）由于轮询的效率问题，SNMP 并不适合真正的大型网络的管理。

（2）不适合获取大量数据，如获得整张路由表的数据。

（3）Trap 是无应答的，所以有可能不被传送。

（4）认证方法过于简单。

（5）MIB 模型有限（不支持基于 MO 类型或数值的查询）。

（6）不支持管理工作站与管理工作站之间的通信。

1995 年，RMON（Remote Monitoring）出现了。RMON 并没有改变 SNMPv1 协议，但是扩展了 SNMPv1 的功能。RMON 定义了一个 RMON MIB 补充 MIB Ⅱ。通过 MIB Ⅱ，管理工作站只能获取网络上单个设备的信息，而通过 RMON MIB 可以获得整个局域网的信息。这是 SNMP 的巨大进步。

1996 年，针对 SNMPv1 安全性差的问题，SNMPv2 被提出来。可惜的是 SNMPv2 最初的安全方案有漏洞被舍弃仍然采用了基于 community 的安全机制，但是 SNMP 的协议得到改进，增加了大块信息（Bulk Information）的获取方式和管理工作站之间的沟通方式。

1997 年，RMON2 也出现了。RMON 提供了对 MAC 层（OSI 模型的第二层）的监测。而 RMON2 则可以提供基于网络层协议的流量的监测，也可以监测应用层协议的流量，例如 E-mail，FTP 或者 WWW。

1998 年，SNMPv3 的草案出现了。与 SNMPv2 相比，SNMPv3 主要解决的是 SNMP 安全机制的问题。

## 11.2.5 SNMP 操作

SNMP 的操作只有两种基本的管理功能：

（1）"读"操作，用 get 报文来检测各被管对象的状况。

（2）"写"操作，用 get 报文来控制各被管对象的状况。

SNMP 的这些功能通过轮询操作来实现，即 SNMP 管理进程定时向被管理设备周期性地发送轮询信息。轮询的好处可使系统相对简单；其次能限制通过网络所产生的管理信息的通信量。但 SNMP 不是完全的轮询协议，允许不经过询问就能发送某些信息。这种信息称为 trap。trap 和一般的中断不同。

总之，使用轮询（至少是周期性地）可以维持对网络资源的实时监视，同时也采用

trap 机制报告特殊事件，使得 SNMP 成为一种有效的网络管理协议。SNMP 共定义了所列的 5 种类型的协议数据单元，如表 11-1 所示。

表 11-1　SNMP 的 5 类协议数据单元

| PDU 编号 | PDU 名称 | 用　　途 |
|---|---|---|
| 0 | get-request | 用于查询一个或多个变量的值 |
| 1 | get-next-request | 允许在一个 MIB 树上检索下一个变量，此操作可反复进行 |
| 2 | get-response | 对 get/set 报文作出响应，提供差错码、差错状态等信息 |
| 3 | set-request | 对一个或多个变量的值进行设置 |
| 4 | trap | 向管理进程报告代理中发生的事件 |

## 11.2.6　SNMP 管理控制框架

SNMP 定义了管理进程（Manager）和管理代理（Agent）之间的关系，这个关系称为共同体（Community）。描述共同体的语义是非常复杂的，但其句法却很简单。位于网络管理工作站（运行管理进程）上和各网络元素上利用 SNMP 相互通信对网络进行管理的软件统统称为 SNMP 应用实体。若干个应用实体和 SNMP 组合起来形成一个共同体，不同共同体之间用名称来区分，共同体的名称则必须符合 Internet 的层次结构命名规则，由无保留意义的字符串组成。此外，一个 SNMP 应用实体可以加入多个共同体。

SNMP 的应用实体对 Internet 管理信息库中的管理对象进行操作。一个 SNMP 应用实体可操作的管理对象子集称为 SNMP MIB 授权范围。但其对授权范围内管理对象的访问仍然还有进一步的访问控制限制，如只读、可读写等。SNMP 体系结构中要求对每个共同体都规定其授权范围，及其对每个对象的访问方式。记录这些定义的文件称为"共同体定义文件"。

SNMP 的报文总是源自每个应用实体,报文中包括该应用实体所在的共同体的名称。这种报文在 SNMP 中称为"有身份标志的报文"，共同体名称是在管理进程和管理代理之间交换管理信息报文时使用的。管理信息报文中包括以下两部分内容：

（1）共同体名，加上发送方的一些标识信息（附加信息），用以验证发送方确实是共同体中的成员，共同体实际上就是用来实现管理应用实体之间身份鉴别的。

（2）数据，这是两个管理应用实体之间真正需要交换的信息。

在第三版本前的 SNMP 中只是实现了简单的身份鉴别，接收方仅凭共同体名来判定收发双方是否在同一个共同体中，而前面提到的附加信息尚未应用。接收方在验明发送报文的管理代理或管理进程的身份后要对其访问权限进行检查。访问权限检查涉及以下因素：

（1）一个共同体内各成员可以对哪些对象进行读写等管理操作，这些可读写对象称为该共同体的"授权对象"（在授权范围内）。

（2）共同体成员对授权范围内每个对象定义了访问模式，即只读或可读写。

（3）规定授权范围内每个管理对象（类）可进行的操作（包括 get、get-next、set 和 trap）。

（4）管理信息库（MIB）对每个对象的访问方式限制（如 MIB 中可以规定哪些对象只读而不可写等）。

管理代理通过上述预先定义的访问模式和权限来决定共同体中其他成员要求的管理对象访问（操作）是否允许。共同体概念同样适用于转换代理（Proxy Agent），只不过转换代理中包含的对象主要是其他设备的内容。

SNMP 实现方式为了提供遍历管理信息库的手段，SNMP 在其 MIB 中采用了树状命名方法对每个管理对象实例命名。每个对象实例的名称都由对象类名字加上一个后缀构成。对象类的名称是不会相互重复的，因而不同对象类的对象实例之间也少有重名的危险。

在共同体的定义中一般要规定该共同体授权的管理对象范围，相应地也就规定了哪些对象实例是该共同体的"管辖范围"，因此，共同体的定义可以想象为一个多叉树，以词典序提供了遍历所有管理对象实例的手段。有了这个手段，SNMP 就可以使用 get-next 操作符，顺序地从一个对象找到下一个对象。get-next（object-instance）操作返回的结果是一个对象实例标识符及其相关信息，该对象实例在上面的多叉树中紧排在指定标识符 object-instance 对象的后面。这种手段的优点在于，即使不知道管理对象实例的具体名称，管理系统也能逐个地找到它，并提取到它的有关信息。遍历所有管理对象的过程可以从第一个对象实例开始（这个实例一定要给出），然后逐次使用 get-next，直到返回一个差错（表示不存在的管理对象实例）结束（完成遍历）。

由于信息是以表格形式（一种数据结构）存放的，在 SNMP 的管理概念中，把所有表格都视为子树，其中一张表格（及其名字）是相应子树的根节点，每个列是根下面的子节点，一列中的每个行则是该列节点下面的子节点，并且是子树的叶节点。按照前面的子树遍历思路，对表格的遍历是先访问第一列的所有元素，再访问第二列的所有元素，直到最后一个元素。若试图得到最后一个元素的"下一个"元素，则返回差错标记。

SNMP 中各种管理信息大多以表格形式存在，一个表格对应一个对象类，每个元素对应于该类的一个对象实例。那么管理信息表对象中单个元素（对象实例）的操作可以用前面提到的 get-next 方法，也可以用后面将介绍的 get/set 等操作。下面主要介绍表格内一行信息的整体操作。

（1）增加一行：通过 SNMP 只用一次 set 操作就可在一个表格中增加一行。操作中的每个变量都对应于待增加行中的一个列元素，包括对象实例标识符。如果一个表格中有 8 列，则 set 操作中必须给出 8 个操作数，分别对应 8 个列中的相应元素。

（2）删除一行：删除一行也可以通过 SNMP 调用一次 set 操作完成，并且比增加一行还简单。删除一行只需要用 set 操作将该行中的任意一个元素（对象实例）设置成"非法"即可。该操作有一个例外：地址翻译组对象中有一个特殊的表（地址变换表），该表中未定义一个元素的"非法"条件。因此 SNMP 中采用的办法是将该表中的地址设置成空串，而空字符串将被视为非法元素。

删除一行时，表中的一行元素是否真的在表中消失的问题，则与每个设备（管理代理）的具体实现有关。因此网络管理操作中，运行管理进程可能从管理代理中得到"非法"数据，即已经删除的不再使用的元素的内容，因此管理进程必须能通过各数据字段的内容来判断数据的合法性。

**希赛教育专家提示**：网络管理技术的一个新的趋势是使用 RMON（远程网络监控）。RMON 的目标是扩展 SNMP 的 MIB-II（管理信息库），使 SNMP 更为有效、更为积极主动地监控远程设备。RMON MIB 由一组统计数据、分析数据和诊断数据构成，利用许多供应商生产的标准工具都可以显示这些数据，因而它具有独立于供应商的远程网络分析功能。RMON 探测器和 RMON 客户机软件结合在网络环境中实施 RMON。RMON 的监控功能是否有效，关键在于其探测器要具有存储统计数据历史的能力，这样就不需要不停地轮询才能生成一个有关网络运行状况趋势的视图。当一个探测器发现一个网段处于一种不正常状态时，它会主动与网络管理控制台的 RMON 客户应用程序联系，并将描述不正常状况的捕获信息转发。

## 11.3 网络管理工具

在实际工作中，经常要借助一些网络操作命令（如 ping、netstat、ipconfig 等）来判断网络是否工作正常，下面分别予以简单介绍。

### 11.3.1 常用网络管理命令

常用的管理管理命令有 ping、netstat、ipconfig、tracert 等。

**1. ping 命令**

ping 命令使用 ICMP 协议来校验与远程计算机或本地计算机的连接，主要是用于检查路由是否能够到达。由于该命令的包长很小，所以在网上传递的速度非常快，可以快速地检测要去的站点是否可到达。一般访问某一站点前，可先运行此命令，以确定该站点是否可以到达。其具体格式为：

`ping` [-t] [-a] [-n count] [-l length] [-f] [-i ttl] [-v tos] [-r count] [-s count] [[-j computer-list] | [-k computer-list]] [-w timeout] destination-list

其中参数：

（1）-t 校验与指定计算机的连接，直到用户中断。

（2）-a 将地址解析为计算机名。

（3）-n count　发送由 count 指定数量的 ECHO 报文，默认值为 4。

（4）-l length　发送包含由 length 指定数据长度的 ECHO 报文。默认值为 64 字节，最大值为 8192 字节。

（5）-i ttl　将"生存时间"字段设置为 ttl 指定的数值。

常用的命令方式有以下几种：

（1）ping 127.0.0.1。这个 ping 命令被送到本地计算机的 IP 软件，该命令永不退出该计算机。如果没有做到这一点，就表示 TCP/IP 的安装或运行存在某些最基本的问题。

（2）ping 本机 IP。这个命令被送到计算机所配置的 IP 地址，计算机始终都应该对该 ping 命令作出应答，如果没有，则表示本地配置或安装存在问题。出现此问题时，局域网用户请断开网络电缆，然后重新发送该命令。如果网线断开后本命令正确，则表示另一台计算机可能配置了相同的 IP 地址。

（3）ping 局域网内其他 IP。这个命令应该离开计算机，经过网卡及网络电缆到达其他计算机，再返回。收到回送应答表明本地网络中的网卡和载体运行正确。但如果收到 0 个回送应答，那么表示子网掩码（进行子网分割时，将 IP 地址的网络部分与主机部分分开的代码）不正确或网卡配置错误或电缆系统有问题。

（4）ping 网关 IP。这个命令如果应答正确，表示局域网中的网关路由器正在运行并能够做出应答。

ping 命令的常用参数选项如下。

（1）ping ip_address -t：连续对 IP 地址执行 ping 命令，直到用户按 Ctrl+C 键中断。

（2）ping ip_address -l 2000：指定 ping 命令中的数据长度为 2000 字节，而不是默认的 32 字节。

（3）ping ip_address -n：执行特定的次数 n 的 ping 命令。

**2．netstat 命令**

netstat 用于显示与 IP、TCP、UDP 和 ICMP 协议相关的统计数据，一般用于检验本机各端口的网络连接情况。

（1）netstat -s。本选项能够按照各个协议分别显示其统计数据。如果应用程序（如 Web 浏览器）运行速度比较慢，或不能显示 Web 页之类的数据，那么就可以用本选项来查看一下所显示的信息。需要仔细查看统计数据的各行，找到出错的关键字，进而确定问题所在。

（2）netstat -e。本选项用于显示关于以太网的统计数据。它列出的项目包括传送的数据报的总字节数、错误数、删除数、数据报的数量和广播的数量。这些统计数据既有发送的数据报数量，也有接收的数据报数量。这个选项可以用来统计一些基本的网络流量。

（3）netstat -r。本选项可以显示关于路由表的信息。除了显示有效路由外，还显示当前有效的连接。

（4）netstat -a。本选项显示一个所有的有效连接信息列表，包括已建立的连接（ESTABLISHED），也包括监听连接请求的那些连接。

（5）netstat -n。显示所有已建立的有效连接。

**3．ipconfig 命令**

ipconfig 实用程序和它的等价图形用户界面——Windows 95/98 中的 WinIPCfg 可用于显示当前的 TCP/IP 配置的设置值。这些信息一般用来检验人工配置的 TCP/IP 设置是否正确。

（1）ipconfig。当使用 ipconfig 时不带任何参数选项，那么它为每个已经配置了的接口显示 IP 地址、子网掩码和默认网关值。

（2）ipconfig/all。当使用 all 选项时，ipconfig 能为 DNS 和 WINS 服务器显示它已配置且所要使用的附加信息（如 IP 地址等），并且显示内置于本地网卡中的物理地址（MAC）。如果 IP 地址是从 DHCP 服务器租用的，ipconfig 将显示 DHCP 服务器的 IP 地址和租用地址预计失效的日期。

（3）ipconfig/release 和 ipconfig/renew。这是两个附加选项，只能在向 DHCP 服务器租用其 IP 地址的计算机上起作用。如果输入 ipconfig /release，那么所有接口的租用 IP 地址便重新交付给 DHCP 服务器（归还 IP 地址）。如果输入 ipconfig/renew，那么本地计算机便设法与 DHCP 服务器取得联系，并租用一个 IP 地址。

**4．tracert 命令**

tracert 命令用来检查到达的目标 IP 地址的路径并记录结果。tracert 命令显示用于将数据包从计算机传递到目标位置的一组 IP 路由器，以及每个跃点所需的时间。如果数据包不能传递到目标位置，tracert 命令将显示成功转发数据包的最后一个路由器。tracert 最常见的用法如下：

**tracert** IP address [-d]

该命令返回到达 IP 地址所经过的路由器列表。通过使用-d 选项，将更快地显示路由器路径，因为 tracert 不会尝试解析路径中路由器的名称。tracert 一般用来检测故障的位置，可以用 tracert IP 检测在哪个环节上出了问题，虽然还是没有确定是什么问题，但它已经说明了问题所在的地方。

## 11.3.2　常用网络管理软件

11.3.1 节介绍了 Windows 环境下常用的网络命令（在 UNIX 操作系统下也有相同功能的命令，只是具体命令字在不同类型的操作系统里不一样而已），但在实践工作中，这些命令往往还不够，这时一些专用的网络管理工具软件就能发挥比较大的作用。

**1．NetXray**

NetXray 是属于嗅探监听类的网络工具，其功能主要分为三大类：接收并分析数据包功能、传送数据包功能、网路管理监看的功能，可以完成口令截获、网络流量分析等任务。其菜单栏有 6 个选项，分别为文件（File）、捕获（Capture）、包（Packet）、工具（Tools）、窗口（Window）和帮助（Help）。

它的工具栏里集合了大部分的功能，依次为：打开文件（Open）、保存（Save）、打印（Print）、取消打印（Abort Printing）、回到第一个包（First Packet）、前一个包（Previous）、下一个包（Next）、到达最后一个包（Last Packet）、仪器板（Dashboard）、捕获板（Capture Panel）、包发生器（Packet Generator）、显示主机表（Host Table）等。具体的使用这里就不详细介绍了。因其是图形界面，所以上手还是比较快的，读者可以从 Internet 上下载后安装使用。

**2．Sniffer**

局域网内的各计算机通常都是共用集线器的，共享意味着计算机能够接收到发送给其他计算机的信息。捕获在网络中传输的数据信息就称为 sniffing（窃听）。

Sniffer 是黑客们最常用的入侵手段之一。例如，Esniff.c 是一个小巧的工具，运行在 SunOS 平台，可捕获所有 telnet、ftp、rloing 会话的前 300 字节内容。这个由 Phrack 开发的程序已成为在黑客中传播最广泛的工具之一。以下是一些也被广泛用于调试网络故障的 sniffer 工具：Etherfind on SunOs、Snoop on Solaris 2.x and SunOs、Tcpdump、Packetman、Interman、Etherman、Loadman、Network General、Microsoft 的 Net Monitor 等。

为了降低 Sniffer 工具对网络内数据包的侦听产生的危险，通常采用以下两种方式：一是硬件上利用三层交换机代替集线器，随着交换机的成本和价格的大幅度降低，交换机已成为非常有效的使 Sniffer 失效的设备。目前最常见的交换机在第三层（网络层）根据数据包目标地址进行转发，而不采取集线器的广播方式。二是软件上对数据包加密，目前有许多软件包可用于加密连接，从而使入侵者即使捕获到数据，也无法将数据解密而失去窃听的意义。以下是目前常用的一些加密软件包，如 Netlock、deslogin、swIPe 等。

## 11.4　服务质量

QoS 是网络与用户之间，以及网络上互相通信的用户之间关于信息传输与共享的质的约定。例如，传输延迟允许时间、最小传输画面失真度及声像同步等。在计算机网络上为用户提供高质量的 QoS 必须解决以下问题：

（1）QoS 的分类与定义。对 QoS 进行分类和定义的目的是使网络可以根据不同类型的 QoS 进行管理和分配资源，例如，给实时服务分配较大的带宽和较多的 CPU 处理时间等。另外，对 QoS 进行分类与定义也方便用户根据不同的应用提出 QoS 需求。

（2）准入控制和协商。根据网络中资源的使用情况，允许用户进入网络进行多媒体信息传输并协商其 QoS。

（3）资源预约。为了给用户提供满意的 QoS，必须对端系统、路由器及传输带宽等相应的资源进行预约，以确保这些资源不被其他应用所抢用。

（4）资源调度与管理。对资源进行预约之后，是否能得到这些资源，还依赖于相应的资源调度与管理系统。

QoS 机制的工作原理就是，优先于其他通信为某些通信分配资源。要做到这一点，首先必须识别不同的通信。通过"数据包分类"，将到达网络设备的通信分成不同的"流"。然后，每个流的通信被引向转发接口上的相应"队列"。每个接口上的队列都根据一些算法接受"服务"。队列服务算法决定了每个队列通信被转发的速度，进而决定分配给每个队列和相应流的资源。这样，为提供网络 QoS，必须在网络设备中预备或配置下列各项：

（1）信息分类，让设备把通信分成不同的流。

（2）队列和队列服务算法，处理来自不同流的通信。

通常把这些一起称为"通信处理机制"。单独的通信处理机制并没有用，它们必须按一种统一的方式在很多设备上预备或配置，这种方式为网络提供了有用的端到端"服务"。因此，要提供有用的服务，既需要通信处理机制，也需要预备和配置机制。

QoS 相关技术与服务有如下几种：

## 1. 集成服务

集成服务（IntServ）是在传送数据之前，根据业务的 QoS 需求进行网络资源预留，从而为该数据流提供端到端的 QoS 保证。

资源预留协议 RSVP 是集成服务的核心，是一种信令协议，用来通知网络结点预留资源。如果资源预留失败，RSVP 协议会向主机发回拒绝消息。

集成服务能够在 IP 网上提供端到端的 QoS 保证。但是，集成服务对路由器的要求很高，当网络中的数据流数量很大时，路由器的存储和处理能力会遇到很大的压力。因此，集成服务可扩展性很差，难以在 Internet 核心网络实施，目前业界普遍认为集成服务有可能会应用在网络的边缘上。

## 2. 区分服务

区分服务（DiffServ）是将用户的数据流按照服务质量要求划分等级，任何用户的数据流都可以自由进入网络，但是当网络出现拥塞时，级别高的数据流在排队和占用资源时比级别低的数据流有更高的优先权。区分服务只承诺相对的服务质量，而不对任何用户承诺具体的服务质量指标。

在区分服务机制下，用户和网络管理部门之间需要预先商定服务等级合约（SLA），根据 SLA，用户的数据流被赋予一个特定的优先等级，当数据流通过网络时，路由器会采用相应的方式（称为每跳行为 PHB）来处理流内的分组。

区分服务只包含有限数量的业务级别，状态信息的数量少，因此实现简单，扩展性较好。它的不足之处是很难提供基于流的端到端的质量保证。目前，区分服务是业界认同的 IP 骨干网的 QoS 解决方案，但是由于标准还不够详尽，不同运营商的 DiffServ 网络之间的互通还存在困难。

区分服务是一种集合通信处理机制，适用于大型路由网络。这类网络可以传送成千上万的对话，因此基于每个对话原则处理通信是不切实际的。区分服务在数据包 IP 报头中定义了一个字段，称为区分服务码点（DSCP）。发送通信至区分服务网络的主机或路由器用 DSCP 值标记每个被传送的数据包。区分服务网络内的路由器使用 DSCP 给数据包分类，并根据分类结果应用特定的队列行为。如果许多流的通信有相似 QoS 要求，则使用相同 DSCP 标记，这样就把流集合至公共队列，或为其行为做日程安排。

**3．QoS 路由**

现有的 Internet 路由协议（OSPF、RIP 等）基本上采用单个度量（如跳数、成本）来计算最短路由，没有考虑多个 QoS 参数的要求。QoS 路由根据多种不同的度量参数（如带宽、成本、每一跳开销、时延、可靠性等）来选择路由。QoS 路由包括三个主要功能，分别是链路状态信息发布、路由计算和路由表存储。

QoS 路由能够满足业务的 QoS 要求，同时提高网络的资源利用率。但是 QoS 路由的计算十分复杂，增加了网络的开销，目前实用的 QoS 路由算法还不多见。

**4．802.1p**

802.1p 是适合 LAN 使用的集合通信处理机制。它在以太网数据包的 MAC 报头中定义了一个字段，每个字段可以是 8 个优先级中的一个值。发送通信至 LAN 的主机或路由器用适当的优先级值标记每个被传送的数据包。LAN 设备，如交换机、网桥和网络集线器，将按相应的方式处理数据包。802.1p 优先级标记的作用域只限于 LAN。

**5．ATM、ISSLOW 及其他**

ISSLOW 是一种在数据包通过相对低速链接如拨号调制解调器时分解 IP 数据包的技术。音频和数据通过这些链接混合时，音频潜伏期可能很明显，会影响应用程序的可用性，ISSLOW 可以缩小这些应用程序的音频潜伏期。

**希赛教育专家提示**：虽然 MPLS 并不是主要的 QoS 机制，也不是 QoS 的体系结构，但 MPLS 的显式路由功能大大增强了在 IP 网络中实施流量控制的能力。对于骨干网业务提供者来说，这是目前使用最普遍、可实现性最强的一种 QoS 机制。

## 11.5　例题分析

为了帮助考生进一步掌握网络管理方面的知识，了解考试的题型和难度，本节分析 9 道典型的试题。

**例题 1**

在 RMON 管理信息系统库中，矩阵组存储的信息是　(1)　。

（1）A．一对主机之间建立的 TCP 连接数

B．一对主机之间交换的 IP 分组数

C．一对主机之间交换的字节数

D．一对主机之间出现冲突的次数

**例题 1 分析**

RMON 相关的矩阵组、统计组如下：

统计组：提供一个表，标志一个子网的统计信息，大部分是计数器。

历史组：存储的是一固定间隔取样所获得的子网数据。

主机组：收集新出现的主机信息，内容与接口组同。

矩阵组：记录子网中一对主机之间的通信量，以字节来衡量，信息以矩阵形式存储。

**例题 1 答案**

（1）C

**例题 2**

在 RMON 中，实现捕获组（Capture）时必须实现___(2)___。

（2）A．事件组（Event）　　　　　　B．过滤组（Filter）

　　　C．警报组（Alarm）　　　　　　D．主机组（Host）

**例题 2 分析**

过滤组提供一种手段，使监视器可以观察接口上的分组，通过过滤选择出某种指定的特殊分组，所以要实现捕获，必须要实现过滤组。

**例题 2 答案**

（2）B

**例题 3**

SNMPv1 使用___(3)___进行报文认证，这个协议是不安全的。SNMPv3 定义了___(4)___的安全模型，可以使用共享密钥进行报文认证。

（3）A．版本号（Version）　　　　　　B．协议标识（Protocol ID）

　　　C．团体名（Community）　　　　　D．制造商标识（Manufacturer ID）

（4）A．基于用户　　　　　　　　　　B．基于共享密钥

　　　C．基于团体　　　　　　　　　　D．基于报文认证

**例题 3 分析**

SNMPv1 不支持加密和授权，通过包含在 SNMP 中的团体名提供简单的认证，其作用类似口令，SNMP 代理检查消息中的团体名字段的值，符合预定值时接收和处理该消息。依据 SNMPv1 协议规定，大多数网络产品出厂时设定的只读操作的团体名缺省值为 Public。而 SNMP V3 是基于用户的安全模型，可以解决信息传输的安全问题。

**例题 3 答案**

（3）C　　　　　　　　（4）A

**例题 4**

网络管理功能使用 ASN.1 表示原始数据，整数 49 使用 ASN.1 表示的结果是 __(5)__；
SNMP 协议的 GetBulkRequest 一次从设备上读取的数据是 __(6)__。

(5) A. 49　　　　　　　　　　　　B. 2.1.49

　　 C. 206　　　　　　　　　　　 D. 2.49

(6) A. 一条记录　　　　　　　　　 B. 连续多条记录

　　 C. 受 UDP 报文大小限制的数据块　D. 所要求的全部数据

**例题 4 分析**

本题考查 SNMP 协议、管理数据的表示及 ASN.1 的基本知识。

ASN.1 表示数据的方法简称为 TLV 表示法，主要由标记（Tag）、长度（Length）和
值（Value）三部分构成。"标记"标明数据的类型，1 个字节，由 2 位类别、1 位格式和
5 为类型序号组成。"长度"标明数据的长度（通常是指字节数），数据长度小于 128 字
节时，长度字段为一个字节。否则用多个字节，前面字节的高位为 1，最后一个字节的
高位为 0。"值"标明数据的具体值，整数用 2 的补码表示，位串直接编码，但前面加一
个字节表示最后一个字节中未用的位数。

GetBulkRequest 是 SNMPv2 用于快速读取被管设备上数据的方法，一次能读多条连
续的记录，长度受 UDP 报文长度的限制。

**例题 4 答案**

(5) B　　　　(6) C

**例题 5**

SMI 是 MIB 组织信息的方式，其中每个节点对应一个编码。因第 1 级只有 3 个节点，
所以采用了压缩编码。节点 1.3.6.1 对应的压缩编码为 __(7)__；该节点上安装的是 SNMPv2
协议，当该节点出现故障时，网络可能进行的操作是 __(8)__。

(7) A. 1.3.6.1　　　B. 0.3.6.1　　　C. 4.6.1　　　D. 43.6.1

(8) A. 故障节点等待 GetRequest 消息　　　B. 故障节点发送 Trap 消息

　　 C. 故障节点等待 SetRequest 消息　　　D. 管理节点发送 Trap 消息

**例题 5 分析**

本题考查 SNMP、SMI、MIB 方面的基本知识。

SMI 的结构为树形结构。顶级节点 3 个，下属 2 级节点不超过 39 个，为减少编码
长度，将两级合并编码，编码值为 $40*X+Y$。例如，1.3 编码为 43。所以，节点 1.3.6.1
对应的压缩编码为 43.6.1。

SNMPv2 提供的消息中，只有 Trap 消息是被管节点主动向管理站点发送的消息。当
被管节点出现故障时，主动向管理站点发送 Trap 消息以通知故障的存在。

**例题 5 答案**

(7) D　　　　(8) B

**例题 6**

MIB 中的信息用 TLV 形式表示，二进制位串 '110' 用 TLV 形式表示时，实际占用的字节数是___(9)___。TLV 形式的数据被 SNMP 协议传输时，被封装成___(10)___进行传输。

（9）A. 1                                    B. 2
   C. 3                                    D. 4
（10）A. UDP 报文                          B. TCP 报文
    C. SMTP 报文                        D. FTP 报文

**例题 6 分析**

本题考查 ASN.1、SNMP 方面的基本知识。

MIB 的中的信息用 ASN.1 规定的格式表示，每个数据由标签（Tag）、长度（Length）、值（Value）三部分外加一个可选的结束标识部分构成，如图 11-3 所示，称为 TLV 表示法。每个字段都是一个或多个字节。

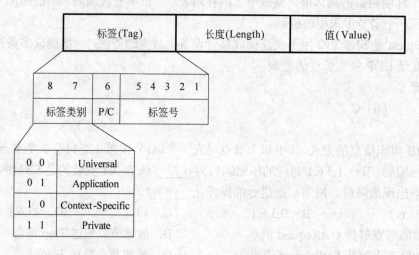

图 11-3　TLV 表示法示意图

对二进制位串，其值部分的第一个字节表示最后一个字节中无效位的数量。

**例题 6 答案**

（9）D　　　（10）A

**例题 7**

传统的 Internet 提供的是没有 QoS 保证的、尽力而为的服务。其实在 IPv4 包中已经定义了服务类型字段，包括优先级、吞吐量、延迟、可靠性等，只要___(11)___处理该字段，就可提供 QoS 保证。MPLS 是一种更通用的 QoS 保证机制，其基本思想可简述为___(12)___。

（11）A. 交换机　　　　B. 路由器　　　　　　C. 服务器　　　　　　D. 客户机

（12）A. 标记交换路由器为 IP 分组加上标记，其他路由器按优先级转发

B. 边缘路由器对业务流进行分类并填写标志，核心路由器根据分组的标志将其放入不同的队列转发

C. 在建立连接时根据优先级预留所需要的资源以提供所要求的 QoS

D. 根据 IP 分组中自带的优先级信息对 IP 分组进行排队，保证高优先的分组优先转发

**例题 7 分析**

本题考查 Internet 服务质量的基本知识。

在 IP 协议的早期版本中定义了一个服务类型字段（1 字节），内容为 PPPDTR00，其中 PPP 定义优先级，D 为延迟，T 为吞吐量，R 为可靠性。D、T、R 的值取 0 表示低，取 1 表示高。但遗憾的是，路由器都未处理该字段，导致 IP 不能提供 QoS。1998 年，该字段被更名为区分服务，以提供 DiffServ 服务。

MPLS 是一种应用更广泛的 QoS 方案，其基本思想可简述为：标记交换路由器（通常在网络的边缘）为 IP 分组加上标记，其他路由器根据分组中的标记，按优先级转发，从而实现 QoS 服务。

**例题 7 答案**

（11）B　　　　（12）A

**例题 8**

IntServ 是 Internet 实现 QoS 的一种方式，它主要依靠　(13)　，其实现资源预留的是　(14)　。

（13）A. SLA　　　　　　　　　B. RSVP

　　　 C. RTP　　　　　　　　　D. MPLS

（14）A. 接纳控制器　　　　　　B. 调度器

　　　 C. 分类器　　　　　　　　D. 路由选择协议

**例题 8 分析**

本题考查 QoS 及 IntServ 的基本知识。

IntServ（Integrated Services）最初试图在因特网中将网络提供的服务划分为不同类别的是 IETF 提出的综合服务 IntServ。IntServ 可对单个的应用会话提供服务质量的保证。

IntServ 定义了三种不同等级的服务类型：

（1）有保证的服务：为端到端的分组排队的延时提供稳定的、数学上可证明的边界，使得提供保证延时和带宽的服务成为可能。

（2）受控负载的服务。

（3）尽力服务：不提供任何类型的服务保证。

IntServ 的 4 个组成部分：

（1）资源预留协议 RSVP，也就是信令协议。

（2）接纳控制（Admission Control）程序。

（3）分类程序（Classifier）。

（4）调度程序（Scheduler）。

IntServ 依靠接纳控制决定链路或网络节点是否有足够的资源满足 QoS 请求。

IntServ 的缺点：

（1）可扩展性能差，因为 IntServ 要求端到端的信令，在每一个路由器上，都要检查每一进入的包并保证相应的服务，因而每一路由器都必须维护每一条流的状态信息，从而增加了综合服务的复杂性，导致可扩展性差。

（2）如果存在不支持 IntServ 的节点/网络，虽然信令可以透明通过，但对应用来说，已经无法实现真正意义上的资源预留，所希望达到的 QoS 保证也就大打折扣。

（3）对路由器的较高要求，由于需要端到端的资源预留，必须要求从发送者到接受者之间所有路由器都支持所实施的信令协议，因此所有路由器必须实现 RSVP、接纳控制、MF 分类和包调度。

（4）该模型不适合于生存期的业务流。

**例题 8 答案**

（13）B　　　（14）A

**例题 9**

MPLS 是一种将__(15)__路由结合起来的集成宽带网络技术。

（15）A. 第一层转发和第二层　　　　　　　B. 第二层转发和第三层

　　　 C. 第三层转发和第四层　　　　　　　D. 第四层转发和第七层

**例题 9 分析**

本题是考查对 MPLS 技术核心思想的理解。

MPLS 最初是基于 ATM 技术发展起来的。它结合 ATM 技术和 IP 技术各自的优点。其核心思想是：边缘路由、核心交换。从协议层次上来观察即为：结合了二层转发和第三层路由的集成宽带网络技术。

**例题 9 答案**

（15）B

# 第 12 章　网络规划与设计

根据考试大纲，本章要求考生掌握以下知识点：

（1）网络分析与设计过程：网络生命周期、网络开发过程、网络设计文档要素。

（2）需求分析：需求分析内容、业务流量分析要素与方法、通信量分析要素与方法、网络设计的约束条件、需求说明书编制。

（3）逻辑设计：物理层设计、网络互联设计、网络逻辑结构、节点容量和传输流量估算、VLAN 策略、网络管理设计、网络地址设计、网络安全设计、逻辑网络设计文档规范。

（4）物理设计：结构化布线设计、网络中心机房要求、网络物理结构、设备选型和配置、物理网络设计文档规范。

（5）网络测试、优化和管理：网络测试的方法和工具、性能优化的方法和技术、网络管理和网络监控、测试文档。

（6）网络故障分析与处理：常见的网络故障、网络故障的分析、网络故障的检测、网络故障的定位与排除、故障处理文档。

（7）网络系统性能评估技术和方法。

## 12.1　网络设计基础

网络系统的设计和实施是一个极其复杂的系统工程，是对网络知识、项目管理等的一个综合利用的过程，犹如进行一场战争，需要制订战争的目标，了解自己及对的资源和布置，对已有战略战术进行分析，设计自己的战术，然后才是战术实施的过程。前一章介绍了网络系统需求的获取和分析的基本方法和要点，也就是制定目标，了解自己资源和布置的过程，本章将介绍如何设计满足用户需求的网络系统，着重在已有解决方案的调查和本次方案的设计和评估过程。

网络系统的需求确定后，就应该着手进行设计了，设计的目的是利用有限的资源，设计出最佳性能的网络系统，满足用户当前和未来发展的需要。

进行网络设计时，先要了解有什么样的通信技术和产品能够帮助设计师达到构建网络的目的，然后才是针对用户需求进行网络系统的设计，在设计后还应该进行设计的评审和评估，保证设计的可行性和正确性。

## 12.2 网络分析概述

网络设计是一项有挑战性的任务，不仅仅是把多台计算机连接在一起，还应具有多种特性以便于升级和管理。要设计运行可靠、便于升级的网络，设计者必须认识到网络的每一重要组成部分都可能具有不同设计需求。只包括 50 个路由结点的网络都有可能产生一些复杂的问题而造成不可预料的后果，而在设计和构建包含成千上万个结点的网络时，遇到的问题就会更多。

网络设计的目标就是系统需要达到的性能指标，如系统的管理内容和规模，系统的正常运转要求，应达到的速度和处理的数据量等。

确定网络设计目标和对目标进行论证是网络设计的第一步。针对不同情况，网络设计的目标也不尽相同，但下述几点在大多数的网络设计中都是应当引起注意的。

（1）功能性：网络必须是可运行的，也就是说，网络必须完成用户提出的各项任务和需求，应为用户到用户、用户到应用提供速度合理、功能可靠的连接。

（2）可升级性：网络必须是可扩展的，即最初的设计不必做较大修改就可扩展到整个网络。

（3）可适应性：网络的设计必须着眼于未来技术的发展，网络对新技术的实现不应有所限制。

（4）可管理性：网络应该有为保证网络稳定运行提供方便的监测和管理功能。这些需求对某种特定类型的网络来说是特有的，对其他类型的网络来说则是常规的。

（5）费用有限性：网络系统不可能进行无限的花费，每个工程的预算都是确定的，网络设计需要在有限的费用下完成既定目标。

（6）高效率性：网络设计应该考虑利用尽量少的资源获得尽量大的效益，特别是要合理应用服务器的带宽，在广域网设计中更应该合理地分配广域网的带宽，达到最佳的网络性能。

## 12.3 网络系统的设计过程

明确了网络系统的需求、网络系统的设计目标和现有的设备和技术资源后，就可以进行实际的网络设计工作了，本节将一步步地讲解具体的网络设计的工作。

### 12.3.1 确定协议

需要确定应该使用哪种或哪些网络协议才能满足系统的需求，因为网络协议会根本地影响网络的拓扑结构，影响网络的带宽、使用的设备甚至传输的距离。

**1．确定数据链路层协议**

数据链路层协议的确定对网络相当重要，它决定网络的类型，如使用 IEEE802.3u 的网络就一定是 100MB 以太网，使用 IEEE802.5 的网络就是令牌网。是用以太网、令牌网，还是用 FDDI、ATM？还是几种协议混用？要解决这些问题，需要从下面几方面来考虑：

（1）原有的网络设备的利用：设计一个系统，不得不考虑对原有系统的利用，以降低成本、减少系统实施周期。这样就得考虑，原有的网络设备能否在新的网络协议下运行的问题。

（2）网络带宽：如果网络的通信量很低，选择 FDDI 和 ATM 这种高带宽高成本的网络是没有必要；而如果网络的通信量很高，经常要承载多媒体信息的传输，那就不能用低速度的网络，如 X.25、IDSN 等。

（3）传输距离：各种网络协议传输的距离要求是不同的，有些协议是局域网的协议，如以太网、令牌网，其本质上只能在很小的范围内建立网络；有些协议却能在很大范围内创建，如 FDDI、ATM、X.25、ISDN、DSL、帧中继等。

（4）费用问题：选择协议也得考虑费用，每种协议对应的网络设备和服务费用都是不相同的，甚至相差很大，FDDI、ATM、SONET 等设备和服务费用高昂，但速度很快，而 DSL、ISDN 等费用低廉但速度比较慢，就需要在速度和费用上进行合理的选择。

（5）选择新技术：有些技术和协议被认为是过时的，就不应该再选择它，支持它的厂家和设备将会很少，这会给将来的网络扩展和系统维护都带来很大的问题。

网络上并不一定是运行单一的网络协议，为了达到网络系统需求，常常要将多个网络协议组合起来使用。

**2．确定传输层和网络层协议**

传输层和网络层协议对网络系统的影响没有数据链路层协议大，它主要是运行在网络终端上，经常是多个协议联合使用。传输层和网络层协议对运行在网络层以上各层的设备有一定的影响。如有的路由器只支持 TCP/IP 协议或 IPX/SPX 协议，因此使用此设备，就得用相应的协议和它通信。另外，有些协议不支持路由，如 NetBEUI 就不适合在有路由的网络上运行。

## 12.3.2　确定拓扑结构

网络设计的很大部分工作应该是在进行网络拓扑结构的确定上，网络拓扑的设计采用自上而下的方法，先决定整体然后才决定部分。

**1．分析原有系统拓扑结构**

在设计网络系统时，必须考虑对原有系统的利用和继承，如果原有系统的通信线路还能够在新系统中运行，就没必要进行更换，这样就有需要将原有的拓扑结构利用起来。当然，如果以前的通信线路没法再使用，就需要重新设置通信线路，这样就和设计一个全新的系统没有什么两样了。

原有系统在新系统中可能只是一个子网络，也有可能新系统是在原系统上进行的结点的扩展，这两种情形下新网络系统的设计可以说是两种概念，后一种情况网络拓扑结构基本没有什么变化，主要考虑设备的添加或更换即可；而前一种情况需要对网络整体拓扑结构有一个重新设计，设计时还需要考虑对原有系统的连接。

**2．确定拓扑结构**

根据现有的网络状况和现有的投入以及实际的物理条件确定拓扑结构。

**3．确定服务器位置**

成功地设计一个网络，其中一个关键就是设计者要了解网络对服务器功能和位置的需求。服务器提供文件共享、打印、通信和应用服务。典型服务器的运行方式不同于工作站，它们运行特定的操作系统，如 Netware、Windows NT、UNIX 或 Linux。目前，每个服务器通常用来提供一种功能，如 E-mail 或文件共享。

可以把服务器分为两类：企业服务器和工作组服务器。企业服务器支持所有用户在网络上提出的服务请求，如主域控制器、E-mail 服务器、DNS 服务器、Web 服务器等，每个人都需要此类服务。工作组服务器只为特定的用户群提供服务，如字处理、文件共享等，只有部分用户需要这些服务。

企业服务器要放置在主配线设备（Main Distribution Facility，MDF）上，这样服务器的数据只发送到 MDF 而不必通过其他网络进行传输。在理想情况下，工作组服务器应该放置在距离应用其服务的用户群最近的中间配线设备（Intermediate Distribution Facility，IDF）上。现在要把服务器直接连接到 MDF 或 IDF 上。把工作组服务器放在离用户最近的线路上，数据流只能通过网络到达 IDF，而这不会影响在这个网络上的其他用户；服务器应该接到交换机或集线器的最大速率的端口上，以给服务器提供最大的带宽。

**4．确定配线间位置**

在一个大楼中，应该在每个楼层都设一个配线间，将 IDF 和一些工作组服务器就放置其中，而在大楼的底层设一个主配线间，将 MDF、企业服务器和路由器等远程联网设备放入其中。当然如果联网的范围不只一幢大楼，那么大楼底层只是放一个高一级的 IDF，大楼级的 IDF 需要和 MDF 用垂直电缆相连。

**5．结点编号和线路编号**

为了更好地标识每个结点和线路，在网络拓扑设计时就应该对每个结点和每个线路进行编号。一般来说每个终端结点的编号应该体现出此结点的物理位置，标识该结点的房间号、面板位置号、端口位置号，如 ws-30-3A 就是一个很好的编号。中间结点可以用层次来表示，如 MDF0、IDF1、IDF1-1 分别表示 MDF 结点、一级 IDF 结点、二级 IDF 结点。

线路的编号应该与其连接的两个结点的最低级别的结点编号一致，并且在线路的两头都应该进行编号标记，这样以后才好辨认维护。

### 12.3.3　确定连接

电缆在网络设计中是最重要的组成部分之一，直接关系到链路的通信能力。设计方案中包括所用布线的类型（典型的铜线、电缆或光纤）和整个网络的布线结构，网络传输介质包括第 5 类 UTP 和光缆以及符合 EIA/TIA 568 标准的连接介质。

除了长度限制外，还应该仔细考虑各种拓扑结构的优缺点，因为底层的物理线路是网络有效运行的重要保证，在网络运行中出现的大部分问题是物理层的问题。如果计划对某网络进行重大改动，应对要升级或重新布线地区的电线进行彻底的检查。

无论设计新网络还是为已有的网络重新布线，或在网络上应用高速技术，例如高速以太网、ATM 或吉位以太网技术，至少在布线系统上主干应使用光纤，水平连接线应使用第 5 类非屏蔽双绞线。线路的升级要先于其他应用的升级，而公司必须保证这些系统要符合既定的企业标准，如 EIA/TIA568 标准。

EIA/TIA568 标准规定每台连接到网络的设备要通过电缆连接到一台中心设备，该标准还规定，主机与网络连接的第 5 类非屏蔽双绞线的连接距离不得超过 100m。

双绞线电缆一定要避开高压电缆，如果一定要穿过高压电缆，那只得使用光缆进行连接，只有光缆能够有效地避开电磁干扰。

在安装电缆不方便的地方，或终端位置不固定的情况下应该使用无线网络，使用无线网络时必须了解无线网络的传播范围和容量，使用 IEEE802.11 的无线 LAN 网络技术要求传播范围在 300m 以内，如果超过这个范围就要考虑其他的无线 MAN 或无线 WAN 技术。

### 12.3.4　确定结点

网络中结点对信号一般进行放大、转发、过滤、路由等处理，结点对信号的处理能力直接关系到网络的通信能力。在进行网络设计时，对结点设备的选用要特别重视。

由于集线器是每个端口共享带宽，因此使用集线器时，每个端口的带宽是集线器带宽的十几甚至几十分之一。而交换机给每个端口提供独立的带宽，端口最大的带宽也就是交换机的带宽。交换机完全能代替集线器的功能，能够连上集线器的设备都能够连上交换机而不需要任何接口，使用交换机代替集线器显然能大大地提高网络的通信能力。所以对通信需求比较大的终端应该使其和交换机相连。另外越是网络的中心带宽的需求量就越大，所以必须用高速度的交换机和 IDF 相连，以提高整个网络的通信能力。

路由器可以有效地引导数据包从一个网络流向另一个网络，它根据网络资源的占用情况沿着通信量、成本最低的路径发送数据包，路由器还要以隔离部分网络，防止通信繁忙的区域延伸到更主要的网络系统中，防止网络速度降低和广播风暴。根据路由器的这些特征，在通信比较独立的子网络间增加一个路由器，这可以改善网络的通信能力。

### 12.3.5　确定网络的性能

网络性能用来衡量网络的可用程度。它受很多因素的影响，包括吞吐量、响应时间和资源的可利用度。

不同的用户对性能的要求是不同的。例如，用户可能要在网络上传输音频信号和视频信号，但是这种服务所需的带宽要远远大于网络主干所能提供的带宽，这样，就要靠增加更多的资源来提高数据传输的能力，而增加资源就要提高构建网络的费用，网络设计者要寻找能提供最大限度的服务而费用最少的设计方法。

有些特定的网络应用能产生巨大的流量，因此网络在此时有可能产生拥塞，具体情况如下所述：

（1）计算机从一个远程结点装载软件。

（2）传输图像或视频。

（3）主数据库的存取。

（4）对文件服务器的访问。

网络规划设计师对这些应用的频度和产生的流量进行估计，就应该估算出某段网络需要满足的流量的峰值。然后，再与此网段实际设计速率能提供的流量来比较，得出网络能否满足流量需求。

吞吐量实际上和网络传输速率是一致的。计算出网络的设计传输速率，就能基本得到其实际的传输所能满足的吞吐量。传输速率主要由结点端口提供的速率决定，通过线路两端的设备和其提供的端口速率，就能得到此线路的速率。下面提供一个计算方式：

（1）线路两边接口的速率如不一致，则用最小的速率。

（2）交换机端口的带宽就是实际能提供的带宽；集线器等共享带宽的设备其上行端口提供的实际带宽和其带宽一致，下行端口的带宽为上行端口带宽除以下行线路的总数。

### 12.3.6　确定可靠性措施

有些网络系统有很高的可靠性要求，如银行系统、证券系统、电话网络等。在设计网络时需要满足用户在网络可靠性方面的要求。保证网络的可靠性有如下几种手段，在实际设计时需要进行综合考虑，进行选择和组合，这种才能得到最好的设计效果。

（1）冗余线路。冗余线路指在网络中设计更多的线路，保证某些线路出现问题，还可以使用另外的线路进行通信。例如，双绞线由于比较细，比较容易出线断路的问题，一般的双绞线是由 4 个线对组成的，但使用时却经常使用两对线，另两对线备用，如果在使用的两对线中一对或两对出现问题，则可以使用另两对线来替换，而不必费时费力去重新布线。在主干线路上，常常需要多布几根线路，以保证整个系统的可靠性。

（2）冗余接口。给设备预留一些冗余接口，通常是能保证网络系统的扩展性，同时这样也可以给系统可靠性提供一些保证。一方面某些接口损坏后可以用另外的接口来代替；另一方面一些网络设备由于质量或者其他原因，几个接口可能存在一些冲突，这时对接口进行一下调整就往往能解决这些冲突。

（3）冗余通路。给一些重要的设备如服务器设置两个以上的通路，可以保证这些设备的可靠性，如给服务器设置两个网卡，两个网卡都连接到网络上，这样如果一个线路出现故障，另外一个线路还能继续工作。FDDI 采用双路网络，它本身就有冗余通路。

（4）备用设备。给使用频度高的设备准备一个备用设备，可以在此设备出现问题时进行及时的更换，这样可以有效地提高系统维修的速度，让系统几乎能不间断地运行。

（5）设备保护。UPS 是可以保证停电时系统还能正常运行的设备，同时它还能在电压出现异常时保护设备不被损坏，所以在重要的设备上都要设 UPS 保护。另外，还有一些其他的措施可以在物理上对设备进行保护，如避雷针、保险丝、机架和线路防护等。

（6）子网分离。子网分离是使用交换机、路由器等设备分离子网，可以避免出现问题的子网向其他子网蔓延，避免出现广播风暴，可以保证另外的子网中数据传输的可靠性。

## 12.3.7　确定安全性措施

网络设计必须考虑安全性方面的需要，在进行设计前，网络规划设计师必须确定用户网络是否需要连接 Internet、是否有服务器只对部分用户站点开放、网络是否有不同类型的用户、网络中数据是否是特别机密的数据、数据的转输是否需要进行加密等问题。根据这些问题，网络规划设计师设计出能够满足这些安全需求的网络系统，并且提供给用户一些安全检测和维护的工具。

## 12.3.8　网络设备的选择

在网络设计中，网络规划设计师对网络设备的选择需要制定一个一致的选择标准，只有按一定的标准行事，所做的工作才有连续性，多人的工作才有办法进行协调，才能保证网络设备能够在网络系统中正常运行。网络规划设计师需要对设备在成本、性能、容量、处理速度、延迟及安全性等方面做出一个标准，只有满足这些标准的设备才能选用。

在制定标准时，网络规划设计师要保证性能指标的一致性，只有这些指标互相配合才能保证网络得到最高的质量。例如，不能制定一个标准，需要很高的容量但只需要很小的处理速度，这样选择出来的设备是没法用的，高的容量将会浪费，而低的处理速度会成为网络的瓶颈。

在设备选择时，网络规划设计师要对设备进行必要的测试，测试这些设备是否满足其设计的性能，是否达到其宣称的质量，另外可以测试出此设备是否能够使用。如果设备没法使用，那么在网络系统运行的时候就会出现问题，轻则影响工期，重则网络系统将会完全崩溃，完全不能运行，给工程带来严重的问题。如果设备达不到其质量要求，那么设计的系统的性能和质量就将受到很大的影响。

除了对单个设备进行测试外，网络规划设计师还需要对设备的互联进行确认，测试设备之间的兼容性。制造厂商使用的生产标准和通信协议标准经常有差异，有些是标准版本的不一致，有些甚至采用不同的协议。即使是同一个制造商的不同阶段，也可能采用不同的标准和协议，致使新旧设备的质量有一些出入。因此，网络规划设计师必须对设备间的互联进行测试，而且需要尽量用新的设备，旧设备会给维护造成很大的困难。

### 12.3.9　机房工程设计

在机房工程设计中，需要考虑以下事项：

（1）机房建设材料和设备的选型和购置。包括不间断电源（Uninterruptible Power Supply，UPS）、供配电系统、机房精密空调、新风系统、防静电地板、天花吊顶系统、机房照明及墙体处理工程等。

（2）供配电工程。包括计算机网络设备用电系统、空调系统用电、其他机房用电系统、机房防雷接地系统并配置适应机房环境的照明及应急照明系统。

（3）机房集中监控系统。机房集中监控系统是现代化机房实现高度智能化管理的软件集成方案，是一个庞大的自动化监控程序。涉及供配电、UPS、空调、漏水检测、防雷器，以及保安门禁等系统的综合监控。

（4）UPS 电源设计。UPS 能为计算机网络设备提供稳定的电源，并在供电系统发生故障时提供后备电力，是保证计算机网络正常运作的必要条件。制订一个提供相应功能的电源管理方案的意义不仅在于可靠的硬件电源供电系统，而且意味着用户使用的数据和网络能够做到万无一失。

## 12.4　网络设计的约束因素

网络设计时要考虑的总体原则，它必需满足设计目标中的要求，遵循系统整体性、先进性和可扩充性原则，建立经济合理、资源优化的系统设计方案。下面分别逐个进行讨论。

**1. 先进性原则**

采用当今国内、国际上最先进和成熟的计算机软硬件技术，使新建立的系统能够最大限度地适应今后技术发展变化和业务发展变化的需要，从目前国内发展来看，系统总体设计的先进性原则主要体现在以下几个方面：

（1）采用的系统结构应当是先进的、开放的体系结构。

（2）采用的计算机技术应当是先进的，如双机热备份技术、双机互为备份技术、共享阵列盘技术、容错技术、RAID 技术等集成技术、多媒体技术。

（3）采用先进的网络技术，如网络交换技术、网管技术，通过智能化的网络设备及网管软件实现对计算机网络系统的有效管理与控制；实时监控网络运行情况，及时排除网络故障，及时调整和平衡网上信息流量。

（4）先进的现代管理技术，以保证系统的科学性。

**2．实用性原则**

实用性就是能够最大限度地满足实际工作要求，是每个信息系统在建设过程中所必须考虑的一种系统性能，是自动化系统对用户最基本的承诺，所以，从实际应用的角度来看，这个性能更加重要，为了提高办公自动化和管理信息系统中系统的实用性，应该考虑如下几个方面：

（1）系统总体设计要充分考虑用户当前各业务层次、各环节管理中数据处理的便利性和可行性，把满足用户业务管理作为第一要素进行考虑。

（2）采取总体设计、分步实施的技术方案，在总体设计的前提下，系统实施中可首先进行业务处理层及管理中的低层管理，稳步向中高层管理及全面自动化过渡，这样做可以使系统始终与用户的实际需求紧密连在一起，不但增加了系统的实用性，而且可使系统建设保持很好的连贯性。

（3）全部人机操作设计均应充分考虑不同用户的实际需要。

（4）用户接口及界面设计将充分考虑人体结构特征及视觉特征进行优化设计，界面尽可能美观大方，操作简便实用。

**3．可扩充、可维护性原则**

根据软件工程的理论，系统维护在整个软件的生命周期中所占比重是最大的，因此，提高系统的可扩充性和可维护性是提高管理信息系统性能的必备手段，建议做法如下：

（1）以参数化方式设置系统管理硬件设备的配置、删减、扩充、端口设置等，系统地管理软件平台，系统地管理并配置应用软件。

（2）应用软件采用的结构和程序模块化构造，要充分考虑使之获得较好的可维护性和可移植性，即可以根据需要修改某个模块、增加新的功能以及重组系统的结构以达到程序可重用的目的。

（3）数据存储结构设计在充分考虑其合理、规范的基础上，同时具有可维护性，对数据库表的修改维护可以在很短的时间内完成。

（4）系统部分功能考虑采用参数定义及生成方式以保证其具备普通适应性。

（5）部分功能采用多神处理选择模块以适应管理模块的变更。

（6）系统提供通用报表及模块管理组装工具，以支持新的应用。

**4．可靠性原则**

一个中大型计算机系统每天处理数据量一般都较大，系统每个时刻都要采集大量的数据，并进行处理，因此，任一时刻的系统故障都有可能给用户带来不可估量的损失，这就要求系统具有高度的可靠性。提高系统可靠性的方法很多，一般的做法如下：

（1）采用具有容错功能的服务器及网络设备，选用双机备份、Cluster 技术的硬件设备配置方案，出现故障时能够迅速恢复并有适当的应急措施。

（2）每台设备均考虑可离线应急操作，设备间可相互替代。

（3）采用数据备份恢复、数据日志、故障处理等系统故障对策功能。

（4）采用网络管理、严格的系统运行控制等系统监控功能。

### 5．安全保密原则

一个用户的数据相当一部分就是该用户的用户秘密，尤其是政府部门的一些机要文件、绝密文件等，是绝对重要的数据，因此安全保密性对办公自动化系统显得尤其重要，系统的总体设计必须充分考虑这一点。服务器操作系统平台最好基于 UNIX、Windows NT、OS2 等，数据库可以选 Informix、Oracle、Sybase、DB2 等，这样可以使系统处于 C2 安全级基础之上。采用操作权限控制、设备钥匙、密码控制、系统日志监督、数据更新严格凭证等多种手段防止系统数据被窃取和篡改。

### 6．经济性原则

在满足系统需求的前提下，应尽可能选用价格便宜的设备，以便节省投资，即选用性能价格比优的设备。总之，以最低成本来完成计算机网络的建设。

## 12.5　需求分析

网络系统的需求是指用户对目标网络系统在功能、通信能力、性能、可靠性、安全性、运行维护及管理方面的期望，通过对网络应用系统及其环境的理解和分析，将用户的需求精确化、完全化，最终形成网络需求分析报告，这一系列活动便构成了网络设计阶段的需求分析阶段。

网络规划设计师可以将软件工程中的需求分析方法引入到网络系统设计的需求分析中来，两者虽然最终的目标不同，但却有着异曲同工之妙。

需求分析可以采用自顶向下的结构化分析方法，了解用户单位所从事的行业，其在所处行业的地位及和其他单位的关系等。不同行业的用户、同行业的不同单位，对信息网络的需求和它本身在信息网络中所承担的角色各不相同，不同角色的单位在进行网络规划建设时所采取的策略也不相同。了解项目背景，有助于更好地了解用户单位建网的目的和目标。

网络需求分析是网络设计的基础，良好的需求分析有助于提高网络性能、节约系统成本。

### 12.5.1　基本任务和原则

在进行网络应用需求分析之前，首先要明确需求分析的基本任务和基本原则，并在其指导下获取需求并完成需求分析报告。两者是该阶段工作的行为准则，也可以说是该阶段工作的指南针、导航图。

**1．基本任务**

需求分析的基本任务是深入了解用户建网的目的和目标并加以分析，然后进行纵向的更加细致的需求分析和调研，在确定地理布局、设备类型、网络服务、通信类型和通信量、网络容量和性能、网络现状等几个主要方面情况的基础上形成分析报告。

（1）问题分析阶段。分析人员通过对问题及其环境的理解、分析和综合，清除用户需求的模糊性、歧义性和不一致性，并在用户的帮助下对相互冲突的要求进行折中。在这一阶段，分析人员应该将自己对原始问题的理解与网络设计经验结合起来，以便可发现哪些需求是由于用户的片面性或短期行为所导致的不合理要求，哪些要求是用户尚未提出但具有真正价值的潜在需求。由于用户群体中的各个用户往往会从不同的角度和抽象级别上阐述他们对原始问题的理解和对目标网络的需求，因此，有必要为原始问题及网络设计建立模型。

（2）需求描述阶段。主要以需求模型为基础，生成需求说明书。内容包括对目标网络系统外部特性的完整描述、需求验证标准以及用户在功能、性能、可靠性和维护管理等方面的要求。生成文档时，分析人员应该严格遵循既定规范，做到内容全面、结构清晰、措辞准确、格式严谨。

（3）需求评审阶段。分析人员要在用户和网络设计人员的配合下对自己生成的需求说明书进行复核，以确保网络需求的全面性、精确性和一致性，并使用户和网络设计人员对需求说明书的理解达成一致。

**2．基本原则**

需求分析的基本原则对需求分析的目标及方法作出了明确要求，是进行需求分析工作必须遵守的准则。

（1）必须充分理解并表达用户的实际需求和实际情况。

（2）用自顶向下的分析方法了解用户的行业背景、项目背景。

## 12.5.2　需求获取技术

充分了解网络应用系统需求是做好需求分析的关键。需求分析人员在与用户交流和观察工作流程获取初步需求时，采取一定的技术和技巧可以快速、准确地获取初步需求。

**1．向用户提出问题的原则**

在访谈或会议前，分析人员应该按照一定原则精心准备一系列问题，通过用户对问题的回答获取有关信息，逐步理解用户对目标网络的要求，这些原则是：

（1）问题应该是循序渐进的，即首先关心一般性、整体性问题，然后再讨论细节性问题。

（2）所提出的问题不应限制用户的回答，尽量让用户在回答过程中自由发挥，这就要求在组织问题时尽量客观、公正。

（3）逐步提出的问题在汇总后应能反映网络需求或其子需求的全貌，并覆盖用户对目标网络系统或其子系统在功能、性能等方面的要求。细节问题可以留待后期设计阶段解决。

### 2．收集需求的方法

网络规划设计师在收集需求时，必须向用户反馈求得确认，需要上下文无关的内容，需要良好的沟通技巧。一般可从全局、个人和团队的角度来考虑收集需求的方法。从全局的角度出发，可以这样收集需求：

（1）检查现有的网络状况、网络软件使用情况。

（2）调查其他公司在构建类似网络系统时所使用的方法、取得的效果。

（3）实地参观相似网络系统。

这种收集方法的好处在于，有利于需求分析人员熟悉新系统的情况，了解最起码的网络系统需求；而缺点是，由于注意力放在以前的工作上，可能会引起对未来的改进工作的忽略。

获取用户需求的常用方法如下：

（1）采访：采访至少要有需求分析人员和一个用户一起讨论网络系统的需求。需求采访的目的是收集信息，最好通过有趣的方式进行。

（2）观察：观察是需求分析人员到特定地点，观察问题领域涉及的人、机器的活动。通过观察，需求分析人员可以得到问题领域的第一手资料。

（3）问卷及调查：问卷是从大量人群收集信息的反馈表。一对一的交谈加上观察可能是收到需求最常用的方法，但这个方法耗时较长，不太方便。

（4）建立原型以得到潜在用户的反馈。这里的原型是指在实验室内搭建一个相对较小、模拟的网络环境。

### 3．产生歧义性的原因

在记录需求的时候，要避免出现需求歧义性。需求歧义性的三个主要来源是遗漏的需求、含糊的措辞、新加的成分。需求分析人员有责任在最终需求分析规格说明文档中消除需求歧义性。

**希赛教育专家提示**：分析人员不能被动地接受用户关于网络系统及项目背景的需求，而是要结合自己的网络设计经验，主动剔除不合理的、目光短浅的用户需求，从发展角度考虑问题，提出相应的方案。需求的获取是有章可循的，不能盲目进行。采用科学的需求获取技术可以快速、准确地获取需求，避免不必要的重复工作。

## 12.5.3　需求分析

在需求分析时，不能仅仅根据用户对网络的需求确定网络应用系统的技术指标，还要结合网络应用系统本身的实际情况来确定相关技术指标。

### 1．用户的网络需求

用户对网络的需求是网络应用系统需求的主体，是系统实现的最终目标。

（1）功能需求。包括数据库和程序的共享；文件的传送、存取；用户设备之间的逻辑连接，如共享打印机、电子邮件、网络互联、虚拟终端等。

（2）通信需求。即通信类型和通信量。通信类型有数据、视频信号、声音信号。不同类型的通信量用不同的度量，一般数据的通信量用平均的以及高峰时每秒传送的位数表示；视频信号的通信量用电视通道数表示，每个通道占 6MHz 带宽；声音信号则用欧拉数表示。估计通信量比较好的做法是分析用户的网络应用，估计每个应用产生的通信量，再把各种通信量累计得出结果。最后应把通信量都表示为每秒传输的位数。通信量的估计还可以通过对已有网络系统的调研得到。

（3）性能需求。网络性能一般用网络的响应时间或端-端延时表示。通常，当网络的通信量接近其最大容量时，响应时间就变长，网络性能恶化。网络规划者只有掌握了网络上将负担的通信量以及用户对响应时间的要求后，才能选择网络的类型及其配置，以便更好地满足需求。

主要从以下性能指标了解应用系统（用户）对网络的需求：容量（带宽，指在任何时间间隔网络能承担的通信量）、利用率、最优利用率、吞吐量（网络互联设备的吞吐量、应用层的吞吐量）、可提供负载、精确度、网络效率、延迟（等待时间）、延时变化量、响应时间、最优网络利用率、端到端的差错率等。

**希赛教育专家提示**：共享以太网的典型"规则"时，平均利用率不超过 37%，因为超过这一极限，碰撞比率会急速增加。这一比率和实际拓扑结构有关，对广域网来说合理的网络利用率是 70%。

（4）可靠性需求。可靠性要求主要是指精确度、错误率、稳定性、无故障时间等几个方面。对网络可靠性的要求是决定网络总体架构的重要因素。不同的行业、企业，不同的应用系统对于网络的可靠性要求是不同的。例如，银行业的储蓄、对公业务系统要求网络必须稳定可靠，而银行内部的办公网络应用对网络的可靠性要求则没有那么高。

（5）安全需求。衡量网络安全的指标是可用性、完整性和保密性。可用性是指网络资源在需要时即可使用，不因系统故障或误操作而造成资源丢失或破坏，以致影响资源的使用，例如民航的订票系统应有可用性的要求；完整性是指网络中信息的完整、精确和有效，不因人为或非人为的原因而改变信息内容，如银行转账系统、存取款系统应有完整性要求；保密性是指网络中有保密要求的信息只能通过一定方式向有权知道其内容的人员透露，如军用系统、档案系统和国家领导人的医疗保健系统。

客户最基本的安全性要求是保护资源以防止其无法使用、被盗用、被修改或被破坏。资源包括网络主机、服务器、用户系统、互联网络设备、系统和应用数据以及公司形象等。

（6）维护和运行需求。网络的维护和运行需求是指网络运行和维护费用方面的需求，相当于建筑工程中的预算。局域网的维护和运行费用主要是对网线、网卡的维护，费用相对要小得多；广域网的维护运行费用主要是指租用线路的费用，带宽越高、可靠性越高的线路往往费用也高。租用线路出现故障时，一般由线路提供商负责维修，线路使用者基本上没有线路的维护费用。

（7）管理需求。网络管理主要涉及用户管理、资源管理、配置管理、性能管理和网络维护 5 方面。

- 用户管理：创建和维护用户账户及相应的访问权限。
- 资源管理：实施和支持网络资源。
- 配置管理：规划原始配置，扩展以及维护配置信息和文档。
- 性能管理：监视和跟踪网络活动，维护和增强系统性能。
- 网络维护：防止、检查和解决网络故障问题。

网络管理需求主要体现在用户管理、资源管理、配置管理、性能管理等方面，结合用户需求及应用系统的具体情况，列出网络管理策略，如用户命名规则、用户权限设定规则、用户组如何划分，网络打印机共享范围，网管软件的选择与使用等。经过与用户充分协商后，确定网络管理需求。

**2．深入调查网络需求**

用户对网络的需求并不是网络需求的全部，需求分析人员还要从地理布局、设备类型、网络服务、通信类型和通信量、网络容量和性能、网络现状等方面进行深入细致的调查。

（1）地理布局。了解用户单位的建筑物布局、入网站点的分布情况，记录下述信息：网络中心（或计算中心）和各级设备间的位置；用户数量及其位置；任何两个用户之间的最大距离；用户群组，即在同一楼里或同一楼层里的用户，尤其注意那些地理上分散，却属于同一部门的用户；特殊的需求或限制。例如，网络覆盖的地理范围内是否有道路、山丘、建筑物等阻挡物，电缆等介质布线是否有禁区，是否已存在可利用的介质系统等。

（2）用户设备类型。包括终端（指没有本地处理能力的用户设备）、个人计算机（指具有本地处理能力的单用户或多任务个人计算机）、主机及服务器（具有本地处理能力的多用户设备）、模拟设备（电话、传感器、视频设备）。

（3）网络服务。包括数据库和程序的共享；文件的传送、存取；用户设备之间的逻辑连接；电子邮件；网络互联；虚拟终端。

（4）通信类型和通信量。通信类型有以下几种：数据、视频信号、声音信号。不同类型的通信量用不同的度量，一般数据的通信量用平均的以及高峰时每秒传送的位数表示；视频信号的通信量用电视通道数表示，每个通道占 6MHz 带宽；声音信号则用欧拉数表示。估计通信量比较好的做法是分析用户的网络应用，估计每个应用产生的通信量，再把各种通信量累计得出结果。最后应把通信量都表示为每秒传输的位数。通信量的估计还可以通过对已有网络系统的调研得到。

（5）容量和性能。网络容量是指在任何时间间隔网络能承担的通信量。网络性能一般用网络的响应时间或端-端延时表示。通常，当网络的通信量接近其最大容量时，响应时间就变长，网络性能恶化。网络规划者只有掌握了网络上将负担的通信量以及用户对响应时间的要求后，才能选择网络的类型及其配置，以便更好地满足需求。

（6）网络现状。如果要在已有的网络上规划建设新系统，那么可以了解用户单位现有网络的情况，尽可能在设计新系统的时候考虑旧系统的利用，这样既可保护用户投资，又能够使用户在系统的使用上有一个平滑的过渡，节省培训时间和费用。

### 12.5.4　需求说明书

设计人员在需求分析的基础上对网络应用系统进行设计并形成需求说明书，在此基础上，用户、需求分析人员和设计人员要对之进行评审，确定设计的正确性与否的同时，验证网络需求的全面性、精确性和一致性，并使用户和网络设计人员对需求说明书的理解达成一致，另外还会根据实际情况对需求分析进行修订。

需求说明书是由设计人员经需求分析后形成的网络设计文档，其内容更为系统、精确和全面，因为它必须服务于以下目标：

（1）便于用户、分析人员和网络设计人员理解和交流。用户通过需求说明书在分析阶段即可初步判定目标网络系统能否满足其原来的期望，网络设计人员则将需求说明书作为网络设计的基本出发点。

（2）支持目标网络系统的确认。网络系统建设的目标是否完成不应由网络测试阶段的人为因素决定，而应根据需求说明书中确定的可测试标准来决定。

（3）控制系统进化过程。在需求分析完成后，如果用户追加需求，那么需求说明书将用于确定是否为新需求。

需求说明书的主体包括功能与行为需求的描述及非行为需求描述两部分。功能与行为需求描述说明网络数据包的产生、传送和接收过程中各结点之间的相互关系。非行为需求是指网络系统在运作时应具备的各种属性，包括传输时间、带宽利用率、吞吐量、延迟等指标。

为使需求说明书更加简洁易懂，其他内容不应写入需求说明书，如人员需求、成本预算、进度安排、网络设计方案等就不应写进去。

完成需求说明书之后，要制订确认测试计划，其中主要内容有网络系统说明、进度安排、条件、测试资料、测试对象、人员培训、测试设计（系统容量、功能、性能、对应用的支持程度）、标准评价（范围、尺度、数据整理）。

## 12.6　逻辑网络设计

逻辑网络设计主要考虑网络分段、VLAN 策略、广域网络安全三个方面。

### 1．网络分段

通过网络分段将非法用户与网络资源相互隔离，从而达到限制用户非法访问的目的，因而是保证安全的一项重要措施。

网络分段可分为物理和逻辑分段两种方式，前者通常指将网络从物理层和数据链路层上分为若干网段，各网段相互之间无法直接通信。目前许多交换机都有一定的访问控制能力，可实现网络的物理分段；后者则将整个系统在网络层上分段。例如，可把 TCP/IP 网络分成若干 IP 子网，各子网间必须通过路由器、路由交换机和网关或防火墙等设备连接，利用这些中间设备的安全机制来控制各子网间的访问。

在实际应用过程中，通常采取物理与逻辑分段相结合的方法来实现对网络系统安全的控制。

## 2．VLAN 策略

以太网从本质上基于广播机制，但采用 VLAN 技术把局域网隔离为多个广播域，这样不同的广播域之间信息交换就不会存在监听问题。

通过基于 VLAN 的访问控制列表，使得在 VLAN 外的网络结点不能直接访问 VLAN 内的结点。

VLAN 的划分目的是保证系统的安全性，因此可以按照系统的功能性来划分 VLAN。例如，可以将总部中的服务器系统单独划分为一个 VLAN，如数据库服务器和电子邮件服务器等。

也可以按照机构的设置来划分 VLAN，如将财务所在的网络单独作为一个名为 Finance 的 VLAN，其他机构分别作为一个 VLAN，并且控制 Finance 的 VLAN 与其他 VLAN 之间的单向信息流向。即允许 Finance 的 VLAN 查看其他 VLAN 的相关信息，其他 VLAN 不能访问它的信息。

VLAN 之内的连接采用交换实现，VLAN 之间采用路由实现。由于路由控制的能力有限，不能实现 VLAN 之间的单向信息流动。因此需要在 Finance VLAN 与其他 VLAN 之间设置一个防火墙作为安全隔离设备，控制 VLAN 之间的信息交流。

## 3．广域网安全

由于广域网采用互联网传输数据，因而在传输时信息也可能会被不法分子截取。如分支机构从异地发送一个信息到总部时，这个信息包有可能被人截取和利用。因此在广域网上发送和接收信息时要保证如下方面。

（1）除了发送方和接收方外，其他人不可知悉信息（隐私性）。

（2）传输过程中信息不被窜改（真实性）。

（3）发送方能确认接收方不是假冒的（非伪装性）。

（4）发送方不能否认自己的发送行为（非否认性）。

如果没有专门的软件控制，所有的广域网通信都将不受限制地传输，因此任何一个监测通信的人都可以截取通信数据。这种形式的攻击相对比较容易成功，只要使用现在很容易得到的包检测软件即可。

如果从一个联网的 UNIX 工作站上使用跟踪路由命令，即可看到数据从客户机传送到服务器要经过多少种不同的结点和系统,所有这些都被认为是最容易受到黑客攻击的目标。一般地,一个监听攻击只需通过在传输数据的末尾获取 IP 包的信息即可以完成,这种方法并不需要特别的物理访问。如果具有直接物理访问网络的权限,还可以使用网络诊断软件窃听。

对付这类攻击的方法是加密传输的信息,或至少要加密包含敏感数据的部分信息。

## 12.7　物理网络设计

物理网络设计主要就是综合布线系统的设计。

综合布线系统的设计应该体现上面所述的综合布线系统的 6 个特点。《建筑与建筑群综合布线系统工程设计规范》(GB/T 50311—2000)中对综合布线系统的总则为:

(1)综合布线系统的设施及管线的建设,应纳入建筑与建筑群相应的规划之中。

(2)综合布线系统应与大楼办公自动化(OA)、通信自动化(CA)、楼宇自动化(BA)等系统统筹规划,按照各种信息的传输要求做到合理使用,并应符合相关的标准。

(3)工程设计时,应根据工程项目的性质、功能、环境条件和近、远用户要求,进行综合布线系统设施和管线的设计。工程设计施工必须保证综合布线系统的质量和安全,考虑施工和维护方便,做到技术先进,经济合理。

(4)工程设计中必须选用符合国家有关技术标准的定型产品。未经国家认可的产品质量监督检验机构鉴定合格的设备及主要材料,不得在工程中使用。

(5)综合布线系统的工程设计,除应符合本规范外,还应符合国家现行的相关强制性标准的规定。

### 12.7.1　工作区子系统的设计

工作区子系统设计主要考虑工作区的划分与信息插座数量的配置、工作区适配器的选用、工作区子系统信息插座的安装、工作区电源等方面。

**1. 工作区的划分与信息插座数量的配置**

一个独立的需要设置终端设备的区域宜划分为一个工作区。工作区应由配线(水平)布线系统的信息插座延伸到工作站终端设备处的连接电缆及适配器组成。工作区子系统如图 12-1 所示。

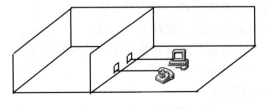

图 12-1　工作区子系统

一个工作区的服务面积可按 5～10 平方米估算，或按不同的应用场合调整面积的大小。

每个工作区信息插座的数量应按以下的配置标准配置。

（1）最低配置：适用于综合布线系统中配置标准较低的场合，用铜芯双绞电缆组网。

- 每个工作区有 1 个信息插座；
- 每个信息插座的配线电缆为 1 条 4 对对绞电缆。

（2）基本配置：适用于综合布线系统中中等配置标准的场合，用铜芯双绞电缆组网。

- 每个工作区有两个或两个以上信息插座；
- 每个信息插座的配线电缆为 1 条 4 对对绞电缆。

**2．工作区适配器的选用应符合的规定**

（1）设备的连接插座应与连接电缆的插头匹配，不同的插座与插头应加装适配器。

（2）当开通 ISDN 业务时，应采用网络终端或终端适配器。

（3）在连接使用不同信号的数模转换或数据速率转换等相应的装置时，宜采用适配器。

（4）对于不同网络规程的兼容性，可采用协议转换适配器。

（5）各种不同的终端设备或适配器均安装在信息插座之外的工作区的适当位置。

**3．工作区子系统信息插座的安装应符合的规定**

（1）安装在地面上的信息插座应采用防水和抗压的接线盒。

（2）安装在墙面或柱子上的信息插座底部离地面的高度宜为 300mm。

（3）安装在墙面或柱子上的多用户信息插座底部离地面的高度宜为 300mm。

**4．工作区电源**

工作区的电源插座应选用带保护接地的单相电源插座，保护接地与零线应严格分开。

## 12.7.2　水平干线子系统的设计

水平干线子系统的作用是将主干子系统的线路延伸到用户工作区子系统。水平子系统的数据、图形图像等电子信息交换服务和话音传输服务可以采用的线缆有 100Ω 非屏蔽双绞线电缆、100Ω 屏蔽双绞线电缆、100Ω 同轴电缆和 62.5/125μm 光纤。

**1．水平干线子系统设计应符合的要求**

（1）根据工程提出的近期和远期的终端设备要求。

（2）每层需要安装的信息插座的数量及其位置。

（3）终端将来可能产生移动、修改和重新安排的预测情况。

（4）一次性建设或分期建设的方案。

**2．水平干线子系统的配置**

（1）水平干线子系统应采用 4 对对绞电缆，在需要时也可采用光缆。配线子系统根据整个综合布线系统的要求，应在交换间或设备间的配线设备上进行连接。配线子系统的配线电缆或光缆长度不应超过 90m。在能保证链路性能的情况下，水平光缆的距离可适当加长。

（2）配线电缆可选用普通的综合布线铜芯对绞电缆，在必要时应选用阻燃、低烟、低毒等电缆。

（3）信息插座应采用 8 位模块式通用插座或光缆插座。

（4）配线设备交叉连接的跳线应选用综合布线专用的插拔软跳线，在电话应用时也可选用双芯跳线。

（5）1 条 4 对对绞电缆应全部固定接在 1 个信息插座上。

水平干线子系统如图 12-2 所示。

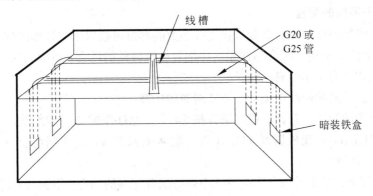

图 12-2　水平干线子系统

**3．水平干线子系统中常用的几种布线方案**

（1）直接埋管式。

（2）先走吊顶内线槽，再走支管到信息出口的方式。

（3）适合大开间及后打隔断的地面线槽方式。

### 12.7.3　管理间子系统的设计

应对设备间、交换间和工作区的配线设备、缆线、信息插座等设施，按一定的模式进行标识和记录，并要符合下列规定：

（1）规模较大的综合布线系统宜采用计算机进行管理，简单的综合布线系统宜按图纸资料进行管理，并应做到记录准确、及时更新、便于查阅。

（2）综合布线的每条电缆、光缆、配线设备、端接点、安装通道和安装空间均应给定唯一的标志。标志中可包括名称、颜色、编号、字符串或其他组合。

（3）配线设备、缆线、信息插座等硬件均应设置不易脱落和磨损的标识，并应有详细的书面记录和图纸资料。

（4）电缆和光缆的两端均应标明相同的编号。

（5）设备间、交换间的配线设备宜采用统一的色标，以区别各类用途的配线区。配线机架应留出适当的空间，供未来扩充之用。

### 12.7.4　垂直干线子系统的设计

垂直干线子系统的设计主要考虑干线子系统的组成、干线子系统的配置、干线子系统线缆的敷设方案。

**1．干线子系统的组成**

干线子系统应由设备间的建筑物配线设备（BD）和跳线，以及设备间至各楼层交接间的干线电缆组成。

**2．干线子系统的配置**

干线子系统所需要的电缆总对数和光纤芯数的容量可按以下配置标准的要求确定。

（1）最低配置：适用于综合布线系统中配置标准较低的场合，用铜芯双绞电缆组网。

- 每个工作区有 1 个信息插座。
- 每个信息插座的配线电缆为 1 条 4 对对绞电缆；
- 干线电缆的配置，对计算机网络宜按 24 个信息插座配 2 对双绞线，或每一个集线器（HUB）或集线器群（HUB 群）配 4 对双绞线；对电话至少每个信息插座配 1 对双绞线。

（2）基本配置：适用于综合布线系统中中等配置标准的场合，用铜芯双绞电缆组网。

- 每个工作区有两个或两个以上的信息插座。
- 每个信息插座的配线电缆为 1 条 4 对对绞电缆。
- 干线电缆的配置，对计算机网络宜按 24 个信息插座配置两对双绞线，或每一个 HUB 或 HUB 群配 4 对双绞线；对电话至少每个信息插座配 1 对双绞线。

（3）综合配置：适用于综合布线系统中配置标准较高的场合，用光缆和铜芯对绞电缆混合组网。

- 以基本配置的信息插座量作为基础理论配置。
- 垂直干线的配置，每 48 个信息插座宜配双芯光纤，适用于计算机网络、电话或部分计算机网络，选用双绞电缆，按信息插座所需线对的 25%配置垂直干线电缆，或按用户要求进行配置，并考虑适当的备用量。
- 当楼层信息插座较少时，在规定长度的范围内，可几层合用 HUB，并合并计算光纤芯数，每一楼层计算所得的光纤芯数还应按光缆的标称容量和实际需要进行选取。
- 如有用户需要光纤到桌面（Fiber To The Desktop，FTTD），光纤可经或不经 FD 直接从 BD 引至桌面，上述光纤芯数不包括 FTTD 的应用在内。
- 楼层之间原则上不敷设垂直干线电缆，但在每层的 FD 可适当预留一些接插件，需要时可临时布放合适的缆线。

- 对数据应用采用光缆或 5 类双绞线电缆，双绞线电缆的长度不应超过 90m，对电话应用可采用 3 类双绞线电缆。

**3. 干线子系统线缆的敷设方案**

（1）干线子系统应选择干线电缆较短，安全和经济的路由，且宜选择带门的封闭型综合布线专用的通道敷设干线电缆，也可与弱电竖井合用。

（2）干线电缆宜采用点对点端接，也可采用分支递减端接。

（3）如果设备间与计算机机房和交换机房处于不同的地点，而且需要将话音电缆连至交换机房，数据电缆连至计算机机房，则宜在设计中选取不同的干线电缆或干线电缆的不同部分来分别满足话音和数据的需要。当需要时，也可采用光缆系统予以满足。

（4）缆线不应布放在电梯、供水、供气、供暖、强电等竖井中。

干线子系统线缆的敷设如图 12-3 所示。

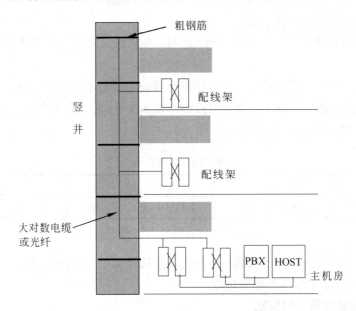

图 12-3　干线子系统线缆的敷设

## 12.7.5　建筑群子系统的设计

建筑群子系统应由连接各建筑物之间的综合布线缆线、建筑群配线设备（CD）和跳线等组成。

建筑物之间的缆线宜采用地下管道或电缆沟的敷设方式，并应符合相关规范的规定。

建筑物群干线电缆、公用网和专用网电缆、光缆（包括天线馈线）进入建筑物时，都应设置引入设备，并在适当位置终端转换为室内电缆、光缆。引入设备还包括必要的保护装置。引入设备宜单独设置房间，如条件合适也可与 BD 或 CD 合设。引入设备的安装应符合相关规定。

　　建筑群和建筑物的干线电缆、主干光缆布线的交接不应多于两次。从楼层配线架（FD）到建筑群配线架（CD）之间只应通过一个建筑物配线架（BD）。

### 12.7.6　设备间子系统的设计

　　设备间子系统设计的主要内容有设备间的设计应符合的规定和设备安装宜符合的规定。

　　**1．设备间的设计应符合的规定**

　　（1）设备间宜处于干线子系统的中间位置。

　　（2）设备间宜尽可能靠近建筑物电缆引入区和网络接口。

　　（3）设备间的位置宜便于接地。

　　（4）设备间室温应保持在 10～30℃ 之间，相对湿度应保持在 20%～80%，并应有良好的通风。

　　（5）设备间内应有足够的设备安装空间，其面积最低不应小于 $10m^2$。

　　设备间应防止有害气体（如 SO，HS，NH 和 NO 等）侵入，并应有良好的防尘措施，尘埃含量限值宜符合表 12-1 的规定。

表 12-1　尘埃限值

| 灰尘颗粒的最大直径（μm） | 0.5 | 1 | 3 | 5 |
|---|---|---|---|---|
| 灰尘颗粒的最大浓度（粒子数/m³） | $1.4×10$ | $7×10$ | $2.4×10$ | $1.3×10$ |

　　注：灰尘粒子应是不导电的，非铁磁性和非腐蚀性的。

　　在地震区的区域内，设备安装应按规定进行抗震加固，并符合《通信设备安装抗震设计规范》YD5059—1998 的相应规定。

　　**2．设备安装宜符合的规定**

　　（1）机架或机柜前面的净空不应小于 800mm，后面的净空不应小于 600mm。

　　（2）壁挂式配线设备底部离地面的高度不宜小于 300mm。

　　（3）在设备间安装其他设备时，设备周围的净空要求，按该设备的相关规范执行。

　　设备间应提供不少于两个 220V、10A 带保护接地的单相电源插座。

### 12.7.7　管线施工设计

　　综合布线系统的管线施工设计主要考虑的内容有水平线子系统的走线设计和垂直干线子系统的走线设计。

**1．水平线子系统的走线设计**

水平线子系统完成由接线间到工作区信息出口线路连接的功能。有以下两种走线方式。

1）墙上型信息出口

采用走吊顶的轻型装配式槽形电缆桥架的方案。这种方式适用于大型建筑物，为水平线系统提供机械保护和支持。

装配式槽形电缆桥架是一种闭合式的金属托架，安装在吊顶内，从弱电井引向各个设有信息点的房间。再由预埋在墙内的不同规格的铁管，将线路引到墙上的暗装铁盒内。区域配线架采用槽形电缆桥架直接引至图纸所标注的位置。

综合布线系统的线缆量较大，所以线槽容量的计算很重要。按照标准的线槽设计方法，应根据水平线的外径来确定线槽的容量，即线槽的横截面积=水平线截面积之和×3。

线槽的材料为冷轧合金板，表面可进行相应处理，如镀锌、喷塑和烤漆等。线槽可以根据不同情况选用不同的规格。根据本项目的需要选择的是截面积 50（B）mm×100（H）mm，长度 2m，重量为 3.67kg/m 的槽体，配以上盖板宽 100mm，长 2m，重量为 2.20kg/m 的线槽和截面积为 50（B）mm×50（H）mm，长度 2m，重量 1.91kg/m 的槽体，配以上盖板宽 50mm，长度 2m 重量为 0.87kg/m 的两种规格的线槽。另外还要使用一种 50（B）mm×50（H）mm×123（L）mm，重量为 1.29kg/m 盖板重量为 0.22kg/m 的，为保证线缆的转弯半径，线槽须配以相应规格的分支辅件，以提供线路路由的弯转自如。

同时为确保线路的安全，应使槽体有良好的接地端。金属线槽、金属软管、电缆桥架及各分配线箱均需整体连接，然后接地。如果不能确定信息出口的准确位置，拉线时可先将线缆盘放在吊顶内的出线口，待具体位置确定后，再引到各信息出口。

2）地面型信息出口

采用地面预埋塑料板 120×20。这种方式适用于大开间的办公间，为以后用户布置信息点留下很大的自由度，可根据实际使用情况来布点。

建议先在地面垫层中预埋隔板，这样强电线路也可以与弱电线路平行配置，这样就可以向每一个用户提供一个包括数据、语音、不间断电源、照明电源出口的集成面板。真正地做到在一个清洁的环境下，实现办公室自动化。

由于地面垫层中可能会有消防等其他系统的线路，所以必须由建筑设计单位，根据管线设计人员提出的要求，综合各系统的实际情况，完成地面线槽路由部分的设计。

线槽容量的计算也应根据水平线的外径来确定，即线槽的横截面积=水平线截面积之和×3。

地面线槽也需整体连接，然后接地。地面型信息出口如图12-4所示。

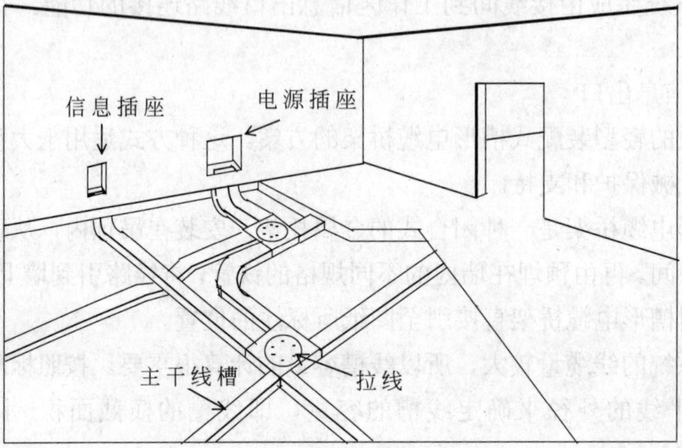

图12-4　地面型信息出口

### 2. 垂直干线子系统的走线设计

垂直干线子系统，是由一连串通过地板通孔垂直对准的接线间组成的。用于综合布线系统的典型接线间，其可以走进人的最小安全尺寸是20cm×150cm，标准的天花板高度为240cm，门的大小至少为高2.1m宽1m，向外开。

垂直干线的走线设计分为以下两部分。

1）干线的垂直部分

垂直部分的作用是提供弱电井内垂直干缆的通道。这部分采用预留电缆井方式，在每层楼的弱电井中留出专为大对数电缆通过的长方形的面孔。电缆井的位置设在靠近支持电缆的墙壁附近，但又不妨碍端接配线架的地方。

在预留有电缆井一侧的墙面上，还应安装电缆爬架。爬架的横档上开一排小孔，大对数电缆用紧绳绑在上面，用于固定和承重。如果附近有电梯等大型电磁干扰源，则应使用封闭的金属线槽为垂直干线提供屏蔽保护。

预留的电缆井的大小，按标准的算法，应至少是要通过的电缆的外径之和的3倍。此外还必须保留一定的空间余量，以确保在今后系统扩充时不致需要安装新的管线。

2）干线的水平通道部分

水平通道部分的作用是，提供垂直干线从主设备间到其所在楼层的弱电井的通路。这部分也应采用走吊顶的轻型装配式槽形电缆桥架的方案。所用的线槽由金属材料构成，用来安放和引导电缆，可以对电缆起到机械保护的作用，同时还提供了一个防火、密封，坚固的空间使线缆可以安全地延伸到目的地。其选材算法与水平子系统设计部分的线槽算法一致。与垂直部分一样，水平通道部分也必须保留一定的空间余量，以确保在今后系统扩充时不致需要安装新的管线。

### 12.7.8　电源防护与接地设计

在综合布线系统中，一个很重要的方面就是电源防护与接地设计，在这方面，需要根据有关标准进行。

**1．电源**

（1）设备间内安放计算机主机时，应按照计算机主机电源要求进行工程设计。

（2）设备间内安放程控用户交换机时应按照《工业企业程控用户交换机工程设计规范》CECS09：1989 进行工程设计。

（3）设备间、交接间应用可靠的交流 220V、50Hz 电源供电。

设备间应由可靠交流电源供电，不要用邻近的照明开关来控制这些电源插座，减少偶然断电事故发生。

**2．电气防护及接地**

（1）综合布线区域内存在的电磁干扰场强大于 3V/m 时，应采取防护措施。

（2）关于综合布线区域允许存在的电磁干扰场强的规定，考虑了下述的因素：

- 在《通用的抗干扰标准》EN50082-X 中，规定居民区、商业区的干扰辐射场强为 3V/m，按《抗辐射干扰标准》IEC801-3 的等级划分，属于中等 EM 环境。
- 在邮电部电信总局编制的《通信机房环境安全管理通则》中，规定通信机房的电场强度在频率范围为 0.15～500MHz 时，不应大于 130dB/m，相当于 3.16V/m。

参考以上两项规定，对电场强度做出 3V/m 的规定。

综合布线电缆与电力电缆的间距要求，是参考《商用大楼的电信通道和间距标准》TIA/EIA569 标准制定的。

墙上敷设的综合布线电缆、光缆及管线与其他管线的间距要求是参考《工业企业通信设计规范》GBJ42—1981 制定的。

（3）综合布线电缆与附近可能产生高频电磁干扰的电动机、电力变压器等电气设备之间应保持必要的间距。

综合布线电缆与电力电缆的间距应符合表 12-2 的规定。

表 12-2　综合布线电缆与电力电缆的间距

| 其他干扰源 | 与综合布线状况接近 | 最小间距/cm |
|---|---|---|
| 380V 以下电力电缆< 2kVA | 与缆线平行敷设 | 13 |
| | 有一方在接地的线槽中 | 7 |
| | 双方都在接地的线槽中 | 注 1 |
| 380V 以下电力电缆 2～5 kVA | 与缆线平行敷设 | 30 |
| | 有一方在接地的线槽中 | 15 |
| | 双方都在接地的线槽中 | 8 |
| 380V 以下电力电缆> 5kVA | 与缆线平行敷设 | 60 |
| | 有一方在接地的线槽中 | 30 |
| | 双方都在接地的线槽中 | 15 |

续表

| 其他干扰源 | 与综合布线状况接近 | 最小间距/cm |
|---|---|---|
| 荧光灯、氩灯、电子启动器或交感性设备 | 与缆线接近 | 15～30 |
| 无线电发射设备（如天线、传输线、发射机等）、雷达设备、其他工业设备（开关电源、电磁感应炉、绝缘测试仪等） | 与缆线接近 | ≥150 |
| 配电箱 | 与配线设备接近 | ≥100 |
| 电梯、变电室 | 尽量远离 | ≥200 |

注意：当 380V 电力电缆小于 2kVA，双方都在接地的线槽中，且平行长度小于或等于 10m 时，最小间距可以是 10mm。

　　电话用户存在振铃电流时，不能与计算机网络在一根双绞线电缆中一起运用。

　　双方都在接地的线槽中，系统可在两个不同的线槽，也可在同一线槽中用金属板隔开。墙上敷设的综合布线电缆、光缆及管线与其他管线的间距应符合表 12-3 的规定。

表 12-3　墙上敷设的综合布线电缆、光缆及管线与其他管线的间距

| 其他管线 | 最小平行净距/mm | 最小交叉净距/mm | 其他管线 | 最小平行净距/mm | 最小交叉净距/mm |
|---|---|---|---|---|---|
| | 电缆、光缆或管线 | 电缆、光缆或管线 | | 电缆、光缆或管线 | 电缆、光缆或管线 |
| 避雷引下线 | 1000 | 300 | 热力管（不包封） | 500 | 500 |
| 保护地线 | 50 | 20 | 热力管（包封） | 300 | 300 |
| 给水管 | 150 | 20 | 煤气管 | 300 | 20 |
| 压缩空气管 | 150 | 20 | | | |

　　注：如墙壁电缆敷设高度超过 6000mm 时，与避雷引下线的交叉净距应按下式计算：S≥0.05L，式中 S 为交叉净距（mm），L 为交叉处避雷引下线距地面的高度（mm）。

　　（4）综合布线系统应根据环境条件选用相应的缆线和配线设备，或采取防护措施，并应符合下列规定：

- 当综合布线区域内存在的干扰低于上述规定时，宜采用非屏蔽缆线和非屏蔽配线设备进行布线。
- 当综合布线区域内存在的干扰高于上述规定时，或用户对电磁兼容性有较高要求时，宜采用屏蔽缆线和屏蔽配线设备进行布线，也可采用光缆系统。
- 当综合布线线路存在干扰源，且不能满足最小净距要求时，宜采用金属管线进行屏蔽。

　　（5）综合布线系统采用屏蔽措施时，必须有良好的接地系统，并应符合下列规定：

- 保护地线的接地电阻值，单独设置接地体时，不应大于 4Ω；采用接地体时，不应大于 1Ω。
- 采用屏蔽布线系统时，所有屏蔽层应保持连续性。
- 采用屏蔽布线系统时，屏蔽层的配线设备（FD 或 BD）端必须良好接地，用户（终端设备）端视具体情况宜接地，两端的接地应连接至同一接地体。若接地系统中存在两个不同的接地体时，其接地电位差不应大于 1V。

（6）采用屏蔽布线系统时，每一楼层的配线柜都应采用适当截面的铜导线单独布线至接地体，也可采用竖井内集中用铜排或粗铜线引到接地体，导线或铜导体的截面应符合标准。接地导线应接成树状结构的接地网，避免构成直流环路。

（7）干线电缆的位置应尽可能位于建筑物的中心位置。

（8）当电缆从建筑物外面进入建筑物时，电缆的金属护套或光缆的金属件均应有良好的接地。

（9）当电缆从建筑物外面进入建筑物时，应采用过压、过流保护措施，并符合相关规定。

屏蔽系统接地导线的截面可参考表 12-4 的选择。

表 12-4　接地导线选择表

| 名　　称 | 楼层配线设备至大楼总接地体的距离 | |
| --- | --- | --- |
| | ≤30m | ≤100m |
| 信息点的数量/个 | ≤75 | >75，≤450 |
| 工作区的面积/m² | ≤750 | >750，≤4500 |
| 选用绝缘铜导线的截面/mm² | 6～16 | 16～50 |

注：按工作区 10m² 配置 1 个信息插座来计算，依此类推，可核算出相应的面积。实际上计算导线截面的主要依据是信息点的数量（一个双插座为两个信息点）。

综合布线的接地系统采用竖井内集中用铜排或粗铜线引至接地体时，集中铜排或粗铜线应视作接地体的组成部分，按接地电阻限值计算其截面。

**3．环境保护**

（1）在易燃的区域和大楼竖井内布放电缆或光缆时，宜采用防火和防毒的电缆；相邻的设备间应采用阻燃型配线设备。对于穿钢管的电缆或光缆可采用普通外套护套。

关于防火和防毒电缆的推广应用，考虑到工程造价的原因没有大面积推广，只是限定在易燃区域和大楼竖井内采用，配线设备也应采用阻燃型。如果将来防火和防毒电缆价格下降，适当扩大使用面也未必不可，万一着火，这种电缆可减少散发有害气体，对于疏散人流会起好的作用。

目前市场上有以下几种类型的产品可供选择。

- LSHF-FR 低烟无卤阻燃型，不易燃烧，释放 CO 少，低烟，不释放卤素，危害性小。
- LSOH 低烟无卤型，有一定的阻燃能力，过后会燃烧，释放 CO，但不释放卤素。
- LSDC 低烟非燃型，不易燃烧，释放 CO 少，低烟，但释放少量有害气体。
- LSLC 低烟阻燃型，稍差于 LSDC 型，情况与 LSDC 类同。

（2）利用综合布线系统组成的网络，应防止由射频产生的电磁污染，影响周围其他网络的正常运行。

随着信息时代的高速发展，各种高频率的通信设施不断出现，相互之间的电磁辐射和电磁干扰影响也日趋严重，在国外已把电磁影响看做一种环境污染，成立专门的机构对电信和电子产品进行管理，制订电磁辐射限值标准，加以控制。

对于综合布线系统工程而言，也有类似的情况，当应用于计算机网络时，传输频率越来越高，如果不加以限制电磁辐射的强度，将会造成相互的影响。因此《建筑与建筑群综合布线系统工程设计规范》（GB/T50311-2000）规定：利用综合布线系统组成的网络，应防止由射频频率产生的电磁污染，影响周围其他网络的正常运行。其具体的限值标准应由专门机构来制订。

## 12.8　网络测试和维护

为了更好地对网络进行管理，有效的预防问题的发生，维护网络的稳定，就必须对网络进行测试。

### 1．网络测试

从网络硬件方面来说，网络测试主要是针对交换机、路由器、防火墙、线缆的测试。

从网络系统方面来说，网络测试主要是针对系统的连通性、链路传输率、吞吐率、传输时延、丢包率的测试。而针对以太网链路层的测试还有链路利用率、错误率、广播帧和组播帧、冲突率等测试。

从网络应用来说，网络测试主要针对 DHCP、DNS、Web、Email、文件传输等服务性能进行测试。

### 2．故障定位

网络环境越复杂发生故障的可能性就越大，引发故障的原因也就越难确定。网络故障往往具有特定的故障现象。这些现象可能比较笼统，也可能比较特殊。利用特定的故障排除工具及技巧，在具体的网络环境下观察故障现象，细致分析，最终必然可以查找出一个或多个引发故障的原因。一旦能够确定引发故障的根源，那么故障都可以通过一系列的步骤得到有效的处理。

**3．性能优化**

网络性能优化的目的是减少网络系统的瓶颈、设法提高网络系统的运行效率。对于不同的网络硬件环境和软件环境，可以存在不同的优化方法和内容。

**4．网络监视器**

网络监视器是一组软件，可以在连到网络上的一台服务器或工作站上持续监测网络流量，网络监视器一般工作在 OSI 模型的网络层，他们可以检测出每个包所使用的协议，但是不能破译包里的数据。

一个网络分析仪是便携的、基于硬件的工具。网络管理员把它连入网络专门用来解决网络问题，网络分析仪可以破译直到 OSI 模型第七层的数据，例如，它们可以辨别一个使用 TCP/IP 的包，甚至可以辨别它是从特定工作站到服务器的 ARP 应答信号。分析仪可以破译包的负载率，把它从二进制码变成可识别的十进制或十六进制码，因此，网络分析仪可以捕获运行于网络上的密码，只要它们的传输不是加密的，一些网络测试仪软件包可以在标准 PC 上运行，但有些只能运行在带特殊网络接口卡和操作系统软件的 PC 上。

网络监视工具通常比网络分析仪便宜并且可能包含在网络操作系统软件中，它们可能是网络操作系统的一部分：譬如 Microsoft 公司的 Network Monitor（Windows NT Server Version 4.0 及其以上版本），这些软件包的确模糊了网络监视器和网络分析仪的界限，因为它们提供了像高级网络分析仪一样的功能。使用过一次网络监视器或分析仪，就会发现其他的产品有类似的工作方式，大多数甚至使用非常相似的图形界面。

**希赛教育专家提示**：为了利用基于软件的网络监视和分析工具，计算机上的网络接口卡必须支持随机模式。随机模式是指设备驱动程序引导网络接口卡接收流过网络的所有帧，不光是指向该结点的帧。可以通过阅读手册或向生产商查询，知道它是否支持随机模式，一些网络监视软件提供商甚至会告诉你哪种网络接口卡适用于自己的软件。

在购买网络监视器和分析仪之前，应该熟悉这些工具可以区分的一些数据错误名称。

下面定义了一些错误类型的常用术语和它们的特征。

（1）本地冲突（Local Collisions）：冲突发生在当两个或更多的工作站同时传输的时候，网络上特别高的冲突率经常来自网线或路由问题。

（2）超时冲突（Late Collisions）：冲突发生在它们能够被检测到的时间之外，超时冲突经常由以下两种原因造成：一是正在工作的已损坏的工作站（如网络接口卡或无线收发机）在没有检测线路状态的情况下发送数据；二是没有遵循配置指导上的电缆线长度限制，所以导致冲突发现得太晚。

（3）碎包（Runts）：碎包比介质允许的最小包还小，如把小于 64 字节的以太网包认为是碎包。

（4）巨包（Giants）：巨包比介质允许的最大值还大，如以太网中大于 1518 字节的包被认为是巨包。

（5）尖叫源（Jabber）：一个处理电信号异常的设备，经常影响其他网络的工作，网络分析仪把它当成一个经常发送的设备，最终把网络中断。尖叫源经常是由坏的网络接口卡引起的，偶尔也来自外界的电磁干扰。

（6）CRC 校验错误（Negative Frame Sequence Checks）：是通过接收到的数据运算得到的检验值与发送端产生的校验值不符而产生的错误。它经常表明在局域网连接或网线上的噪声或传输问题。大量的 CRC 校验错误经常是由过量的冲突和工作站传输坏的数据包造成的。

（7）假帧（Ghosts）：并不是真实数据帧，是源于线路上中继器的电压波动。和真正的数据帧不同，假帧没有开始的标志。

## 12.9　网络故障分析与处理

不管如何进行网络规划与设计，随着时间的推移，网络运行总会出现这样或那样的问题，即发生网络故障。因此，在网络规划与设计阶段，就要对经常会发生的故障问题进行规避。

### 12.9.1　常见的网络故障

由于网络故障的多样性和复杂性，进行网络故障管理不但需要扎实的网络基础知识，而且需要熟悉常见的网络故障和不断总结网络故障，才能达到快速进行网络故障诊断和处理的目的。

网络故障从故障的性质来说可以分成硬件故障、网络和配置故障。

**1．硬件故障**

硬件故障是指硬件电气性能发生改变，如简单的线路松动、老鼠咬断电缆、路由器等网络设备的部件损坏，甚至是网络设备停电等。相对而言，硬件故障难以查找，实际上软件配置故障也难以查找，但找到以后比较容易恢复。网络管理员应该首先怀疑网络故障是否是硬件故障，在确定硬件正常的情况下，再去重新进行软件配置、协议安装，甚至是完全重新安装操作系统。一般如果某个工作站不能和网络相连，那第一件事就应该看看网卡的指示灯是否正常。

**2．网络和配置故障**

网络和配置故障更难以发现。一个有错误的网络软件、错误的路由配置、错误的虚网划分、错误的访问控制配置、工作站上的网络协议配置错误、IP 地址冲突、存在多个矛盾的 DHCP 服务器等都可能让网络管理员抓狂。另外，任何对现有正常运行的网络设备参数的改变都可能引起网络故障，而当参数的改变必须是在网络设备重新启动后才能发生作用时，如果网络管理员当时没有重新启动该设备，在以后该设备重新启动后，网络管理员可能已经忘记对这个网络设备参数更改，这就很容易产生网络故障。

网络设备的负荷太高也可能引起网络故障，看起来是无法连接，实际上可能是网络设备无法处理更多的连接了，或当连接终于建立，服务器却认为超时而断开了该连接。

按照网络故障的位置可以分为线路故障、路由器故障和主机故障。

（1）线路故障。线路故障最常见的是插头松动，如果网线的插头制作不良，也会出现网络有时正常有时错误的情况。还有一种常见的线路故障是由于施工等原因可能折断了正常的线路。一般线路连接处更容易出问题。

（2）路由器故障。路由器的配置错误经常会引起网络故障。如果某个端口的错误太多，路由器可能会停止这个端口的工作，从端口连接的主机软件看来，这和一个线路故障类似。端口类型配置错误、IP 和 MAC 绑定错误等等也会使得客户端无法连接到网络。

（3）主机故障。主机故障主要是主机的软件故障，主机硬件故障（着火，爆炸等）是一目了然的。和其他设备的 IP 冲突会让主机无法访问，和网络其他机器的子网掩码设置不同，也可能使得网络访问不正常。当主机采用 DHCP 自动得到 IP，如果网络中出现了一个新的未经管理的 DHCP 服务器，那么会出现主机有时候能正确连网，有时候却不能的情况。DNS 服务器的设置错误会使得域名解析到未知的 IP 地址。

## 12.9.2 网络故障的判断和恢复

网络故障的判断工作并不是从发现了网络故障才开始的，如果一个网络管理员总是等到网络故障出现时才考虑这个问题，那么网络故障的判断将非常困难和棘手。

### 1. 发现故障之前的工作

（1）了解网络拓扑关系，了解网络设备，了解网络的客户端，了解使用网络的人。让一个不了解网络现时情况的人来判断网络故障，那么它必须从了解这个网络开始。所以作为网络管理员必须知道网络中有多少网络设备，它们之间的联系情况，网络上有多少客户端，客户端上安装的软件和使用这些客户端的人员对网络的了解程度，以及他们的使用习惯。

（2）贴上标签。对于一个复杂的网络，应该给每条网络线路的两端加上标签，把交换机的每个端口做上标记，而且在任何更改之后立即修改这些标签。这不是一件很难的事情，虽然会花费不少时间，但是，在网络故障发生时，这些正确而友好的标签可以为确定网络故障的发生位置提供非常大的帮助。

（3）日志和笔记。不要把所知道的网络的情况仅仅留在记忆中，人遗忘的能力总是比记忆的能力要强，而且如果一个网络管理员接收一个没有记录的网络，他需要花更多的时间来了解网络。这些记录包括网络的拓扑图、分布图、安装文档、设备配置文档等，更重要的是，每一次对网络所做的更改也必须在记录中体现。每一次网络故障的发现、分析、排除、遗留问题也应该记录下来。

## 2．发现网络故障时的工作

（1）判断故障是不是一个真正的故障。网络用户很多时候不能判断什么是真正的网络故障，当有用户向网络管理员报告一个网络故障时，可能仅仅是他输错了网址。又如，当一个网络引入 VLAN 以提高网络的性能，但从个人计算机的角度而言，能够在网上邻居里看见的计算机就比没有划分 VLAN 时要少得多。网络管理员也不要有太多的抱怨，毕竟如果没有人使用网络，那么网络管理员也没有什么存在的必要，而这些人中有很多甚至连个人计算机都不能熟练使用。

（2）寻找最近的修改。在开始判断网络故障的原因之前，检查一下最近的网络连接、网络设备配置、主机软件等各方面有什么改变。和任何对程序的更改都可能给软件带来错误一样，任何对网络的改变都可能带来网络故障。如果有更改，可以试着恢复到修改前的状态，或者和没有进行修改的设备进行比较，看看故障是否同样存在。如前文所说，如果一个改动需要网络设备重新启动才起作用，而当时网络管理员并没有立即重新启动这个设备，那么这个改动可能带来的隐患就被隐藏起来，如果既没有记录，而那个网络管理员又正好不在，或没有意识到那个修改可能带来问题，那么查找就非常困难了。

（3）查看操作系统和网络设备的报警和错误日志，在其中，网络管理员能够找到关于网络故障的有用信息。

（4）排除、划分、克服故障。尽可能多地收集信息，看看其他机器和有类似状况的设备是否存在同样的故障。然后根据经验和推测，试图提出一种网络故障的原因，根据这个原因，做一些改正，然后查看效果。这个过程往往要重复多次，在这个重复的过程中，不断缩小故障地点的范围，这是最富有挑战性的步骤，网络管理员这时候不得不完全开动大脑，不断分析、尝试和判断。这个时候，合适的网络文档、正确的标签、更新的日志是经验丰富的管理员的好助手。当然，网络管理员这时候还离不开，还有下面要提到的网络故障诊断工具。理解、掌握、熟练使用网络故障诊断工具，是网络管理员的基本功。

## 3．故障解决后的工作

当网络管理员花费两天终于解决了一个网络故障时，他的第一感觉是他再也不会忘记这个故障了。但事实上常常并非如此，而且管理员的工作可能更换。

故障解决之后，管理员应该把这次故障的发现、判断和解决的过程写到更新的文档中去，这个文档可能是专门的网络故障报告，也可能就是网络运行日志，如果这次更改了网络的某个部分，更应该把更改的部分写入文档。这些是为了给下一次网络故障的排除做的准备工作。

故障解决之后，管理员还应该通知用户。特别地，如果网络故障和网络用户的行为有关，一定要告诉网络用户应该如何或者不应该如何，以及下一次遇到同样的网络故障时应该采取的行动。

实践中，在网络故障发生之前和网络故障发生之后做的工作越多的网络管理员，在网络故障发生时，能够更快更准确地识别、发现、解决故障。

## 12.10　例题分析

为了帮助考生进一步掌握网络规划与设计方面的知识，了解考试的题型和难度，本节分析 10 道典型的试题。

**例题 1**

在进行金融业务系统的网络设计时，应该优先考虑　(1)　原则。在进行企业网络的需求分析时，应该首先进行　(2)　。

（1）A．先进性　　　　　　B．开放性　　　　　C．经济性　　　　D．高可用性

（2）A．企业应用分析　　　　　　　　　　B．网络流量分析

　　　C．外部通信环境调研　　　　　　　　D．数据流向图分析

**例题 2 分析**

随着金融改革的深入和外资银行机构的进入，金融市场竞争日趋激烈，金融业务系统是否能稳定安全的运行直接影响到金融机构的品牌和声誉，因此金融业务管理信息系统的建设必须先满足如下原则：系统稳定性、高可用性等。

网络的需求分析的步骤如下：

（1）应用背景：应用背景需求分析概括了当前网络应用的技术背景，介绍了行业应用的方向和技术趋势，说明本企业网络信息化的必然性。

（2）业务需求：业务需求分析的目标是明确企业的业务类型，应用系统软件种类，以及它们对网络功能指标（如带宽、服务质量 QoS）的要求。业务需求是企业建网中首要的环节，是进行网络规划与设计的基本依据。

（3）管理需求：网络的管理是企业建网不可或缺的方面，网络是否按照设计目标提供稳定的服务主要依靠有效的网络管理。高效的管理策略能提高网络的运营效率，建网之初就应该重视这些策略。

（4）安全性需求：企业安全性需求分析要明确以下几点，企业的敏感性数据的安全级别及其分布情况；网络用户的安全级别及其权限；可能存在的安全漏洞，这些漏洞对本系统的影响程度如何；网络设备的安全功能要求。

（5）通信量需求：通信量需求是从网络应用出发的，对当前技术条件下可以提供的网络带宽做出评估。

（6）网络扩展性需求分析：网络的扩展性有两层含义，其一是指新的部门能够简单地接入现有网络；其二是指新的应用能够无缝地在现有网络上运行。

**例题 1 答案**

（1）D　　　　　　　（2）A

**例题 2**

在一个 16000m² 建筑面积的八层楼里，没有任何现成网线，现有 1200 台计算机需要连网，对网络的响应速度要求较高，同时要求 WLAN 覆盖整栋楼满足临时连网的需要。设计师在进行物理网络设计时，提出了如下方案：设计一个中心机房，将所有的交换机、路由器、服务器放置在该中心机房，用 UPS 保证供电，用超 5 类双绞线电缆作为传输介质，在每层楼放置一个无线 AP。该设计方案的致命问题之一是 __(2)__ ，其他严重问题及建议是 __(3)__ 。

（2）A. 未计算 UPS 的负载

　　　B. 未明确线路的具体走向

　　　C. 交换机集中于机房浪费大量双绞线电缆

　　　D. 交换机集中于机房使得水平布线超过 100 米的长度限制

（3）A. 每层一个 AP 不能实现覆盖，应至少部署三个 AP

　　　B. 只有一个机房，没有备份，存在故障风险，应设两个机房

　　　C. 超 5 类双绞线性能不能满足要求，应改用 6 类双绞线

　　　D. 没有网管系统，应增加一套网管系统

**例题 2 分析**

本题考查物理网络设计的相关知识。

进行物理网络设计时需要有准确的地形图、建筑结构图，以便规划线路走向、计算传输介质的数量，评估介质布设的合理性。

八层楼 16000m²，每层楼 2000m²，相当于 20×100（或 40×50）m 的布局，可以明显看出，将全部交换机置于中心机房、使用超 5 类 UTP，很多线的长度超过 100m，违反布线规定，将导致网络不能正常工作。

同时，每层部署一个 AP，显然不能很好地全覆盖。因为在楼内，AP 的覆盖范围很小，有时只有 20～30m，甚至更小。

**例题 3 答案**

（2）D　　　　（3）A

**例题 3**

某政府机构拟建设一个网络，委托甲公司承建。甲公司的张工程师带队去进行需求调研，在与委托方会谈过程中记录了大量信息，其中主要内容有：

用户计算机数量：80 台；业务类型：政务办公，在办公时不允许连接 Internet；分布范围：分布在一栋四层楼房内；最远距离：约 80m；该网络通过专用光纤与上级机关的政务网相连；网络建设时间：三个月。

张工据此撰写了需求分析报告，与常规网络建设的需求分析报告相比，该报告的最大不同之处应该是 __(4)__ 。为此，张工在需求报告中特别强调应增加预算，以采购性能优越的进口设备。该需求分析报告 __(5)__ 。

（4）A．网络隔离需求　　　　　　　　B．网络速度需求

　　　C．文件加密需求　　　　　　　　D．邮件安全需求

（5）A．恰当，考虑周全

　　　B．不很恰当，因现有预算足够买国产设备

　　　C．不恰当，因无需增加预算也能采购到好的进口设备

　　　D．不恰当，因政务网的关键设备不允许使用进口设备

**例题 3 分析**

本题考查网络工程需求分析的相关知识。

在需求分析阶段，至少应了解业务需求、用户需求、应用需求、平台需求、网络需求、安全需求等基本信息，不同的用户对性能、安全等需求会有所不同。本题涉及的用户是政府机构，其安全性尤其重要，按国家有关规定，政府内网必须采用物理隔离措施与 Internet 隔断，同时重要部门的安全设备应使用国产设备。

**例题 3 答案**

（4）A　　　　　　（5）D

**例题 4**

某楼有 6 层，每层有一个配线间，其交换机通过光纤连接到主机房，同时用超 5 类 UTP 连接到该楼层的每间房，在每间房内安装一个交换机，连接房内的计算机；中心机房配置一个路由器实现 NAT 并使用仅有的一个外网 IP 地址上联至 Internet；应保证楼内所有用户能同时上网。网络接通后，用户发现上网速度极慢。最可能的原因及改进措施是　(6)　。按此措施改进后，用户发现经常不能上网，经测试，网络线路完好，则最可能的原因及改进措施是　(7)　。

（6）A．NAT 负荷过重。取消 NAT，购买并分配外网地址

　　　B．NAT 负荷过重。更换成两个 NAT

　　　C．路由策略不当。调整路由策略

　　　D．网络布线不合理。检查布线是否符合要求

（7）A．很多人不使用分配的 IP 地址，导致地址冲突。在楼层配线间交换机端口上绑定 IP 地址

　　　B．无法获得 IP 地址。扩大 DHCP 地址池范围或分配静态地址

　　　C．交换机配置不当。更改交换机配置

　　　D．路由器配置不当。更改路由器配置

**例题 4 分析**

本题考查网络故障分析与处理方面的基本知识。

针对本题的现象，首先应分析哪些地方可能是网络的瓶颈。显然，楼层交换机、中心机房路由器都是可能的瓶颈，其中 NAT 最有可能成为瓶颈。运行测试软件，可以监测到，路由器的 CPU 利用率极高，可能达到 100%，因此应从 NAT 入手，消除瓶颈。分配

静态 IP 地址，即可消除这一瓶颈。

地址盗用是导致所述问题的最可能原因，简单而有效的解决方案如 A 所述。

**例题 4 答案**

（6）A　　　　　（7）A

**例题 5**

某大学拟建设无线校园网，委托甲公司承建。甲公司的张工程师带队去进行需求调研，获得的主要信息有：

校园面积约 4km$^2$，室外绝大部分区域、主要建筑物内实现覆盖，允许同时上网用户数量为 5000 以上，非本校师生不允许自由接入，主要业务类型为上网浏览、电子邮件、FTP、QQ 等，后端与现有校园网相连，网络建设周期为 6 个月。

张工据此撰写了需求分析报告，其中最关键的部分应是　（8）　。为此，张工在需求报告中将会详细地给出　（9）　。

张工随后提交了逻辑网络设计方案，其核心内容包括：

① 网络拓扑设计。

② 无线网络设计。

③ 安全接入方案设计。

④ 地址分配方案设计。

⑤ 应用功能配置方案设计。

针对无线网络的选型，最可能的方案是　（10）　。

针对室外供电问题，最可能的方案是　（11）　。

针对安全接入问题，最可能的方案是　（12）　。

张工在之前两份报告的基础上，完成了物理网络设计报告，其核心内容包括：

① 物理拓扑及线路设计。

② 设备选型方案。

在物理拓扑及线路设计部分，由于某些位置远离原校园网，张工最可能的建议是　（13）　。

在设备选型部分，针对学校的特点，张工最可能的建议是　（14）　。

（8）A．高带宽以满足大量用户同时接入

　　　B．设备数量及优化布局以实现全覆盖

　　　C．安全隔离措施以阻止非法用户接入

　　　D．应用软件配置以满足应用需求

（9）A．校园地图及无线网络覆盖区域示意图

　　　B．访问控制建议方案

　　　C．应购置或配置的应用软件清单

　　　D．对原校园网改造的建议方案

（10）A. 采用基于 WLAN 的技术建设无线校园网

　　　　B. 采用基于固定 WiMAX 的技术建设无线校园网

　　　　C. 直接利用电信运营商的 3G 系统

　　　　D. 暂缓执行，等待移动 WiMAX 成熟并商用

（11）A. 采用太阳能供电

　　　　B. 地下埋设专用供电电缆

　　　　C. 高空假设专用供电电缆

　　　　D. 以 PoE 方式供电

（12）A. 通过 MAC 地址认证

　　　　B. 通过 IP 地址认证

　　　　C. 在应用层通过用户名与密码认证

　　　　D. 通过用户的物理位置认证

（13）A. 采用单模光纤及对应光端设备连接无线接入设备

　　　　B. 采用多模光纤及对应光端设备连接无线接入设备

　　　　C. 修改无线接入设备的位置，以利用 UTP 连接无线接入设备

　　　　D. 将无线接入设备设置为 Mesh 和 Ad hoc 工作模式，实现中继接入

（14）A. 采用基于 802.11n 的高性价比胖 AP

　　　　B. 采用基于 802.11n 的高性价比瘦 AP

　　　　C. 采用基于 3G 的高性价比设备

　　　　D. 采用基于 LTE 的高性价比设备

**例题 5 分析**

本题考查逻辑网络需求设计、逻辑网络设计、物理网络设计的相关知识。

从用户的主要需求可以看出，该无线网络覆盖范围较大、用户数量多，其应用类型为普通应用。因此应重点关注设备数量及优化布局以实现全覆盖的问题，在需求报告中应给出校园地图及无线网络覆盖区域示意图。

综合现有技术成熟度及其普及程度、性能、成本等因素，WLAN 技术应是首选方案，其室外 AP 应首选 PoE 方式以减少供电线路。

因用户数量多且变化频繁、流动性强，采用应用层认证接入应是最佳的方案。

因 AP 较多且很多 AP 在室外，为方便管理，性能高的瘦 AP 应是首选方案。

**例题 5 答案**

（8）B　　（9）A　　（10）A　　（11）D　　（12）C　　（13）A　　（14）B

**例题 6**

工程师利用测试设备对某信息点已经连接好的网线进行测试时，发现有 4 根线不通，但计算机仍然能利用该网线连接上网。则不通的 4 根线可能是___(15)___。某些交换机级联时，需要交换 UTP 一端的线序，其规则是___(16)___，对变更了线序的 UTP，最直接

的测试方式是 ___（17）___ 。

（15）A．1-2-3-4                    B．5-6-7-8
      C．1-2-3-6                    D．4-5-7-8
（16）A．1<-->2，3<-->4              B．1<-->2，3<-->6
      C．1<-->3，2<-->6              D．5<-->6，7<-->8
（17）A．采用同样的测试设备测试        B．利用万用电表测试
      C．一端连接计算机测试          D．串联成一根线测试

**例题 6 分析**

本题考查网络布线与测试方面的基本知识。

根据相关标准，10Mb/s 以太网只使用 4 根线，UTP 电缆中的 1-2-3-6 四个线是必须的，分别配对成发送和接收信道。具体规定为：1、2 线用于发送，3、6 线用于接收。但百兆以太网、千兆以太网需要使用全部 8 根线。

当需要交换线序时，将线的其中一端的 1<-->3，2<-->6 分别对调。

对变更了线序的 UTP 进行测试时，最简单的方法是利用万用表测试。

**例题 6 答案**

（15）D　　　　（16）C　　　　（17）B

**例题 7**

有一个公司内部网络发生了故障，故障现象是：甲用户可以正常使用内部服务器和互联网服务，乙用户无法使用这些服务。那么检测故障最佳的方法是： ___（18）___ 。

（18）A．从乙用户所在的物理网络的物理层开始检查故障，依次检测物理层、数据
        链路层、网络层直到应用层
      B．从乙用户所在的物理网络的路由器开始检查故障，依次检测路由器，二层
        交换机、中继器或 HUB
      C．从检测公司的服务器开始，依次检测服务器、网络互联设备、物理层连接
      D．从甲用户所在的物理网络首先开始检测，依次检测物理层、数据链路层、
        网络层直到应用层

**例题 7 分析**

本题考查综合的故障检测能力。

在一个公司内部，有人能访问内部服务器和外部服务器，有人不能访问。此时应判断出应用应用层（对应各种服务）和网络层（外部网络和公司内部网络的公共部分）很有可能是可靠的；而问题很有可能出现在乙用户自己本身或者乙用户所在的网络区域。因此，最佳方法是从乙用户的物理层开始检测，依次为物理层、数据链路层、网络层直至应用层。

**例题 7 答案**

（18）A

**例题 8**

局域网内部有 30 个用户，假定用户只使用 E-mail（收发流量相同）和 Web 两种服务，每个用户平均使用 E-mail 的速率为 1Mb/s，使用 Web 的速率是 0.5Mb/s，则按照一

般原则，估算本局域网的出流量（从局域网向外流出）是___(19)___。

(19) A．45Mb/s B．22.5Mb/s
C．15Mb/s D．18Mb/s

**例题 8 分析**

本题主要对通信流量分布的简单规则和掌握和应用。

通信流量分布的简单规则在通信规范分析中，最终目标是产生通信量，其中必要的工作是分析网络中信息的分布问题。在整个过程中，需要依据需求分析的结果来产生单个信息流量的大小，依据通信模式、通信边界的分析，明确不同信息流在网络不同区域、边界的分布，从而获得区域、边界上的总信息流量。对应部分简单的网络，可以不需要进行复杂的通信流量分布分析，仅采用一些简单的方法，如 80/20 规则、20/80 规则等；但是对于复杂的网络仍必须进行复杂的爱信流量分布分析。

与具体互联网相结合 E-mail：发送邮件和接收邮件视为对等流量，即 50%流出，50%流入。Web：浏览网络，从 Web 下载的流量大。使用 20/80 法则。流出 20%，流入 80%。本题答案：流出流量：$30 \times 1 \times 50\% + 30 \times 0.5 \times 20\% = 18$Mb/s。

**例题 8 答案**

(19) D

**例题 9**

某部队拟建设一个网络，由甲公司承建。在撰写需求分析报告时，与常规网络建设相比，最大不同之处是___(20)___。

(20) A．网络隔离需求 B．网络性能需求
C．IP 规划需求 D．结构化布线需求

**例题 9 分析**

本题考查网络规划与设计的相关知识。

题干中指出为部队网络规划，所以应该重点考虑网络安全方面。网络隔离需求是与常规网络最大的不同之处。

**例题 9 答案**

(20) A

**例题 10**

在诊断光纤故障的仪表中，设备___(21)___可在光纤的一端就测得光纤的损耗。

(21) A．光功率计 B．稳定光源
C．电磁辐射测试笔 D．光时域反射仪

**例题 10 分析**

本题考查网络测试的相关知识。

TDR（光时域反射仪）的工作原理基于信号在电缆末端的振动。可以精确地测量光纤的长度、定位光纤的断裂处、测量光纤的信号衰减、测量接头或连接器造成的损耗。

**例题 10 答案**

(21) D

# 第 13 章　网络资源设备

根据考试大纲，本章要求考生掌握以下知识点：

（1）网络服务器：精简指令集计算机（Reduced Instruction Set Computer，RISC）架构服务器、英特尔架构（Intel Architecture，IA）服务器、性能要求及配置要点、服务器相关技术。

（2）网络存储系统：小型计算机系统接口（Small Computer System Interface，SCSI）卡与控制卡、独立磁盘冗余阵列（Redundant Array of Independent Disk，RAID）、磁带库、光盘塔、直连方式存储（Direct Attached Storage，DAS）技术、NAS 技术、光纤通道存储局域网络（Fiber Channel Storage Area Network，FC SAN）技术、IP SAN 技术、备份系统及备份软件。

（3）其他资源设备：视频会议系统、网络电话系统。

## 13.1　网络服务器

本节主要介绍 RISC 和 IA 架构的服务器。

**1. RISC 架构服务器**

RISC 是相对于传统的复杂指令系统计算机（Complex Instruction Set Computer，CISC）而言的。RISC 不是简单地把指令系统进行简化，而是通过简化指令的途径使计算机的结构更加简单合理，以减少指令的执行周期数，从而提高运算速度。

与 CISC 计算机相比，RISC 计算机的主要特点如下：

（1）指令数量少。优先选取使用频率最高的一些简单指令以及一些常用指令，避免使用复杂指令。大多数指令都是对寄存器操作，对存储器的操作仅提供了读和写两种方式。

（2）指令的寻址方式少。通常只支持寄存器寻址方式、立即数寻址方式以及相对寻址方式。

（3）指令长度固定，指令格式种类少。因为 RISC 指令数量少，格式相对简单，其指令长度固定，指令之间各字段的划分比较一致，译码相对容易。

（4）只提供了 Load/Store 指令访问存储器。只提供了从存储器读数（Load）和把数据写入存储器（Store）两条指令，其余所有的操作都在 CPU 的寄存器间进行。因此，RISC 需要大量的寄存器。

（5）以硬布线逻辑控制为主。为了提高操作的执行速度，通常采用硬布线逻辑（组合逻辑）来构建控制器。CISC 的指令系统很复杂，难以用组合逻辑电路实现控制器，通常采用微程序控制。

（6）单周期指令执行。因为简化了指令系统，很容易利用流水线技术使得大部分指令都能在一个机器周期内完成。因此，RISC 通常采用流水线组织。少数指令可能会需要多个周期执行，如 Load/Store 指令因为需要访问存储器，其执行时间就会长一些。

（7）优化的编译器。RISC 的精简指令集使编译工作简单化。因为指令长度固定、格式少、寻址方式少，编译时不必在具有相似功能的许多指令中进行选择，也不必为寻址方式的选择而费心，同时易于实现优化，从而可以生成高效率执行的机器代码。

大多数 RISC 采用了 Cache 方案，而且有的 RISC 甚至使用两个独立的 Cache 来改善性能。一个称为指令 Cache；另一个称为数据 Cache。这样取指和读数可以同时进行，互不干扰。

从理论上来看，CISC 和 RISC 都有各自的优势，不能认为 RISC 就好，CISC 就不好。事实上，这两种设计方法很难找到完全的界线，而且在实际的芯片中，这两种设计方法也有相互渗透的地方，表 13-1 所示是两者的简单对比。

表 13-1　CISC 和 RISC 的简单对比

| | CISC | RISC |
| --- | --- | --- |
| 指令条数 | 多 | 只选取最常见的指令 |
| 指令复杂度 | 高 | 低 |
| 指令长度 | 变化 | 短、固定 |
| 指令执行周期 | 随指令变化大 | 大多在一个机器同期内完成 |
| 指令格式 | 复杂 | 简单 |
| 寻址方式 | 多 | 极少 |
| 涉及访问主存指令 | 多 | 极小，大部分只能存两条指令 |
| 通用寄存器数量 | 一般 | 大量 |
| 译码方式 | 微程序控制 | 硬件电路 |
| 对编译系统要求 | 低 | 高 |

**2．IA 架构服务器**

通常将采用英特尔处理器的服务器称为 IA 架构服务器，由于该架构服务器采用了开放式体系，并且实现了工业标准化技术和得到国内外大量软硬件供应商的支持，在大批量生产的基础上，以其极高的性能价格比而在全球范围内，尤其在我国得到了广泛的应用。

# 13.2　网络存储系统

与计算机技术一样，存储技术的发展也相当迅速，从网络存储角度考虑，主要包括基于单机的存储系统和基于网络的存储系统。

## 13.2.1　SCSI 与 IDE

IDE（Integrated Drive Electronics）接口是个人计算机的必备接口，由于普通 IDE 容量不超过 528MB，现在用的是增强型 EIDE，数据传输率有 Ultra ATA 33/66/100/133 等，即界面传输速率分别为 33Mb/s、66Mb/s、100Mb/s 和 133Mb/s。32 位数据带宽可连接 IDE设备。

SCSI 并非只为外存储器而设计，放在这里介绍是因为它常用于小型机作为服务器和工作站上的外存储器接口，事实上，有一些其他外设（如某些扫描仪等）也使用 SCSI接口。SCSI 有多个版本，带宽和数据传输速率也不断上升，其中 Fast SCSI-II 带宽 16位，传输速率为 20Mb/s，而 Fast/Wide SCSI II 比它的性能指标增加了一倍。

SCSI 更可以称为一种总线，可以以雏菊链的形式接入多个外设，给这些外设分配唯一的一个号，既可以相互交换数据，也可以和主存交换数据。

## 13.2.2　RAID

RAID 技术旨在缩小日益扩大的 CPU 速度和磁盘存储器速度之间的差距。其策略是用多个较小的磁盘驱动器替换单一的大容量磁盘驱动器，同时合理地在多个磁盘上分布存放数据以支持同时从多个磁盘进行读写，从而改善了系统的 I/O 性能。小容量驱动器阵列与大容量驱动器相比，具有成本低、功耗小、性能好等优势。低代价的编码容错方案在保持阵列的速度与容量优势的同时保证了极高的可靠性，同时也较容易扩展容量。但是由于允许多个磁头同时进行操作以提高 I/O 数据传输速度，因此不可避免地提高了出错的概率。

为了补偿可靠性方面的损失，RAID 使用存储的校验信息（Stored Parity Information）来从错误中恢复数据。最初，Inexpensive 一词主要针对当时另一种技术（Single Large Expensive Disk，SLED）而言，但随着技术的发展，SLED 已经过时，RAID 和 non-RAID皆采用了类似的磁盘技术。因此，RAID 现在代表独立磁盘冗余阵列，用 Independent 来强调 RAID 技术所带来的性能改善和更高的可靠性。

RAID 机制中共分 8 个级别，工业界公认的标准分别为 RAID0～RAID7。RAID 应用的主要技术有分块技术、交叉技术和重聚技术。

（1）RAID0 级（无冗余和无校验的数据分块）：具有最高的 I/O 性能和最高的磁盘空间利用率，易管理，但系统的故障率高，属于非冗余系统，主要应用于那些关注性能、容量和价格而不是可靠性的应用程序。

（2）RAID1 级（磁盘镜像阵列）：由磁盘对组成，每一个工作盘都有其对应的镜像盘，上面保存着与工作盘完全相同的数据拷贝，具有最高的安全性，但磁盘空间利用率只有 50%。RAID1 主要用于存放系统软件、数据及其他重要文件。它提供了数据的实时备份，一旦发生故障，所有的关键数据即刻就可使用。

（3）RAID2 级（采用纠错海明码的磁盘阵列）：采用了海明码纠错技术，用户需增加校验盘来提供单纠错和双验错功能。对数据的访问涉及阵列中的每一个盘。大量数据传输时 I/O 性能较高，但不利于小批量数据传输。实际应用中很少使用。

（4）RAID3 和 RAID4 级（采用奇偶校验码的磁盘阵列）：把奇偶校验码存放在一个独立的校验盘上，如果有一个盘失效，其上的数据可以通过对其他盘上的数据进行异或运算得到。读数据很快，但因为写入数据时要计算校验位，速度较慢。

（5）RAID5 级（无独立校验盘的奇偶校验码磁盘阵列）：与 RAID4 类似，但没有独立的校验盘，校验信息分布在组内所有盘上，对于大、小批量数据读写性能都很好。RAID4 和 RAID5 使用了独立存取（Independent Access）技术，阵列中每一个磁盘都相互独立地操作，所以 I/O 请求可以并行处理。该技术非常适合于 I/O 请求率高的应用而不太适应于要求高数据传输率的应用。与其他方案类似，RAID4、RAID5 也应用了数据分块技术，但块的尺寸相对大一点。

（6）RAID6 级：这是一个强化的 RAID 产品结构。阵列中设置一个专用校验盘，它具有独立的数据存取和控制路径，可经由独立的异步校验总线、高速缓存总线或扩展总线来完成快速存取的传输操作。值得注意的是，RAID6 在校验盘上使用异步技术读写，这种异步仅限于校验盘，而阵列中的数据盘和面向主机的 I/O 传输仍与以前的 RAID 结构雷同，即采用的是同步操作技术。仅此校验异步存取，加上 Cache 存取传输，RAID6 的性能就比 RAID5 要好。

（7）RAID7 级：RAID7 等级是至今为止理论上性能最高的 RAID 模式，因为它从组建方式上就已经和以往的方式有了重大的不同。以往一个硬盘是一个组成阵列的"柱子"，而在 RAID 7 中，多个硬盘组成一个"柱子"，它们都有各自的通道。这样做的好处就是在读写某一区域的数据时，可以迅速定位，而不会因为以往因单个硬盘的限制同一时间只能访问该数据区的一部分，在 RAID7 中，以前的单个硬盘相当于分割成多个独立的硬盘，有自己的读写通道，效率也就不言自明了。然而，RAID7 的设计与相应的组成规模注定了它是一揽子承包计划。

总体上说，RAID7 是一个整体的系统，有自己的操作系统，有自己的处理器，有自己的总线，而不是通过简单的插卡就可以实现的。RAID7 所有的 I/O 传输都是异步的，因为它有自己独立的控制器和带有 Cache 的接口，与系统时钟并不同步。所有的读写操作都将通过一个带有中心 Cache 的高速系统总线进行传输，称为 X-Bus。专用的校验硬盘可以用于任何通道。带有完整功能的即时操作系统内嵌于阵列控制微处理器，这是 RAID7 的心脏，负责各通道的通信及 Cache 的管理，这也是它与其他等级最大不同点之一。归纳起来，RAID7 的主要特点如下。

- 连通性：可增至 12 个主机接口。
- 扩展性：线性容量可增至 48 个硬盘。

- 开放式系统：运用标准的 SCSI 硬盘、标准的 PC 总线、主板及 SIMM 内存，集成 Cache 的数据总线（就是上文提到的 X-Bus），在 Cache 内部完成校验生成工作，多重的附加驱动可以随时热机待命，提高冗余率和灵活性。
- 易管理性：SNMP 可以让管理员远程监视并实现系统控制。

按照 RAID7 设计者的说法，这种阵列将比其他 RAID 等级提高 150%～600%写入时的 I/O 性能，但这引起了不小的争议。

### 13.2.3 磁带存储

磁带存储设备是一种顺序存取的设备，存取时间较长，但存储容量大，便于携带，价格便宜，所以也是一种主要的辅助存储器。磁带的内容由磁带机进行读写（最便宜也最慢）。按磁带机的读写方式主要可以分为两种，启停式磁带机和数据流磁带机。

启停式磁带机按带宽可以分为 1/4 英寸、1/2 英寸和 1 英寸 3 种。磁带上的信息以文件块的形式存放。整盘磁带的开始有卷标标明，然后有一初始空白块，用以适应磁带从静止到稳定带速所需时间。文件记录以文件头标志和文件尾标志标识，一个文件由若干数据块组成，每一数据块又由若干记录组成（一个数据块所包括的记录条数叫块因子）。数据块之间以空白块（Gap）进行分隔，文件之间也存在一段空隙 G。所有的文件都顺序地排列在磁带上，一个文件的长度不仅包括记录信息，也包括块间隔。磁带机每一次读写信息的位数与磁带表面并行记录信息的磁道数有关：如 7 道、9 道和 16 道，则分别有 7、9、16 个磁头并列，一次可以读写 7 位、9 位或 16 位。

数据流磁带机结构简单，价格低，数据传输速率快。其记录格式是串行逐条记录信息，每次读写 1 位信息，数据连续地写在磁带上，数据块之间以空隙分隔。磁带机不能在块间启停。读写顺序如下：（4 个磁道）先从 0 道的首端（BOT）开始，到其末端（EOT），然后第 1 道反向记录从 EOT 到 BOT，而第 2 道又正向从 BOT 到 EOT，第 3 道再反向。

### 13.2.4 光盘存储器

光盘存储器是利用激光束在记录表面存储信息，根据激光束的反射光来读出信息。光盘存储器主要有压缩盘（Compact Disk，CD）、只读压缩盘（Compact Disc Read-Only Memory，CD-ROM）、交互式光盘（CD-Interactive，CD-I）、数字视频光盘（Digital Video Disc，DVD），以及可擦除光盘（Erasable Optical Disk，EOD）。

CD-ROM 的读取目前有三种方式：恒定角速度、恒定线速度和部分恒定角速度。

CD-ROM 非常适用于把大批量数据分发给大量的用户。与传统磁盘存储器相比，它有以下优点：具有更大的容量，可靠性高，光盘的复制更简易，可更换，便于携带；其缺点是只读，存取时间比较长。

DVD-ROM 技术类似于 CD-ROM 技术，但是可以提供更高的存储容量。DVD 可以分为单面单层、单面双层、双面单层和双面双层 4 种物理结构。DVD 与 CD/VCD 的主要技术参数比较如表 13-1 所示。

表 13-1　DVD 于 CD/VCD 的主要技术参数比较

| 技术手段 | CD/VCD | DVD |
|---|---|---|
| 镜数值孔径 na | 0.45 | 0.6 |
| 影像质量 | 240 线 | 540～720 线 |
| 影音质量 | 16 位 | 24 位，96kHz |
| 纠错编码冗余度 | 31% | 15.4% |
| 通道码调制方式 | 8/17 调制 | 8/16 调制 |
| 激光波长 λ | 780nm | 650nm/635nm |
| 光斑直径 | 1.74μm | 1.08μm |
| 道间距 | 1.6μm | 0.74μm |
| 凹坑最小长度 | 0.83μm | 0.4μm |
| 凹坑宽度 | 0.6μm | 0.4μm |
| 容量 | 650MB | 17GB（单层单面） |

　　把很多光驱连接在一起的一种设备，可以同时在多个光盘上读写数据。就像硬盘的磁盘阵列一样，这就形成了光盘塔。

## 13.2.5　DAS 技术

　　在直连方式存储（Direct Attached Storage，DAS）方式中，存储设备是通过电缆（通常是 SCSI 接口电缆）直接到服务器的。DAS 也可称为服务器附加存储（Server-Attached Storage，SAS）。它依赖于服务器，其本身是硬件的堆叠，不带有任何存储操作系统。

　　典型的 DAS 结构如图 13-1 所示。

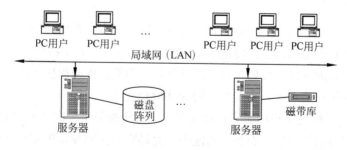

图 13-1　DAS 结构图

　　对于多个服务器或多台 PC 的环境，使用 DAS 方式设备的初始费用可能比较低，可是这种连接方式下，每台 PC 或服务器单独拥有自己的存储磁盘，容量的再分配困难；对于整个环境下的存储系统管理，工作烦琐而重复，没有集中管理解决方案。所以整体的拥有成本（TCO）较高。

## 13.2.6　NAS 技术

NAS 是一种将分布、独立的数据整合为大型、集中化管理的数据中心，以便于对不同主机和应用服务器进行访问的技术。按字面简单说就是连接在网络上，具备资料存储功能的装置，因此也称为"网络存储器"。它是一种专用数据存储服务器。它以数据为中心，将存储设备与服务器彻底分离，集中管理数据，从而释放带宽、提高性能、降低总成本、保护投资。其成本远远低于使用服务器存储，而效率却远远高于后者。

典型的 NAS 结构如图 13-2 所示。

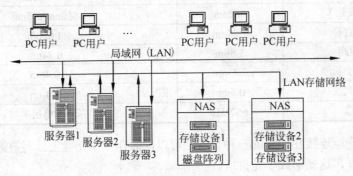

图 13-2　NAS 结构图

NAS 存储实现了真正的即插即用，它部署简单、存储位置相对灵活，管理容易且成本较低。但是，它基于以太网上传输数据，这就给这种方案带来许多不合理、不安全的因数。

## 13.2.7　SAN 技术

存储域网络（Storage Area Network，SAN）用于将多个系统连接到存储设备和子系统。SAN 可以被看作是负责存储传输的后端网络，而前端的数据网络负责正常的 TCP/IP 传输。作为一种新的存储连接拓扑结构，光纤通道为数据访问提供了高速的访问能力，被设计用来代替现有的系统和存储之间的 SCSI I/O 连接。

SAN 可以将存储网络中的所有存储设备及子系统视为一个大的单一的存储池，存储资源可独立于服务器访问的扩充到存储池中，允许它们按照要求被测试、格式化、重新捆绑或进行映射，然后按要求将它分配给服务器。

SAN 通过交换机的级联可轻易地扩充网络的存储容量。SAN 体系结构如图 13-3 所示。

SAN 的最主要的特征之一在于多个服务器可以访问所有 SAN 上的设备或子系统，因而可以支持高可用性的群集系统。

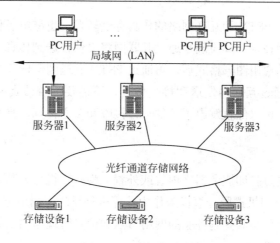

图 13-3　SAN 体系结构

　　早期的 SAN 采用的是光纤通道（Fiber Channel，FC）技术，所以以前的 SAN 多指采用光纤通道的存储局域网络，到了 iSCSI 协议出现以后，为了区分，业界就把 SAN 分为 FC-SAN 和 IP-SAN。

## 13.2.8　数据备份

　　数据备份策略和数据恢复的目的在于最大限度地降低系统风险，保护网络最重要的资源——数据，在系统遇到灾难后，能够提供一种简捷、有效的手段来恢复整个网络。

　　数据备份和数据恢复的基本功能包括文件备份和恢复、数据备份和恢复、系统灾难的恢复、备份任务的管理。

　　常见的数据备份策略包括以下三种，通常是有机地结合使用，以发挥最佳效果。

　　（1）完全备份：备份系统中所有数据。

　　（2）增量备份：只备份上次备份后有变化的数据。

　　（3）差分备份（也称为累计备份）：是指备份上次完全备份以后有变化的数据。

　　使用时，通常是分三个周期执行。例如，每年完全备份一次、每季差分备份一次、每月增量备份一次。

## 13.3　其他资源设备

　　除了网络服务器和网络存储系统外，在计算机网络系统中，还有一些其他的资源设备，如网络传真机、打印机等。

### 1. 网络传真机

网络传真机指的就是网络传真，也称电子传真，网上传真机，英文称作 efax。

　　网络传真是基于 PSTN 和互联网络的传真存储转发，也称电子传真。它整合了电话网、智能网和互联网技术。其原理是通过互联网将文件传送到传真服务器上，由服务器转换成传真机接收的通用图形格式后，再通过 PSTN 发送到全球各地的普通传真机上。

　　网络传真是指通过互联网发送和接收传真，不需要传统传真机的一种新型传真方式。通过网络，用户可以像收发电子邮件一样接收和发送传真，具有方便、绿色环保、易管理等优点。

### 2．网络打印机

　　网络打印是指通过打印服务器（内置或外置）将打印机作为独立的设备接入局域网或 Internet，从而使打印机摆脱一直以来作为计算机外设的附属地位，使之成为网络中的独立成员，成为一个可与其并驾齐驱的网络节点和信息管理与输出终端，其他成员可以直接访问使用该打印机。

### 3．网络视频会议

　　网络视频会议技术是前几年刚刚兴起的一种基于 IP 技术、流媒体技术在互联网上进行的全新通信方式，不仅有传统视频和电话会议的图像和声音交流，而且能提供各种文档、软件、甚至远端计算机之间的交流功能。用户不需要购买终端设备，也不需要租用专线，只要有一台能上网的计算机，就可以不受时间、地点的限制，与任何人"面对面"地交流和"手把手"地工作。它能够提供图像、声音、文档、应用程序、网页、桌面、流媒体等多项共享功能，除了通常意义上的会议用途外，还可以用来开展教学和培训，组织网上销售和市场推广活动，进行售前或售后培训、远程客户维护、协同工作等。

　　基于 IP 的网络采用了分组交换技术，因为分组交换不保障有序性和固定的延时，因而不能保证有固定的延时和带宽。为了较好解决实时通信的业务质量问题，采用了 UDP/IP、RTP、RTCP 及 RSVP 等协议。应用在 ADSL、FTTB+LAN 等宽带 IP 网络上的视频会议系统已经达到了很好的效果。在 IP 网络无处不在的今天，这种方式组网方便，价格便宜。但由于基于包交换的 IP 视频会议网络遵循的是尽最大努力交付的原则，所以这种接入方式的视频会议效果相对于 ISDN、DDN 等专线要差。但其良好的性价比受到了越来越多用户的青睐，尤其适合于网络带宽足够的中小型企业和个人使用。

### 4．VOIP

　　VoIP（Voice over Internet Protocol）简而言之就是将模拟声音信号（Voice）数字化，以数据封包的形式在 IP 数据网络上做实时传递。VoIP 最大的优势是能广泛地采用 Internet 和全球 IP 互连的环境，提供比传统业务更多、更好的服务。VoIP 可以在 IP 网络上便宜的传送语音、传真、视频、和数据等业务，如统一消息、虚拟电话、虚拟语音/传真邮箱、查号业务、Internet 呼叫中心、Internet 呼叫管理、电视会议、电子商务、传真存储转发和各种信息的存储转发等。

## 13.4 例题分析

为了帮助考生进一步掌握网络资源设备方面的知识，了解考试的题型和难度，本节分析 5 道典型的试题。

**例题 1**

为数据库服务器和 Web 服务器选择高性能的解决方案，较好的方案是 (1) ，其原因在于 (2) 。

（1）A. 数据库服务器用集群计算机，Web 服务器用 SMP 计算机
　　 B. 数据库服务器用 SMP 计算机，Web 服务器用集群计算机
　　 C. 数据库服务器和 Web 服务器都用 SMP 计算机
　　 D. 数据库服务器和 Web 服务器都用集群计算机

（2）A. 数据库操作主要是并行操作，Web 服务器主要是串行操作
　　 B. 数据库操作主要是串行操作，Web 服务器主要是并行操作
　　 C. 都以串行操作为主
　　 D. 都以并行操作为主

**例题 1 分析**

本题考查重要的网络资源设备——网络服务器的有关知识。

高性能服务器主要有 SMP 结构、MPP 结构、集群结构、Constellation 结构。

数据库管理系统主要是串行处理，因选用适宜进行高速串行运算的服务器，所以应选用 SMP 结构的服务器。

Web 服务器同时为很多用户服务，且各自请求的内容没有关联性，可完全并行化处理，因此选用全并行、集群结构的服务器。

**例题 1 答案**

（1）B　　　（2）B

**例题 2**

某银行拟在远离总部的一个城市设立灾备中心，其中的核心是存储系统。该存储系统恰当的存储类型是 (3) ，不适于选用的磁盘是 (4) 。

（3）A. NAS　　　　　　　　　　 B. DAS
　　 C. IP SAN　　　　　　　　 D. FC SAN

（4）A. FC 通道磁盘　　　　　　 B. SCSI 通道磁盘
　　 C. SAS 通道磁盘　　　　　　 D. 固态盘

**例题 2 分析**

本题考查网络资源设备-存储系统方面的基本知识。

存储系统的主要结构有三种：NAS、DAS 和 SAN。

由于是远程访问，因此选用 IP SAN 结构是最适合的。

固态盘具有最快的速度，但目前固态盘还有一些技术上的限制，主要表现在两个方面，一是存储容量还不能向磁盘一样大；二是写的次数有限制，远低于磁盘。鉴于此，银行的灾备应用目前还不适于选用固态盘。

**例题 2 答案**

（3）C　　　　　（4）D

**例题 3**

某系统主要处理大量随机数据。根据业务需求，该系统需要具有较高的数据容错性和高速读写性能，则该系统的磁盘系统在选取 RAID 级别时最佳的选择是 __(5)__ 。

（5）A．RAID0　　　　　　　　　　　B．RAID1

　　　C．RAID3　　　　　　　　　　　D．RAID10

**例题 3 分析**

本题考查访 RAID 的相关知识。

RAID10：高可靠性与高效磁盘结构。

这种结构无非是一个带区结构加一个镜像结构，因为两种结构各有优缺点，因此可以相互补充，达到既高效又高速还可以的目的。大家可以结合两种结构的优点和缺点来理解这种新结构。这种新结构的价格高，可扩充性不好。主要用于容量不大，但要求速度和差错控制的数据库中。

**例题 3 答案**

（5）D

**例题 4**

某单位使用非 inte1 架构的服务器，要对服务器进行远程监控管理需要使用 __(6)__ 。

（6）A．EMP　　　　　　　　　　　　B．ECC

　　　C．ISC　　　　　　　　　　　　D．SMP

**例题 4 分析**

本题考查服务器技术的相关知识。

SMP 对称多处理技术是相对非对称多处理技术而言、应用十分广泛的并行技术。在这种架构中，多个处理器运行操作系统的单一复本，并共享内存和一台计算机的其他资源。

ECC 错误检查和纠正不是一种内在类型，只是一种内存技术。ECC 纠错技术也需要额外的空间来储存校正码，但其占用的位数跟数据的长度并非呈线性关系。

ISC（intel 服务器控制）是一种网络监控技术，只适用于使用 intel 架构的带有集成管理功能主板的服务器。

EMP（应急管理端口）是服务器主板上所带的一个用于远程管理服务器的接口。

**例题 4 答案**

（6）A

**例题 5**

某用户是一个垂直管理的机构，需要建设一个视频会议系统，基本需求是：一个中心会场，18 个一级分会场，每个一级分会场下面有 3~8 个二级分会场，所有通信线路为 4Mb/s，主会场、一级分会场为高清设备，可在管辖范围内自由组织各种规模的会议，也可在同级之间协商后组织会议，具有录播功能。__(7)__不是中心会场 MCU 设备应具备的规格或特点，__(8)__不是中心会场录播设备应具备的规格或特点。

（7）A．支持 H.323 协议

　　　B．支持 H.261/H.263/H.263+/H.264 视频编码格式

　　　C．支持 CIF/4CIF/720P 视频格式

　　　D．支持 G.711/G.722.1 Annex C /G.728/G.729/MPEG4-AAC（LC/LD）音频格式

（8）A．支持实时数字录制和在线点播功能

　　　B．支持 H.261/H.263/H.263+/H.264/MPEG-4 视频编码格式

　　　C．可录制 CIF/4CIF/720P/1080i/1080P 等视频格式会议

　　　D．可对主会场进行录像并支持 20 路同时点播

**例题 5 分析**

本题考查网络应用资源——视频会议系统的基本知识。

满足上述需求的中心会场 MCU 一般具有较高的性能、较好的兼容性、可扩展性。现在所说的高清都是指 1080 线以上，所以 720P 没有满足用户需求。

主会场的录播设备应能对一级分会场进行录播。

**例题 5 答案**

（7）C　　　　　（8）D

# 第14章 网络安全基础

根据考试大纲，本章要求考生掌握以下知识点：

（1）网络不安全因素与网络安全体系。

（2）恶意软件的防治：计算机病毒知识、计算机病毒防护软件、网络蠕虫病毒的清除与预防、木马的检测与清除方法。

（3）黑客攻击及预防方法：拒绝服务攻击与防御、缓冲区溢出攻击与防御、程序漏洞攻击与防御、欺骗攻击与防御、端口扫描、强化 TCP/IP 堆栈以抵御拒绝服务攻击、系统漏洞扫描。

（4）加密和数字签名：加密技术、数字签名技术、密钥管理、电子印章。

（5）安全认证方法与技术：PKI、证书管理、身份认证。

（6）网络安全应用协议：安全套接字层（Secure Socket Layer，SSL）、安全电子交易协议（Secure Electronic Transaction，SET）、安全套接字层上的超文本传输协议（Hypertext Transfer Protocol over Secure Socket Layer，HTTPS）。

（7）访问控制技术：自主访问控制、强制访问控制、基于角色访问控制、访问控制机制。

（8）企业网络安全隔离：划分子网隔离、VLAN 子网隔离、逻辑隔离、物理隔离。

（9）安全审计：审计内容、审计工具。

（10）安全管理策略和制度。

## 14.1 病毒与木马

1994 年 2 月 18 日，我国正式颁布实施了《中华人民共和国计算机信息系统安全保护条例》。在该条例的第二十八条中明确指出："计算机病毒，是指编制或在计算机程序中插入的破坏计算机功能或毁坏数据，影响计算机使用，并能自我复制的一组计算机指令或程序代码。"

这个定义具有法律性、权威性。根据这个定义，计算机病毒是一种计算机程序，它不仅能破坏计算机系统，而且还能传染到其他系统。计算机病毒通常隐藏在其他正常程序中，能生成自身的拷贝并将其插入其他的程序中，对计算机系统进行恶意的破坏。

计算机病毒不是天然存在的，是某些人利用计算机软、硬件所固有的脆弱性，编制的具有破坏功能的程序。计算机病毒能通过某种途径潜伏在计算机存储介质（或程序）里，当达到某种条件时即被激活，它用修改其他程序的方法将自己的精确拷贝或可能演化的形式放入其他程序中，从而感染它们，对计算机资源进行破坏的这样一组程序或指令集合。

## 14.1.1　计算机病毒知识

本节从计算机病毒的特点、分离、发展趋势来介绍计算机病毒。

**1. 计算机病毒的特点**

传统意义上的计算机病毒一般具有破坏性、隐蔽性、潜伏性、传染性等特点。随着计算机软件和网络技术的发展，在今天的网络时代，计算机病毒又有了很多新的特点：

（1）主动通过网络和邮件系统传播。从当前流行的计算机病毒来看，绝大部分病毒都可以利用邮件系统和网络进行传播。例如，"求职信"病毒就是通过电子邮件传播的，这种病毒程序代码往往夹在邮件的附件中，当收邮件者点击附件时，病毒程序便得以执行并迅速传染。它们还能搜索计算机用户的邮件通信地址，继续向网络进行传播。

（2）传播速度极快。由于病毒主要通过网络传播，因此一种新病毒出现后，可以迅速通过国际互联网传播到世界各地。例如，"爱虫"病毒在一两天内迅速传播到世界的主要计算机网络，并造成欧美国家的计算机网络瘫痪。

（3）变种多。现在很多新病毒都不再使用汇编语言编写，而是使用高级程序设计语言。例如，"爱虫"是脚本语言病毒，"美丽杀"是宏病毒。它们容易编写，并且很容易被修改，生成很多病毒变种。"爱虫"病毒在十几天中，就出现了三十多个变种。"美丽杀"病毒也生成了三四个变种，并且此后很多宏病毒都是使用了"美丽杀"的传染机理。这些变种的主要传染和破坏的机理与母本病毒一致，只是某些代码作了修改。

（4）具有病毒、蠕虫和黑客程序的功能。随着网络技术的普及和发展，计算机病毒的编制技术也在不断地提高。过去病毒最大的特点是能够复制自身给其他的程序。现在计算机病毒具有了蠕虫的特点，可以利用网络进行传播。同时有些病毒还具有了黑客程序的功能，一旦侵入计算机系统后，病毒控制者可以从入侵的系统中窃取信息，远程控制这些系统。呈现出计算机病毒功能的多样化，因而更具有危害性。

**2. 病毒的分类**

通常，计算机病毒可分为下列几类：

（1）文件型病毒。文件型病毒通过在执行过程中插入指令，把自己依附在可执行文件上。然后，利用这些指令来调用附在文件中某处的病毒代码。当文件执行时，病毒会调出自己的代码来执行，接着又返回到正常的执行指令序列。通常这个执行过程发生得很快，以至于用户并不知道病毒代码已被执行。

（2）引导扇区病毒。引导扇区病毒改变每一个用 DOS 格式来格式化的磁盘的第一个扇区里的程序。通常引导扇区病毒先执行自身的代码，然后再继续 PC 的启动进程。大多数情况，在一台染有引导型病毒的计算机上对可读写的软盘进行读写操作时，这块软盘也会被感染该病毒。引导扇区病毒会潜伏在软盘的引导扇区里，或在硬盘的引导扇区或主引导记录中插入指令。此时，如果计算机从被感染的软盘引导时，病毒就会感染到引导硬盘，并把自己的代码调入内存。触发引导区病毒的典型事件是系统日期和时间。

（3）混合型病毒。混合型病毒有文件型和引导扇区型两类病毒的某些共同特性。当执行一个被感染的文件时，它将感染硬盘的引导扇区或主引导记录，并且感染在机器上使用过的软盘。这种病毒能感染可执行文件，从而能在网上迅速传播蔓延。

（4）变形病毒。变形病毒随着每次复制而发生变化，通过在可能被感染的文件中搜索简单、专门的字节序列，是不能检测到这种病毒的。变形病毒是一种能变异的病毒，随着感染时间的不同而改变其不同的形式，不同的感染操作会使病毒在文件中以不同的方式出现，使传统的模式匹配法杀毒软件对这种病毒显得软弱无力。

（5）宏病毒。宏病毒不只是感染可执行文件，它可以感染一般软件文件。虽然宏病毒不会对计算机系统造成严重的危害，但它仍令人讨厌。因为宏病毒会影响系统的性能及用户的工作效率。宏病毒是利用宏语言编写的，不受操作平台的约束，可以在 DOS、Windows、UNIX 甚至在 OS/2 系统中散播。这就是说宏病毒能被传播到任何可运行编写宏病毒的应用程序的机器中。

**3. 病毒的发展趋势**

随着 Internet 的发展和计算机网络的日益普及，计算机病毒出现了一系列新的发展趋势。

（1）无国界。新病毒层出不穷，电子邮件已成为病毒传播的主要途径。病毒家族的种类越来越多，且传播速度大大加快，传播空间大大延伸，呈现无国界的趋势。

（2）多样化。随着计算机技术的发展和软件的多样性，病毒的种类也呈现多样化发展的势态，病毒不仅仅有引导型病毒、普通可执行文件型病毒、宏病毒、混合型病毒，还出现专门感染特定文件的高级病毒。特别是 Java、Visual Basic 和 ActiveX 的网页技术逐渐被广泛使用后，一些人就利用这些技术来撰写病毒。

（3）破坏性更强。新病毒的破坏力更强，手段比过去更加狠毒和阴险，它可以修改文件（包括注册表）、通信端口，修改用户密码，挤占内存，还可以利用恶意程序实现远程控制等。

（4）智能化。过去人们的观点是"只要不打开电子邮件的附件，就不会感染病毒"。但是新一代计算机病毒却令人震惊，例如"维罗纳（Verona）"病毒是一个真正意义上的"超级病毒"，它不仅主题众多，而且集邮件病毒的几大特点为一身，令人无法设防。最严重的是它将病毒写入邮件原文。这正是"维罗纳"病毒的新突破，一旦用户收到了该病毒邮件，无论是无意间用 Outlook 打开了该邮件，还是仅仅使用了预览，病毒就会自动发作，并将一个新的病毒邮件发送给邮件通信录中的地址，从而迅速传播。

（5）更加隐蔽化。和过去的病毒不一样，新一代病毒更加隐蔽，主题会随用户传播而改变，而且许多病毒还会将自己伪装成常用的程序，或将病毒代码写入文件内部，而文件长度不发生任何改变，使用户不会产生怀疑。

## 14.1.2　病毒攻击的防范

　　病毒危害固然很大，但是只要掌握了一些防病毒的常识就能很好地进行防范。网络规划师经常向用户灌输一些防毒常识，这样单位整体的安全意识就会大大提高。

　　（1）用常识进行判断。绝不打开来历不明邮件的附件或并未预期接收到的附件。对看来可疑的邮件附件要自觉不予打开。

　　（2）安装防病毒产品并保证更新最新的病毒库。应该在重要的计算机上安装实时病毒监控软件，并且至少每周更新一次病毒库（现在的杀毒软件一般都支持在线升级），因为防病毒软件只有最新才最有效。

　　（3）不要从任何不可靠的渠道下载任何软件。最好不要使用重要的计算机去浏览一些个人网站，特别是一些黑客类或黄色网站，不要随意在小网站上下载软件。如果非得下载，应该对下载的软件在安装或运行前进行病毒扫描。

　　（4）使用其他形式的文档。常见的宏病毒使用 Microsoft Office 的程序传播，减少使用这些文件类型的机会将降低病毒感染风险。尝试用 RichText 存储文件，这并不表明仅在文件名称中用 RTF 后缀，而是要在 Microsoft Word 中，用"另存为"指令，在对话框中选择 RichText 形式存储。尽管 Rich Text Format 依然可能含有内嵌的对象，但它本身不支持 Visual BasicMacros 或 JScript。

　　（5）不要用共享的磁盘安装软件，或者是复制共享的磁盘。这是导致病毒从一台机器传播到另一台机器的方式。一般人都以为不要使用别人的磁盘，即可防毒，但是不要随便用别人的计算机也是非常重要的，否则有可能带一大堆病毒回家。在网络环境下，要尽量使用无盘工作站，不用或少用有软驱的工作站。工作站是网络的门户，只要把好这一关，就能有效地防止病毒入侵。

　　（6）使用基于客户端的防火墙或过滤措施。如果计算机需要经常挂在互联网上，就非常有必要使用个人防火墙保护文件或个人隐私，并可防止不速之客访问系统，否则个人信息甚至信用卡号码和其他密码都有可能被窃取。

　　（7）系统软件经常打好补丁。系统软件由于体积庞大，涉及各方面太多，因此难免会出现这样或者那样的漏洞，因此需要经常关注厂商的系统补丁。

　　（8）重要资料，必须备份。资料是最重要的，程序损坏了可重新复制，甚至再买一份。但是自己的重要资料或文档，可能是几年的研究成果，也可能是公司的财务资料，如果某一天，因病毒的原因毁于一旦，那将是最惨重的事情，所以，必须养成定期备份重要资料的习惯。

## 14.1.3　基于网络的防病毒系统

　　目前互联网已经成为病毒传播最大的来源，电子邮件和网络信息传递为病毒传播打开了高速的通道。网络化带来了病毒传染的高效率，而病毒传染的高效率也对防病毒产品提出了新的要求。

网络病毒的传播方式有：

（1）直接从有盘站复制到服务器中。

（2）病毒先传染工作站，在工作站内存驻留，等运行网络内的程序时再传染给服务器。

（3）病毒先传染工作站，在工作站内存驻留，在运行时直接通过映像路径传染到服务器。

（4）如果远程工作站被病毒侵入，则病毒也可以通过通信中的数据交换进入网络服务器中。

基于网络系统的病毒防护体系主要包括以下策略：

（1）防病毒一定要实现全方位、多层次防毒。

（2）网关防毒是整个防毒的首要防线。

（3）没有管理的防毒系统是无效的防毒系统。

（4）服务是整体防毒系统中极为重要的一环。

网络防病毒系统组织形式有：

（1）系统中心统一管理。

（2）远程安装升级。

（3）一般客户端的防毒。

（4）防病毒过滤网关。

（5）硬件防病毒网关。

### 14.1.4　木马

木马，也就是一种能潜伏在受害者计算机里，并且秘密开放一个甚至多个数据传输通道的远程控制程序，一般由客户端（Client）和服务器端（Server）两部分组成，客户端也称为控制端。

木马的传播感染其实指的就是服务器端，入侵者必须通过各种手段把服务器端程序传送给受害者运行，才能达到木马传播的目的。当服务器端被受害者计算机执行时，便将自身复制到系统目录，并把运行代码加入系统启动时会自动调用的区域里，借以达到跟随系统启动而运行，这一区域通常称为"启动项"。当木马完成这部分操作后，便进入潜伏期——偷偷开放系统端口，等待入侵者连接。

### 14.1.5　恶意软件及其预防

"恶意软件"是一个集合名词，来指代故意在计算机系统上执行恶意任务的病毒、蠕虫和特洛伊木马。

网络用户在浏览一些恶意网站，或从不安全的站点下载游戏或其他程序时，往往会连合恶意程序一并带入自己的计算机，而用户本人对此丝毫不知情。直到有恶意广告不断弹出时，用户才有可能发觉计算机已"中毒"。在恶意软件未被发现的这段时间，用户网上的所有敏感资料都有可能被盗走，如银行账户信息、信用卡密码等。

这些让受害者的计算机不断弹出恶意广告的程序就叫做恶意软件，它们也叫做流氓软件。

可以通过以下措施对恶意软件进行预防：

（1）及时安装系统最新补丁，Windows 系统要注意打开自动更新系统。

（2）安装杀毒软件及防火墙。

（3）不去浏览陌生网站以及下载陌生程序。

（4）保护好各种用户名和密码，密码需要经常更改。

（5）系统管理员不要轻易授予用户高级别的用户权限。

## 14.2　黑客攻击及其预防

黑客最早源自英文 hacker，是指热心于计算机技术，水平高超的计算机专家，尤其是程序设计人员。

但到了今天，黑客一词又被用于泛指那些专门利用计算机搞破坏或恶作剧的家伙。对这些人的正确英文叫法是 Cracker，有人翻译成"骇客"。

黑客和骇客根本的区别是：黑客们建设，而骇客们破坏。

### 14.2.1　黑客行为

黑客的行为主要有以下几种：

（1）学习技术。互联网上的新技术一旦出现，黑客就必须立刻学习，并用最短的时间掌握这项技术，这里所说的掌握并不是一般的了解，而是阅读有关的"协议"、深入了解此技术的机理，否则一旦停止学习，那么依他以前掌握的内容，并不能维持他的"黑客身份"超过一年。

（2）伪装自己。黑客的一举一动都会被服务器记录下来，所以黑客必须伪装自己使得对方无法辨别其真实身份，这需要有熟练的技巧，用来伪装自己的 IP 地址、使用跳板逃避跟踪、清理记录扰乱对方线索、巧妙躲开防火墙等。

（3）发现漏洞。漏洞对黑客来说是最重要的信息，黑客要经常学习别人发现的漏洞，并努力自己寻找未知漏洞，并从海量的漏洞中寻找有价值、可被利用的漏洞进行试验，当然他们最终的目的是通过漏洞进行破坏或修补上这个漏洞。

黑客对寻找漏洞的执著是常人难以想象的，他们的口号说"打破权威"，从一次又一次的黑客实践中，黑客也用自己的实际行动向世人印证了这一点——世界上没有"不存在漏洞"的程序。在黑客眼中，所谓的"天衣无缝"不过是"没有找到"而已。

（4）利用漏洞。对于黑客来说，漏洞要被修补；对于骇客来说，漏洞要用来搞破坏。而他们的基本前提是"利用漏洞"，黑客利用漏洞可以做下面的事情：

① 获得系统信息：有些漏洞可以泄漏系统信息，暴露敏感资料，从而进一步入侵系统。

② 入侵系统：通过漏洞进入系统内部，或取得服务器上的内部资料、或完全掌管服务器。

③ 寻找下一个目标：一个胜利意味着下一个目标的出现，黑客应该充分利用自己已经掌管的服务器作为工具，寻找并入侵下一个系统。

④ 做一些好事：黑客在完成上面的工作后，就会修复漏洞或通知系统管理员，做出一些维护网络安全的事情。

⑤ 做一些坏事：骇客在完成上面的工作后，会判断服务器是否还有利用价值。如果有利用价值，他们会在服务器上植入木马或者后门，便于下一次来访；而对没有利用价值的服务器就让系统崩溃。

## 14.2.2 拒绝服务攻击

DoS 是指攻击者想办法让目标机器停止提供服务或资源访问，是黑客常用的攻击手段之一。这些资源包括磁盘空间、内存、进程甚至网络带宽，从而阻止正常用户的访问。其实对网络带宽进行的消耗性攻击只是拒绝服务攻击的一小部分，只要能够对目标造成麻烦，使某些服务被暂停甚至主机死机，都属于拒绝服务攻击。拒绝服务攻击问题也一直得不到合理的解决，究其原因是因为这是由于网络协议本身的安全缺陷造成的，从而拒绝服务攻击也成为了攻击者的终极手法。攻击者进行拒绝服务攻击，实际上让服务器实现两种效果：一是迫使服务器的缓冲区满，不接收新的请求；二是使用 IP 欺骗，迫使服务器把合法用户的连接复位，影响合法用户的连接。

### 1. 拒绝服务攻击的方式

（1）SYN Flood。SYN Flood 是当前最流行的 DoS 的方式之一，这是一种利用 TCP 协议缺陷，发送大量伪造的 TCP 连接请求，使被攻击方资源耗尽（CPU 满负荷或内存不足）的攻击方式。

（2）IP 欺骗 DOS 攻击。这种攻击利用 RST 位来实现。假设现在有一个合法用户（202.197.120.2）已经同服务器建立了正常的连接，攻击者构造攻击的 TCP 数据，伪装自己的 IP 为 202.197.120.2，并向服务器发送一个带有 RST 位的 TCP 数据段。服务器接收到这样的数据后，认为从 202.197.120.2 发送的连接有错误，就会清空缓冲区中建立好的连接。这时，如果合法用户 202.197.120.2 再发送合法数据，服务器就已经没有这样的连接了，该用户就必须从新开始建立连接。攻击时，攻击者会伪造大量的 IP 地址，向目标发送 RST 数据，使服务器不对合法用户服务，从而实现了对受害服务器的拒绝服务攻击。

（3）UDP 洪水攻击。攻击者利用简单的 TCP/IP 服务，如 Chargen 和 Echo 来传送毫无用处的占满带宽的数据。通过伪造与某一主机的 Chargen 服务之间的一次的 UDP 连接，回复地址指向开着 Echo 服务的一台主机，这样就在两台主机之间存在很多的无用数据流，这些无用数据流就会导致带宽的服务攻击。

（4）Ping 洪流攻击。由于在早期的阶段，路由器对包的最大尺寸都有限制。许多操作系统对 TCP/IP 栈的实现在 ICMP 包上都是规定 64KB，并且在对包的标题头进行读取之后，要根据该标题头里包含的信息来为有效载荷生成缓冲区。当产生畸形的，声称自己的尺寸超过 ICMP 上限的包也就是加载的尺寸超过 64KB 上限时，就会出现内存分配错误，导致 TCP/IP 堆栈崩溃，致使接受方死机。

（5）泪滴（Teardrop）攻击。泪滴攻击是利用在 TCP/IP 堆栈中实现信任 IP 碎片中的包的标题头所包含的信息来实现自己的攻击。IP 分段含有指明该分段所包含的是原包的哪一段的信息，某些 TCP/IP（包括 Service Pack 4 以前的 NT）在收到含有重叠偏移的伪造分段时将崩溃。

（6）Land 攻击。Land 攻击原理是：用一个特别打造的 SYN 包，它的原地址和目标地址都被设置成某一个服务器地址。此举将导致接受服务器向它自己的地址发送 SYN-ACK 消息，结果这个地址又发回 ACK 消息并创建一个空连接。被攻击的服务器每接收一个这样的连接都将保留，直到超时，对 Land 攻击反应不同，许多 UNIX 实现将崩溃，NT 变的极其缓慢（大约持续 5 分钟）。

（7）Smurf 攻击。一个简单的 Smurf 攻击原理就是，通过使用将回复地址设置成受害网络的广播地址的 ICMP 应答请求（Ping）数据包来淹没受害主机的方式进行。最终导致该网络的所有主机都对此 ICMP 应答请求作出答复，导致网络阻塞。它比 ping of death 洪水的流量高出 1 或 2 个数量级。更加复杂的 Smurf 将源地址改为第三方的受害者，最终导致第三方崩溃。

（8）Fraggle 攻击。Fraggle 攻击实际上就是对 Smurf 攻击作了简单的修改，使用的是 UDP 应答消息而非 ICMP。

**2. 分布式拒绝服务**

分布式拒绝服务（Distributed Denial of Service，DDoS）攻击指借助于客户/服务器技术，将多个计算机联合起来作为攻击平台，对一个或多个目标发动 DoS 攻击，从而成倍地提高拒绝服务攻击的威力。

**3. 拒绝服务预防**

防止拒绝服务攻击可以通过各种办法来预防：

（1）主机的设置：关闭不必要的服务；限制同时打开的 SYN 半连接数目；缩短 SYN 半连接的 time out 时间；及时更新系统补丁。

（2）防火墙的设置：禁止对主机的非开放服务的访问；限制同时打开的 SYN 最大连接数；限制特定 IP 地址的访问；启用防火墙的防 DoS 的属性；严格限制对外开放的

服务器向外访问。

### 14.2.3 缓冲区溢出攻击

缓冲区溢出攻击是利用缓冲区溢出漏洞所进行的攻击行动。缓冲区溢出是一种非常普遍、非常危险的漏洞，在各种操作系统、应用软件中广泛存在。利用缓冲区溢出攻击，可以导致程序运行失败、系统当机、重新启动等后果。更为严重的是，可以利用它执行非授权指令，甚至可以取得系统特权，进而进行各种非法操作。

缓冲区溢出攻击防御手段有，及时更新系统、应用软件补丁；关闭不必要的服务；编写正确的代码；缓冲区不可执行。

### 14.2.4 漏洞扫描

漏洞是在硬件、软件、协议的具体实现或系统安全策略上存在的缺陷，从而可以使攻击者能够在未授权的情况下访问或破坏系统。

入侵者一般利用扫描技术获取系统中的安全漏洞侵入系统，而系统管理员也需要通过扫描技术及时了解系统存在的安全问题，并采取相应的措施来提高系统的安全性。漏洞扫描技术是建立在端口扫描技术的基础之上的。从对黑客攻击行为的分析和收集的漏洞来看，绝大多数都是针对某一个网络服务，也就是针对某一个特定的端口的。所以漏洞扫描技术也是以与端口扫描技术同样的思路来开展扫描的。

漏洞扫描主要通过以下两种方法来检查目标主机是否存在漏洞：在端口扫描后得知目标主机开启的端口以及端口上的网络服务，将这些相关信息与网络漏洞扫描系统提供的漏洞库进行匹配，查看是否有满足匹配条件的漏洞存在；通过模拟黑客的攻击手法，对目标主机系统进行攻击性的安全漏洞扫描，如测试弱势口令等。若模拟攻击成功，则表明目标主机系统存在安全漏洞。

#### 1. 分类和实现方法

基于网络系统漏洞库漏洞扫描大体包括 CGI、POP3、FTP、SSH、HTTP 等。这些漏洞扫描是基于漏洞库，将扫描结果与漏洞库相关数据匹配比较得到漏洞信息；漏洞扫描还包括没有相应漏洞库的各种扫描，如 Unicode 遍历目录漏洞探测、FTP 弱势密码探测、OPEN Relay 邮件转发漏洞探测等，这些扫描通过使用插件功能模块技术进行模拟攻击，测试出目标主机的漏洞信息。下面就这两种扫描的实现方法进行讨论。

（1）漏洞库的匹配方法。基于网络系统漏洞库的漏洞扫描的关键部分就是它所使用的漏洞库。通过采用基于规则的匹配技术，即根据安全专家对网络系统安全漏洞、黑客攻击案例的分析和系统管理员对网络系统安全配置的实际经验，可以形成一套标准的网络系统漏洞库，然后在此基础上构成相应的匹配规则，由扫描程序自动进行漏洞扫描工作。

这样，漏洞库信息的完整性和有效性决定了漏洞扫描系统的性能，漏洞库的修订和更新的性能也会影响漏洞扫描系统运行的时间。因此漏洞库的编制不仅要对每个存在安全隐患的网络服务建立对应的漏洞库文件，而且应当能满足前面所提出的性能要求。

（2）插件功能模块技术。插件是由脚本语言编写的子程序，扫描程序可以通过调用它来执行漏洞扫描，检测出系统中存在的一个或多个漏洞。添加新的插件就可以使漏洞扫描软件增加新的功能，扫描出更多的漏洞。插件编写规范化后，甚至用户自己都可以用 Perl、C 或自行设计的脚本语言编写的插件来扩充漏洞扫描软件的功能。这种技术使漏洞扫描软件的升级维护变得相对简单，而专用脚本语言的使用也简化了编写新插件的编程工作，使漏洞扫描软件具有很强的扩展性。

### 2. 存在的问题及解决

现有的安全隐患扫描系统基本上是采用上述的两种方法来完成对漏洞的扫描，但是这两种方法在不同程度上也各有不足之处。

（1）系统配置规则库问题。网络系统漏洞库是基于漏洞库的漏洞扫描的灵魂所在，而系统漏洞的确认是以系统配置规则库为基础的。但是这样的系统配置规则库存在其局限性：

- 如果规则库设计得不准确，预报的准确度就无从谈起；
- 它是根据已知的安全漏洞进行安排和策划的，而对网络系统的很多危险的威胁却是来自未知的漏洞，这样如果规则库更新不及时，预报准确度也会逐渐降低；
- 受漏洞库覆盖范围的限制，部分系统漏洞也可能不会触发任何一个规则，从而不被检测到。

解决建议：系统配置规则库应能不断地被扩充和修正，这样也是对系统漏洞库的扩充和修正，目前仍需要专家的指导和参与才能够实现。

（2）漏洞库信息要求。漏洞库信息是基于网络系统漏洞库的漏洞扫描的主要判断依据。如漏洞库信息不全面或得不到及时更新，不但不能发挥漏洞扫描的作用，还会给系统管理员以错误的引导，导致不能采取有效措施消除安全隐患。

解决建议：漏洞库信息不但应具备完整性和有效性，也应具有简易性的特点，这样即使是用户自己也易于对漏洞库进行添加配置，从而实现对漏洞库的即时更新。比如漏洞库在设计时可以基于某种标准来建立，这样便于扫描者的（CVE）理解和信息交互，使漏洞库具有比较强的扩充性，更有利于以后对漏洞库的更新升级。

（3）安全评估能力。有些扫描器如著名的 ISS Internet Scanner，虽然扫描漏洞的功能强大，但只是简单地把各个扫描测试项的执行结果罗列出来，不能提供详细的描述和分析处理方案；而当前较成熟的扫描器虽然能对扫描出的漏洞进行整理，形成报表，并提供具体的描述和有效的解决方案，但仍缺乏对网络的状况有一个整体的评估，对网络安全也没有系统的解决方案。

解决建议：未来的漏洞扫描器不但能扫描安全漏洞，所使用的漏洞扫描技术还应智能化，不但能提高扫描结果的准确性，而且应能协助网络系统管理员评估本网络的安全状况，并给出合适的安全建议。

## 14.2.5　端口扫描

端口扫描主要有经典的扫描器（全连接）及所谓的 SYN（半连接）扫描器，此外还有间接扫描和秘密扫描等。

### 1. 全连接扫描

全连接扫描是 TCP 端口扫描的基础，现有的全连接扫描有 TCP connect 扫描和 TCP 反向 ident 扫描等。其中 TCP connect 扫描的实现原理如下所述：

扫描主机通过 TCP/IP 协议的三次握手与目标主机的指定端口建立一次完整的连接。连接由系统调用 connect 开始。如果端口开放，则连接将建立成功；否则，若返回-1，则表示端口关闭。建立连接成功如图 14-1（a）所示。

图 14-1（a）中表明目标主机的一指定端口以 ACK 响应扫描主机的 SYN/ACK 连接请求，这一响应表明目标端口处于监听（打开）的状态。如果目标端口处于关闭状态，则目标主机会向扫描主机发送 RST 的响应，如图 14-1（b）所示。

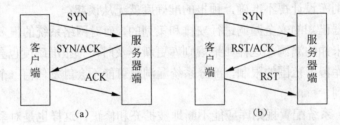

图 14-1　TCP connect 扫描服务器端与客户端建立连接图

### 2. 半连接 SYN 扫描

若端口扫描没有完成一个完整的 TCP 连接，在扫描主机和目标主机的一指定端口建立连接时候只完成了前两次握手，在第三步时，扫描主机中断了本次连接，使连接没有完全建立起来，这样的端口扫描称为半连接扫描，也称为间接扫描。现有的半连接扫描有 TCP SYN 扫描和 IP ID 头 dumb 扫描等。

SYN 扫描的优点在于即使日志中对扫描有所记录，但是尝试进行连接的记录也要比全扫描少得多。缺点是在大部分操作系统下，发送主机需要构造适用于这种扫描的 IP 包，通常情况下，构造 SYN 数据包需要超级用户或者授权用户访问专门的系统调用。

### 3. TCP FIN 扫描

这种扫描方法的思想一方面是关闭的端口会用适当的 RST 来回复 FIN 数据包；另一方面，打开的端口会忽略对 FIN 数据包的回复。这种技术可以避开一些防火墙和包过滤器的监视，保密性较好。相反 FIN 数据包可能会没有任何麻烦地通过。这种方法和系统的实现有一定的关系，使用时应区分操作系统的类型。

**4. IP 分段扫描**

这种方法与上述的有所不同，不是直接发送 TCP 探测包，而是将 IP 数据包分成较小的 IP 段，将一个 TCP 头分成好几个数据包，从而通过过滤器而很难探测到。

**5. UDP ICMP 端口不可达扫描**

这种方法使用的时 UDP 协议，由于协议很简单，打开的端口对扫描探测并不发送一个确认，而关闭的端口会返回一个 ICMP_PORT_UNREACH 错误。

## 14.3　系统安全基础

计算机安全是指计算机资产的安全，即要保证这些计算机资产不受自然和人为的有害因素的威胁和危害。

**1. 安全的基本要素**

信息安全的 5 个基本要素为机密性（确保信息不暴露给未授权的实体或进程）、完整性（只有得到允许的人才能够修改数据，并能够判别数据是否已被篡改）、可用性（得到授权的实体在需要时可访问数据）、可控性（可以控制授权范围内的信息流向和行为方式）、可审查性（对出现的安全问题提供调查的依据和手段）。

而对于网络及网络交易而言，信息安全的基本需求是机密性（又称为保证性）、完整性和不可抵赖性（也就是数据发送、交易发送方无法否认曾经的事实）。

**2. 常见的网络安全威胁**

常见的网络安全威胁包括窃听（即非授权访问、信息泄露、资源盗取等）、假冒（假扮另一个实体，如网站假冒、IP 欺骗等）、重放、流量分析、破坏完整性、拒绝服务、资源的非法授权使用、陷门和特洛伊木马、病毒、诽谤。

另外，对于网络安全而言，大都是针对网络安全漏洞，进行网络攻击。其中，安全漏洞包括物理安全隐患、软件安全漏洞、搭配的安全漏洞。网络攻击可分为被动攻击、主动攻击、物理临近攻击、内部人员攻击、分发攻击等。

**3. 主要安全措施**

（1）内因：进行数据加密；制定数据安全规划；建立安全存储；进行容错数据保护与数据备份；建立事故应急计划与容灾措施；重视安全管理，制定管理规范。

（2）外因：设置身份认证、密码、口令、生物认证等多种认证方式；设置防火墙，防止外部入侵；建立入侵检测、审计与追踪；计算机物理环境保护。

**4. 主要安全技术**

（1）数据加密：重新组合信息，从而使只有收发双方才能够还原信息。

（2）数据签名：用于证明确实是由发送者签发的。

（3）身份认证：有多种方法来鉴别用户的合法性。

（4）防火墙：位于两个网络之间，通过规则控制数据包出入。

（5）内容检查：对数据内容的安全性进行检查，防止病毒、木马的破坏。

从 OSI/RM 的角度来看，在物理层可以采用防窃听技术来加强通信线路的安全；在数据链路层可以使用通信保密机技术进行链路加密，使用 L2TP、PPTP 来实现二层隧道通信；在网络层可以采用防火墙来处理信息内外网络边界的流动，利用 IPSec 建立透明的安全加密信道；在传输层可以使用 SSL 对低层安全服务进行抽象和屏蔽；最有效的一类做法是可以在传输层和应用层之间建立中间件层次，以实现通用的安全服务功能，通过定义统一的安全服务接口向应用层提供身份认证、访问控制和数据加密等安全服务。

**5. 网络安全设计原则**

在网络安全解决方案时，应该遵循以下原则：

（1）木桶原则：木桶中最短的板决定了桶的容量，也就是避免瓶颈。

（2）整体性原则：要综合考虑网络结构、网络应用需求进行体系化设计。

（3）有效性与实用性原则：不求高价位，关键在于有效防范潜在的安全问题。

（4）等级性原则：对网络区域、用户、应用划分等级，能够更好实现网络保障。

此外，还应遵从以设计为本的原则、自主和可控性的原则和安全有价的原则。

# 14.4 公钥基础结构

公开密钥密码体制是现代密码学的最重要的发明和进展。一般理解密码学（Cryptography）就是保护信息传递的机密性，但这仅仅是当今密码学主题的一个方面。对信息发送与接收人的真实身份的验证、对所发出/接收信息在事后的不可抵赖以及保障数据的完整性是现代密码学主题的另一方面。公开密钥密码体制对这两方面的问题都给出了出色的解答。

## 14.4.1 密钥管理体制

密钥管理是指处理密钥自产生到销毁的整个过程中的有关问题，包括系统的初始化、密钥的产生、存储、备份/恢复、装入、分配、保护、更新、控制、丢失、吊销及销毁。当前主要的密钥管理体制有三种：适用于封闭网、以传统的密钥管理中心为代表的 KMI 机制；适用于开放网的 PKI 机制；适用于规模化专用网的 SPK 机制。

**1. KMI 机制**

分发密钥的安全性依赖于秘密信道，如表 14-1 所示。

表 14-1　KMI 机制

| 分发类型 | 技　　术 | 特　　点 |
|---|---|---|
| 静态分发 | 点对点配置 | 可用单钥或双钥实现。单钥为鉴别提供可靠参数，但不提供不可否认服务。数字签名要求双钥实现 |

续表

| 分发类型 | 技　术 | 特　点 |
|---|---|---|
| | 一对多配置 | 可用单钥或双钥实现。只在中心保留所有各端的密钥，各端只保留自己的密钥。是建立秘密通道的主要办法 |
| | 格状网配置 | 可用单钥或双钥实现。也称为端端密钥，密钥配置量为全网 $n$ 个终端中选 2 的组合数 |
| 动态分发 | 基于单钥的单钥分发 | 首先用静态分发方式配置的星状密钥配置，主要解决会话密钥的分发 |
| | 基于单钥的双钥分发 | 公私钥对都当做秘密变量 |

**2. PKI 机制**

解决了分发密钥时依赖秘密信道的问题，如表 14-2 所示。

表 14-2　PKI 机制

| 项　目 | PKI | KMI |
|---|---|---|
| 作用特性 | 良好的扩展性，适用于开放业务 | 很好的封闭性，适合专用业务 |
| 服务功能 | 只提供数字签名服务 | 提供加密和签名功能 |
| 信任逻辑 | 第三方管理模式 | 集中式的主管方管理模式 |
| 负责性 | 个人负责的技术体系 | 单位负责制 |
| 应用角度 | 主外 | 主内 |

一个标准的 PKI 域必须具备以下主要内容：

（1）认证机构（Certificate Authority，CA）。CA 是 PKI 的核心执行机构，是 PKI 的主要组成部分，通常称为认证中心。从广义上讲，认证中心还应该包括证书申请注册机构（Registration Authority，RA），它是数字证书的申请注册、证书签发和管理机构。

（2）证书和证书库。证书是数字证书或电子证书的简称，符合 X.509 标准，是网上实体身份的证明。证书是由具备权威性、可信任性和公正性的第三方机构签发的，因此它是权威性的电子文档。

证书库是 CA 颁发证书和撤销证书的集中存放地，是网上的公共信息库，可供公众进行开放式查询。一般来说，查询的目的有两个：其一是想得到与之通信实体的公钥；其二是要验证通信对方的证书是否已进入"黑名单"。证书库支持分布式存放，即可以采用数据库镜像技术，将 CA 签发的证书中与本组织有关的证书和证书撤销列表存放到本地，以提高证书的查询效率，减少向总目录查询的瓶颈。

（3）密钥备份和恢复。密钥备份和恢复是密钥管理的主要内容，用户由于某些原因将解密数据的密钥丢失，从而使已被加密的密文无法解开。为避免这种情况的发生，PKI 提供了密钥备份与密钥恢复机制，当用户证书生成时，加密密钥即被 CA 备份存储；当需要恢复时，用户只需向 CA 提出申请，CA 就会为用户自动进行恢复。

（4）密钥和证书的更新。一个证书的有效期是有限的，这种规定在理论上是基于当前非对称算法和密钥长度的可破译性分析；在实际应用中是由于长期使用同一个密钥有被破译的危险，因此为了保证安全，证书和密钥必须有一定的更换频度。为此，PKI 对已发的证书必须有一个更换措施，这个过程称为"密钥更新或证书更新"。

证书更新一般由 PKI 系统自动完成，不需要用户干预。即在用户使用证书的过程中，PKI 也会自动到目录服务器中检查证书的有效期，当有效期结束之前，PKI/CA 会自动启动更新程序，生成一个新证书来代替旧证书。

（5）客户端软件。为方便客户操作，解决 PKI 的应用问题，在客户端装有客户端软件，以实现数字签名、加密传输数据等功能。此外，客户端软件还负责在认证过程中，查询证书和相关证书的撤销信息，以及进行证书路径处理，对特定文档提供时间戳请求等。

（6）支持交叉认证。交叉认证就是多个 PKI 域之间实现互操作。交叉认证实现的方法有多种：一种方法是桥接 CA，即用一个第三方 CA 作为桥，将多个 CA 连接起来，成为一个可信任的统一体；另一种方法是多个 CA 的根 CA（RCA）互相签发根证书，这样当不同 PKI 域中的终端用户沿着不同的认证链检验认证到根时，就能达到互相信任的目的。

（7）自动管理历史密钥。从以上密钥更新的过程不难看出，经过一段时间后，每一个用户都会形成多个旧证书和至少一个当前新证书。这一系列旧证书和相应的私钥就组成了用户密钥和证书的历史档案。记录整个密钥历史是非常重要的。例如，某用户几年前用自己的公钥加密的数据或者其他人用自己的公钥加密的数据无法用现在的私钥解密时，那么该用户就必须从他的密钥历史档案中，查找到几年前的私钥来解密数据。

**3. SPK 机制**

为了更好地解决密钥管理的问题，现在提出了种子化公钥（SPK）和种子化双钥（SDK）体系。在 SPK 体制中可以实现：

（1）多重公钥（双钥），即 LPK/LDK，用 RSA 公钥算法实现。

（2）组合公钥（双钥），即 CPK/CDK，用离散对数 DLP 或椭圆曲线密码 ECC 实现。它是电子商务和电子政务中比较理想的密钥解决方案。

## 14.4.2 证书应用

数字证书采用公钥体制，即利用一对互相匹配的密钥进行加密和解密。每个用户将设定两个私钥（仅为本人所知的专用密钥，用来解密和签名）、公钥（由本人公开，用于加密和验证签名）和两个密钥，用以实现：

（1）发送机密文件。发送方使用接收方的公钥进行加密，接收方便使用自己的私钥解密。

（2）接收方能够通过数字证书来确认发送方的身份，发送方无法抵赖。

（3）信息自数字签名后可以保证信息无法更改。

### 1. 数字证书的格式

数字证书的格式一般使用 X.509 国际标准。X.509 是广泛使用的证书格式之一，X.509 用户公钥证书是由可信赖的证书权威机构（证书授权中心，CA）创建的，并且由 CA 或用户存放在 X.500 的目录中。

在 X.509 格式中，数字证书通常包括版本号、序列号（CA 下发的每个证书的序列号都是唯一的）、签名算法标识符、发行者名称、有效性、主体名称、主体的公开密钥信息、发行者唯一识别符、主体唯一识别符、扩充域、签名（即 CA 用自己的私钥对上述域进行数字签名的结果，也可以理解为 CA 中心对用户证书的签名）。

### 2. 数字证书的获取

任何一个用户只要得到 CA 中心的公钥，就可以得到该 CA 中心为该用户签署的公钥。因为证书是不可伪造的，因此对于存放证书的目录无须施加特别的保护。

因为用户数量多，因此会存在多个 CA 中心。但如果两个用户使用的是不同 CA 中心发放的证书，则无法直接使用证书，但如果两个证书发放机构之间已经安全地交换了公开密钥，则可以使用证书链来完成通信。

### 3. 证书的吊销

证书到了有效期、用户私钥已泄露、用户放弃使用原 CA 中心的服务、CA 中心私钥泄露都需吊销证书。这时 CA 中心会维护一个证书吊销列表 CRL，以供大家查询。

## 14.4.3　常用的私钥和公钥加密标准

加密就是指对数据进行编码变换使其看起来毫无意义，实际上仍可以保持其可恢复的形式的过程。在这个过程中被变换的数据称为明文，它可以是一段有意义的文字或数据，变换过后的形式称为密文，看起来毫无意义。加密机制有助于保护信息的机密性和完整性，有助于识别信息的来源，是最广泛使用的安全机制。

加密算法分为私钥加密算法和公钥加密算法。其中，私钥加密算法又称为对称加密算法。私钥加密是指收发双方使用相同密钥的密码，既用于加密也用于解密，传统的密码都属私钥密码。公钥加密算法又称为不对称加密算法，公钥加密是指收发双方使用不同密钥的密码，一个用来加密信息；另一个用来解密信息。公钥加密比私钥加密出现得晚。

私钥加密算法的主要优点是加密和解密速度快，加密强度高，且算法公开。不过其最大的缺点是实现密钥的秘密分发困难，在用户量大的情况下密钥管理复杂，而且无法完成身份认证等功能，不便于应用在网络开放的环境中。目前最著名的私钥加密算法有数据加密标准 DES 和国际数据加密算法 IDEA 等。

公钥加密算法的优点是能适应网络的开放性要求，密钥管理简单，并且可方便地实现数字签名和身份认证等功能，是目前电子商务等技术的核心基础。其缺点是算法复杂，加密数据的速度和效率较低。因此在实际应用中，通常将私钥加密算法和公钥加密算法结合使用，利用 DES 或 IDEA 等私钥加密算法来进行大容量数据的加密，而采用 RSA 等公钥加密算法来传递私钥加密算法所使用的密钥，通过这种方法可以有效地提高加密的效率并简化对密钥的管理。下面就分别介绍几种私钥和公钥加密算法。

**1. 私钥加密算法**

（1）DES 算法。最著名的私钥或对称加密算法 DES（Data Encryption Standard，数据加密标准）是由 IBM 公司在 20 世纪 70 年代发展起来的，在经过加密标准筛选后，于 1976 年 11 月被美国政府采用，DES 随后被美国国家标准局和美国国家标准协会（American National Standard Institute，ANSI）承认。DES 使用 56 位密钥对 64 位的数据块进行加密，并对 64 位的数据块进行 16 轮编码，在每轮编码时都使用不同的子密钥，子密钥的长度均为 48 位，由 56 位的完整密钥得出。DES 用软件进行解码需要很长时间，而用硬件解码速度非常快，幸运的是早些时候大多数黑客并没有足够的设备制造出这种硬件设备。但是，由于现在的计算机速度越来越快，制造这样一台特殊机器需要花费的成本已经大大降低，所以现在再要求"强壮"加密的场合单独使用 DES 已经不再适合了。

（2）三重 DES。因为确定一种新的加密法是否真的安全是极为困难的，而且 DES 的唯一密码学缺点，就是密钥长度相对比较短，所以人们并没有放弃使用 DES，而是想出了一个解决其长度问题的方法，即采用三重 DES。这种方法用两个密钥对明文进行 3 次加密。假设两个密钥是 k1 和 k2，其算法步骤如下：

① 用密钥 k1 进行 DES 加密。

② 用 k2 对步骤 1 的结果进行 DES 解密。

③ 对步骤②的结果再使用密钥 k1 进行 DES 加密。

这种方法的缺点是要花费 3 倍于原来的时间，但从另一方面来看，三重 DES 的 112 位密钥长度是很"强壮"的加密方式了。

（3）IDEA 算法。国际数据加密算法（International Data Encryption Algorithm，IDEA）是瑞士的著名学者提出的，在 1990 年正式公布并在以后得到增强。这种算法是在 DES 算法的基础上发展出来的，类似于三重 DES。发展 IDEA 也是因为感到 DES 具有密钥太短等缺点。IDEA 的密钥为 128 位，这么长的密钥在今后若干年内应该是安全的。

类似于 DES，IDEA 算法也是一种数据块加密算法，它设计了一系列加密轮次，每轮加密都使用从完整的加密密钥中生成的一个子密钥。与 DES 的不同之处在于，它采用软件实现和采用硬件实现同样快速。此外，由于 IDEA 是在美国之外提出并发展起来的，避开了美国法律上对加密技术的诸多限制，因此，有关 IDEA 算法和实现技术的书籍都可以自由出版和交流，这极大地促进了 IDEA 的发展和完善。

此外还有由麻省理工学院的 Ron Rivest 开发的 RC5 算法，它允许使用不同长度的密钥，以及允许使用最长为 448 位的不同长度的密钥的 Blowfish 算法，针对在 32 位处理器上的执行进行了优化。

### 2. 公钥加密算法

（1）RSA 算法。1978 年出现了著名的 RSA（Rivest-Shamir-Adleman）算法。这是一种公钥加密算法，这种算法为公用网络上信息的加密和鉴别提供了一种基本的方法。它通常是由密钥管理中心先生成一对 RSA 密钥，其中之一称为私钥，由用户保存；另一个称为公钥，可对外公开，甚至可在网络服务器中注册。在传送信息时，常采用私钥加密方法与公钥加密方法相结合的方式，即信息采用改进的 DES 或 IDEA 对话密钥加密，然后使用 RSA 密钥加密对话密钥和信息摘要。对方收到信息后，用不同的密钥解密并可核对信息摘要。

密钥管理中心产生一对公钥和私钥的方法如下：在离线方式下，先产生两个足够大的质数 $p$、$q$，计算 $n=p\times q$ 和 $z=(p–1)\times(q–1)$，再选取一个与 $z$ 互素的奇数 $e$，称 $e$ 为公开指数；从这个 $e$ 值可以找出另一个值 $d$，并能满足 $e\times d=1 \bmod (z)$ 条件。由此而得到的两组数 $(n, e)$ 和 $(n, d)$ 分别被称为公开密钥和保密密钥，或简称公钥和私钥。

RSA 算法之所以具有安全性，是基于数论中的一个特性事实：即将两个大的质数合成一个大数很容易，而相反的过程则非常困难。在当今技术条件下，当 $n$ 足够大时，为了找到 $d$，欲从 $n$ 中通过质因子分解试图找到与 $d$ 对应的 $p$、$q$ 是极其困难甚至是不可能的。由此可见，RSA 的安全性是依赖于作为公钥的大数 $n$ 的位数长度的。为保证足够的安全性，一般认为现在的个人应用需要用 384 或 512 位的 $n$，公司需要用 1024 位的 $n$，极其重要的场合应该用 2 048 位的 $n$。

RSA 算法的加密密钥和加密算法分开，使得密钥分配更为方便。它特别符合计算机网络环境。对于网上的大量用户，可以将加密密钥用电话簿的方式印出。如果某用户想与另一用户进行保密通信，只需从公钥簿上查出对方的加密密钥，用它对所传送的信息加密后发出即可。对方收到信息后，用仅为自己所知的解密密钥将信息解密，从而获知报文的内容。由此可看出，RSA 算法解决了大量网络用户密钥管理的难题。不过 RSA 并不能替代 DES，它们的优缺点正好互补。RSA 的密钥很长，加密速度慢；DES 正好弥补了 RSA 的缺点。即 DES 用于明文加密，RSA 用于 DES 密钥的加密。因为 DES 加密速度快，适合加密较长的报文；而 RSA 可解决 DES 密钥分配的问题。美国的保密增强邮件（PEM）就是采用了 RSA 和 DES 结合的方法，目前已成为 E-mail 保密通信标准。

（2）Elgamal 算法。Taher Elgamal 开发了 Elgamal 算法，这种算法既能用于数据加密也能用于数字签名，其安全性依赖于计算有限域上离散对数的难度。

（3）数字签名算法。数字签名算法（DSA）由美国政府开发，作为数字签名的标准算法。这种算法基于 Elgamal 算法，但是只允许认证，不能提供机密性。

（4）椭圆曲线加密。将椭圆曲线作为加密算法提出于 1985 年，相比于 RSA 算法，这种算法最大的好处是密钥更小，因而同样安全级别的计算速度更快。

**希赛教育专家提示**：PKI 提供的安全服务恰好能满足电子商务、电子政务、网上银行、网上证券等金融业交易的安全需求，是确保这些活动顺利进行必备的安全措施，没有这些安全服务，电子商务、电子政务、网上银行、网上证券等都无法正常运作。PKI可以应用到电子商务、电子政务、网上银行、网上证券等各个领域。

## 14.5　电子签名和数字签名

电子签章（又称为电子签名）和数字签名是否是同一回事呢？答案是否定的。两者的内涵并不一样。数字签名是电子签名技术中的一种，不过两者的关系也很密切。

### 14.5.1　电子签名

随着《中华人民共和国电子签名法》这部法律的出台和实施，电子签名获得了与传统手写签名和盖章同等的法律效力，这意味着经过电子签名的电子文档在网上传输有了合法性，这部法律将对我国电子商务、电子政务的发展起到极其重要的促进作用，并推动电子签名技术的不停发展。那么什么是电子签名呢？

电子签名并非是书面签名的数字图像化，以一种电子代码的形式存在。联合国贸发会的《电子签名示范法》中对电子签名作了如下定义："指在数据电文中以电子形式所含、所附或在逻辑上与数据电文有联系的数据，它用于鉴别与数据电文相关的签名人和表明签名人认可数据电文所含信息"。

总之，电子签名的定义，不同的国际组织和国家立法各不相同，通常将电子签名定义为是通过一套标准化、规范化的软硬结合的系统，使持章者可以在电子文件上完成签字、盖章，与传统的手写签名、盖章具有完全相同功能。主要解决电子文件的签字盖章问题，用于辨识电子文件签署者的身份，保证文件的完整性，确保文件的真实性、可靠性和不可抵赖性。但从本质上说，电子签名是"建立在计算机基础上的个人身份"。电子签名的形式有很多，如"位图签名"、"生物签名"（如虹膜扫描）和"数字签名"等。其中的"数字签名"依赖于"不对称的加密技术"，使用两把不同的、在数字上互有联系的一组钥匙（Key Pair），即"公钥"和"私钥"来创设数字签名，对数据进行编码、解码和对签名进行验证。数字签名可以较好地保证公开网络上信息的安全性和保密性，保障数据的完整性并避免数据被非法篡改，是目前电子签名中最为高级且应用广泛的电子签名形式。利用电子签名，收件人能够通过网络传输文件，并可以轻松验证发件人的身份和签名，验证出文件的原文在传输过程中有无变动。

### 14.5.2　数字签名

数字签名的具体要求是发送者事后不能否认发送的报文签名、接收者能够核实发送者发送的报文签名、接收者不能伪造发送者的报文签名、接收者不能对发送者的报文进行部分篡改、网络中的某一用户不能冒充另一用户作为发送者或接收者。数字签名的应用范围十分广泛，在保障电子数据交换（EDI）的安全性上是一个突破性的进展，凡是需要对用户的身份进行判断的情况都可以使用数字签名，如加密信件、商务信函、定货购买系统、远程金融交易和自动模式处理等。

实现数字签名有很多方法，目前采用较多的是不对称加密技术和对称加密技术。尽管这两种技术实施步骤不尽相同，但大体的工作程序是一样的。首先用户可以下载或者购买数字签名软件，然后安装在 PC 上。在产生密钥对后，软件自动向外界传送公开密钥。由于公共密钥的存储需要，所以需要建立一个鉴定中心（CA）完成个人信息及其密钥的确定工作。鉴定中心是一个政府参与管理的第三方成员，以便保证信息的安全和集中管理。用户在获取公开密钥时，先向鉴定中心请求数字确认，鉴定中心确认用户身份后，发出数字确认，同时鉴定中心向数据库发送确认信息。然后用户使用私有密钥对所传信息签名，保证信息的完整性和真实性，也使发送方无法否认信息的发送，之后发向接收方；接收方接收到信息后，使用公开密钥确认数字签名，进入数据库检查用户确认信息的状况和可信度；最后数据库向接收方返回用户确认状态信息。不过，在使用这种技术时，首先，签名者必须注意保护好私有密钥，因为它是公开密钥体系安全的重要基础。如果密钥丢失，应该立即报告鉴定中心取消认证，将其列入确认取消列表之中。其次，鉴定中心必须能够迅速确认用户的身份及其与密钥的关系。一旦接收到用户请求，鉴定中心要立即认证信息的安全性并返回信息。

**1. 数字签名算法**

可用于数字签名的算法很多，应用最为广泛的 3 种是：Hash 签名、DSS 签名和 RSA 签名。Hash 签名不属于计算密集型算法，应用较广泛。它可以降低服务器资源的消耗，减轻中央服务器的负荷。其主要局限是接收方必须持有用户密钥的副本以检验签名，因为双方都知道生成签名的密钥，较容易被攻破，存在伪造签名的可能。DSS 和 RSA 签名都采用了公钥算法，不存在 Hash 的局限性。RSA 是最流行的一种加密标准，许多产品的内核中都有 RSA 的软件和类库。和 Hash 签名相比，在公钥系统中，由于生成签名的密钥只存储于用户的计算机中，所以安全系数相对要大一些。

**2. 数字签名带来的问题**

在数字签名的引入过程中不可避免地会带来一些新问题，需要进一步加以解决。这些问题如下：

（1）需要立法机构对数字签名技术有足够的重视，并且在立法上加快脚步，迅速制定相关法律，推动电子商务及其他网上事务的发展。

（2）如果发送方已经对信息进行了数字签名，那么接收方就一定要有数字签名软件，这就要求签名软件具有很高的普及性。

（3）假设某人发送信息后被取消了原有数字签名的权限，对以往发送的数字签名的鉴定就需要鉴定中心结合时间信息进行鉴定。

（4）基础设施（鉴定中心和在线存取数据库等）的费用的收取是否会影响到这项技术的全面推广等。

### 3. 公钥加密和数字签名应用的流程

公钥加密和数字签名应用的完整流程如下：

（1）发送 A 先通过散列函数对要发送的信息（M）计算消息摘要（MD），也就是提取原文的特征。

（2）发送 A 将原文（M）和消息摘要（MD）用自己的私钥（PrA）进行加密，实现就是完成签名动作，其信息可以表示为 PrA（M+MD）。

（3）然后以接收者 B 的公钥（PB）作为会话密钥，对这个信息包进行再次加密，得到 PB（PrA（M+MD））。

（4）当接收者收到后，首先用自己的私钥 PrB 进行解密，从而得到 PrA（M+MD）。

（5）再利用 A 的公钥（PA）进行解密，如果能够解密，显然说明该数据是 A 发送的，同时也就将得到原文 M 和消息摘要 MD。

（6）然后对原文 M 计算消息摘要，得到新的 MD，与收到 MD 进行比较，显然如果一致说明该数据在传输时未被篡改。

至此，整个通信过程也就完成了。需要注意的是，在实际的应用中，通常不会用 A 的私钥对原文进行加密，一方面是效率太低；另一方面是没有太大的必要，如图 14-2 所示。

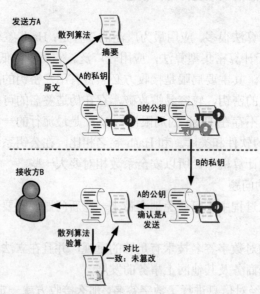

图 14-2　实际应用中的公钥加密和数字签名流程

## 14.6　文件加密

文件加密就是对文件进行加密保护。一般主要是利用加密算法，将文件中明文加密成密文，在不解密的情况下，无法知道文件的真实内容。目前，国际上用得最多也是被公认为是最合理的加密算法包括 RC4、RC5 和 AES。文件加密软件有很多，如文件夹加密超级大师、超级加密 3000 等。

　　加密文件系统（Encrypting File System，EFS）是微软公司开发的，基于 Windows 2000、Windows XP Professional 和 Windows Server 2003 的 NTFS 文件系统的一个组件。Windows XP Home 不包含 EFS。

　　EFS 采用高级的标准加密算法实现透明的文件加密和解密，任何不拥有合适密钥的个人或程序都不能读取加密数据。即便是物理拥有驻留加密文件的计算机，加密文件仍然受到保护。甚至是有权访问计算机及其文件系统的用户，也无法读取这些数据。EFS 的加密文件只有加密用户和数据恢复代理用户才能解密加密的文件。

**1. EFS 文件加密**

　　选中 NTFS 分区中的一个文件，右击，选择"属性"命令，在出现的对话框中切换至"常规"选项卡，然后单击"高级"按钮，在出现的对话框中选中"加密内容以便保护数据"选项，单击"确定"即可。

　　此时可以发现，加密文件名的颜色变成了绿色，当其他用户登录系统后打开该文件时，就会出现"拒绝访问"的提示，这表示 EFS 加密成功。如果想取消该文件的加密，只需将"加密内容以便保护数据"选项去除即可。

**2. EFS 加密数据恢复**

　　如果其他人想共享经过 EFS 加密的文件或文件夹，又该怎么办？由于重装系统后，SID（安全标示符）的改变会使原来由 EFS 加密的文件无法打开，所以为了保证别人能共享 EFS 加密文件或者重装系统后可以打开 EFS 加密文件，必须要进行备份证书。

　　选择"开始"→"运行"菜单项，在出现的对话框中输入 certmgr.msc，按 Enter 键后，在出现的"证书"对话框中依次双击展开"证书-当前用户→个人→证书"选项，在右侧栏目里会出现以你的用户名为名称的证书。选中该证书，右击，选择"所有任务"→"导出"命令，打开"证书导出向导"对话框。

　　在向导进行过程中，当出现"是否要将私钥跟证书一起导出"提示时，要选择"是，导出私钥"选项，接着会出现向导提示要求密码的对话框。为了安全起见，可以设置证书的安全密码。当选择好保存的文件名及文件路径后，点击"完成"按钮即可顺利将证书导出，此时会发现在保存路径上出现一个以 PFX 为扩展名的文件。

　　当其他用户或重装系统后欲使用该加密文件时，只需记住证书及密码，然后在该证书上右击，选择"安装证书"命令，即可进入"证书导入向导"对话框。按默认状态单击"下一步"按钮，输入正确的密码后，即可完成证书的导入，这样就可顺利打开所加密的文件。

## 14.7 网络安全应用协议

与安全交易相关的三种主要应用协议有 SSL、SET 和 HTTPS。

### 1. SSL

SSL 是工作在传输层的安全协议，结合了信息加解密、数字签名与签证两大技术。它包括协商层（SSL Handshake）和记录层（SSL Record）两个部分。

（1）协商层。包括"沟通"通信中所使用的 SSL 版本、信息加密用的算法、所使用的公钥算法，并要求用公钥方式对客户端进行身份认证。

（2）记录层。对应用程序提供的信息进行分段、压缩、数据认证和加密，能够保障数据的机密性和报文的完整性。整个操作步骤如下：

① 分片，分成 $2^{14}$ 字节或更小的数据块。

② 可选地应用压缩。

③ 使用共享的密钥计算出报文鉴别代码。

④ 使用同步算法加密。

⑤ 附加首部数据，包括内容类型、主要版本、次要版本、压缩长度。

### 2. HTTPS

HTTPS 是以安全为目标的 HTTP 通道，简单讲是 HTTP 的安全版。它是对 HTTP 协议的扩展，目的是保证商业贸易的传输安全，工作在应用层。由于 SSL 的迅速出现，加上 SSL 工作在传输层，适用于所有 TCP/IP 应用，采用 443 号端口，而 HTTPS 只能够工作在 HTTP 协议层，仅限于 Web 应用。

### 3. SET

SET 协议是 Visa 与 MasterCard 共同制定的一套安全又方便的交易模式，最早用于支持各种信用卡的交易。在使用 SSL 时，只要求服务器端拥有数字证书，而使用 SET 时，则同时要求客户端需要拥有数字证书。SET 可以实现在交易涉及的各方间提供安全的通信信道，通过使用 X.509 数字证书来提供信任，可以保证信息的机密性。

SET 协议的参与者有卡用户（网上交易发起方）、商人（网上交易服务商）、发行人——银行（信用卡发卡人）、获得者（处理交易的金融机构）、支付网关、CA 中心（发放证书者）。

## 14.8 访问控制技术

网络访问控制技术是网络安全防范和保护的主要核心策略，它的主要任务是保证网络资源不被非法使用和访问。访问控制规定了主体对客体访问的限制，并在身份识别的基础上，根据身份对提出资源访问的请求加以控制。网络访问控制技术是对网络信息系统资源进行保护的重要措施，也是计算机系统中最重要和最基础的安全机制。

　　在网络中要确认一个用户，通常的做法是通过身份验证，但是身份验证并不能告诉用户能做些什么。网络访问控制技术能解决这个问题。

　　访问控制是策略（Policy）和机制（Mechanism）的集合，允许对限定资源的授权访问。它也可保护资源，防止那些无权访问资源的用户的恶意访问或偶然访问。然而，它无法阻止被授权组织的故意破坏。

　　访问控制包括 3 个要素，即主体、客体和控制策略。

　　（1）主体（Subject）：是可以对其他实体施加动作的主动实体，有时也称为用户（User）或访问者（被授权使用计算机的人员）。主体的含义是广泛的，可以是用户所在的组织、用户本身，也可以是用户使用的计算机终端、卡机、手持终端（无线）等，甚至可以是应用服务程序或进程。

　　（2）客体（Object）：是接受其他实体访问的被动实体。客体的概念也很广泛，凡是可以被操作的信息、资源、对象都可以认为是客体。在信息社会中，客体可以是信息、文件、记录等的集合体，也可以是网络上的硬件设施、无线通信中的终端，甚至一个客体可以包含另外一个客体。

　　（3）控制策略：是主体对客体的操作行为集合约束条件集。简单地说，控制策略是主体对客体的访问规则集，这个规则集直接定义了主体对客体的作用行为和客体对主体的条件约束。访问策略体现了一种授权行为，也就是客体对主体的权限允许，这种允许不超越规则集。

## 14.8.1　自主访问控制

　　自主访问控制（Discretionary Access Control，DAC）是目前计算机系统中实现最多的访问控制机制，是在确认主体身份以及它们所属组的基础上对访问进行限定的一种方法。传统的 DAC 最早出现在 20 世纪 70 年代初期的分时系统中，它是多用户环境下最常用的一种访问控制技术，在目前流行的 UNIX 类操作系统中被普遍采用。其基本思想是：允许某个主体显式地指定其他主体对该主体所拥有的信息资源是否可以访问以及可执行的访问类型。

　　20 世纪 70 年代末，M.H.Harrison、W.L.Ruzzo、J.D.Ullma 等对传统 DAC 做出扩充，提出了客体主人自主管理该客体的访问和安全管理员限制访问权限随意扩散相结合的半自主式的 HRU 访问控制模型，并设计了安全管理员管理访问权限扩散的描述语言。到了 1992 年，Sandhu 等人为了表示主体需要拥有的访问权限，将 HRU 模型发展为 TAM（Typed Access Matrix）模型，在客体和主体产生时就对访问权限的扩散做出了具体的规定。随后，为了描述访问权限需要动态变化的系统安全策略，TAM 发展为 ATAM（Augmented TAM）模型。

　　目前，我国大多数信息系统的访问控制模块基本都是借助于自主型访问控制方法中的访问控制表（ACL）。自主访问控制有一个明显的特点就是这种控制是自主的，能够控制主体对客体的直接访问，但不能控制主体对客体的间接访问（间接访问就是利用访问的传递性，即 A 可访问 B，B 可访问 C，于是 A 可访问 C）。虽然这种自主性为用户提供了很大的灵活性，但同时也带来了严重的安全问题。

### 14.8.2　强制访问控制

强制访问控制（Mandatory Access Control，MAC）最早出现在 Multics 系统中，在1983 年美国国防部的 TESEC 中被用作 B 级安全系统的主要评价标准之一。MAC 的基本思想是：每个主体都有既定的安全属性，每个客体也都有既定的安全属性，主体对客体是否能执行特定的操作取决于两者安全属性之间的关系。

通常所说的 MAC 主要是指 TESEC 中的 MAC，它主要用来描述美国军用计算机系统环境下的多级安全策略。在多级安全策略中，安全属性用二元组（安全级，类别集合）表示，安全级表示机密程度，类别集合表示部门或组织的集合。

一般的 MAC 都要求主体对客体的访问满足 BLP（Bell and LaPadula）安全模型的两个基本特性：

（1）简单安全性：仅当主体的安全级不低于客体安全级且主体的类别集合包含客体的类别集合时，才允许该主体读该客体。

（2）特性：仅当主体的安全级不高于客体安全级且客体的类别集合包含主体的类别集合时，才允许该主体读写该客体。

为了增强传统 MAC 的完整性控制，美国 SecureComputing 公司提出了 TE（Type Enforcement）控制技术，TE 技术在 SecureComputing 公司开发的安全操作系统 LOCK6 中得到了应用。

MAC 访问控制模型和 DAC 访问控制模型属于传统的访问控制模型，在实现上，MAC 和 DAC 通常为每个用户赋予对客体的访问权限规则集，考虑到管理的方便，在这一过程中还经常将具有相同职能的用户聚为组，然后再为每个组分配许可权。用户自主地把自己所拥有的客体的访问权限授予其他用户的这种做法，其优点是显而易见的，但是如果企业的组织结构或是系统的安全需求处于变化的过程中时，那么就需要进行大量烦琐的授权变动，系统管理员的工作将变得非常繁重，更主要的是容易发生错误造成一些意想不到的安全漏洞。考虑到上述因素，必然会产生新的机制加以解决。

### 14.8.3　基于角色的访问控制

基于角色的访问控制（Role-Based Access Control，RBAC）的概念早在 20 世纪 70年代就已经提出，但在相当长的一段时间内没有得到人们的关注。进入 90 年代后，随着安全需求的发展，加之 R.S.Sandhu 等人的倡导和推动，RBAC 又引起了人们极大的关注，目前美国很多学者和研究机构都在从事这方面的研究，如 NIST（National Institute of

Standard Technology）和 Geroge Manson 大学的 LIST（Laboratory of Information Security Technololy）等。

在 RBAC 中，在用户和访问许可权（Permission）之间引入了角色（Role）的概念，用户与特定的一个或多个角色相联系，角色与一个或多个访问许可权相联系。

这里角色是指一个可以完成一定事务的命名组，不同的角色通过不同的事务来执行各自的功能。角色的例子有：经理、采购员、推销员等。事务（Transaction）是指一个完成一定功能的过程，可以是一个程序或程序的一部分。许可（Permission）表示对系统中的客体进行特定模式访问的操作许可。例如，对数据库系统中关系表的选择、插入、删除。在应用中，许可受到特定应用逻辑的限制。

与 DAC 和 MAC 相比，RBAC 具有明显的优越性，RBAC 基于策略无关的特性，使其几乎可以描述任何安全策略，甚至 DAC 和 MAC 也可以用 RBAC 来描述。相比较而言，RBAC 是实施面向企业安全策略的一种有效访问控制方式，具有灵活性、方便性和安全性的特点，目前在大型数据库系统的权限管理中得到普遍应用。

### 14.8.4　基于任务的访问控制

上述几个访问控制模型都是从系统的角度出发去保护资源，没有考虑执行的上下文环境，也不能记录主体对客体权限的使用，限制使用时间。如果为了完成一个任务而频繁变动角色，改变访问对象，使用这些模型就非常不便。因此，引入工作流概念和基于任务的访问控制模型（Task-based Access Control Model，　TBAC Model）。工作流是为完成某一目标而由多个相关的任务（活动）构成的业务流程。当数据在工作流中流动时，执行操作的用户在改变，用户的权限也在改变。

TBAC 从应用和企业层角度来解决安全问题，以面向任务的观点，从任务（活动）的角度来建立安全模型和实现安全机制，在任务处理的过程中提供动态实时的安全管理。

在 TBAC 中，对象的访问权限控制随着执行任务的上下文环境发生变化，不仅可以对不同工作流实行不同的访问控制策略，而且还能对同一工作流的不同任务实例实行不同的访问控制策略。从这个意义上说，TBAC 是基于任务的，是一种基于实例（Instance-based）的访问控制模型。

### 14.8.5　基于对象的访问控制

当用户数量多、处理的信息数量巨大时，用户权限的管理任务将变得十分繁重，应用 DAC 或 MAC 模型进行访问控制显然就不够了。如果采用 RBAC 模型，安全管理员除了维护用户和角色的关联关系外，还需要将庞大的信息资源访问权限赋予有限个角色。当信息资源的种类增加或减少，受控对象的属性发生变化，安全管理员必须随时更新所有角色的访问权限，增加新的角色。访问控制需求变化往往是不可预知的，这样访问控制管理的难度和工作量巨大。针对这种情况，引入了基于受控对象的访问控制模型

（Object-based Access Control Model，OBAC Model）。

OBAC 模型针对数据差异变化和用户需求变化，从受控对象的角度出发，将访问主体的访问权限直接与受控对象相关联，定义了对象的访问控制列表，增、删、修改访问控制项等。当受控对象的属性发生改变，或受控对象发生继承和派生行为时，无须更新访问主体的权限，只需要修改受控对象的相应访问控制项即可，从而减少了访问主体的权限管理，降低了授权数据管理的复杂性。

## 14.9　物理安全

谈到网络的安全问题，人们总是会把他们的注意力集中到非法入侵、恶意攻击、病毒和其他涉及软件方面的威胁，而忽略了网络的硬件安全。物理安全或称硬件安全，主要是设备和网络线路的安全，它们构成了整个网络安全的基础。影响硬件安全的主要因素有以下几个：

（1）自然环境（如温度、湿度、洁净度和电磁场）。

（2）自然灾害（如洪水、地震、台风）。

（3）人为的故意和非故意损坏（如计算机被盗，或光盘、磁盘等磁介质载体档案的保管不善，造成信息丢失或泄露等）。

由于硬件的脆弱性而导致的安全问题比较严重，往往会导致严重的后果，因此需要从硬件安全的角度来考虑如何实现网络安全。

**1．机房的地理环境选择**

机房应尽量建在远离有害气体及存放腐蚀品、易燃易爆品的地方，为避免强电磁场的干扰，机房应远离高压线，避开雷达站、无线电发射台和微波中继站。机房不应建在建筑物的高层；否则，极易受到外来电磁波的干扰，而且电磁辐射也比低层更强烈。

**2．机房的物理环境选择**

机房的物理环境是指机房的温度、湿度和洁净度，是网络系统能否长期可靠运行的重要因素，对计算机的安全程度、使用效率和使用寿命有着直接的影响。

机房温度过高会造成计算机系统的主要元件集成电路失灵。

湿度过高时会使电子元件表面吸附一层水膜，水膜过厚时会使集成电路失效，还会使磁介质的导磁率发生变化，造成数据的错误读写。湿度过低时，机房中各转动的器件、活动地板等有摩擦的部件都会产生静电，静电荷大量积聚将引起磁盘读写错误，并可能烧毁 MOS（金属－氧化物－半导体）半导体器件，磁盘带静电后将吸附灰尘，因而损坏磁头、划伤磁盘。

洁净度包括空气含尘量和含有害气体量两方面。电子元件吸附尘埃过多会降低它们的散热能力，导电型尘埃会破坏元件间的绝缘性能，严重时会造成短路；而绝缘型尘埃会造成插件的接触不良。同时，洁净度欠佳还会影响工作人员的健康。

所以，应该严格控制机房内部的温度、湿度和洁净度，为网络设备的正常运转创造一个良好的环境。

### 3．电气环境

为保证网络安全运行，机房应提供良好的供电环境，使计算机系统避免因电源波动、干扰、停电造成的危害，为此应使用符合要求的 UPS，这样可以有效控制电流的冲击或突然停电，以保护重要数据不至于丢失。保证良好供电环境的另一个重要措施是接地。机房一般应具有以下几种接地：

（1）计算机系统的直流地（逻辑地），这用于保护设备电信号的正确，接地电阻在 $0.5 \sim 2\Omega$ 之间。

（2）交流工作地，可以保护设备正常工作，其接地电阻应在 $4\Omega$ 以内。

（3）安全保护地，用来释放机壳静电，保证设备、人身安全，接地电阻也应在 $4\Omega$ 内。

（4）防电保护地，接地电阻应小于 $10\Omega$。

此外，在电磁场干扰较强的地方，要采取屏蔽措施。为保证工作人员舒服地工作，机房内应有足够的照明和较低的噪音，机房噪音应小于 70dB。

### 4．防火防盗措施

通常的液体灭火器会损坏计算机，因而不能使用，应使用气体灭火器。放置计算机设备的建筑物应该比较隐蔽，不要用相关的标志标明机房所在地。机房重地应采取完善的安保措施，严格控制人员进出。

## 14.10　安全管理制度

今天，网络与电子商务环境日渐复杂，越来越多的企业拥有自己的业务系统、办公系统、财务系统、虚拟空间、托管主机、专线接入甚至专有机房。因此相关的安全管理制度问题也变得越来越重要。所以建立严格规范的规章制度，规范网络管理、维护人员的各种行为，对于维护网络安全、保障网络的正常运行，起着至关重要的作用。这些安全规章制度可能包括物理安全管理、机房参观访问制度、机房设施巡检制度、机房施工管理制度、运营值班管理制度、运营安全管理制度、运营故障处理制度和口令管理制度等。

当然，再好的规章制度，如果得不到严格的执行，那也只能是摆设。制定不是目的，只有抓好规章制度的执行，才能发挥其应有的作用。

## 14.11　例题分析

为了帮助考生进一步掌握网络安全基础方面的知识，了解考试的题型和难度，本节分析 12 道典型的试题。

**例题 1**

HTTPS 是一种安全的 HTTP 协议，使用 __(1)__ 来保证信息安全，使用 __(2)__ 来发送和接受报文。

(1) A. IPSec        B. SSL        C. SET        D. SSH

(2) A. TCP 的 443 端口        B. UDP 的 443 端口

       C. TCP 的 80 端口        D. UDP 的 80 端口

**例题 1 分析**

SSL 是目前解决传输层安全问题的一个主要协议，其设计的初衷是基于 TCP 协议之上提供可靠的端到端安全服务。SSL 的实施对于上层的应用程序是透明的。应用 SSL 协议最广泛的是 HTTPS，为客户浏览器和 Web 服务器之间交换信息提供安全通信支持。它使用 TCP 的 443 端口发送和接受报文。

**例题 1 答案**

(1) B        (2) A

**例题 2**

数据加密标准（DES）是一种分组密码，将明文分成大小 __(3)__ 位的块进行加密，密钥长度为 __(4)__ 位。

(3) A. 16        B. 32        C. 56        D. 64

(4) A. 16        B. 32        C. 56        D. 64

**例题 2 分析**

DES 算法采用对称密钥，将明文分成大小为 64 位的块进行加密，密钥长度为 56 位。

**例题 2 答案**

(3) D        (4) C

**例题 3**

以下用于在网络应用层和传输层之间提供加密方案的协议是 __(5)__ 。

(5) A. PGP        B. SSL        C. IPSec        D. DES

**例题 3 分析**

基本的加密协议的理解，PGP 是一个邮件加密的协议，位于应用层。IPSec 是一个网络层的安全标准协议。DES 是一个数据加密标准，而不是一个安全的协议。用排除法就可以确定在网络应用层和传输层之间提供加密方案的协议是 SSL。

**例题 3 答案**

(5) B

**例题 4**

常用对称加密算法不包括 __(6)__ 。

(6) A. DES        B. RC-5        C. IDEA        D. RSA

**例题 4 分析**

本题考查对称加密算法。其中 RSA 是典型的非对称加密算法。

**例题 4 答案**

（6）D

**例题 5**

数字签名功能不包括　__(7)__　。

（7）A．防止发送方的抵赖行为　　　　B．发送方身份确认

　　　C．接收方身份确认　　　　　　　D．保证数据的完整性

**例题 5 分析**

　　数字签名用来保证信息传输过程中信息的完整和提供信息发送者的身份认证和不可抵赖性，该技术利用公开密钥算法对于电子信息进行数学变换，通过这一过程，数字签名存在于文档之中，不能被复制。该技术在具体工作时，首先发送方对信息施以数学变换，所得的变换信息与原信息唯一对应；在接收方进行逆变换，就能够得到原始信息。只要数学变换方法优良，变换后的信息在传输中就具有更强的安全性，很难被破译、篡改。这一过程称为加密，对应的反变换过程称为解密。数字签名的主要功能是：保证信息传输的完整性、发送者的身份认证、防止交易中的抵赖发生。

　　数字签名的算法很多，应用最为广泛的 3 种是：Hash 签名、DSS 签名和 RSA 签名。这 3 种算法可单独使用，也可综合在一起使用。

**例题 5 答案**

（7）C

**例题 6**

计算机感染特洛伊木马后的典型现象是　__(8)__　。

（8）A．程序异常退出　　　　　　　B．有未知程序试图建立网络连接

　　　C．邮箱被垃圾邮件填满　　　　D．Windows 系统黑屏

**例题 6 分析**

　　任何木马程序成功入侵到主机后都要和攻击者进行通信。因此如果发现有未知程序试图建立网络连接，就可以考虑电脑中了木马病毒了。

**例题 6 答案**

（8）B

**例题 7**

　　某 Web 网站向 CA 申请了数字证书。用户登录该网站时，通过验证　__(9)__　，可确认该数字证书的有效性，从而　__(10)__　。

（9）A．CA 的签名　　B．网站的签名　　　　C．会话密钥　　　D．DES 密码

（10）A．向网站确认自己的身份　　　　B．获取访问网站的权限

　　　 C．和网站进行双向认证　　　　　D．验证该网站的真伪

**例题 7 分析**

通俗地讲，数字证书就是个人或单位在 Internet 上的身份证。它由 CA 对某个拥有者的公钥进行核实之后发布。数字证书是由 CA 进行数字签名的公钥。证书通过加密的邮件发送以证明发信人确实和其宣称的身份一致。

**例题 7 答案**

（9）A　　　　　　　（10）D

**例题 8**

病毒和木马的根本区别是　(11)　。

（11）A. 病毒是一种可以独立存在的恶意程序，只在执行时才会起破坏作用。木马是分成服务端和控制端两部分的程序，只在控制端发出命令后才起破坏作用

　　　B. 病毒是一种可以独立存在的恶意程序，只在传播时才会起破坏作用。木马是分成服务端和控制端两部分的程序，一般只在控制端发出命令后才起破坏作用

　　　C. 病毒是一种可以跨网络运行的恶意程序，只要存在就有破坏作用。木马是驻留在被入侵者计算机上的恶意程序，一旦驻留成功就有破坏作用

　　　D. 病毒是一种可以自我隐藏的恶意程序，木马是不需要自我隐藏的恶意程序

**例题 8 分析**

本题考查病毒与木马的基本概念。

木马的传播感染其实指的就是服务器端，入侵者必须通过各种手段把服务器端程序传送给受害者运行，才能达到木马传播的目的。当服务器端被受害者计算机执行时，便将自身复制到系统目录，并把运行代码加入系统启动时会自动调用的区域里，借以达到跟随系统启动而运行，这一区域通常称为"启动项"。当木马完成这部分操作后，便进入潜伏期——偷偷开放系统端口，等待入侵者连接。

病毒和木马两者最大区别是，木马是分成两部分的，病毒通常是一个整体。

**例题 8 答案**

（11）A

**例题 9**

张工组建了一个家庭网络并连接到 Internet，其组成是：带 ADSL 功能、4 个 RJ45 接口交换机和简单防火墙的无线路由器，通过 ADSL 上联到 Internet，家庭内部计算机通过 WiFi 无线连接，一台打印机通过双绞线电缆连接到无线路由器的 RJ45 接口供全家共享。某天，张工发现自己的计算机上网速度明显变慢，硬盘指示灯长时间闪烁，进一步检查发现，网络发送和接收的字节数快速增加。张工的计算机出现这种现象的最可能原因是　(12)　，由此最可能导致的结果是　(13)　，除了升级杀病毒软件外，张工当时可采取的有效措施是　(14)　。做完这些步骤后，张工开始全面查杀病毒。之后，张工

最可能做的事是　(15)　。

  （12）A．感染了病毒　　　　　　　　B．受到了木马攻击

     C．硬盘出现故障　　　　　　　D．网络出现故障

  （13）A．硬盘损坏　　　　　　　　　B．网络设备不能再使用

     C．硬盘上资料被拷贝或被偷看　D．让硬盘上的文件都感染病毒

  （14）A．关闭计算机

     B．关闭无线路由器

     C．购买并安装个人防火墙

     D．在无线路由器上调整防火墙配置过滤可疑信息

  （15）A．格式化硬盘重装系统　　　　B．购买并安装个人防火墙

     C．升级无线路由器软件　　　　D．检查并下载、安装各种补丁程序

**例题 9 分析**

本题考查黑客攻击与预防方面的基本知识。

出现题述现象的原因很多，如正在进行软件的自动升级，通过网络方式查杀病毒，P2P 方式共享文件等。

张工在排除了多种原因之后，剩下最可能的原因就是感染了木马，计算机被控制，不停地向外发送信息，或下载并不需要的文件。

安装个人防火墙具有一定的作用，但如果配置不当，或未准确掌握对方的信息，个人防火墙并不能解决上述问题，况且在上条件下，也有些多余，因为路由器上已具有基本的个人防火墙。

木马通常是利用各种漏洞来发挥作用的，因此应经常安装补丁程序。

**例题 9 答案**

 （12）B　　　　　　（13）C　　　　　（14）D　　　　　（15）D

**例题 10**

黑客小张企图入侵某公司网络，窃取机密信息。为快速达到目的，他做的第一步通常是　(16)　；第二步通常是　(17)　。在成功入侵该公司网络某台主机并取得该主机的控制权后，通常还需　(18)　；在窃取到机密信息后，最后还会　(19)　。

为了预防黑客入侵的第一步，该公司网络应该采取的预防措施为　(20)　；针对第二步的预防措施为　(21)　。为了能及时发现上述入侵，该公司网络需要配备　(22)　。

  （16）A．收集目标网络的所在位置及流量信息

     B．到网上去下载常用的一些攻击软件

     C．捕获跳板主机，利用跳板主机准备入侵

     D．通过端口扫描等软件收集目标网站的 IP 地址、开放端口和安装的软件版本等信息

  （17）A．了解目标网络的所在位置的周围情况及流量规律，选择流量小的时间发起

攻击

    B. 下载攻击软件，直接发起攻击

    C. 向目标网络发起拒绝服务攻击

    D. 根据收集的开放端口和安装的软件版本等信息，到网络查找相关的系统漏洞，下载相应的攻击工具软件

（18）A. 修改该主机的 root 或管理员口令，方便后续登录

    B. 在该主机上安装木马或后门程序，方便后续登录

    C. 在该主机上启动远程桌面程序，方便后续登录

    D. 在该主机上安装网络蠕虫程序以便入侵公司网络中的其他主机

（19）A. 尽快把机密数据发送出去

    B. 在主机中留一份机密信息的副本，以后方便时来取

    C. 删除主机系统中的相关日志信息，以免被管理员发现

    D. 删除新建用户，尽快退出，以免被管理员发现

（20）A. 尽量保密公司网络的所在位置和流量信息

    B. 尽量减少公司网络对外的网络接口

    C. 尽量关闭主机系统上不需要的服务和端口

    D. 尽量降低公司网络对外的网络接口速率

（21）A. 安装网络防病毒软件，防止病毒和木马的入侵

    B. 及时对网络内部的主机系统进行安全扫描并修补相关的系统漏洞

    C. 加大公司网络对外的网络接口速率

    D. 在公司网络中增加防火墙设备

（22）A. 入侵检测系统        B. VPN 系统

    C. 安全扫描系统        D. 防火墙系统

**例题 10 分析**

本题考查黑客攻击及防御的基础知识。

黑客攻击的典型攻击步骤如下：

（1）信息收集，信息收集在攻击过程中的位置很重要，直接影响到后续攻击的实施，通常通过扫描软件等工具获取被攻击目标的 IP 地址、开放端口和安装版本等信息。

（2）根据收集到的相关信息，去查找对应的攻击工具。

（3）利用查找到的攻击工具获取攻击目标的控制权。

（4）在被攻破的机器中安装后门程序，方便后续使用。

（5）继续渗透网络，直至获取机密数据。

（6）消灭踪迹，消除所有入侵脚印，以免被管理员发觉。针对上述攻击过程，需要尽量关闭主机系统上不需要的服务和端口防止黑客收集到相关信息，同时需要及时对网络内部的主机系统进行安全扫描并修补相关的系统漏洞以抵御相应的攻击工具的攻击。

为了能及时发现上述入侵，需要在关键位置部署 IDS。

**例题 10 答案**

（16）D （17）D （18）B （19）C （20）C （21）B （22）A

**例题 11**

某公司的人员流动比较频繁，网络信息系统管理员为了减少频繁的授权变动，其访问控制模型应该采 （23） 。

（23）A．自主型访问控制　　　　　　　　　　B．强制型访问控制

　　　C．基于角色的访问控制　　　　　　　　D．基于任务的访问控制

**例题 11 分析**

本题考查访问控制技术的基础知识。

访问控制是指主体依据某些控制策略或权限对客体本身或是资源进行的不同授权访问。访问控制包括三个要求：主体、客体和控制策略。访问控制模型是一种从访问控制的角度出发，描述安全系统，建立安全模型的方法。访问控制模型通常分为自主型访问控制模型、强制型访问控制模型、基于角色的访问控制模型、基于任务的访问控制模型和基于对象的访问控制模型。

自主型访问控制：允许合法用户以用户或用户组的身份访问策略规定的客体，同时阻止非授权用户访问客体，某些用户还可以自主地把自己所拥有的客体的访问权限授予其他用户。

强制型访问控制：用户和客体资源都被赋予一定的安全级别，用户不能改变自身和客体的安全级别，只有管理员才能够确定用户和组的访问权限。

基于角色的访问控制：将访问许可权分配给一定的角色，用户通过饰演不同的角色获得角色所拥有的访问许可权。

基于任务的访问控制模型：从应用和企业层角度来解决安全问题，以面向任务的观点，从任务的角度来建立安全模型和实现安全机制，在任务处理的过程中提供动态实时的安全管理。

本题给出的条件是公司的人员流动比较频繁，但是公司的角色（职位）一般是不会变化，因此适合采用基于角色的访问控制模型。

**例题 11 答案**

（23）C

**例题 12**

PKI 由多个实体组成，其中管理证书发放的是 （24） ，证书到期或废弃后的处理方法是 (25) 。

（24）A．RA　　　　　　　　　　　　　　　B．CA

　　　C．CRL　　　　　　　　　　　　　　D．LDAP

（25）A．删除　　　　　　　　　　　　B．标记无效
　　　　　C．放于 CRL 并发布　　　　　D．回收放入待用证书库

**例题 12 分析**

本题考查 PKI 的基本知识。

负责证书发放的是 CA（证书机构），证书到期或废弃后将其放入 CRL（证书撤销列表）。

**例题 12 答案**

（24）B　　　　　（25）C

# 第 15 章　网络安全应用

根据考试大纲，本章要求考生掌握以下知识点：

（1）防火墙应用配置：防火墙应用规则、防火墙系统应用设计。

（2）IDS（Intrusion Detection Systems，入侵检测系统）与 IPS（Intrusion Prevention System，入侵防御系统）：入侵检测原理及应用、分布式入侵检测系统、IPS 原理及应用。

（3）VPN（Virtual Private Network，虚拟专用网络）技术：PPTP（Point to Point Tunneling Protocol，点对点隧道协议）、L2TP（Layer 2 Tunneling Protocol，第二层隧道协议）、GRE（Generic Routing Encapsulation，通用路由封装）、IPSec、MPLS VPN、VPDN（Virtual Private Dail-up Network，虚拟专用拨号网）。

（4）ISA Server（Internet Security and Acceleration Server）应用配置。

## 15.1　防火墙

防火墙成为近年来新兴的保护计算机网络安全技术性措施。它是一种隔离控制技术，在不同网域之间设置屏障，阻止对信息资源的非法访问，也可以使用防火墙阻止重要信息从企业的网络上被非法输出。

作为 Internet 网的安全性保护软件，防火墙已经得到广泛的应用。通常企业为了维护内部的信息系统安全，在企业网和 Internet 间设立防火墙软件。企业信息系统对于来自 Internet 的访问，采取有选择的接收方式。它可以允许或禁止一类具体的 IP 地址访问，也可以接收或拒绝 TCP/IP 上的某一类具体的应用。

### 15.1.1　防火墙的概念

防火墙是位于两个或多个网络之间，执行访问控制策略的一个或一组系统，是一类防范措施的总称。防火墙的作用是防止不希望、未经授权的通信进出被保护的网络，通过边界控制强化内部网络的安全政策。防火墙通常放置在外部网络和内部网络的中间，执行网络边界的过滤封锁机制，如图 15-1 所示。

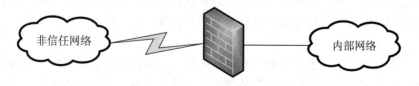

图 15-1　防火墙的位置

防火墙通常是运行在一台或多台计算机上的一组特别的服务软件，用于对网络进行防护和通信控制。但是在很多情况下防火墙以专门的硬件形式出现，这种硬件也被称为防火墙，它是安装了防火墙的软件，并针对安全防护进行了专门设计的网络设备，本质上还是软件在进行控制。

如果没有防火墙，整个内部网络的安全性就完全依赖于每个主机，因此所有的主机都必须共同达到一致的高度安全水平。也就是说，网络的安全水平是由最低的那个安全水平的主机决定的，这就是所谓的"木桶原理"，木桶能装多少水由最低的地方决定。网络越大，对主机进行管理使它们达到统一的安全级别水平就越不容易。

防火墙隔离了内部网络和外部网络，被设计为只运行专用的访问控制软件的设备，而没有其他的服务，因此也就意味着相对少一些缺陷和安全漏洞。此外防火墙也改进了登录和监测功能，从而可以进行专用的管理。如果采用了防火墙，内部网络中的主机将不再直接暴露给来自 Internet 的攻击。因此对整个内部网络的质的安全管理就变成了防火墙的安全管理，这样使安全管理变得更为方便和易于控制，也使内部网络更加安全。

防火墙一般放置在被保护网络的边界，必须做到以下几点才能使防火墙起到安全防护的作用：

（1）所有进出被保护网络的通信数据流必须经过防火墙。

（2）所有通过防火墙的通信必须经过安全策略的过滤或防火墙的授权。

（3）防火墙本身是不可被侵入的。

总之，防火墙是在被保护网络和非信任网络之间进行访问控制的一个或一组访问控制部件。防火墙是一种逻辑隔离部件，而不是物理隔离部件，它所遵循的原则是在保证网络通畅的情况下，尽可能地保证内部网络的安全。防火墙是在已经制定好的安全策略下进行访问控制，所以一般情况下它是一种静态安全部件，但随着防火墙技术的发展，防火墙通过与 IDS 进行联动，或其本身集成 IDS 功能，将能够根据实际的情况进行动态的策略调整。

## 15.1.2 防火墙的功能

防火墙具有如下几个功能：

（1）访问控制功能。这是防火墙最基本也是最重要的功能，通过禁止或允许特定用户访问特定的资源，保护网络的内部资源和数据。需要禁止非授权的访问，防火墙需要识别哪个用户可以访问何种资源。它包括了服务控制、方向控制、用户控制、行为控制等功能。

（2）内容控制功能。根据数据内容进行控制，比如防火墙可以从电子邮件中过滤掉垃圾邮件，可以过滤掉内部用户访问外部服务的图片信息，也可以限制外部访问，使它们只能访问本地 Web 服务器中一部分信息。简单的数据包过滤路由器不能实现这样的功能，但是代理服务器和先进的数据包过滤技术可以做到。

（3）全面的日志功能。防火墙的日志功能很重要。防火墙需要完整地记录网络访问情况，包括内外网进出的访问，需要记录访问是什么时候进行了什么操作，以检查网络访问情况。正如银行的录像监视系统一样，记录下整体的营业情况，一旦有什么事情发生就可以通过录像查明事实。防火墙的日志系统也有类似的作用，一旦网络发生了入侵或遭到了破坏，就可以对日志进行审计和查询。日志需要有全面的记录和方便的查询的功能。

（4）集中管理功能。防火墙是一个安全设备，针对不同的网络情况和安全需要，需要制定不同的安全策略，然后在防火墙上实施，使用中还需要根据情况改变安全策略，而且在一个安全体系中，防火墙可能不止一台，所以防火墙应该是易于集中管理的，这样管理员就可以方便地实施安全策略。

（5）自身的安全和可用性。防火墙要保证自身的安全不被非法侵入，保证正常的工作。如果防火墙被侵入，防火墙的安全策略被修改，这样内部网络就变得不安全。防火墙也要保证可用性，否则网络就会中断，网络连接就会失去意义。

另外防火墙还应带有如下的附加功能：

（1）流量控制：针对不同的用户限制不同的流量，可以合理使用带宽资源。

（2）网络地址转换：通过修改数据包的源地址（端口）或目的地址（端口）来达到节省 IP 地址资源，隐藏内部 IP 地址功能的一种技术。

（3）虚拟专用网：只利用数据封装和加密技术，使本来只能在私有网络上传送的数据能够通过公共网络进行传输，使系统费用大大降低。

### 15.1.3　防火墙的优点和局限性

防火墙具有以下优点：

（1）防火墙对企业内部网实现了集中的安全管理，可以强化网络安全策略，比分散的主机管理更经济易行。

（2）防火墙能防止非授权用户进入内部网络。

（3）防火墙可以方便地监视网络的安全性并报警。

（4）可以作为部署网络地址转换的地点，利用 NAT 技术，可以缓解地址空间的短缺，隐藏内部网的结构。

（5）由于所有的访问都经过防火墙，防火墙是审计和记录网络的访问和使用的最佳地方。

然而防火墙的使用也有一定的局限性，列举如下：

（1）为了提高安全性，限制或关闭了一些有用但存在安全缺陷的网络服务，给用户带来了使用上的不便。

（2）目前防火墙对于来自网络内部的攻击还无能为力。

（3）防火墙不能防范不经过防火墙的攻击，如内部网用户通过 SLIP 或 PPP 直接进入 Internet。

（4）防火墙对用户不完全透明，可能带来传输延迟、瓶颈及单点失效。

（5）防火墙不能完全防止受病毒感染的文件或软件的传输，由于病毒的种类繁多，如果要在防火墙完成对所有病毒代码的检查，防火墙的效率就会降到不能忍受的程度。

（6）防火墙不能有效地防范数据驱动式攻击。

（7）作为一种被动的防护手段，防火墙不能阻止因特网不断出现的新的威胁和攻击。

总之，防火墙是解决企业网安全问题的流行方案，即把公共数据和服务置于防火墙外，使其对防火墙内部资源的访问受到限制。作为一种网络安全技术，防火墙具有简单实用的特点，并且透明度高，可以在不修改原有网络应用系统的情况下达到一定的安全要求。

### 15.1.4　防火墙的基本术语

常见的防火墙术语有以下几种：

（1）网关：网关是在两个以上设备之间提供转发服务的系统。网关的范围可以从互联网应用程序到在不同网域间的防火墙网关。

（2）电路级网关：电路级网关用来监控受信任的客户或服务器与不受信任的主机间的 TCP 握手信息，这样来决定该会话是否合法，电路级网关是在 OSI 模型中会话层上过滤数据包，这样比包过滤防火墙要高两层。另外，电路级网关还提供一个重要的安全功能——网络地址转移，将所有公司内部的 IP 地址映射到一个"安全"的 IP 地址，这个地址是由防火墙使用的。有两种方法来实现这种类型的网关，一种是由一台主机充当筛选路由器而另一台充当应用级防火墙；另一种是在第一个防火墙主机和第二个之间建立安全的连接。这种结构的好处是当有攻击发生时能提供容错功能。

（3）应用级网关。应用级网关可以工作在 OSI 七层模型的任一层上，能够检查进出的数据包，通过网关复制传递数据，防止在受信任服务器和客户机与不受信任的主机间直接建立联系。应用级网关能够理解应用层上的协议，能够做复杂一些的访问控制，并做精细的注册。通常是在特殊的服务器上安装软件来实现的。

（4）包过滤。包过滤是处理网络上基于 packet-by-packet 流量的设备。包过滤设备允许或阻止包，典型的实施方法是通过标准的路由器。包过滤是几种不同防火墙的类型之一，在后面将做详细的讨论。

（5）代理服务器。代理服务器代表内部客户端与外部的服务器通信。代理服务器这个术语通常是指一个应用级的网关，电路级网关也可作为代理服务器的一种。

（6）网络地址翻译。网络地址解释是对 Internet 隐藏内部地址，防止内部地址公开。这一功能可以克服 IP 寻址方式的诸多限制，完善内部寻址模式。把未注册 IP 地址映射成合法地址，就可以对 Internet 进行访问。对于 NAT 的另一个名字是 IP 地址隐藏。RFCl918 概述了地址并且 IANA 建议使用内部地址机制。如果用户选择保留地址，不需要向任何互联网授权机构注册即可使用。使用这些网络地址的一个好处就是在互联网上永远不会被路由。互联网上所有的路由器发现源或目标地址含有这些私有网络 ID 时都会自动地丢弃。

（7）堡垒主机。堡垒主机是一种被强化的可以防御攻击的计算机，被暴露于因特网之上，作为进入内部网络的一个检查点，以达到把整个网络的安全问题集中在某个主机上解决，从而省时省力，不用考虑其他主机的安全的目的。从堡垒主机的定义可以看到，堡垒主机是网络中最容易受到侵害的主机，所以堡垒主机也必须是自身保护最完善的主机。单宿主堡垒主机是指一个堡垒主机使用两块网卡，每个网卡连接不同的网络。一块网卡连接内部网络用来管理、控制和保护，而另一块连接另一个网络，通常是公网也就是 Internet。堡垒主机经常配置网关服务。网关服务是一个进程用来提供对从公网到私有网络的特殊协议路由。同样，如果用户想通过一台堡垒主机来路由 E-mail、Web 和 FTP 服务时，用户必须为每一个服务都提供一个守护进程。

（8）强化操作系统。防火墙要求尽可能只配置必需的少量的服务。为了加强操作系统的稳定性，防火墙安装程序要禁止或删除所有不需要的服务。多数的防火墙产品，包括 AxentRaptor、CheckPOint 和 Network AssociatesGauntlet 都可以在目前较流行的操作系统上运行。理论上讲，操作系统只需提供最基本的功能，这样利用系统漏洞来攻击的威胁就可以降低。

（9）非军事化区域。DMZ 是一个小型网络存在于公司的内部网络和外部网络之间。这个网络由筛选路由器建立，有时是一个阻塞路由器。DMZ 用来作为一个额外的缓冲区以进一步隔离公网和内部私有网络。这种实施的缺点在于存在于 DMZ 区域的任何服务器都不会得到防火墙的完全保护，但它引导了蜜罐技术的产生。

（10）筛选路由器。筛选路由器的另一个术语就是包过滤路由器。它至少有一个接口是连向公网的，对进出内部网络的所有信息进行分析，并按照一定的安全策略和信息过滤规则对进出内部网络的信息进行限制，允许授权信息通过，拒绝非授权信息通过。信息过滤规则是以收到的数据包头信息为基础的。采用这种技术的防火墙优点在于速度快、实现方便，但安全性能较差。由于不同操作系统环境下 TCP 和 UDP 端口号所代表的应用服务协议类型有所不同，故兼容性也较差。

（11）阻塞路由器。阻塞路由器（也叫内部路由器）保护内部网络免受 Internet 等其他网络的侵犯。内部路由器为用户防火墙执行大部分的数据包过滤工作，允许从内部网络到 Internet 的有选择的出站服务。内部路由器所允许的在堡垒主机和用户内部网之间的服务，可以不同于内部路由器所允许的在 Internet 和用户内部网之间的服务。限制堡垒主机和内部网之间服务可以减少由此而导致的受到来自堡垒主机攻击的数量。

默认情况下，防火墙可以配置成以下两种情况：

（1）拒绝所有的流量，这需要在网络中特殊指定能够进入和出去的数据的类型。

（2）允许所有的流量，这种情况需要特殊指定要拒绝的数据的类型。

大多数防火墙默认都是拒绝所有的流量作为安全选项。一旦用户安装防火墙后，用户需要打开一些必要的端口来使防火墙内的用户在通过验证之后可以访问系统。

## 15.1.5 防火墙技术

从技术角度来看，防火墙主要包括包过滤防火墙、状态检测防火墙、电路级网关、应用级网关和代理服务器。

### 1. 包过滤防火墙

包过滤防火墙（Package Filtering）也叫网络级防火墙，如图 15-2 所示。一般是基于源地址和目的地址、应用、协议以及每个 IP 包的端口来作出通过与否的判断。通常用一台路由器实现。它的基本思想很简单：对所接受的每个数据包进行检查，根据过滤规则，然后决定转发或丢弃该包，对进出两个方向上都要进行配置。

图 15-2　包过滤防火墙

包过滤防火墙进行数据过滤时，查看包中可用的基本信息（源地址、目的地址、端口号、协议等）。过滤器往往建立一组规则，防火墙检查每一条规则直至发现包中的信息与某规则相符。如果没有一条规则能符合，防火墙就会使用默认规则。一般情况下，默认规则就是要求防火墙丢弃该包。其次通过定义基于 TCP 或 UDP 数据包的端口号，防火墙能够判断是否允许建立特定的连接，如 Telnet、FTP 连接。

1）建立过程

建立包过滤防火墙的过程如下：

（1）对来自专用网络的包，只允许来自内部地址的包通过，因为其他的包包含不正确的包头信息。这条规则可以防止网络内部的任何人通过欺骗性的源地址发起攻击。如果黑客对专用网络内部的机器具有了不知从何得来的访问权，这种过滤方式可以阻止黑客从网络内部发起攻击。

（2）在公共网络，只允许目的地址为 80 端口的包通过。这条规则只允许传入的连接为 Web 连接。这条规则也允许了与 Web 连接使用相同端口的连接，所以它并不是十分安全。

（3）丢弃从公共网络传入的包，而这些包都有用户网络内的源地址，从而减少 IP 欺骗性的攻击。

（4）丢弃包含源路由信息的包，以减少源路由攻击。要记住在源路由攻击中，传入的包包含路由信息，它覆盖了包通过网络应采取的正常路由，可能会绕过已有的安全程序。通过忽略源路由信息，防火墙可以减少这种方式的攻击。

2）优点

包过滤路由器的优点：

（1）防火墙对每条传入和传出网络的包实行低水平控制。

（2）每个 IP 包的字段都被检查，如源地址、目的地址、协议、端口等。防火墙将基于这些信息应用过滤规则。

（3）防火墙可以识别和丢弃带欺骗性源 IP 地址的包。

（4）包过滤防火墙是两个网络之间访问的唯一来源。因为所有的通信必须通过防火墙，绕过是困难的。

（5）包过滤通常被包含在路由器数据包中，所以不必额外的系统来处理这个特征。

总的来说，包过滤路由器实现简单、费用低、对用户透明、效率高。

3）缺点

包过滤路由器的缺点：

（1）配置困难。因为包过滤防火墙很复杂，人们经常会忽略建立一些必要的规则，或错误配置了已有的规则，在防火墙上留下漏洞。然而在市场上，许多新版本的防火墙对这个缺点正在作改进，如开发者实现了基于图形化用户界面的配置和更直接的规则定义。

（2）为特定服务开放的端口存在着危险，可能会被用于其他传输。例如，Web 服务器默认端口为 80，当计算机上又安装了 RealPlayer，软件会自动搜寻可以允许连接到 RealAudio 服务器的端口，而不管这个端口是否被其他协议所使用，这样无意中 RealPlayer 就利用了 Web 服务器的端口。

（3）可能还有其他方法绕过防火墙进入网络，如拨入连接。但这个并不是防火墙自身的缺点，而是不应该在网络安全上单纯依赖防火墙的原因。

总的来说，包过滤路由器有维护困难、不支持用户鉴别的缺点。

**2. 状态检测防火墙**

状态检测防火墙试图跟踪通过防火墙的网络连接和包，这样防火墙就可以使用一组附加的标准，以确定是否允许和拒绝通信。它是在使用了基本包过滤防火墙的通信上应用一些技术来做到这点的，因此状态检测防火墙也称动态包过滤防火墙。

当包过滤防火墙见到一个网络包，包是孤立存在的。它没有防火墙所关心的历史或未来。允许和拒绝包的决定完全取决于包自身所包含的信息，如源地址、目的地址、端口号等。包中没有包含任何描述它在信息流中的位置的信息，则该包被认为是无状态的；它仅是存在而已。

一个有状态包检查防火墙跟踪的不仅是包中包含的信息。为了跟踪包的状态，防火墙还记录有用的信息以帮助识别包，如已有的网络连接、数据的传出请求等。

例如，如果传入的包含视频数据流，而防火墙可能已经记录了有关信息，是关于位于特定 IP 地址的应用程序最近向发出包的源地址请求视频信号的信息。如果传入的包是要传给发出请求的相同系统，防火墙进行匹配，包就可以被允许通过。

一个状态/动态检测防火墙可截断所有传入的通信，而允许所有传出的通信。因为防火墙跟踪内部出去的请求，所有按要求传入的数据被允许通过，直到连接被关闭为止。只有未被请求的传入通信被截断。

如果在防火墙内正运行一台服务器，配置就会变得稍微复杂一些，但状态包检查是很有力和适应性的技术。例如，可以将防火墙配置成只允许从特定端口进入的通信，只可传到特定服务器。如果正在运行 Web 服务器，防火墙只将 80 端口传入的通信发到指定的 Web 服务器。

状态/动态检测防火墙可提供的其他一些额外的服务有：

（1）将某些类型的连接重定向到审核服务中去。例如，到专用 Web 服务器的连接，在 Web 服务器连接被允许之前，可能被发送到 SecutID 服务器（用一次性口令来使用）。

（2）拒绝携带某些数据的网络通信，如带有附加可执行程序的传入电子消息，或包含 ActiveX 程序的 Web 页面。

跟踪连接状态的方式取决于包通过防火墙的类型：

（1）TCP 包。当建立一个 TCP 连接时，通过的第一个包被标有包的 SYN 标志。通常情况下，防火墙丢弃所有外部的连接企图，除非已经建立某条特定规则来处理它们。对内部的连接试图连到外部主机，防火墙注明连接包，允许响应及随后在两个系统之间的包，直到连接结束为止。在这种方式下，传入的包只有在它是响应一个已建立的连接时，才会被允许通过。

（2）UDP 包。UDP 包比 TCP 包简单，因为它们不包含任何连接或序列信息。它们只包含源地址、目的地址、校验和携带的数据。这种信息的缺乏使得防火墙确定包的合法性很困难，因为没有打开的连接可利用，以测试传入的包是否应被允许通过。如果防火墙跟踪包的状态，就可以确定。对传入的包，若它所使用的地址和 UDP 包携带的协议与传出的连接请求匹配，该包就被允许通过。和 TCP 包一样，没有传入的 UDP 包会被允许通过，除非它是响应传出的请求或已经建立了指定的规则来处理它。对其他种类的包，情况和 UDP 包类似。防火墙仔细地跟踪传出的请求，记录下所使用的地址、协议和包的类型，然后对照保存过的信息核对传入的包，以确保这些包是被请求的。

状态/动态检测防火墙的优点有：

（1）检查 IP 包的每个字段的能力，并遵从基于包中信息的过滤规则。

（2）识别带有欺骗性源 IP 地址包的能力。

（3）包过滤防火墙是两个网络之间访问的唯一来源。因为所有的通信必须通过防火墙，绕过是困难的。

（4）基于应用程序信息验证一个包状态的能力。例如，基于一个已经建立的 FTP 连接，允许返回的 FTP 包通过。

（5）基于应用程序信息验证一个包状态的能力，如允许一个先前认证过的连接继续与被授予的服务通信。

（6）记录有关通过每个包详细信息的能力。基本上防火墙用来确定包状态的所有信息都可以被记录，包括应用程序对包的请求，连接的持续时间，内部和外部系统所做的连接请求等。

状态/动态检测防火墙的缺点：

状态/动态检测防火墙唯一的缺点就是所有这些记录、测试和分析工作可能会造成网络连接的某种迟滞，特别是在同时有许多连接激活时，或者是有大量的过滤网络通信的规则存在时。可是硬件速度越快，这个问题就越不易察觉，而且防火墙的制造商一直致力于提高他们产品的速度。

### 3．电路级网关

电路级网关工作与会话层，用来监控受信任端与不受信任的主机间的 TCP 握手信息。它作为服务器接受外来的请求并转发请求，在 TCP 握手过程中，检查双方的 SYN、ACK 和序列数据是否合理逻辑，来判断该请求的会话是否合法。一旦该网关认为会话是合法的，就会为双方建立连接，自此网关仅复制、传递数据，而不进行过滤。电路级网关通常需要依靠特殊的应用程序来进行复制传递数据的服务。实际上电路级网关并非作为一个独立的产品存在，它与其他的应用级网关结合，所以有人也把电路级网关等同为应用级网关。电路级网关是在 OSI 模型中会话层上来过滤数据包。它无法检查应用层级的数据包。最流行的电路级网关是 IBM 公司发明的 socks 网关。很多产品包括微软公司的 Microsoft Proxy Server 都支持 socks。

电路级网关的主要优点就是提供 NAT，在使用内部网络地址机制时为网络管理员实现安全提供了很大的灵活性。电路级网关是基于和包过滤防火墙一样的规则。电路级网关提供包过滤提供的所有优点但却没有包过滤的缺点。

其缺点是不能很好地区别好包与坏包、易受 IP 欺骗这类的攻击及复杂性这些都是电路级网关的弱点。电路级网关又一个主要的缺点是需要修改应用程序和执行程序。电路级网关要求终端用户通过网关的认证。

### 4．应用级网关防火墙

应用级网关可以工作在 OSI/RM 的任一层上来检查进出的数据包，通过网关复制传递数据，防止在受信任服务器和客户机与不受信任的主机间直接建立联系。应用级网关能够理解应用层上的协议，能够做复杂一些的访问控制，并做精细的注册。每一种协议需要相应的代理软件，使用时工作量大，效率不如网络级防火墙。常用的应用级防火墙已有了相应的代理服务器，如 HTTP、NNTP、FTP、Telnet、Rlogin、X-Window 等，但是对于新开发的应用，尚没有相应的代理服务，它们将通过网络级防火墙和一般的代理服务。应用级网关有较好的访问控制，是目前最安全的防火墙技术，但实现困难，而且有的应用级网关缺乏"透明度"。在实际使用中，用户在受信任的网络上通过防火墙访问 Internet 时，经常会发现存在延迟并且必须进行多次登录才能访问 Internet 或 Intranet。

应用级网关的优点在于它易于记录并控制所有进出通信，并对 Internet 的访问做到内容级的过滤，控制灵活而全面，安全性高。应用级网关具有登记、日志、统计和报告功能，有很好的审计功能，还可以具有严格的用户认证功能。

应用级网关的确定是需要为每种应用写不同的代码，维护比较困难，另外详细的检查也导致速度比较慢。

**5. 代理服务器**

代理服务器作用在应用层，用来提供应用层服务的控制，在内部网络向外部网络申请服务时起到中间转接的作用。内部网络只接受代理提出的服务请求，拒绝外部网络其他节点的直接请求。

具体来说，代理服务器是运行在防火墙主机上的专门的应用程序或服务器程序；防火墙主机可以是具有一个内部网络接口和一个外部网络接口的双重宿主主机，也可以是一些可以访问 Internet 并被内部主机访问的堡垒主机。这些程序接受用户对 Internet 服务的请求，并按照一定的安全策略将它们转发到实际的服务中。代理提供替代连接并且充当服务的网关。

包过滤技术和应用网关通过特定的逻辑判断来决定是否允许特定的数据通过，其优点是速度快、实现方便。缺点是审计功能差，过滤规则的设计存在矛盾关系，即如果过滤规则简单，则安全性差；如果过滤规则复杂，则管理困难。一旦判断条件满足，防火墙内部网络的结构和运行状态便会暴露在外部。代理技术则能进行安全控制和加速访问，有效地实现防火墙内外计算机系统的隔离，安全性好，以及实施较强的数据流监控、过滤、记录和报告等功能。其缺点是对于每一种应用服务都必须为其设计一个代理软件模块来进行安全控制，而每一种网络应用服务的安全问题各不相同，分析困难，因此实现也困难。

实际应用中，防火墙实际很少采用单一的技术，通常是多种解决不同问题技术的组合。在实际设计中还涉及用户的需求、用户可接受的风险等级、用户的资金、专长等因素。

## 15.1.6 防火墙体系结构

从体系结构角度考虑，防火墙主要包括双宿/多宿主机模式、屏蔽主机模式和屏蔽子网模式。

**1. 双宿/多宿主机模式**

双宿/多宿主机模式（Dual-Homed/Multi-Homed Host Firewall）是一种拥有两个或多个连接到不同网络上的网络接口的防火墙，如图 15-3 所示。通常用一台装有两块或多块网卡的堡垒主机做防火墙，两块或多块网卡各自与受保护网和外部网相连，一般采用代理服务的办法，必须禁止网络层的路由功能。

**2．屏蔽主机模式**

屏蔽主机防火墙（Screened Host Firewall）由包过滤路由器和堡垒主机组成，其工作如图 15-4 所示。

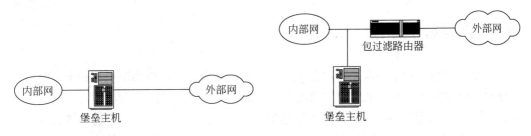

图 15-3    双宿/多宿主机模式                    图 15-4    屏蔽主机模式

屏蔽主机模式的主要特点是：在防火墙中堡垒主机安装在内部网络上，通常在路由器上设立过滤规则，并使这个堡垒主机成为从外部网络唯一可直接到达的主机，确保了内部网络不受未被授权的外部用户的攻击。屏蔽主机防火墙实现了网络层和应用层的安全，因而比单独的包过滤或应用网关代理更安全。在这一方式下，过滤路由器是否配置正确是这种防火墙安全与否的关键，如果路由表遭到破坏，堡垒主机就可能被越过，使内部网完全暴露。

**3．屏蔽子网模式**

屏蔽子网模式（Screened Subnet Mode）采用两个包过滤路由器和一个堡垒主机，在内外网络之间建立了一个被隔离的子网，定义为 DMZ 网络，有时也称作周边网（Perimeter Network），如图 15-5 所示。

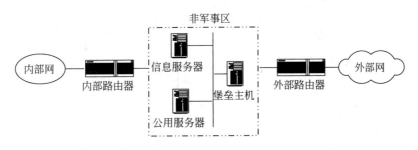

图 15-5    屏蔽子网模式

屏蔽子网模式特点是：

（1）网络管理员将堡垒主机、Web 服务器、Mail 服务器等公用服务器放在非军事区网络中。内部网络和外部网络均可访问屏蔽子网，但禁止它们穿过屏蔽子网通信。在这一配置中，即使堡垒主机被入侵者控制，内部网仍能受到内部包过滤路由器的保护。

（2）多个堡垒主机运行各种代理服务，可以更有效地提供服务。

　　当然防火墙还可能存在着其他的结构模式，如一个堡垒主机和一个非军事区，合并DMZ 的内部路由器和外部路由器机构，使用多个堡垒主机，使用多重宿主主机与屏蔽子网等。防火墙必须按照实际网络环境的要求而构造。

# 15.2　入侵检测系统

　　入侵检测是一种主动保护自己免受攻击的网络安全技术。作为防火墙的合理补充，入侵检测技术能够帮助系统对付网络攻击，扩展了系统管理员的安全能力（包括安全审计、监视、攻击识别和响应），提高了信息安全基础结构的完整性。入侵检测被认为是防火墙之后的第二道安全闸门，在不影响网络性能的情况下能对网络进行检测。

## 15.2.1　入侵检测的原理

　　按 Webster 辞典定义，入侵（Intrusion）是指任何试图危害资源的完整性、可信度和可获取性的动作，入侵检测（Intrusion Detection）是指发现或确定入侵行为存在或出现的动作。也就是发现、跟踪并记录计算机系统或计算机网络中的非授权行为，或发现并调查系统中可能为试图入侵或病毒感染所带来的异常活动。入侵检测作为一门新兴的安全技术，以其对网络系统的实时监测和快速响应的特性，逐渐发展成为保障网络系统安全的关键部件。其基本原理如图 15-6 所示。

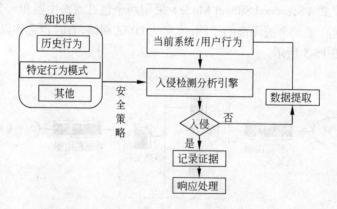

图 15-6　入侵检测的原理

　　入侵检测系统（Intrusion Detection Systems，IDS）在 ICSA（International Computer Security Association，国际计算机安全协会）的入侵检测系统论坛被定义为，通过从计算机网络或计算机系统中的若干关键点收集信息并对其进行分析，从中发现网络或系统中是否有违反安全策略的行为和遭到袭击的迹象的一种安全技术。在允许各种网络资源以开放方式运作的前提下，入侵检测系统成了确保网络安全的一种新的手段，它通过实时

的分析，检查特定的攻击模式、系统配置、系统漏洞、存在缺陷的程序以及系统或用户
的行为模式，监控与安全有关的活动。入侵检测系统提供了用于发现入侵攻击与合法用
户滥用特权的一种方法，IDS 解决安全问题是基于如下假设的：入侵行为和合法行为是
可区分的，也就是说可以通过提取行为的模式特征来判断该行为的性质。一个基本的入
侵检测系统需要解决两个问题：一是如何区分并可靠地提取描述行为特征的数据；二是
如何根据特征数据，高效并准确地判定行为的性质。

## 15.2.2  IDS 的功能

应用于不同的网络环境和不同的系统安全策略，IDS 在具体实现上也有所不同。从
系统构成上看，IDS 至少包括数据提取、入侵分析、响应处理三大部分，另外还可以结
合安全知识库、数据存储等功能模块，提供更为完善的安全检测技术据分析功能。

IDS 模块结构如图 15-7 所示。

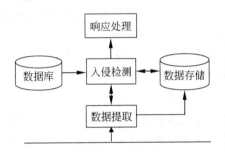

图 15-7  IDS 模块结构

数据提取模块在 IDS 中居于基础地位，负责提取反映受保护系统运行状态的运行数
据，并完成数据的过滤及其他预处理工作，为入侵分析模块和数据存储模块提供原始的
安全审计数据，是 IDS 的数据采集器。

入侵分析模块是 IDS 的核心模块，包括对原始数据进行同步、整理、组织、分类、
特征提取以及各种类型的细致分析，提取其中所包含的系统活动特征或模式，用于正常
和异常行为的判断。这种行为的鉴别可以实时进行，也可以是事后的分析。

响应处理模块的工作实际上反映了当发现了入侵者的攻击行为之后，该怎么办的问
题。可选的相应措施包括主动响应和被动响应。前者以自动的或用户设置的方式阻断攻
击过程；后者则只对发生的时间进行报告和记录，由安全管理员负责下一步的行动。

IDS 具有以下的优点：

（1）实时检测网络系统的非法行为。

（2）网络 IDS 系统不占用系统的任何资源。

（3）网络 IDS 系统是一个独立的网络设备，可以做到对黑客不透明，因此其自身的
安全性很高。

（4）网络 IDS 系统及时实时监测系统，也是记录审计系统，可以做到实时保护和事后取证分析。

（5）主机 IDS 系统运行于保护系统之上，可以直接保护和恢复系统。

（6）通过与防火墙的连动，可以更有效地阻止非法入侵和破坏。

### 15.2.3　IDS 分类

IDS 可以按照基于数据源的分类、基于检测方法的分类，根据不同的分类方法，则有不同的 IDS。

#### 1. 基于数据源的分类

IDS 首先需要解决的问题是数据源，或者说是审计事件发生器。IDS 根据其检测数据来源分为两类，分别是基于主机（Host-based）的 IDS 和基于网络（Network-based）的 IDS。基于主机的 IDS 从单个主机上提取系统数据（如审计记录等）作为入侵分析的数据源，而基于网络的 IDS 从网络上提取数据（如网络链路层的数据帧）作为入侵分析的数据源。通常来说基于主机的 IDS 只能检测单个主机系统，而基于网络的 IDS 可以对本网段的多个主机系统进行检测，多个分布于不同网段上的基于网络的 IDS 可以协同工作以提供更强的入侵检测能力。

1）基于主机的 IDS

基于主机 IDS 的检测目标是主机系统和系统本地用户，原理是根据主机的审计数据和系统日志发现可疑事件。该系统通常运行在被监测的主机或服务器上，实时检测主机安全性方面诸如操作系统日志文件、审核日志文件、应用程序日志文件等的情况，其效果依赖于数据的准确性以及安全事件的定义。可见这种类型的 IDS 是利用主机操作系统及应用程序的审核踪迹作为输入的主要数据源来检测入侵。基于主机的 IDS 被设计成检测 IDS 代理所驻留的宿主机，如图 15-8 所示，这种 IDS 可以检测到网络协议栈的高层数据，也可检测到被监视主机上的本地活动，如文件修改和用户账户的建立。

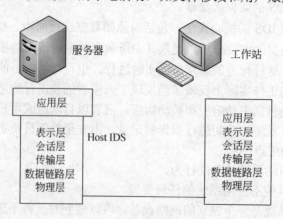

图 15-8　基于主机的入侵监测系统

在图 15-8 的 C/S 通信模式下,客户机对服务器上的访问活动将被服务器日志所记载。IDS 代理检测这些记录用户活动信息的日志文件,将它们与事先知道的用户正常行为模式进行匹配。基于主机的 IDS 有两种主要应用类型:基于应用和基于操作系统。

基于应用的 IDS 从应用层服务中收集数据。例如,数据库管理软件、Web 服务程序或防火墙等产生的日志服务等。数据源包括了应用时间日志和其他存储于应用程序内部的数据信息。这种方式可以更好地获取在系统上用户活动(如可以利用特定应用的特点来监视用户活动),但也存在应用层的脆弱性会破坏监视和检测的弱点。

基于操作系统的 IDS 搜集在特定系统上的活动信息,这些信息可以是操作系统产生的审计踪迹,它也包括系统日志,其他操作系统进程产生的日志及那些在标准操作系统的审计和日志中没有反映系统对象的有关内容。这种方式可以监控对系统访问的主体和对象,并且可以将可疑的活动映射到特定的用户 ID 上。同样操作系统的脆弱性也会破坏 IDS 监视与入侵分析的完整性,同时基于操作系统的 IDS 必须建立在特定的操作系统平台上,这就增加了开销。

基于主机的 IDS 具有检测效率高,分析代价小,分析速度快的特点,能够迅速并准确地定位入侵者,并可以结合操作系统和应用程序的行为特征对入侵进行进一步分析、响应。例如,一旦检测到有入侵活动,可以立即使该用户账号失效,中断该用户的进程。基于主机的 IDS 尤其对于独立的服务器及应用构造简单,易于理解,也只有这种检测方式才能检测出通过控制台的入侵活动。目前大多是基于主机日志分析的 IDS。

基于主机的 IDS 也有其不足之处:首先它在一定程度上依赖于系统的可靠性,它要求系统本身应该具备基本的安全功能并具有合理的设置,然后才能提取入侵信息;即使进行了正确的设置,对操作系统熟悉的攻击者仍然有可能在入侵行为完成后及时地将系统日志抹去,而不被发觉;同时主机日志能够提供的信息是有限的,有的入侵手段和途径不会在日志中有所反映,日志系统对网络层的入侵行为无能为力。例如,利用网络协议栈的漏洞进行的攻击,通过 ping 命令发送大数据包,造成系统协议栈溢出而死机,或是利用 ARP 欺骗来伪装成其他主机进行通信等,这些手段都不会被高层的日志记录下来。

2) 基于网络的 IDS

基于网络的 IDS 搜集来自网络层的信息,监视网络数据流。通常来说,网络适配器可以工作在两种不同的模式:正常模式和混杂模式。处于正常模式时,网络适配器只能接收到共享网络中发向本机的数据包,丢弃其他目标主机的数据包;处于混杂模式时,网络适配器可以接收所有在网络中传输的数据包,并交给操作系统或应用程序进行分析。这种机制为进行网络数据流的监视和入侵检测提供了必要的数据来源。网络 IDS 目前应用比较广泛,包括商业化的 IDS 产品,如 ISS 公司的 RealSecure、CA 公司的 Etrust 以及开源系统 Snort 等。

从图 15-9 可以看出,基于网络 IDS 位于客户端与服务端的通信链路中央,可以访问到通信链路的所有层次。因此这种 IDS 可以监视和检测网络层的攻击（如 SYN 洪流攻击）。

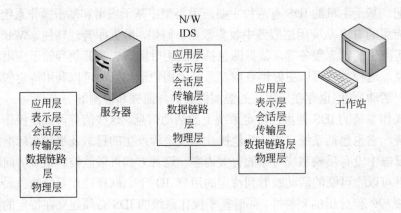

图 15-9　基于网络的 IDS

从理论上来说，网络监视可以获得所有的网络信息数据，在没有特定的审计或日志机制的情况下，也可以获得数据；只要时间允许，可以在庞大的数据堆中提取和分析需要的数据；可以对一个子网进行检测，一个监视模块可以监视同一网段的多台主机的网络行为；可以通过增加代理来监视网络，不会影响现存的数据源，不改变系统和网络的工作模式，也不影响主机性能和网络性能；处于被动接收方式，很难被入侵者发现，隐蔽性好；可以从底层开始分析，对基于协议攻击的入侵手段有较强的分析能力。

基于网络的 IDS 的主要问题是监视数据量过于庞大并且它不能结合操作系统特征来对网络行为进行准确的判断；如果网络数据被加密，IDS 就不能扫描协议或内容。

就如防盗系统一样，基于网络的 IDS 系统通常放置于企业内部网与外部网的访问出口上（如路由器、Modem 池），能够监控从协议攻击到特定环境攻击的范围很广的网络攻击行为，对于监控网络外部用户的入侵和侦察行为非常理想。基于主机的 IDS 适合于那些以数据或应用服务器为中心的网络系统，并对那些已取得系统访问权限的用户对系统的操作进行监控。究竟是在哪个层次上部署 IDS 需要根据使用者自身的安全策略来决定。

**2．基于检测方法的分类**

从检测方法上可以将 IDS 分为异常检测和误用检测两种类型。

（1）异常检测（Anomaly Detection）。根据使用者的行为或资源使用状况的正常程度来判断是否入侵，而不依赖于具体行为是否出现来检测。异常检测与系统相对无关，通用性较强，甚至可以检测出以前未出现过的攻击方法。由于不可能对整个系统内的所有用户行为进行全面的描述，而且每个用户的行为是经常改变的，所以它的主要缺陷在与误检率很高，尤其在用户数据众多，或工作方式经常改变的环境中。另外由于行为模式的统计数据不断更新，入侵者如果知道某系统处在监测器的监视下时，他们可以通过恶意的训练方式，促使检测系统缓慢地更改统计数据，以至于最初认为是异常的行为，经过一段时间的训练后被认为是正常的。这是目前异常检测所面临的一大难题。

（2）误用检测（Misuse Detection）。根据已定义好的入侵模式，通过判断在实际的安全审计数据中是否出现这些入侵模式来完成监测功能。大部分的入侵行为都是利用了已知的系统脆弱性，因此通过分析入侵过程的特征、条件、顺序以及事件间的关系，可以具体描述入侵行为的迹象。误用检测有时也被称为特征分析或基于知识的检测。这种方法由于依据具体特征库进行判断，所以检测准确度很高，并且因为检测结果有明确的参照，也为系统管理员及时做出相应措施提供了方便。误用检测的主要缺陷在于检测范围受已有知识的局限，无法检测未知的攻击类型。另外，检测系统对目标系统的依赖性太强，不但系统移植性不好，维护工作量大，而且将具体入侵手段抽象成知识也是比较困难的。对于某些内部的入侵行为，如合法用户的泄密等，由于这些入侵行为并没有利用系统的脆弱性，因此误用检测也是无能为力的。

误用检测和异常检测各有优势，又互有不足。在实际系统中，可考虑结合两者的使用，如将误用检测用于数据网络包的检测，将异常检测用于系统的日志分析是目前比较通用的方法。

### 15.2.4　入侵检测的主要方法

入侵检测的主要方法有静态配置分析、异常性检测方法、基于行为的检测方法。

**1．静态配置分析**

静态配置分析通过检查系统的当前系统配置，如系统文件的内容或系统表，来检查系统是否已经或可能会遭到破坏。静态是指检查系统的静态特征（系统配置信息），而不是系统中的活动。

采用静态分析方法主要有以下几方面的原因：入侵者对系统攻击时可能会留下痕迹，这可通过检查系统的状态检测出来；系统管理员以及用户在建立系统时难免会出现一些错误或遗漏一些系统的安全性措施；另外系统在遭受攻击后，入侵者可能会在系统中安装一些安全性后门以方便对系统进行进一步的攻击。

所以静态配置分析方法需要尽可能了解系统的缺陷，否则入侵者只需要简单地利用那些系统中未知的安全缺陷就可以避开检测系统。

**2．异常性检测方法**

异常性检测技术是一种在不需要操作系统及其防范安全性缺陷专门知识的情况下，就可以检测入侵者的方法，同时它也是检测冒充合法用户的入侵者的有效方法。但是在许多环境中，为用户建立正常行为模式的特征轮廓及对用户活动的异常性进行报警的门限值的确定都是比较困难的事，所以仅使用异常性检测技术不可能检测出所有的入侵行为。

目前这类 IDS 多采用统计，或者基于规则描述的方法，建立系统主体的行为特征轮廓：

（1）统计性特征轮廓由主体特征变量的频度、均值以及偏差等统计量来描述，如 SRI 的下一代实时入侵检测专家系统，这种方法对特洛伊木马以及欺骗性的应用程序的检测非常有效。

（2）基于规则描述的特征轮廓，由一组用于描述主体每个特征的合法取值范围与其他特征的取值之间关系的规则组成（如TIM）。该方案还可以采用从大型数据库中提取规则的数据挖掘技术。

（3）神经网络方法具有自学习、自适应能力，可以通过自学习提取正常的用户或系统活动的特征模式，避开选择统计特征这一难题。

**3．基于行为的检测方法**

通过检测用户行为中那些与已知入侵行为模式类似的行为、那些利用系统中缺陷或间接违背系统安全规则的行为，来判断系统中的入侵活动。

目前基于行为的 IDS 只是在表示入侵模式（签名）的方式以及在系统的审计中检查入侵签名的机制上有所区别，主要可以分为基于专家系统、基于状态迁移分析和基于模式匹配等几类。这些方法的主要局限在于，只是根据已知的入侵序列和系统缺陷模式来检测系统中的可疑行为，而不能检测新的入侵攻击行为以及未知的、潜在的系统缺陷。

入侵检测方法虽然能够在某些方面取得好的效果，但总体看来各有不足，因而越来越多的 IDS 都同时采用几种方法，以互补不足，共同完成检测任务。

# 15.3　入侵防护系统

目前，随着网络入侵事件的不断增加和黑客攻击技术水平的不断提高，使得传统的防火墙或入侵检测技术已经无法满足现代网络安全的需要，而入侵防护技术的产生正是适应了这种要求。

防火墙是实施访问控制策略的系统，对流经的网络流量进行检查，拦截不符合安全策略的数据包。入侵检测技术通过监视网络或系统资源，寻找违反安全策略的行为或攻击迹象，并发出报警。传统的防火墙旨在拒绝那些明显可疑的网络流量，但仍然允许某些流量通过，因此防火墙对于很多入侵攻击仍然无计可施。

IPS 是一种主动的、积极的入侵防范及阻止系统，部署在网络的进出口处。当它检测到攻击企图后，会自动地将攻击包丢掉或采取措施将攻击源阻断。IPS 的检测功能类似于 IDS，但 IPS 检测到攻击后会采取行动阻止攻击，可以说 IPS 是建立在 IDS 发展的基础上的新生网络安全产品。

## 15.3.1　入侵防护系统的原理

IPS 倾向于提供主动防护，其设计宗旨是预先对入侵活动和攻击性网络流进行拦截，避免其造成损失，而不是简单地在恶意流量传送时或传送后才发出警报。IPS 通过一个网络端口接收来自外部系统的流量，经过检查确认其中不包含异常活动或可疑内容后，再通过另外一个端口将它传送到内部系统中。这样一来，有问题的数据包，以及所有来自同一数据流的后续数据包，都能在 IPS 设备中被清除掉。

IPS 实现实时检查和阻止入侵的原理在 IPS 拥有数目众多的过滤器，能够防止各种攻击。当新的攻击手段被发现之后，入侵防护系统就会创建一个新的过滤器。IPS 数据包处理引擎是专业化定制的集成电路，可以深层检查数据包的内容。如果有攻击者利用第二层（介质访问控制）至第七层（应用）的漏洞发起攻击，IPS 能够从数据流中检查出这些攻击并加以阻止。传统的防火墙只能对第三层或第四层进行检查，不能检测应用层的内容。防火墙的包过滤技术不会针对每一字节进行检查，因而也就无法发现攻击活动，而 IPS 可以做到逐一字节地检查数据包。所有流经 IPS 的数据包都被分类，分类的依据是数据包中的报头信息，如源 IP 地址和目的 IP 地址、端口号和应用域。每种过滤器负责分析相对应的数据包。通过检查的数据包可以继续前进，包含恶意内容的数据包就会被丢弃，被怀疑的数据包需要接受进一步的检查。

针对不同的攻击行为，IPS 需要不同的过滤器。每种过滤器都设有相应的过滤规则，为了确保准确性，这些规则的定义非常广泛。在对传输内容进行分类时，过滤引擎还需要参照数据包的信息参数，并将其解析至一个有意义的域中进行上下文分析，以提高过滤准确性。

过滤器引擎集合了流水和大规模并行处理硬件，能够同时执行数千次的数据包过滤检查。并行过滤处理可以确保数据包能够不间断地快速通过系统，不会对速度造成影响。这种硬件加速技术对于 IPS 具有重要意义，因为传统的软件解决方案必须串行进行过滤检查，会导致系统性能大打折扣。

## 15.3.2　入侵防护系统的种类

IPS 可分为基于主机的入侵防护、基于网络的入侵防护和基于应用入侵防护。

### 1. 基于主机的入侵防护

基于主机的入侵防护是一种软件，位于一台服务器上，并能够阻止网络攻击，保护操作系统和应用。Okena 和 Entercept Security Technologies 的产品在保护服务器，尤其是针对红色代码以及 Nimda 攻击非常有效。基于主机的入侵防护是快速修复服务器安全漏洞的好办法，但是由于在企业内部很多不同的平台上管理安全软件的管理费用非常昂贵，基于主机的入侵防护系统将很难和基于网络的入侵防护一样得到广泛的采用。

基于主机的入侵防护技术可以采用基于事先确定的规则或可学习的行为分析策略来阻挡恶意服务器或 PC 行为。基于主机的入侵防护可以阻止攻击者进行缓存溢出攻击、修改注册表，改写 DLL（Dynamic Link Library，动态链接库）或采用其他的方法获得操作系统的控制权。

基于主机的入侵防护可以作为截取应用和底层操作系统之间通信的软件"过滤器"，或作为一个核心更改，比商业操作系统所采用的安全控制更加严格。

**2. 基于网络的入侵防护**

基于网络的入侵防护系统的优势包括减少了持续监控的重要性，攻击不会造成尖声警报，局面混乱的结果。网络管理员知道红色代码攻击已经成为互联网中的家常便饭。因此，记录这样的攻击并对其做出反应的时间只是浪费。一旦被确认，仅仅是受到影响的任务应该被停止。因此这样做不但节省了宝贵的资源，还达到了更好的保护效果。特性定义和网络入侵防护的好处在于：

防火墙和网关反病毒系统是第一代基于网络的入侵防护系统的代表。但是防火墙基本上都运行在网络协议层，反病毒系统绝大部分执行简单的、应激性的（也就是说不是实时的），基于签名的防护和阻挡。

一个真正的基于网络的入侵防护系统必须：

（1）作为一个在线的网络设备，并能够以线速运行。

（2）进行包标准化、汇编和检查。

（3）对于数据包采用基于集中方法的规则，包括（起码）协议异常分析，签名分析和行为分析。

（4）阻挡恶意的行为，而不是简单重置连接。

为了达到上面的要求，基于网络的入侵防护必须完成对于所有的通信进行深度包检测，并通常会采用特殊目的的硬件来达到千兆级的吞吐量。在服务器上使用软件的方法对于小型企业来说是有效的，基于硬件的方法对于大型企业来说会更合适。但是，对于以千兆速度运行的复杂的网络，Gartner 相信将需要特殊应用集成电路和专用网络安全处理器来进行深度包检测，并支持线速阻挡。

**3. 基于应用入侵防护**

应用入侵防护（Application Intrusion Prevention，AIP）把基于主机的入侵防护扩展成为位于应用服务器之前的网络设备。AIP 被设计成一种高性能的设备，配置在应用数据的网络链路上，以确保用户遵守设定好的安全策略，保护服务器的安全。NIPS 工作在网络上，直接对数据包进行检测和阻断，与具体的主机/服务器操作系统平台无关。

**4. 入侵防护系统技术特征**

IPS 技术特征包括嵌入式运行、深入分析和控制、入侵特征库和高效处理能力。

（1）嵌入式运行：只有以嵌入模式运行的 IPS 设备才能实现实时的安全防护，实时阻挡所有可疑的数据包，并对该数据流的剩余部分进行拦截。

（2）深入分析和控制：IPS 必须具有深入分析能力，以确定哪些恶意流量已经被拦截，根据攻击类型、策略等来确定哪些流量应该被拦截。

（3）入侵特征库：高质量的入侵特征库是 IPS 高效运行的必要条件，IPS 还应该定期升级入侵特征库，并快速应用到所有传感器。

（4）高效处理能力：IPS 必须具有高效处理数据包的能力，对整个网络性能的影响保持在最低水平。

### 15.3.3　网络入侵防护的特点和优势

网络入侵防护的特点和优势如下：

（1）在线检查：这种产品被放置到数据流通路上，而不是从 switch 或其他设备那里获取数据流。在线系统可以分析并确认包和任务，检查出哪些通信是恶意的，并阻挡相关的数据包流。这对于产品的防护能力非常重要。

（2）陈述签名：为了有效处理千兆级的通信量，必须要采用某些稳定的检查方法。对于特定数据包的通信陈述，包括对于所分析数据包的认识能力。这提供了更大的吞吐量以及更短的反应时间，这也是企业应用所需要的。

（3）组合运算法则：没有任何一个运算法则能够单独地在把最多的入侵尝试阻挡在外的同时，并把错误肯定降低到最低的程度。入侵防护系统必须使用多种运算法则的组合。

签名分析是最强大的方法，但是它必须同协议/包异常检测配合使用。

协议/包异常检测关注的是在被认为是有敌意、恶意、不寻常的协议或包中的签名，这些协议或包可能是拒绝服务攻击的工具，可能发送大量的包到目标服务器。使用互联网聊天传递通道来同进行控制的黑客进行通信，该黑客可以指示传递工具开始攻击特定站点。通过采用大量的通信来攻击站点，黑客可以使该站点瘫痪，不能对合法的连接作出响应。

基于行为的技术没有那么精确，但是却能提供有价值的功能。这种技术包含了对已知通信模式的基准分析，然后建立起报警极限，当异常通信模式变化产生的时候就能够发出警告，比如大的数据流量可能意味着拒绝服务攻击。（大流量也可能意味着正常的网络通信。因此，通知可以保持或改变所需要的基础架构改变来满足合法的通信需求。）

（4）阻挡恶意通信：一旦一个恶意的行为被确认了之后，就对它进行阻挡，以此来保护目标服务器或设备。日志和警报是这些设备的功能。

### 15.3.4　入侵防护系统面临的挑战

IPS 面临的挑战主要有三点：一是单点故障；二是性能瓶颈；三是误报和漏报。

设计要求 IPS 必须以嵌入模式工作在网络中，而这就可能造成瓶颈问题或单点故障。如果 IDS 出现故障，最坏的情况也就是造成某些攻击无法被检测到，而嵌入式的 IPS 设备出现问题，就会严重影响网络的正常运转。如果 IPS 出现故障而关闭，用户就会面对一个由 IPS 造成的拒绝服务问题，所有客户都将无法访问企业网络提供的应用。

即使 IPS 设备不出现故障，它仍然是一个潜在的网络瓶颈，不仅会增加滞后时间，而且会降低网络的效率，IPS 必须与数千兆或更大容量的网络流量保持同步，尤其是当加载了数量庞大的检测特征库时，设计不够完善的 IPS 嵌入设备无法支持这种响应速度。绝大多数高端 IPS 产品供应商都通过使用自定义硬件（FPGA、网络处理器和 ASIC 芯片）来提高 IPS 的运行效率。

误报率和漏报率也需要 IPS 认真面对。在繁忙的网络当中，如果以每秒需要处理 10 条警报信息来计算，IPS 每小时至少需要处理 36 000 条警报，一天就是 864 000 条。一旦生成了警报，最基本的要求就是 IPS 能够对警报进行有效处理。如果入侵特征编写得不是十分完善，那么"误报"就有了可乘之机，导致合法流量也有可能被意外拦截。对于实时在线的 IPS 来说，一旦拦截了"攻击性"数据包，就会对来自可疑攻击者的所有数据流进行拦截。如果触发了误报警报的流量恰好是某个客户订单的一部分，其结果可想而知，这个客户整个会话就会被关闭，而且此后该客户所有重新连接到企业网络的合法访问都会被"尽职尽责"的 IPS 拦截。

IPS 厂商采用各种方式加以解决。一是综合采用多种检测技术；二是采用专用硬件加速系统来提高 IPS 的运行效率。尽管如此，为了避免 IPS 重蹈 IDS 覆辙，厂商对 IPS 的态度还是十分谨慎的。例如，NAI 提供的基于网络的入侵防护设备提供多种接入模式，其中包括旁路接入方式，在这种模式下运行的 IPS 实际上就是一台纯粹的 IDS 设备，NAI 希望提供可选择的接入方式来帮助用户实现从旁路监听向实时阻止攻击的自然过渡。

IPS 的不足并不会成为阻止人们使用 IPS 的理由，因为安全功能的融合是大势所趋，入侵防护顺应了这一潮流。对于用户而言，在厂商提供技术支持的条件下，有选择地采用 IPS，仍不失为一种应对攻击的理想选择。

## 15.4 虚拟专用网络

VPN 是一门网络新技术，提供了一种通过公用网络安全地对企业内部专用网络进行远程访问的连接方式。与普通网络连接一样，VPN 也由客户机、传输介质和服务器三部分组成，不同的是 VPN 连接使用隧道作为传输通道，这个隧道是建立在公共网络或专用网络基础之上的，如 Internet 或 Intranet。

VPN 可以实现不同网络的组件和资源之间的相互联接，利用 Internet 或其他公共互联网络的基础设施为用户创建隧道，并提供与专用网络一样的安全和功能保障。VPN 允许远程通信方、销售人员或企业分支机构使用 Internet 等公共互联网络的路由基础设施以安全的方式与位于企业局域网端的企业服务器建立连接。VPN 对用户端透明，用户好像使用一条专用线路在客户计算机和企业服务器之间建立点对点连接，进行数据的传输。

VPN 技术同样支持企业通过 Internet 等公共互联网络与分支机构或其他公司建立连接，进行安全的通信。这种跨越 Internet 建立的 VPN 连接在逻辑上等同于两地之间使用广域网建立的连接。

使用 VPN 技术可以解决在当今远程通信量日益增大，企业全球运作广泛分布的情况下，员工需要访问中央资源，企业相互之间必须进行及时和有效的通信的问题。

**1. VPN 的关键技术**

一个完整的 VPN 技术方案中包括 VPN 隧道技术、密码技术和服务质量保证技术。

（1）隧道技术就是一种数据封装协议，即将一种协议封装在另一种协议中传输，从而实现被封装协议对封装协议的透明性。常见的隧道技术可以根据其工作的层次分为两类：一是"二层隧道技术"，包括 PPP 基础上的 PPTP（点到点隧道协议）和 L2F（二层转发协议）、L2TP（二层隧道协议）；二是"三层隧道技术"，主要代表是 IPSec（IP 层安全协议，它是 IPv4 和 IPv6 的安全标准）、移动 IP 协议和虚拟隧道协议。

（2）密码技术：在 VPN 中采用的密码技术包括加解密、身份认证、密钥管理等。

（3）QoS 机制：包括 RSVP（资源预留协议）、SBM（子网带宽管理）。

**2. PPTP**

在逻辑上延伸了 PPP 会话，从而形成了虚拟的远程拨号。在协议实现时，使用了与 PPP 相同的认证机制，包括扩展身份认证协议（Extensible Authentication Protocol，EAP）、MS-CHAP（微软询问握手认证协议）、CHAP（询问握手认证协议）、SPAP（Shiva 口令字认证协议）、PAP（口令字认证协议）。另外，在 Windows 2000 中，PPP 使用了 MPPE（微软点对点加密技术）进行加密，因此必须采用 EAP 或 MS-CHAP 身份认证技术。

**3. L2F/L2TP**

第二层转发协议（Level 2 Forwarding Protocol，L2F）可以在多种介质上建立多协议的安全 VPN 通信方式，将链路层的协议封装起来，以使网络的链路层完全独立于用户的链路层协议。

第二层隧道协议（Layer 2 Tunneling Protocol，L2TP）是 PPTP 和 L2F 结合的产物。L2TP 协议将 PPP 帧封装后，可以通过 IP、X.25、FR 或 ATM 进行转输。创建 L2TP 隧道时必须使用与 PPP 连接相同的认证机制，它结合了 L2F 和 PPTP 的优点，可以让用户从客户端或接入服务器端发起 VPN 连接。

**4. GRE**

GRE 是 VPN 的第三层隧道协议，即在协议层之间采用了隧道技术。这种技术是在 IP 数据包的外面再加上一个 IP 头。通俗地说，就是把私有数据进行伪装，加上一个"外套"，传送到其他地方。因为企业私有网络的 IP 地址通常是自己规划，无法和外部互联网进行正确的路由。在企业网络的出口，通常会有一个互联网唯一的 IP 地址。这个地址可以在互联网中唯一识别出来。GRE 就是把目的 IP 地址和源地址为企业内部地址的数据报文进行封装，加上一个目的地址为远端机构互联网出口的 IP 地址，源地址为本地互联网出口的 IP 地址的 IP 头，从而经过通过互联网进行正确的传输。

GRE 是最简单的 VPN 技术。

**5. IPSec**

IPSec：是包括安全协议、密钥管理协议、安全关联、认证和加密算法 4 部分构成的安全结构。安全协议在 IP 协议中增加两个基于密码的安全机制——认证头（AH）和封装安全载荷（ESP），前者支持了 IP 数据项的可认证性和完整性；后者实现了通信的机密性。密钥管理协议（密钥交换手工和自动 IKE）定义了通信实体间身份认证、创建安全关联、协商加密算法、共享会话密钥的方法。

（1）AH：是一段报文认证代码，在发送 IP 包之前已计算好。发送方用加密密钥计算出 AH，接收方用同一（私钥体制）或另一密钥（公钥体制）对其进行验证。

（2）ESP：对整个 IP 包进行封装加密，通常使用 DES 算法。

### 6. MPLS VPN

MPLS VPN 是一种基于 MPLS 技术的 IP-VPN，是在网络路由和交换设备上应用 MPLS 技术，简化核心路由器的路由选择方式，利用结合传统路由技术的标记交换实现的 IP 虚拟专用网络（IP VPN），可用来构造宽带的 Intranet、Extranet，满足多种灵活的业务需求。

### 7. VPDN

VPDN 是基于拨号接入（PSTN、ISDN）的虚拟专用拨号网业务，可用于跨地域集团企业内部网、专业信息服务提供商专用网、金融大众业务网、银行存取业务网等业务。

VPDN 采用专用的网络安全和通信协议，可以使企业在公共网络上建立相对安全的虚拟专网。VPN 用户可以在公共网络中，通过虚拟的安全通道和用户内部的用户网络进行连接，而公共网络上的用户则无法穿过虚拟通道访问用户网络内部的资源。

## 15.5　ISA Server

ISA Server 是建立在 Windows 系列操作系统上的一种可扩展的企业级防火墙和 Web 缓存服务器。ISA Server 的多层防火墙可以保护网络资源免受病毒、黑客的入侵和未经授权的访问。通过本地而不是 Internet 为对象提供服务，其 Web 缓存服务器允许组织能够为用户提供更快的 Web 访问。在网络内安装 ISA Server 时，可以将其配置成防火墙，也可配置成为 Web 缓存服务器，或两者兼备。

ISA Server 提供直观而强大的管理工具，包括 Microsoft 管理控制台管理单元、图形化任务板和逐步进行的向导。ISA Server 提供网络之间受控的安全访问，并充当一个提供快速 Web 响应和卸载功能以及用于远程访问安全 Web 发布的 Web 缓存代理。它的多层体系结构和高级策略引擎为用户需要的安全级别和所要资源之间的平衡提供了精确的控制。在一台边缘服务器连接多个网络时，与组织中的其他服务器相比，ISA Server 要处理大量流量。

### 1. 规划 ISA Server 容量

了解容量需求是确定 ISA Server 部署所必需的资源的第一步。对于大规模的部署，会有几种具体的部署情况。一般情况下，可能需要考虑下列衡量指标：

（1）连接到 ISA Server 计算机的每个网络上的可用和实际带宽。

（2）组织中的用户数量。

（3）应用层的各种衡量指标（如邮件服务器中的平均邮箱大小）。

对于 ISA Server 容量的最重要的衡量指标是实际网络带宽，因为它们通常代表真实的容量需求。在许多情况下，网络带宽（特别是 Internet 链路的网络带宽）可以确定 ISA Server 容量。相对而言，用户数量不能充分表明容量需求，因为用户具有不同的使用模式，具体取决于用户需求和组织的网络策略。在某些情况下，用户数量以及应用程序级别的衡量指标对于估计网络流量很有用。所有 ISA Server 容量规划情况都属于以下类别之一：

（1）所有网络带宽都可以通过一台入门级 ISA Server 计算机来提供。在大多数情况下，单台计算机的处理能力足以确保通过标准 Internet 链路的流量的安全性。有关 Internet 使用情况的市场研究报告表明，大部分公司的 Internet 链路带宽在 2～20Mb/s 之间。这表明一台具有单处理器或双处理器的入门级计算机足以满足大多数 ISA Server 部署。

（2）网络带宽大于任何单台计算机所能提供的带宽，并且使用 ISA Server 确保企业级应用程序的安全。对于用户超过 500 人的大型企业级站点，情况就更复杂了。这种情况需要进行更精心地规划，因为此时的 Internet 带宽非常大，使得系统的 CPU 资源成为性能瓶颈。Internet 连接带宽对能够完全利用该连接的计算机数量进行了限制，其上限可能比大多数容量估计值都大得多。起初，最大网络容量的规划可能是保守的，因为容量需求通常会随着时间的推移而不断增加。为了适应未来需求的增长，还应规划处理能力升级。

**2. 性能优化指南**

在确定了哪种容量情况可以满足需要之后，下一个任务就是加以优化以便获得最佳性能。对于企业级 ISA Server，这意味着设计充足的硬件资源，使系统的 CPU 能力作为可能的资源瓶颈。对于单台入门级 ISA Server 计算机而言，可能的瓶颈是 Internet 带宽而非选择的处理器。

（1）优化硬件以实现最高的 CPU 使用率。ISA Server 容量取决于 CPU、内存、网络和磁盘硬件资源。每种资源都有容量限制，只要所有资源的使用都不超过其上限，系统在整体上就能正常运行，从而可以达到其性能目标。如果达到了其中的某一限度，性能就会显著下降，从而产生瓶颈。每个瓶颈在系统整体性能中都有其症状，可以帮助检测容量不足的资源。在发现性能瓶颈之后，可以通过增加其容量不足的资源的容量来消除瓶颈。从成本的角度看，设计一个受 CPU 资源约束的系统是最高效的，因为它是升级成本最高的资源。其他资源短缺问题的解决成本则相对较低：添加另一个磁盘，添加另一个网络适配器，或增加内存等。

（2）确定 CPU 和系统体系结构容量。与大多数为大量客户端请求提供服务的服务器应用程序一样，CPU 速度的提高、处理器缓存的增加和系统体系结构的改进都会提高 ISA

Server 的性能。

（3）确定内存容量。ISA Server 内存用于存储网络套接字（主要来自于非分页池）、内部数据结构和未决的请求对象。对于 Web 代理缓存的情况，内存还用于磁盘缓存目录结构和内存缓存。由于 ISA Server 要处理大量需要系统非分页内存的并发连接，因此内存限制因素是非分页池的大小，而这是由总的内存大小决定的。

（4）确定网络容量。网络连接上存在的每个网络设备都有其容量限制。这些设备包括客户端和服务器网络适配器、路由器、交换机，以及将它们相互连接起来的集线器。足够的网络容量意味着这些网络设备的任何一个都不会处于满负荷状态。监视网络活动对于确保所有网络设备的实际负荷低于它们的最高容量是必不可少的。

（5）确定磁盘存储容量。ISA Server 将磁盘存储用于对防火墙活动进行日志记录和 Web 缓存。如果两者都被禁用，或如果没有流量，ISA Server 将不执行任何磁盘 I/O 活动。在典型的 ISA Server 设置中，日志记录功能处于启用状态，并被配置为使用 Microsoft SQL Server 2005 Desktop Engine（MSDE）日志记录。对于大多数部署，单个磁盘足以满足最高的日志记录速度。

（6）应用程序和 Web 筛选器。ISA Server 使用应用程序筛选器来执行应用层安全检查。应用程序筛选器是注册到特定协议端口的动态链接库。只要有数据包发送到此协议端口，它就会被传递给应用程序筛选器，筛选器将按照应用程序逻辑对其进行检查并根据策略来确定如何进行处理。如果没有为协议指定应用程序筛选器，数据将进行 TCP 状态筛选。在此级别，ISA Server 只检查 TCP/IP 标头信息。

（7）日志记录。ISA Server 提供了两种主要的方法来对防火墙活动进行日志记录：

- MSDE 日志记录。此方法是用于防火墙和 Web 活动的默认日志记录方法。ISA Server 将日志记录直接写入 MSDE 数据库，允许对所记录的数据进行联机高级查询。
- 文件日志记录。通过此方法，ISA Server 按顺序将日志记录写入文本文件。

比较两种方法可以看出，MSDE 具有更多功能，但它也使用更多系统资源。具体来说，如果从 MSDE 日志记录切换到文件日志记录，可以预测处理器使用率总体上会提高 10%～20%。

### 3. 方案

ISA Server 支持多个部署和应用程序方案。

（1）部署方案。部署方案是指 ISA Server 计算机在公司内部网络中的位置。出于安全性和性能方面的考虑，经过多年的演变形成了几个常用的方案，包括 Internet 边缘防火墙、部门防火墙或后端防火墙、分支机构防火墙等。

（2）Web 代理方案。Internet 和目前的公司网络内的大部分流量都是使用 HTTP。对很多协议的流量模式进行的分析表明，HTTP 对网络的性能有很高的要求。因此，典型的 Web 流量工作负荷模拟对于衡量任何防火墙的容量和性能特征来说，都是非常切合实际的。代理方案又包括提供正向代理、透明代理和反向代理的方案，以及 Web 缓存。

## 15.6　例题分析

为了帮助考生进一步掌握网络安全应用方面的知识，了解考试的题型和难度，本节分析 6 道典型的试题。

**例题 1**

包过滤防火墙通过　(1)　来确定数据包是否能通过。

（1）A．路由表　　　　　　B．ARP 表　　　　　C．NAT 表　　　　D．过滤规则

**例题 1 分析**

路由表：用来制定路由规则，指定数据转发路径。

ARP 表：IP 地址向网络设备物理地址（MAC）的转换。

NAT 表：网络地址转换（NAT）是用于将一个地址域（如专用 Intranet）映射到另一个地址域（如 Internet）的标准方法。NAT 表记录的是这些转换信息。

过滤规则：它制定的是内外网访问与数据发送的一系列安全策略。

**例题 1 答案**

（1）D

**例题 2**

某机构要新建一个网络，除内部办公、员工邮件等功能外，还要对外提供访问本机构网站（包括动态网页）和 FTP 服务，设计师在设计网络安全策略时，给出的方案是：利用 DMZ 保护内网不受攻击，在 DMZ 和内网之间配一个内部防火墙，在 DMZ 和 Internet 间，较好的策略是　(2)　，在 DMZ 中最可能部署的是　(3)　。

（2）A．配置一个外部防火墙，其规则为除非允许，都被禁止

　　　B．配置一个外部防火墙，其规则为除非禁止，都被允许

　　　C．不配置防火墙，自由访问，但在主机上安装杀病毒软件

　　　D．不配置防火墙，只在路由器上设置禁止 PING 操作

（3）A．Web 服务器，FTP 服务器，邮件服务器，相关数据库服务器

　　　B．FTP 服务器，邮件服务器

　　　C．Web 服务器，FTP 服务器

　　　D．FTP 服务器，相关数据库服务器

**例题 2 分析**

本题考查 DMZ 和防火墙应用方面的基本知识。

DMZ 俗称非军事区，其基本思想是将内网的一些服务器另外配置一套，提供给 Internet 用户访问，内网服务器不对 Internet 用户开放。这样，即使 DMZ 中的服务被攻击或被破坏，也可通过内网的原始服务器快速恢复和重建。

通常，只要 Internet 需要访问的服务，都在 DMZ 中部署，包括所需要的数据库服务器。

为保证安全，在 DMZ 与内网之间，部署内部防火墙，实行严格的访问限制，在 DMZ 与外网之间部署外部防火墙，施加较少的访问限制。

**例题 2 答案**

（2）B　　（3）A

**例题 3**

关于入侵检测系统的描述，下列叙述中错误的是　(4)　。

（4）A．监视分析用户及系统活动

B．发现并阻止一些已知的攻击活动

C．检测违反安全策略的行为

D．识别已知进攻模式并报警

**例题 3 分析**

本题考查入侵检测系统的基础知识。

入侵检测系统是通过从计算机网络和系统若干关键点收集信息并对其进行分析，从中发现网络或系统中是否有违反安全策略的行为或遭到入侵的迹象，并依据既定的策略采用一定措施的系统。入侵检测系统的目标在检测和发现攻击活动，自身并不能阻止攻击活动。只有与防火墙与设备联运，才有可能阻止一些攻击活动。

**例题 3 答案**

（4）B

**例题 4**

应用 MPLS VPN 时，转发数据包时所依据的信息是　(5)　，在 MPLS VPN 中用户使用专用的 IP 地址，因此　(6)　。

（5）A．VPN 标识符+IP 地址　　　　　　　　B．VPN 标识符

C．IP 地址　　　　　　　　　　　　　　D．IP 地址+掩码

（6）A．当用户需要访问 Internet 时，需要有 NAT

B．无需 NAT，因用户只能与 VPN 成员通信

C．所谓的专用地址必须是 Internet 上合法的 IP 地址

D．专用地址可由 VPN 标识符推算出来

**例题 4 分析**

本题考查 VPN 的相关知识。

MPLS VPN 的基本原理是：MPLS 域边界路由器在 IP 包之前添加 MPLS 标记组成 MPLS 帧，再按所使用的 VPN 协议封装成相应的 VPN 帧，按 VPN 模式传送。

MPLS VPN 是 VPN 的一种，转发时依据 VPN 信息和 IP 地址转发，而不是单纯依据 IP 地址。

在 MPLSVPN 中，会动态学习路由信息，无需 NAT，用户只能与 VPN 成员通信。

**例题 4 答案**

（5）A　　　（6）B

**例题 5**

VPN 实现网络安全的主要措施是　(7)　，L2TP 与 PPTP 是 VPN 的两种代表性协议，其区别之一是　(8)　。

（7）A．对发送的全部内容加密

　　B．对发送的载荷部分加密

　　C．使用专用的加密算法加密

　　D．使用专用的通信线路传送

（8）A．L2TP 只适于 IP 网，传输 PPP 帧；PPTP 既适于 IP 网，也适于非 IP 网，传输以太帧

　　B．L2TP 只适于 IP 网，传输以太帧；PPTP 既适于 IP 网，也适于非 IP 网，传输 PPP 帧

　　C．都传输 PPP 帧，但 PPTP 只适于 IP 网，L2TP 既适于 IP 网，也适于非 IP 网

　　D．都传输以太帧，但 PPTP 只适于 IP 网，L2TP 既适于 IP 网，也适于非 IP 网

**例题 5 分析**

本题考查 VPN 协议方面的基本知识。

VPN 实现安全保证的主要措施之一是对发送的数据帧的载荷部分加密。

L2TP 与 PPTP 是 VPN 的两种代表性协议，其区别有：

（1）PPTP 要求互联网络为 IP 网络。L2TP 只要求隧道媒介提供面向数据包的点对点的连接。L2TP 可以在 IP（使用 UDP），帧中继永久虚拟电路（PVCs），X.25 虚拟电路（VCs）或 ATM VCs 网络上使用。

（2）PPTP 只能在两端点间建立单一隧道。L2TP 支持在两端点间使用多隧道。使用 L2TP，用户可以针对不同的服务质量创建不同的隧道。

（3）L2TP 可以提供包头压缩。当压缩包头时，系统开销（Overhead）占用 4 个字节，而 PPTP 协议下要占用 6 个字节。

（4）L2TP 可以提供隧道验证，而 PPTP 则不支持隧道验证。

**例题 5 答案**

（7）B　　　（8）C

**例题 6**

某企业打算采用 IPSec 协议构建 VPN，由于企业申请的全球 IP 地址不够，企业内部网决定使用本地 IP 地址，这时在内外网间的路由器上应该采用　(9)　技术，IPSec 协议应该采用　(10)　模式。

（9）A．NAT 技术　　　　　　　　　　　　　　B．加密技术

    C. 消息鉴别技术         D. 数字签名技术

（10）A. 传输模式             B. 隧道模式

    C. 传输和隧道混合模式       D. 传输和隧道嵌套模式

**例题 6 分析**

本题是考查 VPN 和 IPSec 的基础知识。

  VPN 的目标是在不安全的公共网络上建立一个安全的专用通信网络，通常采用加密和认证技术，利用公共通信网络设施的一部分来发送专用信息，为相互通信的结点建立起一个相对封闭的、逻辑上的专用网络。构建 VPN 需要采用"隧道"技术，建立点对点的连接，使数据包在公共网络上的专用隧道内传输。

  在 IPSec 中有两种工作模式：传输模式和隧道模式。这两种模式的区别非常直观--它们保护的对象不同，传输模型保护的是 IP 载荷，而隧道模式保护的是整个 IP 包。

  由于企业内部使用了私有 IP 地址，必须通过 NAT 转换为公网地址才能与外界通信。同时由于搭建 VPN，IPSec 应该工作在隧道模式才能建立起 VPN 所需隧道。

**例题 6 答案**

（9）A     （10）B

# 第16章 系统配置与性能评价

考试大纲对本章内容没有明确的规定，只是要求考生掌握"网络系统性能评估技术和方法"，根据实际工作需要，以及参考其他高级资格级别的考试情况，本章要求考生掌握以下知识点：

(1) 系统配置方法：双份、双重、热备份、容错、集群。

(2) 性能计算：响应时间、吞吐量、TAT。

(3) 性能设计：系统调整、Amdahl 解决方案、响应特性、负载均衡。

(4) 性能指标：SPEC-Int、SPEC-Fp、TPC、Gibsonmix、响应时间。

(5) 性能评估：可靠性分析、故障模型、集群技术等。

## 16.1 性能指标

在计算机刚刚诞生时，所谓的系统仅仅指的是计算机本身，随着网络的出现和发展，诸如路由器、交换机设备，TCP/IP、SPX/IPX、以太网、光纤网络等网络技术如雨后春笋般涌现。系统的概念也不再局限于单台计算机，而成为一个集各种通信设备于一体的集成装置。因此，这里所提到的性能指标，既包括软件，也包括硬件。在硬件中，既包括计算机，也包括各种通信交换设备以及其他网络硬件；在软件中，既包括操作系统和各种通信协议，也包括各种参与到通信中应用程序，如数据库系统、Web 服务器等。因此，本节要提到的系统性能指标实际上就是这些软硬件的性能指标的集成。

### 16.1.1 计算机

对计算机评价的主要性能指标如下：

**1. 时钟频率（主频）**

主频是计算机的主要性能指标之一，在很大程度上决定了计算机的运算速度。CPU 的工作节拍是由主时钟来控制的，主时钟不断产生固定频率的时钟脉冲，这个主时钟的频率即是 CPU 的主频。主频越高，意味着 CPU 的工作节拍就越快，运算速度也就越快。一般用在一秒钟内处理器所能发出的脉冲数量来表示主频。随着半导体工艺的不断提升，时钟频率的计量单位已由原来的 MHz 逐步推进到以 GHz 来进行标识。

从 2000 年 IBM 公司发布第一款双核心模块处理器开始，多核心已经成为 CPU 发展的一个重要方向。原来单以时钟频率来计算性能指标已经不合适了，还得看单个 CPU 中的内核数。现在主流的服务器 CPU 大都为双核或四核，未来更可能发展到 32 核、96 核甚至更多。

### 2．高速缓存

高速缓存可以提高 CPU 的运行效率。目前一般采用两级高速缓存技术，有些使用三层。高速缓冲存储器均由静态 RAM 组成，结构较复杂，在 CPU 管芯面积不能太大的情况下，L1 级高速缓存的容量不可能做得太大。采用回写（WriteBack）结构的高速缓存，它对读和写操作均有可提供缓存。采用写通（Write-through）结构的高速缓存，仅对读操作有效。L2 及 L3 高速缓存容量也会影响 CPU 的性能，原则是越大越好。

### 3．运算速度

运算速度是计算机工作能力和生产效率的主要表征，取决于给定时间内 CPU 所能处理的数据量和 CPU 的主频。

### 4．运算精度

运算精度即计算机处理信息时能直接处理的二进制数据的位数，位数越多，精度就越高。参与运算数据的基本位数通常用基本字长来表示。PC 的字长，已由 8088 的准 16 位（运算用 16 位，I/O 用 8 位）发展到现在的 32 位、64 位。大中型计算机一般为 32 位和 64 位。巨型机一般为 64 位。在单片机中，目前主要使用的是 8 位和 16 位字长。

### 5．内存的存储容量

内存用来存储数据和程序，直接与 CPU 进行信息交换。内存的容量越大，可存储的数据和程序就越多，从而减少与磁盘信息交换的次数，使运行效率得到提高。存储容量一般用字节数来度量。PC 的内存已由 286 机配置的 1MB，发展到现在主流机内存的 1GB以上。而在服务器领域中，一般的都在 2～8GB，多的如银行系统中省级结算中心使用的大型机，内存高达上百 GB。内存容量的加大，对于运行大型软件十分必要，尤其是对于大型数据库应用。内存数据库的出现更是将内存的使用发挥到了极致。

### 6．存储器的存取周期

内存完成一次读（取）或写（存）操作所需的时间称为存储器的存取时间或访问时间。而连续两次读（或写）所需的最短时间称为存储周期。存储周期越短，表示从内存存取信息的时间越短，系统的性能也就越高。目前内存的存取周期约为几到几十 ns（$10^{-9}$ 秒）。

存储器的 I/O 的速度、主机 I/O 的速度，取决于 I/O 总线的设计。这对于慢速设备（如键盘、打印机）关系不大，但对于高速设备则效果十分明显。例如，对于当前的硬盘，它的外部传输率已可达 100MB/s、133MB/s 以上。

### 7．数据处理速率

数据处理速率（Processing Data Rate，PDR）主要用来度量 CPU 和主存储器的速度，它没有涉及高速缓存和多功能等。因此，PDR 不能度量机器的整体速度。

### 8．响应时间

某一事件从发生到结束的这段时间。其含义将根据应用的不同而变化。响应时间既可以是原子的，也可以是由几个响应时间复合而成的。

**9. RASIS 特性**

RASIS 特性是可靠性（Reliability）、可用性（Availability）、可维护性（Serviceability）、完整性（Integraity）和安全性（Security）五者的统称。

可靠性是指计算机系统在规定的工作条件下和规定的工作时间内持续正确运行的概率。可靠性一般是用平均无故障时间（Mean Time To Failure，MTTF）或平均故障间隔时间（Mean Time Between Failure，MTBF）衡量。

可维护性是指系统发生故障后能尽快修复的能力，一般用平均故障修复时间（Mean Time To Repair，MTTR）表示。它取决于维护人员的技术水平和对系统的熟悉程度，同时和系统的可维护性也密切相关。

有关这些特性的详细知识，将在 16.5 节介绍。

**10. 平均故障响应时间**

平均故障响应时间（TAT）即从出现故障到该故障得到确认修复前的这段时间。该指标反应的是服务水平。平均故障响应时间越短，对用户系统的影响越小。

**11. 兼容性**

兼容性是指一个系统的硬件或软件与另一个系统或多种操作系统的硬件或软件的兼容能力，是指系统间某些方面具有的并存性，即两个系统之间存在一定程度的通用性。兼容是一个广泛的概念，包括数据和文件的兼容、程序和语言级的兼容、系统程序的兼容、设备的兼容，以及向上兼容和向后兼容等。

除了上述性能指标之外，还有其他性能指标，如综合性能指标如吞吐率、利用率；定性指标，如保密性、可扩充性；功能特性指标，如文字处理能力、联机事务处理能力、I/O 总线特性、网络特性等。

## 16.1.2　路由器

路由器是计算机网络中重要的一个环节，分为模块化和非模块化两种类型。模块化结构的路由器的扩展性好，支持多种端口类型（如以太网接口、快速以太网接口、高速串行口等），并且各种端口的数量一般是可选的，但价格通常比较昂贵。固定配置的路由器扩展性差，只能用于固定类型和数量的端口，但价格低廉。

在选择路由器产品时，应多从技术角度来考虑，如可延展性、路由协议互操作性、广域数据服务支持、内部 ATM 支持、SAN 集成能力等。另外，选择路由器还应遵循标准化原则、技术简单性原则、环境适应性原则、可管理性原则和容错冗余性原则等。特别是对于高端路由器，还应该更多地考虑是否和如何适应骨干网对网络高可靠性、接口高扩展性以及路由查找和数据转发的高性能要求。高可靠性、高扩展性和高性能的"三高"特性是高端路由器区别于中、低端路由器的关键所在。从技术性能上考察路由器产品，一般要考察路由器的容量、每秒钟能处理多少数据包、能否被集群等性能问题，还要注意路由器是否能够提供增值服务和其他各种服务。另外，在安装、调试、检修、维护或扩展网络的过程中，免不了要给网络中增减设备，也就是说可能会要插拔网络部件。那么路由器能否支持带电插拔，也是路由器产品应该考察的一个重要性能指标。

总的来说，路由器的主要性能指标有设备吞吐量、端口吞吐量、全双工线速转发能力、背靠背帧数、路由表能力、背板能力、丢包率、时延、时延抖动、虚拟专用网支持能力、内部时钟精度、队列管理机制、端口硬件队列数、分类业务带宽保证、资源预留、区分服务、CIR、冗余、热插拔组件、路由器冗余协议、基于 Web 的管理、网管类型、带外网管支持、网管粒度、计费能力、分组语音支持方式、协议支持、语音压缩能力、端口密度、信令支持等。

## 16.1.3　交换机

机架式交换机是一种插槽式的交换机，这种交换机扩展性较好，可支持不同的网络类型，如以太网、快速以太网、千兆位以太网、ATM、令牌环及 FDDI（Fiber Distributed Data Interface，光纤分布式数据接口）等，但价格较贵。固定配置式带扩展槽交换机是一种有固定端口数并带少量扩展槽的交换机，这种交换机在支持固定端口类型网络的基础上，还可以支持其他类型的网络，价格居中。固定配置式不带扩展槽交换机仅支持一种类型的网络，但价格最便宜。

交换机的性能指标主要有机架插槽数、扩展槽数、最大可堆叠数、最小/最大端口数、支持的网络类型、背板吞吐量、缓冲区大小、最大物理地址表大小、最大电源数、支持协议和标准、支持第 3 层交换、支持多层（4~7 层）交换、支持多协议路由、支持路由缓存、支持网管类型、支持端口镜像、服务质量（Quality of Service，QoS）、支持基于策略的第 2 层交换、每端口最大优先级队列数、支持最小/最大带宽分配、冗余、热交换组件、负载均衡等。

## 16.1.4　网络

网络是一个是由多种设备组成的集合体。其性能指标也名目繁多。一般将这些性能指标分为下面几类：

（1）设备级性能指标。网络设备提供的通信量的特征，是确定网络性能的一个重要因素。计算机网络设备（主要指路由器）的标准性能指标主要包括吞吐量（信道的最大吞吐量为"信道容量"）、延迟、丢包率和转发速度等。

（2）网络级性能指标。包括可达性、网络系统的吞吐量、传输速率、信道利用率、信道容量、带宽利用率、丢包率、平均传输延迟、平均延迟抖动、延迟/吞吐量的关系、延迟抖动/吞吐量的关系、丢包率/吞吐量的关系等。

（3）应用级性能指标。包括 QoS、网络对语言应用的支持程度、网络对视频应用的支持程度、延迟/服务质量的关系、丢包率/服务质量的关系、延迟抖动/服务质量的关系等。

（4）用户级性能指标。计算机网络是一种长周期运行的系统。可靠性和可用性是长周期运行系统非常重要的服务性能，是决定系统是否有实际使用价值的重要参数。

（5）吞吐量。在没有帧丢失的情况下，设备能够接受的最大速率。

网络吞吐量可以帮助寻找网络路径中的瓶颈。例如，即使客户端和服务器都被分别连接到各自的 100Mb/s 以太网上，但是如果这两个 100Mb/s 以太网被 10Mb/s 的以太网连接起来，那么 10Mb/s 的以太网就是网络的瓶颈。

网络吞吐量非常依赖于当前的网络负载情况。因此，为了得到正确的网络吞吐量，最好在不同时间（一天中的不同时刻，或一周中不同的天）分别进行测试，只有这样才能得到对网络吞吐量的全面认识。

有些网络应用程序在开发过程的测试中能够正常运行，但是到实际的网络环境中却无法正常工作（由于没有足够的网络吞吐量）。这是因为测试只是在空闲的网络环境中，没有考虑到实际的网络环境中还存在着其他的各种网络流量。所以，网络吞吐量定义为剩余带宽是有实际意义的。

## 16.1.5　操作系统

现代操作系统的基本功能是管理计算机系统的硬件、软件资源，这些管理工作分为处理机管理、存储器管理、设备管理、文件管理、作业和通信事务管理。

操作系统的性能与计算机系统工作的优劣有着密切的联系。评价操作系统的性能指标一般有：

（1）系统的可靠性。

（2）系统的吞吐率（量），是指系统在单位时间内所处理的信息量，以每小时或每天所处理的各类作业的数量来度量。

（3）系统响应时间，是指用户从提交作业到得到计算结果这段时间，又称周转时间；

（4）系统资源利用率，指系统中各个部件、各种设备的使用程度。它用在给定时间内，某一设备实际使用时间所占的比例来度量。

（5）可移植性。

## 16.1.6　数据库管理系统

数据库为了保证存储在其中的数据的安全和一致，必须有一组软件来完成相应的管理任务，这组软件就是 DBMS，DBMS 随系统的不同而不同，但是一般来说，它应该包括以下几方面的内容：

（1）数据库描述功能。定义数据库的全局逻辑结构，局部逻辑结构和其他各种数据库对象。

（2）数据库管理功能。包括系统配置与管理，数据存取与更新管理，数据完整性管理和数据安全性管理。

（3）数据库的查询和操纵功能。该功能包括数据库检索和修改。

（4）数据库维护功能。包括数据引入引出管理，数据库结构维护，数据恢复功能和性能监测。为了提高数据库系统的开发效率，现代数据库系统除了 DBMS 之外，还提供了各种支持应用开发的工具。

因此，衡量数据库管理系统的主要性能指标包括数据库本身和管理系统两部分。

数据库和数据库管理系统的性能指标包括数据库的大小、单个数据库文件的大小、数据库中表的数量、单个表的大小、表中允许的记录（行）数量、单个记录（行）的大小、表上所允许的索引数量、数据库所允许的索引数量、最大并发事务处理能力、负载均衡能力、最大连接数。

### 16.1.7　Web 服务器

Web 服务器也称为 WWW 服务器，主要功能是提供网上信息浏览服务。

在 UNIX 和 Linux 平台下使用最广泛的 HTTP 服务器是 W3C、NCSA 和 Apache 服务器，而 Windows 平台使用 IIS 的 Web 服务器。跨平台的 Web 服务器有 IBM WebSphere、BEA WebLogic、Tomcat 等。在选择使用 Web 服务器应考虑的本身特性因素有性能、安全性、日志和统计、虚拟主机、代理服务器、缓冲服务和集成应用程序等。

Web 服务器的主要性能指标包括最大并发连接数、响应延迟、吞吐量（每秒处理的请求数）、成功请求数、失败请求数、每秒点击次数、每秒成功点击次数、每秒失败点击次数、尝试连接数、用户连接数等。

## 16.2　系统性能计算

计算机系统性能指标以系统响应时间、作业吞吐量为代表。考试大纲中还规定考查故障响应时间，故障响应时间是指从出现故障到该故障得到确认修复前的这段时间。该指标一般是用来反映服务水平的。显然，平均故障响应时间越短，对用户系统的影响越小。在第 14 章将详细介绍相关知识。

性能指标计算的主要方法有定义法、公式法、程序检测法和仪器检测法。定义法主要根据其定义直接获取其理想数据，公式法则一般适用于根据基本定义所衍生出的复合性能指标的计算，而程序检测法和仪器检测法则是通过实际的测试来得到其实际值（由于测试的环境和条件不定，其结果也可能相差比较大）。

### 16.2.1　响应时间

系统响应时间是指用户发出完整请求到系统完成任务给出响应的时间间隔。处于系统中不同的角色的人，对响应时间的关注点是不一样的。从系统管理员的角度来看，系统响应时间指的是服务器收到请求的时刻开始计时，到服务器完成执行请求，并将请求的信息返回给用户这一段时间的间隔。这个"服务器"包含的范围是给用户提供服务的接口服务器，中间的一些业务处理的服务器和排在最后面的数据库服务器。这里并不包含请求和响应在网络上的通信时间。

从用户的角度来看，响应时间是用户发出请求开始计时，（如按下"确认"或 Enter 键的时刻），到用户的请求的相应结果展现在用户机器的屏幕的时候的这一段时间的间隔。这个时间称为"客户端的响应时间"，它等于客户端的请求队列加上服务器的响应时间和网络的响应时间的总和。可以看出，从用户角色感受的"响应时间"是所有响应时间中最长的，很多影响因素不在应用系统的范围内，如数据包在网络上的传输时间、域名解析时间等。

响应时间超出预期太多的应用系统会导致用户的反感，因为系统在让他们等待，这样会降低他们的工作效率，延长他们的工作时间。位于互联网上的 Web 网站也存在同样的问题，有调查表明，如果一个 Web 网页不能在 8 秒钟内下载到访问的用户端，访问者就会失去耐性，他们有的尝试其他同类型的网站，有的可能访问竞争者的网站，并且可能影响他们圈子里面的人访问这个网站的兴趣和取向。对于一个指望这些访问者变为客户的网站站点而言，响应时间带来的后果等同于销售额的损失。

系统的响应时间对每个用户来说都是不一样的，以下因素会影响系统的平均响应时间：

（1）和业务相关，处理不同的业务会有不同的响应时间。

（2）和业务组合有关，业务之间可能存在依赖关系或其他，也会相互影响。

（3）和用户的数量有关，大并发量会严重影响应时间。

有多种方法可以用来测试响应时间，常用的有两种方法，分别是首字节响应时间和末字节响应时间。首字节响应时间是指向服务器发送请求与接收到响应的第一个字节之间的时间，末字节响应时间是指向服务器发送请求与接收到响应的最后一个字节之间的时间。通过测量响应时间，可以知道所有客户端用户完成一笔业务所用的时间以及平均时间、最大时间。

米勒曾经给出了 3 个经典的有关响应时间的建议，至今仍有参加价值：

（1）0.1 秒：用户感觉不到任何延迟。

（2）1 秒：用户愿意接受的系统立即响应的时间极限。即当执行一项任务的有效反馈时间在 0.1～1 秒之内时，用户是愿意接受的。超过此数据值，则意味着用户会感觉到有延迟，但只要不超过 10 秒，用户还是可以接受的。

（3）10 秒：用户保持注意力执行本次任务的极限，如果超过此数值时仍然得不到有效的反馈，用户会在等待计算机完成当前操作时转向其他的任务。

## 16.2.2　吞吐量

吞吐量就是在给定的时间内，系统的吞入能力与吐出能力是多少。这里的"系统"

可以是整个计算机系统，也可以是某个设备。例如，计算机的吞吐量是指流入、处理和流出系统的信息的速率，它取决于信息能够多快地输入内存，CPU 能够多快地取指令，数据能够多快地从内存取出或存入，以及所得结果能够多快地从内存送给一台外围设备。这些步骤中的每一步都关系到内存，因此，计算机的吞吐量主要取决于内存的存取周期。

**希赛教育专家提示：** 在实际应用中，用户所关心的不但是计算机硬件系统的吞吐量，而是整个计算机系统（包括硬件和软件）的吞吐量。从系统角度来看，吞吐量是指单位时间内系统所能完成的任务数量。显然，若一个给定系统持续地收到用户提交的任务请求，则系统的响应时间将对作业吞吐量造成一定影响。若每个任务的响应时间越短，则系统的空闲资源越多，整个系统在单位时间内完成的任务量将越大；反之，若响应时间越长，则系统的空闲资源越少，整个系统在单位时间内完成的任务量将越少。

从现实的请求与服务来看，一般都服从 M/M/1 排队模型。M/M/1 排队模型是指顾客到达时间间隔服从指数分布，则顾客到达过程为泊松分布，接受完服务的顾客和到达的顾客相互独立，服务时间分布为指数分布。且顾客的到达和服务都是随机的，服务台为一个，排队空间无限。

下面是性能计算中的两个公式：

$$平均利用率\rho=\frac{平均到达事务数}{平均处理事务数}，\quad 平均响应时间=\frac{平均处理时间}{1-\rho}$$

例如，假设某计算机系统的用户在 1 秒钟内发出 40 个服务请求，这些请求（为 M/M/1 队列）的时间间隔按指数分布，系统平均服务时间为 20ms。则该系统的吞吐量为 1000/20=50（1s=1000ms），系统的平均利用率 40/50=0.8，系统的平均响应时间为 20/(1–0.8)=100ms。

### 16.2.3　系统可靠性

系统可靠性是系统在规定的时间内及规定的环境条件下，完成规定功能的能力，也就是系统无故障运行的概率。这里的故障是系统行为与需求的不符，故障有等级之分。系统可靠性可以通过历史数据和开发数据直接测量和估算出来，与之相关的概念主要有平均无故障时间、平均故障修复时间、平均故障间隔时间、系统可用性等。

（1）平均无故障时间。可靠度为 R(t)的系统的平均无故障时间（Mean Time To Failure，MTTF）定义为从 t=0 时到故障发生时系统的持续运行时间的期望值，计算公式如下：

$$MTTF = \int_0^\infty R(t)dt$$

如果 $R(t) = e^{-\lambda t}$，则 $MTTF = 1/\lambda$。$\lambda$ 为失效率，是指器件或系统在单位时间内发生失效的预期次数，在此处假设为常数。例如，假设同一型号的 1000 台计算机，在规定的条件下工作 1000 小时，其中有 10 台出现故障。这种计算机千小时的可靠度 R 为 $(1000^{-10})/1000=0.99$。失效率为 $10/(1000\times1000=1\times10^{-5})$。因为平均无故障时间与失效率的关系为 MTTF=$1/\lambda$，因此，MTTF=$10^5$ 小时。

（2）平均故障修复时间。可用度为 $A(t)$ 的系统的平均故障修复时间（Mean Time To Fix，MTTR）可以用类似于求 MTTF 的方法求得。设 $A_1(t)$ 是在风险函数 $Z(t)=0$ 且系统的初始状态为 1 状态的条件下 $A(t)$ 的特殊情况，则

$$MTTR = \int_0^\infty A_1(t)dt$$

此处假设修复率 $\mu(t) = \mu$ (常数)，修复率是指单位时间内可修复系统的平均次数，则

$$MTTR=1/\mu$$

（3）平均故障间隔时间。平均故障间隔时间（Mean Time Between Failure，MTBF）常常与 MTTF 发生混淆。因为两次故障（失败）之间必然有修复行为，因此，MTBF 中应包含 MTTR。对于可靠度服从指数分布的系统，从任一时刻 $t_0$ 到达故障的期望时间都是相等的，因此有

$$MTBF = MTTR + MTTF$$

在实际应用中，一般 MTTR 很小，所以通常认为 MTBF≈MTTF。

（4）系统可用性。系统可用性是指在某个给定时间点上程序能够按照需求执行的概率，其定义为

$$可用性 = MTTF/(MTTF + MTTR) \times 100\%$$

计算机系统是一个复杂的系统，而且影响其可靠性的因素也非常繁复，很难直接对其进行可靠性分析。但通过建立适当的数学模型，把大系统分割成若干子系统，可以简化其分析过程。

**1. 串联系统**

假设一个系统由 $n$ 个子系统组成，当且仅当所有的子系统都有能正常工作时，系统才能正常工作，这种系统称为串联系统，如图 16-1 所示。

图 16-1　串联系统

设系统各个子系统的可靠性分别用 $R_1, R_2, \cdots, R_n$ 表示，则系统的可靠性为

$$R = R_1 \times R_2 \times \cdots \times R_n$$

如果系统的各个子系统的失效率分别用 $\lambda_1, \lambda_2, \ldots, \lambda_n$ 来表示，则系统的失效率为

$$\lambda = \lambda_1 + \lambda_2 + \cdots + \lambda_n$$

**2. 并联系统**

假如一个系统由 $n$ 个子系统组成，只要有一个子系统能够正常工作，系统就能正常工作，如图 16-2 所示。

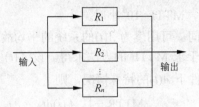

图 16-2　并联系统

设系统各个子系统的可靠性分别用 $R_1, R_2, \cdots, R_n$ 表示，则系统的可靠性为

$$R = 1 - (1 - R_1) \times (1 - R_2) \times \cdots \times (1 - R_n)$$

假如所有的子系统的失效率均为 $\lambda$，则系统的失效率为

$$\mu = \frac{1}{\dfrac{1}{\lambda} \displaystyle\sum_{j=1}^{n} \dfrac{1}{j}}$$

在并联系统中只有一个子系统是真正需要的，其余 $n-1$ 个子系统称为冗余子系统，随着冗余子系统数量的增加，系统的平均无故障时间也增加了。

### 3. 模冗余系统

$m$ 模冗余系统由 $m$ 个（$m=2n+1$ 为奇数）相同的子系统和一个表决器组成，经过表决器表决后，$m$ 个子系统中占多数相同结果的输出作为系统的输出，如图 16-3 所示。

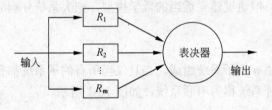

图 16-3　模冗余系统

在 $m$ 个子系统中，只有 $n+1$ 个或 $n+1$ 个以上子系统能正常工作，系统就能正常工作，输出正确结果。假设表决器是完全可靠的，每个子系统的可靠性为 $R_0$，则 $m$ 模冗余系统的可靠性为：

$$R = \sum_{i=n+1}^{m} C_m^j \times R_0^i (1 - R_0)^{m-i}$$

其中，$C_m^j$ 为从 $m$ 个元素中取 $j$ 个元素的组合数。

在实际应用系统中，往往是多种结构的混联系统。例如，某高可靠性计算机系统由如图 16-4 所示的冗余部件构成。

显然，该系统为一个串并联综合系统，可以先计算中间两个并联系统的可靠度，根据并联公式 $R = 1 - (1 - R_1) \times (1 - R_2) \times \cdots \times (1 - R_n)$，可得到 3 个部件并联的可靠度为

$1-(1-R)^3$，两个部件并联的可靠度为 $1-(1-R)^2$。然后，再根据串联公式 $R=R_1\times R_2\times\cdots\times R_n$，可得到整个系统的可靠度为 $R\times(1-(1-R)^3)\times(1-(1-R)^2)\times R$。

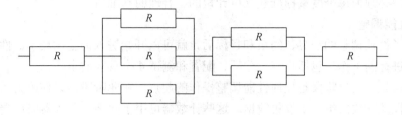

图 16-4　某计算机系统

## 16.3　系统性能设计

性能设计是系统设计过程的一个必备环节，在进行系统系统分析与设计时，性能设计也非常重要。系统分析与设计实际上是一种平衡设计，需要设计师在各种功能性需求和非功能性需求（性能需求）上做妥协选择。

### 16.3.1　系统调整

为了优化系统的性能，有时需要对系统进行调整，这种调整也称为性能调整，它是与性能管理相关的主要活动。当系统性能降到最基本的水平时，性能调整由查找和消除瓶颈组成，所谓瓶颈是指系统中的某个硬件或软件接近其容量限制时发生和显示出来的情况。

对于不同的系统，其调整参数也不尽相同。例如，对于数据库系统，主要包括 CPU/内存使用状况、优化数据库设计、优化 SQL 语句以及进程/线程状态、硬盘剩余空间、日志文件大小等；对于应用系统，主要包括应用系统的可用性、响应时间、并发用户数以及特定应用的系统资源占用等。

#### 1．准备工作

在开始性能调整循环之前，必须做一些准备工作，为正在进行的性能调整活动建立框架。

（1）识别约束。约束（如可维护性）在寻求更高的性能方面是不可改变的因素，因此，在寻求提高性能的方法时，必须集中在不受约束的因素上。

（2）指定负载。确定系统的客户端需要哪些服务，以及对这些服务的需求程度。用于指定负载的最常用度量标准是客户端数目、客户端思考时间以及负载分布状况。其中客户端思考时间是指客户端接收到答复到提交新请求之间的时间间隔，负载分布状况包括稳定或波动负载、平均负载和峰值负载。

（3）设置性能目标。性能目标必须明确，包括识别用于调整的度量标准及其对应的基准值。总的系统吞吐量和响应时间是用于测量性能的两个常用度量标准。识别性能度量标准后，必须为每个度量标准建立可计量的、合理的基准值。

**2．性能调整**

建立了性能调整的边界、约束和目标后，就可以开始进入调整循环了。性能调整是一项循环进行的工作，包括收集、分析、配置和测试 4 个反复的步骤。

（1）收集。收集阶段是任何性能调整操作的起点。在此阶段，只使用为系统特定部分选择的性能计数器集合来收集数据。这些计数器可用于网络、服务器或后端数据库。不论调整的是系统的哪一部分，都需要根据基准测量来比较性能的改变。需要建立系统空闲以及系统执行特定任务时的系统行为模式。因此，可以使用第一次数据收集建立系统行为值的基准集。基准建立在系统的行为令人满意时应该看到的典型计数器值。

（2）分析。收集了调整选定系统部分所需的性能数据后，需要对这些数据进行分析以确定瓶颈。性能数字仅具有指示性，它并不一定就可以确定实际的瓶颈在哪里，因为一个性能问题可能由多个原因所致。

（3）配置。收集了数据并完成结果分析后，可以确定系统的哪部分最适合进行配置更改，然后实现此更改。实现更改的最重要规则是一次仅实现一个配置更改。看起来与单个组件相关的问题可能是由涉及多个组件的瓶颈导致的，因此分别处理每个问题很重要。如果同时进行多个更改，将不可能准确地评定每次更改的影响。

（4）测试。实现了配置更改后，必须完成适当级别的测试，确定更改对调整的系统所产生的影响。如果性能提高到预期的水平（达到了预期的目标），这时便可以退出；否则，就必须重新进行调整循环。

## 16.3.2 阿姆达尔解决方案

阿姆达尔（Amdahl）定律是这样的：系统中对某部件采用某种更快执行方式，所获得的系统性能的改变程度，取决于这种方式被使用的频率，或所占总执行时间的比例。

阿姆达尔定律定义了采用特定部件所取得的加速比。假定使用某种增强部件，计算机的性能就会得到提高，那么加速比就是下式所定义的比率：

$$加速比 = \frac{不使用增强部件时完成整个任务的时间}{使用增强部件时完成整个任务的时间}$$

加速比反映了使用增强部件后完成一个任务比不使用增强部件完成同一任务加快了多少。阿姆达尔定律为计算某些情况下的加速比提供了一种便捷的方法。加速比主要取决于两个因素：

（1）在原有的计算机上，能被改进并增强的部分在总执行时间中所占的比例。这个值称为增强比例，永远小于等于 1。

（2）通过增强的执行方式所取得的改进，即如果整个程序使用了增强的执行方式，那么这个任务的执行速度会有多少提高,这个值是在原来条件下程序的执行时间与使用增强功能后程序的执行时间之比。

原来的机器使用了增强功能后,执行时间等于未改进部分的执行时间加上改进部分的执行时间:

$$新的执行时间 = 原来的执行时间 \times \left[ (1-增强比例) + \frac{增强比例}{增强加速比} \right]$$

总的加速比等于两种执行时间之比:

$$总加速比 = \frac{原来的执行时间}{新的执行时间} = \frac{1}{\left[ (1-增强比例) + \dfrac{增强比例}{增强加速比} \right]}$$

### 16.3.3 负载均衡

负载均衡是由多台服务器以对称的方式组成一个服务器集合,每台服务器都具有等价的地位,都可以单独对外提供服务而无需其他服务器的辅助。通过某种负载分担技术,将外部发送来的请求均匀地分配到对称结构中的某一台服务器上,而接收到请求的服务器独立地回应客户的请求。

目前,比较常用的负载均衡技术主要有:

(1)基于 DNS 的负载均衡。在 DNS 中为多个地址配置同一个名字,因而查询这个名字的客户机将得到其中一个地址,从而使得不同的客户访问不同的服务器,达到负载均衡的目的。DNS 负载均衡是一种简单而有效的方法,但是它不能区分服务器的差异,也不能反映服务器的当前运行状态。

(2)代理服务器负载均衡。使用代理服务器,可以将请求转发给内部的服务器,使用这种加速模式可以提升静态网页的访问速度。然而,可以考虑这样一种技术,使用代理服务器将请求均匀转发给多台服务器,从而达到负载均衡的目的。

(3)地址转换网关负载均衡。支持负载均衡的地址转换网关,可以将一个外部 IP 地址映射为多个内部 IP 地址,对每次 TCP 连接请求动态使用其中一个内部地址,达到负载均衡的目的。

(4)协议内部支持负载均衡。有的协议内部支持与负载均衡相关的功能,如 HTTP 协议中的重定向能力等。

(5)NAT(Network Address Translation,网络地址转换)负载均衡。NAT 是将一个 IP 地址转换为另一个 IP 地址,一般用于未经注册的内部地址与合法的、已获注册的 Internet IP 地址间进行转换。适用于解决 Internet IP 地址紧张、不想让网络外部知道内部网络结构等的场合下。

(6)反向代理负载均衡。普通代理方式是代理内部网络用户访问 Internet 上服务器的连接请求,客户端必须指定代理服务器,并将本来要直接发送到 Internet 上服务器的连接请求发送给代理服务器处理。反向代理方式是指以代理服务器来接受 Internet 上的连接请求，然后将请求转发给内部网络上的服务器，并将从服务器上得到的结果返回给 Internet 上请求连接的客户端，此时代理服务器对外就表现为一个服务器。反向代理负载均衡技术是把将来自 Internet 上的连接请求以反向代理的方式动态地转发给内部网络上的多台服务器进行处理，从而达到负载均衡的目的。

（7）混合型负载均衡。在有些大型网络，由于多个服务器群内硬件设备、各自的规模、提供的服务等的差异，可以考虑给每个服务器群采用最合适的负载均衡方式，然后又在这多个服务器群间再一次负载均衡或集群起来以一个整体向外界提供服务（即把这多个服务器群当做一个新的服务器群），从而达到最佳的性能。这种方式称为混合型负载均衡，这种方式有时也用于单台均衡设备的性能不能满足大量连接请求的情况下。

# 16.4 系统性能评估

性能评估的常用方法有时钟频率法、指令执行速度法、等效指令速度法、数据处理速率法、综合理论性能法和基准程序法等。

### 1. 时钟频率法

时钟频率（时钟脉冲，主频）是计算机的基本工作脉冲，控制着计算机的工作节奏。因此，计算机的时钟频率在一定程度上反映了机器速度。显然，对同一种机型的计算机，时钟频率越高，计算机的工作速度就越快。但是，由于不同的计算机硬件电路和器件的不完全相同，所以其所需要的时钟频率范围也不一定相同。相同频率、不同体系结构的机器，其速度和性能可能会相差很多倍。

时钟周期也称为振荡周期，定义为时钟频率的倒数。时钟周期是计算机中最基本、最小的时间单位。在一个时钟周期内，CPU 仅完成一个最基本的动作。

在计算机中，为了便于管理，常把一条指令的执行过程划分为若干个阶段，每一个阶段完成一项工作。例如，取指令、存储器读、存储器写等，每一项工作称为一个基本操作。完成一个基本操作所需要的时间称为机器周期。一般情况下，一个机器周期由若干个时钟周期组成。

指令周期是执行一条指令所需要的时间，一般由若干个机器周期组成。指令不同，所需的机器周期数也不同。对于一些简单的单字节指令，在取指令周期中，指令取出到指令寄存器后，立即译码执行，不再需要其他的机器周期。对于一些比较复杂的指令，例如转移指令、乘法指令，则需要两个或者两个以上的机器周期。

为了帮助读者搞清楚这些概念之间的关系，下面，通过一个例子来说明。

假设微机 A 和微机 B 采用同样的 CPU，微机 A 的主频为 20MHz，微机 B 为 60MHz。如果两个时钟周期组成一个机器周期，平均三个机器周期可完成一条指令，则：

（1）微机 A 的时钟周期为 1/(20M)=50ns。因为"两个时钟周期组成一个机器周期"，则一个机器周期为 2×50ns=100ns。"平均三个机器周期可完成一条指令"，则平均指令周期为 3×100ns=300ns。也就是说，指令平均执行速度为 1/(300ns)≈3.33MIPS（Million Instructions Per Second，每秒百万条指令数）。

（2）因为微机 B 的主频为 60MHz，是微机 A 主频的 60/20=3 倍，所以，微机 B 的平均指令执行速度应该是微机 A 的 3 倍，即微机 B 的指令平均执行速度为 3.33×3≈10MIPS。

### 2．指令执行速度法

在计算机发展的初期，曾用加法指令的运算速度来衡量计算机的速度，速度是计算机的主要性能指标之一。因为加法指令的运算速度大体上可反映出乘法、除法等其他算术运算的速度，而且逻辑运算、转移指令等简单指令的执行时间往往设计成与加法指令相同，因此加法指令的运算速度有一定代表性。

表示机器运算速度的单位是 MIPS。常用的有峰值 MIPS、基准程序 MIPS 和以特定系统为基准的 MIPS。MFLOPS（Million Floating-point Operations Per Second，每秒百万浮点操作次数）衡量计算机的科学计算速度，常用的有峰值 MFLOPS 和以基准程序测得的 MFLOPS。

MFLOPS 可用于比较和评价在同一系统上求解同一问题的不同算法的性能，还可用于在同一源程序、同一编译器以及相同的优化措施、同样运行环境下以不同系统测试浮点运算速度。由于实际程序中各种操作所占比例不同，因此测得 MFLOPS 也不相同。MFLOPS 值没有考虑运算部件与存储器、I/O 系统等速度之间相互协调等因素，所以只能说明在特定条件下的浮点运算速度。

### 3．等效指令速度法

等效指令速度法也称为吉普森混合法（Gibsonmix）或混合比例计算法。等效指令速度法是通过各类指令在程序中所占的比例（$W_i$）进行计算得到的。若各类指令的执行时间为 $t_i$，则等效指令的执行时间 T=$\sum_{i=1}^{n} W_i t_i$，式中 $n$ 为指令类型数。

**希赛教育专家提示**：采用等效指令速度法对某些程序来说可能严重偏离实际，尤其是对复杂的指令集，其中某些指令的执行时间是不固定的，数据的长度、Cache（高速缓冲存储器）的命中率、流水线的效率等都会影响计算机的运算速度。

### 4．数据处理速率法

因为在不同程序中，各类指令使用频率是不同的，所以固定比例方法存在着很大的局限性，而且数据长度与指令功能的强弱对解题的速度影响极大。同时，这种方法也不能反映现代计算机中 Cache、流水线、交叉存储等结构的影响。具有这种结构的计算机的性能不仅与指令的执行频率有关，而且也与指令的执行顺序与地址的分布有关。

数据处理速率（Processing Data Rate，PDR）法采用计算 PDR 值的方法来衡量机器性能，PDR 值越大，机器性能越好。PDR 与每条指令和每个操作数的平均位数以及每条

指令的平均运算速度有关，其计算方法如下是

$$PDR=L/R$$

其中，$L=0.85G+0.15H+0.4J+0.15K$，$R=0.85M+0.09N+0.06P$。式中，$G$ 是每条定点指令的位数；$M$ 是平均定点加法时间；$H$ 是每条浮点指令的位数；$N$ 是平均浮点加法时间；$J$ 是定点操作数的位数；$P$ 是平均浮点乘法时间；$K$ 是浮点操作数的位数。

此外，还作了如下规定：$G>20$ 位，$H>30$ 位；从内存取一条指令的时间等于取一个字的时间；指令与操作存放在内存，无变址或间址操作；允许有并行或先行取指令功能，此时选择平均取指令时间。PDR 值主要对 CPU 和内存储器的速度进行度量，但不适合衡量机器的整体速度，因为它没有涉及 Cache、多功能部件等技术对性能的影响。

PDR 主要是对 CPU 和内存数据处理速度进行计算而得出的，允许并行处理和指令预取的功能，这时所取的是指令执行的平均时间。带有 Cache 的计算机，因为存取速度加快，其 PDR 值也就相应提高。PDR 不能全面反映计算机的性能，但它曾是系统性能指标估算方法。1991 年 9 月停止使用 PDR，取而代之的是 CTP（Composite Theoretical Performance，综合理论性能）。

### 5．综合理论性能法

CTP 是运算部件综合性能估算方法。CTP 以每秒百万次理论运算 MTOPS 表示。CTP 的估算方法为首先算出处理部件每一计算单元（如定点加法单元、定点乘法单元、浮点加单元、浮点乘法单元）的有效计算率 $R$，再按不同字长加以调整，得出该计算单元的理论性能 TP，所有组成该处理部件的计算单元 TP 的总和即为综合理论性能 CTP。

### 6．基准程序法

上述性能评价方法主要是针对 CPU（有时包括内存），但没有考虑诸如 I/O 结构、操作系统、编译程序的效率等对系统性能的影响，因此难以准确评价计算机的实际工作能力。

基准程序法（Benchmark）是目前一致承认的测试性能的较好方法，有多种多样的基准程序，如主要测试整数性能的基准程序逻辑、测试浮点性能的基准程序等。

（1）Khrystone 基准程序：Khrystone 是一个综合性的整数基准测试程序，它是为了测试编译器和 CPU 处理整数指令和控制功能的有效性，人为地选择一些典型指令综合起来形成的测试程序。Khrystone 基准程序用 100 条 C 语言语句编写而成，这种基准程序当今很少使用。

（2）Linpack 基准程序：linpack 基准程序是一个用 Fortran 语言写成的子程序软件包，称为基本线性代数子程序包，此程序完成的主要操作是浮点加法和浮点乘法操作。测量计算机系统的 Linpack 性能时，让机器运行 Linpack 程序，测量运行时间，将结果用 MFLOPS 表示。

（3）Whetstone 基准程序：Whetstone 是用 Fortran 语言编写的综合性测试程序，主要由执行浮点运算、功能调用、数组变址、条件转移和超越函数的程序组成。Whetstone

的测试结果用 Kwips 表示，1 Kwips 表示机器每秒钟能执行 1000 条 Whetstone 指令。这种基准程序当今已很少使用。

（4）SPEC（System Peformance Evaluation Cooperative，系统性能评估机构）基准程序：SPEC 对计算机性能的测试有两种方法，一是测试计算机完成单个任务有多快，称为速度测试；二是测试计算机在一定时间内能完成多少个任务，称为吞吐率测试。SPEC 的两种测试方法又分为基本的和非基本的两类。基本的是指在编译程序的过程中严格限制所用的优化选项；非基本的是可以使用不同的编译器和编译选项以得到最好地性能，这就使得测试结果的可比性降低。SPEC CPU2000 基准程序测试了 CPU、存储器系统和编译器的性能。SPEC 基准程序测试结果一般以 SPECmark（SPEC 分数）、SPECint（SPEC 整数）和 SPECfp（SPEC 浮点数）来表示。其中 SPEC 分数是 10 个程序的几何平均值。

（5）TPC（Transaction Processing Council，事务处理委员会）基准程序：TPC 用以评测计算机在事务处理、数据库处理、企业管理与决策支持系统等方面的性能。该基准程序的评测结果用每秒完成的事务处理数 TPC 来表示。TPC-A 基准程序规范用于评价在联机事务处理（OLTP）环境下的数据库和硬件的性能，不同系统之间用性能价格比进行比较；TPC-B 测试的是不包括网络的纯事务处理量，用于模拟企业计算环境；TPC-C 测试的是联机订货系统；TPC-D，TPC-H 和 TPC-R 测试的都是决策支持系统；TPC-W 是基于 Web 商业的测试标准，用来表示一些通过 Internet 进行市场服务和销售的商业行为，所以 TPC-W 可以看作是一个服务器的测试标准。

## 16.5　系统故障模型

系统故障是指由于部件的失效、环境的物理干扰、操作错误或不正确的设计引起的硬件或软件中的错误状态。错误（差错）是指故障在程序或数据结构中的具体位置。错误与故障位置之间可能出现一定距离。

故障或错误有如下几种表现形式：

**1．故障表现形式**

（1）永久性：描述连续稳定的失效、故障或错误。在硬件中，永久性失效反映了不可恢复的物理改变。

（2）间歇性：描述那些由于不稳定的硬件或变化着的硬件或软件状态所引起的、仅仅是偶然出现的故障或错误。

（3）瞬时性：描述那些由于暂时的环境条件而引起的故障或错误。

**2．故障模型**

故障模型是对故障的表现进行抽象，可以建立 4 个级别的故障模型：

（1）逻辑级的故障模型。逻辑级的故障有固定型故障、短路故障、开路故障、桥接故障。固定型故障指电路中元器件的输入或输出等线的逻辑固定为 0 或固定为 1，如某线接地、电源短路或元件失效等都可能造成固定型故障；短路故障是指一个元件的输出线的逻辑值恒等于输入线的逻辑值；元件的开路故障是元件的输出线悬空，逻辑值可根据具体电路来决定；桥接故障指两条不应相连的线连接在一起而发生的故障。

（2）数据结构级的故障。故障在数据结构上的表现称为差错。常见的差错有独立差错（一个故障的影响表现为使一个二进制位发生改变）、算术差错（一个故障的影响表现为使一个数据的值增加或减少）、单向差错（一个故障的影响表现为使一个二进制向量中的某些位朝一个方向改变）。

（3）软件故障和软件差错。软件故障是指软件设计过程造成的与设计说明的不一致，软件故障在数据结构或程序输出中的表现称为软件差错。与硬件不同，软件不会因为环境应力而疲劳，也不会因为时间的推移而衰老。因此，软件故障只与设计有关。常见的软件差错有非法转移、误转移、死循环、空间溢出、数据执行、非法数据。

（4）系统级的故障模型。故障在系统级上的表现为功能错误，即系统输出与系统设计说明的不一致。如果系统输出无故障保护机构，则故障在系统级上的表现就会造成系统失效。

一般来说，故障模型建立的级别越低，进行故障处理的代价也越低，但故障模型覆盖的故障也越少。如果在某一级的故障模型不能包含故障的某些表现，则可以用更高一级的模型来概括。

## 16.6　系统可靠性模型

与系统故障模型对应的就是系统可靠性模型，本节简单介绍3种常用的可靠性模型。

**1．时间模型**

时间模型基于这样一个假设：一个软件中的故障数目在 $t=0$ 时是常数，随着故障被纠正，故障数目逐渐减少。在此假设下，一个软件经过一段时间的调试后剩余故障的数目可用下式来估计：

$$E_r(\tau) = \frac{E_0}{I - E_c(\tau)}$$

其中，$\tau$ 为调试时间，$E_r(\tau)$ 为在时刻 $\tau$ 软件中剩余的故障数，$E_0$ 为 $\tau=0$ 时软件中的故障数，$E_c(\tau)$ 为在[0，$\tau$]内纠正的故障数，$I$ 为软件中的指令数。

由故障数 $E_r(\tau)$ 可以得出软件的风险函数 $Z(t) = C \cdot E_r(\tau)$，其中 $C$ 是比例常数。于是，软件的可靠度为

$$R(t) = e^{-\int_0^t z(t)dt} = e^{-c(E_0/I - E_c(\tau))}$$

软件的平均无故障时间为

$$\text{MTBF} = \int_0^\infty R(t)dt = \frac{1}{C(E_0/I - E_c(\tau))} = \frac{I - E_c(\tau)}{CE_0}$$

在时间模型中，需要确定在调试前软件中的故障数目，这往往是一件很困难的任务。

**2．故障植入模型**

故障植入模型是一个面向错误数的数学模型，其目的是以程序的错误数作为衡量可靠性的标准，故障植入模型的基本假设如下：

（1）程序中的固有错误数是一个未知的常数。

（2）程序中的人为错误数按均匀分布随机植入。

（3）程序中的固有错误数和人为错误被检测到的概率相同。

（4）检测到的错误立即改正。

用 $N_0$ 表示固有错误数，$m$ 表示植入的错误数，$n$ 表示检测到的错误数，其中检测到的植入错误数为 $k$，用最大似然法求解可得固有错误数 $N_0$ 的点估计值为

$$\hat{N}_0 = \left\lceil \frac{m \times (n-k)}{k} \right\rceil$$

考虑到实施植入错误时遇到的困难，Basin 在 1974 年提出了两步查错法，这个方法是由两个错误检测人员独立对程序进行测试，检测到的错误立即改正。用 $N_0$ 表示程序中的固有错误数，$m$ 表示第一个检测员检测到的错误数，$n$ 表示第二个检测员检测到的错误数，如果两个检测员检测到的相同错误数为 $k$，则程序固有错误数 $N_0$ 的点估计值为

$$\hat{N}_0 = \left\lceil \frac{m \times n}{k} \right\rceil$$

**3．数据模型**

在数据模型下，对于一个预先确定的输入环境，软件的可靠度定义为在 $n$ 次连续运行中软件完成指定任务的概率。其基本方法如下：

设需求说明所规定的功能为 $F$，而程序实现的功能为 $F'$，预先确定的输入集为 $E = \{e_i : i = 1, 2, \cdots, n\}$，令导致软件差错的所有输入的集合为 $E_e$，即 $E_e = \{e_j : e_j \in E \text{ and } F'(e_j) \neq F(e_j)\}$，则软件运行一次出现差错概率为

$$P_1 = \frac{|E_e|}{|E|}$$

一次运行正常的概率为 $R_1 = 1 - P_1$。

在上述讨论中，假设所有输入出现的概率相等。如果不相等，且 $e_i$ 出现的概率为 $p_i(i = 1, 2, \cdots, n)$，则软件运行一次出现差错的概率为

$$p_1 = \sum_{i=1}^{n} (Y_i \cdot p_i)$$

其中：

$$Y_i = \begin{cases} 0 & F'(e_i) = F(e_i) \\ 1 & F'(e_i) \neq F(e_i) \end{cases}$$

于是，软件的可靠度（$n$ 次运行不出现差错的概率）为

$$R(n) = R_1^n = (1 - P_1)^n$$

显然，只要知道每次运行的时间，上述数据模型中的 $R(n)$ 就很容易转换成时间模型中的 $R(t)$。

## 16.7 可靠性设计

提高计算机可靠性的技术可以分为避错技术和容错技术。避错是预防和避免系统在运行中出错。例如，软件测试就是一种避错技术；容错是指系统在其某一组件故障存在的情况下不失效，仍然能够正常工作的特性。简单地说，容错就是当计算机由于种种原因在系统中出现了数据、文件损坏或丢失时，系统能够自动将这些损坏或丢失的文件和数据恢复到发生事故以前的状态，使系统能够连续正常运行。容错功能一般通过冗余组件设计来实现，计算机系统的容错性通常可以从系统的可靠性、可用性和可测性等方面来衡量。

### 16.7.1 冗余技术

实现容错的主要手段就是冗余。冗余是指所有对于实现系统规定功能来说是多余的那部分的资源，包括硬件、软件、信息和时间。通过冗余资源的加入，可以使系统的可靠性得到较大的提高。主要的冗余技术包括结构冗余、信息冗余、时间冗余、冗余附加4 种。

#### 1. 结构冗余

结构冗余是常用的冗余技术，按其工作方式，可分为静态冗余、动态冗余和混合冗余三种。

（1）静态冗余。常用的有三模冗余和多模冗余。静态冗余通过表决和比较来屏蔽系统中出现的错误。例如，三模冗余是对三个功能相同，但由不同的人采用不同的方法开发出的模块的运行结果进行表决，以多数结果作为系统的最终结果。即如果模块中有一个出错，这个错误能够被其他模块的正确结果"屏蔽"。由于无需对错误进行特别的测试，也不必进行模块的切换就能实现容错，故称为静态容错。

（2）动态冗余。动态冗余的主要方式是多重模块待机储备，当系统检测到某工作模块出现错误时，就用一个备用的模块来顶替它并重新运行。这里需要检测、切换和恢复过程，故称其为动态冗余。每当一个出错模块被其备用模块顶替后，冗余系统相当于进行了一次重构。各备用模块在其待机时，可与主模块一样工作，也可不工作。前者叫做热备份系统（双重系统），后者叫做冷备份系统（双工系统、双份系统）。在热备份系统中，两套系统同时、同步运行，当联机子系统检测到错误时，退出服务进行检修，而由热备份子系统接替工作，备用模块在待机过程中其失效率为 0；处于冷备份的子系统平

时停机或者运行与联机系统无关的运算，当联机子系统产生故障时，人工或自动进行切换，使冷备份系统成为联机系统。在运行冷备份时，不能保证从程序端点处精确地连续工作，因为备份机不能取得原来的机器上当前运行的全部数据。

（3）混合冗余。它兼有静态冗余和动态冗余的长处。

**2．信息冗余**

在实现正常功能所需要的信息外，再添加一些信息，以保证运行结果正确性的方法。例如，纠错码就是信息冗余的例子。

**3．时间冗余**

使用附加一定时间的方法来完成系统功能。这些附加的时间主要用在故障检测、复查或故障屏蔽上。时间冗余以重复执行指令（指令复执）或程序（程序复算）来消除瞬时错误带来的影响。

**4．冗余附加技术**

冗余附加技术指为实现上述冗余技术所需的资源和技术，包括程序、指令、数据、存放和调动他们的空间和通道等。

系统一旦发生故障，就需要采用某种方法进行恢复。故障的恢复策略一般有两种，分别是前向恢复和后向恢复。前向恢复是指使当前的计算继续下去，把系统恢复成连贯的正确状态，弥补当前状态的不连贯情况，这需要有错误的详细说明；后向恢复是指系统恢复到前一个正确状态，继续执行。这种方法显然不适合实时处理场合。

## 16.7.2　软件容错

软件容错的主要目的是提供足够的冗余信息和算法程序，使系统在实际运行时能够及时发现程序设计错误，采取补救措施，以提高软件可靠性，保证整个计算机系统的正常运行。软件容错技术主要有恢复块方法、N-版本程序设计和防卫式程序设计等。

**1．恢复块方法**

恢复块方法是一种动态的故障屏蔽技术，采用后向恢复策略，如图 16-5 所示。它提供具有相同功能的主块和几个后备块，一个块就是一个执行完整的程序段，主块首先投入运行，结束后进行验证测试，如果没有通过验证测试，系统经现场恢复后由一个后备块运行。这一过程可以重复到耗尽所有的后备块，或某个程序故障行为超出了预料，从而导致不可恢复的后果。设计时应保证实现主块和后备块之间的独立性，避免相关错误的产生，使主块和后备块之间的共性错误降到最低限度。验证测试程序完成故障检测功能，它本身的故障对恢复块方法而言是共性，因此必须保证它的正确性。

**2．N-版本程序设计**

N 版本程序设计是一种静态的故障屏蔽技术，采用前向恢复的策略，如图 16-6 所示。其设计思想是用 N 个具有相同功能的程序同时执行一项计算，结果通过多数表决来选择。其中 N 份程序必须由不同的人独立设计，使用不同的方法，不同的设计语言，不同的开发环境和工具来实现。目的是减少 N 版本软件在表决点上相关错误的概率。另外，由于各种不同版本并行执行，有时甚至在不同的计算机中执行，必须解决彼此之间的同步问题。

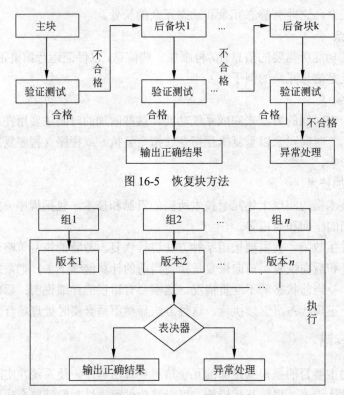

图 16-5　恢复块方法

图 16-6　N 版本程序设计

### 3. 防卫式程序设计

防卫式程序设计是不采用任何一种传统的容错技术就能实现软件容错的方法，对于程序中存在的错误和不一致性，防卫式程序设计的基本思想是通过在程序中包含错误检查代码和错误恢复代码，使得一旦错误发生，程序能撤销错误状态，恢复到一个已知的正确状态中去。其实现策略包括错误检测、破坏估计和错误恢复三个方面。

除上述三种方法外，提高软件容错能力亦可以从计算机平台环境、软件工程和构造异常处理模块等不同方面达到。此外，利用高级程序设计语言本身的容错能力，采取相应的策略，也是可行的办法。例如，C++语言中的 try_except 处理法和 try_finally 中止法等。

## 16.7.3　集群技术

集群（Cluster）是由两台以上节点机（服务器）构成的一种松散耦合的计算节点集

合，为用户提供网络服务或应用程序（包括数据库、Web 服务和文件服务等）的单一客户视图，同时提供接近容错机的故障恢复能力。

**1．集群的分类**

（1）高性能计算科学集群：以解决复杂的科学计算问题为目的的集群系统，其处理能力与真正超级并行机相等，并且具有优良的性价比。

（2）负载均衡集群：使各节点的负载流量可以在服务器集群中尽可能平均合理地分摊处理，这样的系统非常适合于运行同一组应用程序的大量用户。每个节点都可以处理一部分负载，并且可以在节点之间动态分配负载，以实现平衡。

（3）高可用性集群：为保证集群整体服务的高可用，考虑计算硬件和软件的容错性。如果高可用性集群中的某个节点发生了故障，那么将由另外的节点代替它。整个系统环境对于用户是透明的。

在实际应用的集群系统中，这三种基本类型经常会发生混合与交杂。

**2．集群的硬件配置**

（1）镜像服务器双机。这是最简单和价格最低廉的解决方案，通常镜像服务的硬件配置需要两台服务器，在每台服务器有独立操作系统硬盘和数据存储硬盘，每台服务器有与客户端相连的网卡，另有一对镜像卡或完成镜像功能的网卡。

镜像服务器具有配置简单，使用方便，价格低廉诸多优点，但由于镜像服务器需要采用网络方式镜像数据，通过镜像软件实现数据的同步，因此需要占用网络服务器的 CPU 及内存资源，镜像服务器的性能比单一服务器的性能要低一些。

有一些镜像服务器集群系统采用内存镜像的技术，这个技术的优点是所有的应用程序和网络操作系统在两台服务器上镜像同步，当主机出现故障时，备份机可以在几乎没有感觉的情况下接管所有应用程序。因为两个服务器的内存完全一致，但当系统应用程序带有缺陷从而导致系统宕机时，两台服务器会同步宕机。这也是内存镜像卡或网卡实现数据同步，在大数据量读写过程中两台服务器在某些状态下会产生数据不同步，因此镜像服务器适合那些预算较少、对集群系统要求不高的用户。

（2）双机与磁盘阵列柜。与镜像服务器双机系统相比，双机与磁盘阵列柜互联结构多出了磁盘阵列柜，在磁盘阵列柜中安装有磁盘阵列控制卡，阵列柜可以直接将柜中的硬盘配置成为逻辑盘阵。磁盘阵列柜通过 SCSI 电缆与服务器上普通 SCSI 卡相连，系统管理员需直接在磁盘柜上配置磁盘阵列。

双机与磁盘阵列柜互联结构不采用内存镜像技术，因此需要有一定的切换时间，它可以有效地避免由于应用程序自身的缺陷导致系统全部宕机，同时由于所有的数据全部存储在磁盘阵列柜中，当工作机出现故障时，备份机接替工作机，从磁盘阵列中读取数据，所以不会产生数据不同步的问题，由于这种方案不需要网络镜像同步，因此这种集群方案服务器的性能要比镜像服务器结构高出很多。双机与磁盘阵列柜互联结构的缺点是在系统当中存在单点错的缺陷，所谓单点错是指当系统中某个部件或某个应用程序出现故障时，导致所有系统全部宕机。在这个系统中磁盘阵列柜是会导致单点错，当磁盘阵列柜出现逻辑或物理故障时，所有存储的数据会全部丢失。

（3）光纤通道双机双控集群系统。光纤通道是一种连接标准，可以作为 SCSI 的一种替代解决方案，光纤技术具有高带宽、抗电磁干扰、传输距离远、质量高、扩展能力强等特性。光纤设备提供了多种增强的连接技术，大大方便了用户使用。服务器系统可以通过光缆远程连接，最大可跨越 10km 的距离。它允许镜像配置，这样可以改善系统的容错能力。服务器系统的规模将更加灵活多变。SCSI 每条通道最多可连接 15 个设备，而光纤仲裁环路最多可以连接 126 个设备。

随着服务器硬件系统与网络操作系统的发展，集群技术将会在可用性、高可靠性、系统冗余等方面逐步提高。未来的集群可以依靠集群文件系统实现对系统中的所有文件、设备和网络资源的全局访问，并且生成一个完整的系统映像。这样，无论应用程序在集群中的哪台服务器上，集群文件系统允许任何用户（远程或本地）都可以对这个软件进行访问。任何应用程序都可以访问这个集群任何文件。甚至在应用程序从一个节点转移到另一个节点的情况下，无需任何改动，应用程序就可以访问系统中的文件。

## 16.8  例题分析

在网络规划设计师考试中，有关系统配置与性能评价的试题，既可能出现在上午的考试中，也可能出现在案例分析与论文试题中。为了帮助考生了解在实际考试时，在系统配置与性能评价方面的试题题型，本节分析 5 道典型的试题。

**例题 1**

若某计算机系统是由 1000 个元器件构成的串联系统，且每个元器件的失效率均为 $10^{-7}/H$，在不考虑其他因素对可靠性的影响时，该计算机系统的平均故障间隔时间为___(1)___小时。

（1）A．$1 \times 10^4$        B．$5 \times 10^4$        C．$1 \times 10^5$        D．$5 \times 10^5$

**例题 1 分析**

根据串联系统模型，系统的失效率等于各器件失效率的和，即 $1000 \times 10^{-7} = 1 \times 10^{-4}$。而平均故障间隔时间等于失效率的倒数，所以为 $1/(1 \times 10^{-4}) = 1 \times 10^4$。

**例题 1 答案**

（1）A

**例题 2**

软件的质量属性是衡量软件非功能性需求的重要因素。可用性质量属性主要关注软件系统的故障和它所带来的后果。___(2)___是能够提高系统可用性的措施。

（2）A．心跳检测      B．模块的抽象化      C．用户授权      D．记录/重放

**例题 2 分析**

为了提高系统的可靠性和可用性，其中的一种办法就是采用双机集群。两台主机 A、B 共享一个磁盘阵列，A 为工作机，B 为备份机。它们之间用一根心跳线来连接，这称为"心跳检测"。工作机和备份机会通过此心跳路径，周期性的发出相互检测的测试包，如果此时工作机出现故障，备份机在连续丢失设定数目的检测包后，会认为工作机出现故障，这时备份机会自动检测设置中是否有第二种心跳，如果没有第二种心跳的话，本分机则根据已设定的规则，启动相关服务，完成双机热备的切换。

**例题 2 答案**

（2）A

**例题 3**

下列关于软件可靠性的叙述，不正确的是__(3)__。

（3）A. 由于影响软件可靠性的因素很复杂，软件可靠性不能通过历史数据和开发数据直接测量和估算出来

　　　B. 软件可靠性是指在特定环境和特定时间内，计算机程序无故障运行的概率

　　　C. 在软件可靠性的讨论中，故障指软件行为与需求的不符，故障有等级之分

　　　D. 排除一个故障可能会引入其他的错误，而这些错误会导致其他的故障

**例题 3 分析**

软件可靠性是软件系统在规定的时间内及规定的环境条件下，完成规定功能的能力，也就是软件无故障运行的概率。这里的故障是软件行为与需求的不符，故障有等级之分。软件可靠性可以通过历史数据和开发数据直接测量和估算出来。在软件开发中，排除一个故障可能会引入其他的错误，而这些错误会导致其他的故障。因此，在修改错误以后，还是进行回归测试。

**例题 3 答案**

（3）A

**例题 4**

在关于计算机性能的评价的下列说法中，正确的叙述是__(4)__。

Ⅰ、机器主频高的一定比主频低的机器速度高。

Ⅱ、基准程序测试法能比较全面地反映实际运行情况，但各个基准程序测试的重点不一样。

Ⅲ、平均指令执行速度（MIPS）能正确反映计算机执行实际程序的速度。

Ⅳ、MFLOPS 是衡量向量机和当代高性能机器性能的主要指标之一。

（4）A. Ⅰ，Ⅱ，Ⅲ和Ⅳ　　　B. Ⅱ和Ⅲ　　　C. Ⅱ和Ⅳ　　　D. Ⅰ和Ⅱ

**例题 4 分析**

机器主频高的并不一定比主频低的机器速度快，因为指令系统不同，各指令使用的机器周期数也不同。平均指令执行速度并不能完全正确反映计算机执行实际程序的速度，

因为它仅是对各种指令执行速度加权后的平均值，而实际程序使用的指令情况与测试平均指令速度的程序不一样。

基准程序测试法是目前一致承认的测试性能较好的方法，目前，有很多这样的测试程序，各个基准程序测试的重点和应用领域都不一样。向量机和当代高性能机器主要用在工程应用计算中，浮点工作量占很大比例，因此机器浮点操作性能是这些机器性能的主要指标之一。

**例题 4 答案**

（4）C

**例题 5**

在某计算机系统中，若某一功能的处理速度被提高到 10 倍，而该功能的处理使用时间仅占整个系统运行时间的 50%，那么可使系统的性能大致提高到＿＿(5)＿＿倍。

（5）A. 1.51　　　　B. 1.72　　　　C. 1.82　　　　D. 1.91

**例题 5 分析**

假设该处理原来所需时间为 t，由于该功能的处理使用时间占整个系统运行时间的 50%，所以，其他的处理时间也为 t。该功能的处理速度被提高到 10 倍后，则其所需时间为 0.1t，因此，系统的性能大致提高到(t+t)/(0.1t+t) = 2t/1.1t = 1.82 倍。

**例题 5 答案**

（5）C

**例题 6**

在计算机系统中，某一功能的处理时间为整个系统运行时间的 50%，若使该功能的处理速度加快 10 倍，根据 Amdahl 定律，这样做可以使整个系统的性能提高＿＿(6)＿＿倍。若要使整个系统的性能提高 1.5 倍，则该功能的处理速度应加快＿＿(7)＿＿倍。

（6）A. 1.6　　　　B. 1.7　　　　C. 1.8　　　　D. 1.9

（7）A. 3　　　　B. 5　　　　C. 7　　　　D. 8

**例题 6 分析**

Amdahl 定律表明：

$$系统加速比 = \frac{1}{(1 - fe) + \dfrac{fe}{re}}$$

利用这一公式，代入 fe=0.5，re=10，可以得到系统的加速比为 1.8 左右。当加速比要求为 1.5 时，利用上述公式，可以算出该功能部件的加速比为 3 倍。

**例题 6 答案**

（6）C　　　　　　　（7）A

**例题 7**

以下关于改进信息系统性能的叙述中，正确的是＿＿(8)＿＿。

（8）A. 将 CPU 时钟周期加快一倍，能使系统吞吐率增加一倍

　　　B. 一般情况下，增加磁盘容量可以明显缩短作业的平均 CPU 处理时间

　　　C. 如果事务处理平均响应时间很长，首先应注意提高外围设备的性能

　　　D. 利用性能测试工具，可以找出程序中最花费运行时间的 20%代码，再对这些代码进行优化

**例题 7 分析**

系统吞吐率不单是取决于 CPU 的速度，还与内外存交换速度、磁盘存取速度等计算机的基本性能有关，也与应用的程序性能有关。因此，A 是错误的。

增加磁盘容量与 CPU 处理时间没有直接的关系，所以 B 也是错误的。

如果事务处理平均响应时间很长，就需要我们去分析其中的原因，然后根据原因采取相应的措施。如果是因为外围设备导致系统瓶颈，则才去提高外围设备的性能。因此，C 是错误的。

根据 20-80 法则，一个程序中 20%的代码使用了该程序所占资源的 80%；一个程序中 20%的代码占用了总运行时间的 80%；一个程序中 20%的代码使用了该程序所占内存的 80%。从这个规律出发，在做程序优化的时候，就有了针对性。例如，想提高代码的运行速度，根据这个规律可以知道其中 20%的代码占用了 80%的运行时间，因此只要找到这 20%的代码，并进行相应的优化，那么程序的运行速度就可以有较大的提高。要想找出那 20%的代码，可以使用性能测试工具，检查程序中各个模块所分配内存的使用情况，以及每个函数所运行的时间等。

**例题 7 答案**

（8）D

# 第 17 章　知识产权与法律法规

考试大纲对知识产权和法律法规并没有明确的规定，但在实际考试中，主要会涉及著作权法、计算机软件保护条例、招标投标法、商标法、专利法、反不正当竞争法等，主要考试题型是判断某种行为是否侵权，以及某种权限的范围和期限。

## 17.1　著作权法

著作权法及实施条件的客体是指受保护的作品。这里的作品，是指文学、艺术、自然科学、社会科学和工程技术领域内具有独创性并能以某种有形形式复制的智力成果。

为完成单位工作任务所创作的作品，称为职务作品。如果该职务作品是利用单位的物质技术条件进行创作，并由单位承担责任的，或者有合同约定，其著作权属于单位的，那么作者将仅享有署名权，其他著作权归单位享有。

其他职务作品，著作权仍由作者享有，单位有权在业务范围内优先使用。并且在两年内，未经单位同意，作者不能许可其他个人、单位使用该作品。

### 17.1.1　著作权法主体

著作权法及实施条例的主体是指著作权关系人，通常包括著作权人、受让者两种。

（1）著作权人：又称为原始著作权人，是根据创作的事实进行确定的，依法取得著作权资格的创作、开发者。

（2）受让者：又称为后继著作权人，是指没有参与创作，通过著作权转移活动而享有著作权的人。

著作权法在认定著作权人时，是根据创作的事实进行的，而创作就是指直接产生文学、艺术和科学作品的智力活动。为他人创作进行组织、提供咨询意见、物质条件或进行其他辅助工作的，不属于创作的范围，不被确认为著作权人。

如果在创作的过程中，有多人参与，那么该作品的著作权将由合作的作者共同享有。合作的作品是可以分割使用的，作者对各自创作的部分可以单独享有著作权，但不能在侵犯合作作品整体著作权的情况下行使。

如果遇到作者不明的情况，那么作品原件的所有人可以行使除署名权以外的著作权，直到作者身份明确。

**希赛教育专家提示：**如果作品是委托创作，著作权的归属应通过委托人和受托人之间的合同来确定。如果没有明确的约定，或没有签订相关合同，则著作权仍属于受托人。

## 17.1.2　著作权

根据著作权法及实施条例规定，著作权人对作品享有 5 种权利：

（1）发表权：即决定作品是否公之于众的权利。

（2）署名权：即表明作者身份，在作品上署名的权利。

（3）修改权：即修改或授权他人修改作品的权利。

（4）保护作品完整权：即保护作品不受歪曲、篡改的权利。

（5）使用权、使用许可权和获取报酬权、转让权：即以复制、表演、播放、展览、发行、摄制电影、电视、录像，或改编、翻译、注释和编辑等方式使用作品的权利，以及许可他人以上述方式使用作品，并由此获得报酬的权利。

根据著作权法的相关规定，著作权的保护是有一定期限的。

（1）著作权属于公民。署名权、修改权、保护作品完整权的保护期没有任何限制，永远属于保护范围。而发表权、使用权和获得报酬权的保护期为作者终生及其死亡后的 50 年（第 50 年的 12 月 31 日）。作者死亡后，著作权依照继承法进行转移。

（2）著作权属于单位。发表权、使用权和获得报酬权的保护期为 50 年（首次发表后的第 50 年的 12 月 31 日），若 50 年内未发表的，不予保护。但单位变更、终止后，其著作权由承受其权利义务的单位享有。

当第三方需要使用时，需得到著作权人的使用许可，双方应签订相应的合同。合同中应包括许可使用作品的方式，是否专有使用，许可的范围与时间期限，报酬标准与方法，以及违约责任等。若合同未明确许可的权力，需再次经著作权人许可。合同的有效期限不超过 10 年，期满时可以续签。

对于出版者、表演者、录音录像制作者、广播电台、电视台而言，在下列情况下使用作品，可以不经著作权人许可、不向其支付报酬。但应指明作者姓名、作品名称，不得侵犯其他著作权。

（1）为个人学习、研究或欣赏，使用他人已经发表的作品。

（2）为介绍、评论某一个作品或说明某一个问题，在作品中适当引用他人已经发表的作品。

（3）为报道时间新闻，在报纸、期刊、广播、电视节目或新闻纪录影片中引用已经发表的作品。

（4）报纸、期刊、广播电台、电视台刊登或播放其他报纸、期刊、广播电台、电视台已经发表的社论、评论员文章。

（5）报纸、期刊、广播电台、电视台刊登或播放在公众集会上发表的讲话，但作者声明不许刊登、播放的除外。

（6）为学校课堂教学或科学研究，翻译或少量复制已经发表的作品，供教学或科研人员使用，但不得出版发行。

（7）国家机关为执行公务使用已经发表的作品。

（8）图书馆、档案馆、纪念馆、博物馆和美术馆等为陈列或保存版本的需要，复制本馆收藏的作品。

（9）免费表演已经发表的作品。

（10）对设置或陈列在室外公共场所的艺术作品进行临摹、绘画、摄影及录像。

（11）将已经发表的汉族文字作品翻译成少数民族文字在国内出版发行。

（12）将已经发表的作品改成盲文出版。

## 17.2    计算机软件保护条例

由于计算机软件也属于《中华人民共和国著作权法》保护的范围，因此在具体实施时，首先适用于《计算机软件保护条例》的条文规定，若是在《计算机软件保护条例》中没有规定适用条文的情况下，才依据《中华人民共和国著作权法》的原则和条文规定执行。

《计算机软件保护条例》的客体是计算机软件，而在此计算机软件是指计算机程序及其相关文档。根据条例规定，受保护的软件必须是由开发者独立开发的，并且已经固定在某种有形物体上（如光盘、硬盘和软盘）。

**希赛教育专家提示**：对软件著作权的保护只是针对计算机软件和文档，并不包括开发软件所用的思想、处理过程、操作方法或数学概念等，并且著作权人还需在软件登记机构办理登记。

### 17.2.1    著作权人确定

根据《计算机软件保护条例》规定，软件开发可以分为合作开发、职务开发、委托开发三种形式。

（1）合作开发。对于由两个或两个以上的开发者或组织合作开发的软件，著作权的归属根据合同约定确定。若无合同，则共享著作权。若合作开发的软件可以分割使用，那么开发者对自己开发的部分单独享有著作权，可以在不破坏整体著作权的基础上行使。

（2）职务开发。如果开发者在单位或组织中任职期间，所开发的软件符合以下条件，则软件著作权应归单位或组织所有。

- 针对本职工作中明确规定的开发目标所开发的软件。
- 开发出的软件属于从事本职工作活动的结果。
- 使用了单位或组织的资金、专用设备、未公开的信息等物质、技术条件，并由单位或组织承担责任的软件。

（3）委托开发。如果是接受他人委托而进行开发的软件，其著作权的归属应由委托人与受托人签订书面合同约定；如果没有签订合同，或合同中未规定的，则其著作权由受托人享有。

另外，由国家机关下达任务开发的软件，著作权的归属由项目任务书或合同规定，若未明确规定，其著作权应归任务接受方所有。

## 17.2.2　软件著作权

根据《计算机软件保护条例》规定，软件著作权人对其创作的软件产品，享有以下9 种权利：

（1）发表权：即决定软件是否公之于众的权利。

（2）署名权：即表明开发者身份，在软件上署名的权利。

（3）修改权：即对软件进行增补、删节，或改变指令、语句顺序的权利。

（4）复制权：即将软件制作一份或多份的权利。

（5）发行权：即以出售或赠与方式向公众提供软件的原件或复制件的权利。

（6）出租权：即有偿许可他人临时使用软件的权利。

（7）信息网络传播权：即以信息网络方式向公众提供软件的权利。

（8）翻译权：即将原软件从一种自然语言文字转换成另一种自然语言文字的权利。

（9）使用许可权、获得报酬权、转让权。

软件著作权自软件开发完成之日起生效。

（1）著作权属于公民。著作权的保护期为作者终生及其死亡后的 50 年（第 50 年的 12 月 31 日）。对于合作开发的，则以最后死亡的作者为准。

（2）著作权属于单位。著作权的保护期为 50 年（首次发表后的第 50 年的 12 月 31 日），若 50 年内未发表的，不予保护。单位变更、终止后，其著作权由承受其权利义务的单位享有。

当得到软件著作权人的许可，获得了合法的计算机软件复制品后，复制品的所有人享有以下权利：

（1）根据使用的需求，将该计算机软件安装到设备中（计算机、PDA 等信息设备）。

（2）制作复制品的备份，以防止复制品损坏，但这些复制品不得通过任何方式转给其他人使用。

（3）根据实际的应用环境，对其进行功能、性能等方面的修改。但未经软件著作权人许可，不得向任何第三方提供修改后的软件。

如果使用者只是为了学习、研究软件中包含的设计思想、原理，而以安装、显示和存储软件等方式使用软件，可以不经软件著作权人的许可，不向其支付报酬。

## 17.3　招投投标法

作为网络规划设计师，需要掌握招标投标的流程，以及熟悉招标投标法的相关规定。

### 17.3.1 招标

下列工程建设项目包括项目的勘察、设计、施工、监理，以及与工程建设有关的重要设备、材料等的采购，因此必须进行招标。

（1）大型基础设施、公用事业等关系社会公共利益、公众安全的项目。

（2）全部或部分使用国有资金投资或国家融资的项目。

（3）使用国际组织或外国政府贷款、援助资金的项目。

任何单位和个人不得将依法必须进行招标的项目化整为零或者以其他任何方式规避招标。招标投标活动应当遵循公开、公平、公正和诚实信用的原则。必须进行招标的项目，其招标投标活动不受地区或者部门的限制。任何单位和个人不得违法限制或排斥本地区、本系统以外的法人或其他组织参加投标，不得以任何方式非法干涉招标投标活动。

招标分为公开招标和邀请招标。公开招标是指招标人以招标公告的方式邀请不特定的法人或者其他组织投标；邀请招标是指招标人以投标邀请书的方式邀请特定的法人或者其他组织投标。国务院发展计划部门确定的国家重点项目和省、自治区、直辖市人民政府确定的地方重点项目不适宜公开招标的，经国务院发展计划部门或省、自治区、直辖市人民政府批准，可以进行邀请招标。

#### 1. 招标代理机构

招标人有权自行选择招标代理机构，委托其办理招标事宜。任何单位和个人不得以任何方式为招标人指定招标代理机构。招标人具有编制招标文件和组织评标能力的，可以自行办理招标事宜。依法必须进行招标的项目，招标人自行办理招标事宜的，应当向有关行政监督部门备案。

招标代理机构是依法设立、从事招标代理业务并提供相关服务的社会中介组织。招标代理机构应当具备下列条件。

（1）有从事招标代理业务的营业场所和相应资金。

（2）有能够编制招标文件和组织评标的相应专业力量。

（3）有符合规定条件、可以作为评标委员会成员人选的技术、经济等方面的专家库。

从事工程建设项目招标代理业务的招标代理机构，其资格由国务院或省、自治区、直辖市人民政府的建设行政主管部门认定。从事其他招标代理业务的招标代理机构，其资格认定的主管部门由国务院规定。

招标代理机构与行政机关和其他国家机关不得存在隶属关系或其他利益关系。招标代理机构应当在招标人委托的范围内办理招标事宜。

#### 2. 招标公告

招标人采用公开招标方式的，应当发布招标公告。依法必须进行招标的项目的招标公告，应当通过国家指定的报刊、信息网络或其他媒介发布。招标公告应当载明招标人的名称和地址、招标项目的性质、数量、实施地点和时间，以及获取招标文件的办法等事项。

招标人采用邀请招标方式的，应当向三个以上具备承担招标项目的能力、资信良好的特定法人或者其他组织发出投标邀请书。投标邀请书应当载明的事项与招标公告相同。

招标人可以根据招标项目本身的要求，在招标公告或投标邀请书中，要求潜在投标人提供有关资质证明文件和业绩情况，并对潜在投标人进行资格审查。招标人不得以不合理的条件限制或者排斥潜在投标人，不得对潜在投标人给予歧视待遇。

**3．招标文件**

招标人应当根据招标项目的特点和需要编制招标文件。招标文件应当包括招标项目的技术要求、对投标人资格审查的标准、投标报价要求和评标标准等所有实质性要求和条件，以及拟签订合同的主要条款。

招标项目需要划分标段、确定工期，招标人应当合理划分标段、确定工期，并在招标文件中载明。招标文件不得要求或标明特定的生产供应以及含有倾向或排斥潜在投标人的其他内容。

招标人根据招标项目的具体情况，可以组织潜在投标人踏勘项目现场。招标人不得向他人透露已获取招标文件的潜在投标人的名称、数量，以及可能影响公平竞争的有关招标投标的其他情况。招标人设有标底的，标底必须保密。

招标人对已发出的招标文件进行必要的澄清或修改的，应当在招标文件要求提交投标文件截止时间至少 15 日前，以书面形式通知所有招标文件收受人。该澄清或修改的内容为招标文件的组成部分。

招标人应当确定投标人编制投标文件所需要的合理时间。但是，依法必须进行招标的项目，自招标文件开始发出之日起至投标人提交投标文件截止之日止，最短不得少于20 日。

## 17.3.2　投标

投标人是响应招标、参加投标竞争的法人或其他组织。投标人应当具备承担招标项目的能力。投标人应当按照招标文件的要求编制投标文件。投标文件应当对招标文件提出的实质性要求和条件作出响应。招标项目属于建设施工的，投标文件的内容应当包括拟派出的项目负责人与主要技术人员的简历、业绩和拟用于完成招标项目的机械设备等。

投标人应当在招标文件要求提交投标文件的截止时间前，将投标文件送达投标地点。招标人收到投标文件后，应当签收保存，不得开启。投标人少于三个的，招标人应当重新招标。在招标文件要求提交投标文件的截止时间后送达的投标文件，招标人应当拒收。

投标人在招标文件要求提交投标文件的截止时间前，可以补充、修改或撤回已提交的投标文件，并书面通知招标人。补充、修改的内容为投标文件的组成部分。

投标人根据招标文件载明的项目实际情况，拟在中标后将中标项目的部分非主体、非关键性工作进行分包的，则应当在投标文件中载明。

两个或两个以上法人或其他组织可以组成一个联合体，以一个投标人的身份共同投标。联合体各方均应当具备承担招标项目的相应能力；国家有关规定或招标文件对投标人资格条件有规定的，联合体各方均应当具备规定的相应资格条件。由同一专业的单位组成的联合体，按照资质等级较低的单位确定资质等级。联合体各方应当签订共同投标协议，明确约定各方拟承担的工作和责任，并将共同投标协议连同投标文件一并提交招标人。联合体中标的，联合体各方应当共同与招标人签订合同，就中标项目向招标人承担连带责任。

招标人不得强制投标人组成联合体共同投标，不得限制投标人之间的竞争。投标人不得相互串通投标报价，不得排挤其他投标人的公平竞争，不得损害招标人或其他投标人的合法权益。投标人不得与招标人串通投标，不得损害国家利益、社会公共利益或他人的合法权益。禁止投标人以向招标人或评标委员会成员行贿的手段谋取中标。投标人不得以低于成本的报价竞标，也不得以他人名义投标或者以其他方式弄虚作假，骗取中标。

### 17.3.3　评标

本节主要介绍开标、评标、中标和分包的规定与流程。

**1．开标**

开标应当在招标文件确定的提交投标文件截止时间的同一时间公开进行。开标地点应当为招标文件中预先确定的地点。开标由招标人主持，邀请所有投标人参加。

开标时，由投标人或其推选的代表检查投标文件的密封情况，也可以由招标人委托的公证机构检查并公证；经确认无误后，由工作人员当众拆封，宣读投标人名称、投标价格和投标文件的其他主要内容。招标人在招标文件要求提交投标文件的截止时间前收到的所有投标文件，开标时都应当当众予以拆封、宣读。开标过程应当记录，并存档备查。

**2．评标**

评标由招标人依法组建的评标委员会负责。依法必须进行招标的项目，其评标委员会由招标人的代表和有关技术、经济等方面的专家组成，成员人数为 5 人以上单数，其中技术、经济等方面的专家不得少于成员总数的三分之二。专家应当从事相关领域工作满八年并具有高级职称或者具有同等专业水平，由招标人从国务院有关部门或者省、自治区、直辖市人民政府有关部门提供的专家名册或招标代理机构的专家库内的相关专业的专家名单中确定；一般招标项目可以采取随机抽取方式，特殊招标项目可以由招标人直接确定。与投标人有利害关系的人不得进入相关项目的评标委员会，已经进入的应当更换。评标委员会成员的名单在中标结果确定前应当保密。

招标人应当采取必要的措施，保证评标在严格保密的情况下进行。任何单位和个人不得非法干预、影响评标的过程和结果。

评标委员会可以要求投标人对投标文件中含义不明确的内容做必要的澄清或说明，但是澄清或说明不得超出投标文件的范围或改变投标文件的实质性内容。评标委员会应当按照招标文件确定的评标标准和方法，对投标文件进行评审和比较；设有标底的，应当参考标底。评标委员会完成评标后，应当向招标人提出书面评标报告，并推荐合格的中标候选人。招标人根据评标委员会提出的书面评标报告和推荐的中标候选人确定中标人。招标人也可以授权评标委员会直接确定中标人。

### 3．中标

中标人的投标应当符合下列条件之一：

（1）能够最大限度地满足招标文件中规定的各项综合评价标准。

（2）能够满足招标文件的实质性要求，并且经评审的投标价格最低；但是投标价格低于成本的除外。

评标委员会经评审，认为所有投标都不符合招标文件要求的，可以否决所有投标。依法必须进行招标的项目的所有投标被否决的，招标人应当重新招标。

在确定中标人前，招标人不得与投标人就投标价格、投标方案等实质性内容进行谈判。评标委员会成员应当客观、公正地履行职务，遵守职业道德，对所提出的评审意见承担个人责任。评标委员会成员不得私下接触投标人，不得收受投标人的财物或其他好处。评标委员会成员和参与评标的有关工作人员不得透露对投标文件的评审和比较、中标候选人的推荐情况，以及与评标有关的其他情况。

中标人确定后，招标人应当向中标人发出中标通知书，并同时将中标结果通知所有未中标的投标人。中标通知书对招标人和中标人具有法律效力。中标通知书发出后，招标人改变中标结果的，或中标人放弃中标项目的，应当依法承担法律责任。招标人和中标人应当自中标通知书发出之日起 30 日内，按照招标文件和中标人的投标文件订立书面合同。招标人和中标人不得再行订立背离合同实质性内容的其他协议。招标文件要求中标人提交履约保证金的，中标人应当提交。

依法必须进行招标的项目，招标人应当自确定中标人之日起 15 日内，向有关行政监督部门提交招标投标情况的书面报告。

### 4．分包

中标人应当按照合同约定履行义务，完成中标项目。中标人不得向他人转让中标项目，也不得将中标项目肢解后分别向他人转让。中标人按照合同约定或经招标人同意，可以将中标项目的部分非主体、非关键性工作分包给他人完成。接受分包的人应当具备相应的资格条件，并不得再次分包。中标人应当就分包项目向招标人负责，接受分包的人就分包项目承担连带责任。

### 17.3.4　法律责任

必须进行招标的项目而不招标的，将必须进行招标的项目化整为零或以其他任何方式规避招标的，责令其限期改正，可以处项目合同金额千分之五以上千分之十以下的罚款；对全部或者部分使用国有资金的项目，可以暂停项目执行或者暂停资金拨付。

投标人相互串通投标或与招标人串通投标的，投标人以向招标人或评标委员会成员行贿的手段谋取中标的，中标无效，且处中标项目金额千分之五以上千分之十以下的罚款，对单位直接负责的主管人员和其他直接责任人员处单位罚款数额百分之五以上百分之十以下的罚款；有违法所得的，并处没收违法所得；情节严重的，取消其1～2年内参加依法必须进行招标的项目的投标资格并予以公告，直至由工商行政管理机关吊销营业执照。给他人造成损失的，依法承担赔偿责任。

投标人以他人名义投标或以其他方式弄虚作假，骗取中标的，中标无效；给招标人造成损失的，依法承担赔偿责任。同时处中标项目金额千分之五以上千分之十以下的罚款，对单位直接负责的主管人员和其他直接责任人员处单位罚款数额百分之五以上百分之十以下的罚款；有违法所得的，并处没收违法所得；情节严重的，取消其1～3年内参加招标项目的投标资格并予以公告。

评标委员会成员收受投标人的财物或其他好处的，评标委员会成员或参加评标的有关工作人员向他人透露对投标文件的评审和比较、中标候选人的推荐以及与评标有关的其他情况的，给予警告，并没收收受的财物，还可以并处三千元以上五万元以下的罚款，不得再参加任何招标项目的评标。

招标人在评标委员会依法推荐的中标候选人以外确定中标人的，依法必须进行招标的项目在所有投标被评标委员会否决后自行确定中标人的，中标无效。责令改正，并可以处中标项目金额千分之五以上千分之十以下的罚款。

中标人将中标项目转让给他人的，将中标项目肢解后分别转让给他人的，违反规定将中标项目的部分主体、关键性工作分包给他人的，或分包人再次分包的，转让、分包无效，处转让、分包项目金额千分之五以上千分之十以下的罚款；有违法所得的，并处没收违法所得。

中标人不履行与招标人订立的合同的，履约保证金不予退还，给招标人造成的损失超过履约保证金数额的，还应当对超过部分予以赔偿；没有提交履约保证金的，应当对招标人的损失承担赔偿责任。

## 17.4　其他相关知识

本节将把一些可能会考到的有关知识产权的考点简单介绍一下，包括专利法、商标法和反不正当竞争法的相关知识。

### 17.4.1 专利权

专利法的客体是发明创造，也就是其保护的对象。这里的发明创造是指发明、实用新型和外观设计。

（1）发明：就是指对产品、方法或其改进所提出的新的技术方案。

（2）实用新型：是指对产品的形状、构造及其组合，提出的实用的新的技术方案。

（3）外观设计：对产品的形状、图案及其组合，以及色彩与形状、图案的结合所做出的富有美感并适用于工业应用的新设计。

授予专利权的发明和实用新型应当具备新颖性、创造性和实用性三个条件。对于专利权的归属问题，主要依据以下三点进行判断：

（1）职务发明创造：执行本单位的任务或者主要利用本单位的物质技术条件所完成的发明创造为职务发明创造。对于职务发明创造，若单位与发明人或者设计人订有合同，对申请专利的权利和专利权的归属做出约定的，从其约定；否则职务发明创造申请专利的权利属于该单位。申请被批准后，该单位为专利权人。专利申请权和专利权属于单位的职务发明创造的发明人或设计人享有的权利是在专利文件中写明自己是发明人或设计人的权利。被授予专利权的单位应当对职务发明创造的发明人或设计人给予奖励。发明创造专利实施后，被授予专利权的单位应当根据其推广应用的范围和取得的经济效益，对发明人或者设计人给予合理的报酬。

（2）非职务发明创造：申请专利的权利属于发明人或设计人，申请被批准后，该发明人或者设计人为专利权人。两个或两个以上单位或个人合作完成的发明创造，除另有协议外，申请专利的权利属于共同完成的单位或者个人。申请被批准后，申请的单位或者个人为专利权人。

（3）单位或者个人接受其他单位或个人委托所完成的发明创造，除另有协议外，申请专利的权利属于完成的单位或个人。申请被批准后，申请的单位或个人为专利权人。

一般来说，一份专利申请文件只能就一项发明创造提出专利申请。一项发明只授予一项专利，同样的发明申请专利，则按照申请时间的先后决定授予给谁。两个以上的申请人在同一日分别就同样的发明创造申请专利的，应当在收到国务院专利行政部门的通知后自行协商确定申请人。

我国现行专利法规定的发明专利权保护期限为 20 年，实用新型和外观设计专利权的期限为 10 年，均从申请日开始计算。在保护期内，专利权人应该按时缴纳年费。在专利权保护期限内，如果专利权人没有按规定缴纳年费，或者以书面声明放弃其专利权，专利权可以在期满前终止。

### 17.4.2 不正当竞争

不正当竞争是指经营者违反规定，损害其他经营者的合法权益，扰乱社会经济秩序的行为。

（1）采用不正当的市场交易手段：假冒他人注册商标；擅自使用与知名商品相同或相近的名称、包装，混淆消费者；擅自使用他人的企业名称；在商品上伪造认证标志、名优标志、产地等信息，从而达到损害其他经营者的目的。

（2）利用垄断的地位，来排挤其他经营者的公平竞争。

（3）利用政府职权，限定商品购买，以及对商品实施地方保护主义。

（4）利用财务或其他手段进行贿赂，以达到销售商品的目的。

（5）利用广告或其他方法，对商品的质量、成分、性能、用途、生产者、有效期和产地等进行误导性的虚假宣传。

（6）以低于成本价进行销售，以排挤竞争对手。不过对于鲜活商品、有效期将至的积压产品的处理，以及季节性降价，国清债、转产和歇业等原因进行的降价销售均不属于不正当竞争。

（7）搭售违背购买者意愿的商品。

（8）采用不正当的有奖销售。例如，谎称有奖，却是内定人员中奖，利用有奖销售推销质次价高产品，或奖金超过 5000 元的抽奖式有奖销售。

（9）捏造、散布虚伪事实，损害对手商誉。

（10）串通投标，排挤对手。

商业秘密是指不为公众所知，具有经济利益，具有实用性，并且已经采取了保密措施的技术信息与经营信息。在《反不正当竞争法》中对商业秘密进行了保护，如果存在以下行为的，则视为侵犯商业秘密。

（1）以盗窃、利诱、胁迫等不正当手段获取别人的商业秘密。

（2）披露使用不正当手段获取的商业秘密。

（3）违反有关保守商业秘密的要求约定，披露、使用其掌握的商业秘密。

### 17.4.3　商标

商标指生产者及经营者为使自己的商品或服务与他人的商品或服务相区别，而使用在商品及其包装上或服务标记上的由文字、图形、字母、数字、三维标志和颜色组合，以及上述要素的组合所构成的一种可视性标志。作为一个商标，应满足以下三个条件。

（1）商标是用在商品或服务上的标记，与商品或服务不能分离，并依附于商品或服务。

（2）商标是区别于他人商品或服务的标志，应具有特别显著性的区别功能，从而便于消费者识别。

（3）商标的构成是一种艺术创造，可以是由文字、图形、字母、数字、三维标志和颜色组合，以及上述要素的组合构成的可视性标志。

作为一个商标，应该具备显著性、独占性、价值和竞争性 4 个特征。

两个或两个以上的申请人，在同一种商品或者类似商品上，分别以相同或近似的商标在同一天申请注册的，各申请人应当自收到商标局通知之日起 30 日内提交其申请注册前在先使用该商标的证据。同日使用或均未使用的，各申请人可以自收到商标局通知之日起 30 日内自行协商，并将书面协议报送商标局；不愿协商或协商不成的，商标局通知各申请人以抽签的方式确定一个申请人，驳回其他人的注册申请。商标局已经通知但申请人未参加抽签的，视为放弃申请，商标局应当书面通知未参加抽签的申请人。

注册商标的有效期限为 10 年，自核准注册之日起计算。注册商标有效期满，需要继续使用的，应当在期满前 6 个月内申请续展注册；在此期间未能提出申请的，可以给予 6 个月的宽展期。宽展期满仍未提出申请的，注销其注册商标。每次续展注册的有效期为 10 年。

## 17.5　例题分析

为了帮助考生了解考试中的知识产权和法律法规方面的题型和考试范围，本节分析 5 道典型的试题。

**例题 1**

假设甲、乙二人合作开发了某应用软件，甲为主要开发者。该应用软件所得收益合理分配后，甲自行将该软件作为自己独立完成的软件作品发表，甲的行为　(1)　。

（1）A．不构成对乙权利的侵害　　　　　B．构成对乙权利的侵害

　　　C．已不涉及乙的权利　　　　　　　D．没有影响乙的权利

**例题 1 分析**

根据《计算机软件保护条例》第十条规定：由两个以上的自然人、法人或者其他组织合作开发的软件，其著作权的归属由合作开发者签订书面合同约定。无书面合同或合同未做明确约定，合作开发的软件可以分割使用的，开发者对各自开发的部分可以单独享有著作权；但是，行使著作权时，不得扩展到合作开发的软件整体的著作权。合作开发的软件不能分割使用的，其著作权由各合作开发者共同享有，通过协商一致行使；不能协商一致，又无正当理由的，任何一方不得阻止他方行使除转让权以外的其他权利，但是所得收益应当合理分配给所有合作开发者。

根据题意，甲虽然为主要开发者，但软件的版权（其中就包含发表权和署名权）应该归甲、乙二人共同所有。甲自行将该软件作为自己独立完成的软件作品发表，构成了对乙权利的侵害。

**例题 1 答案**

（1）B

**例题 2**

甲公司从市场上购买丙公司生产的部件 a，作为生产甲公司产品的部件。乙公司已

经取得部件 a 的中国发明权，并许可丙公司生产销售该部件 a。甲公司的行为　(2)　。

（2）A．构成对乙公司权利的侵害

　　　B．不构成对乙公司权利的侵害

　　　C．不侵害乙公司的权利，丙公司侵害了乙公司的权利

　　　D．与丙公司的行为共同构成对乙公司权利的侵害

**例题 2 分析**

根据《中华人民共和国专利权法》第五十七条规定：未经专利权人许可，实施其专利，即侵犯其专利权。本题中乙公司已经取得部件 a 的中国发明权，并许可丙公司生产销售该部件 a，因此，丙公司不构成对乙公司权利的侵害。甲公司从市场购买丙公司的部件作为自己公司产品的部件，也不构成对乙公司权利的侵害。

**例题 2 答案**

（2）B

**例题 3**

甲公司生产的**牌 U 盘是已经取得商标权的品牌产品，但宽展期满仍未办理续展注册。此时，乙公司未经甲公司许可将该商标用做乙公司生产的活动硬盘的商标，则　(3)　。

（3）A．乙公司的行为构成对甲公司权利的侵害

　　　B．乙公司的行为不构成对甲公司权利的侵害

　　　C．甲公司的权利没有终止，乙公司的行为应经甲公司的许可

　　　D．甲公司已经取得商标权，不必续展注册，永远受法律保护

**例题 3 分析**

《中华人民共和国商标法》第三十七条规定：注册商标的有效期为十年，自核准注册之日起计算。

《中华人民共和国商标法》第三十八条规定：注册商标有效期满，需要继续使用的，应当在期满前六个月内申请续展注册；在此期间未能提出申请的，可以给予六个月的宽展期。宽展期满仍未提出申请的，注销其注册商标。每次续展注册的有效期为十年。续展注册经核准后，予以公告。

在本题中，因为甲公司在其商标宽展期满仍未办理续展注册，按照规定，应该注销其注册商标，所以乙公司将该商标用做乙公司生产的活动硬盘的商标，无需经甲公司许可，且不构成对甲公司权利的侵害。

**例题 3 答案**

（3）B

**例题 4**

招标确定中标人后，实施合同内注明的合同价款应为　(4)　。

（4）A．评标委员会算出的评标价　　　　　B．招标人编制的预算价

　　　C．中标人的投标价　　　　　　　　　D．所有投标人的价格平均值

**例题 4 分析**

评标委员会算出的评标价和所有投标人的价格平均值都是对投标价评审时所参考的价格，招标人编制的预算价是工程项目总体建设费用。

**例题 4 答案**

（4）C

**例题 5**

某用户为其信息化建设公开招标，有 A、B、C、D 四家有资质的软件公司投标。C 公司与该用户达成协议，将标的从 48 万元压到 28 万元。A、B、D 三家投标书中投标价均为 40 万元以上，只有 C 公司为 30 万元，于是 C 以低价中标。在建设中，双方不断调整工程量，增加费用，最终 C 公司取得工程款 46 万元。C 公司与用户在招投标过程中的行为属于___(5)___。

（5）A．降价排挤行为　　　　　B．商业贿赂行为

　　　C．串通招投标行为　　　　D．虚假宣传行为

**例题 5 分析**

根据招标投标法的规定，招标人设有标的的，标的必须保密。投标人不得与招标人串通投标，损害国家利益、社会公共利益或者他人的合法权益。

**例题 5 答案**

（5）C

# 第18章　标准化知识

根据考试大纲的规定，本章要求考生掌握以下知识点：

（1）标准化的分类。

（2）标准化机构。

但从考试的实际试题来看，本章还包括常见的文档标准和安全标准。

## 18.1　标准化基础知识

本节介绍一些标准化方面的基础知识，包括标准化法的规定和 ISO 相关知识。

### 18.1.1　标准的制定

根据《中华人民共和国标准化法》，标准化工作的任务是制定标准、组织实施标准和对标准的实施进行监督。国务院标准化行政主管部门统一管理全国标准化工作。国务院有关行政主管部门分工管理本部门、本行业的标准化工作。省、自治区、直辖市标准化行政主管部门统一管理本行政区域的标准化工作。省、自治区、直辖市政府有关行政主管部门分工管理本行政区域内本部门、本行业的标准化工作。市、县标准化行政主管部门和有关行政主管部门，按照省、自治区、直辖市政府规定的各自的职责，管理本行政区域内的标准化工作。

**1. 标准的层次**

标准可以分为国际标准、国家标准、行业标准、地方标准及企业标准等。

国际标准主要是指由 ISO 制定和批准的标准。

国家标准由国务院标准化行政主管部门编制计划，组织草拟，统一审批、编号并发布。

对没有国家标准而又需要在全国某个行业范围内统一的技术要求，可以制定行业标准（含标准样品的制作）。制定行业标准的项目由国务院有关行政主管部门确定。行业标准由国务院有关行政主管部门编制计划、组织草拟，统一审批、编号和发布，并报国务院标准化行政主管部门备案。行业标准在相应的国家标准实施后，自行废止。

对没有国家标准和行业标准而又需要在省、自治区、直辖市范围内统一的工业产品的安全、卫生要求，可以制定地方标准。制定地方标准的项目，由省、自治区、直辖市人民政府标准化行政主管部门确定。地方标准由省、自治区、直辖市人民政府标准化行政主管部门编制计划，组织草拟，统一审批、编号、发布，并报国务院标准化行政主管部门和国务院有关行政主管部门备案。法律对地方标准的制定另有规定的，依照法律的规定执行。地方标准在相应的国家标准或行业标准实施后，自行废止。

企业生产的产品没有国家标准、行业标准和地方标准的，应当制定相应的企业标准，作为组织生产的依据。企业标准由企业组织制定，并按省、自治区、直辖市人民政府的规定备案。对已有国家标准、行业标准或者地方标准的，鼓励企业制定严于国家标准、行业标准或者地方标准要求的企业标准，在企业内部适用。

**2. 标准的类型**

国家标准、行业标准分为强制性标准和推荐性标准，下列标准属于强制性标准。

（1）药品标准，食品卫生标准和兽药标准。

（2）产品及产品生产、储运和使用中的安全、卫生标准，劳动安全、卫生标准，运输安全标准。

（3）工程建设的质量、安全、卫生标准及国家需要控制的其他工程建设标准。

（4）环境保护的污染物排放标准和环境质量标准。

（5）重要的通用技术术语、符号、代号和制图方法。

（6）通用的试验、检验方法标准。

（7）互换配合标准。

（8）国家需要控制的重要产品质量标准。

国家需要控制的重要产品目录由国务院标准化行政主管部门会同国务院有关行政主管部门确定。

强制性标准以外的标准是推荐性标准。省、自治区、直辖市人民政府标准化行政主管部门制定的工业产品的安全、卫生要求的地方标准，在本行政区域内是强制性标准。

**3. 标准的周期**

标准实施后，制定标准的部门应当根据科学技术的发展和经济建设的需要适时进行复审。标准复审周期一般不超过 5 年。国家标准、行业标准和地方标准的代号、编号办法，由国务院标准化行政主管部门统一规定。企业标准的代号、编号办法，由国务院标准化行政主管部门会同国务院有关行政主管部门规定。标准的出版、发行办法，由制定标准的部门规定。

## 18.1.2　标准的表示

按照新的采用国际标准管理办法，我国标准与国际标准的对应关系有等同采用（Identical，IDT）、修改采用（Modified，MOD）、等效采用（Equivalent，EQV）和非等效采用（Not Equivalent，NEQ）等。

等同采用是指技术内容相同，没有或仅有编辑性修改，编写方法完全相对应。等效采用（修改采用）是指主要技术内容相同，技术上只有很少差异，编写方法不完全相对应。非等效指与相应国际标准在技术内容和文本结构上不同，它们之间的差异没有被清楚地标明。非等效还包括在我国标准中只保留了少量或者不重要的国际标准条款的情况，非等效不属于采用国际标准。

推荐性标准的代号是在强制性标准代号后面加"/T"，国家标准代号如表 18-1 所示。

表 18-1　国家标准代号

| 序号 | 代　号 | 含　义 | 管 理 部 门 |
|---|---|---|---|
| 1 | GB | 中华人民共和国强制性国家标准 | 国家标准化管理委员会 |
| 2 | GB/T | 中华人民共和国推荐性国家标准 | 国家标准化管理委员会 |
| 3 | GB/Z | 中华人民共和国国家标准化指导性技术文件 | 国家标准化管理委员会 |

与 IT 行业相关的各行业标准代号如表 18-2 所示。

表 18-2　行业标准代号

| 序　号 | 代　号 | 行　业 | 管 理 部 门 |
|---|---|---|---|
| 1 | CY | 新闻出版 | 国家新闻出版总署印刷业管理司 |
| 2 | DA | 档案 | 国家档案局政法司 |
| 3 | DL | 电力 | 中国电力企业联合会标准化中心 |
| 4 | GA | 公共安全 | 公安部科技司 |
| 5 | GY | 广播电影电视 | 国家广播电影电视总局科技司 |
| 6 | HB | 航空 | 国防科工委中国航空工业总公司（航空） |
| 7 | HJ | 环境保护 | 国家环境保护总局科技标准司 |
| 8 | JB | 机械 | 中国机械工业联合会 |
| 9 | JC | 建材 | 中国建筑材料工业协会质量部 |
| 10 | JG | 建筑工业 | 建设部（建筑工业） |
| 11 | LD | 劳动和劳动安全 | 劳动和社会保障部劳动工资司（工资定额） |
| 12 | SJ | 电子 | 工业和信息化部科技司（电子） |
| 13 | WH | 文化 | 文化部科教司 |
| 14 | WJ | 兵工民品 | 国防科工委中国兵器工业总公司（兵器） |
| 15 | YD | 通信 | 工业和信息化部科技司（邮电） |
| 16 | YZ | 邮政 | 国家邮政局计划财务部 |

**希赛教育专家提示：** 国家军用标准的代号为 GJB，其为行业标准；国际实物标准代号为 GSB，其为国家标准。

地方标准的代号由地方标准代号（DB）、地方标准发布顺序号和标准发布年代号（4 位数）三部分组成。企业标准的代号由企业标准代号（Q）、标准发布顺序号和标准发布年代号（4 位数）组成。

### 18.1.3　ISO 9000 标准族

ISO 9000 标准族是国际标准化组织中质量管理和质量保证技术委员会制定的一系列标准，现在共包括 20 个标准，如表 18-3 所示。

**表 18-3 ISO 9000 标准族**

| ① 质量术语标准 | | |
|---|---|---|
| ISO 8402 | | |

| ④ 标准选用与实施指南 | ② 质量保证标准 | ③ 质量管理标准 |
|---|---|---|
| ISO 9000<br>－1：选择与使用<br>－2：实施<br>－3：计算机软件<br>－4：可信性大纲 | ISO 9001：设计、开发、生产、安装和服务<br>ISO 9002：生产、安装和服务<br>ISO 9003：最终检验和试验 | ISO 9004<br>－1：指南<br>－2：服务指南<br>－3：流程性材料<br>－4：质量改进 |

| ⑤ 支持性技术标准 | | | |
|---|---|---|---|
| ISO 10005：质量计划<br>ISO 10007：技术状态 | ISO 10011<br>－1：审核<br>－2：审核员<br>－3：审核管理 | ISO 10012<br>－1：测量设备<br>－2：测量过程 | ISO 10013：质量手册 |

按照 ISO 的认证程序，ISO 认证机构项目主管负责审查由审核组长送交的审核报告，认证机构主任负责批准认证通过。认证机构项目管理部门负责发放由审核组长及认证机构主任签署的认证证书，证书有效期为三年。第一次证书有效期内每年检查两次，三年期满换证后每年检查一次。获证单位的法人代表、组织结构、生产方式或覆盖产品范围等如有变化，应及时通知认证机构。必要时认证机构将派员复查或增加检查次数。

如证书的持有者在有效期到达前未提出重新申请，或在有效期内提出注销的可以注销其证书。凡暂停、撤销或注销证书，由认证机构在原公告范围内重新公告，并收回其有效证书。

## 18.2 文档标准

本节简单介绍以下三个与文档有关的标准：
（1）软件文档管理指南 GB/T 16680-1996。
（2）计算机软件产品开发文件编制指南 GB/T 8567-1988。
（3）计算机软件需求说明编制指南 GB/T 9385-1988。

### 18.2.1 GB/T 16680–1996

《GB/T 16680-1996 软件文档管理指南》（NEQ ISO/IEC TR 9294-1990）标准为那些对软件或基于软件的产品的开发负有职责的管理者提供软件文档的管理指南。该标准的目的在于协助管理者在他们的机构中产生有效的文档。该标准涉及策略、标准、规程、资源和计划，管理者必须关注这些内容，以便有效地管理软件文档。

根据该标准，文档是指一种数据媒体和其上所记录的数据。它具有永久性并可以由人或机器阅读。通常仅用于描述人工可读的内容。例如，技术文件、设计文件、版本说明文件。

软件文档的作用：管理依据、任务之间联系的凭证、质量保证、培训与参考；软件维护支持、历史档案。

软件文档可归入三种类别：开发文档（描述开发过程本身）、产品文档（描述开发过程的产物）、管理文档（记录项目管理的信息）。

### 1. 文档计划

文档计划是指一个描述文档编制工作方法的管理用文档。该计划主要描述要编制什么类型的文档，这些文档的内容是什么，何时编写，由谁编写，如何编写，以及什么是影响期望结果的可用资源和外界因素。

文档计划一般包括以下几方面的内容：

（1）列出应编制文档的目录。

（2）提示编制文档应参考的标准。

（3）指定文档管理员。

（4）提供编制文档所需要的条件，落实文档编写人员、所需经费以及编制工具等。

（5）明确保证文档质量的方法，为了确保文档内容的正确性、合理性，应采取一定的措施，如评审、鉴定等。

（6）绘制进度表，以图表形式列出在软件生存期各阶段应产生的文档、编制人员、编制日期、完成日期、评审日期等。

此外，文档计划规定每个文档要达到的质量等级，以及为达到期望结果必须考虑哪些外部因素。文档计划还确定该计划和文档的分发，并且明确叙述参与文档工作的所有人员的职责。

### 2. 开发文档

开发文档是描述软件开发过程，包括软件需求、软件设计、软件测试、保证软件质量的一类文档，开发文档也包括软件的详细技术描述（程序逻辑、程序间相互关系、数据格式和存储等）。开发文档起到如下 5 种作用：

（1）是软件开发过程中包含的所有阶段之间的通信工具，记录生成软件需求、设计、编码和测试的详细规定和说明。

（2）描述开发小组的职责。通过规定软件、主题事项、文档编制、质量保证人员以及包含在开发过程中任何其他事项的角色来定义做什么、如何做和何时做。

（3）用来检验点而允许管理者评定开发进度。如果开发文档丢失、不完整或过时，管理者将失去跟踪和控制软件项目的一个重要工具。

（4）形成了维护人员所要求的基本软件文档。这些支持文档可作为产品文档的一部分。

（5）记录软件开发的历史。

基本的开发文档有可行性研究和项目任务书；需求规格说明；功能规格说明；设计规格说明，包括程序和数据规格说明；开发计划；软件集成和测试计划；质量保证计划、标准、进度；安全和测试信息。

**3．产品文档**

产品文档规定关于软件产品的使用、维护、增强、转换和传输的信息。产品文档起到如下三种作用：

（1）为使用和运行软件产品的任何人规定培训和参考信息。

（2）使得那些未参加本软件开发的程序员维护它。

（3）促进软件产品的市场流通或提高可接受性。

产品文档用于下列类型的读者：

（1）用户。他们利用软件输入数据、检索信息和解决问题。

（2）运行者。他们在计算机系统上运行软件。

（3）维护人员。他们维护、增强或变更软件。

产品文档包括如下内容：

（1）用于管理者的指南和资料，他们监督软件的使用。

（2）宣传资料。通告软件产品的可用性并详细说明它的功能、运行环境等。

（3）一般信息。对任何有兴趣的人描述软件产品。

基本的产品文档有培训手册；参考手册和用户指南；软件支持手册；产品手册和信息广告。

**4．管理文档**

管理文档建立在项目信息的基础上，诸如：

（1）开发过程的每个阶段的进度和进度变更的记录。

（2）软件变更情况的记录。

（3）相对于开发的判定记录。

（4）职责定义。

这种文档从管理的角度规定涉及软件生存的信息。相关文档的详细规定和编写格式见 GB8567。

**5．文档等级**

文档等级是指所所需文档的一个说明，指出文档的范围、内容、格式及质量，可以根据项目、费用、预期用途、作用范围或其他因素选择文档等级。每个文档的质量必须在文档计划期间就有明确的规定，文档的质量可以按文档的形式和列出的要求划分为 4 级。

（1）最底限度文档（1 级文档）：适合开发工作量低于一个人月的开发者自用程序。该文档应包含程序清单、开发记录、测试数据和程序简介。

（2）内部文档（2 级文档）：可用于在精心研究后被认为似乎没有与其他用户共享资源的专用程序。除 1 级文档提供的信息外，2 级文档还包括程序清单内足够的注释以帮助用户安装和使用程序。

（3）工作文档（3 级文档）：适合于由同一单位内若干人联合开发的程序，或可被其他单位使用的程序。

（4）正式文档（4级文档）：适合那些要正式发行供普遍使用的软件产品。关键性程序或具有重复管理应用性质（如工资计算）的程序需要4级文档。4级文档应遵守GB8567的有关规定。

## 18.2.2　GB/T 8567-2006

GB/T 8567-2006《计算机软件文档编制规范》主要对软件的开发过程和管理过程应编制的主要文档及其编制的内容、格式规定了基本要求。该标准原则上适用于所有类型的软件产品的开发过程和管理过程。

该标准规定了文档过程，包括软件标准的类型（含产品标准和过程标准）、源材料的准备、文档计划、文档开发、评审、与其他公司的文档开发子合同。该标准规定了文档编制要求，包括软件生存同期与各种文档的编制要求，含可行性与计划研究、需求分析、设计、实现、测试、运行与维护共6个阶段的要求，在文档编制中应考虑的各种因素。

该标准详细给出了25种文档编制的格式，包括可行性分析（研究）报告、软件开发计划、软件测试计划、软件安装计划、软件移交计划、运行概念说明、系统/子系统需求规格说明、接口需求规格说明、系统/子系统设计（结构设计）说明、接口设计说明、软件需求规格说明、数据需求说明、软件（结构）设计说明、数据库（顶层）设计说明、软件测试说明、软件测试报告、软件配置管理计划、软件质量保证计划、开发进度月报、项目开发总结报告、软件产品规格说明、软件版本说明、软件用户手册、计算机操作手册、计算机编程手册。这25种文件可分别适用于计算机软件的管理人员、开发人员、维护人员和用户。标准给出了25种文件的具体内容，使用者可根据实际情况对该标准进行适当剪裁。

该标准参考国际标准ISO/IEC 15910：1999《信息技术　软件用户文档过程》等标准制定的，代替GB/T 8567-1988《计算机软件产品开发文件编制指南》。

### 1．文档的编制

软件生命周期各阶段与软件文档编制工作的关系如表18-4所示。

表18-4　软件生命周期各阶段与软件文档编制工作的关系

| 阶段<br>文档 | 可行性研究<br>与计划 | 需求分析 | 软件测试 | 编码与单<br>元测试 | 集成测试<br>确认测试 | 运行维护 |
|---|---|---|---|---|---|---|
| 可行性研究报告 | √ | | | | | |
| 项目开发计划 | √ | | | | | |
| 软件需求说明书 | | √ | | | | |
| 数据要求说明书 | | √ | | | | |
| 概要设计说明书 | | | √ | | | |
| 详细设计说明书 | | | √ | | | |

续表

| 阶段<br>文档 | 可行性研究<br>与计划 | 需求分析 | 软件测试 | 编码与单<br>元测试 | 集成测试<br>确认测试 | 运行维护 |
|---|---|---|---|---|---|---|
| 数据库设计说明书 | | | √ | | | |
| 用户手册 | | √ | √ | √ | | |
| 操作手册 | | | √ | √ | | |
| 模块开发卷宗 | | | | √ | √ | |
| 开发进度月报 | √ | √ | √ | √ | √ | |
| 测试计划 | | √ | √ | | | |
| 测试分析报告 | | | | | √ | |
| 项目开发总结 | | | | | √ | |
| 维护报告 | | | | | | √ |

### 2. 文档的使用

各类人员与软件文档的使用关系如表 18-5 所示。

表 18-5 各类人员与软件文档的使用关系

| | 管 理 人 员 | 开 发 人 员 | 维 护 人 员 | 用 户 |
|---|---|---|---|---|
| 可行性研究报告 | √ | √ | | |
| 项目开发计划 | √ | √ | | |
| 软件需求说明书 | | √ | | |
| 数据要求说明书 | | √ | | |
| 概要设计说明书 | | √ | √ | |
| 详细设计说明书 | | √ | √ | |
| 数据库设计说明书 | | √ | √ | |
| 用户手册 | | | | √ |
| 操作手册 | | | | √ |
| 模块开发卷宗 | √ | | √ | |
| 开发进度月报 | √ | | | |
| 测试计划 | | √ | | |
| 测试分析报告 | | √ | √ | |
| 项目开发总结 | √ | | | |
| 维护报告 | √ | | √ | |

### 3. 文档的控制

在一项软件的开发过程中，随着程序的逐步形成和逐步修改，各种文件亦在不断地产生、不断地修改或补充。因此，必须加以周密的控制，以保持文件与程序产品的一致性，保持各种文件之间的一致性和文件的安全性。这种控制表现为：

（1）就从事一项软件开发工作的开发集体而言，应设置一位专职的文件管理人员（接口管理工程师或文件管理员）；在开发集体中，应该集中保管本项目现有全部文件的主文本两套，由该文件管理人员负责保管。

（2）每一份提交给文件管理人员的文件都必须具有编写人、审核人和批准人的签字。

（3）这两套主文本的内容必须完全一致。其中有一套是可供出借的，另一套是绝对不能出借的，以免发生万一；可出借的主文本在出借时必须办理出借手续，归还时办理注销出借手续。

（4）开发集体中的工作人员可以根据工作的需要，在本项目的开发过程中持有一些文件，即所谓个人文件，包括为使他完成他承担的任务所需要的文件，以及他在完成任务过程中所编制的文件；但这种个人文件必须是主文本的复制品，必须同主文本完全一致，若要修改，必须首先修改主文本。

（5）不同开发人员所拥有的个人文件通常是主文本的各种子集；所谓子集是指把主文本的各个部分根据承担不同任务的人员或部门的工作需要加以复制、组装而成的若干个文件的集合；文件管理人员应该列出一份不同子集的分发对象的清单，按照清单及时把文件分发给有关人员或部门。

（6）一份文件如果已经被另一份新的文件所代替，则原文件应该被注销；文件管理人中要随时整理主文本，及时反映出文件的变化和增加情况，及时分发文件。

（7）当一个项目的开发工作临近结束时，文件管理人员应逐个收回开发集体内每个成员的个人文件，并检查这些个人文件的内容；经验表明，这些个人文件往往可能比主文本更详细，或同主文本的内容有所不同，必须认真监督有关人员进行修改，使主文本能真正反映实际的开发结果。

### 18.2.3　GB/T 9385–1988

《GB/T 9385-1988 计算机软件需求说明编制指南》（NEQ ANSI/IEEE 830-1984）由原国家标准局于 1988 年 6 月 18 日发布，1988 年 12 月 1 日起实施。

该指南详细描述了计算机软件需求说明（Software Requirements Specifications，SRS）应该包含的内容及编写格式。该指南为软件需求实践提供了一个规范化的方法，不提倡把软件需求说明划分成等级，避免把它定义成更小的需求子集。

该指南规定，SRS 的内容应该包括：

（1）前言：包括目的、范围、定义、缩写词、略语、参考资料。

（2）项目概述：包括产品描述、产品功能、用户特点、一般约束、假设和依据。

（3）具体需求。

（4）附录和索引。

SRS 应该具有以下特性：无歧义性、完整性、可验证性、一致性、可修改性、可追踪性（向后追踪、向前追踪）、运行和维护阶段的可使用性。

## 18.3　安全标准

信息安全是一个很广泛的概念，涉及计算机和网络系统的各个方面。从总体上来讲，信息安全有 5 个基本要素：

（1）机密性：确保信息不暴露给未授权的实体或进程。

（2）完整性：只有得到允许的人才能够修改数据，并能够判别数据是否已被篡改。

（3）可用性：得到授权的实体在需要时可访问数据。

（4）可控性：可以控制授权范围内的信息流向和行为方式。

（5）可审查性：对出现的安全问题提供调查的依据和手段。

## 18.3.1　安全系统体系结构

ISO7498-2 从体系结构的观点描述了 5 种可选的安全服务、8 项特定的安全机制以及 5 种普遍性的安全机制，它们可以在 OSI/RM 模型的适当层次上实施。

### 1．安全服务

安全服务是指计算机网络提供的安全防护措施，包括认证服务、访问控制、数据机密性服务、数据完整性服务、不可否认服务。

（1）认证服务：确保某个实体身份的可靠性，可分为两种类型。

一种类型是认证实体本身的身份，确保其真实性，称为实体认证。实体的身份一旦获得确认就可以和访问控制表中的权限关联起来，决定是否有权进行访问。口令认证是实体认证中一种最常见的方式。

另一种认证是证明某个信息是否来自于某个特定的实体，这种认证叫做数据源认证。数据签名技术就是一例。

（2）访问控制：防止对任何资源的非授权访问，确保只有经过授权的实体才能访问受保护的资源。

（3）数据机密性服务：确保只有经过授权的实体才能理解受保护的信息。在信息安全中主要区分两种机密性服务——数据机密性服务和业务流机密性服务。数据机密性服务主要是采用加密手段使得攻击者即使窃取了加密的数据也很难推出有用的信息；业务流机密性服务则要使监听者很难从网络流量的变化上推出敏感信息。

（4）数据完整性服务：防止对数据未授权的修改和破坏。完整性服务使消息的接收者能够发现消息是否被修改，是否被攻击者用假消息换掉。

（5）不可否认服务：防止对数据源以及数据提交的否认。它有两种可能：数据发送的不可否认性和数据接收的不可否认性。这两种服务需要比较复杂的基础设施的持，如数字签名技术。

### 2．特定的安全机制

安全机制是用来实施安全服务的机制。安全机制既可以是具体的、特定的，也可以是通用的。

（1）加密机制：用于保护数据的机密性。它依赖于现代密码学理论，一般来说加/解密算法是公开的，加密的安全性主要依赖于密钥的安全性和强度。

（2）数字签名机制：保证数据完整性及不可否认性的一种重要手段，可以采用特定的数字签名机制生成，也可以通过某种加密机制生成。

（3）访问控制机制：与实体认证密切相关。首先，要访问某个资源的实体应成功通过认证，然后访问控制机制对该实体的访问请求进行处理，查看该实体是否具有访问所请求资源的权限，并做出相应的处理。

（4）数据完整性机制：用于保护数据免受未经授权的修改，该机制可以通过使用一种单向的不可逆函数（如散列函数）来计算出消息摘要，并对消息摘要进行数字签名来实现。

（5）认证交换机制：通过交换标识信息使通信双方相互信任。

（6）流量填充机制：针对的是对网络流量进行分析的攻击。有时攻击者通过对通信双方的数据流量的变化进行分析，根据流量的变化来推出一些有用的信息或线索。

（7）路由控制机制：可以指定数据通过网络的路径。这样就可以选择一条路径，这条路径上的节点都是可信任的，确保发送的信息不会因通过不安全的节点而受到攻击。

（8）公证机制：由通信各方都信任的第三方提供。由第三方来确保数据完整性、数据源、时间及目的地的正确。

**3．普遍性的安全机制**

普遍性安全机制不是为任何特定的服务而特设的，因此在任一特定的层上，对它们都不作明确的说明。某些普遍性安全机制可认为属于安全管理方面。普遍性安全机制可分为以可信功能度、安全标记、事件检测、安全审计跟踪、安全恢复。

（1）可信功能度：可以扩充其他安全机制的范围，或建立这些安全机制的有效性；可以保证对硬件与软件寄托信任的手段已超出标准的范围，而且在任何情况下，这些手段随已察觉到的威胁的级别和被保护信息的价值而改变。

（2）安全标记：与某一资源（可以是数据单元）密切相关联的标记，为该资源命名或指定安全属性（这种标记或约束可以是明显的，也可以是隐含的）。

（3）事件检测：与安全有关的事件检测包括对安全明显事件的检测，也可以包括对"正常"事件的检测。例如，一次成功的访问（或注册）。与安全有关的事件的检测可由 OSI/RM 内部含有安全机制的实体来做。

（4）安全审计跟踪：就是对系统的记录与行为进行独立的评估考查，目的是测试系统的控制是否恰当，保证与既定策略和操作的协调一致，有助于做出损害评估，以及对在控制、策略与规程中指明的改变做出评价。

（5）安全恢复：处理来自诸如事件处置与管理功能等机制的请求，并把恢复动作当作是应用一组规则的结果。恢复动作可能有 3 种：立即动作、暂时动作、长期动作。

## 18.3.2　安全保护等级

《计算机信息系统安全保护等级划分准则》（GB17859-1999）规定了计算机系统安全保护能力的五个等级，即用户自主保护级、系统审计保护级、安全标记保护级、结构化保护级、访问验证保护级。计算机信息系统安全保护能力随着安全保护等级的增高，逐渐增强。

（1）用户自主保护级。本级的计算机信息系统可信计算机通过隔离用户与数据，使用户具备自主安全保护的能力。它具有多种形式的控制能力，对用户实施访问控制，即为用户提供可行的手段，保护用户和用户组信息，避免其他用户对数据的非法读写与破坏。第一级适用于普通内联网用户。

（2）系统审计保护级。与用户自主保护级相比，本级的计算机信息系统可信计算机实施了粒度更细的自主访问控制，它通过登录规程、审计安全性相关事件和隔离资源，使用户对自己的行为负责。第二级适用于通过内联网或国际网进行商务活动，需要保密的非重要单位。

（3）安全标记保护级。本级的计算机信息系统可信计算机具有系统审计保护级的所有功能。此外，还提供有关安全策略模型、数据标记，以及主体对客体强制访问控制的非形式化描述；具有准确地标记输出信息的能力；消除通过测试发现的任何错误。第三级适用于地方各级国家机关、金融机构、邮电通信、能源与水源供给部门、交通运输、大型工商与信息技术企业、重点工程建设等单位。

（4）结构化保护级。本级的计算机信息系统可信计算机建立于一个明确定义的形式化安全策略模型之上，要求将第三级系统中的自主和强制访问控制扩展到所有主体与客体。此外，还要考虑隐蔽通道。本级的计算机信息系统可信计算机必须结构化为关键保护元素和非关键保护元素。计算机信息系统可信计算机的接口也必须明确定义，使其设计与实现能经受更充分的测试和更完整的复审。加强了鉴别机制，支持系统管理员和操作员的职能，提供可信设施管理，增强了配置管理控制。系统具有相当的抗渗透能力。第四级适用于中央级国家机关、广播电视部门、重要物资储备单位、社会应急服务部门、尖端科技企业集团、国家重点科研机构和国防建设等部门。

（5）访问验证保护级。本级的计算机信息系统可信计算机满足访问监控器需求。访问监控器仲裁主体对客体的全部访问。访问监控器本身是抗篡改的，而且必须足够小，能够分析和测试。为了满足访问监控器需求，计算机信息系统可信计算机在其构造时，排除了那些对实施安全策略来说并非必要的代码；在设计和实现时，从系统工程角度将其复杂性降低到最小程度。支持安全管理员职能；扩充审计机制，当发生与安全相关的事件时发出信号；提供系统恢复机制。系统具有很高的抗渗透能力。第五级适用于国防关键部门和依法需要对计算机信息系统实施特殊隔离的单位。

### 18.3.3  信息安全保障系统

在实施信息系统的安全保障系统时，应严格区分信息安全保障系统的三种不同体系结构，分别是 MIS+S、S-MIS 和 $S^2$-MIS。

（1）MIS+S（Management Information System + Security）系统：为初级信息安全保障系统或基本信息安全保障系统，这种系统是初等的、简单的信息安全保障系统，该系统的特点是应用基本不变；硬件和系统软件通用；安全设备基本不带密码。

（2）S-MIS（Security - Management Information System）系统：为标准信息安全保障系统，这种系统是建立在 PKI/CA 标准的信息安全保证系统，该系统的特点是硬件和系统软件通用；PKI/CA 安全保障系统必须带密码；应用系统必须根本改变。

（3）S$^2$-MIS（Super Security Management Information System）系统：为超安全的信息安全保障系统，这种系统是"绝对的"的安全的信息安全保障系统，不仅使用 PKI/CA 标准，同时硬件和系统软件都使用专用的安全产品。这种系统的特点是硬件和系统软件都专用；PKI/CA 安全保障系统必须带密码；应用系统必须根本改变；主要的硬件和系统软件需要 PKI/CA 认证。

### 18.3.4　可信计算机系统

本节主要介绍 TCSEC（Trusted Computer System Evaluation Criteria，可信计算机系统准则）。TCSEC 标准是计算机系统安全评估的第一个正式标准，具有划时代的意义。TCSEC 将计算机系统的安全划分为 4 个等级、7 个级别。

（1）D 类安全等级：D 类安全等级只包括 D1 一个级别。D1 的安全等级最低。D1 系统只为文件和用户提供安全保护。D1 系统最普通的形式是本地操作系统，或是一个完全没有保护的网络。

（2）C 类安全等级：该类安全等级能够提供审慎的保护，并为用户的行动和责任提供审计能力。C 类安全等级可划分为 C1 和 C2 两类。C1 系统的可信任运算基础体制通过将用户和数据分开来达到安全的目的。在 C1 系统中，所有的用户以同样的灵敏度来处理数据，即用户认为 C1 系统中的所有文档都具有相同的机密性。C2 系统比 C1 系统加强了可调的审慎控制。在连接到网络上时，C2 系统的用户分别对各自的行为负责。C2 系统通过登录过程、安全事件和资源隔离来增强这种控制。C2 系统具有 C1 系统中所有的安全性特征。

（3）B 类安全等级：B 类安全等级可分为 B1、B2 和 B3 三类。B 类系统具有强制性保护功能。强制性保护意味着如果用户没有与安全等级相连，系统就不会让用户存取对象。B1 系统满足下列要求：系统对网络控制下的每个对象都进行灵敏度标记；系统使用灵敏度标记作为所有强迫访问控制的基础；系统在把导入的、非标记的对象放入系统前标记它们；灵敏度标记必须准确地表示其所联系对象的安全级别；当系统管理员创建系统或增加新的通信通道或 I/O 设备时，管理员必须指定每个通信通道和 I/O 设备是单级还是多级，并且管理员只能手工改变指定；单级设备并不保持传输信息的灵敏度级别；所有直接面向用户位置的输出（无论是虚拟的还是物理的）都必须产生标记来指示关于输出对象的灵敏度；系统必须使用用户的口令或证明来决定用户的安全访问级别；系统必须通过审计来记录未授权访问的企图。

B2 系统必须满足 B1 系统的所有要求。另外，B2 系统的管理员必须使用一个明确的、文档化的安全策略模式作为系统的可信任运算基础体制。B2 系统必须满足下列要求：系统必须立即通知系统中的每一个用户所有与之相关的网络连接的改变；只有用户能够在可信任通信路径中进行初始化通信；可信任运算基础体制能够支持独立的操作者和管理员。

B3 系统必须符合 B2 系统的所有安全需求。B3 系统具有很强的监视委托管理访问能力和抗干扰能力。B3 系统必须设有安全管理员。B3 系统应满足以下要求：除了控制对个别对象的访问外，B3 必须产生一个可读的安全列表；每个被命名的对象提供对该对象没有访问权的用户列表说明；B3 系统在进行任何操作前，要求用户进行身份验证；B3 系统验证每个用户，同时还会发送一个取消访问的审计跟踪消息；设计者必须正确区分可信任的通信路径和其他路径；可信任的通信基础体制为每一个被命名的对象建立安全审计跟踪；可信任的运算基础体制支持独立的安全管理。

（4）A 类安全等级：A 系统的安全级别最高。目前，A 类安全等级只包含 A1 一个安全类别。A1 类与 B3 类相似，对系统的结构和策略不做特别要求。A1 系统的显著特征是，系统的设计者必须按照一个正式的设计规范来分析系统。对系统分析后，设计者必须运用核对技术来确保系统符合设计规范。A1 系统必须满足下列要求：系统管理员必须从开发者那里接收到一个安全策略的正式模型；所有的安装操作都必须由系统管理员进行；系统管理员进行的每一步安装操作都必须有正式文档。

在欧洲四国（英、法、德、荷）也提出了评价满足保密性、完整性、可用性要求的信息技术安全评价准则（Information Technology Security Evaluation Criteria，ITSEC）后，美国又联合以上诸国和加拿大，并会同 ISO 共同提出了信息技术安全评价的通用准则（Common Criteria for ITSEC，CC），CC 已经被技术发达的国家承认为代替 TCSEC 的评价安全信息系统的标准，且将发展成为国际标准。

# 18.4　例题分析

为了帮助考生了解考试中的标准化方面的题型和考试范围，本节分析 4 道典型的试题。

**例题 1**

标准化工作的任务是制定标准、组织实施标准和对标准的实施进行监督，　(1)　是指编制计划，组织草拟，审批、编号、发布的活动。

（1）A．制定标准　　　　　　　　　　B．组织实施标准

　　　C．对标准的实施进行监督　　　　D．标准化过程

**例题 1 分析**

标准化是为了在一定范围内获得最佳秩序，对现实问题或潜在问题制订共同使用和

重复使用的条款的活动。《中华人民共和国标准化法》明确规定标准化工作的任务是制订标准、组织实施标准和对标准的实施进行监督。

制定标准是指，标准制定部门对需要制定标准的项目，编制计划，组织草拟，审批、编号、发布的活动。组织实施标准是指有组织、有计划、有措施地贯彻执行标准的活动。对标准的实施进行监督是指对标准贯彻执行情况进行督、检查和处理的活动。

**例题 1 答案**

（1）A

**例题 2**

由政府或国家级的机构制定或批准的标准称为国家标准，以下由　(2)　冠名的标准不属于国家标准。

（2）A. GB　　　　　　B. BS　　　　　　C. ANSI　　　　D. IEEE

**例题 2 分析**

IEEE 是行业标准，GB 是中国国家标准，BS 是英国国家标准，ANSI 是美国国家标准。

**例题 2 答案**

（2）D

**例题 3**

以 GJB 冠名的标准属于　(3)　。PSD、PAD 等程序构造的图形表示属于　(4)　。

（3）A. 国际标准　　B. 国家标准　　　C. 行业标准　　　D. 企业规范

（4）A. 基础标准　　B. 开发标准　　　C. 文档标准　　　D. 管理标准

**例题 3 分析**

根据《国家标准管理办法》第四条规定，国家标准的代号由大写汉语拼音字母构成，强制性国家标准的代号为 GB，推荐性国家标准的代号为 GB/T。GJB 是我国国家军用标准，属于行业标准。但是，GSB（国家实物标准）却是国家标准。

图形符号、箭头表示等都属于基础标准，如果需要，可以用在各种具体的标准中。

**例题 3 答案**

（3）C　　　　　　　（4）A

**例题 4**

2005 年 12 月，ISO 正式发布了①作为 IT 服务管理的国际标准；2007 年 10 月，ITU 接纳②为 3G 标准；2005 年 10 月，ISO 正式发布了③作为信息安全管理的国际标准。①、②和③分别是　(5)　。

（5）A. ①ISO27000　　　②IEEE802.16　　　③ISO20000

　　　B. ①ISO27000　　　②ISO20000　　　　③IEEE802.16

　　　C. ①ISO20000　　　②IEEE802.16　　　③ISO27000

　　　D. ①IEEE802.16　　②ISO20000　　　　③ISO27000

**例题 4 分析**

2005 年 12 月，英国标准协会已有的 IT 服务管理标准 BS15000，已正式发布成为 ISO 国际标准：ISO20000。

2007 年 10 月，联合国国际电信联盟已批准 WiMAX（World Interoperability for Microwave Access，全球微波接入互操作性）无线宽带接入技术成为移动设备的全球标准。WiMAX 继 WCDMA、CDMA2000、TD-SCDMA 后全球第 4 个 3G 标准。WiMAX 的另一个名字是 802.16。IEEE802.16 标准是一项无线城域网技术，是针对微波和毫米波频段提出的一种新的空中接口标准。它用于将 802.11a 无线接入热点连接到互联网，也可连接公司与家庭等环境至有线骨干线路。它可作为线缆和 DSL 的无线扩展技术，从而实现无线宽带接入。

ISO27001:2005 即《BS 7799-2:2005（ISO/IEC 27001:2005）信息技术-安全技术-信息安全管理体系-要求》，它强调对一个组织运行所必需 IT 系统及信息的保密性、完整性和可用性的保护体系。不单纯涉及技术问题，而是涉及很多方面（历史、文化、道德、法律、管理、技术等）的一个综合性的体系。

**例题 4 答案**

（5）C

# 第 19 章 应用数学与经济管理

根据考试大纲的规定，本章要求考生掌握以下知识点：

（1）财务管理相关知识：会计常识、财务管理实务。

（2）应用数学：概率统计应用、图论应用、组合分析、运筹方法。

通过对历年考试试题的分析，希赛教育专家认为，对经济管理相关知识的考查，出题的概率比较小。在对应用数学知识的考查中，主要是考数学思维和方法，利用数学知识解决实际的问题。

限于篇幅，本书不可能对以上知识点进行穷尽，在后续的内容中，只是针对经常出现的一些考试知识点进行讨论。有关这方面的详细知识，请考生阅读相关专业书籍或学习《希赛教育应用数学与经济管理视频教程》。

## 19.1 图论应用

在图论中，主要考查最小生成树、最短路径、关键路径等方面的问题。

### 19.1.1 最小生成树

一个连通且无回路的无向图称为树。在树中度数为 1 的结点称为树叶，度数大于 1 的结点称为分枝点或内结点。

给定图 $T$，以下关于树的定义是等价的：

（1）无回路的连通图。

（2）无回路且 $e=v-1$，其中 $e$ 为边数，$v$ 为结点数。

（3）连通且 $e=v-1$。

（4）无回路且增加一条新边，得到一个且仅一个回路。

（5）连通且删去任何一个边后不连通。

（6）每一对结点之间有一条且仅一条路。

在带权的图 $G$ 的所有生成树中，树权最小的那棵生成树，称作最小生成树。

求连通的带权无向图的最小代价生成树的算法有普里姆（Prim）算法和克鲁斯卡尔（Kruskal）算法。

**1. 普里姆算法**

设已知 $G=(V, E)$ 是一个带权连通无向图，顶点 $V=\{0, 1, 2, \cdots, n-1\}$。设 $U$ 是

构造生成树过程中已被考虑在生成树上的顶点的集合。初始时，$U$ 只包含一个出发顶点。设 $T$ 是构造生成树过程中已被考虑在生成树上的边的集合，初始时 $T$ 为空。如果边（$i$，$j$）具有最小代价，且 $i \in U$，$j \in V\text{--}U$，那么最小代价生成树应包含边（$i$，$j$）。把 $j$ 加到 $U$ 中，把（$i$，$j$）加到 $T$ 中。重复上述过程，直到 $U$ 等于 $V$ 为止。这时，$T$ 即为要求的最小代价生成树的边的集合。

普里姆算法的特点是当前形成的集合 $T$ 始终是一棵树。因为每次添加的边是使树中的权尽可能小，因此这是一种贪心的策略。普里姆算法的时间复杂度为 $O(n^2)$，与图中边数无关，所以适合于稠密图。

### 2．克鲁斯卡尔算法

设 $T$ 的初始状态只有 $n$ 个顶点而无边的森林 $T=(V, \varphi)$，按边长递增的顺序选择 $E$ 中的 $n\text{--}1$ 条安全边$(u, v)$并加入 $T$，生成最小生成树。所谓安全边是指两个端点分别是森林 $T$ 里两棵树中的顶点的边。加入安全边，可将森林中的两棵树连接成一棵更大的树，因为每一次添加到 $T$ 中的边均是当前权值最小的安全边，MST 性质也能保证最终的 $T$ 是一棵最小生成树。

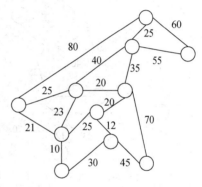

克鲁斯卡尔算法的特点是当前形成的集合 $T$ 除最后的结果外，始终是一个森林。克鲁斯卡尔算法的时间复杂度为 $O(e\log_2 e)$，与图中顶点数无关，所以较适合于稀疏图。

图 19-1　求图的最小生成树

例如，使用普里姆算法构造如图 19-1 所示的最小生成树的过程如图 19-2～图 19-6 所示。

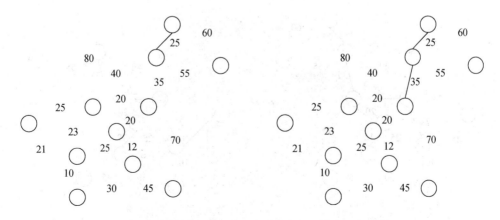

图 19-2　使用普里姆算法构造最小生成树的过程（1）

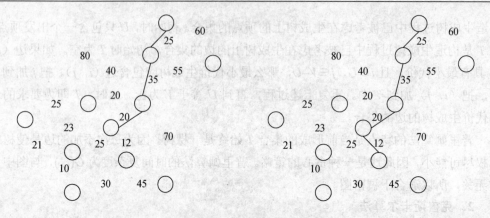

图 19-3　使用普里姆算法构造最小生成树的过程（2）

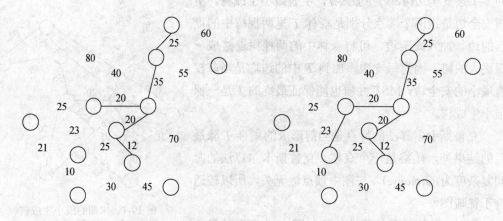

图 19-4　使用普里姆算法构造最小生成树的过程（3）

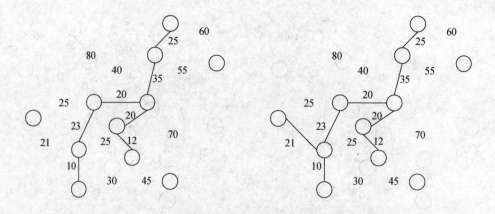

图 19-5　使用普里姆算法构造最小生成树的过程（4）

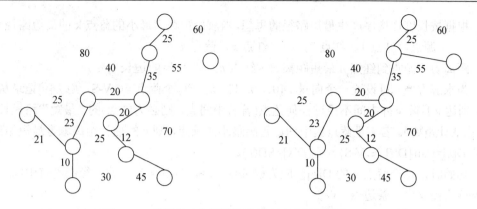

图 19-6　使用普里姆算法构造最小生成树的过程（5）

## 19.1.2　最短路径

带权图的最短路径问题即求两个顶点间长度最短的路径，其中路径长度不是指路径上边数的总和，而是指路径上各边的权值总和。路径长度的具体含义取决于边上权值所代表的意义。

已知有向带权图（简称有向网）$G=(V, E)$，找出从某个源点 $s∈V$ 到 $V$ 中其余各顶点的最短路径，称为单源最短路径。

目前，求单源最短路径主要使用迪杰斯特拉（Dijkstra）提出的一种按路径长度递增序列产生各顶点最短路径的算法。若按长度递增的次序生成从源点 s 到其他顶点的最短路径，则当前正在生成的最短路径上除终点以外，其余顶点的最短路径均已生成（将源点的最短路径看作是已生成的源点到其自身的长度为 0 的路径）。

迪杰斯特拉算法的基本思想是：设 S 为最短距离已确定的顶点集（看作红点集），V-S 是最短距离尚未确定的顶点集（看作蓝点集）。

（1）初始化：初始化时，只有源点 $s$ 的最短距离是已知的（SD(s)=0），故红点集 $S=\{s\}$，蓝点集为空。

（2）重复以下工作，按路径长度递增次序产生各顶点最短路径：在当前蓝点集中选择一个最短距离最小的蓝点来扩充红点集，以保证算法按路径长度递增的次序产生各顶点的最短路径。当蓝点集中仅剩下最短距离为∞的蓝点，或者所有蓝点已扩充到红点集时，s 到所有顶点的最短路径就求出来了。

需要注意的是：

（1）若从源点到蓝点的路径不存在，则可假设该蓝点的最短路径是一条长度为无穷大的虚拟路径。

（2）从源点 $s$ 到终点 $v$ 的最短路径简称为 $v$ 的最短路径；$s$ 到 $v$ 的最短路径长度简称为 $v$ 的最短距离，并记为 SD($v$)。

根据按长度递增序产生最短路径的思想，当前最短距离最小的蓝点 k 的最短路径是：

　　源点，红点 1，红点 2，…，红点 n，蓝点 k

距离为"源点到红点 n 最短距离 +<红点 n，蓝点 k>的边长"。

为求解方便，可设置一个向量 D[0．．n–1]，对于每个蓝点 v∈V-S，用 D[v] 记录从源点 s 到达 v 且除 v 外中间不经过任何蓝点(若有中间点，则必为红点)的"最短"路径长度(简称估计距离)。若 k 是蓝点集中估计距离最小的顶点，则 k 的估计距离就是最短距离，即若 D[k]=min{D[i] i∈V-S}，则 D[k]=SD(k)。

初始时，每个蓝点 v 的 D[c] 值应为权 w<s，v>，且从 s 到 v 的路径上没有中间点，因为该路径仅含一条边<s，v>。

将 k 扩充到红点后，剩余蓝点集的估计距离可能由于增加了新红点 k 而减小，此时必须调整相应蓝点的估计距离。对于任意的蓝点 j，若 k 由蓝变红后使 D[j] 变小，则必定是由于存在一条从 s 到 j 且包含新红点 k 的更短路径 P=<s，…，k，j>。且 D[j] 减小的新路径 P 只可能是由于路径<s，…，k>和边<k，j>组成。所以，当 length(P)=D[k]+w<k，j> 小于 D[j] 时，应该用 P 的长度来修改 D[j] 的值。

例如，求如图 19-7 所示的图从 s 点到 t 点的最短路径。

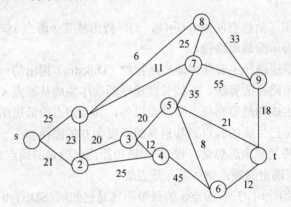

图 19-7　对结点进行编号

求最短路径的过程如表 19-1 所示。

表 19-1　求最短路径的过程

| 红 点 集 | D[1] | D[2] | D[3] | D[4] | D[5] | D[6] | D[7] | D[8] | D[9] | D[t] |
|---|---|---|---|---|---|---|---|---|---|---|
| {s} | 25 | 21 | ∞ | ∞ | ∞ | ∞ | ∞ | ∞ | ∞ | ∞ |
| {s,2} | 25 | | 41 | 46 | ∞ | ∞ | | ∞ | ∞ | ∞ |
| {s,2,1} | | | 41 | 46 | ∞ | ∞ | 36 | 31 | ∞ | ∞ |
| {s,2,1,8} | | | 41 | 46 | ∞ | ∞ | 36 | | 64 | ∞ |
| {s,2,1,8,7} | | | 41 | 46 | 71 | ∞ | | | 64 | ∞ |

续表

| 红 点 集 | D[1] | D[2] | D[3] | D[4] | D[5] | D[6] | D[7] | D[8] | D[9] | D[*t*] |
|---|---|---|---|---|---|---|---|---|---|---|
| {s,2,1,8,7,3} | | | | 46 | 61 | ∞ | | | 64 | ∞ |
| {s,2,1,8,7,3,4} | | | | | 61 | 91 | | | 64 | ∞ |
| {s,2,1,8,7,3,4,5} | | | | | | 69 | | | 64 | 82 |
| {s,2,1,8,7,3,4,5,9} | | | | | | 69 | | | | 82 |
| {s,2,1,8,7,3,4,5,9,6} | | | | | | | | | | 81 |
| {s,2,1,8,7,3,4,5,9,6,t} | | | | | | | | | | |

因此，从 *s* 到 *t* 的最短路径长度为 81，路径为 *s*→2→3→5→6→*t*。

## 19.1.3　关键路径

在 AOV 网络中，如果边上的权表示完成该活动所需的时间，则称这样的 AOV 为 AOE 网络。例如，图 19-8 所示为一个具有 10 个活动某个工程的 AOE 网络。图中有 7 个结点，分别表示事件 1~7，其中 1 表示工程开始状态，7 表示工程结束状态，边上的权表示完成该活动所需的时间。

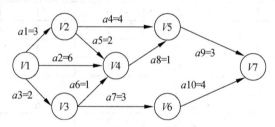

图 19-8　AOE 网络的例子

因 AOE 网络中的某些活动可以并行地进行，所以完成工程的最少时间是从开始结点到结束结点的最长路径长度，称从开始结点到结束结点的最长路径为关键路径（临界路径），关键路径上的活动为关键活动。为了找出给定的 AOE 网络的关键活动，从而找出关键路径，先定义几个重要的量：

$V_e(j)$、$V_l(j)$：结点 *j* 事件最早、最迟发生时间。

$e(i)$、$l(i)$：活动 *i* 最早、最迟开始时间。

从源点 $V_1$ 到某结点 $V_j$ 的最长路径长度，称为事件 $V_j$ 的最早发生时间，记作 $V_e(j)$。$V_e(j)$ 也是以 $V_j$ 为起点的出边<$V_j$, $V_k$>所表示的活动 $a_i$ 的最早开始时间 $e(i)$。

在不推迟整个工程完成的前提下，一个事件 $V_j$ 允许的最迟发生时间，记作 $V_l(j)$。显然，$l(i)=V_l(j)-(a_i$ 所需时间)，其中 *j* 为 $a_i$ 活动的终点。满足条件 $l(i)=e(i)$ 的活动为关键活动。

求顶点 $V_j$ 的 $V_e(j)$ 和 $V_l(j)$ 可按以下两步来做：

（1）由源点开始向汇点递推。

$$\begin{cases} V_e(1) = 0 \\ V_e(j) = MAX\{V_e(i) + d(i,j)\}, <V_i, \ V_j> \in E_1, 2 \leqslant j \leqslant n \end{cases}$$

其中，$E_1$ 是网络中以 $V_j$ 为终点的入边集合。

（2）由汇点开始向源点递推。

$$\begin{cases} V_l(n) = V_e(n) \\ V_l(j) = MIN\{V_l(k) - d(j,k)\}, <V_j, \ V_k> \in E_2, 2 \leqslant j \leqslant n-1 \end{cases}$$

其中，$E_2$ 是网络中以 $V_j$ 为起点的出边集合。

要求一个 AOE 的关键路径，一般需要根据以上变量列出一张表格，逐个检查。例如，求图 19-8 中 AOE 的关键路径的表格如表 19-2 所示。

表 19-2　求关键路径的过程

| $V_j$ | $V_e(j)$ | $V_l(j)$ | $a_i$ | $e(i)$ | $l(i)$ | $l(i)-e(i)$ |
|---|---|---|---|---|---|---|
| $V_1$ | 0 | 0 | $a_1(3)$ | 0 | 0 | 0 |
| $V_2$ | 3 | 3 | $a_2(6)$ | 0 | 0 | 0 |
| $V_3$ | 2 | 3 | $a_3(2)$ | 0 | 1 | 1 |
| $V_4$ | 6 | 6 | $a_4(4)$ | 3 | 3 | 0 |
| $V_5$ | 7 | 7 | $a_5(2)$ | 3 | 4 | 1 |
| $V_6$ | 5 | 6 | $a_6(1)$ | 2 | 5 | 3 |
| $V_7$ | 10 | 10 | $a_7(3)$ | 2 | 3 | 1 |
| | | | $a_8(1)$ | 6 | 6 | 0 |
| | | | $a_9(3)$ | 7 | 7 | 0 |
| | | | $a_{10}(4)$ | 5 | 6 | 1 |

因此，图 19-8 中的关键活动为 $a_1$，$a_2$，$a_4$，$a_8$ 和 $a_9$，其对应的关键路径有两条，分别为（$V_1$，$V_2$，$V_5$，$V_7$）和（$V_1$，$V_4$，$V_5$，$V_7$），长度都是 10。

一般来说，不在关键路径上的活动时间的缩短，不能缩短整个工期。而不在关键路径上的活动时间的延长，可能导致关键路径的变化，因此可能影响整个工期。

在实际解答试题时，一般所给出的活动数并不多，可以采取观察法求得其关键路径，即路径最长的那条路径就是关键路径。

## 19.2　概率统计应用

在概率统计应用方面，主要考查概率的基本概念和常用分布的应用。

### 19.2.1　概率基础知识

在不变的条件下，重复做 $n$ 次试验，设 $n$ 次试验中事件 $A$ 发生 $m$ 次。如果当 $n$ 很大时，频率 $\dfrac{m}{n}$ 稳定地在某一数值 $P$ 的附近摆动，而且随着 $n$ 的增大，这种摆动的幅度越小，则称数值 $P$ 为事件 $A$ 的概率，记作 $P(A) = p$。

**1. 概率的基本性质**

① $P(\phi) = 0$，$P(\Omega) = 1$。

**注意：** 概率为 0 的事件不一定是不可能事件，概率为 1 的事件也不一定是必然事件。

② 对于任何事件 $A$，$0 \leqslant P(A) \leqslant 1$。

③ $P(\overline{A}) = 1 - P(A)$。

④ $P(A - B) = P(A) - P(AB)$。

⑤ 当 $B \subseteq A$ 时，则 $P(A - B) = P(A) - P(B)$。

**2. 条件概率和事件的独立性**

如果 $A, B$ 是两个事件，且 $P(A) > 0$，称

$$P(B \mid A) = \frac{P(AB)}{P(A)}$$

为事件 $A$ 发生的条件下事件 $B$ 的条件概率。

如果 $P(AB) = P(A)P(B)$，则称 $A$ 与 $B$ 相互独立。

容易推出，$A$ 与 $B$ 相互独立当且仅当 $P(B \mid A) = P(B)$。也就是说，$A$ 与 $B$ 相互独立意味着 $B$ 发生的概率与 $A$ 是否发生无关。同样，$A$ 发生的概率与 $B$ 是否发生也无关。

**3. 加法公式**

① $P(A \bigcup B) = P(A) + P(B) - P(AB)$。

② $P(A \bigcup B \bigcup C) = P(A) + P(B) + P(C) - P(AB) - P(AC) - P(BC) + P(ABC)$。

**4. 全概率公式**

如果 $n$ 个事件 $B_1, B_2, \cdots, B_n$ 两两互斥，且 $\bigcup\limits_{i=1}^{n} B_i = \Omega$，则称这 $n$ 个事件是一个完全事件组。

设 $B_1, B_2, \cdots, B_n$ 是一个完全事件组，且 $P(B_i) > 0 (1 \leqslant i \leqslant n)$，则

$$P(A) = \sum_{i=1}^{n} P(B_i) P(A \mid B_i)$$

例如，设一仓库中有 10 箱同种规格的产品，其中由甲、乙、丙三厂生产的分别有 5 箱、3 箱、2 箱，三厂产品的废品率依此为 0.1、0.2、0.3。从这 10 箱产品中任取一箱，再从这箱中任取一件产品，求取得的正品概率。令 $A$ 表示事件"取得的产品为正品"，$B_1$，$B_2$，$B_3$ 分别表示事件"任取一件产品是甲、乙、丙厂生产的"。显然，$B_1$，$B_2$，$B_3$ 是一个完全事件组。根据全概率公式，则有

$$P(A) = \sum_{i=1}^{3} P(B_i) P(A \mid B_i) = \frac{5}{10} \cdot \frac{9}{10} + \frac{3}{10} \cdot \frac{8}{10} + \frac{2}{10} \cdot \frac{7}{10} = 0.82$$

### 19.2.2　常用分布

本节介绍 7 种常见的分布，考生要对这些分布的分布函数有所了解。

**1．0-1 分布**

当随机实验只有两种可能的结果时，可以用服从 0-1 分布的随机变量来描述。

$$p_k = P(\xi = k) = \begin{cases} 1-p & k=0 \\ p & k=1 \end{cases}$$

其中，$0 < p < 1$。

**2．二项分布**

设伯努利概型在每次试验中事件 $A$ 发生的概率为 $p$，则 $n$ 次实验中 $A$ 发生的次数可以用服从二项分布 $B(n,p)$ 的随机变量来描述。

$$p_k = P(\xi = k) = C_n^k p^k (1-p)^{n-k} \qquad k = 0,1,\cdots,n$$

其中，$n$ 是正整数；$0 < p < 1$。

**3．几何分布**

设独立重复中每次试验"成功"的概率均为 $P$。如果某次试验"成功"，就不再继续试验，则试验次数可用服从几何分布 $G(p)$ 的随机变量来表示。

$$p_k = P(\xi = k) = p(1-p)^{k-1} \qquad k = 0,1,2,\cdots$$

其中，$0 < p < 1$。

**4．泊松分布**

泊松（Poisson）分布可作为描述大量试验中稀有事件出现次数的概率分布的数学模型。例如，数字通信中的误码数、大批量产品中不合格品数、原子蜕变放射出的粒子数都可用服从泊松分布的随机变量来表示。

$$p_k = P(\xi = k) = \frac{\lambda^k}{k!} e^{-\lambda} \qquad k = 0,1,2,\cdots$$

其中，$\lambda > 0$。

**5．均匀分布**

当随机实验的结果在 $[a,b]$ 均匀分布时，可以用服从均匀分布 $\mu(a,b)$ 的随机变量来描述。

$$p(x) = \begin{cases} 1/(b-a) & a \leqslant x \leqslant b \\ 0 & x < a \text{或} x > b \end{cases}$$

其中，$-\infty < a < b < \infty$。

**6．指数分布**

设备、器件和工具的无故障工作时间或使用寿命常用服从指数分布的随机变量来描述。

$$p(x) = \begin{cases} \lambda e^{-\lambda x}, & x > 0 \\ 0, & x \leqslant 0 \end{cases}$$

其中，$\lambda > 0$。

### 7．标准正态分布

$\mu = 0, \sigma = 1$ 的正态分布 $N(0,1)$ 称作标准正态分布，其密度函数记作 $\phi(x)$，它的分布函数记作 $\Phi(x)$。

$$\phi(x) = \frac{1}{\sqrt{2\pi}} e^{-\frac{x^2}{2}} \qquad -\infty < x < \infty$$

## 19.3　运筹学方法

运筹学是处于数学、管理科学和计算机科学等的交叉领域。它广泛应用现有的科学技术知识和数学方法，解决实际中提出的专门问题，为决策者选择最优决策提供定量依据。运筹学主要研究经济活动和军事活动中能用数量来表达的有关策划、管理方面的问题。运筹学可以根据问题的要求，通过数学上的分析、运算，得出各种各样的结果，最后提出综合性的合理安排，以达到最好的效果。

### 19.3.1　线性规划

线性规划是研究在有限的资源条件下，如何有效地使用这些资源达到预定目标的数学方法。用数学的语言来说，也就是在一组约束条件下寻找目标函数的极值问题。

求极大值（或极小值）的模型表达如下：

$$\begin{cases} a_{11}x_1 + a_{12}x_2 + \cdots + a_{1n}x_n \leqslant b_1 \\ a_{21}x_1 + a_{22}x_2 + \cdots + a_{2n}x_n \leqslant b_2 \\ \vdots \\ a_{m1}x_1 + a_{m2}x_2 + \cdots + a_{mn}x_n \leqslant b_n \end{cases}$$

$$x_i \geqslant 0, 1 \leqslant i \leqslant n$$

在上述条件下，求解 $x_1$，$x_2, \cdots,$ $x_n$，使满足下列表达式的 $Z$ 取极大值（或极小值）：

$$Z = c_1x_1 + c_2x_2 + \cdots + c_nx_n$$

解线性规划问题的方法有很多，最常用的有图解法和单纯形法。图解法简单直观，有助于了解线性规划问题求解的基本原理，下面，通过一个例子来说明图解法的应用。

某工厂在计划期内要安排生产甲、乙两种产品，已知生产单位产品所需的设备台时及 A、B 两种原料的消耗，如表 19-3 所示。

表 19-3　产品与原料的关系

| | 甲 | 乙 | 参 数 |
|---|---|---|---|
| 设　备 | 1 | 2 | 8 台时 |
| 原材料 A | 4 | 0 | 16kg |
| 原材料 B | 0 | 4 | 12kg |

该工厂每生产一件产品甲可获利 2 元，每生产一件产品乙可获利 3 元，问应该如何安排计划使该工厂获利最多？

该问题可用以下数学模型来描述，设 $x_1$，$x_2$ 分别表示在计划期内产品甲、乙的产量，因为设备的有效台时是 8，这是一个限制产量的条件，所以在确定产品甲、乙的产量时，要考虑不超过设备的有效台时数，即可用不等式表示为 $x_1 + 2x_2 \leqslant 8$。

同理，因原料 A、B 的限量，可以得到以下不等式

$$4x_1 \leqslant 16，\quad 4x_2 \leqslant 12$$

该工厂的目标是在不超过所有资源限制的条件下，如何确定产量 $x_1$，$x_2$ 以得到最大的利润。若用 z 表示利润，这时 $z = 2x_1 + 3x_2$。综上所述，该计划问题可用数学模型表示为：

目标函数：

$$\max z = 2x_1 + 3x_2$$

满足约束条件：

$$x_1 + 2x_2 \leqslant 8$$
$$4x_1 \leqslant 16$$
$$4x_2 \leqslant 12$$
$$x_1，\ x_2 \geqslant 0$$

在以 $x_1$，$x_2$ 为坐标轴的直角坐标系中，非负条件 $x_1$，$x_2 \geqslant 0$ 是指第一象限。上述每个约束条件都代表一个半平面。如约束条件 $x_1 + 2x_2 \leqslant 8$ 是代表以直线 $x_1 + 2x_2 = 8$ 为边界的左下方的半平面，若同时满足 $x_1$，$x_2 \geqslant 0$，$x_1 + 2x_2 \leqslant 8$，$4x_1 \leqslant 16$ 和 $4x_2 \leqslant 12$ 的约束条件的点，必然落在由这三个半平面交成的区域内。由例题 1 的所有约束条件为半平面交成的区域如图 19-9 中的阴影部分所示。阴影区域中的每一个点（包括边界点）都是这个线性规划问题的解（称可行解），因而此区域是例 1 的线性规划问题的解的集合，称它为可行域。

再分析目标函数 $z = x2_1 + 3x_2$，在坐标平面上，它可表示以 z 为参数，-2/3 为斜率的一族平行线：

$$x_2 = -(\frac{2}{3})x_1 + \frac{z}{3}$$

位于同一直线上的点，具有相同的目标函数值，因此称它为等值线。当 z 值由小变

大时，直线沿其法线方向向右上方移动。当移动到 $Q_2$ 点时，使 z 值在可行域边界上实现最大化（如图 19-9 所示），这就得到了例 1 的最优解 $Q_2$，$Q_2$ 点的坐标为（4，2）。于是可计算出 z=14。

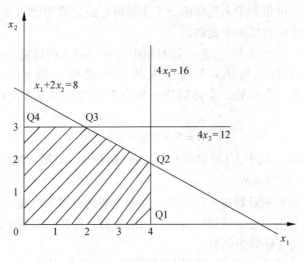

图 19-9　线性规划的图解法

这说明该厂的最优生产计划方案是，生产 4 件产品甲，2 件产品乙，可得最大利润为 14 元。

例题 1 中求解得到的最优解是唯一的，但对一般线性规划问题，求解结果还可能出现以下几种情况：无穷多最优解（多重解），无界解（无最优解），无可行解。当求解结果出现后两种情况时，一般说明线性规划问题的数学模型有错误。无界解源于缺乏必要的约束条件，无可行解源于矛盾的约束条件。

从图解法中直观地看到，当线性规划问题的可行域非空时，它是有界或无界凸多边形。若线性规划问题存在最优解，它一定在可行域的某个顶点得到；若在两个顶点同时得到最优解，则它们连线上的任意一点都是最优解，即有无穷多最优解。

图解法虽然直观，但当变量数多于三个以上时，它就无能为力了，这时需要使用单纯形法。

单纯形法的基本思路是：根据问题的标准，从可行域中某个可行解（一个顶点）开始，转换到另一个可行解（顶点），并且使目标函数达到最大值时，问题就得到了最优解。限于篇幅，不再介绍单纯形法的详细求解过程。

## 19.3.2　对策论

对策论也称为竞赛论或博弈论，是研究具有斗争或竞争性质现象的数学理论和方法。具有竞争或对抗性质的行为成为对策行为，对策行为的种类可以有很多，但本质上都必须包括如下的三个基本要素：

（1）局中人。指在一个对策行为中，有权决定自己行动方案的对策参加者。显然，一个对策中至少有两个局中人。通常用 I 表示局中人的集合。

（2）策略集。指可供局中人选择的一个实际可行的完整的行动方案的集合。每一局中人的策略集中至少应包括两个策略。

（3）赢得函数（支付函数）。在一局对策中，各局中人所选定的策略形成的策略组称为一个局势，即若 $s_i$ 是第 $i$ 个局中人的一个策略，则 $n$ 个局中人的策略组 $s = (s_1, s_2, \cdots, s_n)$ 就是一个局势。全体局势的集合 $S$ 可用各局中人策略集的笛卡尔积表示，即

$$S = S_1 \times S_2 \times \cdots \times S_n$$

对任一局势 $s \in S$，局中人 $i$ 可以得到一个赢得 $H_i(s)$。显然，$H_i(s)$ 是局势 $s$ 的函数，称为第 $i$ 个局中任的赢得函数。

可以根据不同的原则对对策进行分类，其中主要的有零和对策（对抗对策）和非零和对策。零和对策是指一方的所得值为他方的所失值。在所有对策中，占有重要地位的是二人有限零和对策（矩阵对策）。

用甲和乙分别表示两个局中人，设局中人甲有 $m$ 个策略 $\alpha_1, \alpha_2, \cdots, \alpha_m$ 可供选择，局中人乙有 $n$ 个策略 $\beta_1, \beta_2, \cdots, \beta_n$ 可供选择，则局中人甲和乙的策略集分别为：

$$S_1 = \{\alpha_1, \alpha_2, \cdots, \alpha_m\}, \quad S_2 = \{\beta_1, \beta_2, \cdots, \beta_n\}$$

当局中人甲选定策略 $\alpha_i$ 和局中人乙选定策略 $\beta_j$ 后，就形成了一个局势 $(\alpha_i, \ \beta_j)$。这样的局势共有 $m \times n$ 个，对任一局势 $(\alpha_i, \ \beta_j)$，记局中人甲的赢得值为 $\alpha_{ij}$ 并称

$$A = \begin{bmatrix} a_{11} & a_{12} & \cdots & a_{1n} \\ a_{21} & a_{22} & \cdots & a_{2n} \\ \vdots & \vdots & \ddots & \vdots \\ a_{m1} & a_{m2} & \cdots & a_{mn} \end{bmatrix}$$

为局中人甲的赢得矩阵（或为局中人乙的支付矩阵）。由于假定对策为零和的，所以局中人乙的赢得矩阵就是 $-A$。

当局中人甲、乙和策略集 $S_1$、$S_2$ 及局中人甲的赢得矩阵 $A$ 确定后，一个矩阵对策就给定了，通常记成 $G = \{甲, 乙, S_1, S_2; A\}$ 或 $G = \{S_1, S_2; A\}$。

在对策论方面，有一个经典的例子。战国时期，齐王有一天提出要与田忌进行赛马。双方约定：从各自的上、中、下三个等级中各选一匹参赛，每匹马只能参赛一次，每一次比赛双方各出一匹马，负者要付给胜者千金。已经知道，在同等级的马中，田忌的马不如齐王的马，而如果田忌的马比齐王的马高一等级，则田忌的马可能取胜。当时，田忌手下的一个谋士给田忌出了个主意：每次比赛时先让齐王牵出他要参赛的马，然后用下马对齐王的上马，用中马对齐王的下马，用上马对齐王的中马。比赛结果，田忌二胜

一负，可得千金。

在这个例子中，局中人是齐王和田忌，局中人集合为 $I=\{1,2\}$。各自都有六个策略，分别为（上，中，下）、（上，下，中）、（中，上，下）、（中，下，上）、（下，中，上）、（下，上，中）。可分别表示为 $S_1=\{\alpha_1,\alpha_2,\alpha_3,\alpha_4,\alpha_5,\alpha_6\}$ 和 $S_2=\{\beta_1,\beta_2,\beta_3,\beta_4,\beta_5,\beta_6\}$，这样齐王的任一策略 $\alpha_i$ 和田忌的任一策略 $\beta_j$ 就决定了一个局势 $s_{ij}$。如果 $\alpha_1=$（上，中，下），$\beta_1=$（上，中，下），则在局势 $s_{11}$ 下齐王的赢得值为 $H_1(s_{11})=3$，齐王的赢得值为 $H_2(s_{11})=-3$。其他局势的结果可类似得出，因此，齐王的赢得矩阵为

$$A=\begin{bmatrix} 3 & 1 & 1 & 1 & 1 & -1 \\ 1 & 3 & 1 & 1 & -1 & 1 \\ 1 & -1 & 3 & 1 & 1 & 1 \\ -1 & 1 & 1 & 3 & 1 & 1 \\ 1 & 1 & -1 & 1 & 3 & 1 \\ 1 & 1 & 1 & -1 & 1 & 3 \end{bmatrix}$$

### 19.3.3　决策论

从不同的角度出发，可以对决策进行不同的分类。

按性质的重要性分类，可将决策分为战略决策（涉及某组织发展和生存有关的全局性、长远问题的决策）、策略决策（为完成战略决策所规定的目的而进行的决策）和执行决策（根据策略决策的要求对执行方案的选择）。

按决策的结果分类，可分为程序决策（有章可循的决策，可重复的）和非程序决策（无章可循的决策，一次性的）。

按定量和定性分类，可分为定量决策和定性决策。

按决策环境分类，可分为确定型决策（决策环境是完全确定的，做出的选择的结果也是确定的），风险决策（决策的环境不是完全确定的，其发生的概率是已知的）和不确定型决策（将来发生结果的概率不确定，凭主观倾向进行决策）。

按决策过程的连续性分类，可分为单项决策（整个决策过程只作一次决策就得到结果）和序列决策（整个决策过程由一系列决策组成）。

构造决策行为的模型主要有两种，分别为面向结果的方法和面向过程的方法。面向决策结果的方法程序比较简单，其过程为“确定目标→收集信息→提出方案→方案选择→决策”。面向决策过程的方法一般包括“预决策→决策→决策后”三个阶段。

任何决策问题都有以下要素构成决策模型：

（1）决策者。

（2）可供选择的方案（替代方案）、行动或策略。

（3）衡量选择方案的准则。

（4）事件：不为决策者所控制的客观存在的将发生的状态。

（5）每一事件的发生将会产生的某种结果。

（6）决策者的价值观。

**1．不确定型决策**

随机型决策问题是指决策者所面临的各种自然状态是随机出现的一类决策问题。一个随机型决策问题，必须具备以下几个条件：

（1）存在着决策者希望达到的明确目标。

（2）存在着不依决策者的主观意志为转移的两个以上的自然状态。

（3）存在着两个以上的可供选择的行动方案。

（4）不同行动方案在不同自然状态下的益损值可以计算出来。

随机型决策问题，又可以进一步分为风险型决策问题和不确定型决策问题。在风险型决策问题中，虽然未来自然状态的发生是随机的，但是每一种自然状态发生的概率是已知的或者可以预先估计的。在非确定型决策问题中，不仅未来自然状态的发生是随机的，而且各种自然状态发生的概率也是未知的和无法预先估计的。

例如，假设希赛公司需要根据下一年度宏观经济的增长趋势预测决定投资策略。宏观经济增长趋势有不景气、不变和景气3种，投资策略有积极、稳健和保守3种，各种状态的收益如表19-4所示。

**表 19-4 希赛公司 2009 年投资决策表**

| 预计收益（单位百万元人民币） | | 经济趋势预测 | | |
|---|---|---|---|---|
| | | 不景气 | 不变 | 景气 |
| 投资策略 | 积极 | 50 | 150 | 500 |
| | 稳健 | 100 | 200 | 300 |
| | 保守 | 400 | 250 | 200 |

由于下一年度宏观经济的各种增长趋势的概率是未知的，所以是一个不确定型决策问题。常用的不确定型决策的准则主要有以下几个：

（1）乐观主义准则。乐观主义准则也叫最大最大准则（maxmax 准则），其决策的原则是"大中取大"。持这种准则思想的决策者对事物总抱有乐观和冒险的态度，他决不放弃任何获得最好结果的机会，争取以好中之好的态度来选择决策方案。决策者在决策表中各个方案对各个状态的结果中选出最大者，记在表的最右列，再从该列中选出最大者。在上例中，如果使用乐观主义准则，在三种投资方案下，积极方案的最大结果为 500，稳健方案的最大结果为 300，保守方案的最大结果为 400。其最大值为 500，因此选择积极投资方案。

（2）悲观主义准则。悲观主义准则也叫做最大最小准则（Max-min）准则，其决策的原则是"小中取大"。这种决策方法的思想是对事物抱有悲观和保守的态度，在各种最坏的可能结果中选择最好的。决策时从决策表中各方案对各个状态的结果选出最小者，记在表的最右列，再从该列中选出最大者。在上例中，要求使用 Max-min 准则，在三种投资方案下，积极方案的最小结果为 50，稳健方案的最小结果为 150，保守方案的最小结果为 200。其最大值为 200，因此选择保守投资方案。

（3）折中主义准则。折中主义准则也叫做赫尔威斯准则（Harwicz Decision Criterion），这种决策方法的特点是对事物既不乐观冒险，也不悲观保守，而是从中折中平衡一下，用一个系数 $\alpha$（称为折中系数）来表示，并规定 $0 \leqslant \alpha \leqslant 1$，用以下算式计算结果

$$c_{vi}=\alpha*\max\{a_{ij}\}+(1-\alpha)*\min\{a_{ij}\}$$

即用每个决策方案在各个自然状态下的最大效益值乘以 $\alpha$，再加上最小效益值乘以 $1-\alpha$，然后比较 $c_{vi}$，从中选择最大者。

（5）等可能准则。等可能准则也叫做 Laplace 准则，它是十九世纪数学家 Laplace 提出来的。他认为，当决策者无法事先确定每个自然状态出现的概率时，就可以把每个状态出现的概率定为 $1/n$（$n$ 是自然状态数），然后按照最大期望值准则决策。事实上，这就转变为一个风险决策问题了。

（5）后悔值准则。后悔值准则也叫做 Savage 准则，决策者在制定决策之后，如果不能符合理想情况，必然有后悔的感觉。这种方法的特点是每个自然状态的最大收益值（损失矩阵取为最小值），作为该自然状态的理想目标，并将该状态的其他值与最大值相减所得的差作为未达到理想目标的后悔值。这样，从收益矩阵就可以计算出后悔值矩阵。决策的原则是最大后悔值达到最小（minmax），也叫最大最小后悔值。例如，表 19-4 的后悔值矩阵如表 19-5 所示。

表 19-5　表 19-4 的后悔值矩阵

| 预计收益（单位百万元人民币） | | 经济趋势预测 | | |
|---|---|---|---|---|
| | | 不景气 | 不变 | 景气 |
| 投资策略 | 积极 | 350 | 100 | 0 |
| | 稳健 | 300 | 50 | 200 |
| | 保守 | 0 | 0 | 300 |

根据表 19-5，在三种投资方案下，积极方案的最大后悔值为 350，稳健方案的最大后悔值为 300，保守方案的最大后悔值为 300。其最小值为 300。按照后悔值准则，既可以选择保守投资方案，也可以选择稳健投资方案。

**2．风险决策**

风险决策是指决策者对客观情况不甚了解，但对将发生各事件的概率是已知的。在风险决策中，一般采用期望值作为决策准则，常用的有最大期望收益决策准则（Expected Monetary Value，EMV）和最小机会损失决策准则（Expected Opportunity Loss，EOL）。

（1）最大期望收益决策准则。决策矩阵的各元素代表"策略——事件"对的收益值，

各事件发生的概率为 $p_j$，先计算各策略的期望收益值 $\sum_i p_j a_{ij}$，$i=1,2,\cdots,n$，然后从这些期望收益值中选取最大者，以它对应的策略为决策者应选择的决策策略。

（2）最小机会损失决策准则。决策矩阵的各元素代表"策略——事件"对的损失值，各事件发生的概率为 $p_j$，先计算各策略的期望损失值 $\sum_i p_j a_{ij}'$，$i=1,2,\cdots,n$，然后从这些期望收益值中选取最小者，以它对应的策略为决策者应选择的决策策略。当 EMV 为最大时，EOL 便为最小。所以在决策时用这两个决策准则所得结果是相同的。

例如，希赛 IT 教育研发中心要从 A 地向 B 地的用户发送一批价值 90 000 元的货物。从 A 地到 B 地有水、陆两条路线。走陆路时比较安全，其运输成本为 10 000 元；而走水路时一般情况下的运输成本只要 7000 元，不过一旦遇到暴风雨天气，则会造成相当于这批货物总价值的 10% 的损失。根据历年情况，这期间出现暴风雨天气的概率为 1/4，那么希赛 IT 教育研发中心应该选择走哪条路呢？这就是一个风险型决策问题，其决策树如图 19-10 所示。

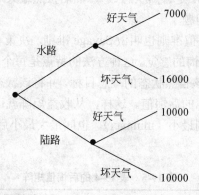

图 19-10　决策树

由于该问题本身带有外生的不确定因素，因此最终的结果不一定能预先确定。不过，希赛 IT 教育研发中心应该根据一般解决带概率分布、具有不确定性的问题时常用的数学期望值进行决策，而不是盲目碰运气或一味害怕、躲避风险。

根据本问题的决策树，走水路时，成本为 7000 元的概率为 75%，成本为 16 000 元的概率为 25%，因此走水路的期望成本为 (7000×75%)+(16 000×25%) = 9250 元。走陆路时，其成本确定为 10 000 元。因此，走水路的期望成本小于走陆路的成本，所以应该选择走水路。

## 19.4　组合分析

本节介绍几种常用的组合分析方法，包括计数基本原理、排列与组合、鸽巢原理、容斥原理。

### 19.4.1 计数原理基础

基本的计数原理主要包括乘法原理和加法原理。

乘法原理：假定把一件事分成 $m$ 个步骤来完成，做第一步有 $n_1$ 种不同的处理方法，做第二步有 $n_2$ 种不同的处理方法，$\cdots$，做第 $m$ 步有 $n_m$ 种不同的处理方法，则完成这一事共有 $n_1 \times n_2 \times \cdots \times n_m$ 种不同的方法。

加法原理：假定做一件事有 $m$ 类办法，而在第一类办法中又有 $n_1$ 种不同的处理方法，在第二类办法中又有 $n_2$ 种不同的处理方法，$\cdots$，在第 $m$ 类办法中又有 $n_m$ 种不同的处理方法，则完成这一事共有 $n_1 + n_2 + \cdots + n_m$ 种不同的处理方法。

例如，一个袋内装有 6 个小球，另一个袋内装有 4 个小球，所有这些小球的颜色互不相同。从两个袋中任取一个小球，则共有 6+4=10 种不同取法。从两个袋中各取一个小球，则共有 6×4=24 种不同取法。

### 19.4.2 排列

设 $S$ 为具有 $n$ 个不同元素的 $n$ 元集，从 $S$ 中选取 $r$ 个元素且考虑其顺序称为 $S$ 的一个 $r$ 排列，不同排列的总数记为 $P_n^r$，有时也用 P($n$，$r$)表示。如果 $r=n$，则称这个排列为 $S$ 的全排列。从排列的定义可知，如果两个排列相同，不仅这两个排列的元素必须完全相同，而且排列的顺序也必须完全相同。

$$P_n^r = n(n-1)(n-2)\cdots(n-r+1) = \frac{n!}{(n-r)!}, \quad (r \leq n)$$

$$P_n^n = n! = n(n-1)(n-2)\cdots 2 \cdot 1 \quad (规定\ 0!=1)$$

**例子 1**：用 0～9 这十个数字，可以组成多少个没有重复数字的三位数？

**解法 1**：由于百位数上的数字不能为 0，因此可先考虑排百位上的数字，再排十位和个位上的数字。百位数上的数字只能从除 0 以外的 1～9 数字中任选一个，有 $P_9^1$ 种；十位和个位上的数字，可以从余下的 9 个数字中任选两个，有 $P_9^2$ 种。根据乘法原理，所求的三位数的个数是 $P_9^1 \cdot P_9^2 = 9 \times 9 \times 8 = 648$。

**解法 2**：可先考虑从 0～9 这十个数字中任取三个数字的排列数（$P_{10}^3$），再减去其中以 0 开头的排列数（$P_9^2$）。因此，所求的三位数的个数是 $P_{10}^3 - P_9^2 = 10 \times 9 \times 8 - 9 \times 8 = 648$。

**解法 3**：符合条件的三位数可以分为三类：每一位数字都不是 0 的三位数有 $P_9^3$ 个；个位数是 0 的三位数有 $P_9^2$ 个；十位数是 0 的三位数有 $P_9^2$ 个。根据加法原理，符合条件的三位数个数是 $P_9^3 + P_9^2 + P_9^2 = 648$。

### 19.4.3 组合

设 $S$ 为具有 $n$ 个不同元素的 $n$ 元集，从 $S$ 中选取 $r$ 个元素（不考虑其顺序）称为 "$S$

的一个 $r$ 组合"，不同组合的总数记为 $C_n^r$，有时也用 $C(n,r)$ 或 $\binom{r}{n}$ 表示。从排列和组合的定义可知，排列与元素的顺序有关，组合与顺序无关。如果两个组合中的元素完全相同，不管元素的顺序如何，都是相同的组合；只有当两个组合中的元素不完全相同时，才是不同的组合。

$$C_n^r = \frac{P_n^r}{r!} = \frac{n!}{(n-r)!r!}, \quad (r \leqslant n)$$

$C_n^r = C_n^{n-r}, \quad (r \leqslant n)$ （规定 $C_n^0 = 1$，显然 $C_n^n = 1$）

$C_{n+1}^r = C_n^r + C_n^{r-1}, \quad (r \leqslant n)$

$C_n^0 + C_n^1 + \cdots + C_n^n = 2^n$

**例子 1**：在检验产品质量时，通常是从产品中抽出一部分进行检验。现从 100 件产品中任意抽出 3 件：

（1）共有多少种不同的抽法？

（2）如果 100 件产品中有 2 件次品，抽出的 3 件中恰好 1 件是次品的抽法有多少种？

（3）如果 100 件产品中有 2 件次品，抽出的 3 件中至少有 1 件是次品的抽法有多少种？

解：（1）共有 $C_{100}^3 = \frac{100 \times 99 \times 98}{3 \times 2 \times 1} = 161\ 700$（种）

（2）从 2 件次品中抽出 1 件次品的抽法有 $C_2^1$ 种，从 98 件合格产品中抽出 2 件合格品的抽法有 $C_{98}^2$ 种，因此抽出的 3 件产品中恰好有 1 件是次品的抽法的种数是 $C_2^1 \cdot C_{98}^2 = 2 \times 4753 = 9506$（种）。

（3）从 100 件产品中抽出 3 件，共有 $C_{100}^3$ 种抽法，其中抽出的 3 件都是合格品的抽法有 $C_{98}^3$ 种，因此抽出的 3 件产品中至少有 1 件是次品的抽法的种数有 $C_{100}^3 - C_{98}^3 = 161700 - 152096 = 9604$（种）。

本小题的求解过程也可以这么来考虑：从 100 件产品中抽出 1 件是次品的抽法有 $C_2^1 \cdot C_{98}^2$ 种，而抽出的 3 件产品中有 2 件次品的情况亦可推出其抽法有 $C_2^2 \cdot C_{98}^1$ 种，因此，至少有 1 件是次品的抽法共有 $C_2^1 \cdot C_{98}^2 + C_2^2 \cdot C_{98}^1 = 9506 + 98 = 9604$（种）。

### 19.4.4 鸽巢原理

鸽巢原理（抽屉原理，鸽笼原理）的简单形式定义如下：

若 $n+1$ 个物体（鸽子）被放进 $n$ 个盒子（巢）中，则至少有一个盒子（巢）将存有 2 个或 2 个以上的物体（鸽子）。

例如，13 个人中必有至少两个人的生日是在同一个月中。

鸽巢原理的推广：设 $k$ 和 $n$ 都是任意的正整数。若至少有 $k_n+1$ 个物体被放进 $n$ 个盒子中，则至少存在一个盒子中有至少 $k+1$ 个物体。

**推论 1**：$m$ 个物体，$n$ 个盒子，则至少有一个盒子里有不少于 $\left\lfloor \dfrac{m-1}{n} \right\rfloor +1$ 个物体。

**推论 2**：若取 $n(m-1)+1$ 个球放进 $n$ 个盒子，则至少有 1 个盒子有 $m$ 个球。

鸽巢原理的强形式定义：设有 $p_1 + p_2 + \ldots + p_n$ 个物体，有标号分别为 1，2，$\cdots$，$n$ 的盒子，则存在至少一个标号为 $j$ 的盒子至少有 $p_j$ 个物体，$j=1$，2，$\cdots$，$n$。

**例子 1**：在一个水果篮中放入苹果、香蕉和橘子。那么需要在一个水果篮中最少放多少个水果，才能保证水果篮中至少有 8 个苹果或 6 个香蕉或 9 个橘子。

**解**：依据鸽巢原理的强形式定义，应该为 8+6+9-3+1=21 个水果。

**例子 2**：在一个袋中有 100 个苹果，100 个香蕉，100 个橘子和 100 个生梨。如果现每分钟从袋中拿出一个水果，请问需要多久时间才能确保从袋中已取出 12 个同一种类的水果。

**解**：根据鸽巢原理，应该取 $n=4$（有 4 种类型的水果），$k+1=12$，$k=11$，从而 $kn+1=11 \times 4+1=45$。即需要 45 分钟时间就能确保从袋中取出 12 个同一种类水果。

## 19.4.5　容斥原理

学习容斥原理之前，先介绍德摩根定理（De Morgan）定理。

德摩根定理定理：设 $A_1$，$A_2$，$\ldots$，$A_n$ 是集合 U 的子集，则

（a）$\overline{A_1 \cup A_2 \cup \cdots \cup A_n} = \overline{A_1} \cap \overline{A_2} \cap \cdots \cap \overline{A_n}$

（b）$\overline{A_1 \cap A_2 \cap \cdots \cap A_n} = \overline{A_1} \cup \overline{A_2} \cup \cdots \cup \overline{A_n}$

容斥原理的两个基本公式：

公式一：设 $A_1$，$A_2$，$\cdots$，$A_n$ 是有限集合，且都是集合 U 的子集，则

$$\left| A_1 \cup A_2 \cup \cdots \cup A_n \right| = \sum_{i=1}^{n} |A_i| - \sum_{i=1}^{n}\sum_{j>i} |A_i \cap A_j| + \sum_{i=1}^{n}\sum_{j>i}\sum_{k>j} |A_i \cap A_j \cap A_k| - \cdots + (-1)^{n-1} |A_1 \cap A_2 \cap \cdots \cap A_n|$$

公式二：设 $A_1$，$A_2$，$\cdots$，$A_n$ 是有限集合，且都是集合 U 的子集，N 为集合 U 的元素个数，则

$$\left| \overline{A_1} \cap \overline{A_2} \cap \cdots \cap \overline{A_n} \right| = N - \left| A_1 \cup A_2 \cup \cdots \cup A_n \right| = N - \sum_{i=1}^{n} |A_i| + \sum_{i=1}^{n}\sum_{j>i} |A_i \cap A_j| -$$

$$\sum_{i=1}^{n}\sum_{j>i}\sum_{k>j} |A_i \cap A_j \cap A_k| + \ldots + (-1)^{n-1} |A_1 \cap A_2 \cap \cdots \cap A_n|$$

显然，$|A \cup B| = |A| + |B| - |A \cap B|$，

$|A \cup B \cup C| = |A| + |B| + |C| - |A \cap B| - |A \cap C| - |B \cap C| + |A \cap B \cap C|$

**例子 1**：某进修学校只开设了数学、物理和化学这 3 门课程。该学校规定在校学生

必须至少修一门课程。已知修这 3 门课程的学生分别有 170、130 和 120 人；同时修数学和物理课程、数学和化学课程、物理和化学课程的学生分别有 45、20 和 22 人；同时修这三门课程的学生有 3 人。请问该学校共有多少学生？

**解**：设 M、P 和 C 分别为修数学、物理和化学课程的学生集合。根据题意得：

$|M|=170$，$|P|=130$，$|C|=120$，$|M \cap P|=45$，$|M \cap C|=20$，$|P \cap C|=22$，$|M \cap P \cap C|=3$ 该校共有学生 $|M \cup P \cup C| = |M| + |P| + |C| - (|M \cap P| + |M \cap C| + |P \cap C|) + |M \cap P \cap C| = 170+130+120-45-20-22+3=336$（人）。

## 19.5　例题分析

为了帮助考生进一步掌握应用数学和经济管理方面的知识，了解考试的题型和难度，本节分析 10 道典型的试题。

**例题 1**

在数据处理过程中，人们常用"4 舍 5 入"法取得近似值。对于统计大量正数的平均值而言，从统计意义上说，"4 舍 5 入"对于计算平均值____(1)____。

（1）A．不会产生统计偏差　　　　　　B．产生略有偏高的统计偏差

　　　C．产生略有偏低的统计偏差　　　D．产生忽高忽低结果，不存在统计规律

**例题 1 分析**

从统计意义上说，正数的分布是随机的。而计算平均值而言，其最后的结果是"入"还是"舍"，也是随机的。就最后取舍的某一位而言，就是 0～9 之间的 10 位数字，对于 0、1、2、3、4 采取"舍"，对实际的数据影响是 0、–1、–2、–3、–4。对于 5、6、7、8、9 采取"入"，对实际的数据影响是+5、+4、+3、+2、+1。因为各位数字出现的情况是等概率的，因此"入"的影响要大于"舍"的影响，所以，对于计算正数平均值而言，会产生略有偏高的统计结果。

**例题 1 答案**

（1）B

**例题 2**

图 19-11 标出了某地区的运输网。

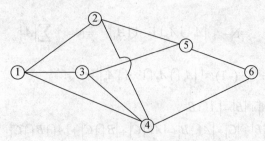

图 19-11　某地区的运输网

各节点之间的运输能力如表 19-6（单位：万吨 / 小时）所示。

**表 19-6  运输能力**

|   | ① | ② | ③ | ④ | ⑤ | ⑥ |
|---|---|---|---|---|---|---|
| ① |  | 6 | 10 | 10 |  |  |
| ② | 6 |  |  |  | 7 |  |
| ③ | 10 |  |  |  | 14 |  |
| ④ | 10 | 4 | 1 |  |  | 5 |
| ⑤ |  | 7 | 14 |  |  | 21 |
| ⑥ |  |  |  | 5 | 21 |  |

从节点①到节点⑥的最大运输能力（流量）可以达到___(2)___万吨/小时。

(2) A. 26        B. 23        C. 22        D. 21

**例题 2 分析**

为了便于计算，把表中的数据标记到图上，形成图形如图 19-12 所示。

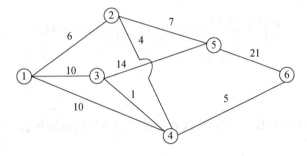

图 19-12  新的运输网

从图 19-12 可以看出，只能从节点④和⑤到达到节点⑥，其运输能力为 26。而只能从节点②和③到达节点⑤，且能满足最大运输量 21（14+7）。但是，到达节点③的最大数量为 11（10+1），因此，节点⑤的最终输出能力为 18，即从节点①到节点⑥的最大运输能力为 23。最终的运输方案如图 19-13 所示。

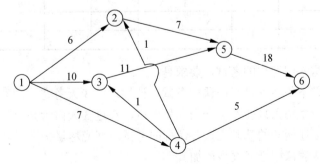

图 19-13  最终运输方案

**例题 2 答案**

（2）B

**例题 3**

假设某种分子在某种环境下以匀速直线运动完成每一次迁移。每次迁移的距离 $S$ 与时间 $T$ 是两个独立的随机变量，$S$ 均匀分布在区间 $0<S<1$（μm），$T$ 均匀分布在区间 $1<T<2$（μs），则这种分子每次迁移的平均速度是___（3）___（m/s）。

（3）A．1/3　　　　　　B．1/2　　　　　　C．(1/3)ln2　　　　　D．(1/2)ln2

**例题 3 分析**

要解答本题，首先要理解这是两个独立的均匀分布的随机变量，计算随机变量 $S/T$ 的期望值。而随机变量 $S$ 与 $T$ 互相独立，$S$ 在(0,1)中均匀分布，$T$ 在(1,2)中均匀分布。为此，考察二维随机变量$(S,T)$，它的分布密度函数应是：

$$f(S,T)=\begin{cases}1,0<S<1\text{且}1<T<2\\0,\ \text{其他}\end{cases}$$

$S/T$ 的期望值为：

$$\int_0^1\int_1^2\frac{Sf(S,T)}{T}\mathrm{d}S\mathrm{d}T=\int_0^1 S\mathrm{d}S\times\int_1^2\frac{1}{T}\mathrm{d}T=0.5\ln 2$$

**例题 3 答案**

（3）D

**例题 4**

某学院 10 名博士生(B1～B10)选修 6 门课程(A～F)的情况如表 19-7 所示（用√表示选修）。

表 19-7　课程选修表

| | B1 | B2 | B3 | B4 | B5 | B6 | B7 | B8 | B9 | B10 |
|---|---|---|---|---|---|---|---|---|---|---|
| A | √ | √ | √ | | √ | | | | √ | √ |
| B | √ | | | √ | | | | √ | | |
| C | | √ | | | √ | | | | | √ |
| D | √ | | | | | | | √ | | |
| E | | | | √ | √ | | √ | | | |
| F | | √ | √ | √ | | | √ | | √ | √ |

现需要安排这 6 门课程的考试，要求是：

（1）每天上、下午各安排一门课程考试，计划连续 3 天考完。

（2）每个博士生每天只能参加一门课程考试，在这 3 天内考完全部选修课。

（3）在遵循上述两条的基础上，各课程的考试时间应尽量按字母升序做先后顺序安排（字母升序意味着课程难度逐步增加）。

为此，各门课程考试的安排顺序应是__(4)__。

(4) A. AE，BD，CF　　　　　　B. AC，BF，DE

　　 C. AF，BC，DE　　　　　　D. AE，BC，DF

**例题 4 分析**

首先，直接从答案来考虑问题。可以根据试题的限制条件："每个博士生每天只能参加一门课程考试，在这 3 天内考完全部选修课"，来进行判断各选项是否满足。

如果按照 A 选项，第 2 天考 BD，则因为 B1 同时选修了这 2 门课程，将违反"每个博士生每天只能参加一门课程考试"的约束。

如果按照 B 选项，第 1 天考 AC，则因为 B2 同时选修了这 2 门课程，将违反"每个博士生每天只能参加一门课程考试"的约束。

如果按照 C 选项，第 1 天考 AF，则因为 B3 同时选修了这 2 门课程，将违反"每个博士生每天只能参加一门课程考试"的约束。

因此，只有选项 D 符合要求。

下面，再介绍另外一种解法（图示法）。

将 6 门课程作为 6 个结点画出，如图 19-14 所示。

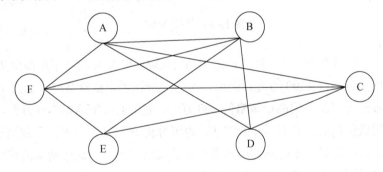

图 19-14　图示法

可以在两个课程结点之间画连线表示他们不可以在同一天安排考试，那么，每个博士生的各门选修课程之间都应画出连线。例如，B1 博士生选修了 A、B、D 三门课程，则 ABD 之间都应有连线，表示这三门课中的任何二门都不能安排在同一天。

从图 19-14 可以看出，能够安排在同一天考试的课程（结点之间没有连线）有：AE、BC、DE、DF。因此，课程 A 必须与课程 E 安排在同一天。课程 B 必须与课程 C 安排在同一天，余下的课程 D 只能与课程 F 安排在同一天。

**例题 4 答案**

（4）D

**例题 5**

A、B 两个独立的网站都主要靠广告收入来支撑发展，目前都采用较高的价格销售广告。这两个网站都想通过降价争夺更多的客户和更丰厚的利润。假设这两个网站在现有策略下各可以获得 1000 万元的利润。如果一方单独降价，就能扩大市场份额，可以获得 1500 万元利润，此时，另一方的市场份额就会缩小，利润将下降到 200 万元。

如果这两个网站同时降价，则他们都将只能得到 700 万元利润。这两个网站的主管各自经过独立的理性分析后决定，__(5)__。

（5）A. A 采取高价策略，B 采取低价策略　　B. A 采取高价策略，B 采取高价策略
　　　C. A 采取低价策略，B 采取低价策略　　D. A 采取低价策略，B 采取高价策略

**例题 5 分析**

这是一个简单的博弈问题，可以表示为如图 19-15 所示的得益矩阵。

|  |  | A网站 | |
|---|---|---|---|
|  |  | 高价 | 低价 |
| B网站 | 高价 | 1000，1000 | 200，1500 |
|  | 低价 | 1500，200 | 700，700 |

图 19-15　得益矩阵

由图 19-15 可以看出，假设 B 网站采用高价策略，那么 A 网站采用高价策略得 1000 万元，采用低价策略得 1500 万元。因此，A 网站应该采用低价策略。如果 B 网站采用低价策略，那么 A 网站采用高价策略得 200 万元，采用低价策略得 700 万元，因此 A 网站也应该采用低价策略。采用同样的方法，也可分析 B 网站的情况，也就是说，不管 A 网站采取什么样的策略，B 网站都应该选择低价策略。因此，这个博弈的最终结果一定是两个网站都采用低价策略，各得到 700 万元的利润。

这个博弈是一个非合作博弈问题，且两博弈方都肯定对方会按照个体行为理性原则决策，因此虽然双方采用低价策略的均衡对双方都不是理想的结果，但因为两博弈方都无法信任对方，都必须防备对方利用自己的信任（如果有的话）谋取利益，所以双方都会坚持采用低价，各自得到 700 万元的利润，各得 1000 万元利润的结果是无法实现的。即使两个网站都完全清楚上述利害关系，也无法改变这种结局。

**例题 5 答案**

（5）C

**例题 6**

希赛公司项目经理向客户推荐了 4 种供应商选择方案。每个方案损益值已标在图 19-16 的决策树上。根据预期收益值，应选择设备供应商__(6)__。

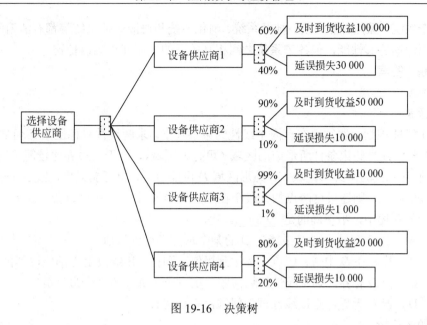

图 19-16　决策树

（6）A．1　　　　　　B．2　　　　　　C．3　　　　　　D．4

**例题 6 分析**

本题考查决策树的使用，利用决策树来进行决策的方法属于风险型决策，只要直接计算出各分支的预期收益值，然后选择其中一个最大的值就可以了。

设备供应商 1 的预期收益值为 100 000×60%+(–30000)×40% = 60000–12000 = 48000。

设备供应商 2 的预期收益值为 50 000×90%+(–10000)×10% = 45000–1000 = 44000。

设备供应商 3 的预期收益值为 10 000×99%+(–1000)×1% = 9900–10 = 9890。

设备供应商 4 的预期收益值为 20 000×80%+(–10000)×20% = 16000–2000 = 14000。

设备供应商 1 的预期收益值最大，因此应该选择设备供应商 1。

**例题 6 答案**

（6）A

**例题 7**

复杂系统是指__（7）__。

（7）A．通过对各子系统的了解不能对系统的性能做出完全的解释

　　　B．系统由大量的子系统组成

　　　C．系统的结构很复杂，难于图示

　　　D．系统的功能很复杂，难于用文字描述

**例题 7 分析**

复杂系统的复杂之处主要在于其各子系统之间关联的复杂性。例如，人体本身就是

一个复杂系统。虽然骨骼系统、神经系统、消化系统和血液循环系统等都有清晰的结构，可以清晰地描述其性能，但各子系统之间相互关联的机制却仍难以把握。

**例题 7 答案**

（7）A

**例题 8**

每个线性规划问题需要在有限个线性约束条件下，求解线性目标函数 $F$ 何处能达到极值。有限个线性约束条件所形成的区域（可行解区域），由于其边界比较简单（逐片平直），人们常称其为单纯形区域。单纯形区域 $D$ 可能有界，也可能无界，但必是凸集（该区域中任取两点，则连接这两点的线段全在该区域内），必有有限个顶点。以下关于线性规划问题的叙述中，不正确的是　(8)　。

（8）A．若 $D$ 有界，则 $F$ 必能在 $D$ 的某个顶点上达到极值

　　B．若 $F$ 在 $D$ 中 A、B 点上都达到极值，则在 AB 线段上也都能达到极值

　　C．若 $D$ 有界，则该线性规划问题一定有一个或无穷多个最优解

　　D．若 $D$ 无界，则该线性规划问题没有最优解

**例题 8 分析**

本题旨在从宏观上理解线性规划方法的原理与机制，特别是从二维、三维的直观理解推广到高维的理解。这种宏观的直观的理解对于深刻认识数学概念、方法是非常重要的，对于创新也会有重要的、奇特的启发作用。

很明显，有界区域内线性函数的值域肯定是有界的。从直观上可以理解，由于线性函数的平坦性，其极值一定会在边界上达到（许多教材上给出了严格证明）。直观的理解有助于形象的感悟某些理论研究的结论。由于单纯形区域的边界是逐片平直的，它对应的线性目标函数值域也会逐片平直的，人们可以想象，线性函数 $F$ 会在 $D$ 区域的顶点处达到极值。所以选项 A 是正确的。

由于单纯形区域是凸集，只要 A、B 两点在区域内，则线段 AB 全在该区域内。由于 $F$（A）与 $F$（B）在线性目标函数值域上，不难看出，线段 AB 中的任一点 C 对应的 $F$（C）就会落在 $F$（A）与 $F$（B）的连线上。所以选项 B 也是正确的。

选项 C 可以从选项 A 与 B 导出。线性规划问题要么无解，要么只有唯一的最优解，要么会有无穷多个最优解。因为如果有两个最优解，则这两个解的连线段上所有的解都是最优解。所以选项 C 也是正确的。

**例题 8 答案**

（8）D

**例题 9**

设每天发生某种事件的概率 $p$ 很小，如不改变这种情况，长此下去，这种事件几乎可以肯定是会发生的。对上述说法，适当的数学描述是：设 $0 < p < 1$，则　(9)　。

（9）A. $\lim\limits_{n\to\infty} np = 1$　　　　　　　　B. $\lim\limits_{n\to\infty}(1-p^n) = 1$

　　　C. $\lim\limits_{n\to\infty}(1-\dfrac{p^n}{n}) = 1$　　　　D. $\lim\limits_{n\to\infty}(1-(1-P)^n) = 1$

**例题 9 分析**

用文字描述的定量问题有时也可以用数学语言来表述，这种表述能力对于研究分析解决问题常常是有益的，不但深化了对问题的认识，还提高了解决问题的能力和水平。用数学语言来描述定量的实际问题，就是数学建模。数学建模能力是网络规划设计师必须有的重要能力。

设每天发生某种事件的概率保持为常数 $p$（不发生该种事件的概率为 $1-p$），则连续 $n$ 天都不发生该种事件的概率为 $(1-p)^n$。因此，连续 $n$ 天会发生该种事件的概率为 $1-(1-p)^n$。当 $n\to\infty$ 时，该式的极限等于 1。这就是说，只要每天发生这种事件的概率 $p$ 保持常数且不为 0，则当 $n$ 充分大时，几乎可以肯定地说，这种事故早晚是会发生的。

**例题 9 答案**

（9）D

**例题 10**

设用两种仪器测量同一物体的长度分别得到如下结果：

$$X_1 = 5.51 \pm 0.05 \text{ mm} \qquad X_2 = 5.80 \pm 0.02 \text{ mm}$$

为综合这两种测量结果以便公布统一的结果，拟采用加权平均方法。每个数的权与该数的绝对误差有关。甲认为，权应与绝对误差的平方成正比；乙认为，权应与绝对误差的平方成反比。经大家分析，从甲和乙提出的方法中选择了合适的方法计算，最后公布的测量结果是　（10）　(m/s)。

（10）A. 5.76　　　B. 5.74　　　　C. 5.57　　　　D. 5.55

**例题 10 分析**

绝对误差越小，就测量得越精确，因此，权应与绝对误差的平方成反比。这样，$X_1$ 的权与 $X_2$ 的权的比为 4:25，即 $X_1$ 的权应该为 13.8%，$X_2$ 的权为 86.2%，最后公布的测试结果是 $5.51\times13.8\% + 5.80\times86.2\% = 5.76$。

**例题 10 答案**

（10）A

# 第 20 章　专 业 英 语

考试大纲对专业英语没有明确的要求，只是规定"具有高级工程师所要求的英文阅读水平，熟悉网络规划设计师岗位相关领域的专业英文术语"。从相近级别（例如，系统分析师）历年考试的试题来看，所考查的题目基本上是计算机网络专业术语的英文解释，也有个别试题考查网络新技术的概念和使用方法介绍。每次考试都有 5 分的英语试题（每空 1 分，共 5 空），试题中的语法结构及词汇量都略低于英语四级的要求，但考试中偏重考查计算机网络专业词汇。

## 20.1　题型举例

本节通过 5 个具体的例子，让读者了解网络规划设计师考试的专业英语试题的形式和难度。

**例题 1**

WLANs are increasingly popular because they enable cost-effective connections among people, applications and data that were not possible, or not cost-effective, in the past. For example, WLAN-based applications can enable fine-grained management of supply and distribution __(1)__ to improve their efficiency and reduce __(2)__. WLANs can also enable entirely new business processes. To cite but one example, hospitals are using WLAN-enabled point-of-care applications to reduce errors and improve overall __(3)__ care. WLAN management solutions provide a variety of other benefits that can be substantial but difficult to measure. For example, they can protect corporate data by preventing __(4)__ through rogue access points. They help control salary costs, by allowing IT staffs to manage larger networks without adding staff. And they can improve overall network mananement by integrating with customers' existing systems, such as OpenView and UniCenter. Fortunately, it isn't necessary to measure these benefits to justify investing in WLAN management solutions，which can quickly pay for themselves simply by minimizing time-consuming __(5)__ and administrative chores.

(1) A. chores   B. chains   C. changes   D. links

(2) A. personel  B. expenses  C. overhead  D. hardware

(3) A. finance   B. patient   C. affair    D. doctor

(4) A. intrusion  B. aggression  C. inbreak   D. infall

（5）A. exploitation　　　B. connection　　　C. department　　　D. deployment

**例题 1 分析**

在过去，应用和数据难以获得或者获得的成本很高，现在，因为 WLAN 能使人们之间互连的性价比很高，从而得到了广泛的应用。例如，基于 WLAN 的应用能使供应链得到很好的管理，提高效率并减少经费开支。WLAN 使新的业务流程成为可能。作为一个例子，医院正在使用基于 WLAN 的护理点应用，以便减少错误，改进对病人的全面护理工作。WLAN 管理方案提供了一系列的其他好处，这些好处是很实在的，但是又难以度量。例如，它可以防止通过欺诈访问点的方式的入侵，以保护企业数据。WLAN 允许 IT 团队在不增加人员的基础上管理更大的网络，从而有助于控制薪水开支。WALN 通过集成客户已有的系统，如 OpenView 和 UniCenter 等，有助于加强全面网络管理。幸运的是，我们不必度量这些好处来证明对 WLAN 管理方案的投资是正确的，WLAN 管理方案只需使耗时的部署工作和事务性工作得以最小化，就可以很快得到补偿。

**例题 1 答案**

（1）B　　　　（2）C　　　　（3）B　　　　（4）A　　　　（5）D

**例题 2**

To compete in today's fast-paced competitive environment, organizations are increasingly allowing contractors, partners, visitors and guests to access their internal enterprise networks. These users may connect to the network through wired ports in conference rooms or offices, or via wireless access points. In allowing this open access for third parties, LANs become　（6）　. Third parties can introduce risk in a variety of ways from connecting with an infected laptop to unauthorized access of network resources to　（7）　activity. For many organizations, however, the operational complexity and costs to ensure safe third party network access have been prohibitive. Fifty-two percent of surveyed CISOs state that they currently use a moat and castle's security approach, and admit that defenses inside the perimeter are weak. Threats from internal users are also increasingly a cause for security concerns. Employees with malicious intent can launch　（8）　of service attacks or steal　（9）　information by snooping the network. As they access the corporate network, mobile and remote users inadvertently can infect the network with　（10）　and worms acquired from unprotected public networks. Hackers masquerading as internal users can take advantage of weak internal security to gain access to confidential information.

（6）A. damageable　　B. susceptible　　　C. vulnerable　　　D. changeable

（7）A. venomous　　　B. malicious　　　C. felonious　　　D. villainous

（8）A. denial　　　　B. virtuous　　　C. complete　　　D. traverse

（9）A. reserved　　　B. confidential　　C. complete　　　D. mysterious

（10）A. sickness　　　B. disease　　　C. viruses　　　D. germs

**例题 2 分析**

为了适应当今的快速竞争环境，组织正逐步允许承包商、合作伙伴、访问者和顾客访问它们的企业内部网络，这些用户可以在会议室或办公室通过有线端口连接网络，或通过无线访问点。在这种允许第三方进行的开放式访问中，局域网变得难以防守。第三方可能以各种方式带来风险，从用一台受感染的膝上型计算机到连接未授权访问的网络资源进行恶意活动。然而，对很多组织而言，考虑到操作的复杂性和保证系统安全的成本，第三方网络访问是禁止的。接受调查的注册信息安全管理人员中，有 52%的人表示他们目前使用防火墙，而且承认在内部的防御措施是脆弱的。来自内部用户的威胁也正在逐步成为安全考虑的一个因素。怀有恶意的员工可能发起拒绝服务攻击或通过窥探网络窃取机密信息。当移动的和远程的用户访问网络时，他们一不小心就会使网络感染来自未受保护的公众网络的病毒和蠕虫。黑客伪装成内部用户，会利用脆弱的内部安全获得访问机密信息的权限。

**例题 2 答案**

（6）C　　　　　（7）B　　　　　（8）A　　　　　（9）B　　　　　（10）C

**例题 3**

With hundreds of millions of electronic　（11）　taking place daily, businesses and organizations have a strong incentive to protect the　（12）　of the data exchanged in this manner, and to positively ensure the　（13）　of those involved in the transactions. This has led to an industry-wide quest for better, more secure methods for controlling IT operations, and for deploying strong security mechanisms deeply and broadly throughout networked infrastructures and client devices. One of the more successful concepts to engage the imaginations of the security community has been the development of standards-based security　（14）　that can be incorporated in the hardware design of client computers. The principle of encapsulating core security capabilities in　（15）　and integrating security provisions at the deepest levels of the machine operation has significant benefits for both users and those responsible for securing IT operations.

（11）A. devices　　　　B. transactions　　　　C. communications　　　　D. businesses

（12）A. operation　　　B. completeness　　　　C. integrity　　　　　　D. interchange

（13）A. identities　　　B. homogeneities　　　C. creations　　　　　　D. operations

（14）A. appliances　　　B. chips　　　　　　　C. tools　　　　　　　　D. means

（15）A. software　　　　B. form　　　　　　　C. computer　　　　　　D. silicon

**例题 3 分析**

每天发生成千上万次的电子交易，这使得商业机构产生了保护电子交易数据完整性和确认交易数据标识的迫切需求，从而导致整个行业都在探索更好更安全的控制 IT 操作的方法，探索在整个网络基础结构和客户设备中深入而广泛地部署增强的安全机制的方法。一种能够实现安全社区的有效设想是在客户机硬件中开发基于标准的安全芯片。在硅片中封装核心安全能力、在机器操作的最深层次集成安全设施的理论，对用户、对那些负责 IT 安全运营的人员都有极大的好处。

**例题 3 答案**

(11) B　　　(12) C　　　(13) A　　　(14) B　　　(15) D

**例题 4**

Astute service providers realize that the continued support of legacy X.25 and asynchronous network element using separate operations network is cost　(16)　. For example, the maintenance of multiple networks can require additional staff. Often, this staff must be trained on multiple vendor technologies, sometimes requiring parallel groups specializing in each　(17)　. Hence, additional maintenance procedures must be maintained and administrative records are　(18)　. The duplication of transport facilities to carry　(19)　network traffic is an inefficient use of resources. And not surprisingly, more technologies installed in a central office means the necessity for more physical space, and an increase in power connections and power consumption migration of these　(20)　network elements to IP-based DCns is alogical strategy.

(16) A. prohibitive　　B. feasible　　　　C. connective　　D. special
(17) A. line　　　　　B. platform　　　　C. sever　　　　D. switch
(18) A. declined　　　B. proliferated　　 C. destroyed　　D. produced
(19) A. overlook　　　B. overlie　　　　 C. overlay　　　D. overleap
(20) A. traditional　　B. dominancy　　　C. redundancy　D. legacy

**例题 4 分析**

敏锐的供应商认识到，昂贵的成本不允许他们继续使用分隔的业务网络支持老版本的 X.25 协议和异步网络元素。例如，维护多个网络需要更多的人员。通常情况下，这些人员必须接受多家提供商的培训，有时甚至需要在每个平台上安排多个并行的工作团队。因此，必须维持额外的维护过程，且复制多个管理记录。成倍的传输设备用在交叉的网络通信中，这是资源的无效使用。而且，毫不奇怪的是，更多的技术安装在一个中心办公室，这意味着需要更大的物理空间，增大的电力连接和消耗。因此，把这些老的网络设备移植到基于 IP 的数据通信网络中是不符合逻辑的策略。

**例题 4 答案**

(16) A　　　(17) B　　　(18) B　　　(19) C　　　(20) D

**例题 5**

When the system upon which a transport entity is running fails and subsequently restarts, the　(21)　information of all active connections is lost. The affected connections become half-open, as the side that did not fail does not yet realize the problem.

The still active side of a half-open connections can close the connection using a　(22)　timer. This timer measures the time the transport machine will continue to await an　(23)　of a transmitted segment after the segment has been retransmitted the maximum number of times. When the timer　(24)　, the transport entity assumes that either the other transport entity or the intervening network has failed. As a result, the timer closes the connection, and signals an abnormal close to the TS user.

In the event that a transport entity fails and quickly restarts, half-open connections can be terminated more quickly by the use of the RST segment, the failed side returns an RST i to every segment i that it receives. When the RST i reaches the other side, it must be checked for validity based on the　(25)　number i, as the RST could be in response to an old segment. If the reset is valid, the transport entity performs an abnormal termination.

(21) A. data　　　　　　B. state　　　　　　C. signal　　　　　　D. control
(22) A. give-up　　　　 B. abandon　　　　　C. quit　　　　　　 D. connection
(23) A. reset　　　　　　B. acknowledgment　C. sequence　　　　 D. synchroizer
(24) A. stops　　　　　　B. restarts　　　　　C. expires　　　　　D. abandons
(25) A. sequence　　　　 B. acknowledgment　C. connection　　　 D. message

**例题 5 分析**

当传输实体发送失败，系统随后重新启动时，所有活动连接的状态信息都会丢失。受影响的连接则变成半开放的，没有失败的一端并不知道另一端发生的问题。

半开放连接中活动的一端可以使用"放弃"计时器来关闭连接。当传输机器把一个包重新发送最大次数后，将持续等待传输包的回应，这时计时器就计算时间。当时间终了时，传输实体就假设另一个端的传输实体或中间的网络失败。因而，计时器关闭连接，且给 TS 用户发送一个异常关闭的信号。

在一个传输实体失败并立即重新开始的事件中，可以使用 RST 包更快地结束半开放的连接。失败的一端返回一个 RST（i）给它收到的每一个包 i。当这个 RST 到达另一端时，必须进行基于序号 i 的有效性检查，就像这个 RST 响应原来的包一样。如果重置无效，则传输实体异常终止。

**例题 5 答案**

(21) B　　　　　(22) A　　　　　(23) B　　　　　(24) C　　　　　(25) A

## 20.2　网络规划设计专业术语

为了便于读者记忆和理解，在本节中，按照字典顺序给出常见的网络规划设计专业术语的英汉对照表和缩写，如表 20-1 所示。

表 20-1　网络规划与设计专业术语英汉对照表

| 缩略词 | 英 语 术 语 | 中 文 含 义 |
|---|---|---|
| ACE | Adaptive Communication Environment | 可适配通信软件开发环境 |
| ACM | Association for Computing Machinery | 美国计算机学会 |
| ADSL | Asymmetrical Digital Subscriber Line | 非对称数字用户环路 |
| AMI | Asynchronous Message Invocation | 异步消息调用 |
| ANSI | American National Standards Institute | 美国国家标准化协会 |
| API | Application Programming Interface | 应用编程接口 |
| ARP | Address Resolution Protocol | 地址解析协议 |
| ASCII | American Standard Code for Information Interchange | 美国国家信息交换标准码 |
| ASP | Active Server Page | 动态服务器页 |
| ATM | Asynchronous Transfer Model | 异步传输模式 |
| B/S | Browser/Server | 浏览器/服务器结构 |
| B2B | Business to Business Electronic Commerce | 企业对企业的电子商务 |
| B2C | Business to Consumer Electronic Commerce | 企业对客户的电子商务 |
| C/S | Client/Server | 客户端/服务器结构 |
| CDMA | Code Division Multiple Access | 码分多址 |
| CMMI | Capability Maturity Model Integration | 能力成熟度模型综合 |
| COM | Component Object Model | 组件对象模型 |
| CORBA | Common Object Request Broker Architecture | 公共对象请求代理体系结构 |
| CRC | Cyclic Redundancy Check | 循环冗余校验 |
| CSMA/CD | Carrier Sense Multiple Access/Collision Detect | 载波侦听多路访问/冲突检测 |
| DCE | Distributed Computing Environment | 分布式计算机环境 |
| DCOM | Distributed Component Object Model | 分布式组件对象模型 |
| DFA | Deterministic Finite Automaton | 确定有限状态自动机 |
| DHTML | Dynamic Hypertext Markup Language | 动态超文本标记语言 |
| DNS | Domain Name System | 域名系统 |
| DoS | Denial of Service | 拒绝服务攻击 |
| DDoS | Distributed Denial of Service | 分布式拒绝服务攻击 |
| ECC | Error Correction | 纠错码 |
| EDI | Electronic Data Interchange | 电子数据交换 |
| EJB | Enterprise Javabean | 企业 Javabean |
| ERD | Entity-relationship Diagram | 实体联系图 |
| FTP | File Transfer Protocol | 文件传输协议 |
| GA | Genetic Algorithm | 遗传算法 |
| GIS | Geographic Information System | 地理信息系统 |
| GPS | Global Positioning System | 全球定位系统 |
| GSM | Global System For Mobile Communication | 全球移动通信系统 |
| GUI | Graphics User Interface | 图形用户界面 |
| HTML | Hypertext Markup Language | 超文本标记语言标准 |

续表

| 缩略词 | 英 语 术 语 | 中 文 含 义 |
|---|---|---|
| HTTP | Hypertext Transfer Protocol | 超文本传输协议 |
| IC | Integrated Circuit | 集成电路 |
| ICMP | Internet Control Message Protocol | 网际报文控制协议 |
| IDE | Integration Development Environment | 集成开发环境 |
| IDS | Intrusion Detection System | 入侵检测系统 |
| IEEE | Institute For Electrical and Electronic Engineers | 美国电气电子工程师学会 |
| IGMP | Internet Group Multicast Protocol | 网际成组多路广播协议 |
| IP | Internet Protocol | 网际协议 |
| IPC | Interprocess Communication | 进程间通信 |
| IPS | Intrusion Prevention System | 入侵防护系统 |
| ISDN | Integrated Services Digital Network | 综合数字业务网 |
| ISO | International Organization for Standardization | 国际标准化组织 |
| ISP | Internet Service Provider | 因特网服务提供商 |
| J2EE | Java 2 Enterprise Edition | Java 2 企业版 |
| J2ME | Java 2 Micro Edition | Java 2 袖珍版 |
| J2SE | Java 2 Standard Edition | Java 2 标准版 |
| JDBC | Java Database Connectivity | Java 数据库连接 |
| JDK | Java Developer's Kit | Java 开发工具包 |
| JPEG | Joint Photo-Graphic Experts Group | 联合图像专家组 |
| JSP | Java Server Page | Java 服务器页面 |
| JVM | Java Virtual Machine | Java 虚拟机 |
| LAN | Local-Area Network | 局域网 |
| MAC | Media Access Control | 介质访问控制 |
| MAN | Metropolitan Area Network | 城域网 |
| MDA | Model Driven Architecture | 模型驱动架构 |
| MIMD | Multiple Instruction Multiple Data | 多指令流多数据流 |
| MIS | Management Information System | 管理信息系统 |
| MPEG | Moving Picture Experts Group | 运动图像专家组 |
| NFS | Network Filing System | 网络文件系统 |
| OA | Office Automation | 办公自动化 |
| ODBC | Open Database Connectivity | 开放数据库连接 |
| OEM | Original Equipment Manufacture） | 原始设备制造商 |
| OLE | Object Linking And Embedding | 对象链接和嵌入 |
| OMG | Object Management Group | 对象管理组织 |
| ORB | Object Request Broker | 对象请求代理 |
| OSI | Open System Interconnect Reference Model | 开放式系统互联参考模型 |
| PCI | Peripheral Component Interconnect | 外部设备互联 |
| POP3 | Post Office Protocol, Version 3 | 电子邮局协议第 3 个版本 |
| QA | Quality Assurance | 质量保证 |

| 缩略词 | 英 语 术 语 | 中 文 含 义 |
| --- | --- | --- |
| QoS | Quality of Service） | 服务质量 |
| RAM | Random Access Memory | 随机存取存储器 |
| RAP | Internet Route Access Protocol | 网际路由存取协议 |
| RARP | Reverse Address Resolution Protocol | 逆向地址解析协议 |
| RDF | Resource Description Framework | 资源描述框架 |
| RIP | Routing Information Protocol | 路由信息协议 |
| RISC | Reduced Instruction Set Computer | 精简指令集计算机 |
| RMI | Remote Method Invocation | 远程方法调用 |
| ROM | Read Only Memory | 只读存储器 |
| RPC | Remote Procedure Call Protocol | 远过程调用协议 |
| SCM | Software Configuration Management | 软件配置管理 |
| SDK | Software Development Kit | 软件开发工具包 |
| SMP | Symmetric Multi Processing | 对称多处理系统 |
| SMTP | Simple Mail Transfer Protocol | 简单邮件传输协议 |
| SNMP | Simple Network Management Protocol | 简单网络管理协议 |
| SOAP | Simple Object Access Protocol | 简单对象访问协议 |
| SQL | Structured Query Language | 结构化查询语言 |
| STL | Standard Template Library | 标准模板库 |
| TCP | Transmission Control Protocol | 传输控制协议 |
| UDDI | Universal Description, Discovery And Integration | 统一描述、发现和集成协议 |
| UDP | User Datagram Protocol | 用户数据报协议 |
| UML | The Unified Modeling Language | 统一建模语言 |
| URL | Uniform Resource Locators | 通用资源定位符 |
| USB | Universal Serial Bus | 通用串行总线 |
| VAS | Value-Added Serve | 增值服务 |
| VCD | Video Compact Disc | 视频光盘 |
| VLAN | Virtual Local-Area Network | 虚拟局域网 |
| VOD | Video On Demand | 视频点播系统 |
| VPN | Virtual Private Network | 虚拟专用网络 |
| VRML | Virtual Reality Modeling Language | 虚拟现实建模语言 |
| W3C | World Wide Web Consortium | 万维网联盟 |
| WAN | Wide Area Network | 广域网 |
| WAP | Wireless Application Protocol | 无线应用协议 |
| WCDMA | Wideband Code Division Multiple Access | 多频码分多址 |
| WLAN | Wireless Local-Area Network | 无线局域网 |
| WSDL | Web Service Description Language | Web 服务描述语言 |
| WWW | World Wide Web | 万维网 |
| XAML | Extensible Application Markup Language | 可扩展应用程序标记语言 |
| XML | Extensible Markup Language | 可扩展标记语言 |

# 第 21 章 项 目 管 理

根据考试大纲，本章要求考生掌握以下知识点：

（1）项目计划管理：项目计划的内容、监督与控制。

（2）项目范围管理：工作分解结构、范围确认和控制。

（3）项目进度控制：活动资源估算、活动历时估算、进度控制的工具和技术。

（4）项目成本管理：项目估算、成本预算、成本控制的工具和技术。

（5）人力资源管理：计划编制、组建项目团队、项目团队建设、项目团队管理。

（6）项目风险管理：风险与风险管理、风险分析、风险应对策略和常见风险。

（7）项目质量管理：质量管理的内容、质量管理的方法。

项目文档管理方面的知识，需要考生掌握国家有关文档管理的标准，已经在第 17.2 节中进行了介绍，本章不再重复。

## 21.1　项目管理概述

项目是在特定条件下，具有特定目标的一次性任务，是在一定时间内，满足一系列特定目标的多项相关工作的总称。项目的定义包含三层含义：第一，项目是一项有待完成的任务，且有特定的环境与要求；第二，在一定的组织机构内，利用有限资源（人力、物力、财力等）在规定的时间内完成任务；第三，任务要满足一定性能、质量、数量、技术指标等要求。

根据项目的定义，项目的目标应该包括成果性目标和约束性目标。成果性目标都是由一系列技术指标来定义的，如性能、质量、数量、技术指标等；而项目的约束性目标往往是多重的，如时间、费用等。因为项目的目标就是满足客户、管理层和供应商在时间、费用和性能上的不同要求，所以，项目的总目标可以表示为一个空间向量。

不难看出，作为在特定的环境与限制下，有待完成的一次性任务，项目具有一次性、独特性、目标的确定性、组织的临时性和开放性、成果的不可挽回性。

项目管理就是把各种资源应用于目标，以实现项目的目标，满足各方面既定的需求。项目管理的主要要素有环境、资源、目标、组织。与传统的部门管理相比，项目管理的最大特点就是项目管理注重于综合性管理，并且项目管理工作有严格的时间期限。

项目的生命周期划分方法可以非常灵活，不同类型、不同组织的项目生命周期管理都不相同，但大致原理一样。一般来说，项目的生命周期有几个基本的阶段：概念阶段、开发阶段、实施阶段、结束阶段。项目在不同阶段，其管理的内容也不相同。

（1）概念阶段。提出并论证项目是否可行。很多大的软件研发公司都有产品预研部专门负责新产品的预研，预研工作包括需求的收集、项目策划、可行性研究、风险评估，以及项目建议书等工作。这个阶段需要投入的人力、物力不多，但对后期的影响很大。对于一般的招标项目，概念阶段的大部分工作已经由业主完成了。

（2）开发阶段。主要任务是对项目任务和资源进行详尽计划和配置，包括确定范围和目标，确立项目组主要成员，确立技术路线，工作分解，确定主计划、转项计划（费用、质量保证、风险控制、沟通）等工作。

（3）实施阶段。按项目计划实施项目的工作。实施阶段是项目生命周期中时间最长、完成的工作量最大、资源消耗最多的阶段。这个阶段要根据项目的工作分解结构（Work Breakdown Structure，WBS）和网络计划来组织协调，确保各项任务保质量、按时间完成。指导、监督、预测、控制是这一时期的管理重点。

（4）结束阶段。项目结束的有关工作，是完成项目的工作，最终产品成型。项目组织者要对项目进行财务清算、文档总结、评估验收、最终交付客户使用和对项目总结评价。结束阶段的工作不多但很重要，由于一个项目成功的经验能够得到保持和发扬，失败的教训能够避免，对后续项目产生很好的影响。

## 21.2　项目计划管理

凡事，预则立，不预则废。在项目管理中，这个"预"就是计划。项目管理计划是项目组织根据项目目标的规定，对项目实施过程中进行的各项活动做出周密安排。项目管理计划围绕项目目标的完成，系统地确定项目的任务，安排任务进度，编制完成任务所需的资源、预算等，从而保证项目能够在合理的工期内，用尽可能低的成本和尽可能高的质量完成。

项目计划是促使管理者展望未来，预见未来可能发生的问题，制定适当的对策，来减少实现目标过程中的不确定性。计划是项目实施的依据和指南，可以确立项目组各成员及工作的责任范围和地位，促进项目干系人之间的交流与沟通，使项目组成员明确自己的奋斗目标、实现目标的方法、途径及期限，并确保以时间、成本及其他资源需求的最小化实现项目目标。

**希赛教育专家提示**：项目计划作为一个重要的项目阶段，在项目过程中承上启下，必须按照批准的项目总目标，总任务做详细的计划；计划文件经批准后作为项目的工作指南，必须在项目实施中贯彻执行，必须防止计划的失误和失败。

### 21.2.1　项目计划的内容

项目计划内容可分为 9 个方面：

（1）工作计划。工作计划也称实施计划，是为保证项目顺利开展，围绕项目目标的最终实现而制订的实施方案。工作计划主要说明采取什么方法组织实施项目，研究如何最佳地利用资源，用尽可能少的资源获取最佳效益。具体包括工作细则、工作检查及相应措施等。工作计划也需要时间、物资、技术资源，必须反映到项目总计划中去。

（2）人员组织计划。人员组织计划主要是表明工作分解结构图中的各项工作任务应该由谁来承担，以及各项工作间的关系如何。其表达形式主要有框图式、职责分工说明式和混合式三种。

（3）设备采购供应计划。在项目管理过程中，多数的项目都会涉及仪器设备的采购、订货等供应问题。有的非标准设备还包括试制和验收等环节。如果是进口设备，还存在选货、订货和运货等环节。设备采购问题会直接影响到项目的质量及成本。

（4）其他资源供应计划。如果是一个大型的项目，由于不仅需要设备的及时供应，还有许多项目建设所需的材料、半成品、物件等资源的供应问题。因此，预先安排一个切实可行的物资、技术资源供应计划，将会直接关系到项目的工期和成本。

（5）变更控制计划。由于项目的一次性特点，在项目实施过程中，计划与实际不符的情况是经常发生的。

（6）进度计划。根据实际条件和合同要求，以拟建项目的竣工投产或交付使用时间为目标，按照合理的顺序所安排的实施日程。其实质是把各活动的时间估计值反映在逻辑关系图上，通过调整，使得整个项目能在工期和预算允许的范围内合理地安排任务。进度计划也是物资、技术资源供应计划编制的依据，如果进度计划不合理，将导致人力、物力使用的不均衡，影响经济效益。

（7）成本投资计划。包括各层次项目单元计划成本；项目"时间—计划成本"曲线和项目的成本模型（即时间—累计计划成本曲线）；项目现金流量（包括支付计划和收入计划）；项目资金筹集（贷款）计划等。

（8）文件控制计划。由一些能保证项目顺利完成的文件管理方案构成，需要阐明文件控制方式、细则，负责建立并维护好项目文件，以供项目组成员在项目实施期间使用。包括文件控制的人力组织和控制所需的人员及物资资源数量。项目管理的文件包括全部原始的及修订过的项目计划、全部里程碑文件、有关标准结果、项目目标文件、用户文件、进度报告文件，以及项目文书往来。项目一结束，文件必须全部检查一遍，有选择地处理一些不再相关的文件，并保存好项目的工作分解结构图与网络图，收入文件库以备将来项目组参考。

（9）支持计划。项目管理有众多的支持手段，主要有软件支持、培训支持和行政支持，还有项目考评、文件、批准或签署、系统测试、安装等支持方式。

## 21.2.2　项目监督与控制

项目监督与控制的目的是提供对项目进展的理解，从而在项目表现明显偏离计划时能够采取适当的纠正措施。项目监督控制的手段主要是通过在预定的里程碑处，或项目进度表或工作分解结构中的控制级别，将实际的工作产品和任务属性、工作量、成本，以及进度与计划进行对比来确定进展情况。适当的可视性使得项目与计划发生重要的偏差时能够及时采取纠正措施。重要的偏差是指如果不解决就会妨碍项目达成其目的的偏差。

项目监督的内容包括进展监督、工作量和成本监督、监督工作产品与任务的属性、监督提供并使用的资源、监督项目成员的知识与技能、项目风险监督等。

项目控制可采取正规和非正规两种方式。正规控制通过定期的和不定期的进展情况汇报和检查，以及项目进展报告进行。根据项目进展报告，与会者讨论项目遇到的问题，找出和分析问题的原因，研究和确定纠正、预防的措施，决定应当采取的行动。正规控制要利用项目实施组织或项目班子建立起来的管理系统进行控制,如项目管理信息系统、变更控制系统、项目实施组织财务系统、工作核准系统等。非正规则是项目经理频繁地到项目管理现场，同项目管理人员交流，了解情况，及时解决问题。正规和非正规两种控制过程步骤相同，都是 PDCA（Plan、Do、Check、Action，计划、执行、检查、行动）循环。非正规控制要比正规控制频繁。正规控制每次花费的时间一般比非正规控制长，但总时间非正规控制并不比正规控制少，有时反而更多。正规和非正规两种控制过程都必不可少。

根据控制的时间先后，项目控制可分为预先控制、过程控制和事后控制。预先控制是在项目活动或阶段开始时进行，可以防止使用不合要求的资源，保证项目的投入满足规定的要求；过程控制一般在现场进行。过程控制一定要注意项目活动和控制对象的特点。很多项目活动是分散在不同的空间和时间中进行；事后控制在项目活动或阶段结束或临近结束时进行。生产企业的质量控制可以采取事后控制，但项目控制不宜采取事后控制，因为不利的偏差已经造成损害，再也无法弥补。

根据控制的对象不同，项目控制可分为直接控制和间接控制。直接控制着眼于产生偏差的根源，而间接控制着眼于偏差本身。项目活动的一次性常常迫使项目班子采取间接控制。项目经理直接对项目活动进行控制属于直接控制；不直接对项目活动，而对项目班子成员进行控制，具体的项目活动由项目班子成员去控制，属于间接控制。

## 21.3　项目范围管理

项目范围是为了达到项目目标，为了交付具有某种特制的产品和服务，项目所规定要做的。项目的范围管理就是要确定哪些工作是项目应该做的，哪些不应该包括在项目中。项目范围是项目目标的更具体的表达。

在信息系统项目中，实际上存在两个相互关联的范围：产品范围和项目范围。

产品范围是指信息系统产品或服务所应该包含的功能，如何确定信息系统的范围在软件工程中常常称为"需求分析"。项目范围是指为了能够交付信息系统项目所必须做的工作。

　　显然，产品范围是项目范围的基础，产品的范围定义是信息系统要求的量度，而项目范围的定义是产生项目计划的基础，两种范围在应用上有区别。另外的区别在于需求分析更加偏重于软件技术，而项目范围管理则更偏向于管理。判断项目范围是否完成，要以项目管理计划、项目范围说明书、WBS、WBS 词汇表来衡量。而信息系统产品或服务是否完成，则根据产品或服务是否满足了需求分析。

　　产品范围描述是项目范围说明书的重要组成部分，因此产品范围变更后，首先受到影响的是项目的范围。在项目的范围调整之后，才能调整项目的进度表和质量基线等。项目的范围基准是经过批准的详细的项目范围说明书、项目的 WBS 和 WBS 词汇表。

## 21.3.1　范围管理计划

　　项目范围对项目的成功有重要的影响，范围管理包括如何定义项目的范围，如何管理和控制项目范围的变化，如何考虑和权衡工具、方法、过程和程序，以确保为项目范围所付出的劳动和资源能够和项目的大小、复杂性、重要性相称，使用不同的决策行为要依据范围管理计划。

　　项目范围管理计划说明项目组将如何进行项目的范围管理。具体来说，包括如何进行项目范围定义，如何制定 WBS，如何进行项目范围核实和控制等。范围管理计划应该对怎样变化、变化频率如何及变化了多少这些项目范围预期的稳定性进行评估。范围管理计划也应该包括对变化范围怎样确定，变化应归为哪一类等问题的清楚描述。在信息系统项目的产品范围还没有确定之前，确定这些问题非常困难，但是仍然有必要进行。

　　项目范围管理计划可能在项目管理计划之中，也可能作为单独的一项。根据不同的项目，可以是详细的或者概括的，可以是正式的或者非正式的。

　　范围计划编制的输出是范围管理计划，项目的范围管理计划是对项目的范围进行确定、记载、核实管理和控制的行动指南，与项目范围计划不同，范围计划是描述的是项目的边界，而范围管理计划是如何保证项目边界应该采取的行为。

　　项目的范围管理计划包括如下内容：

　　（1）如何从项目初步的范围说明书来编制详细的范围说明书。

　　（2）如何进行更加详细的项目范围说明书编制 WBS，如何核准和维持编制的 WBS。

　　（3）如何核实和验收项目所完成的可交付成果。

　　（4）如何进行变更请求的批准。

## 21.3.2　范围定义

　　范围定义可以增加项目时间、费用和资源估算的准确度，定义了实施项目控制的依据，明确了相关责任人在项目中的责任，明确项目的范围、合理性、目标，以及主要可交付成果。

范围定义所编制的详细的范围说明书根据项目的主要可交付成果、假设和制约因素，具体地说明和确定项目的范围。项目范围定义是在项目方案决定之后才进行的，但是在进行项目范围定义的过程中，必然又对项目的目标和方案进行疑问，如果在此期间发现项目的目标和方案有错误，应该立即提出疑问。

（1）范围边界。范围定义最重要的任务就是详细定义项目的范围边界，范围边界是应该做的工作和不需要进行的工作的分界线。项目小组应该把工作时间和资源放在范围边界之内的工作上。如果相反，把精力和时间放在项目范围边界之外的工作上，那么得到的回报将非常少。范围边界的定义往往来源于项目初步范围说明书和批准的变更。有些项目并没有项目的初步范围说明书，而常常利用产品的范围说明书。

（2）可交付成果。项目范围需要定义项目的主要可交付成果，所有需要的主要工作要在这个可交付的成果中列出，而不是必需的工作则不应该列出。这个列表应该考虑到所有项目干系人，通常用户或客户是最重要的可交付成果接受人，但也不应该忘记其他的项目干系人。对于传统的项目，这个列表应该列出95%以上的可交付成果，但是对于探索和新开发的项目，这个比例可能会降低。如果项目的可交付成果没有仔细定义，那么预算、进度和资源的消耗都会受到很大的影响。

### 21.3.3　创建工作分解结构

WBS 是面向可交付物的项目元素的层次分解，它组织并定义了整个项目范围。当一个项目的 WBS 分解完成后，项目相关人员对完成的 WBS 应该给予确认，并对此达成共识，然后才能据此进行时间估算和成本估算。

WBS 把项目整体或者主要的可交付成果分解成容易管理、方便控制的若干个子项目或者工作包，子项目需要继续分解为工作包，持续这个过程，直到整个项目都分解为可管理的工作包，这些工作包的总和是项目的所有工作范围。

最普通的 WBS 如表 21-1 所示。

表 21-1　WBS 的分层

| | 层 | 描　　述 | 目　　的 |
|---|---|---|---|
| 管理层 | 1 | 总项目 | 工作授权和解除 |
| | 2 | 项目 | 预算编制 |
| | 3 | 任务 | 进度计划编制 |
| 技术层 | 4 | 子任务 | 内部控制 |
| | 5 | 工作包 | |
| | 6 | 努力水平 | |

WBS 的上面 3 层通常由客户指定，不应该和具体的某个部门相联系，下面 3 层由项目组内部进行控制。这样分层的特点有：

（1）每层中的所有要素之和是下一层的工作之和。

（2）每个工作要素应该具体指派一个层次，而不应该指派给多个项目。

（3）WBS需要有投入工作的范围描述，这样才能使所有的人对要完成的工作有全面的了解。

在每个分解单元中都存在可交付成果和里程碑。里程碑标志着某个可交付成果或者阶段的正式完成。里程碑和可交付成果紧密联系在一起，但并不是一个事物。可交付成果可能包括了报告、原型、成果和最终系统。里程碑则关注是否完成，如正式的用户认可文件。WBS中的任务有明确的开始时间和结束时间，任务的结果可以和预期的结果相比较。

最底层的工作单元称为工作包，由于它应该便于完整地分派给不同的人或组织，所以要求明确各工作单元直接的界面。工作包应该非常具体，以便承担者能明确自己的任务、努力的目标和承担的责任，工作包是基层任务或工作的指派，同时其具有检测和报告工作的作用。所有工作包的描述必然让成本会计管理者和项目监管人员理解，并能够清楚地区分不同工作包的工作。同时，工作包的大小也是需要考虑的细节，如果工作包太大，那么难以达到可管理和可控制的目标，如果工作包太小，那么WBS就要消耗项目管理人员和项目组成员的大量时间和精力。

在制作WBS过程中，要给WBS的每个部分赋予一个账户编码标志符，它们是费用、进度和资源使用信息汇总的层次结构。需要生成一些配套的文件，这些文件需要和WBS配套使用，称为WBS词汇表，它包括WBS组成部分的详细内容、账户编码、工作说明、负责人、进度里程碑清单等，还可能包括合同信息、质量要求、技术文献、计划活动、资源和费用估计等。

**希赛教育专家提示：** 创建WBS没有所谓的正确的方式，可以使用白板、草图等，或者使用专门的项目管理软件，如Microsoft Project等。

### 21.3.4　范围变更

范围变更是对达成一致的、WBS定义的项目范围的修改。范围变更的原因包括项目外部环境发生变化（如法律、对手的新产品等），范围计划不周，有错误或者遗漏，出现了新的技术、手段和方案，项目实施组织发生了变化，项目业主对项目或者项目产品的要求发生变化等。

范围变更控制是指对有关项目范围的变更实施控制，包括一系列文档程序，用于实施技术和管理的指导和监督，以确定和记录项目条款的功能和物理特征、记录和报告变更、控制变更、审核条款和系统，由此来检验其与要求的一致性。

在项目的实施过程中，项目的范围难免会因为很多因素，需要或者至少为项目干系人提出变更，如何控制项目的范围变更，这需要与项目的时间控制、成本控制，以及质量控制要结合起来管理。在整个项目周期内，项目范围发生变化，则要进行范围变更控制，范围变更控制的主要工作有：

（1）影响造成项目变化的因素，并尽量使这些因素向有利的方面发展。

（2）判断项目变化范围是否已经发生。

（3）一旦范围变化已经发生，就要采取实际的处理措施。

范围控制管理依赖于范围变更控制系统。这个系统定义了项目范围发生变化所应遵循的程序。这个程序包括使用正式的书面报告，建立必要的跟踪系统和核准变更需求的批准系统。项目范围变更控制系统是整个项目变化控制系统的一部分。

## 21.4　项目成本管理

项目的成本管理要估计为了提交项目可交付成果所进行的所有任务和活动，以及这些任务和活动需要进行的时间和所需要的资源。这些都要消耗组织的资金，只有把所有的这些成本累加，项目经理才能真正了解项目的成本并进行相应的成本控制。

### 21.4.1　成本估算

成本估算是对项目投入的各种资源的成本进行估算，并编制费用估算书。要进行项目成本的估算，需要大量的数据资料，这些资料包括资源要求的品种和数量、每种资源的单价、每项资源占有的时间。

成本估算主要靠分解和类推的手段进行，基本估算方法分为三类，分别是自顶向下的估算法、自底向上的估算法和差别估算法。

**1. 自顶向下的估算法**

这种方法的主要思想是从项目的整体出发，进行类推。即估算人员根据以前已完成项目所消耗的总成本（或总工作量），来推算将要开发的软件的总成本（或总工作量），然后按比例将它分配到各开发任务单元中去。

自顶向下估算的主要优点是管理层会综合考虑项目中的资源分配，由于管理层的经验，他们能相对准确地把握项目的整体需要，能够把预算控制在有效的范围内，并且避免有些任务有过多的预算，而另外一些被忽视。自顶向下估算工作量小，速度快。

自顶向下估算的主要缺点是如果下层人员认为所估算的成本不足以完成任务时，由于在公司地位的不同，下层人员很有可能保持沉默，而不是试图和管理层进行有效的沟通，讨论更为合理的估算，默默地等待管理层发现估算中的问题再自行纠正。这样会使项目的执行出现困难，甚至是失败。自顶向下估算对项目中的特殊困难估计不足，估算出来的成本盲目性大，有时会遗漏被开发软件的某些部分。

**2. 自底向上的估算法**

自底向上估算的主要思想是把待开发的软件细分，直到每一个子任务都已经明确所需要的开发工作量，然后把它们加起来，得到软件开发的总工作量。这是一种常见的估算方法。

自底向上的估算的主要优点是在任务和子任务上的估算更为精确，这是由于项目实施人员更了解每个子任务所需要的资源。这种方法也能够避免项目实施人员对管理层所估算值的不满和对立。缺点是缺少各项子任务之间相互联系所需要的工作量，还缺少许多与软件开发有关的系统级工作量（配置管理、质量管理、项目管理）。所以往往估算值偏低，必须用其他方法进行检验和校正。

自底向上估算精确的前提条件是项目实施人员对所做的子任务的了解和精通上。这种方式的估算的关键是要保证所有的项目任务都要涉及，这一点也相当困难。另外，由于进行估算的项目实施人员会认为管理层会按照比例削减自己所估算的成本需要，或出于安全的估计，他们会高估自己任务所需要的成本，而这必然导致总体成本的高估。管理层会认为需要削减，削减证实了估算人员的估计，这样，所有的项目估算参与人员就陷入了一个怪圈。

**3．差别估算法**

这种方法综合了上述两种方法的优点，其主要思想是把待开发的软件项目与过去已完成的软件项目进行类比，从其开发的各个子任务中区分出类似的部分和不同的部分。类似的部分按实际量进行计算，不同的部分则采用相应的方法进行估算。这种的方法的优点是可以提高估算的准确程度，缺点是不容易明确"类似"的界限。

## 21.4.2　成本预算

项目成本预算是进行项目成本控制的基础，是将项目的成本估算分配到项目的各项具体工作上，以确定项目各项工作和活动的成本定额，制定项目成本的控制标准，规定项目意外成本的划分与使用规则。

**1．成本预算技术**

项目成本预算使用的工具和技术有成本总计、管理储备、参数模型、支出的合理化原则。

管理储备是为范围和成本的潜在变化而预留的预算，它们是未知的，项目经理在使用之前必须得到批准。管理储备不是项目成本基线的一部分，但包含在项目的预算中。它们未被作为预算进行分配，因而不是挣值计算的一部分。

建立参数模型指在数学模型中运用项目特点（参数）来预测项目成本。所建立的模型既可以是简单模型，也可以是复合模型。参数模型无论在成本上还是在准确性上，彼此相差都很悬殊。在下述情况下，参数模型有可能比较可靠：

（1）用以建立参数模型的历史资料准确。

（2）模型中使用的参数容易量化。

（3）模型具有可缩放性（即它既适用于规模甚大的项目，也适用于规模很小的项目）。

所谓支出的合理化原则，是指对于组织运营而言，资金周期性开销中的巨大变化是不愿被看到的。因此，项目资金的支付需要调整到比较平滑或对开销进行管制。这可以通过给一些工作包或结构加以日期限制来达到。由于这将影响资源分配，除非资金被用作限制性资源，否则进度开发过程不必用此新日期限制来重复。这些迭代的最终产物就是成本基线。

**2．预算的步骤**

不管使用什么技术和工具来编制项目的成本预算，都必须要经过下列 3 个步骤：

（1）分摊项目总成本到 WBS 的各个工作包中，为每一个工作包建立总预算成本，在将所有工作包的预算成本进行相加时，结果不能超过项目的总预算成本。

（2）将每个工作包分配得到的成本再二次分配到工作包所包含的各项活动上。

（3）确定各项成本预算支出的时间计划，以及每一时间点对应的累积预算成本，制订出项目成本预算计划。

**3．直接成本与间接成本**

在进行项目预算时，除了要考虑项目的直接成本，还要考虑其间接成本和一些对成本有影响的其他因素，可能包括以下一些：

（1）非直接成本。包括租金、保险和其他管理费用。例如，如果项目中有些任务是项目组成员在项目期限内无法完成的，那么就可能需要进行项目的外包或者聘请专业的顾问。如果项目进行需要专门的工具或设备，而采购这些设备并非明智，那么采用租用的方式就必须付租金。

（2）隐没成本。隐没成本是当前项目的以前尝试已经发生过的成本。例如，一个系统的上一次失败的产品花费了 N 元，那么这 N 元就是为同一个系统的下一个项目的隐没成本。考虑到已经投入了许多的成本，人们往往不再愿意继续投入，但是在项目选择时，隐没成本应该被忘记，不应该成为项目选择的理由。

（3）学习曲线。如果在信息系统项目中采用了项目组成员未使用过的技术和方法，那么在使用这些技术和方法的初期，项目组成员有一个学习的过程，许多时间和劳动投入到尝试和试验中。这些尝试和试验会增加项目的成本。同样，对于项目组从未从事的项目要比对原有项目的升级的成本高得多，也是由于项目组必须学习新的行业的术语、原理和流程。

（4）项目完成的时限。一般来说，项目需要完成的时限越短，那么项目完成的成本就越高，压缩信息系统的交付日期不仅要支付项目组成员的加班费用，而且如果过于压缩进度，项目组可能在设计和测试上就会减少投入，项目的风险会提高。

（5）质量要求。显然，项目的成本估算中要根据产品的质量要求的不同而不同。登月火箭的控制软件和微波炉的控制软件不但完成的功能不同，而且质量要求也大相径庭，其成本估算自然有很大的差异。

（6）保留。保留是为风险和未预料的情况而准备的预留成本。遗憾的是，有时候管理层和客户会把保留的成本进行削减。没有保留，将使得项目的抗风险能力降低。

### 4．零基准预算

零基准的预算是指在项目预算中，并不以过去的相似的项目成本作为成本预算的基准，然后根据项目之间的规模、性质、质量要求、工期要求等不同，对基准进行调节来对新的项目进行成本预算。而是项目以零作为基准，估计所有的工作任务的成本。

例如，希赛教育网在上一个 Web 查询应用项目中，成本是 2 万元。现在有一个新的 Web 查询应用项目，那么对比两个项目之间的差距，如果新的项目范围估计要扩大 20%，则成本预算可以在 2 万元的基础上增加 20%。而零基准的成本预算却不能在过去的项目基础上进行增加。这种成本预算的方法必须以零作为基准。零基准的预算的主要目标是减少浪费，避免一些实际上没有继续存在必要的成本支出，由于预算人员的惰性或者疏忽而继续在新的项目中存在。

**希赛教育专家提示**：零基准预算通常用于一系列的项目，整个组织和时间跨度为几年的项目。

## 21.4.3  挣值分析

挣值分析是一种进度和成本测量技术，可用来估计和确定变更的程度和范围。故而它又常被称为偏差分析法。挣值法通过测量和计算已完成的工作的预算费用与已完成工作的实际费用和计划工作的预算费用得到有关计划实施的进度和费用偏差，而达到判断项目预算和进度计划执行情况的目的。因而它的独特之处在于以预算和费用来衡量工程的进度。

### 1．基本参数

（1）计划工作量的预算费用（Budgeted Cost for work Scheduled，BCWS）：指项目实施过程中某阶段计划要求完成的工作量所需的预算工时（或费用）。计算公式为

$$BCWS = 计划工作量×预算定额$$

BCWS 主要是反映进度计划应当完成的工作量，而不是反映应消耗的工时或费用。BCWS 有时也称为 PV（Planned Value）。

（2）已完成工作量的实际费用（Actual Cost for Work Performed，ACWP）：项目实施过程中某阶段实际完成的工作量所消耗的工时（或费用）。ACWP 主要反映项目执行的实际消耗指标，有时也简称为 AC。

（3）已完成工作量的预算成本（Budgeted Cost for Work Performed，BCWP）：项目实施过程中某阶段实际完成工作量及按预算定额计算出来的工时（或费用），即挣值（Earned Value，EV）。BCWP 的计算公式为

$$BCWP = 已完成工作量×预算定额$$

（4）剩余工作的成本（Estimate to Completion，ETC）：完成项目剩余工作预计还需要花费的成本。ETC 用于预测项目完工所需要花费的成本，其计算公式为

$$ETC = BCWS–BCWP = PV–EV$$

或

$$ETC = 剩余工作的 PV \times EV/AC$$

**2．评价指标**

（1）进度偏差（Schedule Variance，SV）：指检查日期 BCWP 与 BCWS 之间的差异。其计算公式为

$$SV = BCWP – BCWS = EV – PV$$

当 SV>0 时，表示进度提前；当 SV<0 时，表示进度延误；当 SV=0 时，表示实际进度与计划进度一致。

（2）费用偏差（Cost Variance，CV）：检查期间 BCWP 与 ACWP 之间的差异，计算公式为

$$CV = BCWP – ACWP = EV – AC$$

当 CV<0 时，表示执行效果不佳，即实际消耗费用超过预算值即超支；当 CV>0 时，表示实际消耗费用低于预算值，即有节余或效率高；当 CV=0 时，表示实际消耗费用等于预算值。

（3）成本绩效指数（Cost Performance Index，CPI）：预算费用与实际费用值之比（或工时值之比），即

$$CPI = BCWP/ACWP = EV/AC$$

当 CPI>1 时，表示低于预算，即实际费用低于预算费用；当 CPI<1 时，表示超出预算，即实际费用高于预算费用；当 CPI=1 时，表示实际费用等于预算费用。

（4）进度绩效指数（Schedul Performance Index，SPI）：项目挣值与计划之比，即

$$SPI = BCWP/BCWS = EV/PV$$

当 SPI>1 时，表示进度提前，即实际进度比计划进度快；当 SPI<1 时，表示进度延误，即实际进度比计划进度慢；当 SPI=1 时，表示实际进度等于计划进度。

**3．评价曲线**

挣值法评价曲线如图 21-1 所示，图的横坐标表示时间，纵坐标则表示费用。图中 BCWS 曲线为计划工作量的预算费用曲线，表示项目投入的费用随时间的推移在不断积累，直至项目结束达到它的最大值，所以曲线呈 S 形状，也称为 S 曲线。ACWP 已完成工作量的实际费用，同样是进度的时间参数，随项目推进而不断增加的，也是呈 S 形的曲线。利用挣值法评价曲线可进行费用进度评价，如图 21-1 所示的项目，CV<0，SV<0，这表示项目执行效果不佳，即费用超支，进度延误，应采取相应的补救措施。

**4．项目完成成本再预测**

项目出现成本偏差，意味着原来的成本预算出现了问题，已完成工作的预算成本和实际成本不相符。这必然会对项目的总体实际成本带来影响，这时候需要重新估算项目的成本。这个重新估算的成本也称为最终估算成本（Estimate at Completion，EAC），也称为完工估算。有三种再次进行预算的方法。

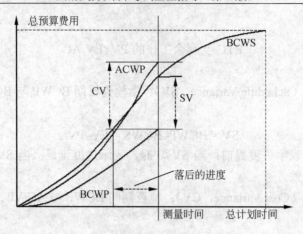

图 21-1　挣值评价曲线图

第一种是认为项目日后的工作将和以前的工作效率相同，未完成的工作的实际成本和未完成工作预算的比例与已完成工作的实际成本和预算的比率相同。

EAC = (ACWP/BCWP)×BAC = (AC/EV)×BAC = BAC/CPI = AC+(BAC–EV)/CPI

其中 BAC 为完成工作预算（Budget at Completion），即整个项目的所有阶段的预算的总和，也就是整个项目成本的预算值。

第二种是假定未完成的工作的效率和已完成的工作的效率没有什么关系，对未完成的工作，依然使用原来的预算值，那么对于最终估算成本就是已完成工作的实际成本加上未完成工作的预算成本：

EAC = ACWP+BAC–BCWP = AC+BAC–EV

第三种方法是重新对未完成的工作进行预算工作，这需要一定的工作量。当使用这种方法时，实际上是对计划中的成本预算的否定，认为需要进行重新的预算。

EAC = ACWP+ETC

这里举一个非常简单的例子。希赛教育网在线测试项目涉及对 10 个函数代码的编写（假设每个函数代码的编写工作量相等），项目由 2 个程序员进行结对编程，计划在 10 天内完成，总体预算是 1000 元，每个函数的平均成本是 100 元。项目进行到了第 5 天，实际成本是 400 元，完成了 3 个函数代码的编写。根据这些信息，可以计算在第 5 天项目的各种指标数据如下：

计划预算成本：BCWS = 100×5=500（元）。

已完成工作的实际成本：ACWP = 400（元）。

已完成工作的预算成本：BCWP = 3×100=300（元）。

偏差数据如下：

成本偏差：CV = BCWP-ACWP = 300–400 = –100（元）。

进度偏差：SV = BCWP-BCWS = 300–500 = –200（元）。

成本绩效指数：CPI = BCWP/ACWP = 300/400 = 0.75。

从指标数据可以看出，这个项目如同许多信息系统项目一样，不但进度落后，而且成本超支。这时候，为了降低项目成本，可以采用把结对编程改为由单个程序员编写代码，降低程序员工资等措施来降低成本。对于剩下的工作的成本预算，三种方法得出的结论也各不相同：

如果认为剩下工作的效率和已完成的工作的效率相同，则

$$EAC = (ACWP/BCWP) \times BAC = (400/300) \times 1000 = 1333 （元）$$

如果认为剩下工作的效率和已完成的工作效率无关，则：

$$EAC = ACWP + (BAC - BCWP) = 400 + (1000 - 300) = 1100 （元）$$

如果重新对剩下的工作进行预算时，如果项目组使用了代码生成工具，可以极大的提高效率，减少人工成本，使得每个函数代码的成本预算有望降为 70 元，则新的预算为：

$$EAC = ACWP + 未完成工作新的成本估算值 = 400 + 7 \times 70 = 890 （元）$$

## 21.5　项目进度控制

在给定的时间内完成项目是项目的重要约束性目标，能否按进度交付是衡量项目是否成功的重要标志。因此，进度控制是项目控制的首要内容，是项目的灵魂。同时，由于项目管理是一个带有创造性的过程，项目不确定性很大，进度控制是项目管理中的最大难点。

### 21.5.1　活动排序

在项目中，一个活动的执行可能需要依赖于另外一些活动的完成，也就是说它的执行必须在某些活动完成之后，这就是活动的先后依赖关系。一般地，依赖关系的确定应首先分析活动之间本身存在的逻辑关系，在此逻辑关系确定的基础上再加以充分分析，以确定各活动之间的组织关系，这就是活动排序。

#### 1. 前导图法

前导图法（Precedence Diagramming Method，PDM）也称为单代号网络图法（Active on the Node，AON），即一种用方格或矩形（节点）表示活动，并用表示依赖关系的箭线将节点连接起来的一种项目网络图的绘制法。在 PDM 中，每项活动有唯一的活动号，每项活动都注明了预计工期。每个节点的活动有最早开始时间（ES）、最迟开始时间（LS）、最早结束时间（EF）和最迟结束时间（LF）。PDM 节点的几种表示方法如图 21-2 所示。

PDM 包括四种依赖关系或先后关系：

完成对开始（FS）：后一活动的开始要等到前一活动的完成。

完成对完成（FF）：后一活动的完成要等到前一活动的完成。

开始对开始（SS）：后一活动的开始要等到前一活动的开始。

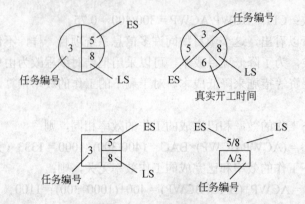

图 21-2 节点表示法

开始对完成（SF）：后一活动的完成要等到前一活动的开始。

以上 4 种关系的表示如图 21-3 所示。

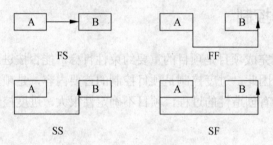

图 21-3 活动依赖关系图

在 PDM 图中，完成对开始是最常用的逻辑关系类型。开始对完成关系很少用， 通常仅有专门制订进度的工程师才使用。

**2. 箭线图法**

箭线图法（Arrow Diagramming Method，ADM）也称为双代号网络图法（Active On the Arrow，AOA），是一种利用箭线表示活动，并在节点处将其连接起来，以表示其依赖关系的一种项目网络图的绘制法。在 ADM 中，给每个事件而不是每项活动指定一个唯一的号码。活动的开始（箭尾）事件叫做该活动的紧前事件（Precede Event），活动的结束（箭线）事件叫做该活动的紧随事件（Successor Event，紧后事件）。在 ADM 中，有 3 个基本原则：

（1）网络图中每一事件必须有唯一的一个代号，即网络图中不会有相同的代号。

（2）任何两项活动紧前事件和紧随事件代号至少有一个不相同，节点序号沿箭线方向越来越大。

（3）流入（流出）同一事件的活动，均有共同的后继活动（或先行活动）。

　　ADM 只使用完成—开始依赖关系，因此可能要使用虚活动（Dummy Activity）才能正确地定义所有的逻辑关系。虚活动不消耗时间和资源，用虚箭线表示。在复杂的网络图中，为避免多个起点或终点引起的混淆，也可以用虚活动来解决，如图 21-4 所示。

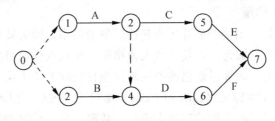

图 21-4　箭线图法

### 3．确定依赖关系

　　活动之间的先后顺序称为依赖关系，依赖关系包括工艺关系和组织关系。在时间管理中，通常使用 3 种依赖关系来进行活动排序，分别是强制性依赖关系、可自由处理的依赖关系和外部依赖关系。

　　（1）强制性依赖关系。也称为硬逻辑关系、工艺关系。这是活动固有的依赖关系，这种关系是活动之间本身存在的、无法改变的逻辑关系。

　　（2）可自由处理的依赖关系。也称为软逻辑关系、组织关系、首选逻辑关系、优先逻辑关系。这是人为组织确定的一种先后关系，如可以是项目管理团队确定的一种关系。

　　（3）外部依赖关系。这种关系涉及项目与非项目活动之间的关系。

　　逻辑关系的表达可以分为平行、顺序和搭接 3 种形式。

　　（1）平行关系。也称为并行关系，相邻两项活动同时开始即为平行关系。例如，在图 21-4 中，活动 A 和 B 是平行关系。

　　（2）顺序关系。相邻两项活动先后进行即为顺序关系。如前一活动完成后，后一活动马上开始则为紧连顺序关系。如后一活动在前一活动完成后隔一段时间才开始则为间隔顺序关系。在顺序关系中，当一项活动只有在另一项活动完成以后才能开始，并且中间不插入其他活动，则称另一项活动为该活动的紧前活动；反之，当一项活动只有在完成之后，另一项活动才能开始，并且中间不插入其他活动，则称另一活动为该活动的紧后活动。例如，在图 21-4 中，活动 A 和 C 为紧连顺序关系，A 和 E 是间隔顺序关系，A 是 C 的紧前活动，C 是 A 的紧后活动。

　　（3）搭接关系。两项活动只有一段时间是平行进行的则称为搭接关系。

## 21.5.2　活动历时估算

　　活动历时估算直接关系到各项具体活动、各项工作网络时间和完成整个项目所需要总体时间的估算。活动历时估算通常同时要考虑间隔时间。项目团队需要对项目的工作时间做出客观、合理的估计。在估算时，要在综合考虑各种资源、人力、物力、财力的情况下，把项目中各工作分别进行时间估计。若活动时间估算太短，则在工作中会出现被动紧张的局面；反之如果活动时间估算太长，则会使整个项目的完工期限延长，从而造成损失。

### 1. 软件项目的工作量

软件项目的工作量和工期的估算历来是比较复杂的事，因为软件本身的复杂性、历史经验的缺乏、估算工具缺乏，以及一些人为错误，导致软件项目的规模估算往往和实际情况相差甚远。因此，估算错误已被列入软件项目失败的 4 大原因之一。

软件开发项目通常用 LOC（Line of Code）衡量项目规模，LOC 指所有的可执行的源代码行数，包括可交付的工作控制语言语句、数据定义、数据类型声明、等价声明、输入输出格式声明等。可以根据对历史项目的审计来核算组织的单行代码价值。

例如，希赛公司开发部王总统计发现，该公司每一万行 Java 语言源代码形成的源文件约为 250KB，视频点播系统项目的源文件大小为 3.75MB，则可估计该项目源代码大约为 15 万行，该项目累计投入工作量为 240 人月，每人月费用为 10 000 元（包括人均工资、福利、办公费用公摊等），则该项目中 1LOC 的价值为：

$$(240×10\ 000)/150\ 000 = 16（元/LOC）$$

该项目的人月平均代码行数为：

$$150\ 000/240 = 625（LOC/人月）$$

### 2. 德尔菲法

德尔菲法（Delphi 法）是最流行的专家评估技术，该方法结合了专家判断法和三点估算法，在没有历史数据的情况下，这种方式适用于评定过去与将来，新技术与特定程序之间的差别，但专家"专"的程度及对项目的理解程度是工作中的难点，尽管德尔菲法可以减轻这种偏差，专家评估技术在评定一个新软件实际成本时用得不多，但是，这种方式对决定其他模型的输入时特别有用。

德尔菲法的步骤是：

（1）组织者发给每位专家一份软件系统的规格说明书（略去名称和单位）和一张记录估算值的表格，请他们进行估算。

（2）专家详细研究软件规格说明书的内容，对该软件提出三个规模的估算值，即：

$a_i$：该软件可能的最小规模（最少源代码行数）。

$m_i$：该软件最可能的规模（最可能的源代码行数）。

$b_i$：该软件可能的最大规模（最多源代码行数）。

无记名地填写表格，并说明做此估算的理由。在填表的过程中，专家互相不进行讨论，但可以向组织者提问。

（3）组织者对专家们填在表格中的答复进行整理，做以下事情：

① 计算各位专家（序号为 i，i＝1，2，…，n，共 n 位专家）的估算期望值 $E_i$，并综合各位专家估算值的期望中值 E。

$$E_i = \frac{a_i + 4m_i + b_i}{6} \qquad E = \frac{1}{n}\sum_{i=1}^{n} E_i$$

② 对专家的估算结果进行分类摘要。

（4）在综合专家估算结果的基础上，组织专家再次无记名地填写表格。然后比较两次估算的结果。若差异很大，则要通过查询找出差异的原因。

（5）上述过程可重复多次。最终可获得一个得到多数专家共识的软件规模（源代码行数）。在此过程中不得进行小组讨论。

最后，通过与历史资料进行类比，根据过去完成软件项目的规模和成本等信息，推算出该软件每行源代码所需要的成本。然后再乘以该软件源代码行数的估算值，就可得到该软件的成本估算值。

此方法的缺点是人们无法利用其他参加者的估算值来调整自己的估算值。宽带德尔菲法技术克服了这个缺点。在专家正式将估算值填入表格之前，由组织者召集小组会议，专家们与组织者一起对估算问题进行讨论，然后专家们再无记名填表。组织者对各位专家在表中填写的估算值进行综合和分类后，再召集会议，请专家们对其估算值有很大变动之处进行讨论，请专家们重新无记名填表。这样适当重复几次，得到比较准确的估计值。由于增加了协商的机会，集思广益，使得估算值更趋于合理。

总的来说，德尔菲法的不足之处在于，易受专家主观意识和思维局限影响，而且技术上，征询表的设计对预测结果的影响较大。德尔菲法对减少数据中人为的偏见、防止任何人对结果不适当地产生过大的影响尤其有用。

**3. 类比估算法**

类比估算法适合评估一些与历史项目在应用领域、环境和复杂度等方面相似的项目，通过新项目与历史项目的比较得到规模估计。由于类比估算法估计结果的精确度取决于历史项目数据的完整性和准确度，因此，用好类比估算法的前提条件之一是组织建立起较好的项目后评价与分析机制，对历史项目的数据分析是可信赖的。

其基本步骤是：

（1）整理出项目功能列表和实现每个功能的代码行。

（2）标识出每个功能列表与历史项目的相同点和不同点，特别要注意历史项目做得不够的地方。

（3）通过步骤 1 和 2 得出各个功能的估计值。

（4）产生规模估计。

软件项目中用类比估算法，往往还要解决可重用代码的估算问题。估计可重用代码量的最好办法就是由程序员或系统分析员详细地考查已存在的代码，估算出新项目可重用的代码中需重新设计的代码百分比、需重新编码或修改的代码百分比，以及需重新测试的代码百分比。根据这三个百分比，可用下面的计算公式计算等价新代码行：

等价代码行=[(重新设计% +重新编码% +重新测试%)/3]×已有代码行

例如，有 10 000 行代码，假定 30%需要重新设计，50%需要重新编码，70%需要重新测试，那么其等价的代码行可以计算为

$$[(30\%+50\%+70\%)/3] \times 10\ 000 = 5000$$

即重用这 10 000 代码相当于编写 5000 代码行的工作量。

**4．功能点估计法**

功能点测量是在需求分析阶段基于系统功能的一种规模估计方法。通过研究初始应用需求来确定各种输入输出，计算与数据库需求的数量和特性。通常的步骤是：

（1）计算输入、输出、查询、主控文件与接口需求的数目。

（2）将这些数据进行加权乘。

（3）估计者根据对复杂度的判断，总数可以用+25%、0 或–25%调整。

统计发现，对一个软件产品的开发，功能点对项目早期的规模估计很有帮助。

## 21.5.3 关键路径法

关键路线法（Critical Path Method，CPM）是借助网络图和各活动所需时间（估计值），计算每一活动的最早或最迟开始和结束时间。CPM 法的关键是计算总时差，这样可决定哪一活动有最小时间弹性。CPM 算法的核心思想是将 WBS 分解的活动按逻辑关系加以整合，统筹计算出整个项目的工期和关键路径。

**1．关键路径**

因网络图中的某些活动可以并行地进行，所以完成工程的最少时间是从开始节点到结束节点的最长路径长度，称从开始节点到结束节点的最长路径为关键路径(临界路径)，关键路径上的活动为关键活动。

有关关键路径的具体求法，请阅读 19.1.3 节。

**2．时差**

一般来说，不在关键路径上的活动时间的缩短，不能缩短整个工期。不在关键路径上的活动时间的延长，可能导致关键路径的变化，因此可能影响整个工期。

活动的总时差是指在不延误总工期的前提下，该活动的机动时间。活动的总时差等于该活动最迟完成时间与最早完成时间之差，或该活动最迟开始时间与最早开始时间之差。

活动的自由时差是指在不影响紧后活动的最早开始时间前提下，该活动的机动时间。活动自由时差的计算应按以下两种情况分别考虑：

（1）对于有紧后活动的活动，其自由时差等于所有紧后活动最早开始时间减本活动最早完成时间所得之差的最小值。例如，假设活动 A 的最早完成时间为 4，活动 A 有 2 项紧后活动 A 和 B，其最早开始时间分别为 5 和 7，则 A 的自由时差为 1。

（2）对于没有紧后活动的活动，也就是以网络计划终点节点为完成节点的活动，其自由时差等于计划工期与本活动最早完成时间之差。

**希赛教育专家提示**：对于网络计划中以终点节点为完成节点的活动，其自由时差与总时差相等。此外，由于活动的自由时差是其总时差的构成部分，所以当活动的总时差为零时，其自由时差必然为零，可不必进行专门计算。

**3．费用斜率**

一项活动所用的时间可以有标准所需时间 $S$ 和特急所需时间 $E$，对应的费用分别为 SC 和 EC，则活动的费用斜率的计算公式如下：

$$C = (EC–SC)/(S–E)$$

由上述公式，可以发现，费用斜率描述的是某一项活动加急所需要的代价比，即平均每加急一个时间单位所需要付出的代价。因此，在实际制订进度计划时，要选择费用斜率较低的活动进行优化，缩短其时间。

**4．进度压缩**

进度压缩是指在不改变项目范围的条件下缩短项目进度的途径。常用的进度压缩的技术有赶工、快速跟进等。进度压缩的方法有加强控制、资源优化（增加资源数量）、提高资源利用率（提高资源质量）、改变工艺或流程、加强沟通、加班、外包、缩小范围等。

赶工是一种通过分配更多的资源，达到以成本的最低增加进行最大限度的进度压缩的目的，赶工不改变活动之间的顺序；快速跟进也称为快速追踪，是指并行或重叠执行原来计划串行执行的活动。快速跟进会改变工作网络图原来的顺序。

在软件工程项目中必须处理好进度与质量之间的关系。在软件开发实践中常常会遇到这样的事情，当任务未能按计划完成时，只好设法加快进度赶上去。但事实告诉人们，在进度压力下赶任务，其成果往往是以牺牲产品的质量为代价的。因此，当某一开发项目的进度有可能拖期时，应该分析拖期原因，加以补救；不应该盲目地投入新的人员或推迟预定完成日期，增加资源有可能导致产生额外的问题并且降低效率。Brooks 曾指出：为延期的软件项目增加人员将可能使其进度更慢。

## 21.5.4　计划评审技术

计划评审技术（Plan Evaluation and Review Technique，PERT）和 CPM 都是安排项目进度，制订项目进度计划的最常用的方法。

另外，优先进度图示法、搭接网络、图形评审技术、风险评审技术等也被称为网络计划技术。它们都采用网络图来描述一个项目的任务网络，也就是从一个项目的开始到结束，把应当完成的任务用图或表的形式表示出来。通常用两张表来定义网络图。一张表给出与一特定软件项目有关的所有任务（也称为任务分解结构）；另一张表给出应当按照什么样的次序来完成这些任务（也称为限制表）。PERT 图不仅可以表达各任务的计划安排，还可在任务计划执行过程中估计任务完成的形势，分析某些子任务完成情况对全局的影响，找出影响全局的区域和关键子任务，以便及早采取措施，确保整个任务的完成。

在 PERT 图中，用箭号表示事件，即要完成的任务。箭头旁给出子任务的名称和完成该子任务所需要的时间。用圆圈节点表示事件的起点和终点。

**1. 活动的时间估计**

PERT 对各个项目活动的完成时间按三种不同情况估计：

（1）乐观时间（Optimistic Time）：任何事情都顺利的情况下，完成某项工作的时间。

（2）最可能时间（Most Likely Time）：正常情况下，完成某项工作的时间。

（3）悲观时间（Pessimistic Time）：最不利的情况下，完成某项工作的时间。

假定三个估计服从 $\beta$ 分布，由此可算出每个活动的期望 $t_i$：

$$t_i = \frac{a_i + 4m_i + b_i}{6}$$

其中 $a_i$ 表示第 $i$ 项活动的乐观时间，$m_i$ 表示第 $i$ 项活动的最可能时间，$b_i$ 表示第 $i$ 项活动的悲观时间。

根据 $\beta$ 分布的方差计算方法，第 $i$ 项活动的持续时间方差为：

$$\sigma_i^2 = \left(\frac{b_i - a_i}{6}\right)^2$$

例如，希赛教育在线辅导平台系统的建设可分解为需求分析、设计编码、测试、安装部署等 4 个活动，各个活动顺次进行，没有时间上的重叠，活动的完成时间估计如图 21-5 所示。

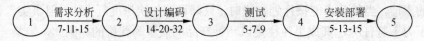

图 21-5　工作分解和活动工期估计

则各活动的期望工期和方差为：

$$t_{需求分析} = \frac{7 + 4 \times 11 + 15}{6} = 11 \qquad \sigma_{需求分析}^2 = \left(\frac{15 - 7}{6}\right)^2 = 1.778$$

$$t_{设计编码} = \frac{14 + 4 \times 20 + 32}{6} = 21 \qquad \sigma_{设计编码}^2 = \left(\frac{32 - 14}{6}\right)^2 = 9$$

$$t_{测试} = \frac{5 + 4 \times 7 + 9}{6} = 7 \qquad \sigma_{测试}^2 = \left(\frac{9 - 5}{6}\right)^2 = 0.444$$

$$t_{安装部署} = \frac{5 + 4 \times 13 + 15}{6} = 12 \qquad \sigma_{安装部署}^2 = \left(\frac{15 - 5}{6}\right)^2 = 2.778$$

**2. 项目周期估算**

PERT 认为整个项目的完成时间是各个活动完成时间之和，且服从正态分布。整个项目完成的时间 $t$ 的数学期望 $T$ 和方差 $\sigma^2$ 分别等于

$$\sigma^2 = \sum \sigma_i^2 = 1.778 + 9 + 0.444 + 2.778 = 14$$
$$T = \sum t_i = 11 + 21 + 7 + 12 = 51$$

标准差为

$$\sigma = \sqrt{\sigma^2} = \sqrt{14} = 3.742$$

据此,可以得出正态分布曲线如图 21-6 所示。

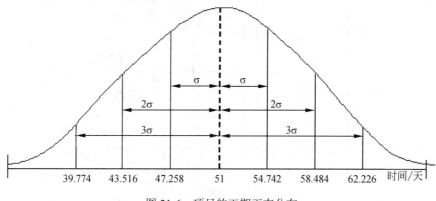

图 21-6 项目的工期正态分布

因为图 21-6 中的是正态曲线,根据正态分布规律,在$\pm\sigma$范围内,即在 47.258～54.742 天之间完成的概率大约为 68%;在$\pm2\sigma$范围内,即在 43.516～58.484 天完成的概率大约为 95%;在$\pm3\sigma$范围内,即 39.774～62.226 天完成的概率大约为 99%。如果客户要求在 39 天内完成,则可完成的概率几乎为 0,也就是说,项目有不可压缩的最小周期,这是客观规律。

## 21.5.5 甘特图和时标网络图

甘特图(Gantt 图)也称为横道图或条形图,把计划和进度安排两种智能结合在一起。用水平线段表示活动的工作阶段,线段的起点和终点分别对应着活动的开始时间和完成时间,线段的长度表示完成活动所需的时间。图 21-7 给出了一个具有 5 个任务的甘特图。

如果这 5 条线段分别代表完成活动的计划时间,则在横坐标方向附加一条可向右移动的纵线。它可随着项目的进展,指明已完成的活动(纵线扫过的)和有待完成的活动(纵线尚未扫过的)。从甘特图上可以很清楚地看出各子活动在时间上的对比关系。

在甘特图中,每一活动完成的标准,不是以能否继续下一阶段活动为标准,而是必须交付应交付的文档与通过评审为标准。因此在甘特图中,文档编制与评审是项目进度的里程碑。甘特图的优点是标明了各活动的计划进度和当前进度,能动态地反映项目进展情况,能反映活动之间的静态的逻辑关系。其缺点是难以反映多个活动之间存在的复杂的逻辑关系，没有指出影响项目生命周期的关键所在，不利于合理地组织安排整个系统，更不利于对整个系统进行动态优化管理。

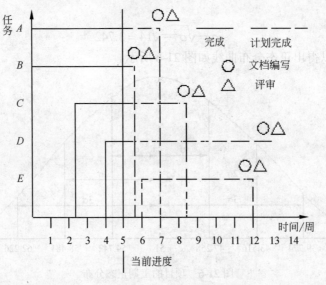

图 21-7　甘特图

时标网络图（Time Scalar Network）克服了甘特图的缺点，用带有时标的网状图表示各子任务的进度情况，以反映各子任务在进度上的依赖关系。如图 21-8 所示，E2 的开始取决于 A3 的完成。在图 21-8 中，虚箭头表示虚任务，即耗时为 0 的任务，只用于表示活动间的相互关系。

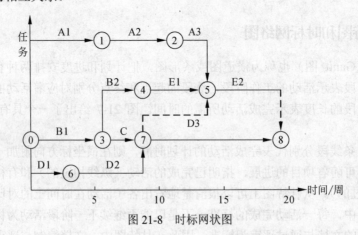

图 21-8　时标网状图

### 21.5.6　进度控制

将实际进度与计划进度进行比较并分析结果，以保持项目工期不变，保证项目质量和所耗费用最少为目标,做出有效对策,进行项目进度更新,这是进行进度控制和进度管理的宗旨。项目进度更新主要包括两方面工作,即分析进度偏差的影响和进行项目进度计划的调整。

**1. 分析进度偏差的影响**

当出现进度偏差时,需要分析该偏差对后续活动及总工期的影响。主要从以下几方面进行分析:

(1)分析产生进度偏差的活动是否为关键活动。若出现偏差的活动是关键活动,则无论其偏差大小,对后续活动及总工期都会产生影响,必须进行进度计划更新;若出现偏差的活动为非关键活动,则需根据偏差值与总时差和自由时差的大小关系,确定其对后续活动和总工期的影响程度。

(2)分析进度偏差是否大于总时差。如果活动的进度偏差大于总时差,则必将影响后续活动和总工期,应采取相应的调整措施;若活动的进度偏差小于或等于该活动的总时差,表明对总工期无影响;但其对后续活动的影响,需要将其偏差与其自由时差相比较才能做出判断。

(3)分析进度偏差是否大于自由时差。如果活动的进度偏差大于该活动的自由时差,则会对后续活动产生影响,如何调整,应根据后续活动允许影响的程度而定;若活动的进度偏差小于或等于该活动的自由时差,则对后续活动无影响,进度计划可不进行调整更新。

经过上述分析,项目管理人员可以确定应该调整产生进度偏差的活动和调整偏差值的大小,以便确定应采取的调整更新措施,形成新的符合实际进度情况和计划目标的进度计划。

**2. 项目进度计划的调整**

项目进度计划的调整往往是一个持续反复的过程,一般分几种情况:

(1)关键活动的调整。对于关键路径,由于其中任一活动持续时间的缩短或延长都会对整个项目工期产生影响。因此,关键活动的调整是项目进度更新的重点。有以下两种情况:

① 关键活动的实际进度较计划进度提前时的调整方法。

若仅要求按计划工期执行,则可利用该机会降低资源强度及费用。实现的方法是,选择后续关键活动中资源消耗量大或直接费用高的予以适当延长,延长的时间不应超过已完成的关键活动提前的量;若要求缩短工期,则应将计划的未完成部分作为一个新的计划,重新计算与调整,按新的计划执行,并保证新的关键活动按新计算的时间完成。

② 关键活动的实际进度较计划进度落后时的调整方法。

调整的目标就是采取措施将耽误的时间补回来,保证项目按期完成。调整的方法主要是缩短后续关键活动的持续时间。这种方法是指在原计划的基础上,采取组织措施或技术措施缩短后续工作的持续时间以弥补时间损失,以确保总工期不延长。

实际上，不得不延长工期的情况非常普遍，在项目总计划的制订中要充分考虑到适当时间冗余。当预计到项目时间要拖延时应该分析原因，第一时间给项目干系人通报，并征求业主的意见，这也是项目进度控制的重要工作内容。

（2）非关键活动的调整。当非关键线路上某些工作的持续时间延长，但不超过其时差范围时，则不会影响项目工期，进度计划不必调整。为了更充分地利用资源，降低成本，必要时可对非关键活动的时差做适当调整，但不得超出总时差，且每次调整均需进行时间参数计算，以观察每次调整对计划的影响。

非关键活动的调整方法有三种：在总时差范围内延长非关键活动的持续时间、缩短工作的持续时间、调整工作的开始或完成时间。

当非关键线路上某些工作的持续时间延长而超出总时差范围时，则必然影响整个项目工期，关键线路就会转移。这时，其调整方法与关键线路的调整方法相同。

（3）增减工作项目。由于编制计划时考虑不周，或因某些原因需要增加或取消某些工作，则需重新调整网络计划，计算网络参数。由于增减工作项目不应影响原计划总的逻辑关系，以便使原计划得以实施。因此，增减工作项目，只能改变局部的逻辑关系。

增加工作项目，只对原遗漏或不具体的逻辑关系进行补充；减少工作项目，只是对提前完成的工作项目或原不应设置的工作项目予以消除。增减工作项目后，应重新计算网络时间参数，以分析此项调整是否对原计划工期产生影响，若有影响，应采取措施使之保持不变。

（4）资源调整。若资源供应发生异常时，应进行资源调整。资源供应发生异常是指因供应满足不了需要，如资源强度降低或中断，影响计划工期的实现。资源调整的前提是保证工期不变或使工期更加合理。资源调整的方法是进行资源优化。

## 21.6　人力资源管理

项目人力资源管理主要包括编制人力资源计划、组建项目团队、项目团队建设和管理项目团队 4 个主要的过程。

（1）人力资源计划编制。识别项目中的角色、职责和汇报关系，并形成文档，也包括项目人员配备管理计划。

（2）组建项目团队。获取项目所需要的人力资源。

（3）项目团队建设。提高个人和团队的技能以改善项目绩效。

（4）管理项目团队。跟踪个人和团队的绩效、提供反馈、解决问题并协调各种变更以提高项目绩效。

### 21.6.1　人力资源计划编制

人力资源计划涉及决定、记录和分配项目角色、职责及报告关系的过程。这个过程的输入有活动资源估计、环境和组织因素、项目管理计划；其工具和技术有组织结构图和职位描述、人力资源模板、人际网络、组织理论，其输出有角色和职责（角色、权力、职责、能力）、项目的组织结构图、人员配备管理计划（人员获取、时间表、人力资源释放标准、培训需求、认可和奖励、遵从某些约定、安全性）。

描述项目的角色和职责的工具主要有层次结构图、矩阵图和文本格式的角色描述。文本格式用来详细描述团队成员的职责，提供的信息主要有职责、权力、能力和资格。

### 1. 层次结构图

在生成项目组织结构图之前，高层管理者和项目经理必须明白什么类型的人才真正是保证项目的关键人物，他们需要什么样的技能。如果需要找一些优秀的 Java 开发人员，人力资源计划就需要反映这个需求；如果项目成功的关键是需要一流的项目经理和被人尊敬的团队领导，人力资源计划也要重点描述。

在已经明确项目所需要的重要技能和何种类型的人员的基础上，项目管理师应该为项目创建一个项目组织结构图。在许多人参加项目的情况下，清晰定义和项目工作分配是十分必要的。

### 2. 分配责任矩阵

项目工作一旦分解成可管理的元素，项目经理就可以给组织单元分配任务了，当然主要是基于适合优先的原则来分配任务，这个过程可以用组织分解结构（Organizational Breakdown Structure，OBS）来进行概念化的描述。OBS 是一种用于表示组织单元负责哪些工作内容的特定的组织图形。它可以先借用一个通用的组织图形，然后针对组织或分包商中特定部门的单元进行逐步细分。

在制作 OBS 之后，项目经理就可以开发责任分配矩阵（Responsibility Allotment Matrix，RAM）了。责任分配矩阵为项目工作（用 WBS 表示）和负责完成工作的人（用 OBS 表示）建立一个映射关系。除了将 RAM 用于具体的工作任务分配之外，RAM 还可以用于定义角色和职责间的关系。此时，RAM 包括项目中的干系人，表 21-2 给出一个例子，表明不同类型的项目干系人在项目过程中的责任，是负责人（A）还是参与者（P），是为项目过程提供输入（I），还是评审（R）和签字确认者（S）。这个看似简单的东西为项目经理提供了一种有效地管理项目重要干系人和角色期望的工具。

**表 21-2　表现项目干系人角色的 RAM**

| | 项目干系人 | | | | |
| --- | --- | --- | --- | --- | --- |
| | A | B | C | D | E |
| 单元测试 | S | A | I | I | R |
| 集成测试 | S | P | A | I | R |
| 系统测试 | S | P | A | I | R |
| 用户接收测试 | S | P | I | A | R |

另外一种形式的 RAM 中的符号标记为 RACI，其中 R 代表对任务负责任，A 代表负责执行任务，C 代表提供信息辅助执行任务，I 代表拥有既定特权、应及时得到通知。

## 21.6.2 组建项目团队

项目经理应从各种来源物色团队成员，同有关负责人谈判，将符合要求的人编入项目团队，将计划编制阶段确定的角色连同责任分配给各个成员并明确他们之间的配合、汇报和从属关系，这就是建立项目团队的工作内容。

项目团队成员可从组织内部和外部招收。组织必须能够保证参与到项目中去的人员能够发挥所长，且符合公司的发展需要。人员招收一般可以通过如下手段获得：

（1）谈判。多数项目的人员分派需要经过谈判，即与本组织的其他人合作以便项目能够分配到或得到合适的人员。例如，项目经理需要进行谈判的对象包括：

- 与职能经理谈判，以保证项目在规定期限内获得足以胜任的工作人员。
- 与实施组织中其他项目管理团队谈判，以争取稀缺或特殊人才得到合理分派。

对于内部招收的人选，除了满足成员管理计划的要求外，至少还要考虑以下几点：以前的经验、个人的兴趣、个人性格和爱好。

（2）事先分派。在某些情况下，人员可能事先被分派到项目上。这种情况往往发生在项目是方案竞争的结果，而且事先已许诺具体人员指派是获胜方案的组成部分；项目为内部服务项目，人员分派已在项目章程中明确规定了。

（3）外部采购。在组织缺乏完成项目所需的内部人才时，就需要动用采购手段（招聘、雇佣、转包等）。通常组织的人力资源部门负责招聘新员工，项目经理必须与人力资源经理通力合作，包括随时解决招聘过程发生的问题，以保证招聘到所需的人员。

（4）虚拟团队。虚拟团队是一群拥有共同目标、履行各自职责但是很少有时间或没有时间能面对面开会的人员。

**希赛教育专家提示：** 项目团队组建是一个动态的过程。即随着项目的发展，对人员的需要是动态变化的。项目经理必须能够监控到这种变化，在人员技能与项目需求不一致的情况下，及时与组织高层、人力资源经理及其他项目人员进行沟通，来保证项目对人员的动态需求。成员管理计划要求的项目团队成员全部到任投入工作之后，项目团队才算组建完毕。

## 21.6.3 项目团队建设

项目团队建设就是培养、改进和提高项目团队成员个人，以及项目团队整体的工作能力，提高项目团队成员之间的信任感和凝聚力，使项目团队成为一个特别有能力的整体，在项目管理过程中不断提高管理能力，改善管理业绩。一个有效的团队包括在工作负担不平衡的情况下帮助其他人，按照适合个人偏好的方式去交流，共享信息和资源。

### 1. 团队建设的措施

可以采取下列措施进行团队建设：

（1）一般管理技能。如经常与项目团队成员进行沟通，了解其后顾之忧，并帮助他们解决问题。

（2）培训。培训个人和团队，以分别提高二者的绩效。

（3）团队建设活动。每一次的集体活动都是一次团队建设活动，团队建设活动更多地体现在团队的日常工作中，也可以通过专门的团队建设活动来进行。

（4）共同的行为准则。越早建立清晰的准则，越能减少误解，提高生产率。

（5）尽量集中办公。如果条件不允许集中办公，则可以通过大会、虚拟技术等方式弥补。

（6）恰当的奖励与表彰措施。例如，尽量采用赢—赢的奖励与表彰措施，尽量少用输—赢的奖励与表彰措施。

### 2. 团队发展过程

一个项目团队从开始到终止，是一个不断成长和变化的过程，这个发展过程可以描述为 4 个时期：形成期、震荡期、正规期、表现期。

（1）形成期。在形成期，团队成员从原来不同的组织调集在一起，大家开始互相认识，这一时期的特征是队员们既兴奋又焦虑，而且还有一种主人翁感，他们必须在承担风险前相互熟悉。

（2）震荡期。团队形成之后，队员们已经明确了项目的工作，以及各自的职责，于是开始执行分配到的任务。在实际工作中，各方面的问题逐渐显露出来，这预示着震荡期的来临。在此阶段，工作气氛趋于紧张，问题逐渐暴露，团队士气较形成期明显下沉。团队的冲突和不和谐是这阶段的一个显著特点。

（3）正规期。经受了磨合期的考验，团队成员之间、团队与项目经理之间的关系已经确立好了。绝大部分个人矛盾已得到解决。总的来说，这一阶段的矛盾程度要低于磨合时期。项目团队接受了这个工作环境，项目规程得以改进和规范化。

（4）表现期。经过前一阶段，团队确立了行为规范和工作方式。项目团队积极工作，急于实现项目目标。这一阶段的工作绩效很高，团队有集体感和荣誉感，信心十足。项目团队能开放、坦诚、及时地进行沟通。

### 3. 团队建设理论

管理学家指出，影响人们工作和学习的心理因素包括动机、影响和能力、有效性等方面。

（1）需求层次理论。马斯洛（A.Maslow）首创了需要层次理论，该理论把人的需要分为 5 个层次，分别是生理上的需要、安全的需要、社交的需要、尊重的需要和自我实现的需要。

（2）激励理论。赫兹伯格（Hertz Berg）提出的激励理论指出人的激励因素有两种，一种是保健卫生；另一种是激励需求。保健卫生包括薪金福利、工作环境以及老板对员工的看法。保健卫生对应于马斯洛的 3 个最低的需要，即生理、安全和社交需要。激励需求类似于马斯洛的自尊和自我实现的需要。

（3）X 理论和 Y 理论。麦格雷戈（McGregor）提出的 X 理论和 Y 理论（Theory X and Theory Y）是管理学中关于人们工作源动力的理论。这是一对基于两种完全相反假设的理论，X 理论认为人们有消极的工作源动力，而 Y 理论则认为人们有积极的工作源动力。持 X 理论的管理者会趋向于设定严格的规章制度（硬措施），以减低员工对工作的消极性。或者采取一种软措施，即给予员工奖励、激励和指导等；持 Y 理论的管理者会趋向于对员工授予更大的权力，让员工有更大的发挥机会，以激发员工对工作的积极性。

### 21.6.4 管理项目团队

管理项目团队的输入有项目人员分配、项目的组织结构图、人员配备管理计划、绩效报告、团队绩效评估、组织过程资产，其工具和技巧主要有观察和对话、项目绩效评估、冲突管理、问题日志，其输出主要有人员配备管理计划、变更请求、更新的组织过程资产。

一旦项目成员被分配到项目中，项目经理有两种方法来最有效地使用项目团队中的成员，分别是资源负荷和资源平衡。

资源负荷是指在特定的时间内现有的进度计划所需要的各种资源的数量。如果在特定的时间内分配给某项工作的资源超出了项目的可用资源，则称为资源超负荷。资源直方图被用来表示资源负荷，同时也可用来识别资源超负荷的情况。资源超负荷本身就是一种资源冲突的现象，为了消除超负荷，项目经理可以修改进度表，尽量使资源得到充分的利用或者充分利用项目活动的浮动时间，这种方法就叫做资源平衡。

资源平衡是一种延迟项目任务来解决资源冲突问题的方法，是一种网络分析法，它将以资源管理因素为主进行项目进度决策。资源平衡的主要目的是更加合理地分配使用的资源，使项目的资源达到最有效的利用，资源平衡的时候，资源的利用也就达到了最佳的状态。

在管理项目团队过程中，项目经理的一项主要工作就是对团队成员进行绩效考核。项目的人力资源绩效考核的流程如下：

（1）项目经理根据人力资源部提供的数据、行情、历史经验、专家评定，确定人员按天计算基准工资、公司管理系数（目前的行业管理系数为 2.8）、物资基准价格、服务的基准价格、劳动生产率基准，以组织制定项目的预算。

（2）人力资源部门制定各岗位考评标准。员工的绩效评价参考人一般为员工所在项目组的项目经理。

（3）根据各项目经理送报的项目出工表确定员工的工作量。一般来说，项目的人力资源绩效考核工作由项目经理组织，评价环节分三个步骤进行：

① 绩效评价参考人对照考评标准、预期计划、目标或岗位职责要求，对任务完成的进度、质量、成本及季度工作中的优点和改进点进行评价。

② 参考人评价完毕，员工工作量自动汇总到资源部门主管那里。资源部门主管对员工业绩、改进点进行最后的评价，对与项目经理不一致的意见进行协调沟通，并按照比例控制原则对项目经理给出的考核等级进行调整。

③ 各大部门的人力资源管理委员会审计各部门考评结果及比例。

接下来，进行分层沟通、反馈和辅导，制订下阶段/季度目标，对需改进的员工签订《绩效限期改进计划表》。

（4）结果应用。绩效考核结果与员工在公司的利益相挂钩，包括与年度绩效考核挂钩、与年终奖金和内部股票的发放挂钩、与技术任职资格和管理任职资格挂钩、为晋升、加薪、辞退等人力资源职能提供有力的证据。

## 21.7  项目风险管理

任何项目都有风险，由于项目中总是有这样或那样的不确定因素，所以无论项目进行到什么阶段，无论项目的进展多么顺利，随时都会出现风险，进而产生问题。风险发生后既可能给项目带来问题，也可能会给项目带来机会，关键的是项目的风险管理水平如何。

### 21.7.1  风险与风险管理

项目风险是一种不确定的事件或条件，一旦发生，会对项目目标产生某种正面或负面的影响。风险有其成因，同时，如果风险发生，也导致某种后果。当事件、活动或项目有损失或收益与之相联系，涉及某种或然性或不确定性和涉及某种选择时，才称为有风险。以上三条，每一个都是风险定义的必要条件，不是充分条件。具有不确定性的事件不一定是风险。

风险管理就是要对项目风险进行认真的分析和科学的管理，这样，是能够避开不利条件、少受损失、取得预期的结果并实现项目目标的，能够争取避免风险的发生或尽量减小风险发生后的影响。但是，完全避开或消除风险，或只享受权益而不承担风险是不可能的。

**1. 风险的定义**

Robert Charette 在他关于风险分析和驾驭的书中对风险的概念给出定义，他所关心的是三个方面：

（1）关心未来：风险是否会导致项目失败？

（2）关心变化：在用户需求、开发技术、目标机器，以及所有其他与项目及工作和全面完成有关的实体中会发生什么样的变化？

（3）关心选择：应采用什么方法和工具，应配备多少人力，在质量上强调到什么程度才满足要求？

风险表达了一种概率，具有偶发性。对于项目中的风险可以简单地理解为项目中的不确定因素。从广义的角度说，不确定因素一旦确定了，既可能对当前情况产生积极的影响，也可能产生消极的影响。也就是说，风险发生后既可能给项目带来问题，也可能会项目带来机会。

在对于风险的理解上，不要把风险简单地看作是问题。风险并不是一发生就消失了。首先，历史经常会重演，只要引发风险的因素没有消除，风险依然存在，它很可能在另外某个时候跳出来影响项目进程。例如，不充分的设计是一种常见的风险，这个风险在编码阶段转化为问题。但问题发生了并不意味着设计就充分了，如果没有采取相应的措施，设计的问题还会接二连三地冒出来。其次，对于整个项目来说，发生问题则意味着系统状态发生了变化，这种变化往往带来新的不确定因素，引发新的风险。例如，团队成员不稳定的风险也是项目中常见的，风险一旦发生，出现人员的流失，即便是补充了新的成员进来，新成员是否能够在多长时间内熟悉问题域也会成为新的风险。

不过，对于项目而言，风险不仅仅意味着问题的隐患，风险与机会并存，高风险的项目往往有着高的收益。相反，没有任何风险的项目（如果存在的话），不会有任何利润可图。作为项目经理，要管理好项目中的风险，避免风险造成的损失，提高项目的收益率。

### 2．风险的特点

虽然不能说项目的失败都是由于风险造成的，但成功的项目必然是有效地进行了风险管理。任何项目都有风险，由于项目中总是有这样那样的不确定因素，所以无论项目进行到什么阶段，无论项目的进展多么顺利，随时都会出现风险，进而产生问题。

风险具有两个基本属性，分别是随机性和相对性。随机性是指风险事件的发生及其后果都具有偶然性；相对性是指风险总是相对项目活动主体而言的，同样的风险对于不同的主体有不同的影响。人们对于风险的承受能力因活动、人和时间而不同，主要受以下 3 个因素的影响：

（1）收益的大小。损失的可能性和数额越大，人们希望为弥补损失而得到的收益也越大。反过来，收益越大，人们愿意承担的风险也就越大。

（2）投入的大小。项目活动投入得越多，人们对成功的希望也越大，愿意冒的风险也就越小。

（3）项目活动主体的地位和拥有的资源。管理人员中级别高的与级别低的相比，能够承担较大的风险。个人或组织拥有的资源越多，其风险承受能力也越大。

另外，项目风险还具有以下特点：

（1）风险存在的客观性和普遍性。作为损失发生的不确定性，风险是不以人的意志为转移并超越人们主观意识的客观存在，而且在项目的全生命周期内，风险是无处不在、无时没有的。这些说明为什么虽然人类一直希望认识和控制风险,但直到现在也只能在有限的空间和时间内改变风险存在和发生的条件,降低其发生的频率,减少损失程度,而不能也不可能完全消除风险。

(2)某一具体风险发生的偶然性和大量风险发生的必然性。任一具体风险的发生都是诸多风险因素和其他因素共同作用的结果,是一种随机现象。个别风险事故的发生是偶然、杂乱无章的,但对大量风险事故资料的观察和统计分析,发现其呈现出明显的运动规律,这就使人们有可能用概率统计方法及其他现代风险分析方法去计算风险发生的概率和损失程度,同时也导致风险管理的迅猛发展。

(3)风险的可变性。在项目实施的过程中,各种风险在质和量上是可以变化的。随着项目的进行,有些风险得到控制并消除,有些风险会发生并得到处理,同时在项目的每一阶段都可能产生新的风险。

(4)风险的多样性和多层次性。大型开发项目周期长、规模大、涉及范围广、风险因素数量多且种类繁杂,致使其在生命周期内面临的风险多种多样。大量风险因素之间的内在关系错综复杂、各风险因素之间与外界交叉影响又使风险显示出多层次性。

**3.风险的分类**

从不同的角度进行分类,就有不同的分类方法,风险的分类如表 21-3 所示。

表 21-3 风险的分类

| 分类角度 | 分 类 | 说 明 |
|---|---|---|
| 风险后果 | 纯粹风险 | 不能带来机会、无获得利益可能。只有两种可能后果:造成损失和不造成损失,这种损失是全社会的损失,没有人从中获得好处 |
| | 投机风险 | 既可能带来机会、获得利益,又隐含威胁、造成损失。有 3 种可能后果:造成损失、不造成损失、获得利益 |
| | 纯粹风险和投机风险在一定条件下可以相互转化,项目经理必须避免投机风险转化为纯粹风险 | |
| 风险来源 | 自然风险 | 由于自然力的作用,造成财产损毁或人员伤亡的风险 |
| | 人为风险 | 由于人的活动而带来的风险,可细分为行为、经济、技术、政治和组织风险 |
| 可管理 | 可管理风险 | 可以预测,并可采取相应措施加以控制的风险 |
| | 不可管理风险 | 不可预测的风险 |
| 影响范围 | 局部风险 | 影响的范围小 |
| | 总体风险 | 影响的范围大 |
| | 局部风险和总体风险是相对而言的,项目经理要特别注意总体风险 | |
| 可预测性 | 已知风险 | 能够明确的,后果也可预见的风险。发生的概率高,但后果轻微 |
| | 可预测风险 | 根据经验可以预见其发生,但其后果不可预见。后果有可能相当严重 |
| | 不可预测风险 | 不能预见的风险,也称为未知风险、未识别的风险。一般是外部因素作用的结果 |

#### 4. 风险管理的流程

项目需要以有限的成本，在有限的时间内达到项目目标，而风险会影响这一点。风险成本是指风险事件造成的损失或减少的收益，以及为防止发生风险事件采取预防措施而支付的费用。风险成本可以分为有形成本、无形成本，以及预防与控制风险的费用。有形成本包括直接损失和间接损失，直接损失是指财产损毁和人员伤亡的价值，间接损失是指直接损失以外的其他损失；无形成本指由于风险所具有的不确定性而使项目主体在风险事件发生之前或发生之后付出的代价，主要表现在风险损失减少了机会、风险阻碍了生产率的提高、风险造成资源分配不当。

风险管理的目的就是最小化风险对项目目标的负面影响，抓住风险带来的机会，增加项目干系人的收益。作为项目经理，必须评估项目中的风险，制订风险应对策略，有针对性地分配资源，制订计划，保证项目顺利的进行。项目风险管理的基本过程包括下列活动：

（1）风险管理计划编制。描述如何为项目处理和执行风险管理活动。

（2）风险识别。识别和确定出项目究竟有哪些风险，这些项目风险究竟有哪些基本的特性，这些项目风险可能会影响项目的哪些方面。

（3）风险定性分析。对已识别风险进行优先级排序，以便采取进一步措施，如进行风险量化分析或风险应对。

（4）风险定量分析。定量地分析风险对项目目标的影响。它对不确定因素提供了一种量化的方法，以帮助管理人员做出尽可能恰当的决策。

（5）风险应对计划编制。通过开发备用的方法、制定某些措施以便提高项目成功的机会，同时降低失败的威胁。

（6）风险监控。跟踪已识别的危险，监测残余风险和识别新的风险，保证风险计划的执行，并评价这些计划对减轻风险的有效性。

### 21.7.2 风险分析

在得到了项目风险列表后，需要对其中的风险做进一步的分析，以明确各风险的属性和要素，这样才可以更好地制定风险应对措施。风险分析可以分为定性分析和定量分析两种方式。风险定性分析是一种快捷有效的风险分析方法，一般经过定性分析的风险已经有足够的信息制定风险应对措施并进行跟踪与监控了。在定性风险分析的基础上，可以进行风险定量分析。定量分析的目的并不是获得数字化的结果，而是得当更精确的风险情况，以便进行决策。

#### 1. 风险定性分析

风险定性分析包括对已经识别的风险进行优先级排序，以便采取进一步措施。进行定性分析的依据是项目管理计划（风险管理计划、风险记录）、组织过程资产、工作绩效信息、项目范围说明、风险记录。在分析过程中，需要根据这些输入对已识别的风险进行逐项的评估，并更新风险列表。风险定性分析的工具和技术主要有风险概率及影响评估、概率及影响矩阵、风险数据质量评估、风险种类、风险紧急度评估。

（1）风险可能性与影响分析。可能性评估需要根据风险管理计划中的定义，确定每一个风险的发生可能性，并记录下来。除了风险发生的可能性，还应当分析风险对项目的影响。风险影响分析应当全面，需要包括对时间、成本、范围等各方面的影响。其中不仅仅包括对项目的负面影响，还应当分析风险带来的机会，这有助于项目经理更精确地把握风险。对于同一个风险，由于不同的角色和参与者会有不同的看法，因此一般采用会议的方式进行风险可能性与影响的分析。因为风险分析需要一定的经验和技巧，也需要对风险所在的领域有一定的经验，因此在分析时最好邀请相关领域的资深人士参加以提高分析结果的准确性。例如，对于技术类风险的分析就可以邀请技术专家参与评估。

（2）确定风险优先级。在确定了风险的可能性和影响后，需要进一步确定风险的优先级。风险优先级的概念与风险可能性和影响既有联系又不完全相同。例如，发生地震可能会造成项目终止，这个风险的影响很严重，直接造成项目失败，但其发生的可能性非常小，因此优先级并不高。又如，坏天气可能造成项目组成员工作效率下降，虽然这种可能性很大，每周都会出现，但造成的影响非常小，几乎可以忽略不计，因此，优先级也不高。

风险优先级是一个综合的指标，优先级的高低反映了风险对项目的综合影响，也就是说，高优先级的风险最可能对项目造成严重的影响。一种常用的方法是风险优先级矩阵，当分析出特定风险的可能性和影响后，根据其发生的可能性和影响在矩阵中找到特定的区域，就可以得到风险的优先级。

（3）确定风险类型。在进行风险定性分析的时候需要确定风险的类型，这一过程比较简单。根据风险管理计划中定义的风险类型列表，可以为分析中的风险找到合适的类型。如果经过分析后，发现在现有的风险类型列表中没有合适的定义，则可以修订风险管理计划，加入这个新的风险类型。

**2．风险定量分析**

相对于定性分析来说，风险定量分析更难操作。由于在分析方法不恰当或缺少相应模型的情况下，风险的定量分析并不能带来更多有价值的信息，反而会在分析过程中占用一定的人力和物力。因此一般先进行风险的定性分析，在有了对风险相对清晰的认识后，再进行定量分析，分析风险对项目负面的和正面的影响，制定相应的策略。

定量分析着重于整个系统的风险情况而不是单个风险。事实上，风险定量分析并不需要直接制定出风险应对措施，而是确定项目的预算、进度要求和风险情况，并将这些作为风险应对策略的选择依据。在风险跟踪的过程中，也需要根据最新的情况对风险定量分析的结果进行更新，以保证定量分析的精确性。

风险定量分析的工具和方法主要有数据收集和表示技术（风险信息访谈、概率分布、专家判断）、定量风险分析和建模技术（灵敏度分析、期望货币价值分析、决策树分析、建模和仿真）。

（1）决策树分析。决策树分析法通常用决策树图表进行分析，描述了每种可能的选择和这种情况发生的概率。期望货币价值分析分析方法常用在决策树分析方法中，有关这方面的知识，请阅读 19.3.3 节。

（2）灵敏度分析。灵敏度分析也称为敏感性分析，通常先从诸多不确定性因素中找出对模型结果具有重要影响的敏感性参数，然后从定量分析的角度研究其对结果的影响程度和敏感性程度，使对企业价值的评估结果的判断有更为深入的认识。托那多图（Tornado Diagram，龙卷风图）是灵敏度分析中非常有效的常用图示，它将各敏感参数按其敏感性进行排序，形象地反映出各敏感参数对价值评估结果的影响程度。运用托那多图进行灵敏度分析的具体步骤包括：选择参数、设定范围、敏感性测试、将各敏感参数对价值结果的影响按其敏感性大小进行排序。

（3）蒙特卡罗模拟。蒙特卡罗（MonteCarlo）方法作为一种统计模拟方法，在各行业广泛运用。蒙特卡罗方法在定量分析中的运用较为复杂，牵涉复杂的数理概率模型。它将对一个多元函数的取值范围问题分解为对若干个主要参数的概率问题，然后用统计方法进行处理，得到该多元函数的综合概率，在此基础上分析该多元函数的取值范围可能性。蒙特卡罗方法的关键是找一组随机数作为统计模拟之用，这一方法的精度在于随机数的均匀性与独立性。就运用于风险分析而言，蒙特卡罗方法主要通过分析各种不确定因素，灵活地模拟真实情况下的某个系统中的各主要因素变化对风险结果的影响。由于计算过程极其繁复，蒙特卡罗方法不适合简单（单变量）模型，而对于复杂（有多种不确定性因素）模型则是一种很好的方法。其具体步骤包括选取变量、分析各变量的概率分布、选取各变量的样本、模拟价值结果、分析结果。

### 21.7.3　风险应对措施

到目前为止，本节先后介绍了制订风险管理计划、识别并分析风险。风险管理的最终目的是减少项目中风险发生的可能性、降低风险带来的危害、提高风险带来的收益。可见，还必须针对识别出的风险制定相应的措施来防范风险的发生或增加风险收益，这些措施就体现在风险应对计划中。在风险应对计划中，包括了应对每一个风险的措施、风险的责任人等内容。项目经理可以将风险应对措施和责任人编排到项目进度表中，并进行跟踪和监控。

制订风险应对计划时有多种不同的策略，对于相同的风险，采用不同的应对策略会有不同的应对方法。通常可以把风险应对策略分为两种类型：防范策略和响应策略。防范策略指的是在风险发生前，项目组会采取一定的措施对风险进行防范；而响应策略则是在风险发生后采取的相应措施以降低风险带来的损失。

#### 1．制订风险防范策略

消极的风险（负面风险，威胁）防范策略是最常用的策略，其目的是降低风险发生的概率或减轻风险带来的损失。例如，避免策略、转移策略和减轻策略。

（1）避免策略。指想方设法阻止风险的发生或消除风险发生的危害。避免策略如果成功则可以消除风险对项目的影响。例如，针对技术风险可以采取聘请技术专家的方法；针对项目进度风险可以采取延长项目时间或缩减项目范围的办法。

（2）转移策略。指将风险转嫁给其他的组织或个体，通过这种方式来降低风险发生后的损失。例如，在固定成本的项目中，进行需求签字确认，对于超出签字范围的需求变更需要客户增加费用。这种方式就是一种将需求风险转移的策略。经过转移的风险并没有消失，其发生的可能性也没有变化，但对于项目组而言，风险发生后的损失降低了。

（3）减轻策略。当风险很难避免或转移时，可以考虑采取减轻策略来降低风险发生的概率或减轻风险带来的损失。风险是一种不确定因素，可以通过前期的一些工作来降低风险发生的可能性，或也可以通过一些准备来降低风险发生的损失。例如，对于需求风险，如果认为需求变化可能很剧烈，那么可以考虑采用柔性设计的方法降低需求变更的代价。尤其对于 IT 项目而言，越早发现问题越容易解决。例如，对于需求风险带来的问题，在设计阶段发现要好过编码阶段才发现。针对这种特点，也可以采用尽早暴露风险的方法降低风险的发生损失。

对于正向风险（机会）的应对策略也有 3 种，分别是开拓、分享和强大。

（1）开拓。当组织希望更充分地利用机会的时候采用开拓策略，其目的是创造条件使机会确实发生，减少不确定性。一般的做法是分配更多的资源给该项目，使之可以提供比计划更好的成果。

（2）分享。包括将相关重要信息提供给一个能够更加有效利用该机会的第三方，使项目得到更大的好处。

（3）强大。目的是通过增加可能性和积极的影响来改变机会的大小，发现和强化带来机会的关键因素，寻求促进或加强机会的因素，积极地加强其发生的可能性。

需要说明的是，制定的风险防范措施需要对应到项目进度表中，安排出专门的人员来执行一些工作来防范风险的发生。否则制定风险防范措施也不会对项目有太大的意义。

### 2．制订风险响应策略

虽然采用了很多方法来防范风险的发生。但风险本身就是一种不确定因素，不可能在项目中完全消除。那么，还需要制定一些风险发生后的应急措施来解决风险带来的问题。例如，对于系统性能的风险，由于不清楚目前的系统体系结构是否能够满足用户的需求，可能在系统发布后出现系统性能不足的问题。对于这个风险，可以定义其风险响应策略来增加硬件资源以提高系统性能。

风险响应策略与风险防范策略不同，无论风险是否发生，风险防范策略都需要体现在项目计划中，在项目过程中需要有人来执行相应的防范策略；而风险响应策略是事件触发的，直到当风险发生后才会被执行，如果始终没有发生该风险，则始终不会被安排到项目活动中。

### 21.7.4　信息系统常见风险

本节从宏观、微观、细节三个方面，介绍信息系统项目常见的风险。

**1．宏观**

从宏观上来看，信息系统项目风险可以分为项目风险、技术风险和商业风险。

项目风险是指潜在的预算、进度、个人（包括人员和组织）、资源、用户和需求方面的问题，以及它们对项目的影响。项目复杂性、规模和结构的不确定性也构成项目的（估算）风险因素。项目风险威胁到项目计划，一旦项目风险成为现实，可能会拖延项目进度，增加项目的成本。

技术风险是指潜在的设计、实现、接口、测试和维护方面的问题。此外，规格说明的多义性、技术上的不确定性、技术陈旧、最新技术（不成熟）也是风险因素。技术风险之所以出现是由于问题的解决比人们预想的要复杂，技术风险威胁到待开发系统的质量和预定的交付时间。如果技术风险成为现实，开发工作可能会变得很困难或根本不可能。

商业风险威胁到待开发系统的生存能力。5 种主要的商业风险是：

（1）开发的系统虽然很优秀但不是市场真正所想要的（市场风险）。

（2）开发的系统不再符合公司的整个产品战略（策略风险）。

（3）开发了销售部门不清楚如何推销的系统（销售风险）。

（4）由于重点转移或人员变动而失去上级管理部门的支持（管理风险）。

（5）没有得到预算或人员的保证（预算风险）。

**2．微观**

从微观上看，信息系统项目面临的主要风险分类如表 21-4 所示。

表 21-4　风险的分类

| | 知　　识 | 基　　础 | 时　间　选　择 |
|---|---|---|---|
| 组织 | 技术竞争力 | 开发平台 | 技术生命周期 |
| 开发 | 评估和计划 | 人员流动 | 开发工具 |
| 业务 | 理解 | 采购承诺 | 业务变化 |

**3．细节**

在具体细节方面，对于不同的风险，要采用不同的应对方法。在信息系统开发项目中，常见的风险项、产生原因及应对措施如表 21-5 所示。

表 21-5　常见的风险及应对措施

| 风　险　项 | 产　生　原　因 | 应　对　措　施 |
| --- | --- | --- |
| 没有正确理解业务问题 | 项目干系人对业务问题的认识不足、计算起来过于复杂、不合理的业务压力、不现实的期限 | 用户培训、系统所有者和用户的承诺和参与、使用高水平的系统分析师 |
| 用户不能恰当地使用系统 | 信息系统没有与组织战略相结合、对用户没有做足够的解释、帮助手册编写得不好、用户培训工作做得不够 | 用户的定期参与、项目的阶段交付、加强用户培训、完善信息系统文档 |
| 拒绝需求变化 | 固定的预算、固定的期限、决策者对市场和技术缺乏正确的理解 | 变更管理、应急措施 |
| 对工作的分析和评估不足 | 缺乏项目管理经验、工作压力过大、对项目工作不熟悉 | 采用标准技术、使用具有丰富经验的项目管理师 |
| 人员流动 | 不现实的工作条件、较差的工作关系、缺乏对职员的长远期望、行业发展不规范、企业规模比较小 | 保持好的职员条件、确保人与工作匹配、保持候补、外聘、行业规范 |
| 缺乏合适的开发工具 | 技术经验不足、缺乏技术管理准则、技术人员的市场调研或对市场理解有误、研究预算不足、组织实力不够 | 预先测试、教育培训、选择替代工具、增强组织实力 |
| 缺乏合适的开发和实施人员 | 对组织架构缺乏认识、缺乏中长期的人力资源计划、组织不重视技术人才和技术工作、行业人才紧缺 | 外聘、招募、培训 |
| 缺乏合适的开发平台 | 缺乏远见、没有市场和技术研究、团队庞大陈旧难以转型、缺乏预算 | 全面评估、推迟决策 |
| 使用了过时的技术 | 缺乏技术前瞻人才、轻视技术、缺乏预算 | 延迟项目、标准检测、前期研究、培训 |

## 21.8　项目质量管理

项目的实施过程，也是质量的形成过程。质量并不是只存在于开发产品或项目实施起始阶段，也不只是在交付客户的时候才存在，而是关系到产品的整个生命周期，并涉及产品的各层面。

美国质量管理协会对质量的定义为："过程、产品或服务满足明确或隐含的需求能力的特征。"国际标准化组织 ISO 对质量的定义为："一组固有特性满足需求的程度。"需求指明确的、通常隐含的或必须履行的需求或期望，特性是指可区分的特征，可以是固有的或赋予的、定性或定量的、各种类别（物理的、感官的、行为的、时间的、功能的等）。

根据 GB/T19000-ISO 9000（2000）的定义，质量管理是指确立质量方针及实施质量方针的全部职能及工作内容，并对其工作效果进行评价和改进的一系列工作。ISO 9000

系列标准是现代质量管理和质量保证（Quality Assurance，QA）的结晶，ISO 9000 由 4 个项目标准组成：

（1）ISO 9000：2000 质量管理体系——基础和术语。

（2）ISO 9001：2000 质量管理体系——要求。

（3）ISO 9004：2000 质量管理体系——业绩改进指南。

（4）ISO 19011：2000 质量和环境审核指南。

ISO 9000 实际上是由计划、控制和文档工作 3 个部分组成循环的体系。在 ISO 9000 标准是以质量管理中的 8 项原则为基础的，它们分析是以顾客为关注焦点、领导作用、全员参与、过程方法、管理的系统方法、持续改进、以事实为基础进行决策、与供方互利的关系。

### 21.8.1　质量保证

在明确了项目的质量标准和质量目标之后，需要根据项目的具体情况，如用户需求、技术细节、产品特征，严格地实施流程和规范，以此保证项目按照流程和规范达到预先设定的质量标准，并为质量检查、改进和提高提供具体的度量手段，使质量保证和控制有切实可行的依据。所有这些在质量系统内实施的活动都属于质量保证，质量保证的另一个目标是不断地进行质量改进，为持续改进过程提供保证。

项目质量保证指为项目符合相关质量标准要求树立信心，而在质量系统内部实施的各项有计划的系统活动，质量保证应贯穿于项目的始终。质量保证往往由质量保证部门或项目管理部门提供，但并非必须由此类单位提供。质量保证可以分为内部质量保证和外部质量保证，内部质量保证由项目管理团队，以及实施组织的管理层实施，外部质量保证由客户和其他未实际参与项目工作的人们实施。

质量保证的工具和技术有质量计划工具和技术、质量审计、过程分析、质量控制工具和技术、基准分析。

质量审计是对特定管理活动进行结构化审查，找出教训以改进现在或将来项目的实施。质量审计可以是定期的，也可以是随时的，可由公司质量审计人员或在信息系统领域有专门知识的第三方执行。在传统行业质量审计常常由行业审计机构执行，他们通常为一个项目定义特定的质量尺度，并在整个项目过程中运用和分析这些质量尺度。

过程分析遵循过程改进计划的步骤，从一个组织或技术的立场上来识别需要的改进。这个分析也检查了执行过程中经历的问题、经历的约束和无附加价值的活动。过程分析是非常有效的质量保证方法，通过采用价值分析、作业成本分析及流程分析等分析方法，质量保证的作用将大大提高。

1993 年美国卡耐基·梅隆大学软件工程研究所推荐了一组有关质量保证的计划、监督、记录、分析及报告的 QA 活动。这些活动将由一个独立的 QA 小组执行。

（1）制订 QA 计划。QA 计划在制订项目计划时制订，由相关部门审定。它规定了开发小组和质量保证小组需要执行的质量保证活动，其要点包括需要进行哪些评价、需要进行哪些审计和评审、项目采用的标准；错误报告的要求和跟踪过程；QA 小组应产生哪些文档、为项目组提供的反馈数量等。

（2）参与开发该项目的过程描述。开发小组为将要开展的工作选择过程，QA 小组则要评审过程说明，以保证该过程与组织政策、内部的标准、外界所制定的标准以及项目计划的其他部分相符。

（3）评审。评审各项工程活动，核实其是否符合已定义的过程。QA 小组识别、记录和跟踪所有偏离过程的偏差，核实其是否已经改正。

（4）审计。审计指定的工作产品，核实其是否符合已定义的过程中的相应部分。QA 小组对选出的产品进行评审，识别、记录和跟踪出现的偏差，核实其是否已经改正，定期向项目负责人报告工作结果。

（5）记录并处理偏差。确保工作及工作产品中的偏差已被记录在案，并根据预定规程进行处理。偏差可能出现在项目计划、过程描述、采用的标准或技术工作产品中。

（6）报告。记录所有不符合部分，并向上级管理部门报告。跟踪不符合的部分直到问题得到解决。

除了进行上述活动外，QA 小组还需要协调变更的控制与管理，并帮助收集和分析度量的信息。

## 21.8.2　质量控制

质量控制（Quality Control，QC）指监视项目的具体结果，确定其是否符合相关的质量标准，并判断如何能够去除造成不合格结果的根源。质量控制应贯穿于项目的始终。

质量控制通常由机构中的质量控制部或名称相似的部门实施，但实际上并不是非得由此类部门实施。项目管理层应当具备关于质量控制的必要统计知识，尤其是关于抽样与概率的知识，以便评估质量控制的输出。其中，项目管理层尤其应注意弄清以下事项之间的区别：

（1）预防（保证过程中不出现错误）与检查（保证错误不落到顾客手中）。

（2）特殊抽样（结果合格或不合格）与变量抽样（按量度合格度的连续尺度衡量所得结果）。

（3）特殊原因（异常事件）与随机原因（正常过程差异）。

（4）许可的误差（在许可的误差规定范围内的结果可以接受）和控制范围（结果在控制范围之内，则过程处于控制之中）。

项目结果既包括产品结果（如可交付成果），也包括项目管理结果（如成本与进度绩效）。因此，项目的质量控制主要从项目产品/服务的质量控制和项目管理过程的质量控制两个方面进行的，其中项目管理过程的质量控制是通过项目审计来进行的，项目审计是将管理过程的任务与成功实践的标准进行比较所做的详细检查。

　　在项目实施过程中，严格按照流程进行，并通过质量审核、指标检验来监控特定的项目结果，判断是否满足原定的质量标准。满足标准说明项目正常进行，需再接再厉；不满足则识别原因，找出真正解决问题的办法，从而保证项目质量。特别需要强调的是，企业对于项目质量管理能力的提高不可能一蹴而就，而需要在实践中不断改进、更正、提高。项目质量控制过程对质量偏差的识别和分析往往是进行质量持续改进的重要基础。

## 21.9　例题分析

　　为了帮助考生了解考试中项目管理知识方面的试题题型，本节分析 9 道典型的试题。

**例题 1**

　　变更控制是对 ___(1)___ 的变更进行标识、文档化、批准或拒绝，并控制。

　　（1）A．详细的 WBS 计划　　　　　　　　B．项目基线

　　　　　C．项目预算　　　　　　　　　　　　D．明确的项目组织结构

**例题 1 分析**

　　项目的不确定性因素导致了项目未必像想象中进展，或像计划中那样顺利，而当这种不确定性变得明确且和当初的预测不一致的时候，就会导致项目出现变更。为了对项目变更进行控制，应由项目实施组织，项目管理班子或两者共同建立变更控制系统。变更控制就是对项目基线的变更进行标识、记载、批准或拒绝，并对此变更加以控制。

**例题 1 答案**

　　（1）B

**例题 2**

　　风险的成本估算完成后，可以针对风险表中的每个风险计算其风险曝光度。某软件小组计划项目中采用 50 个可重用的构件，每个构件平均是 100LOC，本地每个 LOC 的成本是 13 元人民币。下面是该小组定义的一个项目风险：

　　（1）风险识别：预定要重用的软件构件中只有 50%将被集成到应用中，剩余功能必须定制开发；

　　（2）风险概率：60%；

　　（3）该项目风险的风险曝光度是 ___(2)___ 。

　　（1）A．32 500　　　　B．65 000　　　　C．1500　　　　D．19 500

**例题 2 分析**

　　风险曝光度（Risk Exposure）的计算公式如下：

　　风险曝光度 = 错误出现率（风险出现率）×错误造成损失（风险损失）

　　在本题中，风险概率为 60%，风险损失为所有构件价格的 50%，因此，其风险曝光度为 $50×100×13×50\%×60\% = 19\ 500$。

**例题 2 答案**

（2）D

**例题 3**

___(3)___ 不是项目目标特性。

（3）A．多目标性　　　B．优先性　　　C．临时性　　　D．层次性

**例题 1 分析**

项目是在特定条件下，具有特定目标的一次性任务，是在一定时间内，满足一系列特定目标的多项相关工作的总称。

根据项目的定义，项目的目标应该包括成果性目标和约束性目标。成果性目标都是由一系列技术指标来定义的，如性能、质量、数量、技术指标等；而项目的约束性目标往往是多重的，如时间、费用等。因为项目的目标就是满足客户、管理层和供应商在时间、费用和性能上的不同要求，所以，项目的总目标可以表示为一个空间向量。因此，项目的目标可以是一个也可以是多个，在多个目标之间必须要区分一个优先级，也就是层次性。

**例题 3 答案**

（3）C

**例题 4**

在项目的一个阶段末，开始下一阶段之前，应该确保___(4)___。

（4）A．下个阶段的资源能得到

　　　B．进程达到它的基准

　　　C．采取纠正措施获得项目结果

　　　D．达到阶段的目标以及正式接受项目阶段成果

**例题 4 分析**

在项目管理中，通常在一些特定的阶段设置里程碑，待该阶段结束时，就需要对这个里程碑进行评审，看是否达到了预期的目标，确保达到阶段的目标以及正式接受项目阶段成果之后，才能进入下一个阶段。

**例题 4 答案**

（4）D

**例题 5**

在某个信息系统项目中，存在新老系统切换问题，在设置项目计划网络图时，新系统上线和老系统下线之间应设置成___(5)___的关系。

（5）A．结束—开始（FS 型）　　　　B．结束—结束（FF 型）

　　　C．开始—结束（SF 型）　　　　D．开始—开始（SS 型）

**例题 5 分析**

在本题中，由于是新老系统切换，一般需要在新系统上线之后，老系统才能下线，

因此这是一个开始—结束类型的关系。

**例题 5 答案**

（5）C

**例题 6**

某项目最初的网络图如图 21-9 所示，为了压缩进度，项目经理根据实际情况使用了快速跟进的方法：在任务 A 已经开始一天后开始实施任务 C，从而使任务 C 与任务 A 并行 3 天。这种做法将使项目 __(6)__ 。

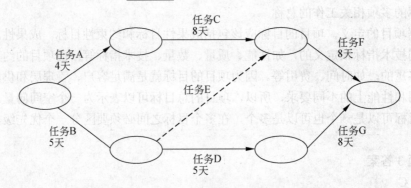

图 21-9　某项目网络图

（6）A. 完工日期不变　　　　　　　B. 提前 4 天完成

　　 C. 提前 3 天完成　　　　　　　D. 提前 2 天完成

**例题 6 分析**

根据项目网络图 21-9，其关键路径为 ACF，项目工期为 20 天。

使用快速跟进的方法压缩进度后，该项目的关键路径改为 BDG，项目的工期为 18 天。因此，项目提前 2 天完成。

**例题 6 答案**

（6）D

**例题 7**

完成活动 A 所需的时间，悲观（P）的估计需 36 天，最可能（ML）的估计需 21 天，乐观（O）的估计需 6 天。活动 A 在 16～26 天内完成的概率是 __(7)__ 。

（7）A. 55.70%　　B. 68.26%　　　　C. 95.43%　　　　D. 99.73%

**例题 7 分析**

活动的期望时间为(36+21*4+6)/6=21（天），方差为 25，标准差为 5。"在 16～26 天内"，与 21 天相比，正好是正负一个标准差（16+5=21，26–5=21）。根据正态分布规律，在 ±σ 范围内，即在 16～21 天之间完成的概率为 68.26%。

**例题 7 答案**

（7）B

**例题 8**

某车间需要用一台车床和一台铣床加工 A、B、C、D 四个零件。每个零件都需要先用车床加工，再用铣床加工。车床与铣床加工每个零件所需的工时（包括加工前的准备时间以及加工后的处理时间）如表 21-6 所示。

表 21-6 零件加工时间表

| 工时（小时） | A | B | C | D |
|---|---|---|---|---|
| 车床 | 8 | 6 | 2 | 4 |
| 铣床 | 3 | 1 | 3 | 12 |

若以 A、B、C、D 零件顺序安排加工，则共需 32 小时。适当调整零件加工顺序，可使所需总工时最短。在这种最短总工时方案中，零件 A 在车床上的加工顺序安排在第 ___（8）___ 位，4 个零件加工共需 ___（9）___ 小时。

（8）A. 1    B. 2    C. 3    D. 4

（9）A. 21    B. 22    C. 23    D. 24

**例题 8 分析**

顺序安排加工零件 A、B、C、D，可以用甘特图将工作进度描述如图 21-10 所示。

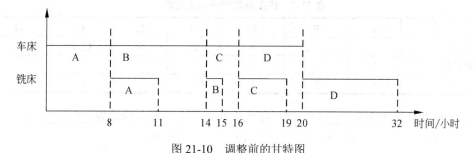

图 21-10 调整前的甘特图

其中横轴表示事件，从零件 A 在车床上加工开始作为坐标 0，并以小时为单位。纵轴表示车床和铣床。车床和铣床加工某零件的进度情况以横道表示。

为了缩短总工时，应适当调整加工顺序，以缩短铣床最后的加工时间（车床完工后需要用铣床的时间），并多端车床最先的加工时间（铣床启动前需要等待的时间）。所以，应采取如下原则来安排零件的加工顺序。

在给定的工时表中找出最小值，如果它是铣床时间，则该零件应最后加工；如果它是车床时间，则该零件应最先加工。除去该零件后，又可以按此原则继续进行安排。这样，本题中，最小工时为 1 小时，这是零件 B 所用的铣床加工时间。所以，零件 B 应放在最后加工。除去零件 B 后，最小工时为 2 小时，这是零件 C 所需的车床加工时间。所以，零件 C 应最先加工。再除去 C 以后，工时表中最小的时间为 3 小时，是零件 A 所需的铣床加工时间。因此，零件 A 应该安排在零件 D 以后加工。

这样，最优方案应是按照 C、D、A、B 零件的顺序来加工。其甘特图如图 21-11 所示。

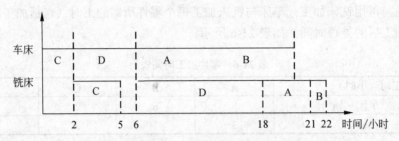

图 21-11　调整后的甘特图

**例题 8 答案**

（8）C　　　　　　（9）B

**例题 9**

某工程包括 A、B、C、D、E、F、G 七个作业，各个作业的紧前作业、所需时间、所需人数如表 21-7 所示。

表 21-7　作业所需时间和人员表

| 作　业 | A | B | C | D | E | F | G |
|---|---|---|---|---|---|---|---|
| 紧前作业 | — | — | A | B | B | C,D | E |
| 所需时间（周） | 1 | 1 | 1 | 3 | 2 | 3 | 2 |
| 所需人数 | 5 | 9 | 3 | 5 | 2 | 6 | 1 |

该工程的计算工期为　(10)　周。按此工期，整个工程至少需要　(11)　人。

（10）A. 7　　　　B. 8　　　　C. 10　　　　D. 13

（11）A. 9　　　　B. 10　　　　C. 12　　　　D. 14

**例题 9 分析**

根据试题给出的表格，画出如图 21-12 所示的网络图，其中箭头上面的字母表示作业，箭头下面的数字前半部分表示作业所需要的时间，后半部分表示作业所需要的人数。

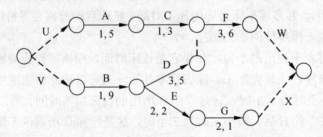

图 21-12　网络计划图

图 21-12 比较简单，可以很快求得关键路径为 V→B→D→F→W，总工期为 7 周。

在对人员的安排时，需要考查哪些作业是并行工作的。例如，A、B 并行工作 1 天，合计需要 5+9=14（人）；C、D、E 并行工作 1 天，合计需要 3+5+2=10（人）；F、G 并行工作 2 天，合计需要 7 人。这样下来，似乎需要 14 人。但是，因为 A、C、E、G 不在关键路径上（且其总时差为 2），所以可以延后。因此，项目人员可以这样安排：

第 1 天安排 9 人做 B 作业。

第 2 天再增加 1 人，其中安排 5 人做 D 作业、5 人做 A 作业。

第 3 天安排 5 人做 D 作业、2 人做 E 作业、3 人做 C 作业。

第 4 天安排 5 人做 D 作业、2 人做 E 作业。

第 5、6 天安排 6 人做 F 作业、1 人做 G 作业。

第 7 天安排 6 人做 F 作业。

这样，整个工程只要 10 人就可以按期完成。

**例题 9 答案**

（10）A　　　　　　　（11）B

# 第 22 章　网络规划与设计案例

根据考试大纲的规定，在网络规划与设计案例方面，要求考生掌握以下知识点：

（1）网络规划与设计：包括大中型企业网络规划、大中型园区网络规划、无线网络规划、网络需求分析、网络安全性分析、逻辑网络设计、物理网络设计、网络设备选型、网络性能评估。

（2）网络优化：网络现状分析、网络缺陷分析、网络优化方案、网络优化投资预算。

（3）网络配置：桥接配置（交换部分）、路由配置、IP 地址配置、服务质量配置、VLAN 配置、防火墙配置、IDS/IPS 配置、隔离网闸配置、VPN 配置、服务器配置。

（4）网络性能分析与测试。

（5）网络故障分析：故障分析、故障检测、故障处理。

有关这些知识点的内容，已经在前面的章节中进行了详细讨论，本章不再重复。本章首先介绍试题的解答方法，然后再通过一些实例，帮助考生了解试题的题型和解答方法。

## 22.1　试题解答方法

对很多考生而言，案例分析试题比较难，这种"难"主要体现在以下几个方面：

（1）需要在 90 分钟的时间内解答 3 道案例分析试题，需要找出案例描述中的存在问题，并给出解决方案。

（2）要针对案例分析试题的 2~4 个问题，在规定的字数范围内给出答案。

（3）从考试大纲的规定来看，似乎"无所不含"，考查内容十分广泛。

（4）案例分析试题往往紧跟技术发展趋势，考查技术前沿性的试题。

（5）案例分析试题的案例描述中，会给出一些与解答试题有关的信息，也会给出一些干扰性的信息，考查考生"舍弃"的能力。

### 22.1.1　试题解答步骤

根据考试大纲，网络规划与设计案例分析试题对考生的基本要求主要反映在以下几个方面：

（1）需要具有一定的网络规划与设计实践经验，有较好的分析问题和解决问题的能力。

（2）对于有关网络规划与设计方面，有广博而坚实的知识或见解。

（3）对应用的背景、事实和因果关系等有较强的理解能力和归纳能力。

（4）对于一些可以简单定量分析的问题已有类似经验并能进行估算，对于只能定性分析的问题能用简练的语言抓住要点加以表达。

（5）善于从一段书面叙述中提取出最必要的信息，有时还需要舍弃一些无用的叙述或似是而非的内容。

因此，考生应当加强上述要求的训练。

案例分析试题的考试时间为 90 分钟，也就是说，考生需要在 90 分钟时间内解答 3 道案例分析试题。那么，应该如何来解答试题呢？根据希赛 IT 教育研发中心老师和学员的经验，正确的解答试题的途径如下：

（1）标出试题中要回答的问题要点，以此作为主要线索进行分析和思考。

（2）对照问题要点仔细阅读正文。阅读时，或者可以列出只有几个字的最简要的提纲，或者可在正文上作出针对要回答问题的记号。

（3）通过定性分析或者定量估算，构思答案的要点。

（4）以最简练的语言写出答案。注意不要超过规定字数，语言要尽量精简，不要使用修饰性的空洞词汇，也不要写与问题无关的语句，以免浪费时间。

## 22.1.2　题型分类解析

网络规划与设计案例分析试题大致可以划分为 6 大类：

（1）综合知识类。大家知道，网络规划设计师必须具有广泛的知识积累和工作经验。网络规划与设计案例中有不少题目就是直接考查某方面的知识或经验的。这种题目，全在于平时积累和见多识广，基本上无技巧可言，知道就很简单，不知道急也急不来。考生唯一能做的是（如果有选择余地的话），回避那些自己没有涉猎过的知识领域的题目。

（2）比较分析类。有比较才有鉴别，不同的设计方案经过比较才能分出优劣来，一个好的设计方案往往是多种设计方案的折中。比较分析法是网络规划与设计中不可或缺的方法。网络规划与设计案例分析考试试题中这类试题所占的比例非常大。

（3）学习应用类。温故而知新，人们在学习新知识时总是以已经掌握的知识为基础，由彼推此，了解差异是自然而然就会运用的学习方法。学会了有线网的规划与设计，再学习无线网络的规划与设计时就不自觉地比较两者的异同。各大巨头争霸的今天，由于竞争的需要，各种设计理论和工具、应用平台层出不穷，让设计师应接不暇，要在 IT 行业站稳脚跟，更需要较强的学习和应用能力。跟上形势的最好办法是比较异同，快速学习、跟进并投入应用。这一类题目和比较分析类试题非常相似，不同的是，问题的焦点集中在对学习效果的考查上，要求考生通过学习，基本掌握新的理论或方法。

（4）情景推断类。这类题目要求考生将题目描述的情景和自己的实际设计经验结合起来，来推测题目描述的情景下某一功能模块或某一部分的详细功能。应付这类题目，既要细心归纳题目所描述的情景本身的特点以及题目中透露出的各种信息，又要根据自己以前类似的项目开发经验来补充一些题目中并没透露，但常理中不可缺少的部分功能。实际上，在需求调研中经常使用这种方法，这类题目同时考查了考生网络规划与设计经验、考虑问题的全面性以及归纳需求的能力。

（5）因果分析类。网络规划设计师经常遇到的问题是对一个系统出现的复杂问题（或疑难症状）进行分析，找出问题的真正原因，或对某一设计方案存在的潜在风险进行分析。前者是针对某一症状分析问题出现的原因；后者是根据现有状况分析可能会出现问题。解决问题或风险分析的能力是突击不来的，一定来源于见多识广。丰富的经历在关键时候自然可以派上用场，经历不够的多看看别人的体会也会大有裨益。

（6）归纳抽象类。把现实、自然语言描述的用户需求抽象为一种数学模型，需要很深的功底。把纷纭复杂的需求进行合理的归纳和分类也是一种功夫。网络规划设计师考试题目中也不乏这样的试题，这种题目需要较高的抽象思维能力和理解能力，也就是数学建模的能力。回答这类问题的关键是，要将抽象的理论实例化，和考生做过的一些项目结合起来。

## 22.2　试题解答实例

为了帮助考生了解案例分析试题的题型，以及解答试题的方法，本节给出 5 道典型的案例分析试题的解答实例。

### 22.2.1　网络安全性设计

阅读以下关于电子政务系统安全体系结构的叙述，回答问题 1～问题 3。

希赛公司通过投标，承担了某省级城市的电子政务系统，由于经费、政务应用成熟度、使用人员观念等多方面的原因，该系统计划采用分阶段实施的策略来建设，最先建设急需和重要的部分。在安全建设方面，先投入一部分资金保障关键部门和关键信息的安全，之后在总结经验教训的基础上分两年逐步完善系统。因此，初步考虑使用防火墙、入侵检测、病毒扫描、安全扫描、日志审计、网页防篡改、私自拨号检测、PKI 技术和服务等保障电子政务的安全。

由于该电子政务系统涉及政府安全问题，为了从整个体系结构上设计好该系统的安全体系，希赛公司首席架构师张博士召集了项目组人员多次讨论。在一次关于安全的方案讨论会上，谢工认为由于政务网对安全性要求比较高，因此要建设防火墙、入侵检测、病毒扫描、安全扫描、日志审计、网页防篡改、私自拨号检测系统，这样就可以全面保护电子政务系统的安全。王工则认为谢工的方案不够全面，还应该在谢工提出的方案的基础上，使用 PKI 技术，进行认证、机密性、完整性和抗抵赖性保护。

**【问题 1】（8 分）**
请用 400 字以内文字，从安全方面，特别针对谢工所列举的建设防火墙、入侵检测、病毒扫描、安全扫描、日志审计系统进行分析，评论这些措施能够解决的问题和不能解决的问题。

**【问题 2】（9 分）**

请用 300 字以内文字，主要从认证、机密性、完整性和抗抵赖性方面，论述王工的建议在安全上有哪些优点。

**【问题 3】（8 分）**

对于复杂系统的设计与建设，在不同阶段都有很多非常重要的问题需要注意，既有技术因素阻力，又有非技术因素阻力。请结合工程的实际情况，用 200 字以内文字，简要说明使用 PKI 还存在哪些重要的非技术因素方面的阻力。

**例题分析**

本题主要是依托电子政务的应用背景，考查信息系统安全体系建设方面的知识。根据网络规划设计师考试大纲，系统的安全性和保密性设计是案例分析试题考查的内容之一。

**【问题 1】**

本问题主要是要求考生说明防火墙、入侵检测、病毒扫描、安全扫描、日志审计系统等常见的信息系统及网络安全防护技术的适用领域以及其限制与约束。在题目中只是列举了这些技术手段，并没有详细地展开说明，因此对答案的构思并没有太多的帮助，需要考生能够根据平时学习和掌握的知识来总结出答案。

因为有关技术已经在前面的章节中进行了详细介绍，这里直接就试题的问题给出解答要点：

（1）防火墙：可用来实现内部网（信任网）与外部不可信任网络（如因特网）之间或内部网的不同网络安全区域的隔离与访问控制，保证网络系统及网络服务的可用性。但无法对外部刻意攻击、内部攻击、口令失密及病毒采取有效防护。

（2）入侵检测：可以有效地防止所有已知的、来自内外部的攻击入侵，但对数据安全性等方面没有任何帮助。

（3）病毒防护：主要适用于检测、标识、清除系统中的病毒程序，对其他方面没有太多的保护措施。

（4）安全扫描：主要适用于发现安全隐患，而不能够采取防护措施。

（5）日志审计系统：可以在事后、事中发现安全问题，并可以完成取证工作，但无法在事前发生安全性攻击。

**【问题 2】**

要求考生深入了解 PKI 技术在认证、机密性、完整性、抗抵赖性方面的优点，并简要地做出描述。在题目中提到："王工则认为谢工的方案不够全面，还应该在谢工提出的方案的基础上，使用 PKI 技术，进行认证、机密性、完整性和抗抵赖性保护"，明确地说明了其主要的适用性，在答题时应该紧抓这些方面进行构思。

王工建议的 PKI 技术可以通过数字签名来实现认证、机密性和抗抵赖性的功能：

（1）用私钥加密的消息摘要，可以用来确保发送者的身份。

（2）只有对用发送者私钥的信息加密的信息，才能够用其公钥进行解密，因此发送者无法否认其行为。

（3）内容一旦被修改，消息摘要将变化，也就会被发现。

另外，还可以使用接收者公钥对"原文+数字签名"进行加密，以保证信息的机密性。

**【问题 3】**

该问题是在前一个问题的基础上，要求考生能够对实施 PKI 时会遇到的非技术因素方面的阻力有清晰的认识，并简要地做出描述。

对于复杂系统的设计与建设，在不同阶段都有很多非常重要的问题需要注意，既有技术因素阻力，又有非技术因素阻力。而在网络安全的设计与实施方面，同样也会遇到非技术因素的阻力。对于 PKI 技术来说，其非技术因素的阻力主要体现在以下几个方面：

（1）相关法律、法规还不健全：相对国外而言，我国的网络安全法律、法规与标准的制定起步较晚。虽然发展到目前已经形成了较为完善的体系，但仍然存在许多缺陷和不足。例如，我国还缺少有关电子政府安全保障的专门法规、政策以及地方性法规和政策，难免导致法规执行的针对性不强。另外，在法规的执行方面也还存在着一些问题，例如，存在着执行不力的情况。

（2）使用者操作水平参差不齐：信息技术在我国的发展也明显晚于发达国家，大部分人的计算机操作水平还处于相对较低的水平；加上 PKI 所引入的数字签名、密钥管理等方面都需要较复杂、费解的操作。很容易出现用户不会用，甚至可能会因没有妥善保管密钥、证书而引发的非技术问题。

（3）使用者心理接受程度问题：政府大部分的公务员都还是比较习惯于纸质材料、亲笔签字的习惯，一时还无法接受电子式签名的形式，这也会给推行 PKI 及数字签名带来巨大的阻力。

## 22.2.2 网络系统数据备份

阅读以下关于网络系统数据备份方面的叙述，回答问题 1 至问题 3。

希赛教育集团总公司的信息管理部门决定为信息中心的计算机网络制订一个相对完善的网络系统数据备份的整体解决方案。经讨论与分析后，普遍认为在该数据备份方案中必须实施以下要点：

（1）选用专业级的网络备份管理软件，以代替原来使用的普通备份软件或者由网络操作系统中所提供的备份软件。

（2）选用可靠的存储介质，以优质磁带为主，辅以少量可记录光盘和若干可卸式硬盘或软盘片。

（3）选用性能价格比良好的自动加载磁带机，作为网络系统数据备份的主要备份设备。

（4）制定合理的备份策略。可能选用的备份策略允许包括完全备份方式、增量备份方式和差分备份方式，以及这些方式的组合。例如，完全备份方式可以是每天对网络系统进行全部数据的完全备份。增量备份方式可以是只在每周五进行一次完全备份，在以下的周一到周四只对当天新的或被改动过的数据内容进行备份。差分备份方式可以在每周五进行一次完全备份，在以下的周一至周四，每天对当天与上周五相比有不同的数据（新的或被改动过的）进行备份。

（5）建立起备份磁带和有关存储介质的严格管理制度，并由专人审计与监督备份的执行情况。

**【问题 1】（11 分）**

为了更可靠地保留相对较长时期的数据，并且更方便恢复，信息管理部门的李工程师建议采用 7 盘磁带轮换的方式进行网络数据备份。假定一盘磁带可以完成一次完全备份，请你具体列出这个备份策略的实现方案（100 个文字以内）。如果这 7 盘磁带备份后有某一盘失效，最坏情况下可能造成什么损失？

**【问题 2】（8 分）**

希赛教育集团原来使用的是网络操作系统中所提供的备份软件（如 Windows Server Backup，与 Unix tar/cpio 等），现在选用最先进的专业级网络备份软件，李工程师指出可以有如下好处：

（1）可保证实施自动加载磁带机所能提供的全部先进功能。例如，完全备份、增量备份、差分备份策略，也可实现自动无人定时备份。

（2）可以更有效地实施系统数据恢复和系统数据丢失灾难分析等功能。

（3）可以自动优化数据的传输率，提高备份速度，更合理地使用先进的磁带机等备份设备。

（4）有可能采用更有效的"映像备份"功能，即允许从硬盘把数据流备份入磁带机（不再是逐个文件的备份）。

除了上述好处外，你认为还可能有什么好处？请用 50 字以内文字简要说明。

**【问题 3】（6 分）**

在讨论与分析过程中，有关的管理人员和技术人员曾提出过以下的一些观点：

（1）尽管网络中已采用磁盘阵列 RAID，其中已有热备份硬盘、RAID 技术和冗余校验技术支持，但是数据备份仍然是十分必要的。

（2）为了加快网络备份的速度和提高备份的效率，备份时可主要针对网络中的企业信息与数据文件的内容进行，无须进行网络中系统文件和应用程序的备份（因为这些内容可通过安装盘重新进行安装）。

（3）备份不同于单纯的数据复制技术，因为备份的规划、自动化备份操作和日志与历史记录的保存等备份管理内容也是属于数据备份方案中的内容。

（4）在当前可采用的先进的磁带机技术中已呈现明显的智能化趋势，如自动报警，磁带更换与控制，磁头清洗等已均可自动进行。

（5）由于目前光存储技术发展极快，可记录光盘既便宜又可靠，已开始可完全取代磁带备份技术。

请指出其中相对来说叙述不太恰当的两条观点的序号。

试题分析

这是一道关于网络系统备份策略与介质及工具的试题。

【问题 1】

试题描述中已经规定了可能选用的备份策略有以下三种：

（1）完全备份方式：完全备份方式可以是每天对网络系统进行全部数据的完全备份。

（2）增量备份方式：只在每周五进行一次完全备份，在以下的周一到周四只对当天新的或被改动过的数据内容进行备份。

（3）差分备份方式：在每周五进行一次完全备份，在以下的周一至周四，每天对当天与上周五相比有着不同的数据（新的或被改动过的）进行备份。

为了更可靠地保留相对较长时期的数据，并且更方便恢复，信息管理部门的李工程师建议采用 7 盘磁带轮换的方式进行网络数据备份。假定一盘磁带可以完成一次完全备份，要求考生具体列出这个备份策略的实现方案，以及回答如果这 7 盘磁带备份后有某一盘失效，最坏情况下可能造成的损失。

既然每盘磁带可以完成一次完全备份，那么最简单和最直接的方法是每个工作日进行一次完全备份。这样，第 1 周只需要 5 盘磁带（不妨设编号为 1~5），第 2 个星期一使用第 6 盘磁带，星期二使用第 7 盘磁带，星期三再使用第 1 盘磁带，星期四使用第 2 盘磁带，依此类推。这种方式的备份，可保留 7 天的数据，并且很方便地进行恢复。"如果这七盘磁带备份后有某一盘失效"。例如，第 2 周的星期二某盘磁带失效，则最坏情况（第 7 盘磁带失效）可能造成的损失是当天的更新数据丢失。

当然，还可以采用增量备份方式，第 1 周周五进行一次完全备份（第 1 盘磁带），第 2 周周一到周四只对当天新的或被改动过的数据内容进行备份（第 2~5 盘磁带）；第 2 周周五进行一次完全备份（第 6 盘磁带），第 3 周周一到周四只对当天新的或被改动过的数据内容进行备份（第 2~5 盘磁带）；第 3 周周五进行一次完全备份（第 7 盘磁带）。这样即可保留 21 天的数据，只不过恢复起来比较麻烦一些。在这种备份方式中，"如果这 7 盘磁带备份后有某一盘失效"。例如，第 3 周的星期五某盘磁带失效，则最坏情况（第 7 盘磁带失效）可能造成的损失也是当天的更新数据丢失。

【问题 2】

问题 2 要求考生回答最先进的专业级网络备份软件的好处。因为问题描述中已经给出了 4 点好处（支持各种备份方式，自动定时备份，有效实施数据恢复，数据丢失灾难分析，提高备份速度，映像备份等），所以必须凭经验，回答另外方面的好处。

一般来说，网络备份软件应该具备以下功能。

（1）集中式管理。网络存储备份管理系统对整个网络的数据进行管理。利用集中式管理工具的帮助，系统管理员可对全网的备份策略进行统一管理，备份服务器可以监控所有机器的备份作业，也可以修改备份策略，并可即时浏览所有目录。所有数据可以备份到同备份服务器或应用服务器相连的任意一台磁带库内。

（2）全自动的备份。备份软件系统应该能够根据用户的实际需求，定义需要备份的数据，然后以图形界面方式根据需要设置备份时间表，备份系统将自动启动备份作业，无需人工干预。这个自动备份作业是可自定的，包括一次备份作业、每周的某几日、每月的第几天等项目。设定好计划后，备份作业就会按计划自动进行。

（3）数据库备份和恢复。在许多人的观念里，数据库和文件还是一个概念。当然，如果数据库系统是基于文件系统的，当然可以用备份文件的方法备份数据库。但发展至今，数据库系统已经相当复杂和庞大，再用文件的备份方式来备份数据库已不适用。是否能够将需要的数据从庞大的数据库文件中抽取出来进行备份，是网络备份系统是否先进的标志之一。

（4）在线式的索引。备份系统应为每天的备份在服务器中建立在线式的索引，当用户需要恢复时，只需点取在线式索引中需要恢复的文件或数据，该系统就会自动进行文件的恢复。

（5）归档管理。用户可以按项目、时间定期对所有数据进行有效的归档处理。提供统一的 Open Tape Format 数据存储格式，从而保证所有的应用数据由一个统一的数据格式作为永久的保存，保证数据的永久可利用性。

（6）有效的媒体管理。备份系统对每一个用于备份的磁带自动加入一个电子标签，同时在软件中提供了识别标签的功能。如果磁带外面的标签脱落，只需执行这一功能，就会迅速知道该磁带的内容。

（7）满足系统不断增加的需求。备份软件必须能支持多平台系统，当网络连接上其他的应用服务器时，对于网络存储管理系统来说，只需在其上安装支持这种服务器的客户端软件即可将数据备份到磁带库或光盘库中。

【问题 3】

问题 3 是辨别题，要求考生在 5 条叙述中选择两条不恰当的叙述。与其他试题不同的是，这里并不要说明理由。采用排除法，逐条核对来构思答案。

第（1）条强调了数据备份的必要性，是正确的。

第（2）条中"无须进行网络中系统文件和应用程序的备份（因为这些内容可通过安装盘重新进行安装）"不恰当。因为系统文件和应用程序虽然可以重新安装，但其中的有关配置信息和个性化信息将会丢失。

第（3）条和第（4）条也是正确的。

第（5）条不恰当。虽然目前光存储技术发展极快，可记录光盘既便宜又可靠，但还不能完全取代磁带备份技术。因为磁带介质不仅能提供高容量、高可靠性，以及可管理性，而且价格比光盘、磁盘媒体便宜很多。

### 22.2.3　网络接入方案的选择

阅读以下关于企业网络建设方案分析方面的描述，回答问题1～问题3。

希赛是一家从事互联网和IT在线教育的集团公司，随着业务发展，需要将该在某城市内的8家培训中心进行网络互联。目前，希赛集团公司所传输的信息量比较少，但要求通信数据传输可靠，网络建设的成本又不能太高。为此，网络部的张总工程师召集部门有关技术骨干讨论企业网络建设问题。在讨论过程中，提出了如下4种解决方案：

（1）铺设光缆。

（2）采用微波技术。

（3）租用电路专线。

（4）采用ADSL接入Internet，并采用VPN实现各培训中心之间的网络互联。

张总工程师经过仔细考虑，根据企业现状，最终选择了第4种方案。

**【问题1】（11分）**

请用200字以内文字简要叙述4种方案的优缺点，并说明张总工程师选择第4种方案的理由。

**【问题2】（6分）**

采用ADSL接入的模型如图22-1所示。请将下列术语对应的编号填入图22-1中（1）～（8）处。

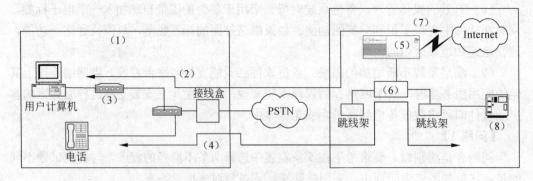

图22-1　ADSL接入模型图

A：局端ADSL Modem。

B：用户端ADSL Modem。

C：模拟信号。

D：中央局端模块。

E：程控交换机。

F：局端滤波器。

G：数字信号。

H：远端用户模块 ATU-R。

**【问题 3】（8 分）**

请用 200 字以内文字从安全保证角度简要叙述实现 VPN 的几种关键技术。

**试题分析**

这是一道有关网络接入方案的比较和选择的试题，企业在选择网络接入方案时，需要根据数据量传输的多少、对速度的要求、拟投入的成本等，综合进行考虑。做到既能满足应用要求，具有一定的扩展性，又能节约投资。

**【问题 1】**

各种网络接入方案的比较如下：

（1）铺设光缆：传输速度快，专用性突出；重复投资，工程施工难度大，审批难度大。

（2）采用微波技术：施工简单；成本高，受天气影响，不够稳定。

（3）租用电路专线：专用性突出，传输速度有保证；不够稳定；点对点传输；费用昂贵。

（4）ADSL 接入：成本较低且便于安装，较适用于小型企业，适用地域广；带宽受限。

从试题的描述来看，希赛集团公司"所传输的信息量比较少，但要求通信数据传输可靠，网络建设的成本又不能太高"，这样，采用 ADSL 可实现点对多点，同时成本又比较低。采用 VPN 技术可以提高数据传输的安全性。因此，张总工程师决定采用第 4 种方案。

**【问题 2】**

DSL 技术是可通过普通电话线向用户提供高带宽信息传输的一类用户接入技术。ADSL 是一种非对称的宽带接入方式，即用户线的上行速率和下行速率不同。它采用 FDM 技术和 DMT 调制技术，在保证不影响正常电话使用的前提下，利用原有的电话双绞线进行高速数据传输。ADSL 的优点是可在现有的任意双绞线上传输，误码率低，系统投资少。缺点是有选线率问题、带宽速率低。

ADSL 的接入模型主要有中央交换局端模块和远端模块组成，如图 22-2 所示。

中央交换局端模块包括在中心位置的 ADSL Modem 和接入多路复合系统，处于中心位置的 ADSL Modem 被称为 ATU-C（ADSL Transmission Unit-Central）。接入多路复合系统中心 Modem 通常被组合成一个被称作接入节点，也被称作 DSLAM（DSL Access Multiplexer）。

远端模块由用户 ADSL Modem 和滤波器组成，用户端 ADSL Modem 通常被称为

ATU-R（ADSL Transmission Unit-Remote）。

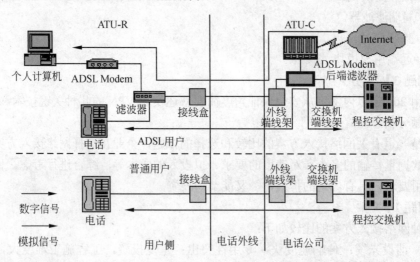

图 22-2　完整的 ADSL 接入模型

　　ADSL 安装包括局端线路调整和用户端设备安装。在局端方面，由服务商将用户原有的电话线中串接入 ADSL 局端设备，只需 2～3 分钟；用户端的 ADSL 安装也非常简易方便，只要将电话线连上滤波器，滤波器与 ADSL Modem 之间用一条两芯电话线连上，ADSL Modem 与计算机的网卡之间用一条交叉网线连通即可完成硬件安装，再将 TCP/IP 协议中的 IP、DNS 和网关参数项设置好，便完成了安装工作。ADSL 的使用就更加简易了，由于 ADSL 不需要拨号，一直在线，用户只需接上 ADSL 电源便可以享受高速网上冲浪的服务了，而且可以同时打电话。

【问题 3】

　　VPN 提供了一种通过公用网络安全地对企业内部专用网络进行远程访问的连接方式。与普通网络连接一样，VPN 也由客户机、传输介质和服务器三部分组成，不同的是 VPN 连接使用隧道作为传输通道，这个隧道是建立在公共网络或专用网络基础之上的，如 Internet 或 Intranet。

　　VPN 可以实现不同网络的组件和资源之间的相互连接，利用 Internet 或其他公共互联网络的基础设施为用户创建隧道，并提供与专用网络一样的安全和功能保障。VPN 允许远程通信方、销售人员或企业分支机构使用 Internet 等公共互联网络的路由基础设施以安全的方式与位于企业局域网端的企业服务器建立连接。VPN 对用户端透明，用户好像使用一条专用线路在客户计算机和企业服务器之间建立点对点连接，进行数据的传输。

　　VPN 技术同样支持企业通过 Internet 等公共互联网络与分支机构或其他公司建立连接，进行安全的通信。这种跨越 Internet 建立的 VPN 连接在逻辑上等同于两地之间使用广域网建立的连接。一般来说，企业在选用一种远程网络互联方案时都希望能够对访问企业资源和信息的要求加以控制，所选用的方案应当既能够实现授权用户与企业局域网资源的自由连接，不同分支机构之间的资源共享，又能够确保企业数据在公共互联网络或企业内部网络上传输时安全性不受破坏。因此，最低限度，一个成功的 VPN 方案应当能够满足以下所有方面的要求：

（1）用户验证。VPN 方案必须能够验证用户身份并严格控制只有授权用户才能访问VPN。另外，方案还必须能够提供审计和计费功能，显示何人在何时访问了何种信息。

（2）地址管理。VPN 方案必须能够为用户分配专用网络上的地址并确保地址的安全性。

（3）数据加密。对通过公共互联网络传递的数据必须经过加密，确保网络的其他未授权的用户无法读取该信息。

（4）密钥管理。VPN 方案必须能够生成并更新客户端和服务器的加密密钥。

（5）多协议支持。VPN 方案必须支持公共互联网络上普遍使用的基本协议，包括 IP，IPX 等。

实现 VPN 的关键技术如下：

（1）安全隧道技术：隧道技术是一种通过使用互联网络的基础设施在网络之间传递数据的方式。使用隧道传递的数据（或负载）可以是不同协议的数据帧或包。隧道协议将这些其他协议的数据帧或包重新封装在新的包头中发送。新的包头提供了路由信息，从而使封装的负载数据能够通过互联网络传递。被封装的数据包在隧道的两个端点之间通过公共互联网络进行路由。被封装的数据包在公共互联网络上传递时所经过的逻辑路径称为隧道。一旦到达网络终点，数据将被解包并转发到最终目的地。隧道技术是指包括数据封装、传输和解包在内的全过程。

（2）加解密技术：VPN 利用已有的加解密技术实现保密通信。

（3）密钥管理技术：建立隧道和保密通信都需要密钥管理技术的支撑，密钥管理负责密钥的生成、分发、控制和跟踪，以及验证密钥的真实性。

（4）身份认证技术：假如 VPN 的用户都要通过身份认证，通常使用用户名和密码，或者智能卡实现。

（5）访问控制技术：由 VPN 服务的提供者根据在各种预定义的组中的用户身份标识，来限制用户对网络信息或资源的访问控制的机制。

## 22.2.4　网络规划与设计

阅读以下说明，在答题纸上回答问题 1～问题 6。

希赛教育长沙校区在原校园网的基础上进行网络改造，网络方案如图 22-3 所示。其中网管中心位于办公楼第三层，采用动态及静态结合的方式进行 IP 地址的管理和分配。

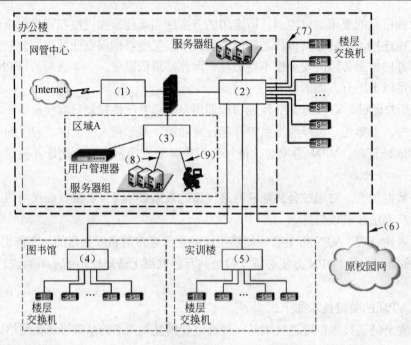

图 22-3　希赛教育长沙校区网络图

**【问题 1】（4 分）**

设备选型是网络方案规划设计的一个重要方面，请用 200 字以内文字简要叙述设备选型的基本原则。

**【问题 2】（5 分）**

从表 22-1 中为图 22-3 中（1）～（5）处选择合适设备，将设备名称写在答题纸的相应位置（每一设备限选一次）。

表 22-1　可供选择的网络设备

| 设备类型 | 设备名称 | 数量 | 性能描述 |
|---|---|---|---|
| 路由器 | Router1 | 1 | 模块化接入；固定的广域网接口+可选广域网接口；固定的局域网接口：100/1000Base-T/TX |
| 交换机 | Switch1 | 1 | 交换容量为 1.2TB；转发性能为 285Mpps；可支持接口类型为 100/1000BaseT、GE、10GE；电源冗余为 1+1 |
| | Switch2 | 1 | 交换容量为 140GB；转发性能：100Mpps；可支持接口类型为 GE；电源冗余：无；20 百/千兆自适应电口 |
| | Switch3 | 2 | 交换容量为 100GB；转发性能为 66Mpps；可支持接口类型为 FE、GE；电源冗余无；24 千兆光口 |

**【问题 3】（4 分）**

为图 22-3 中（6）～（9）处选择介质。备选介质如下（每种介质限选一次）：

千兆双绞线　　百兆双绞线　　双千兆光纤链路　　千兆光纤

**【问题 4】（5 分）**

请用 200 字以内文字简要叙述针对不同用户分别进行动态和静态 IP 地址配置的优点，并说明图 22-3 中的服务器以及用户采用哪种方式进行 IP 地址配置。

**【问题 5】（3 分）**

通常有恶意用户采用地址假冒方式进行盗用 IP 地址，可以采用什么策略来防止静态 IP 地址的盗用？

**【问题 6】（4 分）**

图 22-3 中区域 A 是什么区？学校网络中的设备或系统有存储学校机密数据的服务器、邮件服务器、存储资源代码的 PC、应用网关、存储私人信息的 PC、电子商务系统等，这些设备哪些应放在区域 A 中？哪些应放在内网中？请简要说明。

**试题分析**

这是一道有关网络规划与设计的综合性试题，包括网络规划、设备选型、传输介质的选择、IP 地址的配置、网络安全等。

**【问题 1】**

设备选型是网络方案规划设计的一个重要方面，在为网络升级选择网络设备时，应当遵循以下原则：

（1）厂商选择。所有网络设备尽可能选取同一厂家的产品，这样在设备上可互连性、协议互操作性、技术支持和价格方面等更有优势。从这个角度来看，产品线齐全、技术人证队伍力量雄厚、产品市场占有率高的厂商是网络设备品牌的首选。其产品经过更多用户的检验，产品成熟度高，而且这些厂商出货频繁，生产量大，质保体系完备。作为系统集成商，不应依赖于任何一家的产品，应能够根据需求和费用公正地评价各种产品，选择最优的。在制订网络方案之前，应根据用户承受能力来确定网络设备的品牌。

（2）扩展性考虑。在网络的层次结构中，主干设备选择应预留一定的能力，以便将来扩展，而低端设备则够用即可，因为低端设备更新较快，且易于扩展。由于企业网络结构复杂，需要交换机能够接续全系列接口。例如，光口和电口、百兆、千兆和万兆端口，以及多模光纤接口和长距离的单模光纤接口等。其交换结构也应能根据网络的扩容灵活地扩大容量。其软件应具有独立的知识产权，应保证其后续研发和升级，以保证对未来新业务的支持。

（3）根据方案实际需要选型。主要是在参照整体网络设计要求的基础上，根据网络实际带宽性能需求、端口类型和端口密度选型。如果是旧网改造项目，应尽可能保留并延长用户对原有网络设备的投资，减少在资金投入方面的浪费。

（4）选择性能价格比高、质量过硬的产品。为使资金的投入产出达到最大值，能以较低的成本、较少的人员投入来维持系统运转，网络开通后，会运行许多关键业务，因而要求系统具有较高的可靠性。全系统的可靠性主要体现在网络设备的可靠性，尤其是

GBE 主干交换机的可靠性以及线路的可靠性。作为骨干网络节点，中心交换机、汇聚交换机和厂区交换机必须能够提供完全无阻塞的多层交换性能，以保证业务的顺畅。

（5）可靠性。由于升级的往往是核心和骨干网络，其重要性不言而喻，一旦瘫痪则影响巨大。

（6）可管理性。一个大型网站可管理程度的高低直接影响着运行成本和业务质量。因此，所有的节点都应是可网管的，而且需要有一个强有力且简洁的网络管理系统，能够对网络业务流量、运行状况等进行全方位的监控和管理。

（7）安全性。随着网络的普及和发展，各种各样的攻击也在威胁着网络安全。不仅仅是接入交换机，骨干层次的交换机也应考虑到安全防范的问题。例如，访问控制、带宽控制等，从而有效控制不良业务对整个骨干网络的侵害。

（8）QoS 控制能力。随着网络上多媒体业务流（如语音、视频等）越来越多，人们对核心交换节点提出了更高的要求，不仅要能进行一般的线速交换，还要能根据不同的业务流的特点，对它们的优先级和带宽进行有效地控制，从而保证重要业务和时间敏感业务的顺畅。

（9）标准性和开放性。由于网络往往是一个具有多种厂商设备的环境，因此，所选择的设备必须能够支持业界通用的开放标准和协议，以便能够和其他厂商的设备有效地互通。

【问题 2】

根据图 22-3，（1）处应为一个路由器，故填入 Router1；（2）～（5）处应选择交换机，根据图 22-3 中要求的性能，（2）处为核心交换机，性能要求最高，故填入 Switch1；（3）处和（4）、（5）处相比，性能要求较高一些，故填入 Switch2；（4）、（5）处为汇聚层交换机，且要求光口，故填入 Switch2。

【问题 3】

核心交换机和汇聚交换机之间需要有较高的可靠性，故（6）处应填入双千兆光纤链路；核心交换机和楼层交换机之间考虑距离因素，应选择光纤，故（7）处应填入千兆光纤；服务器群性能要求较网管机性能要高，故（8）处应填入千兆双绞线。（9）处应填入百兆双绞线。

【问题 4】

IP 地址管理是用户管理的重要内容，也是构件完整的安全体系结构中不可或缺的一部分，应该在网络设计初期就对网络多种用户的 IP 地址分配方式进行统一规划。

IP 地址的管理和分配采用动态及静态结合的方式。普通用户 IP 地址有 DHCP 服务器动态分配；服务器、设备管理地址等需要固定 IP 地址，由网络管理部门静态分配。

普通用户采用动态获取 IP 地址的地址分配方式，可以减少 IP 地址分配的复杂度，同时防止 IP 地址重叠的情况发生。重要用户以及特殊用户（如网管系统）可以配置静态 IP 地址，并在用户接入的网络设备上静态添加用户的 IP 地址。

故邮件服务器和网管 PC 采用静态配置 IP 地址，配备固定的 IP 地址，与 MAC 地址相绑定；学生 PC 采用动态配置 IP 地址。

【问题 5】

可以配置静态 IP 地址并在用户接入的网络设备上静态添加用户的 IP 地址并且实现 IP+MAC+端口绑定，一方面保证了用户 IP 地址的固定分配，另一方面也防止了其他恶意用户的地址假冒。

【问题 6】

图 22-3 中区域 A 是 DMZ（DeMilitarized Zone，隔离区，非军事化区），它是为了解决安装防火墙后外部网络不能访问内部网络服务器的问题，而设立的一个非安全系统与安全系统之间的缓冲区，这个缓冲区位于企业内部网络和外部网络之间的小网络区域内。在这个小网络区域内可以放置一些必须公开的服务器设施，如企业 Web 服务器、FTP 服务器和论坛等。另一方面，通过这样一个 DMZ 区域，更加有效地保护了内部网络，因为这种网络部署，比一般的防火墙方案，对攻击者来说又多了一道关卡。网络结构如图 22-4 所示。

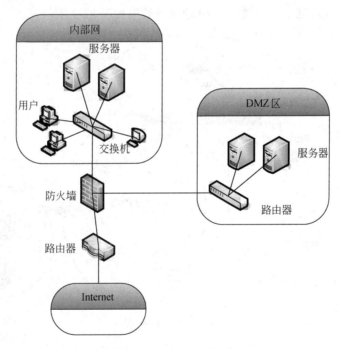

图 22-4　DMZ 的网络结构示意

DMZ 防火墙方案为要保护的内部网络增加了一道安全防线，通常认为是非常安全的。同时它提供了一个区域放置公共服务器，从而又能有效地避免一些互联应用需要公开，而与内部安全策略相矛盾的情况发生。在 DMZ 区域中通常包括堡垒主机、MODEM

池以及所有的公共服务器，但要注意的是，电子商务服务器只能用作用户连接，真正的电子商务后台数据需要放在内部网络中。

　　出于对数据安全性的考虑，有商业机密的数据库服务器，存储资源代码的 PC 和存储私人信息的 PC 等应该放在内部网络中。因为内部网络的用户对防火墙而言是值得信任的，可以不经过防火墙的防护，并且这样可以保证在公司内部的员工直接访问应用服务器，效率较高。而外部没有授权的用户因为有防火墙的防护，无法直接访问，因此确保了商业机密数据的安全。

　　邮件服务器、电子商务系统和应用网关等设备所存储的数据的安全要求没有数据库的要求高，要能保证公司的员工在公司内部和公司外部都能访问，而且公司的客户也要能使用电子商务系统，在公司外部能访问。所以它们可以放在 DMZ 区。

### 22.2.5　路由协议与配置

　　阅读以下关于某网络系统结构的叙述，回答问题 1～问题 3。

　　某公司的网络结构如图 22-5 所示，所有路由器、交换机都采用 Cisco 产品，路由协议采用 OSPF 协议，路由器各接口的 IP 地址参数等如表 22-2 所示。

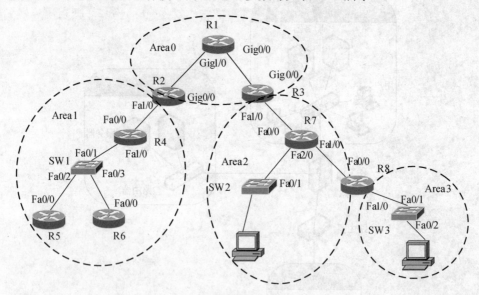

图 22-5　网络结构

表 22-2　路由器接口信息

| 路　由　器 | 接　　　口 | IP 地址 | 子 网 掩 码 |
|---|---|---|---|
| R1 | Gig0/0 | 10.2.0.1 | 255.255.255.252 |
| | Gig1/0 | 10.1.0.1 | 255.255.255.252 |
| | Loopback 0 | 192.168.0.1 | 255.255.255.255 |

| 路 由 器 | 接 口 | IP 地 址 | 子 网 掩 码 |
|---|---|---|---|
| R2 | Gig0/0 | 10.1.0.2 | 255.255.255.252 |
| | Fa1/0 | 10.9.0.1 | 255.255.0.0 |
| | Loopback 0 | 192.168.0.2 | 255.255.255.255 |
| R3 | Gig0/0 | 10.2.0.2 | 255.255.255.252 |
| | Fa1/0 | 10.192.0.1 | 255.255.255.252 |
| | Loopback 0 | 192.168.0.3 | 255.255.255.255 |
| R4 | Fa0/0 | 10.9.0.2 | 255.255.0.0 |
| | Fa1/0 | 10.8.0.1 | 255.255.255.0 |
| | Loopback 0 | 192.168.0.4 | 255.255.255.255 |
| R5 | Fa0/0 | 10.8.0.2 | 255.255.255.0 |
| | Loopback 0 | 192.168.0.5 | 255.255.255.255 |
| R6 | Fa0/0 | 10.8.0.3 | 255.255.255.0 |
| | Loopback 0 | 192.168.0.6 | 255.255.255.255 |
| R7 | Fa0/0 | 10.192.0.2 | 255.255.255.252 |
| | Fa1/0 | 10.193.0.1 | 255.255.0.0 |
| | Fa2/0 | 10.194.0.1 | 255.255.0.0 |
| | Loopback 0 | 192.168.0.7 | 255.255.255.255 |
| R8 | Fa0/0 | 10.193.0.2 | 255.255.0.0 |
| | Fa1/0 | 10.224.0.1 | 255.255.0.0 |
| | Loopback 0 | 192.168.0.8 | 255.255.255.255 |

为了保证各区域的地址连续性，便于实现路由汇总，各区域的地址范围如下：

Area 0 为 10.0.0.0/13。

Area 1 为 10.8.0.0/13。

Area 2 为 10.192.0.0/13。

Area 3 为 10.224.0.0/13。

【问题 1】（6 分）

假设路由体系中 OSPF 进程号的 ID 为 1，则对于拥有三个快速以太网接口的路由器 R7，如果仅希望 OSPF 进程和接口 Fa0/0、Fa1/0 相关联，而不和 Fa2/0 关联，也就是说只允许接口 Fa0/0、Fa1/0 使用 OSPF 进程，请写出路由器 R7 上的 OSPF 进程配置。

【问题 2】（9 分）

在 Area 1 中，路由器 R4、R5 和 R6 通过一台交换机构成的广播局域网络互联，各路由器 ID 由路由器的 loopback 接口地址指定，如指定 R4 是指派路由器（Designated Routers, DR）、R5 为备份的指派路由器（Backup Designated Router, BDR），而 R6 不参与指派路由器的选择过程。

配置路由器 R6 时，为使其不参与指派路由器的选择过程，需要在其接口 Fa0/0 上添加配置命令__(a)__。

在配置路由器 R4 与 R5 时，如果允许修改路由器的 loopback 接口地址，可以采用两种方式，让 R4 成为 DR，而 R5 成为 BDR，这两种可行的方法分别是：

__(b)__。

__(c)__。

## 【问题 3】（10 分）

OSPF 协议要求所有的区域都连接到 OSPF 主干区域 0，当一个区域和 OSPF 主干区域 0 的网络之间不存在物理连接或创建物理连接代价过高时，可以通过创建 OSPF 虚链路（Virtual Link）的方式完成断开区域和主干区域的互联。在该公司的网络中，区域 3 和区域 0 之间也需要通过虚拟链路方式进行连接，请给出路由器 R3 和路由器 R8 上的 OSPF 进程配置信息。

### 试题分析

本题是一个典型的网络配置案例，主要涉及 OSPF 路由算法的配置。

### 【问题 1】

为了响应不断增长的建立越来越大的基于 IP 的网络需要，IETF 成立了一个工作组专门开发一种开放的、基于大型复杂 IP 网络的链路状态路由选择协议。由于它依据一些厂商专用的最短路径优先（SPF）路由选择协议开发而成，而且是开放性的，因此称为开放式最短路径优先（Open Shortest Path First，OSPF）协议，和其他 SPF 一样，它采用的也是 Dijkstra 算法。OSPF 协议现在已成为最重要的路由选择协议之一，主要用于同一个自治系统。

OSPF 协议采用了"区域"的设计，提高了网络可扩展性，并且加快了网络会聚时间。也就是将网络划分成为许多较小的区域，每个区域定义一个独立的区域号并将此信息配置给网络中的每个路由器。从理论上说，通常不应该采用实际地域来划分区域，而是应该本着使不同区域间的通信量最小的原则进行合理分配。

关于创建 OSPF 进程，并配置进程与网络接口关联的相关命令如下。

__注意__：以下的命令介绍中，黑体部分是命令关键字，斜体部分是可填充的命令参数。

（1）配置命令一：

**router ospf** *process-id*

定义 router ospf 及其后的 *process-id* 号，可以启动一个使用指定 *process-id* 的 OSPF 路由协议进程，该值并不用于标识不同的 OSPF 自治系统，而仅仅是一个进程号。通过为每个进程使用唯一的 *process-id*，多个 OSPF 进程能够在任何给定的路由器上执行。

（2）配置命令二：

**network** *address wildcard-mask* **area** *area-id*

定义的 OSPF 进程必须与路由器上的一个活跃 IP 接口相关联，以便 OSPF 能够开始创建邻居邻接关系和路由表。

*address* 参数可以是接口的 IP 地址、子网或 OSPF 路由所用接口的网络地址；

*wildcard-mask* 参数为网络掩码的反码；

*area-id* 参数是区域号码。

当路由器接口的 IP 地址属于 *address*、*wildcard-mask* 参数所确定的子网时，该接口在活跃状态时将与 OSPF 进行相关联。

问题答案应为：

```
routerospf1
network10.192.0.00.1.255.255area2
```

或

```
router  ospf  1
network  10.192.0.0  0.0.255.255  area  2
network  10.193.0.0  0.0.255.255  area  2
```

## 【问题 2】

在一个 OSPF 路由体系中，若干个路由器可能都通过各自的网络接口连接至一个广播网络中，在这个广播网络上可以预先确定 DR（指派路由器）和 BDR（备份指派路由器）；在这种方式下，OSPF 将启用精简的链路状态更新报文，LSA 只能传送到已分配的 DR 和 BDR 路由器，可以有效避免链路状态更新报文自身的广播；同时，也可以有效避免由于所有路由器都有条件作为 DR，而产生的"选举风暴"。

在产生了 DR 和 BDR 之后，一旦 DR 失效，则 BDR 会自动成为 DR。DR 选择处理过程通过发现在 OSPF 广播网络上的哪个路由器具有最高路由器优先级来实现，而由 OSPF 广播网络中的路由器提供的次高路由器优先级值为 BDR。设定路由器优先级通过使用接口命令 ip ospf priority，该命令的格式如下：

```
ip ospf priority number
```

*number* 参数值取值范围是 0～255，其中 0 是默认值，值 255 是所允许的最高值；当路由器某接口的 ip ospf priority 值为 0，则表明该路由器在接口所连接的广播网络中没有条件作为 DR，从而不会参与到选择过程；在 DR 选择过程中，决定两个路由器接口的优先级的规则如下：

（1）如果路由器 A 连入广播网接口的 ip ospf priority 高于路由器 B 的连入接口，则 A 优先级高于 B；

（2）如果路由器 A 和路由器 B 连入广播网接口的 ip ospf priority 值相同，则由两台路由器的 lookback 接口地址的大小来决定路由器 A 与 B 的优先级。

问题 2 答案应为：

① ip ospf priority　0

② 设置路由器 R4 接口 Fa1/0 的 ip ospf priority 值高于路由器 R5 接口 Fa0/0。

③ 将路由器 R4 接口 Fa1/0 和路由器 R5 接口 Fa0/0 的 ip ospf priority 值设置为相等，将路由器 R4 的 loopback 接口地址设置为高于路由器 R5 的 loopback 接口地址（注：b 和 c 答案的顺序可以互换）。

**【问题 3】**

OSPF 虚链路提供了一条从断开区域到主干区域的逻辑通路。

虚链路具有多种用途，第一种是连接一个没有物理连接的远程区域到主干区域，第二种是添加一个连接到一个断开的主干区域，第三种应用是当一个路由器失效引起主干区域分隔时提供冗余。

连接断开区域的逻辑通路必须是在这样两个路由器上定义的虚链路：这两个路由器共享公共的区域，并且其中的一个路由器必须连接到主干区域。

配置虚拟链路的命令格式如下：

**Area** *area-id* **virtual-link** *router-id* [ **hello-interval** *seconds* ]
[ **retrains-mit-interval** *seconds* ] [ **transmit-delay** *seconds* ] [ **dead-interval**
*seconds* ]
[ **authentication-key** *key* ]

*area-id* 参数是十进制数或 IP 地址点分十进制格式的标识符，用以标识某个区域，该区域作为虚链路的转接区域——即两个路由器的共享区域；

*router-id* 参数是端点的路由器 ID，通常是回送接口的地址，路由器定义的虚链路到该端点。

关键字 hello-interval 的参数 *seconds* 默认值为 10s，指定路由器在虚链路上发送 Hello 报文之间等待的时间秒数；

关键字 retransmit-interval 的参数 *seconds* 默认值为 5s，该值指定重传 LSA 到邻接路由器的时间间隔，以秒为单位；

关键字 transmit-delay 的参数 *seconds* 默认值为 1s，该值指定 LSU 报文在传送到虚链路上之前的生存时间值；

关键字 dead-interval 的参数 *seconds* 默认值为 Hello 间隔的 4 倍，以秒为单位，它是在路由器没有从虚链路的远端接收到 Hello 报文的期满时间，以便声明远端路由器故障；

关键字 authentication-key 参数 *key* 值是发往远端虚链路的 Hello 报文中使用的口令，用以认证远端路由器。

通常情况下，只需设置 **area** *area-id* **virtual-link** *router-id* 部分即可。

问题 3 答案应为：

路由器 R3:

```
routerospf1
area2virtual-link192.168.0.8
```

```
network10.0.0.00.7.255.255area0
network10.192.0.00.7.255.255area2
```

**路由器 R8：**

```
router ospf 1
area2virtual-link192.168.0.3
network10.192.0.00.7.255.255area2
network10.224.0.00.7.255.255area 3
```

### 22.2.6　安全接入与存储规划

　　阅读以下关于某市行政审批服务中心网络规划的叙述，回答问题 1～问题 3。

　　某市行政审批服务中心大楼内涉及几类网络：互联网 Internet、市电子政务专网、市电子政务外网、市行政审批服务中心大楼内局域网以及各部门业务专网。行政审批服务中心网络规划工作组计划以市电子政务专网为基础,建设市级行政审批服务中心专网(骨干万兆、桌面千兆)。大楼内部署 5 套独立链路，分别用于连接政务外网、政务专网、大楼内局域网、互联网和涉密部门内网。行政审批服务中心网络结构（部分）如图 22-6 所示。

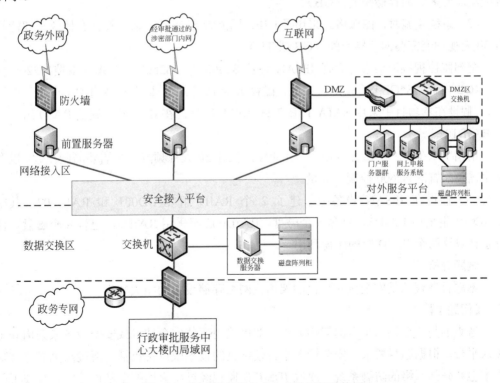

图 22-6　行政审批服务中心部分网络结构图

**【问题 1】（6 分）**

请指出图 15-11 中的安全接入平台中可采用的技术或安全设备有哪些？

**【问题 2】（4 分）**

图 3-1 中 DMZ 区交换机共提供 12 个千兆端口和 8 个百兆端口，请问该交换机的吞吐量至少达到多少 Mpps，才能够确保所有端口均能线速工作，并提供无阻塞的数据交换。

**【问题 3】（15 分）**

市行政审批服务中心大楼监控系统采用目前国际上最先进的 IP 智能监控架构，并且能和门禁系统、报警系统、车牌管理系统进行联动。大楼监控系统可提供实时监控、存储和随时调看 CIF 格式（352×288）和 D1 格式（720×576）分辨率的图像，支持 MPEG2、MPEG4、H.264 等编码格式，尤其是在高动态图像监控场合，可以提供广播级的高清图像质量，满足市大楼安防监控的要求。

（1）大楼内预计共有监控点 500 个，如果保存的是 CIF 格式的图像，码流为 512kb/s，请计算每小时保存楼内全部监控点视频流需要多大的存储空间（GB）。

如果保存的是 D1 格式的图像，码流为 2Mb/s，请计算每小时保存楼内全部监控点视频流需要多大的存储空间（GB）。

（2）系统实施时，图像格式采用了 CIF，码流为 512kb/s，请计算保存楼内全部监控点 30 天视频流需要的存储空间（GB 或 TB）。

全部监控视频流信息保存在 IPSAN 设备 S2600 中，S2600 控制框（双控，220v 交流，4GB 内存，8*GE iSCSI 主机接口，磁盘数量 12 个/框，最大支持附加 7 个磁盘扩展框）。假设在本项目中采用 SATA 1TB 7.2K RPM 硬盘，在 IPSAN 配置的 RAID 组级别为 RAID10。

请指出 RAID10 的磁盘利用率，并计算出保存 30 天视频流至少需要的硬盘数，以及至少需要配置的 S2600 控制框数量。

（3）假设在 IPSAN 设备中创建了 2 个 RAID 组 RAID001 和 RAID002，其中 RAID001 组采用 RAID5，包含 6 个磁盘，RAID002 组采用 RAID6，包含 8 个磁盘。请分别计算这两个 RAID 组的磁盘利用率。

**试题分析**

本题目考查的是安全接入平台的架构及网络存储设备的相关知识。

**【问题 1】**

考查的是安全接入平台的架构方法，即可采用哪些安全技术或安全设备来架构安全接入平台。根据题目要求，安全接入平台较常见的技术或设备包括：通过防火墙建立隔离本地和外部网络的防御系统；通过 IDS/IPS 监视经过防火墙的全部通信并且查找可能是恶意的攻击通信，并在这种攻击扩散到网络的其他地方之前阻止这些恶意的通信；通过部署身份认证服务器来组织管理个人身份认证信息；利用可信边界安全网关保证用户的物理身份与数字身份相符；通过 CA 服务器对数字证书进行发放和管理；利用 IPSec VPN 实现多专用网安全连接；通过集中监控审计对网络中的各种设备和系统进行集中的、可视的综合审计，及时发现安全隐患，提高安全系统成效；利用网闸从物理上隔离、阻断了具有潜在攻击可能的连接，从根本上杜绝可被黑客利用的安全漏洞。

【问题 2】

考查的是交换机线速工作并提供无阻塞的数据交换的衡量标准。包转发线速的衡量标准是以单位时间内发送 64B 的数据包（最小包）的个数作为计算基准的。对于千兆以太网来说，计算方法如下：1 000 000 000b/s/8b/（64＋8＋12）B=1 488 095pps。

说明：当以太网帧为 64B 时，需考虑 8B 的帧头和 12B 的帧间隙的固定开销。故一个线速的千兆以太网端口在转发 64B 包时的包转发率为 1.488Mpps。快速以太网的端口包转发率正好为千兆以太网的十分之一，为 0.1488Mpps。而满配置吞吐量(Mpps)=千兆端口数量×1.488Mpps+百兆端口数量×0.1488Mpps+其余类型端口数。

根据题目要求，满配置吞吐量(Mpps)=12×1.488Mpps+8×0.1488Mpps= 17.856Mpps+1.1904Mpps= 19.0464Mpps，因此该交换机吞吐量必须大于 19.0464Mpps，才认为该交换机采用的是无阻塞的结构设计。

【问题 3】

考查的是网络存储设备在保存不同格式文件时存储容量的计算。

（1）CIF 为常用视频标准化格式简称（Common Intermediate Format）。在 H.323 协议簇中，规定了视频采集设备的标准采集分辨率，CIF 的标准采集分辨率为 352×288 像素。D1 是数字电视系统显示格式的标准，标准采集分辨率为 720×480 像素。

根据题目要求，由于 CIF 格式的图像码流为 512kb/s,先计算保存每个监控点每秒图像需要的存储空间：即将 512Kb 转化为 512×1024/8 B，再乘以监控时间 3600 秒（1 小时）和监控点的数量 500,即得到最后的结果：

512×1024/8×3600×500=112 500（MB）≈109.86GB

如果保存的是 D1 格式的图像，除了码流为 2Mb/s 与上述不同外，其余计算方法完全相同：

2048×1024/8×3600×500=450 000（MB）≈439.45GB

（2）如果保存的是 CIF 格式的图像，码流为 512kb/s，保存楼内全部监控点 30 天视频流需要的存储空间计算方法和（1）类似，只要再乘上 24 小时和 30 天即可：

512×1024 /8×3600×500×24×30=81 000 000（MB）≈79 101.56GB≈77.25TB

RAID 10 将数据分散存储到 RAID 组的成员盘上，同时为每个成员盘提供镜像盘，实现数据全冗余保存。RAID 10 的磁盘利用率为 1/$m$（$m$ 为镜像组内成员盘个数）。根据题意，要计算出保存 30 天视频流至少需要的硬盘数，即要使 RAID 10 的磁盘利用率最大，因此取 $m=2$，RAID 10 最大的磁盘利用率为 $1/2\times100\%=50\%$。

根据上面计算出来的保存楼内全部监控点 30 天视频流需要的存储空间，可得本项目需要 $77.25TB\times2=154.5TB$ 的存储空间，由于所采用的是 1TB 的硬盘，因此保存 30 天视频流至少需要 155 块硬盘。

每个 S2600 控制框加上扩展框满配时可以支持 $12\times8=96$ 块硬盘，因此本项目需要两个控制框。

（3）RAID 5 为保障存储数据的可靠性，采用循环冗余校验方式，并将校验数据分散存储在 RAID 组的各成员盘上，RAID 5 允许 RAID 组内一个成员盘发生故障。当 RAID 组的某个成员盘出现故障时，通过其他成员盘上的数据可以重新构建故障磁盘上的数据。RAID 5 磁盘利用率为 $(n-1)/n$（$n$ 为 RAID 组内成员盘个数），当 RAID 组由 3 个磁盘组成时，利用率最低，为 66.7%。RAID001 组采用 RAID 5，包含 6 个磁盘，其硬盘利用率$=(6-1)/6\times100\%=83.33\%$。

RAID 6 对数据进行两个独立的逻辑运算，得出两组校验数据。同时将这些校验数据分布在 RAID 组的各成员盘上。RAID 6 允许 RAID 组内同时有两个成员盘发生故障。故障盘上的数据可以通过其他成员盘上的数据重构。RAID 6 磁盘利用率为 $(n-2)/n$（$n$ 为 RAID 组内成员盘个数），当 RAID 组由 4 个磁盘组成时，利用率最低，只有 50%。RAID002 组采用 RAID 6，包含 8 个磁盘，其硬盘利用率$=(8-2)/8\times100\%=75\%$。

### 22.2.7 企业内部网络规划

阅读以下关于某企业内部网络系统的叙述，回答问题 1~问题 3。

某企业网络拓扑结构如图 22-7 所示。根据企业要求实现负载均衡和冗余备份，构建无阻塞高性能网络的建设原则。该企业网络采用两台 S7606 万兆骨干路由交换机作为双核心，部门交换机 S2924G 通过光纤分别与两台核心交换机相连，通过防火墙和边界路由器与 Internet 相连。S7606 之间相连的端口均为 Trunk 端口，S7606 与 S2924G 之间相连的端口也均为 Trunk 端口。

部分 PC 的 IP 信息及所属 VLAN 如表 22-3 所示。

表 22-3　部分 PC 的 IP 信息及所属 VLAN

| 网 络 设 备 | IP 地址 | 所属 VLAN |
| --- | --- | --- |
| PC1 | 202.10.9.10/24 | VLAN 9 |
| PC2 | 202.10.10.10/24 | VLAN 10 |
| PC3 | 202.10.11.10/24 | VLAN 11 |
| PC4 | 202.10.12.10/24 | VLAN 12 |
| PC5 | 202.10.9.15/24 | VLAN 9 |

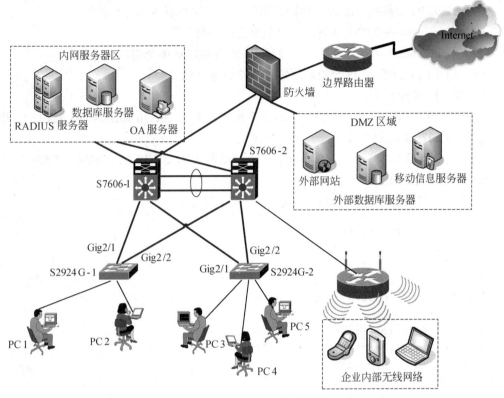

图 22-7　某企业网络拓扑结构

## 【问题 1】（9 分）

四台交换机都启用了 MSTP 生成树模式。

其中 S7606-1 的相关配置如下：

```
S7606-1 (config)#spanning-tree mst 1 priority 4096      //默认值是 32768
S7606-1 (config)#spanning-tree mst configuration
S7606-1 (config-mst)#instance 1 vlan 10,12
S7606-1 (config-mst)#instance 2 vlan 9,11
S7606-1 (config-mst)#name region1
S7606-1 (config-mst)#revision 1
```

**S7606-2** 的相关配置如下：

```
S7606-2 (config)#spanning-tree mst 2 priority 4096
S7606-2 (config)#spanning-tree mst configuration
S7606-2 (config-mst)#instance 1 vlan 10,12
S7606-2 (config-mst)#instance 2 vlan 9,11
S7606-2 (config-mst)#name region1
S7606-2 (config-mst)#revision 1
```

两台 S2924G 交换机也配置了相同的实例、域名称和版本修订号。

（1）请问 instance 2 的生成树的根交换机是哪一台？为什么？

（2）就 instance 1 而言，交换机 S2924G-1 的根端口是哪个端口？为什么？

（3）请指出 PC1 发给 PC5 的数据包经过的设备路径。

**【问题 2】（8 分）**

在三层交换机 S7606-1 中 VLAN 10 的 IP 地址配置为 202.10.10.1/24，VLAN 11 的 IP 地址配置为 202.10.11.254/24。

在三层交换机 S7606-2 中 VLAN 10 的 IP 地址配置为 202.10.10.254/24，VLAN 11 的 IP 地址配置为 202.10.11.1/24。

两台三层交换机中的 VRRP 配置如下：

```
S7606-1 (config)# interface Vlan 10
S7606-1 (config-if)#vrrp 10 ip 202.10.10.1
S7606-1 (config-if)#vrrp 10 preempt
S7606-1 (config)# interface Vlan 11
S7606-1 (config-if)#vrrp 11 ip 202.10.11.1

S7606-2 (config)# interface Vlan 10
S7606-2 (config-if)#vrrp 10 ip 202.10.10.1
S7606-2 (config)# interface Vlan 11
S7606-2 (config-if)#vrrp 11 ip 202.10.11.1
S7606-2 (config-if)#vrrp 11 preempt
```

（1）PC2 主机中设置的网关 IP 为 202.10.10.1，在网络正常运行的情况下，请按照以下格式写出 PC2 访问 Internet 的数据转发路径。（格式：PC2→设备 1→…→Internet。不写返回路径）

（2）假设三层交换机 S7606-1 需要临时宕机 1 小时进行检修及升级操作系统。

请问这 1 小时时段内 PC2 在没有修改网关 IP 地址的情况下，是否能访问 Internet？请结合交换机 S7606-1 宕机后发生的变化说明原因。

**【问题 3】（8 分）**

企业内部架设有无线局域网，并采用了 802.1X 认证，用户名和密码存放在 Radius 服务器的数据库中。无线路由器 Wirelessrouter1 支持 802.1x 协议，请回答以下问题：

（1）在图 22-7 的认证过程中，客户端向无线路由器发送的是什么帧？无线路由器向 Radius 服务器发送的是什么报文？

（2）在无线路由器中需要配置哪些与 Radius Server 相关的信息？

（3）如果无线路由器不支持 802.1X 认证，为满足无线用户必须经过认证才能上网的需求，能否在上层交换机中启用 802.1X，并将端口设置为启用 dot1x 认证？请简要说明理由。

**试题分析**

本题涉及生成树、热备份路由以及 802.1X 协议等方面的内容。

**【问题 1】**

本题主要考查 STP、MSTP 和 PVST/PVST+相关知识点。

MSTP（Multiple Spanning Tree Protocol，多生成树协议）将环路网络修剪成一个无环的树型网络，避免报文在环路网络中的增生和无限循环，同时还提供了数据转发的多个冗余路径，在数据转发过程中实现 VLAN 数据的负载均衡。MSTP 兼容 STP 和 RSTP，并且可以弥补 STP 和 RSTP 的缺陷。它既可以快速收敛，也能使不同 VLAN 的流量沿各自的路径分发，从而为冗余链路提供了更好的负载分担机制。

MST 域（Multiple Spanning Tree Regions，多生成树域）是由交换网络中的多台交换机以及它们之间的网段构成。这些交换机都启动了 MSTP、具有相同的域名、相同的 VLAN 到生成树映射配置和相同的 MSTP 修订级别配置，并且物理上有链路连通。

一个交换网络可以存在多个 MST 域。用户可以通过 MSTP 配置命令把多台交换机划分在同一个 MST 域内。域内所有交换机都有相同的 MST 域配置：域名相同 region1，VLAN 与生成树的映射关系相同（VLAN 10 和 VLAN 12 映射到生成树实例 1，VLAN 9 和 VLAN 11 映射到生成树实例 2）。

在本题中，配置 S7606-1 交换机在 instance 1 中的优先级为 4096，默认值是 32 768，值越小越优先成为该 instance 中的根交换机。同理，instance 2 的生成树的根交换机是 S7606-2，因为其优先级的值较小，优先成为该实例的根交换机。

对 instance 1 而言，交换机 S2924G-1 的根端口是 Gig2/1 端口，因为 instance 1 的生成树的根交换机是 S7606-1，交换机 S2924G-1 离根桥最近的端口为根端口。

PC1 和 PC5 都属于 VLAN 9，同时 VLAN 9 被映射到实例 2，由于实例 2 生成树的根交换机是 S7606-2，根据生成树算法，对实例 2 而言，S2924G-1 的根端口是 Gig2/2，S2924G-2 的根端口也是 Gig2/2。因此 PC1 到 PC5 的传输路径是 PC1→S2924G-1（Gig2/2）→ S7606-2→ S2924G-2（Gig2/2）→PC5。

MSTP 与 PVST/PVST+之间的区别：

每个 VLAN 都生成一棵树是一种比较直接，而且最简单的解决方法。它能够保证每一个 VLAN 都不存在环路。但是由于种种原因，以这种方式工作的生成树协议并没有形成标准，而是各个厂商各有一套，尤其是以 Cisco 公司的 VLAN 生成树 PVST（Per VLAN Spanning Tree）为代表。

为了携带更多的信息，PVST BPDU 的格式和 STP/RSTP BPDU 格式已经不一样，发送的目的地址也改成了 Cisco 保留地址 01-00-0C-CC-CC-CD，而且在 VLAN Trunk 的情况下 PVST BPDU 被打上了 802.1Q VLAN 标签。所以，PVST 协议并不兼容 STP/RSTP 协议。

Cisco 公司很快又推出了经过改进的 PVST＋协议，并成为其交换机产品的默认生成树协议。经过改进的 PVST+协议在 VLAN 1 上运行的是普通 STP 协议，在其他 VLAN 上运行 PVST 协议。PVST+协议可以与 STP/RSTP 互通，在 VLAN 1 上生成树状态按照 STP 协议计算。在其他 VLAN 上，普通交换机只会把 PVST BPDU 当作多播报文按照 VLAN 号进行转发。但这并不影响环路的消除，只是有可能 VLAN 1 和其他 VLAN 的根桥状态可能不一致。由于每个 VLAN 都有一棵独立的生成树，单生成树的种种缺陷都被克服了。同时，PVST 带来了新的好处，那就是二层负载均衡。

PVST/PVST+协议也有它的明显不足：

（1）由于每个 VLAN 都需要生成一棵树，PVST BPDU 的通信量将正比于 Trunk 的 VLAN 个数。

（2）当 VLAN 个数比较多时，维护多棵生成树的计算量和资源占用量将急剧增长。特别是当 Trunk 了很多 VLAN 的接口状态发生变化的时候，所有生成树的状态都要重新计算，CPU 将不堪重负。

（3）由于协议的私有性，PVST/PVST+不能像 STP/RSTP 一样得到广泛的支持，不同厂家的设备并不能在这种模式下直接互通。

多生成树协议 MSTP（Multiple Spanning Tree Protocol）是 IEEE 802.1s 中定义的一种新型多实例化生成树协议。MSTP 协议的精妙之处在于把支持 MSTP 的交换机和不支持 MSTP 交换机划分成不同的区域，分别称作 MST 域和 SST 域。在 MST 域内部运行多实例化的生成树，在 MST 域的边缘运行 RSTP 兼容的内部生成树 IST（Internal Spanning Tree）。

MSTP 定义了"实例"（Instance）和域的概念。简单地说，STP/RSTP 是基于端口的，PVST/PVST＋是基于 VLAN 的，而 MSTP 就是基于实例的。所谓实例就是多个 VLAN 的一个集合，通过将多个 VLAN 捆绑到一个实例可以节省通信开销和资源占用率。

MSTP 带来的好处是显而易见的。它既有 PVST 的 VLAN 认知能力和负载均衡能力，又拥有可以和 SST 媲美的低 CPU 占用率。

【问题 2】

本题主要考查 VRRP 相关知识点。

VRRP（Virtual Router Redundancy Protocol，虚拟路由冗余协议）是一种容错协议。通常，一个网络内的所有主机都设置一条默认路由，这样，当主机发出数据包的目的地址不在本网段时，报文将被通过默认路由发往网关路由器，从而实现了主机与外部网络的通信。当某网络的默认网关（路由器）坏掉时，本网段内所有主机将不能与外部网络通信。VRRP 就是为解决这一严重问题而提出的，为具有多播或广播能力的局域网而设计。VRRP 将局域网的一组路由器（包括一个 Master 即主控路由器和若干个 Backup 即备份路由器）组织成一个虚拟路由器，称之为一个备份组。

在 VRRP 协议中，有两组重要的概念：VRRP 路由器和虚拟路由器，主控路由器和备份路由器。VRRP 路由器是指运行 VRRP 的路由器，是物理实体；虚拟路由器是指 VRRP

协议创建的，是逻辑概念。一组 VRRP 路由器协同工作，共同构成一台虚拟路由器。该虚拟路由器对外表现为一个具有唯一固定 IP 地址和 MAC 地址的逻辑路由器。处于同一个 VRRP 组中的路由器具有两种互斥的角色：主控路由器和备份路由器，一个 VRRP 组中有且只有一台处于主控角色的路由器，可以有一个或者多个处于备份角色的路由器。VRRP 协议使用选择策略从路由器组中选出一台作为主控，负责 ARP 相应和转发 IP 数据包，组中的其他路由器作为备份的角色处于待命状态。当由于某种原因主控路由器发生故障时，备份路由器能在几秒钟的时延后升级为主路由器。由于此切换非常迅速而且不用改变 IP 地址和 MAC 地址，故对终端使用者系统是透明的。

一个 VRRP 路由器有唯一的标识：VRID，范围为 0～255。该路由器对外表现为唯一的虚拟 MAC 地址，地址的格式为 00-00-5E-00-01-[VRID]。主控路由器负责对 ARP 请求用该 MAC 地址做应答。这样，无论如何切换，保证给终端设备的是唯一一致的 IP 和 MAC 地址，减少了切换对终端设备的影响。

VRRP 控制报文只有一种：VRRP 通告（Advertisement）。它使用 IP 多播数据包进行封装，组地址为 224.0.0.18，发布范围只限于同一局域网内。这保证了 VRID 在不同网络中可以重复使用。为了减少网络带宽消耗只有主控路由器才可以周期性地发送 VRRP 通告报文。备份路由器在连续三个通告间隔内收不到 VRRP 或收到优先级为 0 的通告后启动新的一轮 VRRP 选举。

在 VRRP 路由器组中，按优先级选举主控路由器，VRRP 协议中优先级范围是 0～255。若 VRRP 路由器的 IP 地址和虚拟路由器的接口 IP 地址相同，则称该虚拟路由器作 VRRP 组中的 IP 地址所有者；IP 地址所有者自动具有最高优先级——255。优先级 0 一般用在 IP 地址所有者主动放弃主控者角色时使用。可配置的优先级范围为 1～254。优先级的配置原则可以依据链路的速度和成本、路由器性能和可靠性以及其他管理策略设定。主控路由器的选举中，高优先级的虚拟路由器获胜，因此，如果在 VRRP 组中有 IP 地址所有者，则它总是作为主控路由的角色出现。对于相同优先级的候选路由器，按照 IP 地址大小顺序选举。VRRP 还提供了优先级抢占策略，如果配置了该策略，高优先级的备份路由器便会剥夺当前低优先级的主控路由器而成为新的主控路由器。

为了保证 VRRP 协议的安全性，提供了明文认证和 IP 头认证两种安全认证措施。明文认证方式要求，在加入一个 VRRP 路由器组时，必须同时提供相同的 VRID 和明文密码。它避免在局域网内的配置错误，但不能防止通过网络监听方式获得密码。IP 头认证的方式提供了更高的安全性，能够防止报文重放和修改等攻击。

在本小题中，在两台 S7606 中都配置了两个虚拟备份组，虚拟备份组 10 的 IP 地址为 202.10.10.1/24；虚拟备份组 11 的 IP 地址为 202.10.11.1/24。虚拟备份组 10 为 VLAN 10 中的主机提供了网关冗余，虚拟备份组 11 为 VLAN 11 中的主机提供了网关冗余。

由于 VRRP 路由器 S7606-1 的 IP 地址和虚拟备份组 10 的 IP 地址相同，因此其具有最高优先级，成为虚拟备份组 10 的主控路由器，S7606-1 为虚拟组 10 的备份路由器。

在网络正常运行的情况下，主机 PC2 访问 Internet 的数据转发路径为：PC2→S2924G-1→S7606 防火墙→边界路由器→Internet。

当路由器 S7606-1 宕机后，PC2 不用修改网关 IP 地址，可以访问 Internet。因为当虚拟备份组 10 的备份路由器 S7606-2 在数秒之内没有收到主控路由器的通告，会认为主控路由器失效，自动启动切换，成为主控路由器，响应对虚拟 IP 地址的 ARP 请求，并且响应的是虚拟 MAC 地址，而不是接口的真实 MAC 地址。同时负责转发目的 MAC 地址为虚拟 MAC 地址的 IP 报文，这样就保证了对客户透明的网关切换。

【问题 3】

IEEE 802.1X 是根据用户 ID 或设备，对网络客户端（或端口）进行鉴权的标准。该流程被称为"端口级别的鉴权"。它采用 RADIUS（远程认证拨号用户服务）方法，并将其划分为三个不同小组：请求方、认证方和授权服务器。

802.1X 标准应用于试图连接到端口或其他设备（如 Cisco Catalyst 交换机或 Cisco Aironet 系列接入点）（认证方）的终端设备和用户（请求方）。认证和授权都通过鉴权服务器（如 Cisco Secure ACS）后端通信实现。IEEE 802.1X 提供自动用户身份识别，集中进行鉴权、密钥管理和 LAN 连接配置。整个 802.1x 的实现设计三个部分，请求者系统、认证系统和认证服务器系统。

请求者是位于局域网链路一端的实体，由连接到该链路另一端的认证系统对其进行认证。请求者通常是支持 802.1x 认证的用户终端设备，用户通过启动客户端软件发起 802.1x 认证。认证系统对连接到链路对端的认证请求者进行认证。认证系统通常为支持 802.1x 协议的网络设备，它为请求者提供服务端口，该端口可以是物理端口也可以是逻辑端口，一般在用户接入设备（如 LAN Switch 和 AP）上实现 802.1x 认证。请求者和认证系统之间运行 802.1x 定义的 EAPoL（Extensible Authentication Protocol over LAN）协议。当认证系统工作于中继方式时，认证系统与认证服务器之间运行 EAP 协议，EAP 帧中封装认证数据，将该协议承载在其他高层次协议中（如 RADIUS），以便穿越复杂的网络到达认证服务器；当认证系统工作于终结方式时，认证系统终结 EAPoL 消息，并转换为其他认证协议（如 RADIUS），传递用户认证信息给认证服务器系统。认证系统每个物理端口内部包含有受控端口和非受控端口。非受控端口始终处于双向连通状态，主要用来传递 EAPoL 协议帧，可随时保证接收认证请求者发出的 EAPoL 认证报文；受控端口只有在认证通过的状态下才打开，用于传递网络资源和服务。

在无线路由器中需要配置的 Radius Server 信息有 IP 地址、认证和授权端口（只写端口也可以）、与 RADIUS 服务器一致的密钥。

Radius（remote authentication dial-in user service，远程认证拨号用户服务），作为一种分布式的客户机/服务器系统，能提供 AAA 功能。Radius 技术可以保护网络不受未授权访问的干扰，常被用在既要求较高安全性、又要求维持远程用户访问的各种网络环境中（如用来管理使用串口和调制解调器的大量分散拨号用户）。

Radius 服务包括三个组成部分：

（1）协议：rfc2865、2866 协议基于 udp/ip 层定义了 Radius 帧格式及消息传输机制，并定义了 1812 作为认证端口，1813 作为计费端口。

（2）服务器：Radius 服务器运行在中心计算机或工作站上，包含了相关的用户认证和网络服务访问信息。

（3）客户端：位于拨号访问服务器 NAS（Network Access Server）侧，可以遍布整个网络。

Radius 基于客户/服务器模型，NAS（如路由器）作为 Radius 客户端，负责传输用户信息到指定的 Radius 服务器，然后根据从服务器返回的信息进行相应处理（如接入/挂断用户）。Radius 服务器负责接收用户连接请求，认证用户，然后给 NAS 返回所有需要的信息。Radius 服务器对用户的认证过程通常需要利用 NAS 等设备的代理认证功能，Radius 客户端和 Radius 服务器之间通过共享密钥认证相互间交互的消息，用户密码采用密文方式在网络上传输，增强了安全性。Radius 协议合并了认证和授权过程，即响应报文中携带了授权信息。

题中无线路由器即为 NAS，要使得它能与 Radius 服务器正常通信，根据上述原理，在无线路由器中需要配置 Radius 服务器的 IP 地址、认证和授权端口、与 RADIUS 服务器一致的密钥。

如果无线路由器不支持 802.1X 认证，只要在上层交换机中启用 802.1X，并将端口设置为启用 dot1x 认证，就可以达到通过 Radius 服务器进行验证的功能。这种方式有两种认证模式：port-based 和 mac-based。port-based 模式下，只要物理端口下的第一个用户认证成功后，其他接入该端口的用户无须认证就可以访问网络资源，当第一个用户下线后，端口被"关闭"其他用户也会被阻止访问网络。在 mac-based 模式下，接入物理端口的所有主机都需要进行认证才能访问网络资源。当某用户下线时，将不影响其他用户的认证状态，其他用户还可以继续访问网络。如果端口通过交换机接入了多台主机，那么为了使每台主机都要进行认证，应使用此认证模式。

# 第 23 章　论文写作方法与范文

根据考试大纲的规定，网络规划与设计论文考试，需要考生根据试卷上给出的与网络规划与设计有关的若干个论文题目（一般为 2～4 道试题），选择其中一个题目，按照规定的要求撰写论文。论文涉及的内容如下：

（1）网络技术应用与对比分析：包括交换技术类、路由技术类、网络安全技术类、服务器技术类、存储技术类。

（2）网络技术应用对应用系统建设的影响：包括网络计算模式、应用系统集成技术、P2P 技术、容灾备份与灾难恢复、网络安全技术、 基于网络的应用系统开发技术。

（3）专用网络需求分析、设计、实施和项目管理：包括工业专用网络、电子政务网络、电子商务网络、保密网络、无线数字城市网络、应急指挥网络、视频监控网络、机房工程。

（4）下一代网络技术分析：包括 IPv6、全光网络、3G、B3G、4G、WiMAX、WMN 等无线网络，以及多网融合、虚拟化、云计算等。

有关这些知识点的内容，已经在前面的章节中进行了详细讨论，本章不再重复。本章首先介绍试题的解答方法、注意事项和评分标准，然后再通过一些论文实例，帮助考生了解论文的题型和写作方法。

## 23.1　写作注意事项

网络规划设计师下午论文题对于广大考生来说，是比较头痛的一件事情。首先从根源上讲，国内的工程师对文档的重视度非常的不够，因此许多人没有机会（也可能是时间不允许等原因）以之作为考试前的一种锻炼的手段；再则由于缺少相应的文档编写实战训练，很难培养出清晰、多角度思考的习惯，所以在考试时往往显得捉襟见肘。因此，考前准备是绝对必要的。

### 23.1.1　做好准备工作

论文试题是网络规划设计师考试的重要组成部分，论文试题既不是考知识点，也不是考一般的分析和解决问题的能力，而是考查考生在网络规划与设计方面的经验和综合能力，以及表达能力。根据考试大纲，论文试题的目的是：

（1）检查考生是否具有参加网络规划与设计工作的实践经验。原则上，不具备实践经验的人达不到网络规划设计师水平，不能取得高级工程师的资格。

（2）检查考生分析问题与解决问题的能力，特别是考生的独立工作能力。在实际工作中，由于情况千变万化，作为网络规划设计师，应能把握系统的关键因素，发现和分析问题，根据系统的实际情况，提出网络规划与设计方案。

（3）检查考生的表达能力。由于文档是信息系统的重要组成部分，并且在系统开发过程中还要编写不少工作文档和报告，文档的编写能力很重要。网络规划设计师作为项目组的技术骨干，要善于表达自己的思想。在这方面要注意抓住要点，重点突出，用词准确，使论文内容易读，易理解。

很多考生害怕写论文，拿起笔来感觉无从写起。甚至由于多年敲键盘的习惯，都不知道怎么动笔了，简单的字都写不出来。因此，抓紧时间，做好备考工作，是十分重要的，也是十分必要的。

**1．加强学习**

根据经验的多寡，所采取的学习方法也不一样。

（1）经验丰富的应考人员。主要是将自己的经验进行整理、多角度（技术、管理、经济方面等角度）地对自己做过的项目进行一一剖析、发问，然后再总结。这样可以做到心中有物。希赛教育专家提示：在总结的时候不要忘了多动笔。

（2）经验欠缺的在职人员。可以通过阅读、整理单位现有文档、案例，同时参考希赛教育网站上相关专家的文章进行学习。思考别人是如何站在网络规划设计师角度考虑问题的，同时可以采取临摹的方式提高自己的写作能力和思考能力。这类人员学习的重心应放在自己欠缺的方面，力求全面把握。

（3）学生。学生的特点是有充足的时间用于学习，但缺点是没有实践经验，甚至连小的局域网都没有设计过，就更谈不上大型网络规划了。对于这类考生来说，考试的难度比较大，论文内容通常十分空洞。因此，需要大量地阅读相关文章，学习别人的经验，把别人的直接经验作为自己的间接经验。这类人员需要广泛阅读论文范文，并进行强化练习。

不管是哪一类人员，如果经济条件允许，建议参加希赛教育的辅导，按照老师制订的学习计划，在专家的指导下，逐步改进，直至合格。

**2．平时积累**

与其他考试不同，软考中的高级资格考试靠临场突击是行不通的。考试时间不长，可功夫全在平时，正所谓"台上一分钟，台下十年功"。实践经验丰富的考生还应该对以前做过的网络项目进行一次盘点，对每个项目中采用的方法与技术、网络规划与设计手段等进行总结。这样，临场时可以将不同项目中和论题相关的经验和教训结合在一个项目中表述出来，笔下可写的东西就多了。

还有，自己做过的网络项目毕竟是很有限的，要大量参考其他项目的经验或多和同行交流。多读希赛教育网站上介绍网络规划与设计方面的文章，从多个角度去审视这些系统的规划与设计，从中汲取经验，也很有好处。要多和同行交流，互通有无，一方面对自己做过的项目进行回顾，另一方面，也学学别人的长处，往往能收到事半功倍的效果。

总之，经验越多，可写的素材就越丰富，胜算越大。平时归纳总结了，临场搬到试卷上就驾轻就熟了。

### 3. 共同提高

个人书写的论文存在的缺点，自己一般很难看穿。因此，可以虚心向别人讨教以增加自己的认知能力。考生可以互相进行评判，吸取别人论文中的"精华"，去除自己论文中的"糟粕"，一举两得。遗憾的是，报考网络规划设计师的人不多，考生身边可能也没有"高手"，无法得到指点。因此，很多考生都是"闭门造车"，无法做到沟通和交流。要做到互相学习、共同提高，考生就必须经常浏览希赛教育网站，把自己写作的论文发表到论坛中有关栏目，这样，很快就能得到相关人员的意见和建议。同时，也能读到别的考生写作的论文。

### 4. 参加希赛教育的辅导

从历年学员反馈的成绩来看，希赛教育学员的论文通过率基本上都在90%以上。这主要有两个原因，一是希赛教育的模拟试题命中率相当高；二是学员在平常做论文练习时，能得到老师的精心指导。老师会在批改学员论文习作时，根据实际情况提出存在的问题和修改意见，学员再按老师的意见修改论文。如此往返，直到论文合格为止。这样，如果学员能够按照老师的辅导，练习几篇论文的写作，不但对自己项目所涉及的知识进行了梳理，而且还掌握了论文的写作方法和技巧。到实际考试时，就能得心应手了。

### 5. 提高写作速度

众所周知，在2个小时内，用一手漂亮的字，写满内容精彩的论文是很困难的。正如前面所说的，现在的IT人经常使用计算机办公，用笔写字的机会很少，打字速度可以很快，但提笔忘字是常有的事。可以说，IT人的写字能力在退化。但是，考试时必须用笔写论文，因此，考生要利用一切机会练字，提高写作速度。

具体的练习方式是，在考前2～3个月，按23.1.2节给出的答题纸格式，打印出4张方格纸，选定一个论文项目，按照考试要求的时间（2个小时）进行实际练习。这种练习每周至少进行1次，如果时间允许，最好进行2次。写的次数多了，写作速度慢慢地就提高了。希赛教育专家提示：练习写作的时候，字迹也要工整、清晰。

### 6. 以不变应万变

论文试题的考核内容都是网络规划与设计中的共性问题，即通用性问题，与具体的应用领域无关的问题。把握了这个规律，就有以不变应万变的办法。所谓不变，就是考生所参与规划与设计的网络项目不变。考生应该在考前总结一下最近所参与的最有代表性的项目。不管论文的题目为何，项目的概要情况和考生所承担的角色是不必改变的，如果觉得有好几个项目可以选，那么就应该检查所选项目的规模是否能证明自己的实力或项目是否已年代久远（一般需要在近3年内做的项目）。要应付万变，就要靠平时的全面总结和积累。

## 23.1.2　论文写作格式

　　论文考试的时间为下午 15:20～17:20（120 分钟），如果只有一道论文试题，则别无选择，不管考生是否熟悉这道试题，如果不想放弃考试的话，都必须要写；如果有多道论文试题可供选择（例如 2～4 道），则考生可以根据自己的特长选做一题。

　　论文试题的答题纸是印好格子的，摘要和正文要分开写。摘要需要 300～400 字，正文需要 2000～3000 字。稿纸一般是 4 页，格子和普通信纸上的格子差不多大小，每行有 25 个格子，也就是说每 4 行有 100 格子，可写 100 个字。第 1 页分为摘要和正文两部分，如图 23-1 所示。摘要和正文是分开的，摘要有 16 行（16×25=400），正文有 12 行（12×25=300）格。第 2～4 页的格式是一样的，如图 23-2 所示，每页 36 行（36×25=900）。每 12 行会有字数提示，在提示行的两端有 300、600 或 900 的提示。

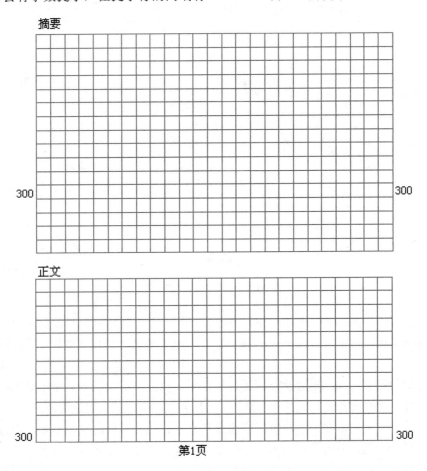

图 23-1　论文答题纸样式 1

正文

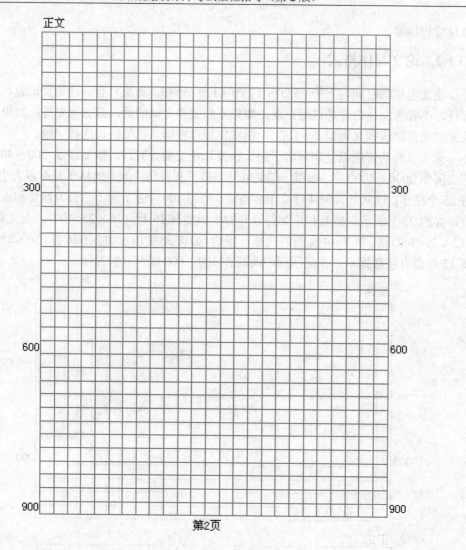

第2页

图 23-2　论文答题纸样式 2

　　论文的写作，文字要写在格子里，每个格子写一个字或标点符号，如果是英文字母则不必考虑格子，如要写 educity.cn，按自己在白纸上的书写习惯写就行了，这样看着也漂亮。

　　在论文的用笔方面，笔者建议用黑色中性笔。现在考试用纸的质量不好把握，有的页面纸质好，有的页面就差，如果用钢笔，一旦遇上劣质纸张，墨迹会渗透到纸的背面，甚至渗透到下一页的纸面上，影响书写速度和卷面美观。另外，建议不要使用蓝色（特别是纯蓝色）的笔，因为蓝色很刺眼，阅卷老师每天要批阅很多试卷，一片蓝色会让老师的眼睛感觉很不舒服，从而可能会导致影响得分。

## 23.2　如何解答试题

如果做好了充分的论文准备，平常按照既有格式进行了练习，则临场就可以从容自如。如果试题与准备的内容出入很大的话，那也不要紧张，选定自己把握最大的论题，按平时的速度写下去。

### 23.2.1　论文解答步骤

本节给出论文解答的步骤。希赛教育专家提示：这里给出的只是一个通用的框架，考生可根据当时题目的情况和自己的实际进行解答，不必拘泥于本框架的约束。

**1．时间分配**

| | |
|---|---|
| 试题选择 | 3 分钟 |
| 论文构思 | 12 分钟 |
| 摘要 | 15 分钟 |
| 正文 | 80 分钟 |
| 检查修改 | 10 分钟 |

**2．选试题**

（1）选择自己最熟悉，把握最大的题目。

（2）不要忘记在答题卷上画圈和填写考号。

**3．论文构思**

（1）构思论点（主张）和下过功夫的地方。

（2）将构思的项目内容与论点相结合。

（3）决定写入摘要的内容。

（4）划分章节，把内容写成简单草稿（几字带过，无需繁枝细节）。

（5）大体字数分配。

**4．写摘要**

以用语简洁、明快，阐清自己的论点为上策。

**5．正文撰写**

（1）按草稿进行构思、追忆项目素材（包括收集的素材）进行编写。

（2）控制好内容篇幅。

（3）与构思有出入的地方，注意不要前后矛盾。

**6．检查修正**

主要是有无遗漏、有无错字。

**注意：**

（1）卷面要保持整洁。

（2）格式整齐，字迹工整。

（3）力求写完论文（对速度慢者而言），切忌有头无尾。

## 23.2.2 论文解答实例

**试题  论 P2P 计算关键技术与应用**

随着网络技术的发展和个人计算机计算和存储能力的增强，基于 P2P 计算的互联网应用不断涌现。P2P（Peer-to-Peer）计算是指不同系统之间通过直接通信，实现计算机资源和服务共享、进行信息处理的计算过程。从早期的音乐文件共享，到互联网语音和视频处理，P2P 计算越来越受到系统设计者和开发者的关注。

请围绕"P2P 计算关键技术与应用"论题，依次对以下三个方面进行论述：

（1）概要叙述你参与的采用 P2P 计算的应用项目以及你在其中所担任的主要工作。

（2）详细论述 P2P 计算的关键技术。

（3）通过你的切身实践论述基于 P2P 计算的应用之优缺点，并给出几种典型应用。

**1．例题分析**

主题：P2P 计算的关键技术、P2P 计算的应用、P2P 计算的优点和缺点。

问题 1 要点：

（1）开发项目的概要，包括项目的背景、发起单位、目的、项目周期、交付的产品等。

（2）项目在使用 P2P 方面的情况。

（3）"我"的角色和担任的主要工作。

问题 2 要点：

P2P 计算的关键技术。

问题 3 要点：

（1）P2P 计算的典型应用。

（2）P2P 计算的优点。

（3）P2P 计算的缺点。

**2．答案结构示例**

例题写作的结构大致如表 23-1 所示。

表 23-1  答案结构示例

| 过　　程 | 字　　数 | 是 否 必 须 |
|---|---|---|
| （1）摘要 | 300～400 字 | √ |
| （2）项目概要<br>● 开发项目的概要<br>● 开发的体制和"我"担任的工作<br>● 项目在使用 P2P 方面的情况 | 400～600 字 | <br><br>√<br>√ |

| 过　　程 | 字　　数 | 是 否 必 须 |
|---|---|---|
| （3）P2P 计算概述 | 100～200 字 | |
| （4）P2P 计算的关键技术 | 1000～1400 字 | √ |
| （5）P2P 计算的典型应用 | 200～300 字 | √ |
| （6）P2P 计算的优点 | 100～200 字 | √ |
| （7）P2P 计算的缺点 | 100～200 字 | √ |
| （8）总结 | 100～200 字 | |

## 23.3　论文写作方法

两个小时内写将近 3000 字的文章已经是一件不容易的事了，根据笔者的经验，写得手臂十分酸痛，中途不得不停笔，挥挥手，然后再继续写作。但是，对于考生来说，单是把字数凑足还远远不够，还需要把摘要和正文的内容写好。

### 23.3.1　如何写好摘要

按照考试评分标准："摘要应控制在 300～400 字的范围内，凡是没有写论文摘要，摘要过于简略，或者摘要中没有实质性内容的论文"将扣 5～10 分。 如果论文写得辛辛苦苦，而摘要被扣分，就太不划算了。而且，如果摘要的字数少于 120 字，论文将"给予不及格"。

下面是摘要的几种写法，供考生参考。

（1）本文讨论……系统项目的……（论文主题）。该系统……（项目背景、简单功能介绍）。在本文中首先讨论了……（技术、方法、工具、措施、手段），最后……（不足之处/如何改进、特色之处、发展趋势）。在本项目的开发过程中，我担任了……（作者的工作角色）。

（2）根据……需求（项目背景），我所在的……组织了……项目的开发。该项目……（项目背景、简单功能介绍）。在该项目中，我担任了……（作者的工作角色）。我通过采取……（技术、方法、工具、措施、手段），使该项目圆满完成，得到了用户们的一致好评。但现在看来，……（不足之处/如何改进、特色之处、发展趋势）。

（3）…年…月，我参加了……项目的开发，担任……（作者的工作角色）。该项目……（项目背景、简单功能介绍）。本文结合作者的实践，以……项目为例，讨论……（论文主题），包括……（技术、方法、工具、措施、手段）。

（4）……是……（戴帽子，讲论文主题的重要性）。本文结合作者的实践，以……项目为例，讨论……（论文主题），包括……（技术、方法、工具、措施、手段）。 在本项目的开发过程中，我担任了……（作者的工作角色）。

摘要应该概括地反映正文的全貌，要引人入胜，要给人一个好的初步印象。一般来说，不要在摘要中"戴帽子"（如果觉得字数可能不够，如少于 300 字，则可适当加 50 字左右的帽子）。

上述的"技术、方法、工具、措施、手段"就是指论文正文中论述的技术、方法、工具、措施、手段，可把每个方法（技术、工具、措施、手段）的要点用一两句话进行概括，写在摘要中。

在写摘要时，千万不要只谈大道理，而不涉及具体内容；否则，就变成了"摘要中没有实质性内容"。

### 23.3.2　如何写好正文

正文的字数要求在 2000～3000 字之间，少于 2000 字，则显得没有内容；多于 3000 字，则答题纸上无法写完。笔者建议，论文正文的最佳字数为 2500 字左右。

**1．以我为中心**

由于论文考核的是以考生作为网络规划设计师的角度对系统的认知能力。因此在写法上要使阅卷专家信服，只是把自己做过的事情罗列出来是不够的。考生必须清楚的说明针对于具体项目自己所做的事情的由来，遇到的问题，解决方法和实施效果。因此不要夸耀自己所参加的工程项目，体现实力的是考生做了些什么。下面几个建议可供读者参考：

（1）体现实际经验，不要罗列课本上的内容；

（2）条理性的说明实际经验；

（3）写明项目开发体制和规模；

（4）明确"我"的工作任务和所起的作用；

（5）以"我"在项目中的贡献为重点说明；

（6）以"我"的努力（怎样做出贡献的）为中心说明。

**2．站在高级工程师的高度**

很多考生由于平时一直是在跟程序打交道，虽然也使用过网络，但根本就没有从事过网络规划与设计工作。因此，在思考问题上，往往单纯地从程序实现方面考虑。事实上，论文考核的是以考生作为高级工程师的角度对系统的认知能力，要求全面，详尽地考虑问题。因此，这类考生在论文上的落败也就在所难免。

例如，如果要写有关无线网络规划与设计的论文，考生就要从全局的角度把握无线网络体系结构的优点及缺点、设计无线网络的方法和过程，以及安全性考虑问题，而不是专注于某个具体的实现细节。

**3．忠实于论点**

忠实于论点首先是建立在正确理解题意的基础上，因此要仔细阅读论文试题要求。为了完全符合题意，要很好地理解关于试题背景的说明。然后根据正确的题意提取论点加以阐述。阐述时要绝对服从论点，回答试题的问题，就试题的问题进行展开，不要节外生枝，化自身为困境。也不要偏离论点，半天讲不到点子上去，结果草草收场。根据作者参加阅卷和辅导的情况来看，这往往是大多数考生最容易出错的地方。

**4．条理清晰，开门见山**

作为一篇文章，单有内容，组织不好也会影响得分，论文的组织一定要条理清晰。题目选定后，要迅速整理一下自己所掌握的素材，列出提纲，即打算谈几个方面，每个方面是怎么做的，收效如何，简明扼要地写在草稿纸上。切忌一点，千万不要试图覆盖论文题目的全部内涵而不懂装懂，以专家的姿态高谈阔论，而要将侧重点放在汇报考生自己在项目中所做的与论题相关的工作，所以提纲不要求全面，关键要列出自己所做过的工作。

接下来的事情就是一段一段往下写了。要知道，评卷的专家不可能把考生的论文一字一句地精读，要让专家短时间内了解考生的论文内容并认可考生的能力，必须把握好主次关系。

一般地，第一部分的项目概述评卷专家会比较认真地看，所以，考生要学会用精练的语句说明项目的背景、意义、规模、开发过程以及自己的角色等，让评卷专家对自己所做的项目产生兴趣。

**5．标新立异，要有主见**

设想一下，如果评卷专家看了考生的论文有一种深受启发，耳目一新的感觉，结果会怎么样？考生想不通过都难！所以，论文中虽然不要刻意追求新奇，但也不要拘泥于教科书或常规的思维，一定要动脑筋写一些个人的见识和体会。这方面，见仁见智，在此不予赘述。

**6．首尾一致**

在正文的写作中，要做到开头与结尾间互相呼应，言词的意思忌途中变卦。因为言词若与论文试题的提法不一致，导致论文内部不一致，阅卷专家就会怀疑考生是否如所说的那样，甚至认为考生有造假嫌疑，从而影响论文得分。因此，考生在论文准备阶段就应该注意这方面的锻炼。

此外，与首尾一致相关的一些检查事项，诸如错字、漏字等情形也要注意。如果在论文写完还有时间的话，要作一些必要的修正，这也是合格论文的必须条件之一。

### 23.3.3　摘要和正文的关系

在培训讲课和线上辅导的过程中，学员问得比较多的一个问题就是，究竟是先写摘要还是先写正文。其实，没有一种死的法则，需要根据考生的实际情况来决定。如果考生的写作速度比较快，而又自信对论文的把握比较好，则可以先写正文，后写摘要。这样，便于正文的正常发挥，正文写完了，归纳出摘要是水到渠成的事情。但是，这种方法的缺点是万一时间不够，来不及写摘要，损失就比较大了，结果论文写得很辛苦，因为摘要没有写而不及格；如果考生的写作速度比较慢，担心最后没有时间写摘要，则可先写摘要，后写正文，在摘要的指导下写正文。这样做的好处是万一后面时间不足，可以简单地对正文进行收尾，从而避免"有尾无头"的情况发生，而不会影响整个论文的质量。但它的缺点是可能会限制正文的发挥，使正文只能在摘要的圈子里进行扩写。

还要注意的一个问题是，正文不是摘要的延伸，而是摘要的扩展。摘要不是正文的部分，而是正文的抽象。因此，不要把正文"接"着摘要写。

## 23.4　常见问题及解决办法

从作者近年来辅导的学员习作来看，在撰写论文时，经常性出现的问题归纳如下：

（1）走题。有些考生一看到试题的标题，不认真阅读试题的 3 个问题，就按照三段论的方式写论文，这样往往就导致走题。同一个主题，试题所问的 3 个问题可以完全不一样，因此需要按照试题的问题来组织内容。因为考查的侧重点不一样，同一篇文章，在一次考试中会得高分，但在另一次考试中就会不及格。

（2）字数不够。按照考试要求，摘要需要 300～400 字，正文需要 2000～3000 字。一般来说，摘要需要写 350 字以上，正文需要写 2500 字左右。当然，实际考试时，这些字数包括标点符号和图形，因为阅卷专家不会去数字的个数，而是根据答题纸的格子计数。

（3）字数偏多。如果摘要超过 350 字，正文超过 3000 字，则字数太多。有些学员在练习时，不考虑实际写作时间，只讲究发挥淋漓尽致，结果文章写下来达 4000～5000字，甚至有超过 8000 字的情况。实际考试时，因为时间限制，几乎没有时间来写这么长的论文的。所以，读者在平常练习写作时，要严格按照考试要求的时间进行写作。

（4）摘要归纳欠妥。摘要是一篇文章的总结和归纳，是用来检查考生概括、归纳和抽象能力的。写摘要的标准是"读者不看正文，就知道文章的全部内容"。在摘要中应该简单地包括正文的重点词句。在摘要中尽量不要加一些"帽子性"语句，而是要把正文的内容直接"压缩"就可以了。

（5）文章深度不够。文章所涉及的措施（方法、技术）太多，但都没有深入。有些文章把主题项目中所使用的措施（方法、技术）一一列举，而因为受到字数和时间的限制，每一个措施（方法、技术）都是蜻蜓点水式的描述，既没有特色，也没有深度。在撰写论文时，选择自己觉得有特色的 2～3 个措施（方法、技术），进行深入展开讨论就可以了，不要企图面面俱到。

（6）缺少特色，泛泛而谈。所采取的措施（方法、技术）没有特色，泛泛而谈，把书刊杂志上的知识点进行罗列，可信性不强。网络规划设计师考试论文实际上就是经验总结，所以一般不需要讲理论，只要讲自己在某个项目中是如何做的就可以了。所有措施（方法、技术）都应该紧密结合主题项目，在阐述措施（方法、技术）时，要以主题项目中的具体内容为例。

　　（7）文章口语化太重。网络规划设计师在写任何正式文档时，都要注意使用书面语言。特别是在文章中不要到处都是"我"，虽然论文强调真实性（即作者自身从事过的项目），而且，19.3.2 节也强调了"以我为中心"的重要性，但是，任何一个稍微大一点的项目，都不是一个人能完成的，而是集体劳动的结晶。因此，建议使用"我们"来代替一些"我"。

　　（8）文字表达能力太差。有些文章的措施（方法、技术）不错，且能紧密结合主题项目，但由于考生平时写得少，文字表达能力比较差。建议这些考生平时多读文章，多写文档。

　　（9）文章缺乏主题项目。这是一个致命缺点，网络规划设计师考试论文一定要说明作者在某年某月参加的某个具体项目的开发情况，并指明作者在该项目中的角色。因为每个论文试题的第一个问题一般就是"简述你参与开发过的项目"（也有个别情况除外）。所以，考生不能笼统地说"我是做银行网络规划的"，"我负责城市网络规划"等，而要具体说明是一个什么项目，简单介绍该项目的背景和功能。

　　（10）论文项目年代久远。一般来说，主题项目应该是考生在近 3 年内完成的。

　　（11）整篇文章从大一二三到小 123，太死板，给人以压抑感。在论文中，虽然可以用数字来标识顺序，使文章显得更有条理。但如果全文充满数字条目，则显得太死板，会影响最后得分。

　　（12）文章结构不够清晰，段落太长。这也与考生平常的训练有关，有些不合格的文章如果把段落调整一下，则是一篇好文章。另外，一般来说，每个自然段最好不要超过 8 行；否则，会给阅卷专家产生疲劳的感觉，从而可能导致会影响得分。

## 23.5　论文评分标准

　　评卷专家究竟根据什么标准来判断一篇论文的得分，这是考生十分关心的一个问题。网络规划设计师考试的论文试题评分标准如下：

　　（1）论文满分是 75 分，论文评分可分为优良、及格与不及格三个档次。评分的分数可分为：

　　① 45 分及 45 分以上为及格，其中 60~75 分优良。

　　② 0~44 分不及格。

　　（2）具体评分时，对照下述 5 个方面进行评分：

　　① 切合题意（30%）。无论是论文的技术部分、理论部分或实践部分，都需要切合写作要点中的一个主要方面或者多个方面进行论述。可分为非常切合、较好地切合与基本上切合三档。

　　② 应用深度与水平（20%）。可分为有很强的、较强的、一般的与较差的独立工作

能力四档。

③ 实践性（20%）。可分为如下 4 档：有大量实践和深入的专业级水平与体会；有良好的实践与切身体会和经历；有一般的实践与基本合适的体会；有初步实践与比较肤浅的体会。

④ 表达能力（15%）。可从逻辑清晰、表达严谨、文字流畅和条理分明等方面分为三档。

⑤ 综合能力与分析能力（15%）。可分为很强、比较强和一般三档。

（3）下述情况的论文，需要适当扣 5～10 分：

① 摘要应控制在 300～400 字的范围内，凡是没有写论文摘要、摘要过于简略、或者摘要中没有实质性内容的论文。

② 字迹比较潦草、其中有不少字难以辨认的论文。

③ 确实属于过分自我吹嘘或自我标榜、夸大其词的论文。

④ 内容有明显错误和漏洞的，按同一类错误每一类扣一次分。

⑤ 内容仅属于大学生或研究生实习性质的项目，并且其实际应用水平相对较低。

（4）下述情况之一的论文，不能给予及格分数：

① 虚构情节、文章中有较严重的不真实的或不可信内容出现。

② 没有项目开发的实际经验、通篇都是浅层次纯理论。

③ 所讨论的内容与方法过于陈旧、或者项目的水准非常低下。

④ 内容不切题意，或者内容相对很空洞、基本上是泛泛而谈且没有较深入体会。

⑤ 正文与摘要的篇幅过于短小（如正文少于 1200 字）。

⑥ 文理很不通顺、错别字很多、条理与思路不清晰、字迹过于潦草等情况相对严重。

（5）下述情况，可考虑适当加分（可考虑加 5 分到 10 分）：

（1）有独特的见解或者有着很深入的体会、相对非常突出。

（2）起点很高，确实符合当今网络系统发展的新趋势与新动向，并能加以应用。

（3）内容详实，体会中肯，思路清晰，非常切合实际。

（4）项目难度很高，或项目完成的质量优异，或项目涉及国家重大信息系统工程且作者本人参加并发挥重要作用，并且能正确按照试题要求论述。

## 23.6　论文写作实例

为了帮助考生了解网络规划与设计论文的试题题型，掌握写作方法，本节给出 5 篇论文写作实例，以供考生参考。这些实例全部来自希赛 IT 教育研发中心在线辅导的学员习作，并不是最好的论文，只是作为写作方法和分析试题的一种参考，请读者有批评地阅读。

### 23.6.1　网络系统的安全设计

**试题　论网络系统的安全设计**

网络的安全性及其实施方法是网络规划中的关键任务之一，为了保障网络的安全性和信息的安全性，各种网络安全技术和安全产品得到了广泛使用。

请围绕"网络系统的安全设计"论题，依次对以下三个方面进行论述。

（1）简述你参与设计的网络安全系统以及你所担任的主要工作。

（2）详细论述你采用的保障网络安全和信息安全的技术和方法，并着重说明你所采用的软件、硬件安全产品以及管理措施的综合解决方案。

（3）分析和评估你所采用的网络安全措施的效果及其特色，以及相关的改进措施。

**【摘要】**

我在一家证券公司信息技术部分工作，我公司在 2002 年建成了与各公司总部及营业网点的企业网络，并已先后在企业网络上建设了交易系统、办公系统，并开通了互联网应用。因为将对安全要求不同、安全可信度不同的各种应用运行在同一网络上，给黑客的攻击、病毒的蔓延打开了方便之门，给我公司的网络安全造成了很大的威胁。作为信息技术中心部门经理及项目负责人，我在资金投入不足的前提下，充分利用现有条件及成熟技术，对公司网络进行了全面细致的规划，使改造后的网络安全级别大大提高。本文将介绍我在网络安全性和保密性方面采取的一些方法和策略，主要包括网络安全隔离、网络边界安全控制、交叉病毒防治、集中网络安全管理等，同时分析了因投入资金有限，我公司网络目前仍存在的一些问题或不足，并提出了一些改进办法。

**【正文】**

我在一家证券公司工作，公司在 2002 年就建成了与各公司总部及营业网点的企业网络，随着公司业务的不断拓展，公司先后建设了集中报盘系统、网上交易系统、OA、财务系统、总部监控系统等等，为了保证各业务正常开展，特别是为了确保证券交易业务的实时高效，公司已于 2005 年已经将中心至各营业部的通信链路由初建时的主链路 64kb/s 的 DDN 作为备链路 33.3kPSTN，扩建成主链路 2Mb/s 光缆作为主链路和 256kb/s 的 DDN 作为备份链路，实现了通信线路及关键网络设备的冗余，较好地保证了公司业务的需要。并且随着网上交易系统的建设和网上办公的需要，公司企业网与互联网之间建起了桥梁。改造前，应用系统在用户认证及加密传输方面采取了相应措施。如集中交易在进行身份确认后信息采用了 Blowfish 128 位加密技术，网上交易运用了对称加密和非对称加密相结合的方法进行身份验证和数据传输加密，但公司办公系统、交易系统、互联网应用之间没有进行安全隔离，只在互联网入口安装软件防火墙，给黑客的攻击、病毒的蔓延打开了方便之门。

作为公司信息技术中心运维部经理，系统安全一直是困扰着我的话题，特别是随着公司集中报盘系统、网上交易系统的建设，以及外出办公需要，网络安全系统的建设更显得犹为迫切。但公司考虑到目前证券市场疲软，竞争十分激烈，公司暂时不打算投入较大资金来建设安全系统。作为部门经理及项目负责人，我在投入较少资金的前提下，在公司可以容忍的风险级别和可以接受的成本之间作为取舍，充分利用现有的条件及成熟的技术，对公司网络进行了全面细致的规划，并且最大限度地发挥管理功效，尽可能全方位地提高公司网络安全水平。在网络安全性和保密性方面，我采用了以下技术和策略：

（1）将企业网划分成交易网、办公网、互联网应用网，进行网络隔离。

（2）在网络边界采取防火墙、存取控制、并口隔离等技术进行安全控制。

（3）运用多版本的防病毒软件对系统交叉杀毒。

（4）制定公司网络安全管理办法，进行网络安全集中管理。

**1．网络安全隔离**

为了达到网络互相不受影响，最好的办法是将网络进行隔离，网络隔离分为物理隔离和逻辑隔离，我主要是从系统的重要程度即安全等级考虑划分合理的网络安全边界，使不同安全级别的网络或信息媒介不能相互访问或有控制的进行访问。针对我公司的网络系统的应用特点把公司证券交易系统、业务公司系统之间进行逻辑分离，划分成交易子网和办公子网，将互联网应用与公司企业网之间进行物理隔离，形成独立的互联网应用子网。公司中心与各营业部之间建有两套网络，中心路由器是两台 CISCO7206，营业部是两台 CISCO2612，一条通信链路是联通 2Mb/s 光缆，一条是电信 256K DDN，改造前两套链路一主一备，为了充分利用网络资源实现两条链路的均衡负载和线路故障的无缝切换，子网的划分采用 VLAN 技术，并将中心端和营业商的路由器分别采用两组虚拟地址的 HSRP 技术，一组地址对应交易子网；另一组地址对应办公网络，形成两个逻辑上独立的网络。改造后原来一机两用（需要同时访问两个网络信息）的工作站采用双硬盘网络隔离卡的方法，在确保隔离的前提下实现双网数据安全交换。

**2．网络边界安全控制**

网络安全的需求一方面要保护网络不受破坏，另一方面要确保网络服务的可用性。将网络进行隔离后，为了能够满足网络内的授权用户对相关子网资源的访问，保证各业务不受影响，在各子网之间采取了不同的存取策略。

（1）互联网与交易子网之间：为了保证网上交易业务的顺利进行，互联网与交易子网之间建有通信链路，为了保证交易网不受互联网影响，在互联网与专线之间安装了 NETSCREEN 防火墙，并进行了以下控制：

① 只允许股民访问网上交易相应地址的相应端口。

② 只允许信息技术中心的维护地址 PING、TELNET 委托机和路由器。

③ 只允许行情发送机向行情主站上传行情的端口。

④ 其他服务及端口全部禁止。

（2）办公子网与互联网之间：采用东大 NETEYE 硬件防火墙，并进行了以下控制：

① 允许中心上网的地址访问互联网的任何地址和任何端口。

② 允许股民访问网上交易备份地址 8002 端口。

③ 允许短信息访问公司邮件 110、25 端口，访问电信 SP 的 8001 端口。

④ 其他的端口都禁止。

### 3．病毒防治

网络病毒往往令人防不胜防，尽管对网络进行网络隔离，但网络资源互防以及人为原因，病毒防治依然不可掉以轻心。因此，采用适当的措施防治病毒，是进一步提高网络安全的重要手段。我分别在不同子网上部署了能够统一分发、集中管理的熊猫卫士网络病毒软件，同时购置单机版瑞星防病毒软件进行交叉杀毒；限制共享目录及读写权限的使用；限制网上软件的下载和禁用盗版软件；软盘数据和邮件先查毒后使用等等。

### 4．集中网络安全管理

网络安全的保障不能仅仅依靠安全设备，更重要的是要制定一个全方位的安全策略，在全网范围内实现统一集中的安全管理。在网络安全改造完成后，我制定了公司网络安全管理办法，主要措施如下：

（1）多人负责原则，每一项与安全有关的活动，都必须有两人或多人在场，并且一人操作一人复核。

（2）任期有限原则，技术人员不定期地轮岗。

（3）职责分离原则，非本岗人员不得掌握用户、密码等关键信息。

（4）营业网点进行网络改造方案必须经过中心网络安全小组审批后方可实施。

（5）跨网互访需绑定 IP 及 MAC 地址，增加互相访问时须经过中心批准并进行存取控制设置后方可运行。

（6）及时升级系统软件补丁，关闭不用的服务和端口等。

保障网络安全性与网络服务效率永远是一对矛盾。在计算机应用日益广泛的今天，要想网络系统安全可靠，势必会增加许多控制措施和安全设备，从而会或多或少的影响使用效率和使用方便性。例如，我在互联网和交易网之间设置了防火墙后，网上交易股民访问交易网的并发人数达到一定量时就会出现延时现象，为了保证股民交易及时快捷，我只好采用增加通信机的办法来消除交易延时问题。

在进行网络改造后，我公司的网络安全级别大大提高。但我知道安全永远只是一个相对概念，随着计算机技术不断进步，有关网络安全的讨论也将是一个无休无止的话题。审视改造后的网络系统，我认为尽管我们在 Internet 的入口处部署了防火墙，有效阻挡了来自外部的攻击，并且将网络分成三个子网减少了各系统之间的影响，但在公司内部的访问控制以及入侵检测等方面仍显不足，如果将来公司投资允许，我将在以下几方面加强：

（1）在中心与营业部之间建立防火墙，通过访问控制防止通过内网的非法入侵。

（2）中心与营业部之间的通信，采用通过 IP 层加密构建证券公司虚拟专用网(VPN)，保证证券公司总部与各营业部之间信息传输的机密性。

（3）建立由入侵监测系统、网络扫描系统、系统扫描系统、信息审计系统、集中身份识别系统等构成的安全控制中心，作为公司网络监控预警系统。

## 23.6.2　论网络管理中的灾难备份和容灾技术

试题　论网络管理中的灾难备份和容灾技术

由于技术不断的发展和人们对灾难、意外事故的认识越来越深刻。灾难备份和容灾技术方案的可选择性也越来越多。作为信息中心和网络中心的设计人员需要结合自身的条件而采取合适的灾难备份和容灾技术。

请围绕"网络管理中的灾难备份和容灾技术"论题，依次从以下三个方面进行论述。

（1）概要叙述你参与分析和设计的灾难备份方案、采用的容灾技术以及你所担任的主要工作。

（2）深入地讨论在项目中选择灾难备份方案、采用的容灾技术的原则。

（3）详细论述所选择的灾难备份方案、采用的容灾技术，并对之进行详细的评论。

【摘要】

在世界经济全球化及我国加入 WTO 的背景下，烟草行业面临国内市场国际化的严峻挑战，为了迎接挑战，促进发展，烟草行业进行了大刀阔斧改革。随着信息化建设的深入，为了进一步提升行业调控能力及决策水平，烟草行业提出了"构建行业多级数据中心"的建设目标。数据对烟草行业之重要，已经提升到战略位置，因而作为数据存放载体的存储系统，在烟草信息化建设中起着至关重要的作用。如何确保数据的安全、可靠，成为构建烟草行业数据中心的一个重要课题。我有幸参加了 XX 中烟在信息化建设过程，成功地实施了企业数据中心容灾系统的建设，在构建烟草行业数据中心、确保数据安全等方面学习到了宝贵的经验。本文从公司出现的实现问题出发，分别从数据灾备的建设方案、备份方案和容灾方案等方面进行阐述，最后针对数据灾备的前景做了展望以及后续灾备项目中需达到的目标。

【正文】

2003 年 4 月，XX 中烟工业公司成立，在企业联合重组的同时，积极开展了企业信息化建设，建成了包括管理信息系统 EAS、办公自动化 OA、协同营销平台、人力资源管理 HR、企业报表中心等系统在内的业务系统及支持各业务系统的硬件环境。随着中烟公司的联合重组，信息化建设的步伐加快，信息系统给我们带来了便捷、灵活的业务处理模式，提高了工作效率，也使企业的业务管理越来越依赖与信息系统。整合过程中业务系统的集中和应用数据量的快速增长，系统的数据安全工作显得尤为重要，尤其是数据库系统担负着企业所有信息存储，数据安全性和脆弱性显得尤为突出。一旦存储设备出现问题，可能导致业务系统崩溃和业务数据丢失，为企业生产经营带来灾难性的后果。

随着企业数据中心的建设，XX 中烟进行了信息系统整合，在实现应用整合的同时，必然要求对数据进行整合，将分散存储的数据进行统一存储管理。数据集中存储后带来了管理的便利、访问的高效，但"将所有鸡蛋放在一个篮子里"必然会增加数据丢失的风险。

过去，XX 中烟也饱尝数据丢失之苦，各应用系统的数据存储分散，没有灾难恢复应急机制，企业本部及各生产点系统在运行过程中由于硬盘损坏、硬件机械故障、管理人员的误操作等原因造成业务系统崩溃、数据丢失、给企业生产经营带来较严重的后果。过去两年间，由于数据安全导致的系统停机 11 次，系统数据丢失 2 次，信息安全事故的发生给 XX 中烟的数据安全提出了更高的要求。因此 XX 中烟决定实施存储系统整合并建设存储灾备系统，以确保数据的安全。

经过综合分析，决定采用 SAN 技术构建企业存储系统及容灾备份系统，主要考虑以下几方面的因素：

- 各业务系统数据量逐年增加，原有的本地硬盘存储已不能满足容量及访问效率的要求，采用 SAN 存储系统可灵活扩展，并能提供高性能访问；
- 业务系统整合后，要求系统间的数据共享，原来的分散数据存储方式形成数据"信息孤岛"，采用 SAN 存储系统可提供高效的数据共享访问；
- 数据分散存储，不利于数据备份，采用 SAN 集中存储，可利用备份软件及磁带库进行统一数据备份；
- 出于数据安全性考虑，建立基于 SAN 技术的异地容灾中心，可确保各类数据的安全可靠。

此次灾备系统建设采用企业级产品及技术，构建基于高速光纤网的 SAN 存储系统及同城异地灾备系统，构建 XX 中烟业务数据的集中高效存储及数据容灾备份、快速恢复机制，确保数据的安全可靠。

在建设方案中，主存储中心设置在 XX 中烟中心机房，采用一台 IBM 磁盘阵列及两台 IBM SAN 交换机组成 SAN 存储系统，集中存储各类业务数据；灾备中心设置在同城的 XX 卷烟厂机房，采用一台 IBM 磁盘阵列及两台 IBM SAN 交换机组 SAN 存储网络。主存储中心及灾备中心通过光纤连接 SAN 光纤交换机，实现两个中心的连接。

在备份方案中，我们在存储主中心设立备份管理服务器，安装 Symantec Netbackup 备份管理软件，设定满足业务需求的数据备份策略，在需要备份数据的主机上安装备份 Agent，将一台 IBM 光纤磁带库接入 SAN 存储网，组成 LAN-Free 的 SAN 备份系统，实现数据的本地磁带备份。

在容灾方案中，我们在每台需要数据容灾的主机上安装 Symantec Veritas Storage Foundation 容灾软件，利用 Storage Foundation 远程镜像技术，建立基于磁盘系统间镜像的容灾系统，实现主存储中心与灾备中心的数据同步及容灾。

当主存储中心的磁盘系统发生故障（灾难）时，由于灾备中心的磁盘是它的镜像，所以操作系统会自动隔离主存储中心的磁盘，转而对灾备中心的数据进行访问。从而业务系统可以通过城域 SAN 网络直接访问灾备中心的磁盘系统的数据，应用和数据库不会因为主存储中心磁盘系统的故障而停止，从而避免了发生数据库损坏的可能。

都说"三分技术，七分管理"，XX 中烟设立了数据灾备管理员，专职负责数据备份及远程灾备系统管理与维护，确保数据安全。

XX 中烟实施存储灾备系统建设后，数据存储系统性能及安全得到了大幅提升，实现了科学的网络数据集中式存储管理；实现了安全快捷的应用数据备份与恢复；实现了可靠的存储媒体有效性管理；存储系统容量能够随着数据量增加进行线性扩展；实现了自动化数据存储管理，减少人工干预；最大限度减少业务系统的宕机时间，确保数据的万无一失。

随着存储备份技术的发展，容灾备份建设呈现出以下发展趋势：

首先，容灾备份建设的重点从"数据级容灾"向"应用级容灾、快速业务恢复"转移，"业务的连续运营"才是容灾备份的最终目的。企业需要的是不仅数据有了容灾保护，还需要在灾难发生时能够快速恢复数据、恢复业务，从而将影响或损失降到最低。

其次，多点容灾建设是容灾建设的很重要的发展趋势，企业希望容灾系统既能防范大范围灾难（需要采用远程容灾），又能避免数据丢失（采用同步数据复制技术），当前普遍采用的双点容灾无法满足这样的要求，远程容灾无法采用同步复制、同城容灾可以同步复制但无法应对大规模灾难，所以多点容灾，尤其是三点容灾（同城同步数据保护、远程异步数据保护，三点互备）将是未来容灾建设的必然趋势。

目前 XX 中烟存储灾备系统建设是以"数据容灾"为主要目的，距离"应用级容灾"、"业务的连续运营"还有一定的差距，在今后的信息化建设中，还需要进一步加强灾备措施，最终实现应用级容灾。

### 23.6.3　论园区无线局域网的建设

无线局域网（Wireless Local Area Network，WLAN）技术作为当今园区最为流行的无线技术，备受用户的青睐。无线局域网解决了很多问题，如不受端口和线缆的限制；可以节省成本；但是也带来很多问题，如无线局域网的传输速度、无线辐射、信号干扰等一系列问题。

请围绕"园区无线局域网的建设"论题，依次对以下三个方面进行论述。

（1）概要叙述你参与分析和开发的园区网络以及你所担任的主要工作。

（2）具体叙述在设计园区无线局域网络的策略，以及讲述你如何利用无线局域网的优点而充分考虑其不足来进行建设。

（3）评价你所采用的技术方案，以及其中可以改进的方面。

【摘要】

随着信息技术的发展，校园网成为校园生活的重要组成部分，师生对校园网的依赖程度也越来越高。摒除网络盲点、突破教室和实验室的接入限制、享受网络无处不在的生活，已经是广大师生迫切的心声。WLAN 技术以其安装快速、部署灵活、数据速率高、综合成本较低、网络扩展能力强、终端普及性好等优点成为无线校园的首选技术。本人于 2011 年 3 月参与了某师范大学的园区无线网建设，并担任项目小组组长。本文在充分考虑学校对于无线网络的需求，以网络可靠性、先进行性、兼容性、和安全性为目标，从网络建设要求入手，分别从无线网络的总体架构、无线技术、无线网安全防护等方面进行论述。阐述了网络规划中采用的方法及相关技术。该项目完工后，进一步提升了网络环境，提高了管理水平和工作效率，推动了学校的的信息化建设，得到学校领导和师生的一致好评。

**【正文】**

随着学校的快速发展，迫切需要将应用系统扩展到整个校园。原有的校园网络已不能满足高速发展的校园信息化，改变校园网络迫在眉睫。无线局域网以其安装快速、部署灵活、数据速率高、综合成本较低、网络扩展能力强、终端普及性好等优点成为改变校园网的首选技术 2010 年我公司承接了师范大学园区无线局域网的建设项目，校方想利用无线网络技术进一步扩展校园网的覆盖范围，使全校师生能够随时随地、方便高效地使用校园网络；同时为促进教学发展进一步拓展应用，提升校园网络环境，提高管理水平和工作效率，推动学校信息化建设。我有幸参与本项目，负责该项的网络规划及热点部署工作。在师范校园无线网的设计上，我们在充分考虑学校使用需要的基础上，力求满足整个校园的可靠性、先进行、兼容性和安全性来完成此项工程。

**1．网络建设要求**

（1）建设覆盖公共教学和活动区域的无线网。

利用有线网络基础结构，采用高速以太网和 802.11n 无线网络技术，建设相对独立的，覆盖园区的无线网。提供个人各类终端无线网接入服务，满足工作、学习和生活的互联网访问需求。要求 WLAN 可以满足教职工及学生笔记本无线上网。

（2）建设无线网安全防护体系。

采用成熟、可靠的无线通信加密技术，建设无线网通信防护体系；与相关厂商合作研制符合安全保密需求的无线网安全防护产品，并与园区网准入认证系统结合，实现无线终端准入控制和实名制身份认证；准入系统客户端软件实现入网终端安全管控和行为审计。

（3）建设园区网基础应用和运行保障服务体系。

在满足互联网访问的同时，建设 IPv6 组播、无线话音、无线视频等基础技术服务平台，满足未来教学、科研与应用对网络新技术的需求；建立健全校园网运行保障服务体系，为校园网用户提供高质量、人性化、便捷的网络服务。

**2．无线校园网总体架构**

中心机房部署无线控制器与现有校园网核心交换机采用 10GB 互连，安装无线网络管理平台，并利用用户鉴权系统实现无线和有线入网终端及用户的管理。中心机房至教学楼采用 10GB 光纤互连，架设无线接入点（AP），实现这些区域的无线信号全覆盖。宿舍楼内采用汇聚和接入两层架构。汇聚层 1GB 上连核心层交换机，1GB 下连接入层交换机，提供人员在宿舍内 100/1000MB 桌面接入速率，实现数据的大容量交换和高速转发。全网选用支持 IPV4/IPv6 双协议栈网络设备，并具备 IPv6 网管和组播功能，提供 IPv6 新兴应用的基础支撑平台。

**3．无线组网技术方案**

（1）无线网络组成结构。

以校园网核心交换机为中心，购置一台无线控制器（AC）与核心交换机万兆互联，实现对 AP 设备的集中管控和数据智能转发。核心交换机千兆连接教学楼、图书馆、宿舍等区域；在教学楼公共教室、楼层走廊，图书馆阅览室、大厅以及宿舍楼层走廊、室外等位置部署支持 FIT/FAT 的双模 AP 设备，提供这些场所的高速无线接入。无线网接入层采用多点到多点的无线网状 Mesh 拓扑结构，在这种 Mesh 网络结构中，各网络节点通过相邻其他网络节点，以无线多跳方式相连。

（2）IP 地址分配。

无线网提供 IPv4/IPv6 双栈透传，用户客户端 IP 地址采用动态分配方式，由 DHCP 服务器提供。无线客户端 IP 子网单独设置，不与当前有线网络终端 IP 子网混用。

（3）无线接入控制能力及漫游功能。

无线控制器系统实现多种基于用户或用户群的访问控制，接入控制策略实施、操作过程要方便、易用，即时生效。无线网络漫游功能采用：

① 支持无线终端跨域 AP 进行 L2 漫游。

② 支持无线终端跨越 IP 子网无线进行 L3 漫游。

③ 跨 IP 网段移动，可保持无线终端原有 IP 地址、认证与加密方式等不变，无须重新获取。

（4）无线定位功能及 AP 智能切换功能。

可对无线接入终端、RFID 物品进行无线定位，定位精度小于 5 米，并可能在导入的地理布局图片上准确定位显示。当 AC 出现故障时，AP 自动从 FIT 切换到 FAT 工作模式下，此时，FAT AP 工作的同时保持对 AC 状态探测，发现 AC 恢复后，自动切换回 FIT 工作模式，保证无线用户不掉线。

**4．无线覆盖施工方案**

按照信号范围最大化原则，在满足园区无线覆盖区域全覆盖的前提下，重点选择部分区域进行更加细腻的覆盖。具体分为室内覆盖和室外覆盖两种方式，其中室外覆盖部分采用 Mesh 方式进行覆盖。按照场地面积、可能并发的无线终端使用人数合理设置 AP 的数量，每一楼层内要实现信号无盲区。重点区域包括宿舍楼及教学楼，满足 95%区域接收信号强度≥–75dBm。室外满足 95%区域接收信号强度≥–65dBm。

**5. 用户安全接入认证规划**

为了安全地使用无线网络，我们需要解决三个问题：

（1）确定无线网络的使用者是被允许的。

（2）数据传输时需要保密。

（3）防止非法无线网络基地台连上网络。

无线网络的安全措施一般有 SSID、WEP、WAP 等。SSID 是必须提供与无线接入点设定一致的 SSID 才能与其通信，这样可以区分不同群组的用户接入；WEP 是安全加密协议，主要用于实现访问控制、数据保密性和数据完整性三个安全目标。但对于大规模部署无线网络的环境，最合适的入网谁方式是基于 Web 的认证和基于 802.1x 的认证方式。采用基于 Web 的认证方式，无线网络的认证需要能够与有线网络相融合。此项目中采用的无线控制器本身就能很好地支持基于 Web 的认证功能，其可以作为全网 Web 认证的分布式认证，针对无线用户 Web 认证，后台将有线网络的 Web 认证网关作为 Radius 服务器进行联动，就可以保证全网用户有线与无线的账号统一，而此过程中，用户无须安装任何客户端产品，利用标准的浏览器即可完成上网登录。

本次我们在汇聚交换机处接认证服务器，在服务器组里增加一台 Radius 计费认证服务器，以便存储接入用户信息。当用户要求访问网络时，在通过认证前都强制到认证服务器的 Web 页面，要求输入用户名和密码，用户输入账号和密码后，点击登录，认证服务器会将用户的信息发送给 Radius 服务器，Radius 服务器将用户输入的用户名和密码与数据库里用户信息进行对比，当用户名和密码一致时，Radius 服务器会发送给认证服务器一个用户通过确认的响应信息，认证服务器就会给该用户打开访问网络的权限，否则关闭用户的权限，这样就充分保障了无线网络的安全，避免非法用户的访问，保护数据不被非法用户盗取，同时还可以对不同用户的权限加以区别，限定他们访问的权限。

校园是无线宽带网络重要的承载体，学生群体将是未来潜在的客户群主力，因此校园无线宽带网络的推广势在必行。从长远的角度来看，大力建设高校 WLAN 网络不仅提供了全校区的无本覆盖，还为学生提供了全面的无线业务，为将来进行校园无线多媒体业务打下了良好的基础。本次无线局域网工程中，我们突破了传统无线局域网部署中的安全策略，通过采用无线控制器+瘦 AP 的架构进行校园网络部署，实现了将密集型的无线网络和安全处理功能转移到集中的无线控制器中，AP 只作为无线数据的收发设备，大大简化了 AP 的管理和配置功能。

## 23.6.4　论校园网/企业网的网络规划与设计

**试题　论校园网/企业网的网络规划与设计**

校园网（或企业网）是计算机网络的一大分支，有着非常广泛的应用及代表性。对于校园网/企业网，完备的应用是关键，而稳定可靠的网络是基础，完善的安全和管理手段是保障。由于学校/企业的类型和规模的不同，校园网/企业网的规划设计有着多种解决方案。校园网的规划、设计、硬件建设、软件建设以及网络的使用、扩充等都要从全局、长远的角度出发，充分考虑网络的安全性、易用性、可靠性和经济性等。

请围绕"论校园网/企业网的网络规划与设计"论题，依次对以下三个方面进行论述。

（1）概要叙述你参与设计实施的网络项目以及你所担任的主要工作。

（2）具体讨论在校园网/企业网网络规划与设计中的主要工作内容和你所采用的原则、方法和策略，以及遇到的问题和解决措施。

（3）分析你所规划和设计的校园网/企业网网络的实际运行效果。你现在认为应该做哪些方面的改进以及如何加以改进。

**【摘要】**

本文讨论了 XX 企业二期网络工程项目方案的规划与设计，该工程项目投入经费 160 万元，建设周期为 8 个月。该工程项目是在原内部局域网的基础上升级改建的，新增了 220 个信息点，采用单核心两层拓扑结构，并优化网络信息服务，建立了企业内部信息发布系统 Web 站点和 FTP 系统等。与集团总部和各个下属单位实现 VPN 网络互联，实现相互间信息共享，有力地推动了企业信息化的进程。在项目的建设过程中，本人担任项目经理，参与了整个建设方案的规划设计，并组织参与了整个项目的招标、投标、工程建设等工作。本文将从企业综合布线方案、网络逻辑方案设计、软件平台选择及无线访问接入等方面阐述了项目建设过程。该工程项目基本完工后就投入运行，顺利通过相关测试并验收结项。得到了公司领导及员工的一致好评。最后针对本项目的一些规划设计工作中实行了简单、实用、低廉的策略，提出了在先进性、可靠性、开放性等方面的改进意见。

**【正文】**

2011 年 3 月至 10 月，作为 XX 企业信息网络中心的一名技术骨干，我有幸参与了本单位网络二期工程方案的规划设计，并组织参与了整个项目的招标、投标、工程建设，且承担了网络的运维工作。该二期网络工程的投资经费是 160 万元。本单位原有一个 30 个信息点的局域网，以 Windows 2003 为平台运行着核心应用软件——集装箱运输代理业务系统。本单位的人事部，财务部有相关的内部人事管理软件，工资软件和统计软件的应用。该二期网络工程主要是针对系统内信息流转不畅的需求进行的。其建设的目标是，在原内部局域网的基础上升级改建，新增了 220 个信息点，能最大限度地保障网络系统的不间断运行，并优化网络信息服务，集成原有的业务应用系统，建立了企业内部信息发布系统，WEB 站点和 FTP 文件传输系统，并与集团总部，各下属单位实现 VPN 网络互联，实现相互间信息共享。

本单位二期网络工程在建设方案过程中我们主要进行了如下几个方面的策略选择。

**1. 综合布线方案**

本单位办公楼是一幢 6 层的建筑物，每位办公人员均有一台计算机。二期网络工程要求每台计算机均能访问 Internet，同时要求与 3 个基层单位（车队，外运仓库）和一个集装箱站相连。领导层、中层干部等群体在使用新信息发布系统时有相应数据查询功能。基于本单位的现状，首先在办公楼进行结构化综合布线工程，以利于今后信息点的扩展。由于办公楼楼层不高，且只有第 6 层有空余房间，因此将中心机房部署在办公楼的第 6 层。采用集中走线的方案，使用超 5 类非屏蔽双绞线，100Mb/s 带宽，250 个信息点。

### 2．网络的逻辑结构设计方案

由于受整体经费不足等因素的限制，因此在本单位二期网络工程逻辑结构设计时，采用了较为实用的单核心局域网拓扑结构。由于本期网络工程建设的规模不大，且资金投入有限，因此在网络逻辑结构设计时未考虑部署汇聚层交换机。但核心交换机采用华为 3COM 的 S6506 三层交换机。该交换机共有 6 个光纤接口模块的扩展插槽，以便于今后网络扩建时汇聚层交换机的接入。接入层交换机采用华为 3COM 的 e328 普通交换机，共部署了 12 台，每台共有 24 个以太网口。由于办公楼仅有 6 层，中心机房到最远点接入层交换机的距离不超过 90m，因此每台 e328 交换机通过百兆位以太网口（第 23、24 端口）使用超 5 类 UTP 上连至 S6506 三层交换机。该上连链路使用了多链路捆绑技术，从而达到带宽倍增，均衡网络流量等目的。e328 交换机留有一个光纤接口扩展插槽，也方便今后网络扩建时与汇聚层交换机的互连。

本单位二期网络工程基于交换机端口的方式按部门划分 VLAN，并为服务器，网络管理等应用划分了专门的 VLAN。本单位服务器和客户机均采用静态 IP 地址配置方式。通过 S6506 交换机实现不同 VLAN 间的数据通信。选用 Cisco3600 作为路由器，采用 VPN 方式将 4 个广域网口连接 3 个远程基层单位和集装箱站。使用 ADSL 方式接入 Internet。由于本期网络工程拓扑结构的复杂程度不高，因此内部网络没有使用 RIP 或 OSPF 等动态路由器协议，只是在 S6506 交换机和 Cisco3600 路由器上配置了通往 Internet 的相关静态路由。

考虑网络系统运维支持等因素，Internet 与 Intranet 之间的安全设备，选购的是本地企业有相关资质的天融信硬件防火墙。并在企业网内部部署瑞星网络版防病毒软件（300 个客户端用户数，5 个服务器用户数），以及在三层交换机 S6506 配置防范震荡波病毒，冲击波病毒的相关过滤规则来加强计算机病毒的防范工作，从而进一步保证内网的安全，顺畅。

### 3．软件平台的选择

考虑到中小企业的特点，可供选择的第三方软件比较多，支持微软平台的软件厂商多，以及方便用户简便易操作，GUI 界面等因素，且本单位客户机多数使用的是 Windows7 操作系统，因此选择 Windows Server 2008 作为服务器的网络操作系统。SQL Server 2008 作为数据库平台，并使用 IIS7.0 作为 Web 站点平台。

### 4．远程访问的接入

由于 Windows Server 2008 操作系统支持架构虚拟专用网，因此使用一台安装 Windows Server 2003 的服务器作为 VPN 服务器，通过运行数据链路层的 PPTP 虚拟出一条安全的数据通道，并在此基础上通过用户身份验证等手段，实现与集团总部，各下属单位的网络基于 internet 的安全互联，以实现单位相互之间的信息共享。

本单位二期网络工程项目于 2011 年 10 月 25 日基本完工并投入试运行，于 2012 年 1 月 15 日验收通过，期间聘请了第三方测试机构对结构化综合布线工程的光纤及双绞线性能参数，网络流量等进行了相关测试。本工程项目加快了企业内部信息或单据的流转速度，通过访问 Internet 加快了信息的时效性，得到了公司领导及员工的好评。但是，由于单位性质、规模等许多局限性（如经费投入、本身的技术水平、网络设计能力等），使本项目的一些规划设计工作施行了简单、实用、低廉的策略。网络工程建设是一项系统工程，不仅需要结合近期目标考虑其实用性，安全性和易用性，也要为系统的进一步开展和扩充留用余地，还应具有良好的开放性，较高的可靠性，先进性。本人认为本单位的网络工程建设将来还要进行以下几个方面的改进。

（1）结构化综合布线工程可以采用多模光纤作为干线子系统，并在相关楼层设置水平工作间。

（2）网络的逻辑结构设计方案建议采用双核心拓扑结构，实现企业内部网络各节点之间链路的冗余，以增强网络的可靠性，最大限度地保障网络系统 $7 \times 24$ 小时不间断运行。

（3）由于本单位内部网与 Internet 是互联互通的，在二期工程建设中仅采用了一台硬件防火墙保障边界网络的安全。因此在今后网络建设中，应考虑购买上网行为管理设备，入侵检测设备等来增加网络的监控和审计。对于本单位涉及内部机密数据的计算机应采用双硬盘隔离卡或网闸等物理隔离技术，以增加企业内部数据的保密要求。

（4）进一步完善网络安全管理制度，并加以落实和监管。

### 23.6.5　IRF 技术的应用

**试题　论 IRF 技术在网络规划与设计中的应用**

IRF 的含义就是智能弹性架构（Intelligent Resilient Framework），支持 IRF 的多台设备可互相连接起来形成一个"联合设备"，这台"联合设备"称为一个 Fabric，而将组成 Fabric 的每个设备称为一个 Unit。多个 Unit 组成 Fabric 后，无论在管理上还是在使用上，就成为了一个整体。它既可以随时通过增加 Unit 来扩展设备的端口数量和交换能力，从而大大提高了设备的可扩展性；同时也可以通过多台 Unit 之间的互相备份来增强设备的可靠性；并且整个 Fabric 作为一台设备进行管理，用户管理起来也非常方便。

请围绕"IRF 技术在网络规划与设计中的应用"论题，依次对以下三个方面进行论述。

（1）简述你参与规划与设计过的计算机网络的概要和你所担任的工作。

（2）简述 IRF 技术的主要特点和优势。详细论述你是如何使用 IRF 技术进行网络规划与设计的，以及在你的方案中，如何体现出 IRF 技术的优点。

（3）根据系统应用情况，简要评述你所规划与设计的计算机网络存在的问题，以及如何改进。

**【摘要】**

我在某高校网络中心工作，2010 年 6 月，我校着手对原有校园网进行 Gigabit-10Gigabit 改造。在这个项目中，作为网络中心的技术骨干，我主要担任网络整体规划与设计工作。

本文以我校校园网项目建设为背景，介绍 IRF 技术在校园网项目中的实际应用。我校的校园网采用万兆以太网技术，网络结构分为 3 层，分别是核心层、汇聚层和接入层。核心层按功能分为对外服务核心、教学核心和宿舍核心 3 个大块；汇聚层通过 1000Mb/s 冗余链路，分别连接到核心设备上，以提高网络的稳定性；接入层设备与 1000Mb/s 汇聚交换机连接，具有很好的接入控制能力。2011 年 3 月，整个网络升级改造工程基本完成，但是，在网络运行过程中，我们发现，网络结构无论从效率和安全性角度来考虑都有所欠缺，为此，我们又通过划分虚拟局域网，解决了这个问题。从目前来看，整个网络运行稳定，达到了预期的目标和要求。

**【正文】**

我在某高校网络中心工作，信息时代的到来，网络的普及对高校校园网络环境的搭建提出了更多、更高的要求。传统意义上的 FastEthernet（快速以太网，采用标准 IEEE802.3u）及 GigabitEthernet（千兆率以太网，采用标准 IEEE802.3z）在某种程度上已经不能满足日益壮大的网络群体及日益发展的网络需求。在这样的背景下，2010 年 6 月，我校着手对原有校园网进行 Gigabit-10Gigabit 改造。在这个项目中，作为网络中心的技术骨干，我主要担任网络整体规划与设计工作。

**1．IRF 技术**

IRF 主要包括分布设备管理、分布冗余路由和分布链路聚合 3 方面的技术。在外界看来，整个 Fabric 是一台整体设备。网络管理员对它进行管理，用户可通过 Console、SNMP、Telnet、Web 等多种方式来管理整个 Fabric。Fabric 的多个设备在外界看来是一台单独的 3 层交换机。整个 Fabric 将作为一台设备进行路由功能和二、三层转发功能。单播路由协议和组播路由协议分布式运行并完全支持热备份，在某一个设备发生故障时，路由协议和数据转发都可以不中断。分布链路聚合技术支持跨设备的链路聚合，可在设备之间进行链路的负载分担和互为备份。

支持 IRF 的设备可以使用户的投资得到更多的价值回报，这主要体现在易管理、易扩充、高可靠性几个方面：多台设备的统一管理；按需购买、平滑扩充；$1:N$ 完全备份的高可靠性。

**2．校园网总体设计**

我校的校园网采用万兆以太网技术，网络结构分为 3 层，分别是核心层、汇聚层和接入层。本项目依据功能进行网络主干规划，核心层采用 IRF 技术的华为 3COM 公司的多台 s9500 和 s8500 系列核心构成交换机交换区块架构，能提供强大的交换能力和冗余备份，并因采 IRF 技术，能方便地进行管理和扩充。核心层按功能分为对外服务核心、教学核心和宿舍核心 3 个大块。汇聚层采用凯创 SSR8000 和港湾 6802 等设备，通过 1000Mb/s 冗余链路，分别连接到核心设备上，以提高网络的稳定性。接入层设备采用港湾、锐捷、凯创等公司的可网管接入交换机，与 1000Mb/s 汇聚交换机连接，具有很好的接入控制能力。内网采用 OSPF 动态路由协议，出口路由器上采用静态路由协议。

网络的出口有两条线路，一条线路通过本地教育城域网，两个 10Gb/s 全双工连接到中国教育科研计算机网，一条线路连接到中国电信 1000Mb/s 公用广域网，出口路由器为 Juniper M108，默认路由指向中国电信，到教育网流量通过教育网线路，在出口路由器上作地址转换。

网络配置防火墙和入侵检测系统、反垃圾邮件网关，并和市公安局网上 110 联网，能够下载安全规则，上传有害信息的报告，及时处理安全事故。同时，采用瑞星和赛门特克网络版杀病毒软件、漏洞补丁服务系统等加强网络的安全。

### 3．网络结构设计

校园网的规模一般比较大，普通的平面网络结构设计模型难以满足校园网设计的需求；层次型网络设计模型，由于其结构清晰、性能好、有良好的伸缩能力、易于实现、易于排除故障、冗余性好、易于管理等特点，可充分满足校园网的需求。因此，我们采用 3 层（接入层、汇聚层、核心层）模型，将整个网络划分成不同的层次，各个层次各司其职。

在本项目中，由于信息点较多且其分布较广，为了将来易于管理、升级与扩展，同时考虑该网络同时起到教育城域网核心和上联作用等问题。这里采用基于 IRF 技术的多核心结构进行设计。

采用基于 IRF 技术的多核心结构进行设计的好处有：采用链路冗余设计，保证了整个网络稳定；采用 IRF 技术很好地解决了端口扩展和交换能力，同时增强了设备的可靠性；网络层次结构更加完善、可汇总路由，降低核心路由表项；安全性更高，预防和控制性能更强，将对网络的攻击、病毒和破坏尽量控制在边缘完成；各接入层内部通信量大，无需通过核心处理（内部网络游戏等），采用层结构更合理。

### 4．IP 地址规划

IP 地址的合理规划是网络设计中的重要一环，尤其是对于本项目校园网络系统，必须对其 IP 地址进行统一规划并得到实施。网络系统 IP 地址规划的好坏，直接影响网络的性能、扩展和管理，也必将影响网络应用的进一步发展。

IP 地址空间分配，要与网络拓扑层次结构相适应，既要有效地利用地址空间，又要体现网络的可扩展性和灵活性。同时还要能满足路由协议的要求，以便于网络中的路由聚类，减少路由器中路由表的路由数量、路由表的长度，减少对路由器 CPU、内存的消耗，降低网络动荡程度，隔离网络故障，提高路由算法的效率，加快路由变化的收敛速度，同时还要考虑到网络地址的可管理性。

我校网络中心从中国教育科研计算机网（CERNET）分配到 60 个 C 类地址，结合本项目骨干网络目前的现实情况，我们按照下列原则对 IP 地址进行规划：

（1）服务器区采用真实的 IP 地址，供远程访问。

（2）与 Internet 互联设备的 IP 地址采用真实的 IP 地址。

（3）在校内办公区采用真实 IP 地址。

（4）内部互连采用内部 IP 地址。

（5）学生宿舍采用内部 IP 地址，并由边缘设备（路由器）进行地址翻译。

这样设计，既可方便地实现互通互连，且将地址翻译这种耗费设备资源的工作由网络边缘设备分担，提高了网络的整体性能。

### 5．存在的问题及改进

2011 年 3 月，整个网络升级改造基本完成。在网络运行过程中，我们发现，各站点共享传输信道所造成的信道冲突和广播风暴是影响网络性能的重要因素。因为我们网络中的广播域是根据物理网络来划分的。这样的网络结构无论从效率和安全性角度来考虑都有所欠缺。同时，由于网络中的站点被束缚在所处的物理网络中，而不能够根据需要将其划分至相应的逻辑子网，因此网络的结构缺乏灵活性。为解决以上问题，我们划分了虚拟局域网（VLAN）。事实证明，在骨干网络的整个网络规划中，VLAN 的划分是非常重要的部分，很好地利用 VLAN 技术的功能能起到事半功倍的效果，对整个网络的性能也是事关重要的。

另外，作为一个完整的校园网建设方案，我们还需要对数据中心安全、消防，电源系统的设计进行加强，需要进一步地补充和完善整个系统。